Dissertation Konstantin Korosides zur Erlangung des akademischen Grades „Doktor der Philosophie" (Dr. phil.) am Otto-Suhr-Institut für Politikwissenschaft der Freien Universität Berlin, Tag der Disputation: 16. Juli 2007. Erstgutachter: Prof. Dr. Wolf-Dieter Narr, Otto-Suhr-Institut; Zweitgutachter: Prof. Dr. Jörg M. Diehl, Justus-Liebig-Universität Gießen Fachbereich Psychologie, Schwerpunkt Werbepsychologie, Ernährungsverhalten.

Konstantin Korosides

Fernsehwerbung in Deutschland

Analyse unter Berücksichtigung politischer Debatten über Lebensmittelwerbung, minderjährige und prominente Darsteller

Nomos

Foto: Fernsehturm in Berlin
© fux

Die Deutsche Nationalbibliothek verzeichnet diese Publikation in der Deutschen Nationalbibliografie; detaillierte bibliografische Daten sind im Internet über http://www.d-nb.de abrufbar.

Zugl.: Berlin, Freie Univ., Diss., 2007

ISBN 978-3-8329-3372-2

1. Auflage 2008

Danksagung und Vorwort

Diese Studie entstand am Otto-Suhr-Institut für Politikwissenschaft der Freien Universität Berlin in vierjähriger Arbeit. An dieser Stelle möchte ich mich besonders und herzlich bei Wolf-Dieter Narr bedanken, meinem Doktorvater und Erstgutachter. Er war für mich stets fördernder und fordernder konstruktiver Begleiter. Sein zielsicherer Scharfsinn bewahrte mich vor so manchem Pfad, den es besser galt nicht zu beschreiten oder wieder zu verlassen. Wolf-Dieter Narr betreute mit nicht nachlassender Energie über 100 Doktoranten im Laufe seiner langjährigen Lehrtätigkeit und verhalf diesen zum Erfolg. Er räumte mir, als dem 103. Doktoranden, die Freiheit ein, in einem Themenbereich zu forschen, der ihm eigentlich zutiefst suspekt ist: von der Politik ausgehend im Bereich der kommerziellen Kommunikation, beziehungsweise gerne auch schlicht als Werbung bezeichnet. Mein besonderer Dank gilt auch Prof. Joerg M. Diehl, vom Fachbereich Psychologie der Justus-Liebig-Universität Giessen. Er, der über umfangreiche Kenntnisse im Bereich der Werbepsychologie und des Ernährungsverhalten verfügt, war für diese Studie Zweitgutachter. So schön der Gedanke eines supranationalen Zusammenschlusses mehrerer Staaten ist, so beängstigend ist er. Die demokratisch nicht genügend kontrollierte umfangreiche Regulierungstätigkeit der EU umfasst in immer stärkerem Maße auch die Medien und Werbung. Die Motive hierfür sind vielfältig. Doch zu häufig sind sie jenseits wissenschaftlicher Begründetheit. Dies liegt auch an der Wissenschaft selbst – so gibt es nach meiner Kenntnis in Deutschland lediglich drei Studien, neben dieser, die sich ähnlich empirisch umfangreich mit der Fernsehwerbung in den vergangenen dreißig Jahren auseinandergesetzt haben.

Dass diese Studie nicht nur im Internet als ‚Softcopy' publiziert wird, wie mittlerweile häufig praktiziert, ist der Bereitschaft und Großzügigkeit der Sponsoren IP Deutschland (Köln), der Neuen Welle Rundfunk-Verwaltungs GmbH & Co. KG und hier insbesondere Gunther Oschmann (Nürnberg), dem Bund für Lebensmittelrecht und Lebensmittelkunde e.V. (Bonn), dem Bundesverband der Deutschen Süßwarenindustrie e.V. (Bonn) sowie Privatsponsoren zu verdanken. Diese haben sich nach Fertigstellung der Studie bereit erklärt, einen Teil der Druckkosten bzw. sonstigen technischen Produktionskosten zu übernehmen. Hierfür bedanke ich mich herzlich. Mein großer Dank gilt auch allen anderen Menschen aus meinem privaten Umfeld, die mich immer wieder motiviert und unterstützt haben, diese Dissertation zu Ende zu bringen. *Bitte beachten Sie, dass die Kapitel 12 (Werbeverbote), 13 (EU), sowie 15 (Anhang/Methodik) in diesem Buch lediglich in Kurzform erscheinen. Die kompletten Kapitel entnehmen Sie bitte unter www.nomos-extra.de.*

Berlin im Februar 2008
Konstantin Korosides

1. Kapitel - Einleitung

Die Zeit intensiver staatlicher Regulierung auf dem Gebiet der Werbung liegt gut 30 Jahre zurück - in den 70er Jahren des 20. Jahrhunderts. Damals kam es zu einer umfassenden Kodifikation des Lebensmittel- und Bedarfsgegenständegesetzes (LMBG) bzw. im vollen Wortlaut des „Gesetzes über den Verkehr mit Lebensmitteln, Tabakerzeugnissen, kosmetischen Mitteln und sonstigen Bedarfsgegenständen". Es folgte eine grundlegende Neuordnung des Heilmittelwerberechts (HGW) im Jahr 1976. Es regelt die Werbung mit medizinischen Produkten. Erst in den 90er Jahren kam es wieder zu einer stärkeren staatlichen Regulierungstätigkeit des Gesetzgebers, insbesondere auf Seiten der unter dem Dach der EU stehenden EG. Gemeinschaftliche, die Wirtschaftswerbung betreffende Rechtsakte decken mittlerweile, trotz der verhältnismäßig kurzen Zeitspanne supranationaler Legislation, weite Bereiche der Produktwerbung ab. Seither nimmt das Interesse vor allem in rechtswissenschaftlicher Hinsicht, aber auch in der allgemeinen Öffentlichkeit, an dem Thema Werbung und Regulierung bzw. Werbeverbote zu, insbesondere auch auf politischer Seite.[1]

Der Unterschied in der Werberegulierung liegt in dem Grad des Eingriffs in die Werbefreiheit. Demnach gibt es einerseits *„einfache Werbebeschränkungen"* (z.B. für Heilmittel). Andererseits ist im Fachjargon die Rede von *„absoluten"* und *„totalen"* Werbeverboten (z.B. für Tabak[2]).[3] Absolute Werbeverbote untersagen die Werbetätigkeit in einzelnen Kommunikationsmedien oder untersagen die Produktwerbung gegenüber bestimmten Personengruppen, wie Kindern (Alkohol). Den weitestgehenden Eingriff in die Werbefreiheit stellt das nahezu totale Werbeverbot für Tabak dar, das seit Ende 2006 EU-weit gilt.[4] Weitere Werbeverbote oder umfangreiche Einschränkungen, insbesondere im Fernsehen, sind in der Diskussion: für Süßwaren, Fast Food oder Alkohol. Die Werberegulierungen werden mit unterschiedlichsten Argumenten begründet. Zum Beispiel gehe es um die Regelung des Binnenmarktes, des Wettbewerbs sowie des Verbraucherschutzes oder um Gesundheitsschutz.

---

1 Vgl. Meyer, Andreas: Produktspezifische Werberegelungen in Deutschland und der Europäischen Gemeinschaft. Zur rechtlichen Problematik von Werbevorschriften für Lebensmittel, alkoholische Getränke, Arznei- und Heilmittel, Kosmetika sowie Tabakerzeugnisse. Diss. Universität München 1995, Carl Heymanns Verlag KG Köln 1996, S. 1.

2 Anmerkung: Bereits 1922 schränkte in Deuschland das Luftverkehrsgesetz die „Rauchwerbung" ein. Außerdem überlegte bereits 1908 die Reichsregierung eine „Anzeigensteuer" auf Werbung zu erheben. Als Reaktion darauf bildete sich der „Schutzverband der Großinteressenten". Vgl.: Rücker, Matthias, Wirtschaftswerbung.

3 Schricker, Gerhard: Werbeverbote der EG. Nationale und gemeinschaftsrechtliche Initiativen, GRUR Int. 1991, S. 185ff.

4 Vgl. Meyer 1996, S. 9.

Beschäftigte sich bislang besonders die Rechtswissenschaft mit dem Thema Werberegulierung, möchte diese Studie sich der Basis dessen widmen, was gesellschaftspolitisch besonders kritisiert wird: der Art und Weise von *Fernsehwerbung* in Deutschland. Konkret untersucht werden soll: *Was wird wie, mit wem, in welchem Umfang, im deutschen Fernsehen beworben, und wie nachvollziehbar sind für den Verbraucher die werblichen Aussagen*? Dies erfolgt einerseits vor dem Hintergrund der zunehmenden Werbereglementierungen, besonders auch das Fernsehen betreffend, andererseits aber auch des Vorwurfs, die TV-Werbung wende sich besonders mit Werbung für weniger gesunde Lebensmittel beziehungsweise Süßwaren zu umfangreich an Kinder und Jugendliche und trage damit zur zunehmenden Fettleibigkeit der Zielgruppe bei.

In den folgenden Kapitelabschnitten soll zusammengefasst die Position der Werbekritiker dargestellt werden. Diese dient als Basis für die Darlegung des Untersuchungsziels.

1.1 Problemstellung und Kritikpunkte

Mit dem Aufkommen des Fernsehens als Massenprodukt sei seit den späten 60er Jahren zu beobachten, wird kritisiert, dass reine produktbezogene Werbung zurückgedrängt werde zugunsten einer immer stärkeren „Lifestyle-Werbung". Lifestyle-Werbung sei hier definiert als eine Form der Marktkommunikation, die Produkte, Güter und Dienstleistungen wesentlich als Imagesymbole anpreist. Im Fokus stehe dabei weniger die Vermittlung nachprüfbarer Qualitätsangaben, sondern die Vermittlung von Stimmungen, Gefühlen, Befindlichkeiten und Sehnsüchten, die vom Verbraucher als ‚Zusatznutzen' mit dem Produkt erworben werden sollen. Je weniger sich die Markenprodukte in ihrer Beschaffenheit, beispielsweise hinsichtlich des Geschmacks oder der technischen Eigenschaften, unterscheiden ließen, desto größer sei die Rolle der „Geisteshaltung" in der Produktbewerbung. Die Werbung bediene sich dabei austauschbarer Werbedarstellungen aus den Bereichen Familie, Freundschaft, Liebe, Sport und Gesellschaft und löse sich damit immer stärker vom Produkt selbst ab. Glückliche, unabhängige, erfolgreiche Menschen, die die beworbenen Markenartikel konsumieren, sollten zu Leitbildern der Verbraucher gemacht werden.[5]

Außerdem stelle Lifestyle-Werbung eine Informationsreduktion dar. Dabei verfolgten Werbungtreibende das Ziel, nur solche Informationen über das Produkt preiszugeben, von denen sie sich einen marktorientierten Konkurrenzvorteil versprächen.[6] Dem entgegnen nicht wenige Marketingfachleute, Lifestyle-Werbung sei

5 Stiess, Katia: Schutz der Wirtschaftswerbung durch Verfassungsrecht und Gemeinschaftsrecht, in: Rechtswissenschaftliche Forschung und Entwicklung, Diss. München 1999, VVF Verlag V. Florentz GmbH, München 2000, S. 12f.

6 Vgl. auch Hölscher, Barbara: Lebensstile durch Werbung. Zur Soziologie der Life-Style-Werbung, Diss. Bielefeld 1997, Westdeutscher Verlag 1998, S. 288.

vor allem eine Antwort auf die *‚zunehmende Segmentierung der Gesellschaft'*, die unterschiedlichste Lebenskonzepte bzw. „Lifestyle-Typen" hervorgebracht habe.[7]

Zumschlinge ist überzeugt, die Versuche der Werbung, die Menschen auf vielfältigste Weise anzusprechen, führten dazu, dass „täuschende oder sonstige unlautere Werbemethoden ... zum täglichen Brot" gehörten, „mit dem die Wirtschaft die Verbraucher täglich" versorge.[8] Außerdem sei Werbung nicht nur *Weitergabe von Information zur Förderung der Markttransparenz beim Verbraucher*, sondern oftmals der *Versuch suggestiver* Beeinflussung bzw. komme es zu einer *Vermischung informativer mit suggestiven Gehalten.*[9] Das Problem bestehe darin, dass sich der Werbeadressat dessen nicht bewusst werde und damit nicht entziehen könne.[10] Deshalb mache die „unzulässige Einflussnahme und die Gefahr der Irreführung" den Verbraucherschutz „zu einem legitimen Ziel gesetzgeberischer Maßnahmen".[11] Allerdings, das schrieb bereits 1975 der für Werbung und Medien zuständige Abteilungsleiter der damaligen EWG, *Bryan Harris*, sind „Klagen von Konkurrenzfirmen in der Praxis die beste Form des Schutzes der Verbraucherinteressen".[12] Außerdem, das wird immer wieder gerne in der Diskussion ausgespart, gibt es durchaus ‚Fans' von Werbespots. So schreibt beispielsweise *Steven Heller* in seinem Buch *„The Golden Age of Advertising - The 70s"*:

> In den 60er Jahren waren Film, Musik, Kunst und Werbung in jeder Hinsicht innovativer als in den Siebzigern ... Das kollektive amerikanische Gedächtnis mag sich lebhaft an ein Jahrzehnt großartiger Werbekampagnen, einprägsamer Slogans und süßer Werbefiguren erinnern ... Viele hervorragende Werbespots liefen auf allen drei großen amerikanischen Sendern gleichzeitig und ihre treuen Fans sahen sie sich Tag für Tag an.[13]

Solche Äußerungen stoßen bei Fundamentalkritikern auf wenig Verständnis. Für sie ist die Werbung die „Wurzel allen Übels". Sie fürchten eine „unübersehbare manipulatorische Wirkung".[14] Außerdem gehe von der Werbung eine große Gefahr für die Pressefreiheit aus, da beispielsweise das Fernsehprogramm „ganz im Dienst der Werbung" stehe. Die Aufgabe des Fernsehens sei entsprechend, „wenn auch verschleiert, möglichst viele Zuschauer an den Bildschirm zu locken, hier zu halten, sie für die Botschaften der Werbung zu stimulieren". Diskussionen über Verbesserungen des Programms seien „sinnlos, weil Veränderungen doch immer nur im Interesse der Werbung vollzogen" würden. Andererseits müsse das Fernsehen mit der

7 Ebd., S. 172ff.

8 Zumschlinge, Andreas: Das Verbot mit Preisgegenüberstellungen (§ 6e UWG) in rechtsvergleichender und europarechtlicher Sicht, Diss. Universität München 1991, Verlag V. Florentz GmbH, München 1992, S. 211.

9 Vgl. zur Kritik grundlegend Vance Packard, The Hidden Persuaders, New York 1957.

10 Zumschlinge 1992, S. 211.

11 Ebd.

12 Harris, Bryan: Marktwirtschaft und Werbung, in: Fernseh-Kritik. Werbung im Fernsehen, hg. v. Heygster, Anna-Luise u. Maseberg, Eberhard, v. Hase & Kohler Verlag, Mainz 1975, S. 48.

13 Heller, Steven: Die Siebziger. Fast so gut wie die Sechziger, in: The Golden Age of Advertising – the 70s, Heinmann, Jim (Ed.), Taschen Verlag, Köln 2006, S. 7.

14 Schwarzenau, Dieter: Die Planung, in: Heygster u. Maseberg 1975, S. 165.

Werbung leben, weil es von der Werbung lebt, es komme darauf an, das Beste daraus zu machen.[15] Die Kritik, das Fernsehen würde nicht nur immer mehr Werbung senden, sondern auch „immer mehr Unterhaltung", ist fast so alt wie das Medium. Für das ZDF brachte die Programmstrukturänderung vom 1.10.1973, die auf Grund von Marktforschungsergebnissen erstellt wurde, mehr Informationssendungen und mehr Kindersendungen. Vor 1973 betrug der Anteil Information 38%, gegenüber 45% 1975. Die Kindersendungen entsprachen einem Anteil von 6% gegenüber 8%, und die ‚Unterhaltung' 39% gegenüber 27%.[16] Besonders die Einflussmöglichkeiten der Werbung auf das Fernsehen werden seit Jahrzehnten kritisch diskutiert. So schrieb *Norbert Schneider* 1975 - er ist heute immerhin Direktor der Landesanstalt für Medien NRW: „Wenn Werbung derzeit schon sein muss und wenn weder direkter noch indirekter Einfluss auf das Programm ausgeschlossen werden kann, dann ist dieser Einfluss wenigstens gering zu halten, geringer als dies gegenwärtig der Fall ist."[17]

Falsch lag *Schneider* mit seiner im Jahr 1975 geäußerten Einschätzung, dass die Nachfrage nach TV-Werbung sinken könnte.[18] Das Gegenteil trat in den vergangenen 30 Jahren ein. Betrugen die Werbeumsätze des deutschen Fernsehens 1957 brutto noch 3,7 Mio. Mark und 1958 brutto 12 Mio. Mark, beliefen sich diese bereits 1968 auf 0,55 Mrd. Mark und 1974 auf 0,91 Mrd. Mark. Damit konnte das gebührenfinanzierte Fernsehen (ARD und ZDF) bereits 1968 20% dessen an Werbeeinnahmen brutto verbuchen, was alle Tageszeitungen zusammen verdienten.[19] Gleichzeitig ging - sicherlich auch aus anderen Gründen - die Zahl der Tageszeitungen in Deutschland von 1964 bis 1974 von 537 auf 415 zurück. Dennoch stieg im gleichen Zeitraum die verkaufte Auflage von 19,8 Mio. Exemplaren auf 21,5 Mio. Exemplare. 1975 kamen die Tageszeitungen auf einen Anteil am statistisch erhobenen Werbemarkt von 32,3%, das Werbefernsehen (ARD, ZDF) von 21,3%.[20] Im Jahr 2006 gab es in Deutschland 353 Tageszeitungen.[21] Seit 2000 sanken die Werbeeinnahmen der Tageszeitungen um rund ein Drittel auf nunmehr 4,4 Mrd. Euro.[22]

Um aber wieder die kritische Reflexion bezüglich Werbung aufzugreifen: Bereits 1975 äußerte *Bryan Harris*, der damalige amtierende Vorsitzende der Abteilung für Medien- und Werbefragen innerhalb der EWG-Kommission: „Meinungen über die Werbung sind zwangsläufig weitgehend subjektiv, vor allem was ihre Lauterkeit, ihre ästhetische Qualität und die Frage, inwieweit sie sozial akzeptabel ist, betrifft.

15 Ebd.

16 Ebd., S. 169.

17 Schneider, Norbert: Die Planung, in: Heygster u. Maseberg 1975, S. 169.

18 Ebd.

19 Vgl. Langebucher, Wolfgang: Die Wirtschaftliche Sicherung der Pressefreiheit, in: Heygster u. Maseberg 1975, S. 64.

20 Poppe, Rolf: Der ungleiche Wettstreit, in: Heygster u. Maseberg 1975, S. 68f.

21 Vgl. http://www.bdzv.de/schaubilder+M5dc30bada4e.html; Stand: 6.12.2006.

22 Vgl. Werbung in Deutschland, ZAW-Edition, 2006, S. 13.

Selbst in der Frage der wirtschaftlichen Auswirkungen der Werbung ist die Subjektivität nicht auszuschalten."[23] *Bryan* resümiert distanziert die kritischen Standpunkte:

> Die Werbung wird aber dazu verwendet, die Nachfrage so zu beeinflussen, daß die Gewinne künstlich maximiert werden. Sie läßt eine Nachfrage entstehen, wo bislang keine vorhanden war, sie verändert vorhandene Nachfragemuster durch Schaffung neuer Modeformen und sie heizt eine neue oder bereits vorhandene Nachfrage über das Maß hinaus an ... Die Kräfte des freien Marktes werden durch die Werbung also ernsthaft verzerrt ... Obgleich in all dem ein Körnchen Wahrheit steckt, habe ich den Verdacht, daß heute nur wenige Volkswirtschaftler ... so kritisch zu den Auswirkungen der Werbung stehen würden.[24]

Harris kommt zu drei Thesen:

> Die Werbung ist ökonomisch desto schwieriger zu rechtfertigen, je geringer ihr Informationsgehalt ist. Wobei der Begriff „Information" breit ausgelegt werden solle.
>
> Wo nur wenig oder kein Wettbewerb zwischen Inserenten für ähnliche Waren und Dienstleistungen besteht oder wo der Wettbewerb künstlich geregelt ist, tendiert die Werbung dazu, nicht-informativ, extravagant und verschwenderisch zu sein.
>
> Wo es schwierig ist, die betreffenden Waren oder Dienstleistungen zu differenzieren, besteht die Neigung zur Vergeudung.[25]

Sehr früh konzentrierten sich Kritiker insbesondere auf die Fernsehwerbung. Ihr Vorwurf: Diese habe einen schlechten Einfluss auf Kinder. So waren bereits 1975 *Fuhrmann, Mahle, Neverla* und *Winckler* überzeugt, das Werbefernsehen benutze Kinder als Transportmittel oder Zielgruppe für seine Zwecke und nutze dabei die entwicklungsbedingte Wehrlosigkeit der Kinder aus. Sozial benachteiligte Kinder seien hiervon besonders betroffen. Kinder hielten bis etwa zum sechsten Lebensjahr das Geschehen auf dem Bildschirm für real. Außerdem sei es kritikwürdig, dass in rund einem Viertel aller Werbespots in Deutschland Kinder unmittelbar angesprochen würden oder als Darsteller aufträten. Das Fernsehen treibe mit den Kindern *„die schlimmste Art der Manipulation"*. Manipulieren meine hier, „jemanden zu einem bestimmten Zweck benutzen, den er nicht kennt".[26] Kritisiert wird auch „die Unerfüllbarkeit von Konsumwünschen", die durch Werbung beflügelt würden. Die Potenzierung der Wünsche bewirke im Falle der Erfüllung seelische Übersättigung, im Falle der Nichterfüllung permanente Unzufriedenheit und sogar Angst. Werbung motiviere und manipuliere über das Unbewusste und pflege eine Überredungskunst mit Abhängigkeitsfolgen, gegen die Kinder wehrlos seien. Außerdem befördere Werbung den Konsumgedanken. Dieser werde, aus welchen Gründen auch immer,

23 Harris 1975, S. 38.
24 Ebd., S. 39.
25 Ebd., S. 41ff.
26 Fuhrmann, Arne / Mahle, Walter A. / Neverla, Irene / Winckler, Klaus: Das Werbekind, in: Heygster u. Maseberg 1975, S. 118ff.

häufig jedoch nicht gestillt. Dies führe „zu ständigen Spannungen und Frustrationen innerhalb der Familie“.[27]

Dieser Vorwurf ist keinesfalls neu. So schrieb 1929 *Erik Reger* in seinem Buch *„Union der festen Hand“*, einer romanhaften Darstellung der Vor-Hitlerzeit:

> Achtzehn Prozent der Kinder im Revier seien unterernährt ... nur fünfundzwanzig Prozent der Industriearbeiterkinder hätten ein Bett für sich ... was das denn für eine Lotterwirtschaft sei in dieser HOCHBURG DES KAPITALS? Freilich sei der Einfluß der modernen Großstadtreklame schuld an der Erzeugung falscher Bedürfnisse, durch die das geringe Einkommen noch empfindlicher fühlbar werde ...[28]

Bereits 1965 wollten sowohl die CDU- als auch die FDP-Fraktion im Bundestag Werbung zumindest im öffentlich-rechtlichen Fernsehen per eingebrachten Gesetzentwurf generell abschaffen. Dies geschah auch auf Druck der Tageszeitungsverleger. Dagegen hatte jedoch die SPD „schwerwiegende verfassungsrechtliche Bedenken“. Auch der DGB war für Werbung im Fernsehen. Erst später änderte die SPD ihren Kurs. Die Medienkommission der SPD sprach sich im Juli 1975 in ihrem „Orientierungsprogramm 1985“ für ein Verbot der Werbung in Funk und Fernsehen aus.[29]

Offensichtlich besteht auch eine Angst vor dem Einfluss der Massenmedien generell, „die bis auf wenige Ausnahmen durch Verkürzung und Trivialisierung ein globales Netz über die Bewusstseinsweisen der Bevölkerung spannen“ würden.[30] Ein weiterer Kritikpunkt ist, dass die Strategie der Produktvermarktung immer weniger auf das Produkt selbst abziele, sondern auf die mit ihm verknüpften Illusionen. Werbung lebe immer stärker vom Versprechen auf Individualität, deren Begriff und gesellschaftliche Realität sich immer nahtloser dem marktrationalen Geschehen und dem kulturindustriell gezimmerten Bild vom guten Leben anschmiegten.[31] Die Werbung verfolge also zunehmend eine Strategie der Irreführung, die zwar nicht justiziabel sei, aber dennoch Fakt: „Genauso wenig, wie Bacardi die Menschen ins Paradies führte, befriedigt Diesel [Anm.: Jeansmarke] die angestachelten Allmachtsphantasien ... Alle Werbung evoziert und bedient tiefsitzende Phantasien; im Falle von Bounty und Bacardi noch harmonisch-illusionäre, im Falle von Diesel hingegen inkriminierte“.[32]

---

27 Emrich, Ernst: Die Kinder, in: Heygster u. Maseberg 1975, S. 184.

28 Reger, Erik: Union der festen Hand. Deutschland zwischen Revolution und Inflation. Rowohlt Verlag, Reinbek bei Hamburg 1992, S. 284. Ein breit angelegtes Panorama der politischen, sozialen und wirtschaftlichen Verhältnisse im Industrierevier. Reger beobachtet die Herrschenden so genau wie die Beherrschten, ihre Kämpfe und ihr Versagen, die Auflösung der Republik.

29 Vgl. Emrich 1975, S. 184. Außerdem: Der tägliche Sündenfall, Fernsehen und Werbung (= Medium Dokumentation Band 2), Frankfurt a.M. 1972, S. 46.

30 Moritz, Peter: Mediale Botschaften. Philosophisch-Politische Reflexion, Philos Verlag, Hannover 2002, S. 25.

31 Ebd., S. 143f.

32 Ebd., S. 188.

All diese Kritikpunkte kulminieren zu einem politisch-gesellschaftlichen Klima, in dem es zumindest für bestimmte Produktgruppen immer schwieriger wird, beworben zu werden. Obwohl es zahlreiche grundgesetzlich garantierte Freiheiten gibt, die Werbung eigentlich auf eine sichere rechtliche Basis stellen, und irreführende Werbung schon seit über 100 Jahren justiziabel ist (siehe Kapitel „Recht“), bricht in solch einem gesellschaftlichen Umfeld doch zunehmend eine wesentliche Komponente für manche Werbungtreibende weg: die moralisch-ethische Rechtfertigungsmöglichkeit einer seit über 100 Jahren praktizierten Tatsache, die sich bislang auf genügend Sachargumente und ausreichend gesellschaftlichen, auch politischen Rückhalt stützen konnte. Damit schwindet zunehmend die Möglichkeit, grundgesetzlich garantierte Rechte, die auch für die Werbung festgeschrieben sind (Meinungsfreiheit, Berufsfreiheit, Informationsfreiheit etc.), sowohl gesellschaftlich als auch rechtlich geltend machen zu können. Im folgenden Kapitel werden aktuelle Tendenzen der Werbereglementierungen vorgestellt. Daraus ableitend wird dargestellt, warum es notwendig ist, einen wichtigen Teil der Werbung, die Fernsehwerbung, inhaltlich detailliert zu untersuchen.

1.2 Aktualitätsbezug der Fragestellung

Die Fragestellung dieser Untersuchung ist von besonderer Aktualität. Im Fokus der Werbekritiker steht zunehmend die Genussmittelwerbung (insbesondere: Tabakwaren, alkoholische Getränke, Süßwaren und Backwaren sowie Zucker und Zuckerprodukte). Dabei ist Genussmittelwerbung keinesfalls neu. Bereits in den 80er Jahren des 19. Jahrhunderts habe beispielsweise der deutsche Schokoladenfabrikant *Ludwig Stollwerck* mit „akademischen Künstlern" Plakate oder Anzeigen für seine Schokoladen kreiert, so *Christiane Lamberty.*[33] Dass Genussmittelwerbung von manchen radikal abgelehnt wird, ist kein ganz neues Phänomen, jedoch konnten sich bislang politische Verfechter kompletter Werbeverbote überwiegend nicht durchsetzen (Ausnahme: Tabakwerbung). Seit Anfang 2000 kippt das Meinungsklima in Europa zugunsten der Werbeverbots-Anhänger. Der Genussmittel- und Lebensmittelwerbung wird vorgeworfen, einen erheblichen Anteil an der angeblichen Zunahme von Übergewicht und Fettleibigkeit insbesondere bei Kindern und Jugendlichen zu haben und zu oft mit wissenschaftlich nicht belegbaren Aussagen zu agieren. Obwohl diese Vorwürfe auch unter Ernährungswissenschaftlern durchaus sehr umstritten sind, gelingt es besonders der Wirtschaft immer weniger, die kontroverse Debatte in der Öffentlichkeit auf eine breitere Ursachenbasis zu stellen. Auf dieses Thema wird an anderer Stelle dieser Arbeit noch einzugehen sein.

Zu den Befürwortern umfangreicher Werbereglementierungen, besonders im Lebensmittelbereich, gehört u.a. der *Verbraucherzentrale Bundesverband (VZBV).* Traditionell werden „Verbraucherthemen" von den Massenmedien besonders gerne aufgegriffen und fließen somit in die öffentliche, auch politische, Debatte ein. Auch international gelten Verbraucherorganisationen als die stärksten Befürworter weiterer Reglementierungen: „The most significant sources of criticism and concern about advertising aimed at children have been national und international consumer organisations."[34]

Der VZBV fordert beispielsweise die Lebensmittel- und Werbewirtschaft auf, „sich ihrer Verantwortung für die *dramatische Zunahme* der Zahl übergewichtiger Kinder zu stellen". Für Kinder unter zwölf Jahren müsse über eine Beschränkung der Fernsehwerbung nach schwedischem Vorbild nachgedacht werden. Gerade jüngere Kinder könnten zwischen Werbung und Programm noch nicht ausreichend unterscheiden. Selbst Eltern hielten, so der VZBV, die ernährungsphysiologisch problematischen, sogenannten Kinderlebensmittel für besonders gesund. Deshalb dürfe es nicht sein, *„dass gerade Fast Food, Snacks und aufgepeppte Getränke auf allen Kanälen besonders intensiv beworben werden und die Lebensmittelwirtschaft auf der anderen Seite mit den dicken Kindern nichts zu tun haben"* wolle. Insbesondere

33 Lamberty, Christiane: Reklame in Deutschland 1890–1914. Wahrnehmung, Professionalisierung und Kritik der Wirtschaftswerbung, Duncker & Humblot, Berlin 2000, S. 275.

34 Vgl. Gunter, Barrie / Oates, Caroline / Blades, Mark: Advertising to Children on TV. Content, Impact, and Regulation, University of Sheffield, United Kingdom, Lawrence Erlbaum Associates, Publishers, London 2005, S. 139.

kritisiert der VZBV beworbene Kindermolkereiprodukte, Milchriegel, Müslischnitten, Chips oder Pommes frites.[35] *Christian Fronczak* vom VZBV fordert härtere Gesetzte gegen die Industrie und die Werbung, da diese *„sich schamlos der Jugendlichen“* bediene, „um Eltern zum Kauf zu bewegen“. Besonders ärgerlich sei die *„massive Bewerbung von ungesunden Lebensmitteln wie Limonaden, Süßwaren und Fast Food“*. Die Folge sei, dass 40% der Kinder ihr Wissen über Ernährung aus der Fernsehwerbung bezögen. Gegenüber dem Zentralverband der deutschen Werbewirtschaft räumte Fronczak zu einem späteren Zeitpunkt ein, *„dass die von uns im Rahmen unserer Pressemitteilung am 22. Juli 2002 zitierte Zahl (40% der befragten Kinder beziehen ihr Wissen über Ernährung aus der Fernsehwerbung) in einer Studie der Universität Gießen scheinbar nicht existiert“*. Dieses Hantieren mit Zahlen und Statistiken ist für die Debatte rund um das Thema Werbung, insbesondere Lebensmittelwerbung, geradezu symptomatisch. Umso wichtiger scheint es, insbesondere das Thema Fernsehwerbung in dieser Studie eingehend zu untersuchen. Unbestritten ist, dass die missbräuchliche - sprich übermäßige - Verwendung von Genussmitteln gesundheitsschädlich sein und nicht nur dem Individuum Schaden zufügen kann, sondern auch der Allgemeinheit, durch entstehende hohe Kosten, beispielsweise durch Krankheit und Arbeitsausfälle.[36]

Angesichts der zunehmenden Kritik an der Werbung sieht die *Europäische Kommission* eine Notwendigkeit, auf EU-Ebene noch stärker die Werbung zu reglementieren. So soll insbesondere das bestehende Lebensmittelwerberecht, vor allem das Fernsehen betreffend, grundlegend verändert werden. Bereits im Jahr 2003 verabschiedete sie den Entwurf für eine Verordnung über nährwert- und gesundheitsbezogene Angaben für Lebensmittelwerbung. Seit Januar 2007 gilt nun die *„Health-Claims“-Verordnung.* Sie sieht vor, spezifisch gesundheitsbezogene werbliche Angaben nur nach einer wissenschaftlichen Bewertung der im Jahr 2002 gegründeten Europäischen Behörde für Lebensmittelsicherheit (European Food Safety Authority, EFSA) und anschließender Zulassung durch die Kommission zu erlauben. Veranschlagt wird für das Genehmigungsverfahren eine Dauer von sechs Monaten.

Die Hauptziele der Verordnung bestünden darin, ein hohes Maß an Verbraucherschutz sicherzustellen, den freien Warenverkehr im Binnenmarkt zu verbessern, höhere Rechtssicherheit für die Wirtschaftsakteure herbeizuführen, fairen Wettbewerb im Lebensmittelsektor sicherzustellen und Innovationen im Lebensmittelsektor zu fördern und zu schützen. Die bis Ende 2005 amtierende Verbraucherministerin *Renate Künast* unterstützt die Pläne der EU, die Lebensmittelwerbung insbesondere im Fernsehen stärker zu reglementieren:

> Die Initiative von EU-Kommissar Byrne, die Information bei ernährungs- und gesundheitsbezogenen Angaben bei Lebensmitteln und entsprechenden Werbeaussagen zu verbessern und

35 „Übergewicht bei Kindern: Wirtschaft trägt Mitverantwortung für dicke Kinder. vzbv fordert mehr Ernährungsbildung in der Schule – Kinderkampagne geplant“, Pressemitteilung des Verbraucherzentrale Bundesverbands e.V., 8.7.2003.

36 Vgl. Nagel, Klaus Andreas: „Werbeverbote“, Institut für Internationale Angelegenheiten der Universität Hamburg, Werkheft 41, Nomos Verlagsgesellschaft, Baden-Baden 1992, S. 47.

> zu harmonisieren, begrüße ich. Denn Verbraucherinnen und Verbraucher erwarten zu Recht klare und wahre Angaben bei Lebensmitteln. Jetzt werden wir den Vorschlag im Detail prüfen und dabei insbesondere darauf achten, dass zu viel Bürokratie vermieden wird. Ich will mehr Klarheit und Wahrheit, ich will aber nicht Werbeklassiker verbieten müssen, die die Verbraucher nicht täuschen, sondern längst zu Ohrwürmern geworden sind.[37]

Von den neuen Health-Claims-Regeln für Lebensmittelwerbung seien vor allem jene Aussagen betroffen, die für den Adressatenkreis nur schwer verständlich seien, heißt es von Seiten der EU. Künftig sollen Angaben, die sich auf allgemeine Vorteile eines Lebensmittels beziehen („stärkt Ihre natürlichen Abwehrkräfte“, „unterstützt Ihr Immunsystem“) verboten werden. Das Gleiche gilt für Aussagen, die auf das psychische Empfinden abzielen („bringt gute Laune“, „verbessert das Gedächtnis“). Der Verordnungsentwurf enthält zudem vollständige oder teilweise Verbote von Nährwertaussagen bzw. Nährwertprofilen („fettarm“, „ballaststoffreich“, „zuckerarm“ etc.). Dieses soll sicherstellen, dass zu fett-, zucker- und salzhaltige Lebensmittel keine nährwert- oder gesundheitsbezogenen Angaben mehr tragen.[38] Das Thema stößt in der Öffentlichkeit auf nachhaltiges Interesse. So berichteten zahlreiche Medien über den EU-Vorstoß. So schrieb zum Beispiel das Magazin *Stern* im Jahr 2003:

> Was ist also ballaststoffreich und nutzt der Verdauung? Ein Müsli, das mindestens 6 Gramm Ballaststoffe je 100 Gramm Müsli aufweist, soll als ballaststoffreich gelten. Umgekehrt will der Kommissar gegen Bezeichnungen wie „mindestens 90% fettfrei“ vorgehen. Denn auch wenn diese Angaben korrekt seien, gaukelten sie dem Verbraucher doch vor, das Produkt habe einen geringen Fettanteil. Weit gefehlt, meint Byrne, denn ein Fettgehalt von 10% sei in Wirklichkeit relativ hoch. Für all diese Nährwert bezogenen Angaben soll es klare Vorschriften für die Hersteller geben, was auf dem Etikett stehen muss oder nicht mehr stehen darf. Noch rigoroser soll bei den Angaben aufgeräumt werden, die Aussagen über eine wohltuende Wirkung für die Gesundheit machen.
>
> „Dieser Heilkräutersaft verbessert ihr Gedächtnis“ ist ein Slogan, der es schwer haben dürfte, nach Verabschiedung der Richtlinie zu überleben. Denn bei solch kaum nachprüfbaren Versprechungen müsste der Hersteller den Beweis antreten … Beispielsweise gilt als unumstritten, dass Kalzium gut für Knochen und Zähne ist. Und auch der Hinweis, dass Vollkornkost hilft, das Herz in Schuss zu halten, könnte auf die Liste kommen. Aber auch die Hersteller hätten Chancen, in die Offensive zu gehen. Können sie beweisen, dass ein Lebensmittel der Gesundheit nützt, winkt grünes Licht von der Brüsseler Behörde. Keine Kompromisse will Byrne bei Schlankmachern und Getränken mit Alkoholanteil machen. Hat ein Getränk mehr als 1,2% Alkohol, kann seine Wirkung laut Kommission nicht gesundheitsfördernd sein.[39]

Die von der EU angestrebte allumfassende Werbekontrolle, die insbesondere die Werbung im Fernsehen umfasst, dürfte in der Praxis schwer zu bewältigen sein. Allein in Deutschland liefen 2006 über 3,6 Mio. Werbespots über die Fernsehbild-

37 In einer Presseerklärung vom Juli 2003.

38 Vgl. Zentrale zur Bekämpfung unlauteren Wettbewerbs, Rückblick auf die Arbeit der Wettbewerbszentrale im Jahr 2005, S. 66ff.

39 Vgl: http://www.stern.de/wissenschaft v. 17. Juli 2003.

schirme mit über 1,3 Mio. Werbeminuten. Noch 1998 waren es 1,9 Mio. Werbespots mit 729.000 Werbeminuten.[40] Jede Werbeaussage für Lebensmittel müssten die Firmen mehrsprachig der europäischen Lebensmittelbehörde EFSA vorlegen. Hinzu kommt, dass alleine im Jahr 2002 beim Europäischen Patentamt 53.817 Marken-Neuanmeldungen für Deutschland erfolgten (darunter 22.923 für Dienstleistungen). Insgesamt waren gar 680.027 Marken angemeldet.[41] Eine ganz erhebliche Anzahl dieser Markenprodukte führt werbende Maßnahmen durch - auch im Fernsehen, in jenem Medium also, das wie kein anderes bereits jetzt gesetzlich umfangreich reguliert ist. Dies umfasst sowohl Regelungen für die Programmgestaltung generell als auch für die Werbung.

Bereits im Jahr 2000 erklärte der damalige EU-Verbraucherkommissar *David Byrne* im Positionspapier „White Paper", „the highest standards of food safety" zu etablieren sei eine „key policy priority for the Commission".[42] Jedoch sind seine Pläne durchaus umstritten. So lehnte das EU-Parlament sowohl die in der *Health-Claims-Verordnung* festgelegten Nährwertprofile als auch das Zulassungsverfahren für entsprechende Werbeangaben ab. Daran festgehalten hat jedoch der Europäische Rat der Gesundheits- und Verbraucherminister. Seit Januar 2007 gilt nun diese Verordnung. Die Versuche der EU, die Werbung noch stärker zu reglementieren, stoßen vor allem in der Industrie auf Unverständnis. So könnten die irreführenden Aussagen auch mit den bisher zur Verfügung stehenden Mitteln des Wettbewerbsrechts effektiv abgestellt werden, ist sich beispielsweise die deutsche *Zentrale zur Bekämpfung unlauteren Wettbewerbs* sicher.[43] Auch der *Zentralverband der deutschen Werbewirtschaft (ZAW)* steht den geplanten Werberegelungen kritisch gegenüber:

> Die Qualität der Debatte leidet insbesondere im politischen Bereich bisher darunter, dass Lebensrealität und wissenschaftliche Erkenntnis als Grundlage für Forderungen an Firmen und ihre Werbung weitgehend ausgeklammert wird ... Daraus bilden sich Vor-Urteile, die nicht selten in einer Politik der Verdächtigung gegenüber der Lebensmittelwirtschaft mit dem finalen Ziel von Werbezensur enden.[44]

Auch diese Kritik kann auf eine gewisse Historie zurückblicken. Bereits 1899 wurde bemängelt, dass „bei der Beurteilung der Reklame ... nämlich wissenschaftliche und werthende Urtheile ... also Diskutables und nicht Diskutables" durcheinander gehe.[45] Auch schrieb bereits im Jahr 1956 das Magazin *Der Spiegel* einen umfangreichen Beitrag unter der Schlagzeile: *„Riesenumsatz mit Schlankheitsmittel:*

40 „Werbung in Deutschland 2007", ZAW-Edition, S. 300.

41 Nach dem Merkblatt „für Patent-, Muster- und Zeichenwesen" vom Europäischen Patentamt, 2003/Heft 3, S. 79.

42 Vgl. Anhang/Index, Einleitung „White Paper".

43 Vgl. Zentrale zur Bekämpfung unlauteren Wettbewerbs, Rückblick 2005, S. 66ff.

44 Kinder, Werbung und Ernährung. Fakten zum gesellschaftlichen Diskurs, ZAW (Hg.), Juli 2003, S. 4.

45 Vgl. Sombart, Werner: Ihre Majestät die Reklame, in: Zukunft, Bd. 63/1908, S. 475-487.

fünf Mio. Bundesdeutsche sind zu dick".[46] Die von der Politik ausgerufene „Fettleibigkeitsepidemie" scheint also schon auf eine gewisse Tradition zu blicken.

Umstritten ist, dass die EU, entgegen ihrem Auftrag, immer stärker Gesundheitspolitik betreibt. Wie wichtig die Gesundheitspolitik der EU ist, zeigt sich auch daran, dass sie am 8. Dezember 2005 ein Grünbuch vorlegte, das eine Reihe verschiedener politischer Möglichkeiten aufzeigte, dem Ziel des Eindämmens von Übergewicht und Fettleibigkeit möglicherweise näher zu kommen. Es wurde interessierten Kreisen in Europa vorgelegt, mit der Bitte um Kommentierung. Über 260 Antworten seien daraufhin bei der EU eingegangen. Außerdem gab die EU-Kommission zur Untermalung ihrer Ziele im September 2006 öffentlichkeitswirksam an, gut 14 Mio. Kinder seien in Europa zu dick. Mehr als 3 Mio. von ihnen seien sogar fettleibig. Außerdem nehme die Zahl übergewichtiger Kinder in Europa jedes Jahr um 400.000 zu. Um gravierende Folgen wie Diabetes und Herz-Kreislauf-Erkrankungen zu vermeiden, sollten die Verbraucher besser über Ernährungsfragen informiert werden, auch mittels der Werbung.[47] Angesichts dieser Tatsachse stehe die EU vor einem vordringlichen Gesundheitsproblem, das ein koordiniertes Vorgehen auf EU-Ebene sowie innerhalb der Mitgliedsstaaten erfordere. Ob tatsächlich immer mehr Menschen beispielsweise in Deutschland übergewichtig oder fettleibig sind, auch dies gilt es in dieser Studie zu klären.

Der Werbung ordnet die EU in ihrem Kampf gegen Fettleibigkeit eine zentrale Rolle zu. Doch Gesundheitspolitik ist nach wie vor in der Hoheit nationaler Parlamente. Deshalb klagte im Jahr 2003 zum wiederholten Male die deutsche Bundesregierung gegen das von der EU beschlossene Tabakwerbeverbot vor dem Europäischen Gerichtshof mit dem Argument der Kompetenzüberschreitung.[48] Allerdings unterlässt es (mittlerweile) die EU, den Gesundheitsaspekt in Bezug auf Werbereglementierungen zu stark in den (öffentlichen) Fokus zu stellen. Stattdessen verweist sie, mit Blick auf die *Health-Claims-Verordnung*, auf die Notwendigkeit besserer Verbraucherinformation und auf die Notwendigkeit, den Binnenmarkt zu regeln: „Commission proposal on nutrition and health claims to better inform consumers und harmonise the market"[49].

In ihrem Kampf gegen Fettleibigkeit kann sich die EU auf zahlreiche gesellschaftliche Institutionen und Gruppierungen stützen. So verlangt beispielsweise auch der irische Ärztebund (Irish Medical Organisation, IMO) ein Werbeverbot für Fast Food und Softdrinks im vorabendlichen Fernsehprogramm. Damit könne die steigende Zahl der übergewichtigen, beziehungsweise adipösen Kinder und Jugendlichen gesenkt werden.[50] In Australien und Großbritannien wurden bereits Gesetze

46 Riesenumsatz mit Schlankheitsmitteln: Fünf Millionen Bundesbürger sind zu dick, Der Spiegel vom 12. Dezember 1956.

47 Vgl. „Dicke Kinder: 14 Millionen in EU betroffen", Nachricht in n-tv vom 11. September 2006.

48 Bundesregierung klagt gegen Tabakwerberichtlinie, Horizont.net, 4.8.2003.

49 Commission proposal on nutrition and health claims to better inform consumers and harmonise the market, Pressemitteilung der Europäischen Kommission, 16.7.2003.

50 http://www.aerzteblatt-studieren.de/doc.asp?docId=102908 v. 21. April 2006.

erlassen, die Werbung für kalorien- und fettreiche Snacks (vor allem „Junkfood") besonders im Kinderprogramm, auf Kindersendern und im Rahmen von Sendungen, die sich hauptsächlich an Kinder und Jungendliche unter 16 Jahren richten, verbieten. Die britische TV- und Werberegulierungsbehörde Ofcom[51] argumentiert, sie trage mit den ab März 2007 greifenden Gesetzen zum Gesundheitsschutz der Kinder und Jugendlichen bei. Die auf Werbeeinannahmen angewiesenen TV-Sender geben hingegen zu bedenken, die Werbeverbote gefährdeten Kindersendungen, da sich diese nicht mehr refinanzieren könnten. Doch selbst die bestehenden Verbote gehen britischen „Gesundheitsorganisationen" nicht weit genug, sie hatten gar ein komplettes Fast-Food-Werbeverbot im Fernsehen bis 21 Uhr in allen Programmen gefordert. Die britische Regulierungsbehörde Ofcom selbst geht von Werbeverlusten für die Fernsehsender (z.B. Nickelodeon, Caroon Network) in Höhe von 39 Mio. Pfund aus - rund 15 Prozent ihres Umsatzes.[52] An weiteren Verboten arbeite die britische Advertising-Standard-Behörde ASA[53]. Sie möchte auch Werbeverbote für fetthaltige Lebensmittel in den Printmedien.

Solcherlei gesetzlich erlassenen Werbeverbote verleihen zwar den gesellschaftspolitischen Beigeschmack nach dem Motto „Die tun was", haben aber in der wissenschaftlichen Debatte seit Jahrzehnten gleichermaßen erbitterte Anhänger wie auch Gegner. So schrieb bereits 1949 *von Mises* in Bezug auf Werbereglementierungen:

> Why not prevent him (the consumer) from reading bad books and seeing bad plays, from looking at bad paintings and statues and from hearing bad music? ... It is a fact, that no paternal government, whether ancient or modern, ever shrank from regimenting its subjects' minds, beliefs, and opinions. If one abolishes man's freedom to determine his own consumption, one takes all freedoms away. The naive advocates of government interference with consumption delude themselves when they neglect what the disdainfully call the philosophical aspect of the problem. They unwittingly support the case of censorship, inquisition, religious intolerance, and the persecution of dissenters.[54]

Zwar sieht auch *Kirzner* die Notwendigkeit staatlicher Werberegulierungen, mahnt aber an: „We live in a world where you have to be careful what you read, to whom you listen, whom to believe. And it's true of everything, every aspect of live… It is very easy to pick out the wrong messages … And notice what is the alternative in this world of imperfect human beings. The alternative, of course, is government control - still by imperfect human beings… But advertising itself is an integral, inescapable aspect of the market economy."[55] Trotz solcher grundsätzlicher Bedenken gegen staatliche (Über-)Regulierung, akzeptiert *von Mises* die Notwendigkeit staatlichen Handelns in Grenzen: „Liberalism is not anarchism … One must

51 www.ofcom.co.uk.

52 Werbeverbote sorgen für Streit. England will künftig die Werbung für fettes, süßes und salziges Essen beschränken, in: Kontakter, 27.11.2006.

53 www.asa.org.uk.

54 Mises, Ludwig von: Human Action – A Treatise on Economics, 4. Auflage, Fox & Wilkes, San Francisco 1996, S. 322.

55 Kirzner, Israel M.: Advertising, in: The Freeman – Ideas on Liberty, Heft 9/1972, S. 515–528.

be in a position to compel the person who will not respect the lives, health, personal freedom, or private property of others to acquiesce in the rules of life in society."[56]

All diese Kritikpunkte scheinen es dringend notwendig zu machen, einmal detailliert zu untersuchen, wie die inhaltliche Praxis der Fernsehwerbung empirisch aussieht. Dies soll helfen, die Debatte um die TV-Werbung, insbesondere auch um den Umfang bestimmter werbungtreibender Branchen sowie die Zielrichtung von Werbung, mit mehr Fakten anzureichern. Die Vorgehensweise dieser Untersuchung soll im nächsten Kapitelabschnitt erläutert werden

56 Mises, Ludwig von: Liberalism in the classical tradition, 3. Auflage, Irvington-on-Hudson, New York/San Francisco: Foundation for Economic Education, Cobden 1985, S. 37.

1.3 Gang und Ziel der Untersuchung

Diese Studie möchte auf Grund der umfangreichen Kritik an den Auswüchsen der Werbung, insbesondere der Fernsehwerbung, untersuchen, *was wird wie, mit wem, in welchem Umfang, im deutschen Fernsehen beworben, und wie nachvollziehbar sind für den Verbraucher die getätigten werblichen Aussagen*? Dies erfolgt, wie bereits dargelegt, einerseits vor dem Hintergrund der zunehmenden Werbereglementierungen, aber auch des Vorwurfs, die TV-Werbung wende sich besonders mit Werbung für weniger gesunde Lebensmittel zu umfangreich an Kinder und Jugendliche und trage damit zu deren zunehmender Fettleibigkeit bei. Lebensmittel werden nach § 1 des *Lebensmittel- und Bedarfsgegenständegesetzes (LMBG)* in Deutschland folgendermaßen definiert:

> Stoffe, die dazu bestimmt sind, in unverändertem, zubereitetem oder verarbeitetem Zustand von Menschen verzehrt zu werden; ausgenommen sind Stoffe, die überwiegend dazu bestimmt sind, zu anderen Zwecken als zur Ernährung oder zum Genuss verzehrt zu werden.

Durchschnittliche TV-Sehdauer pro Tag in Minuten Deutschland gesamt

Jahr	Zuschauer gesamt	Kinder 3-13 Jahre	Erwachsene 14-49 Jahre	Erwachsene ab 50 Jahre	Erwachsene ab 14 Jahre gesamt
1996	183	101	165	233	195
1997	183	95	164	236	196
1998	188	99	166	245	201
1999	185	97	164	241	198
2000	190	97	169	247	203
2001	192	98	170	250	205
2002	201	97	177	263	215
2003	203	94	182	262	217
2004	210	93	185	274	225
2005	211	91	185	277	226
2006	212	90	184	278	227

Quellen: AGF/Mediacontrol; Zuschauer ab 3 Jahre, alle Sender, Mo-So, 3:00 bis 3:00 Uhr; berücksichtigt wurden Deutsche und ab 2001 in Deutschland lebende EU-Bürger

Diese Definition ist Grundlage für die Begriffsverwendung in dieser Studie. Aus Transparenzgründen wird die Süßwarenwerbung separat von der klassischen Lebensmittelwerbung analysiert und klassifiziert. Die Fokussierung auf die Fernsehwerbung in dieser Studie ist auch der Tatsache geschuldet, dass das Fernsehen für 77% der Deutschen das „wichtigste Medium" ist (1999: 71%), und zwar noch vor Radio (70%; 1999: 73%) und der Zeitung (66%; 1999: 74%).[57] Ein weiterer Grund liegt in den weltweit steigenden Ausgaben der Industrie in die Fernsehwerbung. Zwar dominieren in Deutschland die Printmedien nach wie vor die Werbeausgaben,

57 http://www.wuv.de/studien/2005/12/19188/page2.php v. 8. Dezember 2005.

doch ist der Anteil der in das Fernsehen investierten Gelder für die Werbung in den vergangenen 15 Jahren, auch seit der Einführung des Privatfernsehens hierzulande, stark gestiegen. Mittlerweile beträgt der Anteil des Fernsehens am Gesamtwerbeaufkommen der Medien in Deutschland 26,2% (Stand: 2005; noch 1975 waren es ca. 16%[58]); in Großbritannien liegt er bei 29,6% (1975: 35%), in Frankreich bei 31,3% (1975: 22%) in Italien bei 54,1% (1975: 28%) und in Polen bei 51,8%.[59] All dies spricht dafür, dass diese Untersuchung den Hauptfokus stringent auf die Fernsehwerbung legt.

Letztlich bietet sich die Fernsehwerbung als Untersuchungsgegenstand auch deshalb besonders an, da nach *Biser* „das Bild eine Grundkategorie des menschlichen Welt- und Selbstverständnisses und eine Elementarform des sprachlich künstlerischen Ausdrucks“ darstelle. Dies führe unweigerlich dazu, dass es einerseits eine abstrakte Beurteilung des Bildes gebe, andererseits einen „Purismus meist bilderfeindlicher Provenienz“. Als Beispiele nennt er Verbannungen des Bildes aus dem öffentlichen Raum bzw. das Bilderverbot im Alten Testament sowie im Islam. Dreh- und Angelpunkt sei hier häufig die Diskussion um die „Legitimität des Bildes“ zur Abbildung der Realität.[60] *Ingenkamp* sieht eine *grundsätzliche* Furcht besonders der Politik vor der Macht der (konkurrierenden) Bilder, welche bereits im antiken Rom oder in Byzanz bestanden habe.[61]

Diese Studie wird sich dem Thema Fernsehwerbung, also letztlich auch der Bilderwerbung, folgendermaßen nähern, wobei sie sich in drei Teile gliedert: Nach dem Einleitungskapitel folgt ein einführender, umfassenderer Überblick zum Thema Werbung. Geklärt werden soll u.a.: *Was ist unter Werbung bzw. Fernsehwerbung zu verstehen, welche Ziele verfolgt Werbung, welchen Kritikpunkten muss sie sich stellen, in welcher Formen tritt sie auf, und welche Rolle spielt der Konsument?* Daraus folgend sollen wichtige aktuellere Studien vorgestellt werden, die sich mit den Inhalten der Fernsehwerbung in Deutschland auseinandersetzten. Im Anschluss daran folgt der zweite Teil dieser Studie, der Hauptteil. Hier soll zusammenfassend geklärt werden: *Welche Produkte und Dienstleistungen werden mittels welcher Darsteller, Örtlichkeiten und Aussagen in welchem Umfang* beworben? Konkret wird untersucht:

> Welche Branchen und Produkte werden im deutschen Fernsehen in welchem Umfang beworben? Werden beispielsweise besonders fett- oder zuckerhaltige Produkte deutlich häufiger beworben als „gesunde“?
>
> Richtet sich TV-Werbung an Kinder und Jugendliche, und wenn ja, welche Branchen in welchem Ausmaß? In diesem Zusammenhang wird auch der Einsatz von Männern und Frauen un-

---

58 Ingensand, Harald: Medien im Wettbewerb. Partnerschaft und Konkurrenz, in: Fernseh-Kritik. Werbung im Fernsehen, Hrg. Von Heygster, Anna-Luise u. Maseberg, Eberhard, v. Hase & Kohler, Mainz, 1975, S. 62. Quelle gilt für alle Angaben des Jahres 1975.

59 Werbung in Deutschland, Edition ZAW, 2007, S. 23.

60 Biser, Eugen: Bild, in: Handbuch philosophische Grundbegriffe, München 1973, S. 247.

61 Ingenkamp, Konstantin: Werbung und Gesellschaft. Hintergründe und Kritik der kulturwissenschaftlichen Reflexion von Werbung, Peter Lang Verlag, Frankfurt a.M. 1996, S. 55ff.

tersucht. Ein Einsatz von Kindern oder Jugendlichen wird dabei immer als Indiz genommen, dass diese Zielgruppen auch angesprochen werden sollen.

Ferner soll beispielsweise geklärt werden: Was ist dran an dem Vorwurf, die Lebensmittelwerbung wende sich in besonders umfangreichem Ausmaß an Kinder und Jugendliche und bewerbe in besonders großem Umfang vor allem Fast Food, Softdrinks, Süßwaren oder Alkohol?

Untersucht werden soll auch: Welche Bedeutung haben Prominente in der TV-Werbung, und für welche Produkte werden sie in der TV-Werbung eingesetzt? Werben beispielsweise auffallend viele Sportler für Fast Food, Limonade, Schokolade oder Alkohol?

Eine ähnliche Untersuchung gilt dem Einsatz von Tieren in der TV-Werbung. Für sie gilt die Annahme, dass sie ebenfalls einen wichtigen Bestandteil werblicher Fernsehinszenierungen darstellen (Stichwort „heile Welt“ bzw. „Traumwelt“).

Dem schließt sich ein Kapitel an, das untersucht, welche Räumlichkeiten (Sporträume, Privaträume, städtische Räume, Naturräume, Reise-/Freizeiträume etc.) in welchem Ausmaß zur Bewerbung welcher Branchen eingesetzt werden.

Untersucht werden soll entsprechend: Lässt sich möglicherweise eine bestimmte Richtlinie schlussfolgern, gemäß dem Motto: Schokolade wird im Fernsehen vor allem von Sportlern und Kindern in Naturräumen beworben unter zusätzlichem darstellerischen Einsatz von Tieren zur filmischen Inszenierung eines „Heile-Welt-Bildes“?

Im Hinblick auf den Vorwurf der EU, Werbung agiere zu oft mit für den Konsumenten nicht nachvollziehbaren Aussagen, soll auch geklärt werden: Wie nachvollziehbar sind die in der TV-Werbung getroffenen werblichen Aussagen? Besonderer Fokus liegt hier auf der Werbung für Lebensmittel und Süßwaren.

Zumindest aus dem Lebensmittel- und Süßwarenbereich wurden alle Werbespots im Wortlaut protokolliert. Es werden in dieser Arbeit nur jene Werbespots wortgetreu wiedergegeben[62], deren Aussagen entweder als nicht oder nur als schwer nachvollziehbar bewertet wurden, um dem Leser die Bewertung transparent zu machen.

Basis für die Fernsehanalyse ist eine gezogene Stichprobe im Umfang von rund 20 Stunden Werbefernsehen. Für die Stichprobenziehung wurde besonderer Fokus auf jene TV-Sender gelegt, die über hohe Einschaltquoten in der diese Studie besonders interessierenden Zielgruppe der 3- bis 13-Jährigen (Kinder) und 14- bis 19-Jährigen (Jugendliche) verfügen. Die Stichprobenziehung sah wie folgt aus: In einem ersten Schritt wurden die deutschen nationalen TV-Sender mit den höchsten Einschaltquoten, insgesamt gesehen, ausgewählt und zwar anhand von Sendeprotokollen der Arbeitsgemeinschaft Fernsehforschung (AGF). Es sind dies: ARD, ZDF, RTL, Sat.1, ProSieben, RTL II und Kabel eins.

62 Die Wiedergabe erfolgt nach bestem Wissen und Gewissen. Es kann nicht dafür gebürgt werden, dass auf Grund der großen Anzahl der erhobenen Werbespots die Mitschrift wider besseres Streben nicht doch zu Unkorrektheiten führen könnte.

Diese Sender dienten als Basis, um die Einschaltquoten in den in dieser Studie besonders interessierenden Zielgruppen zu untersuchen. Hierfür wurde der künstlich festgelegte Zeitraum März bis August 2004[63] ausgewählt. Die Sendungen mit den höchsten Einschaltquoten unter den 3- bis 13-Jährigen und 14- bis 19-Jährigen wurden in einer Top-30-Aufstellung dargestellt[64]. Basis hierfür sind Erkenntnisse der Arbeitsgemeinschaft Fernsehforschung / Gesellschaft für Konsumforschung.[65] Diese Aufstellung wurde wiederum nach Zeitschienen betrachtet. Es stellte sich heraus, dass die höchsten Einschaltquoten bei Kindern und Jugendlichen im Nachmittags- und frühen Abendprogramm erzielt werden. Deshalb diente diese Zeitschiene auch als Basis für diese Untersuchung. Schlussendlich untersucht wurden jene drei TV-Sender, die in der Top-30-Aufstellung die höchsten Einschaltquoten bei Kindern und Jugendlichen aufwiesen, und zwar nach der Anzahl der Sendungen. Es sind dies: RTLII (11 Sendungen), Pro7 (8 Sendungen) und RTL (6 Sendungen).

Stichprobe Studie „Fernsehwerbung in Deutschland“	
Aufzeichnungsdatum	Name TV-Sender
4/22/2005	RTL2
4/28/2005	RTL2
5/2/2005	RTL2
5/3/2005	RTL2
5/6/2005	RTL2
5/17/2005	RTL
5/18/2005	RTL
5/19/2005	RTL
5/20/2005	RTL
5/23/2005	RTL
5/9/2005	PRO7
5/10/2005	PRO7
5/11/2005	PRO7
5/12/2005	PRO7
5/27/2005	PRO7

Basis für den empirischen Teil dieser Studie ist eine gezogene Stichprobe im künstlich gewählten Zeitraum 22. April bis 27 Mai 2005, werktäglich montags bis freitags 13.40 bis 20 Uhr. Berücksichtigt wurden entsprechend die TV-Sender mit den höchsten Einschaltquoten bei Minderjährigen: RTLII., ProSieben, RTL. Aus dem erhaltenen Programmmaterial im Umfang von 100 Stunden wurde 19 Stunden und 17 Minuten Werbung herausgefiltert. In einer Inhaltsanalyse wurde das Werbematerial, insgesamt 3.320 Werbespots (n=3.320), anhand eines Codierbogens mit einem Kategoriensystem von 31 „Haupt-Merkmalen“ codiert. So entstanden 119.700 Platzhalter mit quantitativen Merkmalen aus 27 werbungtreibenden Branchen die umfangreichen Abfragen unterzogen wurden. Aus dem so erhaltenen und aufgenommenen Programmmaterial wurde die Werbung herausgefiltert. Alles in allem umfasste dies 100 Stunden Programm. Darin waren 19 Stunden und 17 Minu-

63 Jeweils 03.00 bis 03.00 Uhr.

64 Grundlage für die Datenerhebung ist das TV-Panel Deutsche (D-Panel). Das heißt: hier fließen lediglich die deutschen Zuschauer ein, nicht aber die EU-Ausländer oder die EU-Inländer. Seit 2001 sind die TV-Sender dabei, das D-Panel abzulösen zugunsten eines Panels D + EU-Inländer. Derzeit befinden wir uns in einer Übergangszeit. Deshalb wurde in dieser Studie auf das D-Panel zurückgegriffen.

65 Die AGF ist der Zusammenschluss der Sender ARD, ProSiebenSat.1 Media AG, RTL und ZDF „zur gemeinsamen Durchführung und Weiterentwicklung der kontinuierlichen quantitativen Fernsehzuschauerforschung in Deutschland“.

ten Werbung enthalten. Alleine die Codiertabelle umfasst 120 Seiten (DIN A4, Querformat).

Die in den Abfragen gewonnenen Erkenntnisse werden Stück für Stück im Mittelteil dieser Arbeit dem Leser präsentiert und interpretiert. Die gesamte Datenerhebung (Auswahl, Aufnahme, Schnitt, Codierung in einer Excel-Tabelle und Abfragen in einer Access-Datenbank) umfasste einen Zeitaufwand von 350 Stunden. In der Inhaltsanalyse wurden die Werbespots nach werbungtreibenden Branchen und Produktgruppen untergliedert. In jeder erhobenen werbungtreibenden Branche sind mehrere Produktgruppen zusammengefasst. Dabei wurde der Analyse ein Schema vorangestellt. Dieses entstand bei der ersten Sichtung und eines Pretests des aufgenommenen Werbematerials. Dabei zeigte sich, dass die Einteilung in 27 unterschiedliche Branchen sinnvoll ist. Diese sind:

> Alkohol, Automobile, Banken / Versicherungen, Bauen und Wohnen, Chemie, Computer & Internet, Digital-TV & Kabelnetze, Einzelhandel / Handel, Elektronik / Unterhaltungselektronik, Gewinnspiele, Haushaltsprodukte, Haustiere, Humanitäres / Kirche / Initiativen / Selbsthilfegruppen, Kleidung, Kosmetik & Pflege, Lebensmittel & nicht-alkoholische Getränke, Pharmazeutika, Politik / Verbände, Printmedien, Salzgebäck / Chips, Spielwaren / Unterhaltung / Freizeit / Kino, Süßwaren, Telekommunikation, Touristik, TV-Eigenwerbung, Versandhandel sowie Zustelldienste & Logistik.

Diese Segmentierung dient einerseits als Basis für die Gesamtbetrachtung einer Branche im Vergleich zu den anderen werbungtreibenden Branchen. Andererseits ermöglicht dies Parallelbetrachtungen sowohl zwischen Produkten und Branchen als auch zwischen beworbenen Produktgruppen. Ist in der Analyse von „Branche gesamt“ die Rede, so meint dies, dass z.B. eine vergleichende Betrachtung einer ganzen Branche zu einer oder allen anderen Branchen erfolgt, dass aber an dieser Stelle kein Vergleich der in der Branche zusammengefassten Produktgruppen (Unterkategorien) stattfindet. Konkret: „Branche gesamt“ meint z.B. den Einsatz von Kindern in der gesamten Lebensmittelwerbung im Vergleich zum Einsatz von Kindern in der gesamten Alkoholwerbung. Es findet in diesem Fall kein Blick in die Branche und deren Unterkategorien (z.B. Bierwerbung, Weinwerbung) statt.

Es sei erwähnt, dass zwar das komplette Werbeaufkommen der 100 Stunden TV-Programm erhoben wurde, es aber in der Detailanalyse wenig sinnvoll schien, die TV-Eigenwerbung (Programmhinweise etc.) einer über das rein quantitative Aufkommen hinausgehenden Analyse weiter zu unterziehen. Dies geschah auch deshalb nicht, da die EU Eigenwerbung nicht als klassische „Werbung“ beurteilt. Die TV-Eigenwerbung, das sei an dieser Stelle vorweggenommen, entspricht in dieser Studie mit 404 gesendeten Spots einem Anteil am Gesamtwerbeaufkommen von 12,2% (Anzahl Werbespots) beziehungsweise von 14,4% (Sendedauer). Das heißt: Die TV-Eigenwerbung fließt zwar in den gesamten Beobachtungszeitraum in Höhe von 19:17 h ein, wird jedoch in der Detailanalyse nicht berücksichtigt. Insgesamt wurden also für die Detailanalyse 2:46 h TV-Eigenwerbung abgezogen. Dies erschien notwendig, da ansonsten besonders bei den branchenübergreifenden Vergleichen und Analysen Verzerrungen entstanden wären. Im Schnitt hätte dies ein Plus oder Minus in den Ergebnissen von 2 bis 5% ergeben. Im letzten Drittel der Arbeit erfolgt eine Darstellung speziell zum Thema Übergewicht und Fettleibigkeit. Hier soll geklärt werden, inwiefern tatsächlich von einer Zunahme bezüglich Übergewicht und Fettleibigkeit in der Bevölkerung gesprochen werden kann. Außerdem wird die strengste Form der Werbereglementierung, das Werbeverbot, an der Elle des Grundgesetzes diskutiert, dargestellt. Ergänzend ist zu klären, inwiefern mit Blick auf die *Health-Claims-Verordnung* der EU irreführende Angaben in der Werbung in Deutschland schon jetzt justiziabel sind und wie die Rechtsprechung die Verständnisfähigkeit des Konsumenten (Verbrauchers) in Bezug auf Werbung beurteilt (Verbraucherleitbild). Den Abschluss bildet eine Zusammenfassung der Ergebnisse dieser Studie, sowie eine Bewertung.

Diese Untersuchung stützt sich besonders im theoretischen Teil auf zahlreiche wissenschaftliche Publikationen oder sonstige Fachartikel und Positionspapiere. Dies betrifft insbesondere die Themenkomplexe Werbung, Übergewicht und Werberecht.

2. Kapitel - Grundlagen Werbung

2.1 Definition Werbung

Bevor detaillierter auf das Thema Werbung eingegangen wird, soll an dieser Stelle eine Definition dessen erfolgen, was unter Werbung verstanden wird. Werbung im Allgemeinen meine nach der „Allgemeinen Werbelehre“ von *R. Seyffert* aus dem Jahre 1930 eine „seit langem ausgeübte Tätigkeit“. Werbung sei „nahezu so alt wie die Geschichte selbst, jedenfalls dann, wenn man unter ‚werben‘ jegliche Tätigkeitsform versteht, die auf eine Beeinflussung der Mitmenschen gerichtet ist, um diese planmäßig zu einem bestimmten Handeln zu veranlassen“.[66] Im Jahr 1857 findet sich eine der frühesten Beschreibungen dessen, was Werbung vermag - und zwar von dem Staatswissenschaftler *Karl Knies* zum damals üblichsten Werbemittel, der (Zeitungs-)*Annonce*. Eine solche stelle ein wesentliches Mittel zur Beeinflussung des Absatzes dar, da sie Angebote bekannt mache und mit der Nachfrage zusammenführe.[67] 1874 findet sich eine weitergehende Definition in *Meyers Konversationslexikon*. Demnach sei Reklame „die Anwendung mehr oder weniger schlau berechneter Mittel zur Erweckung des öffentlichen Interesses“; trotz „der Ausschreitungen des Reklamewesens und des Vorschubs, den es dem Schwindel“ leiste, handele es sich um „ein bedeutendes Kulturmoment unserer Zeit, eine Macht“, welche „sowohl segensreich als auch verhängnisvoll“ auf den modernen Handel und Wandel einwirke“.[68]

Zwar sei bereits 1842 der Begriff „Reclame“ manchen in Deutschland ein Begriff gewesen und mit „Lobhudelei“ oder „Raffinesse“ umschrieben worden, so *Christiane Lamberty*[69], doch setzte sich wohl erst ab circa 1869 dieser Begriff für alle Maßnahmen und Mittel, mit denen Aufmerksamkeit auf ein bestimmtes Gut oder eine Idee gelenkt werden sollte, durch. Reklame wurde dem altfranzösischen Sprachgebrauch „la reclam“[70] entlehnt.[71] Erst später, vor allem ab 1930, setzte sich der Be-

66 Schwarze, Jürgen: Werbung im Gemeinschaftsrecht – Rechtsbestand und Grundfragen, in: Werbung und Werbeverbote im Lichte des europäischen Gemeinschaftsrechts, hg. v. Jürgen Schwarze, Schriftenreihe Europäisches Recht, Politik und Wirtschaft, Nomos, Baden-Baden 1999, S. 10; sowie Bußmann, K.: Die Werbung und ihre Lehre, MuW XXX, S. 426.

67 Vgl. Knies, Karl: Der Telegraph als Verkehrsmittel. Mit Erörterungen über den Nachrichtenverkehr überhaupt, Tübingen 1857, S. 50ff.

68 Art. Reklame/Annonce, in: Meyers Großes Konversationslexikon, Leipzig 1874 f.

69 Lamberty, Christiane: Reklame in Deutschland 1890–1914. Wahrnehmung, Professionalisierung und Kritik der Wirtschaftswerbung, Duncker & Humblot, Berlin 2000, S. 17.

70 Nach Christiane Lamberty bezeichnet das Wort „La réclame“ ursprünglich bestimmte Satzanordnungen und später auch den entsprechenden Inhalt, nämlich die um 1820 auftauchenden bezahlten Buchbesprechungen. Vgl. Lamberty 2000, S. 17.

71 Nagel, Klaus Andreas: Werbeverbote. Die grundrechtliche Problematik genereller Werbeeinschränkungen – dargestellt am Beispiel von Werbeverboten für Anwälte und Genussmittel unter besonderer Berücksichtigung der betroffenen Dienstleistungs- bzw. Produktanbieter, Institut für Internationale Angelegenheiten der Universität Hamburg, Nomos Verlagsgesellschaft, Baden-

griff „Werbung“ durch. Bereits um 1770 habe es in Frankreich das erste Fachblatt für Werbung gegeben, die *Annonces, Affiches et avis divers*[72].

Mit dem Thema Werbung beschäftigt sich neben der Rechtswissenschaft u.a. auch die Wirtschafts- sowie Kommunikationswissenschaft, die Politik, Psychologie oder die Soziologie. Werbung kann im politischen, kulturellen oder wirtschaftlichen Bereich stattfinden. Der Bereich Wirtschaftswerbung kann sich auf ein Unternehmen oder eine Institution als Ganzes beziehen oder auf Produkte oder Dienstleistungen. Je nach Art und Verwendung der umworbenen betrieblichen Leistungen unterscheidet man im Wirtschaftsbereich unter Konsumgüter- Investitionsgüter- und Dienstleistungswerbung. Wirtschaftswerbung ist in der Regel Absatzwerbung.[73] Werbung wird auch auf das Ziel des zu bewerbenden Produktes oder der Dienstleistung in Einführungs-, Expansions- und Erhaltungswerbung klassifiziert.[74] *Kroeber-Riel u. Weinberg* bezeichnen Werbung „als „versuchte Meinungsbeeinflussung mittels besonderer Kommunikationsmittel“.[75]

Schweiger u. Schrattenecker verstehen unter Werbung „die beabsichtigte Beeinflussung von marktrelevanten Einstellungen und Verhaltensweisen ohne formellen Zwang unter Einsatz von Werbemitteln und bezahlter Medien“[76]. Besonders den Hinweis auf „bezahlt“ hält *Schnierer* für entscheidend: „Werbetreibende müssen sich ... den Raum für ihre Werbung kaufen“. Außerdem wollten beworbene Produkte ja erkannt werden, deshalb gehöre zur Werbung auch, dass sie sich - wie auch immer - zu erkennen gebe.[77] Werbung muss sich aber nicht immer auf ein bestimmtes Produkt beziehen, sondern kann auch andere übergreifende Größen, beispielsweise das Werben mit Gütesiegeln, umschließen. So steht beispielsweise seit Anfang des 20. Jahrhunderts „Made in Germany“ weltweit als Gütesiegel für Qualität und wird entsprechend werblich genutzt.

Die Europäische Union fasste 1996 Werbung unter dem Oberbegriff *kommerzielle Kommunikation* (commercial communication) zusammen. Die Kommission versteht hierunter sämtliche Formen von Werbung, Direktmarketing, Sponsoring, Verkaufsförderung und Öffentlichkeitsarbeit[78]. Im Folgedokument zum *Grünbuch* vom 4. März 1998 erweiterte sie diese Begrifflichkeit und bezeichnet seither kommerzielle Kommunikation als „sämtliche Formen der Kommunikation, die auf die Förde-

Baden 1992, S. 30.

72 Das Gesicht der Weltpresse. Eine Wanderung durch das Staatenhaus der Pressa, in: Seidels Reklame, September 1928, S. 398f.

73 Vgl. Seebohn, Joachim: Gabler Kompakt Lexikon Werbepraxis, Gabler-Verlag, Wiesbaden 1999, S. 240ff.

74 Nagel 1992, S. 32f.

75 Kroeber-Riel, Werner u. Weinberg, Peter: Konsumentenverhalten, 6. völlig überarbeitete Auflage, Vahlen, München 1996, S. 580.

76 Schweiger, Günter u. Schrattenecker, Gertraud: Werbung. Eine Einführung, 4. völlig neu bearbeitete und erweiterte Auflage, Fischer, Stuttgart 1995, S. 9.

77 Schnierer, Thomas: Soziologie der Werbung, Leske + Budrich, Opladen 1999, S. 14.

78 Morshäuser, Ralf: Internet-Werbung im europäischen Binnenmarkt. Gemeinschaftliche Grenzen nationaler Werberegelungen unter besonderer Berücksichtigung des sekundärrechtlichen Herkunftslandsprinzips, KOM, 1996, S. 7, 192.

rung des Absatzes von Produkten und Dienstleistungen bzw. des Images eines Unternehmens oder einer Organisation gegenüber den Endverbrauchern und/oder Vertriebsunternehmen abzielen“.

Marketinginstrumente

Produktpolitik	Preispolitik	Kommunikationspolitik	Vertriebspolitik
➢ Neuproduktentwicklung ➢ Produktverbesserung ➢ Produktdifferenzierung ➢ Markierung ➢ Namensgebung	➢ Preishöhe ➢ Rabatte, Boni, Skonti ➢ Lieferbedingungen ➢ Zahlungsbedingungen ➢ Garantie	➢ Werbung ➢ Verkaufsförderung ➢ Direct-Marketing ➢ Ausstellungen, Messen ➢ Öffentlichkeitsarbeit ➢ Sponsoring ➢ Event-Marketing ➢ Interne Kommunikation	➢ Vertriebssysteme ➢ Verkaufsorgane ➢ Logistiksysteme
⇩			
Produktmix	Preismix	Kommunikationsmix	Vertriebsmix
⇩	⇩	⇩	⇩
Marketingmix			
⇩			
Teilmärkte und Kundengruppen			

Quelle: Bruhn, M.: Marketing-Grundlagen für Studium und Praxis, 3. Auflage, Wiesbaden 1997

Das zentrale deutsche Wettbewerbsrecht, das *UWG*, hat, im Gegensatz zur EU, auf eine Legaldefinition des Begriffs Werbung verzichtet.[79] Die *Irreführungs*-Richtlinie der EU, welche 1984 erlassen wurde und 1997 grundlegend reformiert wurde, definiert Werbung hingegen als „jede Äußerung bei der Ausübung eines Handels, Gewerbes, Handwerks oder freien Berufes mit dem Ziel, den Absatz von Waren oder die Erbringung von Dienstleistungen, einschließlich unbeweglicher Sachen, Rechte und Verpflichtungen, zu fördern“.[80] Werbung meint in der *Wissenschaft* lediglich einen Ausschnitt des gesamten „Arsenals des Marketing“.[81] Zum Marketing gehören alle Maßnahmen, die den Produktabsatz fördern sollen: Zu nennen sind zum Beispiel die Produktpolitik (Namensgebung etc.), die Preispolitik[82]

79 Tiller, Sebastian: Gewährleistung und Irreführung. Eine Untersuchung zum Schutz des Verbrauchers bei irreführender Werbung, in: Münchner Universitätsschriften, Diss. Ludwig-Maximilians-Universität, 2005, Verlag C.H. Beck, München 2005, S. 7ff.

80 Richtlinie 84/450/EWG vom 10.9.1984 zur Angleichung der Rechts- und Verwaltungsvorschriften der Mitgliedstaaten über irreführende Werbung, ABl EG Nr. L 250 vom 19.9.1983, S. 17, i.d.F. der Richtlinie zur Änderung der Richtlinie 84/450/EWG zwecks Einbeziehung der vergleichenden Werbung vom 6.10.1997, ABl. EG Nr. L 290 vom 23.10.1997, S. 18. Die Richtlinie hat durch die UGP-RIL nicht nur sprachlich, sondern auch inhaltlich weitreichende Änderungen erfahren.

81 Schwarze 1999, S. 10.

82 So gibt es beispielsweise Untersuchungen, die belegen, wie groß der Anteil der Verbraucher ist, die weitere Geschäftsabschlüsse tätigen, wenn sie aufgrund eines Sonderangebotes einmal ein Geschäftslokal betreten haben. Vgl. Zumschlinge, Andreas: Das Verbot mit Preisgegenüberstellungen (§ 6e UWG) in rechtsvergleichender und europarechtlicher Sicht, Diss. Universität

(Garantie, Zahlungsbedingungen, Aussagen wie „Die Preise fallen wie noch nie …“[83] etc.), die Kommunikationspolitik (z.B. das Direktmarketing, Ausstellungen und Messen oder Events) und schließlich die Vertriebspolitik (Logistiksystem etc.).

Werbung benötigt Vertriebswege. Zu sprechen ist in diesem Zusammenhang von Werbeträger, Werbemittel oder Medien. Sie transportieren bzw. streuen die Werbebotschaften an die Empfänger bzw. Zielgruppen und werden deshalb auch als Streumedien bezeichnet. Man unterscheidet zwischen Insertionsmedien - wozu zum Beispiel Zeitschriften, Tageszeitungen, Anzeigenzeitungen bzw. Anzeigenblätter gehören, und elektronischen Medien - Hörfunk, Fernsehen, Internet[84]. Insgesamt gab es beispielsweise im Jahr 2006 367.982 statistisch erhobene mediale Werbeträger - Tageszeitungen, Wochenzeitungen, Anzeigenblätter bzw. Anzeigenzeitungen, Publikumszeitschriften, Plakatanschlagstellen, Kinoleinwände, Fernseh- oder Hörfunksender.[85] Noch 2000 waren es 427.492 mediale Werbeträger. Nicht berücksichtigt sind in dieser Darstellung digitale Angebote (Internet) oder andere Werbemaßnahmen (Flyer, Werbeschilder an Geschäftseingängen etc.), die statistisch kaum erhoben werden können.

2.2 Zweck und Geschichte

Wirtschaftswerbung stellt in einem marktwirtschaftlichen System einen wichtigen Faktor des Wettbewerbs dar. „Das bloße Anbieten eines Produktes bzw. einer Dienstleistung auf dem Markt“ genüge „in der Regel angesichts der unüberschaubaren Angebotspalette nicht, um diese auch mit Erfolg abzusetzen“.[86] Jede Wirtschaftskalkulation umfasse daher, so *Binder*, einen Posten Werbung.[87] Ohne Werbung könne zumindest in Wirtschaftssystemen, wie sie in den modernen Industriestaaten bestehen, weder der freie Wettbewerb, der Angebot und Nachfrage auf dem freien Markt koordiniere, noch die Marktwirtschaft funktionieren, ist *Stiess* überzeugt.[88] *Perau* ergänzt, dass ohne Werbefreiheit die Selbststeuerungsprozesse in einer offenen Marktwirtschaft nicht funktionierten.[89]

München, 1991, Verlag V. Florentz GmbH, München 1992, S. 59.

83 Ebd., S. 238.

84 Vgl. Seebohn 1999, S. 244ff.

85 Vgl.: Werbung in Deutschland 2007, ZAW-Edition, S. 204.

86 Stiess, Katia: Schutz der Wirtschaftswerbung durch Verfassungsrecht und Gemeinschaftsrecht, in: Rechtswissenschaftliche Forschung und Entwicklung, Diss. München 1999, VVF Verlag V. Florentz GmbH, München 2000, S. 32.

87 Binder, Jochen: Zwischen Standesrecht und Marktwirtschaft. Ärztliche Werbung zu Beginn des 20. Jahrhunderts im deutsch-englischen Vergleich, Diss. Freiburg (Breisgau) 2000, Peter Lang GmbH Europäischer Verlag der Wissenschaften, Frankfurt a.M. 2000, S. 24.

88 Vgl. Stiess 2000, S. 32.

89 Perau, Guido: Werbeverbote im Gemeinschaftsrecht. Gemeinschaftliche Grenzen nationaler und gemeinschaftsrechtlicher Werbebeschränkungen. Eine Untersuchung der Werberegelungen in der Fernsehrichtlinie sowie in den Vorschlägen der Kommission über die vergleichende Werbung und die Tabakwerbung, Diss. Universität Trier 1996, Nomos Verlagsgesellschaft, Baden-Baden 1997, S. 34f.

Dass Werbung für den Absatz von Waren sinnvoll sein kann, dies verstanden schon vor Jahrhunderten chinesische Porzellanfabrikanten, ebenso ägyptische Töpfer, die ihre Waren mit einfachen Zeichen von der Konkurrenz abzugrenzen suchten. Auch im Römischen Reich wurden die Waren für weit entfernte Provinzen speziell gekennzeichnet und eine Herkunftsauszeichnung als werbliches Qualitätssiegel verwendet. Bereits im 3. Jahrhundert v. Chr. nutzten griechische Gaststätten, wie auch Handwerker, Werbeschilder in eigener Sache. Im Mittelalter erfüllten in Europa vor allem die Zünfte eine wichtige Werbefunktion im Sinne einer Qualitätsgarantie, aber auch im Sinne des eingeschränkten Wettbewerbs zum Wohle der Zunftmitglieder (nicht jeder durfte der Zunft beitreten). Bereits im Jahre 1336 ordnete der Zürcher Bürgermeister Rudolf Brun die Einführung des Zunftwesens in Zürich an - und zwar als Erstes für die Krämerzunft, also den Handel. In London schritten bereits 1419 die Londoner Stadtbehörden ein und ordneten an, dass die Wirtshäuser ihre Werbeschilder („alestakes") nicht länger als 7 Fuß lang gestalten dürften, da sie andernfalls die Reiter behinderten.[90]

Mit der Erfindung der Druckerpresse im 15. Jahrhundert war der Siegeszug der Werbung nicht mehr aufzuhalten. 1633 erschien in Paris bereits das erste Anzeigenblatt. Das Gleiche gilt für England. Hier erscheint 1657 das erste Anzeigenblatt in englischer Sprache namens *Public Adviser* - hier wurde zum Beispiel Kaffee beworben.[91] 1650 erschien in Leipzig die erste „echte" Tageszeitung der Welt. Die Vorgängerpublikationen waren eher unregelmäßig, im besten Falle noch wöchentlich erscheinende Printerzeugnisse gewesen.[92] Spätestens die Entstehung von Markenprodukten wie Dom-Pérignon-Champagner (1743), Coca-Cola (1886), Leibnitz-Cakes (1892), Odol (1893), Johnnie Walker (die Johnnie-Walker-Figur wurde bereits 1820 kreiert[93]) oder Michelin (1891; bereits 1898 war erstmals die berühmte Michelin-Figur auf einem Werbeplakat zu sehen[94]) gilt vielen als endgültiger Siegeszug der Werbung. Viele dieser Produkte haben seit über 100 Jahren ein ähnliches Corporate Design oder arbeiten zumindest mit wiederkehrenden Elementen. So ist der Kunstwissenschaftler *Grasskamp* überzeugt, dass beispielsweise immer wieder eingesetzte Werbefiguren einen Markennamen und eine Produktsorte so im Bewusstsein der Öffentlichkeit verankern können, dass später der bloße Auftritt der Figur genüge, um „die Mehrzahl der Betrachter mit Pawlowscher Sicherheit Markennamen und Produkt assoziieren zu lassen".[95]

Andere wiederum sehen einen früheren Zeitpunkt, das Jahr 1829, als Geburtsstunde der modernen Massenwerbung. Damals habe, soweit bekannt, erstmals ein Pariser *Warenhaus* eine kurze Empfehlung in einer Pariser Zeitung drucken lassen -

90 Vgl. Nagel 1992, S. 36f.
91 Vgl. Schnierer 1999, S. 14, 19.
92 Vgl. Presseschau! 400 Jahre Zeitungen in Hamburg. Dokumentation, Deutsches Pressemuseum (Hg.) 2006, S. 21.
93 Grasskamp, Walter: Konsumglück. Die Ware Erlösung, Verlag C. H. Beck, München 2000, S. 108.
94 Ebd., S. 107.
95 Ebd., S. 108.

eine frühe Form der heute allgegenwärtigen Handelswerbung.[96] Um 1850 entstanden außerdem, so *Christiane Lamberty*, in den USA die ersten farbigen Reklameplakate; 1855 sei in Berlin die erste Litfaßsäule für Werbezwecke aufgestellt worden, und um 1890 sei vermutlich in New York die erste Lichtreklame installiert worden.[97]

Vielen gilt trotz all der frühen Formen von Werbung folgende Aussage als gültig: *The great breakthrough for advertising only came in the late nineteenth century*. Als früher Trendsetter für Werbung falle vor allem die Heilmittelwerbung auf, die Bücherwerbung sowie die Handelswerbung.[98] Dennoch war auch in der Industrie Werbung lange Zeit verpönt. Als prominentes Beispiel wird gerne Ford genannt. Das Unternehmen hatte bis in die 20er Jahre des 20. Jahrhunderts hinein Werbung mehr oder weniger abgelehnt. „1927 sah sich Ford dann gezwungen, seiner Abneigung gegen Werbung zum Trotz, eine massive Werbekampagne zu starten, da das Unternehmen immer stärker von Wettbewerbern unter Druck geriet."[99]

Je stärker die Industrialisierung in den Jahrhunderten voranschritt, desto größer wurde die Bedeutung von Werbung. Heute wird ein Prozent des Bruttoinlandsproduktes (BIP) in Deutschland für Werbung investiert (für Honorare, Werbemittelproduktion, Medienkosten). Dies entsprach im Jahr 2006 30,23 Mrd. €. Rund 330.000 Menschen arbeiten hierzulande im Bereich der Werbung/Medien. Für Medien stellen Werbeeinnahmen eine wichtige Größe dar, oder um *Turner* zu zitieren, „advertising ist the newspaper's backbone"[100]. Im Einzelnen werden folgende Funktionen der Werbung unterschieden:

> Information, d.h. die Werbung soll den Verbraucher über Existenz, Beschaffenheit und Leistungsvermögen des Produktes / der Dienstleistung informieren und damit die Markttransparenz im Sinne eines funktionierenden Wettbewerbs erhöhen. Beispiel: Niemand kauft einen Computer ohne sich mittels der Werbung umfangreich über das Preis-Leistungs-Verhältnis zu informieren.
>
> Suggestion, d.h. Werbung soll den Verbraucher so beeinflussen, dass dessen möglicher Kaufwiderstand, losgelöst vom kritischen Denken, weitgehend ausgeschaltet wird.
>
> Bedarfsweckung, d.h. Werbung soll den Bedarf für ein z.B. neuartiges Produkt wecken und damit das Verbraucherverhalten zugunsten eines bestimmten Angebotes verändern.
>
> Bestätigung, d.h. Werbung soll den Verbraucher in seinem Kaufverhalten bestätigen und damit zum Wiederkauf eines bestimmten Produktes veranlassen.

---

96 Vgl. Schnierer, Thomas: Soziologie der Werbung, Leske + Budrich, Opladen, 1999, S. 22ff.

97 Lamberty, Christiane: Reklame in Deutschland 1890-1914. Wahrnehmung, Professionalisierung und Kritik der Wirtschaftswerbung, Duncker&Humblot, Berlin, 2000, S. 185, 230, 205.

98 Zitiert nach: Schnierer, Thomas: Soziologie der Werbung, Leske + Budrich, Opladen, 1999, S. 25.

99 Vgl. Schnierer 1999, S. 27.

100 Turner, E.S.: The Shocking History of Advertising, London 1952, S. 29.

Absatzerleichterung, d.h. Werbung soll den Käufer (vor allem bei Investitionsgütern) positiv für das Produkt vorkonditionieren, so dass ein späteres persönliches Verkaufsgespräch erleichtert wird.[101]

Bis heute gibt es in der Betriebswirtschaft kein allgemein gültiges theoretisches Modell, das die Wirkungsweise der Werbung für die unterschiedlichsten Produkte und Dienstleistungen erklären könnte. Es soll hier lediglich das bekannteste Modell namens AIDA kurz dargestellt werden. Es wurde bereits 1898 von dem Amerikaner *E. St. Elmo Lewis* entwickelt und hat in der einschlägigen Literatur immer noch Gültigkeit. Dementsprechend durchlaufen Werbebotschaften mehrere Stufen:

Attention (Aufmerksamkeit)

Interest (Interesse wecken)

Desire (Wunsch / Verlangen wecken)

Action (Handlung auslösen).

Voraussetzung für die AIDA-Formel sei, dass es sich in der Regel um ein unbekannteres Produkt handele, das für den potentiellen Käufer mit einem relativ hohen Risiko hinsichtlich einer falschen Kaufentscheidung behaftet sei, führt *Nagel* aus.[102] Seit Jahrzehnten besteht eine hitzige Debatte in der Wissenschaft, aber auch Gesellschaft (auch auf politischer Ebene) darum, inwiefern Werbung tatsächlich für Konsum verantwortlich zu machen ist. Dabei gibt es, grob gesagt, zwei Theorieansätze, die aber nicht im Gegensatz zueinander stehen, sondern sich eher ergänzen. Die eine Theorie besagt, dass Werbung primär einen *Kampf um Marktanteile zwischen Wettbewerbern* darstelle. Die andere Theorie besagt, Werbung sei auch primär der *Kampf um das Wecken von Bedürfnissen* für Produkte, die eigentlich nicht notwendig, aber für das Wirtschaftssystem insgesamt unerlässlich seien. Letzteres wird zum Beispiel mit „Tinnef-Wirtschaft" umschrieben. Tinnef steht für „nutzlose Ware" und tauchte im deutschen Wortschatz zunehmend im 19. Jahrhundert auf. Tinnef ist dem hebräischen Wort tinnuf (jiddisch tinnef) entlehnt, das „Schmutz" bedeutet.

Michael von Braunmühl, ehemaliger Rechtsanwalt und Justitiar der *König-Brauerei GmbH* in Duisburg (König Pilsener), relativiert die These von der Werbung als dem Kampf um das Wecken von Bedürfnissen anhand der Alkoholwerbung:

> Dagegen steht eine andere Erkenntnis in der Politik noch bevor, nämlich dass die Werbung erst im frühen letzten Jahrhundert begonnen hat [Anm.: für Alkohol] … Trunkenheit aber offenbar zeitlos ist, siehe Antike, und in Ländern ohne Werbung durchaus nicht weniger vorkommt, eher im Gegenteil, siehe Osteuropa bis 1990. Wenn die Politik sich umfassender informieren, d.h. in die Niederungen der Alltagstatsachen bei Unternehmen und Märkten hinabsteigen würde … könnte sie feststellen, dass sich [Anm.: beispielsweise] die Brauer brennend

101 Nagel 1992, S. 33f.
102 Nagel 1992, S. 34f.

> für Veränderungen des eigenen Marktanteils interessieren, diese Veränderungen täglich minutiös verfolgen und die Zusammenhänge mit der örtlichen und überörtlichen Werbung, mit Verkaufsförderungskampagnen, mit der Preisgestaltung, mit der Lage von Feiertagen, mit dem Wetter usw. ins Auge fassen, aber normalerweise nicht die geringste Aufmerksamkeit der Entwicklung z.B. des Teeverbrauchs widmen. Werbeverbotsanhänger müssten sich demgegenüber vorstellen, dass die Brauer oder ihre Verbandsvertreter an ihren Bildschirmen sitzen und gespannt schauen, ob es ihnen gelungen ist, die Teetrinker dazu zu bringen, von ihrem täglichen Konsum ... an andere Getränkehersteller abzugeben ...[103]

Für die Industrie bestehe das Problem darin, so *Schnierer*, dass „bei der Mehrzahl der angebotenen Produkte und Dienstleistungen (nicht bei allen!)" heute das Marktpotential weitgehend ausgeschöpft sei, was zu verstärkter Konkurrenz und zu Verdrängungswettbewerb führe. Die meisten Produkte seien ausgereift und von ihrer Funktionalität her mehr oder weniger austauschbar, wodurch das Marketing vor besondere Herausforderungen gestellt werde.[104]

Früher wurde im Zusammenhang mit der Bedeutung des Produktabsatzes für ein Wirtschaftssystem gerne auf die Sicherung von Arbeitsplätzen verwiesen. Da zunehmend Produkte in Asien und ähnlich strukturierten Regionen (billiger) produziert werden, steht der Zusammenhang *Absatz im Binnenmarkt = Arbeitsplätze im Binnenmarkt* auch in der Wissenschaft auf dem Prüfstand. Beispielsweise teilte das Statistische Bundesamt mit, im Jahr 2005 sei Weihnachtsschmuck im Wert von 122 Mio. Euro nach Deutschland eingeführt worden. Die Importe stammten zu 76% aus China.[105] Ähnlich hoch ist mittlerweile die Einfuhrquote für Schuhe. So seien allein im ersten Halbjahr 2006 nach vorläufigen Ergebnissen der Außenhandelsstatistik 228,5 Mio. Paar Schuhe im Gesamtwert von 2,1 Milliarden Euro nach Deutschland geliefert worden. Dabei kamen die meisten Schuhe aus China: 101,9 Mio. Paar (44,6%) mit einem Einkaufswert von 523,4 Mio. Euro. Das zweitwichtigste Lieferland war Vietnam (36,5 Mio. Paar Schuhe; Anteil: 16%; Warenwert: 295,5 Mio. Euro). Damit stammen rund 60% der nach Deutschland importierten Schuhe aus China oder Vietnam. Erst an dritter Stelle kommt ein europäisches Land: Die Italiener führten 21 Mio. Paar Schuhe nach Deutschland ein. Dies entspricht einem Importanteil in Höhe von 9,2% und einem Warenwert von 307,3 Mio. Euro.[106]

Selbst im boomenden Markt die Digitalkameras stammen die meisten in Deutschland verkauften Produkte aus Asien: Im Jahr 2005 wurden 15,3 Mio. Digitalkameras im Gesamtwert von 1,9 Milliarden Euro nach Deutschland importiert. Mengenmäßig lag China mit 61% oder 9,4 Mio. Stück an der Spitze der Lieferländer, gefolgt von

---

103 Braunmühl, Michael von: Statement zu den Folgen produktspezifischer Werbeverbote, in: Werbung und Werbeverbote im Lichte des europäischen Gemeinschaftsrechts, Hg. Jürgen Schwarze, Schriftenreihe Europäisches Recht, Politik und Wirtschaft, Nomos, Baden-Baden 1999, S. 80f.

104 Vgl. Schnierer 1999, S. 32.

105 Pressemitteilung des Statistischen Bundesamtes: Weihnachtsschmuck kommt überwiegend aus China, 12.12.2006, S. 1

106 Pressemitteilung des Statistischen Bundesamtes: Gut 60% der Schuhimporte kommen aus China und Vietnam, 12.9.2006, S.1

Japan mit 19% oder 2,9 Mio. Stück. Während Digitalkameras aus China zu einem Durchschnittswert von knapp 100 Euro eingeführt wurden, kostete eine solche Kamera aus Japan im Schnitt etwa 230 Euro.[107] Diese Beispiele zeigen: Werbung trägt nicht zwangsläufig zum Erhalt der hiesigen Industrien und von Arbeitsplätzen zumindest im produzierenden Gewerbe bei.

Trotz der großen Bedeutung, die Werbung für die Wirtschaft hat, kommt *Christof Fechler* 1975 zu dem Urteil: „Jeder Fachmann weiß, dass es nichts tödlicheres gibt, als für ein schlechtes Produkt oder eine schlechte Dienstleistung viel Werbung zu machen. Und genau aus diesem Grund heraus sind auch die Werbeleute wohl die engagierteste Gruppe, um zusammen mit der werbungtreibenden Wirtschaft permanent über bessere Produkte und bessere Dienstleistungen nachzudenken."[108] Unabhängig davon, was nun wie und in welchem Umfang beworben wird, weist der Kampf um Marktanteile die Richtung zu einem ganz anderen Punkt: der gesellschaftlichen Kritik, der sich Werbung seit über 100 Jahren stellen muss.

2.3 Werbung in der Kritik

Bereits 1880 wurde nach *Christiane Lamberty* „die ‚Nervosität'", die viel diskutierte Krankheit der Moderne, in der Großstadt verortet. Sie sei „zu einer äußerst populären Krankheit" geworden, und „das Thema Reizüberflutung und Nervosität" habe „große Aufmerksamkeit" erregt.[109] Die zunehmende Werbung im Bild der Städte trug dazu maßgeblich bei, was wiederum mit der Industrialisierung und der Zunahme an Waren- bzw. Kaufhäusern geschah. Bereits 1902 glaubte der Psychologe *Willi Hellpach*, das Zurschaustellen von Waren fördere das materielle Denken und ziehe ein wachsendes „Tempo des Verbrauchs" nach sich.[110]

Die Kritik an der Werbung ist letztlich so alt wie die Werbung selbst. Vor bald 50 Jahren, 1958, ging beispielsweise *Vance Packard* so weit, zu sagen, Werbung *entmündige* gar die Verbraucher durch gezielte tiefenpsychologische Manipulation.[111] *Packard*, ein Journalist, hatte in seinem Buch *The hidden persuaders (Die geheimen Verführer)* erstmals die „Theorie der subliminalen Manipulation" zu Papier gebracht und damit die breite Öffentlichkeit nachhaltig verstört.[112] Andere wiederum halten Werbung für ein Mittel des Konsumterrors. Ein weiterer Vorwurf: Werbung trage zu Preiserhöhungen bei und habe letztlich überhaupt keinen gesellschaftlichen Nutzen.[113] Die These von der allumfassenden tiefenpsychologischen Manipulationsfä-

107 Pressemitteilung des Statistischen Bundesamtes: 15 Millionen Digitalkameras im Jahr 2005 importiert, 19.12.2006, S. 1.

108 Fechler, Christof: Doppelte Moral – Beobachtungen eines Produzenten, in: Fernseh-Kritik. Werbung im Fernsehen, hg. v. Heygster, Anna-Luise v., Maseberg, Eberhard, v. Hase & Kohler Verlag, Mainz 1975, S. 108.

109 Lamberty 2000, S. 59.

110 Hellpach, Willi: Nervosität und Kultur, Berlin 1902, S. 69.

111 Packard, Vance: Die geheimen Verführer – Der Griff nach dem Unbewußten in jedermann, Econ, Düsseldorf 1958.

112 Ebd.

113 Hartewich, Oliver Marc: Wettbewerb, Werbung und Recht. Eine Kritik des Rechts des unlauteren

higkeit von Werbung („Subliminale Werbung") fand neben *Packard* einen weiteren Anhänger in *James Vicary.* Dieser behauptete medienwirksam, ihm sei es gelungen, durch Werbeeinblendungen in Kinofilmen, die nur für eine dreitausendstel Sekunde zu sehen gewesen seien, den Absatz von Cola und Popcorn zu steigern. Zwar wurden diese Behauptungen durch andere Forscher niemals belegt, und es stehen bis heute Beweise aus, „aber die Idee, Werbung sei eine finstere Geheimwissenschaft, die nur dazu diene, Verbraucher zu entmündigen und fernzusteuern, fand viele Anhänger".[114]

An der Popularität solcher und ähnlicher Vorstellungen konnte auch nichts ändern, dass *James Vicary* 1962 eingestehen musste, dass seine Untersuchung nie stattgefunden und er seine Werbe-These erfunden hatte, um sein eigenes Marktforschungsunternehmen ins Gespräch zu bringen."[115] Ähnlich beurteilen manche auch *Packards* These von der tiefenpsychologischen Manipulation und sprechen posthum davon, der Amerikaner habe mit seinem Buch *The hidden persuaders* einen „Höhepunkt" der „Verketzerung der Werbung" geliefert.[116] Obwohl die tiefenpsychologische Wirkung von Werbung bis heute nie bewiesen werden konnte, gehöre sie „zur Allgemeinbildung" des kritischen Verbrauchers und Verbraucherschützers, so *Oliver Marc Hartewich.*[117] Dennoch bleibt festzustellen: Subliminale Werbung ist in Deutschland gem. § 7, Satz 3 des Rundfunkstaatsvertrages verboten. *Roland Bornemann* führt aus: „Ordnungswidrig handelt, wer als Veranstalter von bundesweit verbreitetem Rundfunk vorsätzlich oder fahrlässig in der Werbung oder im Teleshopping entgegen § 7 Abs. 3 Satz 3 RStV unterschwellige Techniken einsetzt (§ 49 ABs. 1 Satz 1 Nr. 15 RStV)."[118]

Nach *Edward Hastings Chamberlins* Werbetheorie der monopolistischen Konkurrenz wiederum, welche er 1950 publizierte, ließen sich Werbemaßnahmen schlicht in *gut* und *böse* unterteilen: einerseits die wahre, informative und begrüßenswerte Verbraucheraufklärung, andererseits die irreführende, suggestive und abzulehnende Nachfragemanipulation.[119] Chamberlins These wurde von *John Kenneth Galbraith* weitergedreht und in seinem Hauptwerk *The affluent society* 1958 publiziert:

> The even more direct link between production and wants is provided by the institutions of modern advertising and salesmanship. These cannot be reconciled with the notion of inde-

---

Wettbewerbs aus historischer, rechtsvergleichender und ökonomischer Sicht – zusammengeführt am Beispiel der vergleichenden Werbung, Diss., Ruhr-Universität Bochum, Juristische Fakultät, Herbert Utz Verlag, München 2003, S. 296.

114 Hartewich 2003, S. 297f.

115 Vgl. ebd., S. 298.

116 Degen, Kurt Markus: Werbung für Übermorgen. Die leise Reform der Gesellschaft durch Werbung, Sponsoring und Public Relations, Ringier AG, Zürich 1995, S. 17.

117 Hartewich 2003, S. 297f.

118 Bornemann, Roland: Ordnungswidrigkeiten in Rundfunk und Mediendiensten, Schriftenreihe Kommunikation, Verlag Recht und Wirtschaft, Heidelberg 2001, S. 76.

119 Chamberlin, Edward Hastings: The theory of monopolistic competition – a re-orientation of the theory of value, 6. Auflage, Harvard University Press, Cambridge (Massachusetts) 1950, S. 118ff.

pendently determined desires, for their central function is to create desires - to bring into being wants that previously did not exist.[120]

Auch *Galbraith* schaffe mit seiner These die düstere Vorstellung, kritisiert *Hartewich*, von einer Werbung, die lediglich manipuliere, Bedürfnisse schaffe, Nachfrage umlenke und den Verbraucher insgesamt entmündige, ihn seiner sogenannten ‚Konsumsouveränität' beraube.[121] *Thomas Schnierer* erteilt den allzu versteckten Werbemaßnahmen bzw. der Möglichkeit, mittels subliminaler Werbung Konsumenten zu beeinflussen, ebenfalls ein Absage und stützt sich in seiner Argumentation auf durchgeführte Experimente: „In Untersuchungen wie denen von Cuperfain & Clarke (1985) oder Weinstein et al. (1986) werden Wahrnehmungselemente verwendet, die bei voller Aufmerksamkeit und entsprechenden Hinweisen zumindest partiell sicherlich wahrnehmbar sind, von Versuchsteilnehmern aber nach eigener Auskunft nicht wahrgenommen wurden." Ein Hauptziel der Werbung sei es aber gerade, dass sie *wahrgenommen werden wolle*: „Wenn wir aber alle tagtäglich von unterschwellig wirkender Werbung umgeben sind, warum stellt dann … kaum jemand die Existenzberechtigung klassischer Werbung in Frage", so *Schnierer* provokativ.[122]

Dass Kritik an der Werbung auf eine lange Historie blickt, zeigt auch eine Äußerung des NS-Reichsministers Joseph Goebbels auf dem Werbekongress in Wien 1937. Er sagte, er glaube, dass „eine überhebliche ablehnende Meinung" gegenüber der Werbeindustrie darauf beruhe, dass „mit dem Wort ‚Reklame' sehr verschiedene und nicht immer schmeichelhafte Begriffe und Werturteile verbunden" seien. So forderte er „Wahrheit der Argumentation und Klarheit der vorgetragenen Gedankengänge". Die Bedeutung dieser Grundsätze sei auch dadurch untermauert, dass „Lauterkeit kaufmännischen Handelns" und „Wahrheit in der Werbung" 1937 auf dem *Internationalen Handelskongress* der *Internationalen Handelskammer* in Berlin als zu berücksichtigende Werte festgeschrieben worden seien. Außerdem sagte *Goebbels*, er betrachte als Vorsitzender der ausführenden Behörde des *Deutschen Werberates* (bestand bereits 1933), welche u.a. zur Lauterkeit der Werbung beitrage, diese Institution „von Jahr zu Jahr" mit „wachsendem Stolz".[123] Allerdings gehörte zur Aufgabe des Deutschen Werberates 1933 nicht nur die Lauterkeit der Werbung sicherzustellen, sondern auch inhaltliche Vorgaben zu geben:

> Die Werbung hat in Gesinnung und Ausdruck deutsch zu sein. Sie darf das sittliche Empfinden des deutschen Volkes, insbesondere sein religiöses, vaterländisches und politisches Fühlen und Wollen nicht verletzen. Die Werbung soll geschmackvoll und ansprechend gestaltet sein. Verunstaltungen von Bauwerken, Ortschaften und Landschaften haben zu unterbleiben.[124]

120 Galbraith, John Kenneth: The Affluent Society, Hamish Hamilton, Boston/London 1958, S. 155.

121 Hartewich 2003, S. 308.

122 Schnierer 1999, S. 47ff.

123 Reichsminister Dr. Goebbels vor den Werbefachleuten des Kontinents, in: werben & verkaufen, 1937, S. 256.

124 Zitiert nach Heuer, Gerd: Die Entwicklung der Annoncen-Expedition in Deutschland, Frankfurt

Besonders die Rundfunkwerbung, da wesentlich schwerer kontrollierbar als Printwerbung, war den Nationalsozialisten ein Dorn im Auge. So wurde 1936 die Hörfunkwerbung komplett verboten.[125] Der Staat, das Propagandaministerium, hatte „die Werbung durch Vorschriften und Gesetze zwar unter Kontrolle, jedoch auf Kosten der Kreativität", schreibt *Ingenkamp*.[126] In deutlich abgewandelter Form wurde der *Deutsche Werberat* 1972 wieder gegründet.

Obgleich, das belegen zahlreiche Studien, die Bundesbürger durchaus großen Nutzen in der Werbung sehen, ist doch auch eine Distanz zu beobachten, was die Glaubwürdigkeit werblicher Aussagen betrifft. Im Durchschnitt schenken 53 Prozent der Deutschen den Marketingbotschaften der Werbungtreibenden Glauben (Stand: 2005). Dies belegt das von der Fachzeitschrift *Horizont* regelmäßig publizierte Kommunikationsbarometer.[127] Dennoch sind auch 85,6% der Deutschen überzeugt, Werbung schaffe künstliche Bedürfnisse.[128] *Walter Grasskamp*, Professor für Kunstgeschichte an der Akademie der Bildenden Künste in München, fasst dies in seinen Worten zusammen. Für ihn seien beispielsweise Labels, Konsummarken, „Stammesmarkierungen", sie seien kein Zeichen des Konflikts, „sondern der marktwirtschaftlich befriedeten Differenz". Als „Ausgehuniformen des Individualismus" beglaubigten sie „Kants Utopie, dass die bürgerlichen Handelsinteressen der Zivilisation zuarbeiten". *Grasskamp* verweist auf *Diedrich Diederichsen*, der bereits 1987 festgestellt habe, dass insbesondere Kleidungsmarken letztlich Körpermarkierungen seien, um soziale Identität zu inszenieren. Dieses Bedürfnis sei letztlich „eine hausgemachte Inflation" bzw. eine „Weltbedeutungskrise".[129]

Boris Groys urteilte in seinem Essay *Der Wille zur totalen Produkten*, nichts werde „so gerne kritisiert, wie die Kritik am Konsum" (und damit auch an der Werbung).

> Bloß zu konsumieren scheint moralisch verwerflich zu sein - in erster Linie soll man produzieren, schaffen, kreativ sein. Die negative Beurteilung des Konsums findet quer durch fast alle ideologischen Grenzen Zustimmung ... Sie alle bewerten den Konsum als etwas Unwürdiges, gegenüber der Produktion Minderwertiges.[130]

Bei aller Kritik an der Werbung besteht Einigkeit, dass Werbung nicht von der Gesellschaft losgekoppelt be- bzw. verurteilt werden könne. Für die einen ist die Werbung „ein Spiegel der Gesellschaft", was *Jacques Séguéla* falsch findet. Für ihn ist Werbung sogar der Detektor der Veränderungen der Menschen.[131] Für *Schmidt u.*

a.M. 1937, Anhang XI.

125 Zitiert nach: Westphal, Uwe: Werbung im dritten Reich, Transit, Berlin 1989, S. 48.

126 Ingenkamp, Konstantin: Werbung und Gesellschaft. Hintergründe und Kritik der kulturwissenschaftlichen Reflexion von Werbung, Peter Lang Verlag, Frankfurt a.M. 1996, S. 242f.

127 //light.horizont.net/knowhow/kommunikationsbarometer/pages/show.prl?id=62&backid=12

128 Vgl.: Kloss, Ingomar: Advertising in Germany, in: Advertising worldwide, Springer, Berlin 2001, S. 118–148.

129 Grasskamp, Walter: Konsumglück. Die Ware Erlösung, Verlag C. H. Beck, München 2000, S. 12.

130 Groys, Boris: Der Wille zur totalen Produktion. Über die Verachtung des Konsums und ihre Motive, in: FAZ, Beilage Bilder und Zeiten, 1992.

131 Séguéla, Jacques: Séguélas Werbevision, in: Werben & Verkaufen Nr. 35, 1991, S. 24.

Spieß wiederum erweise sich Werbung als ein „sensible[s] *Barometer* soziokultureller Wandlungsprozesse". Sie kritisieren aber auch die *Omnipositivität* an Werbung.[132] Auch *Reinhard* sieht die Werbung als einen „wesentliche[n] Seismograph[en]" der Gesellschaft, aber nicht nur in der Gegenwart, sondern „... dessen, was ist und dessen, was wird".[133] Dem halten Kritiker entgegen, Werbung agiere mit einer Ausblendungsregel: „Alles, was die Überzeugungskraft einer Information oder eines Argumentes bzw. die (Oberflächen-)Attraktivität eines Produktes oder einer Person beeinträchtigen könnte, wird ausgeblendet. Werbung produziert ausschließlich positive Botschaften ...".[134]

Deshalb möchten *Belk u. Pollay* nicht von der Rolle der Werbung als *Spiegel der Gesellschaft* sprechen. Für sie ist Werbung vielmehr ein „family album of society". Dabei stehe das Fotoalbum für eine verzerrte Wiedergabe gesellschaftlichen Lebens. Entsprechend sei verständlich, warum Dinge gerne ausgespart blieben.[135] *Kjell Nowak* sieht ebenfalls eine verzerrte Darstellung der Realität durch Werbung, allerdings beruhe dies auf einer durchschaubaren Systematik und sei deshalb gut in den Griff zu bekommen. Er spricht von einem „systematically biased ‚mirror' of ‚society'".[136] Wieder andere kritisieren an der Werbung, sie laufe dem Zeitgeist hinterher, statt ihn zu beflügeln.[137]

Insgesamt betrachtet, glaubt *Schnierer* zu beobachten, bestehe seit den 70er Jahren des 20. Jahrhunderts ein klaren Trend weg von der „dramatischen Überbewertung" des Einflusses von Werbung auf individuelles Konsumverhalten. Vor allem die Kommunikationswissenschaft habe hier entscheidend dazu beigetragen, den Konsumenten weniger passiv, sondern souveräner zu sehen:

> Es geht genauer gesagt um einen Wandel in der Betrachtung der Massenkommunikation, der dazu geführt hat, dass ganz allgemein die Einschätzung des Einflusses der Massenmedien, und damit zwangsläufig auch die Einschätzung der Auswirkungen der über Massenmedien laufenden Werbung eine deutliche Entdramatisierung erfahren hat ... Die Rezipienten erscheinen dabei tendenziell als souveräne Mediennutzer, die sich aus dem medialen Angebot aktiv das herausholen und ihren Zwecken anpassen, was sie brauchen, und was ihnen gut tut. ... Anderer-

132 Schmidt, Siegfried u. Spieß, Brigitte: Die Geburt der schönen Bilder. Fernsehwerbung aus der Sicht der Kreativen, Westdeutscher Verlag, Opladen 1994, S. 32, 134.

133 Reinhard, Dirk: Vom Intelligenzblatt zum Satellitenfernsehen: Stufen der Werbung als Stufen der Gesellschaft, in: Borscheid, Peter u. Wischermann, Clemens (Hrsg.): Bilderwelt des Alltags. Werbung in der Konsumgesellschaft des 19. und 20. Jahrhunderts, Franz Steiner, Stuttgart, S. 44–63.

134 Schmidt, Siegfried u. Spieß, Brigitte: Geschichte der Fernsehwerbung in der Bundesrepublik Deutschland, Bd. 4: Unterhaltung, Werbung und Zielgruppenprogramme, Hrsg.: Erlinger, Hans Dieter u. Foltin, Hans-Friedrich, Wilhelm Fink, München 1994, S. 234.

135 Belk, Russel W. u. Pollay, Richard W.: Images of Ourselves: The Good Life in Twentieth Century Advertising, in: Journal of Consumer Research 11, 1985, S. 887-897.

136 Nowak, Kjell: Cultural Indicators in Swedish Advertising 1950–1975, in: Melischek, Gabriele / Rosengren, Kar Erik & Stappers, James (Hrsg.): Cultural Indicators: An International Symposium, Verlag der Österreichischen Akademie der Wissenschaften, Wien 1984, S. 217–235.

137 Schnierer, zitiert nach Schmidt u. Spieß 1996, S. 49.

> seits ist das ...[das] Ergebnis jahrzehntelanger Forschungsarbeit, die darauf hinausläuft, dass [die Medien- und Werbemacht] eindeutig überschätzt wurde.[138]

Einen ganz anderen Gedanken bringt *Niklas Luhmann* ins Spiel. Für ihn versorge Werbung „Leute ohne Geschmack mit Geschmack“. Dieses wiederum stößt bei *Schnierer* auf Kritik. Er bezeichnet Luhmanns Auseinandersetzung mit Werbung (und Medien) als „etwas sprunghaft“. Außerdem sei es „etwas irritierend“, dass *Luhmann* der Werbung obendrein ausschließlich die Zuständigkeit für Geschmacksfragen zuordne.[139] *Fritz* stimmt *Luhmann* ebenfalls nicht zu. Für ihn könne Werbung „immer nur reaktiv bestehende Trends in einer Kultur aufgreifen und evtl. verstärken“. Nicht jedoch vermöge diese „selbstständig zu kreieren“.[140] So gelangt denn *Schnierer* zu dem Fazit, Werbung sei nicht der *Spiegel der Gesellschaft*, sondern ein *„Spieglein an der Wand“,* das früher fast ausschließlich Adressatinnen und heute in zunehmendem Maße auch Adressaten fortwährend vor Augen führe, „dass sie bei weitem nicht die Schönsten sind im ganzen Land“.[141] Diese These kommt der Sichtweise von der Werbung als Bestandteil des „day-dreamings“ recht nahe.[142] *Schnierer* verweist auf *Leo Spitzer,* der bereits Ende der 40er Jahre des 20. Jahrhunderts schrieb:

> Everyone knows that ... the better world which the advertiser evokes is a never-never land ... the spectator ... is equipped with his own criteria, and subtracts automatically from the pictures of felicity and luxury which smile at him from the billboards. Nevertheless, while making this subtraction, he is able to gaze at the beauty portrayed, with disinterested enjoyment, in abstracto.[143]

Dennoch ist das Portfolio dessen, wofür Werbung verantwortlich gemacht wird, noch nicht gänzlich betrachtet. So gibt es auch Kritiker, die in der Werbung den Schuldigen für *Kaufsucht* sehen. 5-10% der Deutschen seien kaufsüchtig oder stark kaufsuchtgefährdet, so *Schnierer*, der aber der Überzeugung ist, dass sich Kaufsucht ebenso wenig auf Werbung zurückführen lasse, wie Gräueltaten auf medial erlebte Gewalt.[144]

Einen weiteren Aspekt, der zum Thema „Werbekritik“ gehört, äußert *Grasskamp.* Er beschäftigte sich mit der Frage, worin eigentlich der Unterschied zwischen einem *Kunstsammler* und einem *Konsumenten* bestehe. Dabei sieht er zunächst eine beina-

---

138 Schnierer 1999, S. 243.

139 Ebd., S. 255.

140 Fritz, Thomas: Die Botschaft der Markenartikel. Vertextungsstrategien in der Werbung, Stauffenburg, Tübingen 1994, S. 31.

141 Schnierer 1999, S. 261.

142 Campbell, Colin: The Romantic Ethic and The Spirit of Modern Consumerism, Basil, Blackwell, Oxford 1987, S. 91.

143 Spitzer, Leo: American Advertising Explained as Popular Art, in: Ders. Essays on English and American Literature, Edited by Anna Hatcher, Princeton, News Jersey Princeton University Press, Erstveröffentlichung 1949, 1962, S. 248–277.

144 Schnierer 1999, S. 267.

he „zeitlose … Missachtung des Konsumenten" (und damit auch der Werbung). Schließlich stellt er zur Diskussion:

> Was aber macht er so viel anders mit den Dingen als der Sammler, dass man ihn dafür so verachtet? Er vernichtet sie im Konsum, während der Sammler mit ihnen umgeht, ohne sie zu vernichten - das macht den einen zum ewigen Sünder und den anderen zum Helden der Moderne.[145]

Für *Grasskamp* ist deshalb klar: Werbung sei keine Kunst. Doch das sehen nicht alle so. Beispielsweise weist *Lamberty* darauf hin, dass es bereits in den 90er Jahren des 19. Jahrhunderts Bestrebungen gegeben habe, Reklame, vor allem Plakate, unter den Begriff der „Kunst" zu subsumieren. Ab 1907 habe die „Kunstgewerbebewegung" die Reklame immer stärker hin zu einer Reklamekunst reformiert. Durch eine geschmackvolle Reklame habe man zudem das ästhetische Bewusstsein der Bevölkerung heben wollen. Für diesen Zweck habe bereits 1908 der Mäzen *Karl Ernst Othaus* in Hagen das noch heute bestehende *„Deutsche Museum für Kunst in Handel und Gewerbe"* gegründet.[146]

Unabhängig von den Gedankenspielen, ob Werbung auch Kunst ist, sieht *Grasskamp* den „folgenreichsten Fehler" der Werbung darin, dass *„sie stets nur den Genuss und die Faszination der Ware in Szene setzt, nie aber den legalen Weg ihres Erwerbs"*. Werbung zeige „immer nur den heiteren Umgang mit dem Konsumgut, als sei dieses direkt vom Himmel herabgefallen und nicht aufwendig hergestellt, über weitere Strecken transportiert und kostenzehrend auf Vorrat gehalten". So ist es für *Grasskamp* kein Wunder, dass die zunehmende Werbung auch Ladendiebstähle in Deutschland in die Höhe schnellen lasse, da der Zahlungsakt „völlig in Vergessenheit zu geraten" drohe.[147] Diese Kritik gipfelt in einer provokanten Äußerung *Grasskamps*: „Sollte die Werbung wirklich die kapitalistischen Spielregeln außer Kraft zu setzen helfen, deren wichtigste nun mal das Bezahlen der mitgenommenen Waren ist, wäre sie für den Handel kontraproduktiv".[148]

Besonders der Werbung für Zigaretten, die seit 2007 in der EU weitestgehend komplett verboten ist, werfen Kritiker vor, sie trage maßgeblich dazu bei, dass Hunderttausende überhaupt Zigaretten konsumierten. Dass Zigaretten auch in Ländern geraucht werden, in denen es noch nie Zigarettenwerbung gab (China etc.), sei hier nicht weiter von Belang. Interessant sind aber *Grasskamps* Ausführungen hierzu:

> Seit die ebenso diskreten wie erfolgreichen Versuche von Forschungsabteilungen amerikanischer Tabakkonzerne bekannt geworden sind, die sucht-stabilisierenden Bestandteile (des Tabaks) chemisch noch besser zur Geltung zu bringen, braucht man sich über das Marketing von Zigaretten keine Illusionen mehr zu machen. Freilich sollte man sich auch keine über die

145 Grasskamp 2000, S. 38
146 Vgl. Lamberty 2000, S. 321f.
147 Jährlich rund 700.000 ertappte Ladendiebstähle in Deutschland nach Grasskamp 2000.
148 Grasskamp 2000, S. 46ff.

> Wünsche des Verbrauchers machen: Er will süchtig gemacht werden, seine Klagen über die Abhängigkeit bleiben ambivalent.[149]

Grasskamp zitiert denn auch *Oscar Wilde* mit den Worten: „Die Cigarette ist der vollendete Typus eines vollendeten Genusses: Sie ist köstlich und lässt uns unbefriedigt zurück.“ Hart ins Gericht geht *Grasskamp* mit dem Staat, der nun Zigarettenwerbung verbietet:

> Und welches Recht hätte er überhaupt, sich in das Privatleben seiner Bürger einzuschalten, selbst wenn diese sich willig zeigen, ihre Gesundheit zu ruinieren? Kann er seine Bürger auf deren Gesundheit verpflichten, nur weil er für einen Teil der Folgekosten für ärztliche Behandlung und Krankenhausaufenthalte aufkommt? ... Allerdings ist es nicht ausgemacht, dass Raucher die Krankenkassen tatsächlich stärker belasten als Nichtraucher, die im Schnitt acht Jahre länger leben.[150]

Ernüchtert stellt *Grasskamp* (der selbst Raucher ist, wie er schreibt) zudem fest: „Wer jahrzehntelang um die Risiken des Rauchens weiß und trotzdem nicht davon ablässt, kann doch wohl die Schuld nicht allein bei den Herstellern suchen, selbst wenn sie die Gefahren des Rauchens systematisch verniedlicht haben sollten.“[151] Unabhängig vom Standpunkt der Kritiker an Werbung und Konsum, gibt es doch einen *Konsens,* und zwar sowohl auf Seiten der Industrie wie auf Seiten der Kritiker: Wettbewerb und Werbung sind gänzlich ohne staatliche Regulierung auf fairer Basis nur sehr schwer bis gar nicht möglich. Es gelte, die Balance zwischen Kommunikationsfreiheit und Regelvorgabe zu halten. Darauf soll im nächsten Abschnitt näher eingegangen werden.

2.4 Notwendigkeit staatlichen Handelns und Grenzen der EU

Werbung, das ist nicht nur Wettbewerb zwischen Unternehmen, sondern eben auch das Werben um den Verbraucher. Deshalb könne der Verbraucherschutz als zulässiges Ziel staatlicher wirtschaftspolitischer Maßnahmen und als wichtiges Gemeinschaftsinteresse angesehen werden, so *Zumschlinge.*[152] Bereits 1972 riefen die Staats- und Regierungschefs der sechs Gründungsmitglieder der EWG auf der Pariser Konferenz, unmittelbar vor der ersten Erweiterung der Gemeinschaft, ein Programm zur Verstärkung und Koordinierung der einzelstaatlichen Maßnahmen zugunsten des *Verbraucherschutzes* aus.

Die Errichtung eines „gemeinsamen Marktes“ ist nach Art. 2 EWGV eines der Hauptziele der Gemeinschaft. Deshalb liegt hierin offiziell der Schwerpunkt der Politik der Rechtsangleichung. Dies gilt auch für den Verbraucherschutz. Bereits am 14. April 1975 verabschiedete der Rat das *Erste Programm der Europäischen Wirtschaftsgemeinschaft für eine Politik zum Schutz und zur Unterrichtung der Verbrau-*

149 Ebd., S. 66ff.
150 Grasskamp 2000, S. 72.
151 Ebd., S. 74.
152 Zumschlinge 1992, S. 211.

cher.[153] Mit der Entschließung vom 23. Juni 1986 bekräftigte der Rat nochmals seine Ziele - die Verwirklichung eines gemeinsamen Binnenmarktes sowie „ein hohes Niveau für den Schutz von Sicherheit und Gesundheit der Verbraucher …“.[154] Im Fokus stehen dabei auch die Werbung und das Werberecht.

Das Werberecht stelle in allen EU-Mitgliedsstaaten ein uneinheitliches, in sich nicht geschlossenes Rechtsgebiet dar, welches seine relevanten Regelungen aus verschiedenen Rechtsgebieten beziehe, erläutert *Gerhard Schricker.*[155] Die möglichst optimale Information der Verbraucher, auch durch Werbung, sei von besonderer Bedeutung für den gemeinschaftsrechtlichen Kontext innerhalb der EU und das Ziel der Verwirklichung des Binnenmarktes. Dies werde immer wieder auch vom Europäischen Gerichtshof betont, führt *Sebastian Cramer* aus.[156] So hat sich denn in den vergangenen Jahren der Schwerpunkt regulierender Eingriffe in die Werbefreiheit von der nationalen auf die europäische Ebene verlagert.[157] Dabei bestehe immer noch ein gemeinschaftlicher Harmonisierungsdruck, ist *Tobias Wuttke* überzeugt.[158]

2.4.1 Bestehende Gesetze und Regelungen

In Deutschland gilt das UWG (Gesetz gegen unlauteren Wettbewerb), samt seinen Nebengesetzen, als zentrales Werberecht und als wichtiges Fundament des wirtschaftlichen Zusammenlebens. Auch das UWG ist immer stärker durch die Politik und Rechtsetzung der Europäischen Union beeinflusst. Dies zeigten, so die deutsche *Zentrale zur Bekämpfung unlauteren Wettbewerbs*, zahlreiche EU-Rechtsetzungsakte, die allein in den vergangenen 6 Jahren erlassen wurden. Hierzu gehörten z.B. die Fernabsatzrichtlinie (97/7/EG), die E-Commerce-Richtlinie (2000/31/EG), die Richtlinie über missbräuchliche Klauseln in Allgemeinen Geschäftsbedingungen (93/13/EG) sowie die im Juni 2005 im Amtsblatt der Europäischen Union veröffentlichte Richtlinie über unlautere Geschäftspraktiken (2005/29/EG).[159] Die ersten die Werbung betreffenden EU-Richtlinien wurden seit Ende der 1970er Jahre erlassen. Einige seien im Folgenden genannt:

---

153 Trägner, Werner: Das Verbot irreführender Werbung nach § e UWG im Europäischen Binnenmarkt, Diss. Universität Konstanz, 1993, Konstanzer Schriften zur Rechtswissenschaft, Band 59, 1993, S. 79ff.

154 Ebd., S. 82.

155 Schricker, Gerhard: Recht der Werbung in Europa, Rn. 8, Bonn 1990.

156 Cramer, Sebastian: Die Entwicklung des europäischen Irreführungsschutzes im Rahmen der Verwirklichung des Binnenmarktes. Information, Verbraucherschutz, Verwirklichung des Binnenmarktes und Marktentwicklung als Parameter für die Bestimmung des europarechtlichen Standards beim Schutz vor irreführender Werbung, Diss. Universität Bremen, 2003, Verlagshaus Dr. Julia Richter, Leipzig 2005, S. 2.

157 Hatje, Armin: Werbung und Grundrechtsschutz in rechtsvergleichender Betrachtung, in: Werbung und Werbeverbote im Lichte des europäischen Gemeinschaftsrechts, hrsg. v. Jürgen Schwarze, Schriftenreihe Europäisches Recht, Politik und Wirtschaft, Nomos, Baden-Baden 1999, S. 37.

158 Wuttke, Tobias: Die Europäisierung des Wettbewerbsrechts. Der Verhältnismäßigkeitsgrundsatz im lauterkeitsrechtlichen Irreführungsverbot, Universität Hamburg, 2005, Carl Heymanns Verlag KG, Köln 2005, S. 2f.

159 Vgl. Zentrale zur Bekämpfung unlauteren Wettbewerbs, Rückblick auf die Arbeit der Wettbewerbszentrale im Jahr 2005, S. 11.

1978: Richtlinie zur Lebensmittelwerbung

1984: Richtlinie zur Harmonisierung des Rechts der irreführenden Werbung

1989: Richtlinie über die Ernährungstätigkeit (einschließlich der Werbung)

1990: Richtlinie zur Nährwertkennzeichnung von Lebensmitteln

1991: Verordnung zum ökologischen Landbau (mit Auswirkungen auf die Werbung)

1991: Richtlinie über Säuglingsanfangsnahrung und Folgenahrung

1992: Richtlinie zur Arzneimittelwerbung

1992: Verordnung über die Verwendung des europäischen Umweltzeichens

1995: Richtlinie zum Datenschutz

Allein im Jahr 2005 habe die EU insgesamt 91 neue Richtlinien verfasst.[160] Im Jahr 2006 gab es in Deutschland mehr als 30 Verordnungen und freiwillige Verhaltensregeln der Industrie zur Werbung (siehe u.a. auch: Kapitel 6, Gesetze)[161]. Zu nennen sind zum Beispiel:

1. Gesetz gegen den unlauteren Wettbewerb (UWG) vom 7.6.1909; beinhaltet u.a. die Regelungen zum Verbot irreführender Werbung. Das Gesetz wurde erstmals 1896 erlassen.[162]
2. Gesetz über den Verkehr mit Lebensmitteln, Tabakerzeugnissen, kosmetischen Mitteln und sonstigen Bedarfsgegenständen vom 15.8.1974 (LMBG); beinhaltet u.a. das Verbot gesundheitsbezogener Werbung, medienspezifisches Werbeverbot für Zigaretten, Werberegelungen für Kosmetika.
3. Gesetz zur Aufhebung des Rabattgesetzes (welches am 24.11.1933 erstmals erlassen worden war) und zur Anpassung anderer Rechtsvorschriften.
4. Landespressegesetze
5. Gesetz über die Werbung auf dem Gebiete des Heilwesens („Heilmittelwerbegesetz") u.a. mit Beschränkungen in der Publikumswerbung.
6. Gesetz über den Verkehr mit Betäubungsmitteln („Betäubungsmittelgesetz")

160 Polke-Majewski, Karsten: Der Milliarden-Euro-Trick. Eine Studie zeigt: Weniger Bürokratie ist möglich, wenn Berlin Brüsseler Gesetze prüft, in: Die Zeit Nr. 37 v. 7. September 2006.

161 Diese können im Wortlaut im Anhang eingesehen werden.

162 Die Zentralnorm des UWG von 1896 war § 1 (3 n.F.), der ein dem heutigen Irreführungstatbestand vergleichbares, umfassendes Werbeverbot irreführender Werbung enthielt. 1909 kam es zu einer ersten Novellierung des UWG. An die Spitze des Regelungswerks wurde die 1896 für überflüssig angesehene Generalklausel der sittenwidrigen Wettbewerbshandlung gestellt. Das Irreführungsverbot war nunmehr bei identischem Wortlaut in § e (5 n.F.) normiert, wobei es zusätzlich noch durch den spezielleren § 6 ergänzt wurde. Dieser sollte als abstrakter Gefährdungstatbestand vor typischen Irreführungsgefahren bei Insolvenzverkäufen schützen. Zwischen 1932 und 1986 kam es zu zahlreichen Änderungen des UWG. Diese hätten, so Wuttke, zu einer Überregulierung der Wirtschaftswerbung geführt. Zentrale Änderungen waren 1932 die Zugabeverordnung und 1933 das Rabattgesetz. Eine in den 90er Jahren eingeleitete und am 8. Juli 2004 verabschiedete UWG-Novelle sollte das UWG entschlacken und klarerer Regeln schaffen. Vgl. Wuttke 2005, S. 2.

7. Preisangabeverordnung (PrAngV)
8. Landesbauordnungen
9. Bauordnung für das Land Nordrhein-Westfalen
10. Gesetz über Ordnungswidrigkeiten (OWiG)
11. Straßenverkehrsordnung (StVO) v. 16.10.1970; u.a. mit Verbot verkehrsbeeinträchtigender Werbeveranstaltungen.
12. Werbebeschränkungen für freie Berufe, u.a. das Verbot der gezielten Anwaltswerbung aus § 43, 11 BRAO iV.m. § 2 oder das Verbot der Werbung für Ärzte oder Psychologen.
13. ICC-Richtlinien zur Interaktiven Marketing-Kommunikation im Internet
14. ICC-Verhaltensregeln für die Umweltwerbung
15. ICC-Verhaltensregeln zum Sponsoring
16. Allgemeine Geschäftsbedingungen für Anzeigen und Fremdbeilagen in Zeitungen und Zeitschriften
17. Allgemeine Geschäftsbedingungen für das Werbegeschäft in Online-Medien
18. Allgemeine Geschäftsbedingungen für Plakatwerbung
19. Allgemeine Geschäftsbedingungen für die Werbung in Filmtheatern
20. Einheitliche Grundsätze für die Rundfunkwerbung
21. Hinweise zu Abmahnungen
22. Richtlinien für redaktionell gestaltete Anzeigen
23. Richtlinien für redaktionelle Hinweise in Zeitungen und Zeitschriften
24. Verhaltensregeln des Deutschen Werberats für die Werbung mit und vor Kindern in Hörfunk und Fernsehen (1974)
25. Verhaltensregeln des Deutschen Werberats über die Werbung und das Teleshopping für alkoholische Getränke
26. Verlautbarung des Deutschen Werberats zum Thema Herabwürdigung und Diskriminierung von Personen (z.B. der Frauen, aus dem Jahre 1980)
27. Deutscher Werberat zur Werbung mit unfallriskanten Bildmotiven (1974)
28. Deutscher Werberat zur Reifenwerbung (1974)
29. Verlautbarung des Deutschen Werberats zur Werbung mit Politikern
30. Verlautbarung des Deutschen Werberats zum verantwortungsvollen Umgang mit Verkehrsgeräuschen in der Hörfunkwerbung
31. Freiwillige Werberegelungen der Tabakindustrie in Bezug auf die Verwendung von Darstellern in der Werbung[163]
32. Gesetz zur Verbesserung des Schutzes junger Menschen vor Gefahren des Alkohol- und Tabakkonsums (vom 23. Juli 2004); regelt besondere Besteuerung

163 Beschränkungen quantitativer Werbeauftritte auf Plakaten, in Zeitungen oder Zeitschriften; Beschränkungen qualitativer Art: keine gesundheitsbezogene Werbung, keine speziell an Jugendliche oder Heranwachsende gerichtete Werbung, keine Verwendung von Elementen, die typisch für die Welt der Jugendlichen und Heranwachsenden sind, keine Werbung in Verbindung mit Leistungssport, keine Werbung mit Prominenten, die bei Jugendlichen und Heranwachsenden besonderes Ansehen genießen, keine Werbung mit Modellen, die unter 30 Jahre alt sind oder von der Mehrzahl jugendlicher oder heranwachsender Betrachter für jünger als 30 Jahre gehalten werden; Verzicht auf bestimmte Werbeformen u.a.: keine Plakatwerbung im werblichen Wirkungsbereich von Schulen und Jugendzentren, keine Verteilung von Gratispackungen in der Öffentlichkeit, keine Werbung in Jugendzeitschriften, keine Werbung in Sportstätten, keine Werbung auf öffentlichen Verkehrsmitteln und keine Luftwerbung, Beschränkungen für Leuchtmittelwerbung.

Insbesondere Fernsehwerbung unterliegt EU-weit umfangreichen Werberegelungen.[164] Hierzu gehört u.a. die Art und Weise, wie Werbung kenntlich zu machen ist, wie häufig Fernsehfilme durch Werbung unterbrochen werden dürfen, wie lange Werbeblöcke sein dürfen oder in welchem Umfeld Werbung erlaubt ist und zu welcher Zeit.

2.4.2 Grenzüberschreitungen

Bei der Vielzahl bestehender Gesetze zur Regelung der Werbung und des Wettbewerbs bestehe folgende Grundannahme, so *Andreas Meyer*: *„Die Spannungen im Verhältnis von Interessen der Wirtschaft zu denjenigen der Verbraucher sind - unabhängig von der europarechtlichen Komponente - Probleme der modernen Industriegesellschaft."* Allerdings könne „ihre Auflösung nicht ausschließlich durch Maßnahmen der Rechtsetzung im Werberecht bewirkt werden". Gesetzgeberische Schritte zur Normierung dieses Gebiets müssten, so *Meyer* „im Verantwortungsbewusstsein für den Informationsfluss und die Transparenz der Marktverhältnisse erfolgen".[165] Die Regelungen müssten sich darauf beschränken, *wie Werbung verbreitet werden dürfe, an wen sie sich mit bestimmten Produkten wenden dürfe und was sie behaupten dürfe, beziehungsweise was nicht.* Vor allem solle in Werbung „drin sein, was auch draufsteht".[166]

Doch gerade das ausgewogene Verhältnis zwischen notwendiger Regulierung und Kommunikationsfreiheit, wie sie eigentlich einer Demokratie würdig ist, sehen nicht wenige zusehends zuungunsten der Freiheit am Kippen. So kritisiert beispielsweise der *Zentralverband der deutschen Werbewirtschaft (ZAW),* die EU betreibe immer stärker eine unzulässige Kompetenzüberschreitung, indem sie entgegen ihrem Auftrag (Regelung mit dem Ziel der Harmonisierung des Binnenmarktes) Gesundheitspolitik betreibe. Verschlimmernd komme hinzu, dass dieses Verhalten, das jeglicher Rechtsgrundlage entbehre, auch vom Europäischen Gerichtshof akzeptiert und unterstützt werde. Gesundheitspolitik liegt nach wie vor eigentlich juristisch und politisch im Hoheitsgebiet der Nationen und nicht der EU. Aktuell kritisiert der ZAW insbesondere das von der EU beschlossene komplette *Tabakwerbeverbot.* Dagegen hatte die Bundesregierung mit dem Argument der Kompetenzüberschreitung der EU geklagt. Diese Klage wurde am 12. Dezember 2006 vom Europäischen Gerichtshof mit dem Argument abgelehnt, die EU-Kommission erlasse das Tabakwerbeverbot „zur Regelung des Binnenmarktes" und nicht aus gesundheitspolitischen Gründen. Hierzu teilte der ZAW mit:

> Das EuGH-Urteil fördert den Machtwillen der EU-Kommission. Nachdem der Gerichtshof die im Europäischen Vertrag festgelegte nationale Zuständigkeit der 25 Mitgliedsstaaten für recht-

164 Perau 1997, S. 36.

165 Vgl. Meyer, Andreas: Produktspezifische Werberegelungen in Deutschland und der Europäischen Gemeinschaft. Zur rechtlichen Problematik von Werbevorschriften für Lebensmittel, alkoholische Getränke, Arznei- und Heilmittel, Kosmetika sowie Tabakerzeugnisse, Diss. Universität München, 1995, Carl Heymanns Verlag KG Köln 1996, S. 2.

166 Vgl. ebd.

> liche Regelungen im Gesundheitsbereich ignoriert hat, kann die Brüsseler Behörde unter dem Vorwand der Binnenmarkt-Harmonisierung in die Kommunikationsfreiheit der Unternehmen sämtlicher Wirtschaftszweige eingreifen. Der ZAW fordert die Mitgliedsstaaten dazu auf, sich gegen diese Einschränkung ihrer Souveränität zur Wehr zu setzen.[167]

Weiter kritisierte der ZAW, es gehöre zu den psycho-sozialen Irrtümern des Jahrhunderts, dass mit Werbezensur Konsum von Menschen gelenkt werden könnte. Durch Werbeverbote werde keine Zigarette weniger geraucht, kein Glas weniger Alkohol getrunken, keine Tablette weniger geschluckt oder das Essverhalten gesteuert. Mit dem EuGH-Urteil gegen die Tabakwerbung würde den Vorurteilen Auftrieb gegeben.[168] Wie wenig solche Worte in der Öffentlichkeit auf Resonanz stoßen, zeigt sich daran, dass noch nicht einmal die Haupt-Nachrichtensendung des Zweiten Deutschen Fernsehens es für nötig hielt, die Nachricht zum „totalen Tabak-Werbeverbot" mit Pro und Contra zu publizieren. Sprich: die Sichtweise der Bundesregierung oder der Wirtschaft (Kompetenzüberschreitung der EU) zu berücksichtigen. So beschränkte sich die Meldung in der ZDF-Nachrichtensendung *heute* am 12. Dezember 2006 (19.00 Uhr) nur auf die EuGH-Sichtweise (das Werbeverbot sei rechtens).

2.4.3 Regulierungs-Geschichte

Die Regulierung der Werbung blickt auf eine recht lange Historie. Mit der *„Gewerbeordnung für das Reich"* wurde 1869 in Deutschland die allgemeine Gewerbefreiheit eingeführt. Gleichzeitig wurde das erste Reichsgesetz auf dem Gebiet des Wettbewerbs geschaffen. Demnach war jedes wettbewerbliche Verhalten erlaubt, das nicht *ausdrücklich* verboten war.[169] Seit 1896 wird vor allem mit dem *Gesetz gegen unlauteren Wettbewerb (UWG)* versucht, mäßigend und regulierend auf die Werbung bzw. den Wettbewerb und bestehende Auswüchse einzugreifen. Im Laufe der Jahrzehnte kamen immer mehr Regelungen hinzu. Sei es, weil Werbemaßnahmen gegen bestehende Normen verstießen, oder sei es aufgrund ihrer tatsächlichen oder vermeintlichen sozialen Unverträglichkeit.[170]

An dieser Stelle sei auf die Analyse-Einheiten 12 (Kapitel - Werbeverbote in der juristischen Diskussion, S. 393 ff.) sowie 11 (Kapitel - Studien zu Übergewicht und Adipositas, *S. 371 ff.) verwiesen.* Der folgende Abschnitt möchte das Subjekt vorstellen, um das es in zahlreichen Gesetzen und Verordnungen, die Werbung betreffend, geht: den „Verbraucher".

167 ZAW-Pressemeldung: „Europäischer Gerichtshof weist deutsche Klage ab/Medien besonders betroffen. EuGH entmündigt Mitgliedsstaaten", 12. Dezember 2006, S. 1.

168 Ebd.

169 Wuttke 2005, S. 13.

170 Nagel 1992, S. 7.

2.5 Konsument und Werbewirkung

Eine Studie, die sich mit Werbung auseinandersetzt, kommt nicht umhin, auch einen Blick auf die Zielgruppe, den „Verbraucher" oder „Konsumenten", zu werfen. Dies soll an dieser Stelle folgen. Zunächst einmal: Werbung wendet sich häufig nicht pauschal an den „Verbraucher", sondern an bestimmte Verbrauchergruppen, welche auch als Zielgruppen bezeichnet werden. Deshalb sei eine permanente Evaluation von Verbrauchergewohnheiten und Konsumbedürfnissen notwendig.[171] Andernfalls könne nach wie vor das Credo von *Lettau* als gültig angesehen werden: „Marketing for Everybody is Marketing for Nobody."[172] Überspitzten Hoffnungen, den „Konsumenten" oder „Verbraucher" exakt definieren und werblich erreichen zu können, erteilt *Eva Heller* eine Absage: „Zielgruppenbeschreibungen der Werber" würden allenfalls „zufällig" mit real existierenden Personen übereinstimmen.[173]

Unabhängig vom Zielgruppen-Marketing gelte es jedoch grundsätzlich zu berücksichtigen, dass Werbung in Medien in der Regel in einem „für die Adressaten wichtigeren, redaktionellen Umfeld begleitet wird". Werbung für ein Produkt konkurriere sowohl mit diesem äußeren Umfeld als auch mit dem inneren - also der Vielzahl der mit jeder Werbekampagne konkurrierenden, begleitenden Werbemaßnahmen.[174]

2.5.1 Low-Involvement und High-Involvement

Für *Kuß und Tomczak* steht fest, dass es sich bei der Mehrzahl der Kaufentscheidungen um *Low-Involvement-Käufe* handele. Dies bedeute, dass die Konsumenten alltägliche Kaufentscheidungen nicht als besonders wichtige Ereignisse in ihrem Leben betrachteten. Vielmehr würden sie dem Familienleben, ihrem Beruf etc. weitaus größere Bedeutung zumessen. Werbung könne jedoch versuchen, gezielt zum Aufbau von Produkt-Involvement beizutragen. Dabei komme der Produktdifferenzierung in Form von (echten) Innovationen order einzigartigen Produkteigenschaften, die im Marketing kommuniziert werden (Beispiel: Iglo „Grüne Küche"), eine erhebliche Bedeutung zu. Um Einstellungen gegenüber beworbenen Produkten zu verändern, könnten zahlreiche Stilmittel angewendet werden. Hierzu gehöre zum Beispiel der Einsatz prominenter Darsteller in Werbespots. Damit könne versucht werden, ihre Vorbildfunktion für den Produktabsatz zu nutzen (Bsp.: Boris Becker für AOL, Slogan: „Ich bin drin"; Franz Beckenbauer für O_2, „O_2 can do"). Ein wichtiges Werbe-Stilmittel könne außerdem sein, Low-Involvement-Produkte in High-Involvement-Situationen werblich zu zeigen, um die Aufmerksamkeit des Konsumenten

171 Vgl. Hölscher, Barbara: Lebensstile durch Werbung. Zur Soziologie der Lifestyle-Werbung, Diss. Bielefeld, 1997, Westdeutscher Verlag 1998, S. 162ff.

172 Lettau, H.-G.: Grundwissen Marketing, 3. Aufl., München 1989, S. 19.

173 Heller, Eva.: Wie Werbung wirkt: Theorien und Tatsachen, Frankfurt a.M. 1991, S. 199.

174 Schnierer 1999, S. 45.

zu steigern (Bsp.: Werbung für Goodyear-Reifen mit dem Fokus „Sicherheit für Ihre Familie“).[175]

Bevor hier weiter ins Detail gegangen wird, sei ein „Leitsatz“ von *Ernst Salcher* angeführt. Dieser ist überzeugt: Eine schön gedeckte Festtafel mit besonders appetitlich angerichteten Speisen werde auch denjenigen anregen, der gerade keinen Hunger habe. Umgekehrt werde ein Stück trockenes Brot, das ansonsten keinerlei Motivwirkung habe, von demjenigen als begehrenswert erlebt, der unter starkem Hunger leide. Das heiße: Starke Motive könnten Verhalten in Gang bringen, auch wenn im Augenblick kein konkretes Bedürfnis danach bestanden habe (= Bedürfnisaktivierung). Diese Aussage gelte jedoch nur für den Augenblick, nicht für die grundsätzliche Existenz dieses Bedürfnisses. D.h.: Bedürfnisse könnten durch Motive nur aktiviert, nicht jedoch grundsätzlich ‚neu‘ geschaffen werden, ist *Salcher* überzeugt. Das heiße, dass Produktwerbung dann umso erfolgreicher sein könne, auf je stärkere und manifestere Bedürfnisse sie treffe. Sie müsse umgekehrt umso härter um Erfolg ringen und umso stärkere und attraktivere Produktversprechen offerieren, je geringer die Bedürfnisse danach seien.[176] Unter einem Bedürfnis verstehe *Salcher* „jedes innere Ungleichgewicht ... das einen Spannungszustand erzeugt, der zur Auflösung drängt, wobei die grundsätzliche Richtung der Spannungslösung im Bedürfnis selbst angesiedelt“ sei.[177]

Thomas Schnierer sieht neben den wenig involvierten Konsumenten die stark involvierten. Für diese entscheide die *Substanz* werblicher Aussagen. Kosmetik, die „ein schwaches Argument“ zukleistere, werde von diesen abgestraft. Deshalb müssten Werbekampagnen sowohl die weniger als auch die stärker involvierten (kompetenteren und kritischeren) Rezipienten berücksichtigen.[178]

2.5.2 Emotion und Information - Produktgrundnutzen

Intensiv diskutiert wird, mit welchen Mitteln sich *Low Involvement* am besten in *High Involvement* wandeln lasse. Dabei stehen sich zwei scheinbar kontroverse Sichtweisen gegenüber. Die eine geht vom größeren Erfolg der primär *informativen* Werbung aus, die andere vom Erfolg der primär *emotionalen. Klaus Moser* stellt zunächst einmal fest, dass emotionale Werbung „auf die Ausblendung bewusster, rationaler Entscheidungen“ ziele.[179] *Thomas Schnierer* relativiert dies mit der These, wonach die Unterscheidung zwischen informativer und emotionaler Werbung *grundsätzlich* fragwürdig sei. Emotionale Beweggründe für den Kauf eines Produktes seien genauso legitim wie rationale: „Jede Werbung, die extrem gute Gründe für

175 Kuß, Alfred / Tomczak, Torsten: Käuferverhalten, 2. Auflage, UTB, Lucius & Lucius, 2000, S. 69ff.

176 Salcher, F. Ernst: Marketing Management 4 – Psychologische Marktforschung, Walter de Gruyter, 1995, S. 181.

177 Wiswede, G.: Marktforschung. Eine Analyse ihrer Erkenntnisgrenzen, Nürnberg 1962, 2. Auflage 1973, S. 67.

178 Schnierer 1999, S. 62.

179 Moser, Klaus: Werbepsychologie. Eine Einführung, Psychologie Verlags Union, München 1990, S. 91.

den Kauf liefert, die einen außergewöhnlichen Nutzen des beworbenen Produktes verspricht", emotionalisiere „uns" auch. Umgekehrt ließen „uns" Produktbewerbungen „ziemlich kalt", wenn die Produktbotschaft einen Nutzen beinhalte, der „uns nicht (mehr) vom Hocker" reiße.[180]

Deshalb ist die moderne Marketingtheorie davon überzeugt, dass Kaufentscheidungen von Determinanten bestimmt werden, zunächst einmal vom Grundnutzen und vom Preis-Leistungs-Verhältnis.[181] Dabei wird diskutiert, wie sich der Produktnutzen am besten definieren lasse. Für *Schnierer* bedeutet „Nutzen" zunächst eine „Leerformel*",* ein „kleinster gemeinsamer Nenner", auf den sich alle Überzeugungsbemühungen seitens der Werbungtreibenden zurückführen ließen.[182] Hingegen ist *Wilhelm Vershofen* überzeugt, und das brachte er bereits 1940 zu Papier, dass man zwischen *stofflich-technischem Grundnutzen* unterscheiden könne (der primär über die Informationswerbung bzw. die *‚Reason-Why-Werbung'* vermittelt werde) und den „zahlreichen *seelisch-geistigen Zusatznutzen"* beworbener Produkte.[183]

Ludwig von Mises beschrieb 1949 in seinem Hauptwerk *Human Action*, was er unter Nutzen verstehe. Dabei stellte er zunächst nüchtern fest, dass der Verbraucher nicht allwissend sei, häufig wisse er deshalb nicht, wo er am günstigsten das bekomme, was er gerade suche. Damit höre die Unwissenheit aber nicht auf, sondern fange erst an. Denn, argumentiert *von Mises*, der Verbraucher wisse häufig gar nicht, dass es überhaupt Produkte gebe, mit denen er sein Wohlbefinden steigern könne. Das Wissen der Verbraucher über Produkte und Preise sei insofern stets unvollständig, weil es sich im besten Falle aus Erfahrungen über Marktverhältnisse der Vergangenheit zusammensetze. Den Verbraucher über den tatsächlichen, gegenwärtigen Stand des Marktes zu informieren sei nach *von Mises* die eigentliche Aufgabe der Werbung *beziehungsweise der business propaganda.* Dieses sei also letztlich Nutzen.[184]

2.5.3 Konditionierung

Eine weitere Beeinflussung des Menschen erhoffen sich Marketingfachleute durch die Macht der Konditionierung, insbesondere die Macht der wiederholten werblichen Aussage. *Kuss und Tomczak* empfehlen beispielsweise ein bis zwei zentrale Botschaften und eine häufige Wiederholung des Markennamens.[185] Dennoch ist die Frage der Anwendbarkeit von Konditionierungen in der Werbung umstritten. *Christian Scheier* und *Dirk Held* kritisieren, dass übersteigerte Hoffnungen auf den „Kaufknopf im Kopf" z.B. durch die sogenannten bildgebenden Verfahren wie *funk-*

180 Schnierer 1999, S. 56.
181 Vgl. Hartewich 2003, S. 309.
182 Schnierer 1999, S. 54.
183 Vershofen, Wilhelm: Handbuch der Verbraucherforschung, 1. Bd.: Grundlegung, Carl Heymanns Verlag, Berlin 1940, S. 69ff.
184 Mises, Ludwig von: Human Action – A Treatise on Economics, 4. Auflage, Fox & Wilkes, San Francisco 1996, S. 320f.
185 Kuß u. Tomczak 2000, S. 72.

tionale Magnet-Resonanz-Tomographie (fMRT) oder die *Positronen-Emissions-Tomographie (PET)* geschürt worden seien. Dabei würden „Probanden in einen Scanner gelegt und mit Aufgaben konfrontiert". Gleichzeitig werde „ihre Hirnaktivität gemessen".[186] So würden beim Nachdenken über bestimmte Wörter, Farben oder Bilder bestimmte Regionen des Gehirns stärker oder schwächer animiert. Dabei versuche man zu untersuchen, welche Stimuli zu besonderen Reaktionen führten und ob sich mittels Konditionierungen ein bestimmtes (Konsum)verhalten beeinflussen lasse.[187]

Berühmt geworden ist das *Pawlow'sche* Konditionierungs-Experiment: Bei diesem Tierversuch wurde die Tierfütterung regelmäßig mit einem Glockenton angekündigt. Nach hinreichend häufigen Wiederholungen stellte man fest, dass die psychische Reaktion auf das Futterangebot (Speichelbildung) mit dem ursprünglich neutralen Reiz (Glockenton) Verbindungen aufzeigte und schon der Glockenton zu der physischen Reaktion der Speichelbildung führte. Die Grundidee: Durch häufige Wiederholung zweier Reize entstehen neue Reiz-Reaktions-Beziehungen. Obwohl das *Pawlow'sche* Bedürfnis-Modell anschaulich sei und mancherlei Erfahrungen es bestätigten, gibt es auch Kritik daran. Vor allem würden ihm fehlende empirische Fundierung zugeschrieben und mangelnde wertfreie Aufteilung der Bedürfnisse.[188]

Dennoch gibt es nicht wenige Wissenschaftler, die davon ausgehen, dass die Macht der Konditionierung nicht nur auf die Tierwelt beschränkt ist. Eine typische Anwendung auf Menschen finde man, so *Kuß u. Tomczak*, bei zahlreichen Werbekampagnen, in denen ein (zunächst neutraler) Markenname immer wieder in Verbindung mit emotional aufgeladenen Bildern oder Worten dargeboten werde. Nach einiger Zeit würden die entsprechenden Emotionen mit der Marke in Verbindung gebracht.[189]

2.5.4 ‚Qualitäts-Preis-Erlebnis'

Neben der Bedürfnisbefriedigung, die das jeweilige Produkt verspreche, sei zudem das ‚Qualitäts-Preis-Erlebnis' relevant. Dieses meine die Forderung des Verbrauchers nach einem möglichst hohen Gegenwert für den von ihm zu entrichtenden Kaufpreis. Da der Verbraucher zur Befriedigung eines bestimmten Bedürfnisses häufig auf mehrere vergleichbare Markenangebote zurückgreifen könne, gebe das Qualitäts-Preis-Erleben vielfach den endgültigen Ausschlag für die konkrete Kaufentscheidung, so *Salcher*. Im Einzelfall sei der Verbraucher auch bereit, auf eine vollständige Bedürfnisbefriedigung zu verzichten, wenn er hierdurch eine wesentliche Preiseinsparung erzielen könne. Im Fall von z.B. einer Praline wie *Mon Cherie* könne dies bedeuten: Der Kunde verzichte auf Mon Cherie, obwohl er von der besonderen Eignung dieser Marke als ‚zärtliches Geschenk' möglicherweise überzeugt

186 Scheier, Christian / Held, Dirk: Wie Werbung wirkt. Erkenntnisse des Neuromarketing, Rudolf Haufe, München 2006, S. 23f.

187 Vgl. ebd.

188 Kuß u. Tomczak 2000, S. 44f.

189 Kuß u. Tomczak 2000, S. 36.

sei, wenn er ein Konkurrenzangebot finde, das bei vergleichbarer Qualität und Menge deutlich weniger koste. Dies bedeute: Der psychologische Produktnutzen komme in der Regel erst dann zur Wirkung, wenn sich Qualitäts- und Preisniveau zumindest die Wage hielten.[190] *Salcher* führt konkretisierend aus:[191]

> 1. Ein Hersteller von Hi-Fi-Geräten ermittelte im Rahmen einer Produktimage-Analyse, dass technische Komplexität im Sinne einer aufwendigen und detaillierten Elektronik (z.B. Angaben über Klirrfaktor, Frequenzumfang etc.) eine wesentliche Imagedominante dieses Produktbereiches darstellte. Aus einer früheren Untersuchung wusste man, dass der durchschnittliche Käufer von Hi-Fi-Anlagen mit den technischen Detailangaben im Prospekt oder in der Bedienungsanleitung nichts anzufangen wusste. Deshalb verzichtete man in der folgenden Werbekampagne darauf. Resultat: Der Umsatz ging dramatisch zurück.
>
> 2. Tafelschokolade habe lange Zeit das Image gehabt, sie sei ‚schwer, massig, kalorienhaltig, üppig' oder ‚einfach und einfallslos verpackt, langweilig aufgemacht' oder ‚nicht portioniert, alles am Stück' etc. Untersuchungen hätten gezeigt, dass der Verbraucher jahrzehntelang keine Neuerungen im Markt wahrgenommen habe und sich deshalb für Schokolade nicht mehr in dem Umfang interessierte wie früher. Dafür habe er zunehmend Pralinés als interessanter wahrgenommen. Mit ‚Lindt - feine Täfelchen', ‚Ferrero Kinderschokolade' oder ‚Ritter Sport' habe man schließlich die Trendwende für Schokolade herbeigeführt. Man habe versucht, über neue Produkt- und Verpackungskonzepte der Tafelschokolade die ‚Schwere und Fülle' zu nehmen und ihr durch entsprechend aufwendige Verpackungs- und Darstellungsformen sowie durch neue Produktversprechen (Ferrero) die verloren gegangene Attraktivität wiederzugeben.

Diese Beispiele zeigen, wie wichtig Psychologie in der Werbung ist. Deshalb ist *Oliver Marc Hartewich* überzeugt, emotionale Beeinflussung des Konsumenten mittels Werbung sei nicht generell abzulehnen: „Vielmehr benötigen auch ‚harte' Sachinformationen die Begleitung gefühlsbetonter Elemente, um vom Verbraucher in der Vielzahl der Stimuli die täglich auf ihn einprasseln, wahrgenommen werden zu können."[192] *Hartewich* gesteht dem Verbraucher zu, er wisse, dass Werbung interessengeleitete Informationsübermittlung sei und entsprechend bewertet werden müsse.[193]

2.5.5 Image und psychologisches Nutzenversprechen

Bereits 1959 sprach *Wilhelm Vershofen* davon, dass die Menschen neben einem Grundnutzen eines Produktes häufig einen Zusatznutzen - sozial wie psychologisch - mit dem Konsum erwerben wollten.[194] *John Hackbarth* war 1975 überzeugt, dass Menschen mehr kauften „als nur Produkte". Sie kauften „Images mit".[195] Damit ar-

190 Salcher 1995, S. 167f.

191 Ebd., S. 174ff.

192 Hartewich 2003, S. 311.

193 Ebd., S. 316.

194 Vershofen, Wilhelm: Die Marktentnahme als Kernstück der Wirtschaftsforschung. Neusgabe Handbuch Verbraucherforschung, Berlin/Köln 1959.

195 Hackbarth, John: Stille Tage im Klischee. Gedanken eines Gestalters, in: Fernseh-Kritik. Werbung im Fernsehen, Hrg. Von Heygster, Anna-Luise u. Maseberg, Eberhard, v. Hase & Kohler Verlag, Mainz 1975, S. 96.

gumentiert er ähnlich wie *Oliver Marc Hartewich*[196] oder *Werner Kroeber-Riel*[197]: Demnach orientiere sich Kaufverhalten unbewusst an Vorbildern und suche zudem (manchmal) nach Prestige. Dieses bestätigen *Alfred Kuß* und *Torsten Tomczak*: Käuferverhalten sei keinesfalls zwangsläufig darauf gerichtet, den mit einem Kauf verbundenen Nutzen zu maximieren, oder ein Ausrichten an Werten bzw. ein bewusstes Streben nach Bedürfnisbefriedigung.[198] *Hellmann* ist von einer komplementären Beziehung zwischen Werbung und Verbraucher überzeugt:

> Während die Werbung die Verbraucher unentwegt mit Erwartungen, Bedeutungen und Botschaften überhäuft, wer was, wie und warum konsumieren soll, bedienen sich die Verbraucher dieser Erwartungen, Bedeutungen und Botschaften auf je eigene Art und Weise, sei es für sich selbst oder gegenüber anderen Verbrauchern.[199]

Der klassische Markenartikel zeichne sich beispielsweise dadurch aus, dass neben den objektiven Produktvorteilen noch zusätzliche *psychologische Produktversprechen* gestellt würden. Diese ließen sich nicht auf nachweisbare Produkteigenschaften zurückführen, sondern zielten auf Erlebnisinhalte ab, die dem Verbraucher wichtig seien und die sich auf geschickte Weise mit dem Produkt verbinden ließen. Hierzu stellen *Christian Scheier* und *Dirk Held* fest: Das psychologische Nutzenversprechen einer Marke liege „in ihrer Orientierungsfunktion“. Bei der Fülle der Angebote könne das Markenprodukt, die Marke, das Entscheidungskriterium sein und Konsumenten helfen, weit über den funktionalen Produktnutzen hinaus, eine Kaufentscheidung zu treffen.[200] Dem ‚nackten Produkt‘ werde sozusagen, so *Salcher*, eine psychologische Produktpersönlichkeit aufgesetzt. Dieser psychologische Produktnutzen schaffe vielfach erst die notwendige Differenzierung zwischen den verschiedenen Marktangeboten, die aufgrund der mangelnden objektiven Unterscheidbarkeit ansonsten gar nicht gewährleistet wäre.[201] Allerdings ist besonders der ‚Zusatznutzen‘ von Markenprodukten umstritten. So schreibt *Grasskamp*:

> Das Markenzeichen bot dem Käufer die namentliche Garantie des Herstellers für die stoffliche Qualität seiner Produkte und ihrer Verarbeitung. Darin wird sich anfangs eine Art bürgerlicher Herstellerstolz auf das Produktniveau mit der Erwartung verbunden haben, dass der zufriedene Käufer nach dem aufschiebbaren, aber letztlich unvermeidlichen Verschleiß des Produktes wieder nach der selben Marke fragen und sie womöglich auch der nächsten Generation ans Herz legen würde: Markenartikel machten Werbung durch ihre stoffliche und nicht durch ihre zeichenhafte Produktqualität … Moderne Ökonomie ist dadurch geprägt, dass eine Ware auf

196 Hartewich 2003, S. 310.

197 Vgl. Kroeber-Riel, Werner / Esch, Franz-Rudolf: Strategie und Technik der Werbung. Verhaltenswissenschaftliche Ansätze, 2004, sowie: Kroeber-Riel, Werner / Weinberg von Vahlen, Peter: Konsumentenverhalten, 2003.

198 Kuß u. Tomczak 2000, S. 7.

199 Hellmann, Kai-Uwe u. Schrage, Dominik: Konsum der Werbung. Zur Produktion und Rezeption von Sinn in der kommerziellen Kultur, Konsumsoziologie und Massenkultur, Verlag für Sozialwissenschaften, 2004, S. 35.

200 Scheier u. Held 2006, S. 24.

201 Salcher 1995, S. 164

allen Märkten in Erscheinungsbild und Qualität gleich bleibt; bis hin zu globaler Uniformität.[202]

Werbeeffizienzkontrolle - Befragungen nach Produkteigenschaften

	Lindt	Mon Cherie	After Eight	Suchard
Vornehm				
Lieblich				
Aromatisch				
Kräftig				
Romantisch				
Sportlich				
Verliebt				
Stark				
Feminin				

Quelle: Salcher, F. Ernst: Marketing Managment 4 – Psychologische Marktforschung, Walter de Gruyter, 1995, S. 164

Deshalb versuchten Markenprodukte ganz besonders - nicht nur mittels Nutzenversprechen - Images zu pflegen, um sich gegenüber anderen gleichartigen Produkten abzugrenzen. Damit dies gelinge, sei für die Unternehmen, die Markenartikel produzierten, kontinuierliche Marktforschung notwendig, um die Produktpositionierung zu untersuchen und ggf. zu korrigieren. Die Marktforschung nutze hierfür, so *Salcher*, beispielsweise die ‚Spontanassoziation' oder den ‚Satzergänzungstest'. Mit diesen beiden Verfahren sollten spontan Vorstellungen ermittelt werden. Hierbei werde beispielsweise folgendes gefragt:[203]

> Ich lese Ihnen jetzt einige Satzanfänge vor, die Sie bitte so rasch wie möglich vervollständigen. Bitte denken Sie nicht lange nach, sondern antworten Sie mit der ersten Ergänzung, die Ihnen dazu einfällt:
>
> Wenn ich den Namen „Mon Cherie" höre, denke ich an ...
>
> Im Unterschied zu anderen Produkten ist Mon Cherie ...
>
> Wenn ich Mon Cherie kaufe …
>
> Ich schenke deshalb am liebsten Mon Cherie …
>
> Ich finde, Mon Cherie eignet sich besonders … etc.

Die auf diese Weise ermittelten spontanen Vorstellungen des Verbrauchers gäben in recht ungeordneter Weise die Dominanten im Erscheinungs- und Erlebnisumfeld der jeweiligen Marke wieder, ohne dass hieraus bereits eine Gewichtung einzelner Faktoren im Hinblick auf Produktakzeptanz und Kaufentscheidung vorgenommen werden könne.[204] *Grasskamp* stellt hierzu kritisch fest, der tatsächliche Gebrauchswert eines Objektes müsse „sich in Konkurrenz zu dem Symbolwert behaupten, den Werbung und Kaufinszenierung ihm angedichtet haben."[205] Dennoch könnten solche „Andichtungen" erfolgreich sein, folgt man *Salcher*. Als Beispiel nennt er das bereits erwähnte „unspezifische Produkt Kirschpraline", Mon Cherie. Hier könne man annehmen, dass der psychologische Produktnutzen für viele Konsumenten vorhanden sei: am ehesten würden viele Mon Cherie mit ‚Zärtlichkeit', mit ‚glückliche

202 Grasskamp 2000, S. 13.
203 Salcher 1995, S. 131f.
204 Salcher 1995, S. 131f.
205 Grasskamp 2000, S. 24.

Partnerbeziehung' oder mit ‚Freude machen durch Geschenke' beschreiben. Mittels des Marketings, der Werbung, sei so das spezifische Markenprodukt Mon Cherie entstanden. Um die Effektivität von werblichen Nutzen-Versprechen herauszufinden und eine Werbeeffizienzkontrolle durchzuführen, schlägt *Salcher* für die Marktforschung folgende Fragen vor:

> Frage 1: Können Sie sich an irgendeine Werbung von Mon Chérie erinnern? Beschreiben Sie mir doch bitte, was Ihrer Ansicht nach mit dieser Werbung zum Ausdruck gebracht werden soll.
>
> Frage 2: Angenommen Sie hätten mit Ihrer Frau/Freundin, Ihrem Freund/Bekannten eine kleine Meinungsverschiedenheit gehabt und wollen sie am nächsten Tag mit einem kleinen Pralinengeschenk wieder versöhnen. Welche Pralinen würden Sie dann kaufen und warum gerade diese?
>
> Frage 3: Ich lese Ihnen jetzt eine Reihe verschiedener Aussagen vor und Sie sagen mir bitte jeweils, auf welche die nachfolgenden fünf Marken (zarte Täfelchen von Lindt, Mon Cherie etc.) am ehesten zutrifft:[206]

In vielen Produktbereichen, so besonders bei Pralinen und Kosmetika, komme zudem der *Verpackung* eine wichtige Rolle beim Aufbau des Markenbildes zu. Sie werde ein Teil der Produktpersönlichkeit und eigne sich in besonderem Maße zur Verdeutlichung und Demonstration des psychologischen Produktnutzens. So könne die Verpackung zärtlich oder kräftig, elegant oder rustikal, wertvoll oder einfach, modern oder nostalgisch, maskulin oder feminin wirken. Obwohl im Rahmen der Marken-Image-Analyse keine detaillierte Verpackungsuntersuchung vorgenommen werden könne, müsse zumindest geprüft werden, ob und in welchem Ausmaß die wesentlichen Imagemomente des Produktes durch die Verpackung unterstützt würden, so *Salcher*.[207]

2.5.6 Soziale Prägung

Grundsätzlich entscheidend ist aber, dass Kaufentscheidungen nicht im luftleeren Raum entstehen. Vielmehr, darin sind sich die Wissenschaftler einig, erfahre der Konsument, der Mensch, über eine mehr oder weniger langjährige soziale Prägung, was Kaufentscheidungen beeinflusse. Zu nennen wären z.B. die Familie, der Freundeskreis, das Arbeitsumfeld, Vereine oder Schichten. Als Beispiel, in welch ein Netz Kaufgewohnheiten eingebunden sein können, nennt *Oliver Marc Hartewich* die *Harley-Davidson-Clubs*: „Nicht nur dass die Mitglieder dieser Gruppe wahrscheinlich niemals auf die Idee kämen, ein anderes Motorrad als eine Harley Davidson zu erwerben: auch andere Kaufentscheidungen werden von der Clubmitgliedschaft be-

206 Salcher 1995, S. 164f.
207 Ebd., S. 166f.

einflusst, bspw. Kleidung, Schuhe, Getränke."[208] *Schnierer* sieht denn auch die *kollektive Teilung von Produkterfahrungen* als von großer Bedeutung an.[209]

Der Einfluss der Gruppe könne „dabei so stark sein, dass Qualitäts- und Preisüberlegungen demgegenüber völlig in den Hintergrund treten". Marketing müsse dieses berücksichtigen und entsprechend segmentiert auftreten.[210] Käuferverhalten sei letztlich zudem auch von *Werten* beeinflusst. Typische Beispiele für derartige Werte seien Sicherheit, Freiheit oder soziale Anerkennung. Werte entstünden, so *Kuß und Tomczak*, in einem langfristigen Prozess, vor allem durch Erfahrung und Sozialisation. Werte seien relativ stabil und änderten sich eher langfristig, nur in Ausnahmefällen auch kurzfristig. Folgende Gruppen von Werten spielten in der Werbung eine wichtige Rolle[211]:

> Selbstwertorientierung: Selbstachtung (eigene Wertschätzung), gute Freundschaft (Kameradschaft)
>
> Konsumorientierung: Vergnügen/Genuss (Unterhaltung, Muße), angenehmes Leben (komfortabel, wohlhabend)
>
> Sozialorientierung: Soziale Anerkennung, interessantes Leben (anregend, aktiv)
>
> Familienorientierung: Zufriedenheit, Sicherung der Familie

Zu berücksichtigen sei dabei zudem das jeweilige kulturelle und gesellschaftliche Umfeld. So unterschieden sich christliche oder mohammedanisch geprägte, europäische und nordamerikanische Gesellschaften u.a. hinsichtlich des Stellenwerts von familiären Bindungen und individueller Freiheit. Vor diesem Hintergrund sei auch die in der Werbewissenschaft immer noch akzeptierte, vor über 60 Jahren entwickelte Bedürfnispyramide von Maslow (1943) einzuordnen. Sie nennt fünf universelle Grundbedürfnisse, die befriedigt werden wollten[212]:

> Physiologische Bedürfnisse (z.B. Hunger, Durst, Kälteschutz)
>
> Sicherheitsbedürfnisse (z.B. Schutz vor Krankheit oder Kriminalität)
>
> Soziale Bedürfnisse (z.B. Zugehörigkeit oder Zuneigung)
>
> Wertschätzungsbedürfnisse (z.B. Anerkennung, Selbstvertrauen)
>
> Bedürfnisse nach Selbstverwirklichung (z.B. Unabhängigkeit, Entfaltung)

Nicht selten komme es dabei, ist *Hartewich* überzeugt, zu einem Konflikt zwischen Ratio und Emotion beziehungsweise der individuellen Möglichkeit, Informationen,

208 Hartewich 2003, S. 310.
209 Schnierer 1999, S. 90.
210 Hartewich 2003, S. 310.
211 Kuß u. Tomczak 2000, S. 39f.
212 Vgl. ebd., S. 40ff.

die eine mögliche Bedürfnisbefriedigung versprechen, richtig zu verarbeiten: Streng rationales Verhalten setze voraus, dass der Verbraucher alle ihm zur Verfügung stehenden Informationen vollständig und richtig auswerte und dort, wo es nötig sei, von sich aus nach weiteren Informationen suche.[213]

Eine Überlastung mit Informationen oder eine Überforderung mit Entscheidungsproblemen könne dazu führen, dass der Verbraucher zwar rationale Entscheidungen treffen wolle, dies aber nicht gelinge, da er bei der Informationsaufnahme, -speicherung und -verarbeitung an seine Grenzen stoße.[214] Dies könne wiederum dazu führen, dass der Verbraucher selbst den Weg des geringsten Widerstandes suche und die Entscheidungsprobleme dadurch zu umgehen suche, indem er nicht eine *Nutzenmaximierung* anstrebe, sondern nur noch eine *Satisfizierung*. Deshalb könne ein Zuviel an werblicher Information auch kontraproduktiv sein. Ein Problem bestehe ferner darin, wenn zwar richtige Informationen werblich übermittelt worden seien, diese aber beim Verbraucher zu falschen Schlüssen führten.[215]

So kommt denn auch *Grasskamp* zu dem Urteil, der Konsument sei letztlich „eine schwer berechenbare Erscheinung". Nie lasse sich genau vorhersagen, was er kaufen werde, wie viel, und wie lange er sich damit zufrieden gebe. Auch aus diesen Gründen versuche Werbung den Wünschen des Konsumenten „Konturen" zu verleihen, an denen er sich orientieren solle.[216] Dies geht d'accord mit einem Beitrag in der Fachzeitschrift *Horizont* aus dem Jahr 2006:

> Vor allem eine Erkenntnis sorgt in diesem Jahr für viele Diskussionen unter Marketern. Der Konsument tickt offenbar plötzlich ganz anders, als man es bislang gewohnt ist: Er schreibt in Internetblogs Kommentare, stellt selbstgedrehte Videos ins Netz und verfasst ausführliche Produktrezensionen auf E-Commerce-Sites. Gleichzeitig liebt er offenbar das Schräge: Ironische, provozierende Werbespots erfreuen sich ansteigender Beliebtheit und werden mio.fach [Anm.: übers Internet] weitergeleitet ... Schon sehen Visionäre einen rapiden Wandel auf das Marketing zukommen … Getrieben vor allem vom Internet vollzieht sich zurzeit eine deutliche Machtverlagerung weg von den Unternehmen hin zu den Verbrauchern. Die neue ‚Konsumentendemokratie' fasst äußerst vielschichtig Fuß.[217]

Dies deutet bereits den nächsten Kapitelabschnitt an: Es gibt keinen „Kaufknopf" im Kopf.

2.5.7 Kein Kaufknopf im Kopf

Von Mises ist aus all den geschilderten Gründen überzeugt: Werbung könne höchstens dazu führen, dass Produkte vom Verbraucher ausprobiert würden. Letztlich am Markt würden sich aber vor allem die besten Produkte durchsetzten und nicht die

213 Hartewich 2003, S. 310.

214 Ebd., S. 310.

215 Ebd.

216 Grasskamp 2000, S. 16.

217 Janke, Klaus: Angst um die Markenhoheit. Konsumentendemokratie zwingt zur Umstellung der Kommunikation / Strenge Regeln werden infrage gestellt, in: Horizont, 21.12.2006, S. 12.

besseren Werbekampagnen. Ohne Wertschätzung des Konsumenten könne es mit noch so umfangreicher werblicher Aktion keine Wiederholungskäufe geben. [218]

Ähnlich komplex, wie die Wissenschaft den Verbraucher und sein Verhalten zu verstehen und zu erklären versucht, beurteilt die Werbewirtschaft selbst den Konsumenten. Werbung wende sich zunächst einmal an den Menschen, argumentiert der *Zentralverband der deutschen Werbewirtschaft (ZAW)*. Dabei sei die Grundthese, dass der Mensch kein Konsumtrottel sei, sondern ein aufgeklärtes Wesen, ein mündiger Bürger, der selbst entscheiden könne, was für ihn gut oder nützlich, nicht gut oder unnütz sei[219]:

> Entscheidend ist ... nicht das Werbebild, sondern was mit der Botschaft beim Empfänger geschieht - also bei einem hoch komplexen in der Regel vernunftbegabten Wesen mit eigener Biografie und persönlichen Erfahrungen. Sieht ein psychisch gesunder Mensch eine Werbung mit erotischen Elementen, dann wird er nicht zum Vergewaltiger. Enthält Werbung sportive Elemente, macht das niemand zum Verkehrsrowdy ... Werbung als Auslöser allen Übels hinzustellen zeugt von allzu schlichter Denkübung. Menschen haben nicht nur Erbanlagen, unterschiedliche Biografien und individuelle Erlebnisse. Sie werden auch durch zahlreiche andere Absender beeinflusst - Bildung, Kino, Parteien, Predigten von der Kanzel, Gewerkschaften oder von Eltern.[220]

Ernst F. Salcher führt entsprechend zusammen: Konsum sei beeinflusst durch eigene Bedürfnisse, Erwartungen, Einstellungen, Vorurteile, Gewohnheiten, Rollenmuster usw. Er sieht, wie *Hartewich*[221], all dies beeinflusst von dem unmittelbaren sozialen Umfeld: Freunde, Bekannte, Opinion-Leader, Torhüter, Change-Agents, Vorbilder, Rangordnungen, Normen oder öffentliche Meinungen. Die Werbewirklichkeit sei von einer so hohen Dimensionalität, dass jede Hoffnung oder Befürchtung einer linearen Manipulation eine Illusion sei.[222] Aber auch diese Erkenntnis ist keinesfalls neu. Bereits 1938 war in der Fachzeitschrift *werben & verkaufen* zu lesen: die 1935 in Berlin gegründete „Gesellschaft für Konsumforschung" habe es sich „zur Aufgabe gemacht, die Einstellungen des Käufers zu den Verbrauchsgütern kennen zu lernen und die gewonnenen Erkenntnisse nach wissenschaftlichen Grundsätzen zum Nutzen der wirtschaftlichen Praxis und Lehre zu verarbeiten". Zu diesem Zwecke sei das Deutsche Reich in 500 Verbraucherbezirke eingeteilt worden. Für jeden Bezirk sei ein „Korrespondent" bestellt worden, dessen ehrenamtliche Aufgabe darin bestehe, „über Verbrauchsgewohnheiten ihres Bezirkes laufend zu berichten ... und in der Hauptsache Befragungen von jeweils 20 Verbrauchern vorzunehmen".[223] All dies zielt letztlich auf eine Erkenntnis ab, die der Elektronikmarkt *Media-Markt* auch als Werbeslogan nutzt, nämlich die Aussage, *„Ich bin*

218 Mises 1996, S. 321.
219 Vgl.: Nickel, Volker: „Konsumtrottel oder Bürger?", in: Die Welt, 4.12.2002.
220 Ebd.
221 Hartewich 2003, S. 310.
222 Salcher 1995, S. 244f.
223 Kraatz-Rotermund, Irmgard: Die Frau und die Arbeit der Gesellschaft für Konsumforschung, in: werben & verkaufen, April 1938.

doch nicht blöd!". Hierzu stellen *Kai-Uwe Hellmann* und *Dominik Schrage* in ihrem Buch *Konsum der Werbung. Zur Produktion und Rezeption in der kommerziellen Kultur* fest:

> Die Verbraucher sind wirklich nicht blöd! Sie informieren sich, wägen ab und kaufen schließlich dort ein, wo es ihnen am günstigsten erscheint. Hierzu bedienen sie sich einer Vielzahl von Informationsquellen, nicht nur die Werbung, sondern Auswertungen der Stiftung Warentest und vor allem Empfehlungen von Freunden und der Familie. Sie besuchen mehrere Märkte, strengen Preisvergleiche an, warten auf Sonderangebote und entscheiden sich am Ende vielleicht für ein Produkt das überhaupt nicht beworben wurde, aber genau zu dem passt, von dem sie ... sagen, dass sie es schon immer haben wollten.[224]

Der folgende Kapitelabschnitt möchte sich im Speziellen dem Themenkomplex annähern, der in dieser Studie von besonderen Interesse ist: der *Fernsehwerbung*. Dabei soll besonders auf die in dieser Studie zu untersuchenden Bereiche näher eingegangen werden. Zunächst wird nach einer Definition des Begriffs *Fernsehwerbung* gesucht und ein Blick auf den Fernsehkonsum in Deutschland geworfen. Hieraus überleitend, werden jeweils schlaglichtartig einführende Überblicke zu wichtigen Teilaspekten des „Werbespots" gemacht. Zunächst einmal soll ein Überblick zur Anzahl der im deutschen Fernsehen jährlich gesendeten Werbespots gegeben werden und zur durchschnittlichen Spot-Sendedauer.

Außerdem gilt es, einen Überblick zu gewinnen hinsichtlich der Personen, die als *Darsteller* in den Werbespots eingesetzt werden - also z.B. des Einsatzes und der Bedeutung von „typischen Konsumenten", von „Prominenten" oder „Kindern". Dem schließt sich ein Überblick zum Thema *„Humor und Erotik in der Werbung"* sowie zum Einsatz von *Werbeslogans* an. Zu-

Sendedauer von TV-Spots

Dauer Werbespots	Anzahl Werbespots je Dauer	Anteil Spots in %
00:00:19	636	19,16%
00:00:29	327	9,85%
00:00:20	324	9,76%
00:00:14	246	7,41%
00:00:30	176	5,30%
00:00:24	153	4,61%
00:00:09	133	4,01%
00:00:15	127	3,83%
00:00:18	125	3,77%
00:00:25	112	3,37%
00:00:28	88	2,65%
00:00:10	86	2,59%
00:00:23	55	1,63%
00:00:13	51	1,54%
00:00:21	47	1,39%
00:00:08	44	1,33%
00:00:22	44	1,33%
00:00:27	42	1,27%
00:00:04	38	1,14%
00:00:17	37	1,11%
00:00:26	37	1,11%
00:00:16	34	1,02%
00:00:31	33	0,99%
00:00:34	28	0,84%
00:00:05	27	0,81%
00:00:06	27	0,81%
00:00:32	27	0,81%
00:00:39	25	0,75%
00:00:35	20	0,60%
00:00:11	19	0,57%
00:00:07	18	0,54%
00:00:33	18	0,54%
00:00:40	14	0,42%
00:00:12	13	0,39%
00:00:44	13	0,39%
00:00:03	11	0,33%
00:00:38	10	0,30%
00:00:45	9	0,27%
00:00:49	7	0,21%
00:00:59	7	0,21%
00:00:02	6	0,18%
00:00:36	6	0,18%
00:00:50	6	0,18%
00:00:43	3	0,09%
00:00:41	2	0,06%
00:00:37	1	0,03%
00:00:42	1	0,03%
00:00:46	1	0,03%
00:00:47	1	0,03%
00:00:48	1	0,03%
00:00:53	1	0,03%
00:00:54	1	0,03%
00:01:36	1	0,03%
00:01:37	1	0,03%
Summe	3320	100,0%

Korosides, Analyse Fernsehwerbung in Deutschland

224 Hellmann u. Schrage 2004, Vorwort.

dem wird ein kritischer Blick auf den Einsatz bestimmter *Räumlichkeiten* zur Kreierung bestimmter Stimmungen in der Werbung geworfen.

2.6 Definition Fernsehwerbung und Fernsehkonsum

Die *EU-Fernsehrichtlinie* definiert Fernsehwebung als „jede Äußerung bei der Ausübung eines Handelsgewerbes, Handwerks oder freien Berufes, die im Fernsehen von einem öffentlich-rechtlichen oder privaten Veranstalter entweder gegen Entgelt oder eine ähnliche Gegenleistung oder als Eigenwerbung gesendet wird mit dem Ziel, den Absatz von Waren oder die Erbringung von Dienstleistungen einschließlich unbeweglicher Sachen, Rechte und Verpflichtungen gegen Entgelt zu fördern".[225] Die Legaldefinition des Begriffs „Werbung" ist (für das Fernsehen) in Art. 2f. des *Europäischen Übereinkommens über das grenzüberschreitende Fernsehen (FsÜ)* aus dem Jahre 1992 umfassender als in der EU-Fernsehrichtlinie definiert.[226] Demnach zähle zur Werbung auch „... jede öffentliche Äußerung zur Unterstützung einer Sache oder Idee, oder zur Erzielung einer anderen vom Werbetreibenden gewünschten Wirkung". Während die Fernsehrichtlinie Fernsehwerbung auf Wirtschaftswerbung beschränkt, dehnt das Fernsehübereinkommen die Begrifflichkeit aus und umschließt auch ideelle Werbung bzw. Werbung für andere als wirtschaftliche Zwecke. Der geltende Staatsvertrag über den Rundfunk in Deutschland (*Rundfunkstaatsvertrag - RStV*[227]) verzichtet auf eine Definition des Werbebegriffs.

Wie wichtig die Fernsehwerbung im Portfolio der zahlreichen Werbemöglichkeiten ist, zeigt die schiere Anzahl der jährlich allein in Deutschland gesendeten Werbespots. Diese werden umschrieben als *„eine Fernseh-Werbesendung von mehreren Sekunden Dauer mit multisensorischer Wirkung in Form von Bildern, Tönen und Texten"*. Bei der Konzeption und Gestaltung von TV-Spots sei darauf zu achten, „das Desinteresse der Zuschauer zu überwinden" und „eine fernsehgerechte Aufbereitung der Werbung" zu bewerkstelligen.[228]

2.6.1 Anzahl gesendeter Werbespots und Sendedauer

Im Jahr 2006 wurden von den 102 werbefinanzierten bundesweiten Fernseh-Programmanbietern 3,6 Mio. Werbespots mit einer Gesamtlänge von 1,3 Mio. Minuten (22.126 Stunden beziehungsweise 921 Tage) gesendet.[229] Noch 1998 wurden

225 Richtlinie 89/552/EWG des Rates zur Koordinierung bestimmter Rechts- und Verwaltungsvorschriften der Mitgliedstaaten über die Ausübung der Fernsehtätigkeit in der Fassung der Richtlinie 97/36/EG des Europäischen Parlaments und des Rates vom 19. Juni 1997, S. 10.

226 Geändert durch das Protokoll vom 9. September 1998 zur Änderung des Europäischen Übereinkommens über das grenzüberschreitende Fernsehen vom 17. Dezember 1999 (GVBl. 1999 I S. 442).

227 Vom 31.8.1991, zuletzt geändert durch Artikel 1 des Achten Staatsvertrages zur Änderung rundfunkrechtlicher Staatsverträge vom 8. bis 15.10.2004, (GBl. BW 2005 S. 190), in Kraft getreten am 1.4.2005.

228 Vgl.: Seebohn 1999, S. 71f.

229 Werbung in Deutschland 2007, ZAW-Edition, S. 300.

1,9 Mio. Werbespots mit einer Gesamtlänge von 730.000 Minuten (506 Tage) gesendet.[230] Allerdings teilen sich lediglich vier Sendergruppen mehr als 90 Prozent des Fernsehwerbemarktes in Deutschland. Es sind dies die RTL-Gruppe, SevenOne Media (u.a. Sat.1, ProSieben), die ARD und das ZDF.

Nach *Seebohn* seien in der Regel TV-Spots zwischen 6 und 60 Sekunden lang.[231] Die durchschnittliche Länge eines Werbespots läge nach Angaben von *Nielsen Media Research* in Deutschland im Jahr 2006 bei 22 Sekunden.[232] Nach dieser hier vorgelegten Studie sind die TV-Spots durchschnittlich 35 Sekunden lang (Darstellung in der Tabelle). Dies variiert von 2 Sekunden (Sponsoring-Einblendungen) bis hin zu 1,37 Minuten. Zur unterschiedlichen Effektivität kürzerer oder längerer TV-Werbespots gibt es einige Untersuchungen. So zum Beispiel von *MacLachlan* und *La Barbera.*[233] Die beiden Wissenschaftler setzten sich mit der Frage auseinander, welcher Unterschied in der Werbewirkung bestehe, wenn die Spotlänge variiere: so bei einem zeitlich verkürzten Werbespot mit hoher gesendeter Frequenz gegenüber einem längeren mit kürzer gesendeter Frequenz. „Von den Ergebnissen her gesehen geriet“, führen *Mayer u. Illmann* aus, „die anfangs beobachtete Überlegenheit der verkürzten gegenüber den Normalversionen mit der zunehmenden Zahl an Studien immer mehr ins Wanken“.[234] *Mayer u. Illmann* kommen zu dem Ergebnis, dass die längeren Werbespots, die 30-Sekünder, den kürzeren, den 15-Sekündern, überlegen seien. Begründet wird dies insbesondere mit den Erinnerungswerten und der Markeneinstellung.

> Zusammenfassend ist angesichts der Variationsbreite der Ergebnisse festzustellen, dass längere Spots die wohl besseren Ausgangsbedingungen für ausgeprägte, positive Effekte in den verschiedenen Kriterienbereichen besitzen, aber keine absolute Gewähr für den Eintritt bieten. Außer der zeitlichen Länge bestimmen noch eine Reihe anderer Faktoren, wie z.B. das spezifische Werbewirkungskriterium, der Argumentationsstil sowie die Tendenz zur Entstehung von Gegenargumenten bis hin zum Alter der Zielpersonen die Konsequenzen mit.[235]

Allerdings sei dies, ist *Fabian* überzeugt, kein Ausschlusskriterium für eine Sowohl-als-auch-Strategie.[236] Dies gelte insbesondere dann, wenn es sich um eine bereits beim Publikum bekannte Marke handele. Ob bekannt oder weniger bekannt - *Claggett* sieht in der Sowohl-als-auch-Strategie, besonders für ein bekanntes Produkt, die besseren Werbewirkungschancen.[237]

---

230 Werbung in Deutschland 2005, ZAW-Edition, S. 283.

231 Vgl. Seebohn 1999, S. 71f.

232 Werbung in Deutschland 2007, ZAW-Edition, S. 300.

233 MacLachlan, J./ LaBarbera, P.: Time-compressed TV commercials, in: Journal of Advertising, Research, 18/4, 1978, S. 11–15.

234 Mayer, Hans / Illmann, Tanja: Markt- und Werbepsychologie, 3. Auflage, Schäffer-Pöschel Verlag, Stuttgart, 2000, S. 523.

235 Ebd., S. 533.

236 Fabian, C.S.: 15-second commercials. The inevitable evolution, Journal of Advertising Research, Nr. 26/4, RC 3-RC5, 1986.

237 Clagget, W.M.: The long view of the short commercial, Journal of Advertising Research, Nr. 26/4, RC 11-12, 1986.

2.6.2 *Einschaltquoten*

Fernsehwerbung möchte gesehen werden. Deshalb sind die Einschaltquoten für die Fernsehsender, aber auch für die Werbungtreibenden, von großer Bedeutung. Mit der Fernsehnutzung beschäftigt sich beispielsweise die Arbeitsgemeinschaft Fernsehforschung (AGF). Die TV-Nutzung zumindest bei Kindern ist seit 1996 als stabil bis leicht rückläufig zu beurteilen. So werden für das Jahr 1996 101 Min. Fernsehkonsum für Kinder pro Tag ausgewiesen, für das Jahr 2001 hingegen 98 Min. pro Tag.[238] Neben den AGF-Zahlen über die Mediennutzungsdauer der Altersgruppen können die Zahlen der Media-Analyse (agma) hinzugezogen werden. Die agma liefert neben der AGF wichtige Auswertungen, die allerdings für den Fernsehbereich lediglich sekundäre Bedeutung haben. Der Vollständigkeit halber seien sie hier erwähnt. Demnach habe sich der Fernsehkonsum der 14- bis 19-Jährigen von 1996 bis 2003 von 146 Minuten täglich auf 176 um immerhin eine halbe Stunde erhöht. Außerdem sei ein Anstieg bei der Nutzung aller audiovisuellen Medien (Fernsehen, Radio, Tonträger, Video/DVDs) von 312 Minuten im Jahr 1996 auf 379 Minuten im Jahr 2003 bei den 14- bis 19-Jährigen zu verzeichnen. Mit einem Plus von 24 Minuten sei ein ähnlich hoher Anstieg auch in der Zielgruppe der 20- bis 29-Jährigen zu verzeichnen (von 138 Minuten täglich auf 162). Allerdings, und das ist interessant, liegen die Werte damit immer noch deutlich unter den Altersgruppen der ab 40-Jährigen (187 bis 242 Minuten täglich). Berücksichtigt man die Fernsehnutzung aller Altersgruppen ab 14 Jahren insgesamt, ist seit 1996 laut agma in Deutschland ein leichter Anstieg zu verzeichnen. Schalteten 1996 die ab 14-Jährigen durchschnittlich 179 Minuten (3 Stunden) den Fernseher in Deutschland ein, waren es 2003 199 Minuten (3,3 Stunden).

Trotz der für Deutschland offiziell vorliegenden Zahlen bezüglich des Fernsehkonsums tauchen in der Öffentlichkeit immer wieder andere auf. So zitierte beispielsweise die *Süddeutschen Zeitung* am 8. Mai 2003 aus einer Pressemeldung der bayerischen *Familienministerin Christa Stewens (CSU)*, welche auf einer Fachtagung für Jugendschutz sagte, mittlerweile gehe man beim Fernsehkonsum der Grundschüler von einem jährlichen Verhältnis 10.000 Schul- zu 15.000 Fernsehstunden aus. Diese hohe Fernsehnutzung sei insbesondere im Zusammenhang mit Gewaltfilmen gefährlich, das werde immer noch unterschätzt. In der Realität verfügt jedoch ein Jahr lediglich über 8.760 Stunden. Auf Nachfrage bei der Presseabteilung der Familienministerin wurde dem Autor dieser Studie mitgeteilt, die zuständige Fachabteilung der Ministerin stütze sich auf eine Untersuchung der Münchner *Ludwig Maximilians Universität*, und das sei „doch wohl seriös".

238 Quelle: AGF/GfK Fernsehforschung 2002.

TV-Marktanteile 2006 in % Deutsche + EU-Inländer (Fokus 3 bis 13-Jährige und 14 bis 29-Jährige)																			
Sender / Zielgruppe nach Alter	RTL	PRO7	SAT.1	ARD	ZDF	ARD-DRITTE	VOX	RTL2	K1	SUPER RTL	N24	DSF	KIKA	3SAT	EURO SPORT	PHOENIX	N-TV	ARTE	9LIVE
Z 3 plus	12,8	6,6	9,8	14,2	13,6	13,5	4,8	3,8	3,6	2,6	0,8	1	1,1	1	0,9	0,7	0,6	0,5	0,2
K 3 bis 13	8,3	7,4	7,5	5,6	5	3,1	3,5	5	3	23,7	0,4	0,8	12,1	0,3	0,5	0,1	0,2	0,1	0,1
E 65 plus	9,6	1,3	7,8	21,9	21,8	22,6	1,9	1,2	1,3	0,6	0,4	0,9	0,2	1,2	1	0,8	0,6	0,6	0,2
E 50 plus	10,9	2,5	8,8	19,4	19	19,5	3,1	2	2,2	0,8	0,6	0,9	0,3	1,2	1	0,8	0,6	0,6	0,2
E 50 bis 64	12,5	3,8	9,9	16,6	15,7	15,9	4,4	2,8	3,1	1,1	0,8	1	0,4	1,2	1	0,8	0,7	0,7	0,2
E 30 bis 49	15,3	9,7	11,7	9,6	8,8	8,3	7,1	5,5	5,3	2,4	1	1,1	0,9	0,9	0,8	0,7	0,7	0,5	0,2
E 14 plus	13	6,5	9,9	14,6	14	14	4,9	3,7	3,6	1,6	0,8	1	0,6	1	0,9	0,7	0,6	0,6	0,2
E 14 bis 49	15,6	11,6	11,3	8,6	7,8	7,2	7,1	6	5,4	2,5	1,1	1,1	0,9	0,8	0,8	0,7	0,6	0,5	0,2
E 14 bis 29	16,1	16,8	10,5	6,2	5,1	4,2	7,2	7,2	5,7	2,9	1,1	1,2	0,8	0,5	0,8	0,6	0,5	0,4	0,2

Quelle: AGF/GfK DAP-TABAGG (D+EU-Panel)

Schließlich wird ein Text zugefaxt, der belegen soll, auf welche Zahlen man sich gestützt habe: Eine Pressemeldung vom 15. Juni 1994 des *Landesverbandes bayerischer Schulpsychologen* („Gewaltverzicht im Fernsehen“) sei Urquell der Äußerung der Ministerin. Tatsächlich steht auch auf dieser Meldung, allerdings ebenfalls ohne weitere Quellenangabe, dass „Experten ... von einem Verhältnis von 11.000 Schulstunden zu 15.000 Fernsehstunden“ bei Kindern ausgingen - man beziehe diese Zahlen jedoch nicht auf ein Jahr, sondern auf das gesamte Schulleben von Kindern. Ein weiteres Beispiel für den Umgang mit Datenmaterial: Die ehemalige bayerische *Staatsministerin für Unterricht, Kultus, Wissenschaft und Kunst, Monika Hohlmeier (CSU)*, sagte anlässlich der 1. Fachtagung des Forums Medienpädagogik im Rahmen der Medientage in München am 18. Oktober 1995:

> Es ist statistisch belegt, dass Kinder bis zum ersten Lebensjahr immerhin 7.000 Stunden fernsehen, 4.500 Stunden Radio genießen, 3.500 Stunden Schallplatten und CDs hören und 500 Stunden Videos anschauen. Der Computer ist dabei noch gar nicht berücksichtigt.[239]

Hohlmeiers Angaben würden bedeuten, dass die Kinder fast zwei Jahre ohne Unterbrechung (also auch ohne Schlaf) täglich 24 Stunden Medien konsumieren. Die folgende Tabelle zeigt, welche Fernsehsender in Deutschland insgesamt betrachtet die höchsten Marktanteile innerhalb der jeweiligen Alterszielgruppen aufweisen. Ausgewiesen werden die Zahlen alljährlich von der Arbeitsgemeinschaft Fernsehforschung (AGF) sowie der Gesellschaft für Konsumforschung (GfK). Demnach verfügte der Kinderkanal Super-RTL im Jahr 2006 bei den Kindern im Alter von 3 bis13 Jahren über den höchsten Marktanteil mit einem Wert von 23,7%. Es folgen RTL (8,3%), Sat.1 (7,5%), ProSieben (7,4%), die ARD (5,6%), RTL II (5%; im Jahr

239 Vgl. Medienkompetenz im Informationszeitalter. 1. Fachtagung des Forums Medienpädagogik der BLM, BLM Schriftenreihe Nr. 36, München 1996, S. 15.

2002 waren es noch 10,9%) und das ZDF (5%). In der Altersgruppe der 14- bis 29-Jährigen führt die Rangliste der private Sender ProSieben an (16,8%), gefolgt von RTL (16,1%), Sat.1 (10,5%), RTL II und VOX mit je 7,2%, sowie der ARD (6,2%) und dem ZDF (5,1%). Nachdem geklärt wurde, wie bedeutend das Fernsehen für viele Menschen ist, drängt es sich an dieser Stelle geradezu auf, sich einen kurzen Überblick zur Geschichte des Werbespots zu verschaffen. Dies soll im nächsten Abschnitt erfolgen.

2.7 Geschichte des Werbespots

Christiane Lamberty geht davon aus, dass die *„Laterna magica"* erstmals Ende des 19. Jahrhunderts auch für werbliche Zwecke verwendet wurde, indem eine Abfolge an Bildern gezeigt wurde, die man im weiteren Sinne als „Werbespot" verstehen könnte. Ein deutscher Reisender hatte einen ‚Werbespot' in einer *Laterna magica* 1896 in England gesehen, was er wie folgt schilderte:[240] „Nicht nur trägt jedes durch die magische Laterne gezeigte Bild eine Reklame-Inschrift, sondern die Laterne wirft nach einem jeden neuen Bild einige kurze drollige, zum Kauf einladende Verse auf die Leinwand."[241] Bereits 1877 habe eine Zeitungsanzeige für den werblichen Einsatz der Laterna magica geworben, so *Lamberty*. Die Laterna magica (lateinisch „Zauberlaterne") ist ein Projektionsgerät, das vom 17. bis ins 20. Jahrhundert in Europa verbreitet war, manche behaupten sogar, es habe sie bereits im 13. Jahrhundert gegeben.[242] Im 19. Jahrhundert entwickelte sie sich zum Massenmedium. Mit der ‚Zauberlaterne' wurden die technischen Voraussetzungen für die Projektion von Bildern geschaffen. Dieses Prinzip legte den Grundstein zum bewegten Bild, zum Film: Bilder (gemalt oder gedruckt), meist koloriert und auf Glas, wurden zur Projektion in die Laterna geschoben, Anfangs sorgte eine Kerze für das nötige Projektionslicht.

Ab circa 1840 kamen auch Fotografien zum Einsatz und ab circa 1890 „translucent celluloid filmstrips", berichten die niederländischen Laterna-Experten Luikerwaal[243]. Trotz aufkommender neuer Technologien, wie des Films, habe sich die Laterna magica als Reklameträger bis in die 50er Jahre des 20. Jahrhunderts halten können, so *Lamberty*. Vereinzelt kommt die „Zauberlaterne" auch heute noch zum Einsatz. So bieten beispielsweise *Karin Bienek* und *Ludwig Maria Vogl-Bienek* aus Limburg a. d. L. innerhalb historischer Darbietungen diese Art Lichtspieltheater.[244] Auch nennt sich eine 1994 gegründete deutsche Filmproduktionsgesellschaft noch heute so.[245]

240 Lamberty 2000, S. 205, 212ff.

241 Zur Weihnachts-Campagne, in: Die Reklame, Heft 21/1896, S. 341f.

242 Vgl. Erläuterungen: Handgemalte Laterna-magica-Bilder aus der Zeit um 1800, Schlossmuseum Jever, 2007.

243 Vgl. www.luikerwaal.com.

244 Vgl. www.illuminago.de.

245 Laterna Magica Filmproduktion GmbH, Frankfurt a.M.

Der Durchbruch für die Werbespots kam schließlich zur Wende 19./20. Jahrhundert, und zwar mit dem Aufkommen der Kinos. Die Filmtechnik sei, so *Lamberty*, u.a. 1895 in Berlin entstanden. Die Filmpioniere, die *Brüder Skladanowsky,* zeigten zu diesem Zeitpunkt ihre ersten Filme in Berlin. Schnell entdeckte die Wirtschaft die neuen zusätzlichen Werbemöglichkeiten. Der erste Reklamefilm sei bereits 1897 von *Oskar Messter* im Auftrag der Berliner Firma *Moosdorf & Hochhäusler,* Hersteller einer innovativen *„Wellenbadenschaukel“*[246], gedreht worden. Nicht zuletzt dank des Reklamefilms hätten von der Wellenbadenschaukel, so *Ulli Kulke* in der Fachzeitschrift *Mare*, über 100.000 Exemplare per Versand verkauft werden können. *Kulke* spricht von einer „Pionierleistung im Reklamewesen“. Der Erfolg habe vor allem auf der Tatsache beruht, dass der Reklamefilm (die Firma warb auch mittels Werbeanzeigen), „die emotionalen Saiten zwischen wachsendem Gesundheitsbewusstsein und Meeressehnsucht im Gemüt der Deutschen“ berührt habe.[247] 1910 habe außerdem die 1887 gegründete Firma *Maggi,* so *Lamberty,* für ihre Suppen Reklamefilme gezeigt. Zügig merkte auch die Politik die neuen Möglichkeiten - so z.B. das im Ersten Weltkrieg gegründete *„Königliche Bild- und Filmamt“.* Dieses habe den Reklame- bzw. Propagandafilm ab 1917 als PR-Instrument zur Kriegsunterstützung umfangreich genutzt, so *Lamberty.*[248]

Unabhängig von den technischen Voraussetzungen, seien weitere Komponenten für die Entstehung des Werbespots entscheidend, erläutert *Grasskamp.* Zwar sind heute in Werbespots meist Menschen zu sehen, doch könne man als Vorläufer solcher Werbespot-Darsteller *einfache Werbefiguren* ansehen. *Grasskamp* nennt z.B. „Johnnie Walker“ (Whiskey, 1820 kreiert) oder den „Michelin“-Reifenmann (seit 1891). Ein wichtiger Schritt sei mit dem *Übergang der Werbefigur in Comic-Strips* geschehen. In den Comic-Heftchen habe sich, „die Werbefigur zum ersten Mal richtig zu Hause“ gefühlt. Erst dann sei sie „über den Zeichentrickfilm“ in den Reklamespot abgewandert und häufig durch Menschen als Darsteller abgelöst worden. Als Beispiel für eine erfolgreiche werbliche Inszenierung mittels Comiczeichnungen nennt *Grasskamp* den seit 1899 verwendeten *Schwanzlurch* der Schuhfirma *Salamander.* Die ersten *Salamander-Comic-Hefte* seien 1908 auf den Markt gekommen („Lurchi“).[249] [250] Wie beliebt damals der Comic oder der Zeichentrickfilm generell war, belegt *Meyerheim* in einem Aufsatz 1928 in der Fachzeitschrift *Seidels Reklame*:

---

246 Noch heute, 2007, ist das Firmengebäude, das nicht mehr originär bewirtschaft wird, in Berlin Treptow-Köpenick, Ortsteil Plänterwald (Vorher Straße 12), vorhanden.

247 Vgl. Kulke, Ulli: Vor 100 Jahren macht ein Berliner Fabrikant den Seebädern Konkurrenz: Wellengang daheim und ohne Algenaroma, in: Mare, Zeitschrift, Heft Nr. 43, April/Mai 2004.

248 Lamberty 2000, S. 212ff.

249 Grasskamp 2000, S. 108f.

250 Im Internet-Auktionshaus eBay wurde beispielsweise Anfang 2007 ein Salamander-Comic aus dem Jahr 1940 für US $249.99 angeboten; die Firma Salamander dokumentiert unter www.salamander.de sechs Salamander-Reklamefilme der Jahre 1930 bis 1960 (jeweils zwischen 1:07 Min. und 1:40 Min.). Außerdem ist der erste Salamander-Comic hinterlegt.

> Wir haben alle den gezeichneten Trickfilm in Erinnerung. Er hatte seinen Ursprung in den amerikanischen Zeichen-Trickfilmen. Dieses Genre erfreute sich über 10 Jahre lang einer gewissen Beliebtheit, weil es voll von Humor ist und gewürzt mit menschlichen Alltagserfahrungen.[251]

Dabei erinnert die Zeitschrift an die Tradition der Printanzeigen: „Der erste große Fehler, der oft bei Werbefilmen, besonders bei Trickfilmen", gemacht worden sei, habe darin bestanden, „dass ein zu großer Text vorgeschrieben" worden sei.[252] Das Kino war um 1910 bereits so beliebt, dass die Kinobetreiber teils „ununterbrochen täglich zehn Stunden vorführten". Die Reklamepause sei letztlich erst aus dem zwischen den Filmen auf der Leinwand eingeblendeten Aufruf *„Billetts von Nr. soundso bis Nr. soundso sind jetzt abgelaufen!"*, entstanden. Nach und nach seien zusätzlich schlichte statische Einblendungen, „Reklamelichtbilder", auf der Leinwand erschienen. In der Fachzeitschrift *Seidels Reklame* wirft der Autor noch 1928 pikiert einen Blick 20 Jahre zurück, indem er schreibt, es habe sich um *„eine Reihe schrecklicher giftfarbener Lichtbilder"* gehandelt, *„die uns aufforderten, nach der Vorstellung das dem Theater gegenüberliegende Café X.Y ... aufzusuchen"*.[253] Schon damals empfanden wohl nicht wenige Zuschauer dies als störend, *„da der Kinobesitzer rücksichtslos jeden neuen Reklameauftrag annahm und den Zuschauer halbstundenlang damit langweilte"*. Um diese ‚Langeweile' zu überbrücken, hätten die Firmen mit der Zeit eine Filmreklame geschaffen, *„die dem Betrachter Interesse abnötigte"*. Manche Firmen hätten beispielsweise „lustige Buschiaden in mehreren Bildern" für Reklamezwecke herausgebracht. Dabei habe es sich vorwiegend um „Bildergeschichten" gehandelt, von denen *„es nur noch ein Schritt bis zum lebenden Reklamebild"* gewesen sei.[254]

Wie wichtig neben den Printanzeigen in den Zeitungen und Zeitschriften der Reklamefilm wurde, zeigt sich daran, dass bereits 1925/26 in Deutschland pro Jahr 271 Mio. Kinobesuche, 1936/37 gar 359 Mio. zu verzeichnen waren. Gleichzeitig kletterten die Bruttoeinnahmen von 187 Mio. RM auf 270 Mio. RM.[255] 1928 gab es in Deutschland 4.000 Kino-Theater, von denen „weit über 2000 für Reklame nicht in Frage" gekommen seien, „da sie entweder nur einen Tag in der Woche spielen, oder aber Propaganda für eine unnötige Ausgabe halten".[256] Bis der Reklamespot ins Fernsehen kam, vergingen aber noch einmal fast weitere 20 Jahre. In Deutschland zeigte erstmals die ARD 1956 einen Reklamespot im Fernsehen. Hierzu schrieb der *Berliner Tagesspiegel*:

> Das erste Mal dauerte 57 Sekunden. Wenig Musik, starre Szenerie und dann noch in Schwarz-Weiß. Was da am 3. November 1956 in deutschen Wohnstuben flimmerte, schien wenig Er-

251 Meyerheim, H.H.: Film. Es wird alles viel besser!, in: Seidels Reklame, Dezember 1928, S. 559ff.
252 Ebd.
253 Ebd.
254 Heerberger, Helge: Moderne Kinopropaganda. Filmreklame, in: Seidels Reklame, Dezember 1928, S. 561f.
255 Bergler, Georg: Der Kinobesuch in Deutschland, in: werben & verkaufen, Juni 1938, S. 360.
256 Nebenzahl, Leo: Filmpropaganda in Amerika und Deutschland, in: Seidels Reklame, 1928, S. 557.

> folg versprechend. In einer biederen Wirtshausszene pries Schauspieler Beppo Brem die Waschkraft von Persil: „Der gebildete Mensch sagt nur Persil. Persil - und nichts anderes." Kanal frei für den ersten Werbeslogan im deutschen Fernsehen.[257]

Dieses leitet über zu den Voraussetzungen, die nach Überzeugung von Fachleuten einen „guten" Werbespot ausmachen.

2.8 „Gute" Werbespots und die Bedeutung von „Neuem"

Es ist die schiere Produktvielfalt, die Werbungtreibende ‚zwingt', mittels kreativer Ideen unter der Masse an Werbespots aufzufallen und sich beim Rezipienten Gehör zu verschaffen. Gablers „Lexikon Werbepraxis" nennt mehrere Bereiche, die Voraussetzung für einen erfolgreichen Werbespot seien:

- Je pointenreicher, desto besser wird die Fernsehwerbung aufgenommen und erinnert. Ein TV-Spot sollte immer mit einer produktbezogenen Pointe abschließen.
- Bezüglich der Vielfalt an konkurrierenden Spots sollte die Werbung auf einer zentralen Idee aufbauen und nicht zu viele Argumente liefern. Der Spot darf in den Szenenfolgen nicht überladen sein, um eine schnelle Orientierung des Zuschauers zu ermöglichen.
- Die Handlung des TV-Spots sollte vor allem mittels bewegter Bilder und deren Untermalung mit Geräuschen, Musik und Sprache erfolgen. Längere Dialoge sollten vermieden werden.
- Sprache und Musik ergänzen die gezeigten Bilder und sorgen für die gewünschte emotionale Ansprache und Wirkung bei den Zuschauern.
- Die Aufmerksamkeit muss während des Spots, z.B. durch raschen Szenenwechsel, akustische Signale oder Humor, immer wieder neu geweckt werden. Der Schluss sollte, zumindest zum Teil mit Slogan, Logo und einer Schlusspointe beim Betrachter in Erinnerung bleiben.
- Idee und Art der Werbebotschaft sollten die gesamte Länge des TV-Spots bestimmen.[258]

Doch es gibt auch simple Möglichkeiten der Aufmerksamkeitssteigerung für Fernsehspots. *Schierer* nennt beispielsweise das Mittel der *Erhöhung der Lautstärke beim Abspielen* eines Werbespots. Allerdings dürfe „die Verwendung intensiver Reize" mit dem Ziel einer „verstärkten Wahrnehmung" nicht übertrieben werden, da Werbung ansonsten als aufdringlich empfunden werde. Im schlimmsten Falle nähmen die Rezipienten dann Werbung sogar als „Einbruch wahr" und quittierten „ihn mit einer Abwehrhaltung, die den weitergehenden Werbezielen bis hin zur Kaufabsicht alles andere als förderlich" sei. Ein schreiendes Kind möge vielleicht die Aufmerksamkeit der Eltern auf sich ziehen, die Nachbarn aber nerven.

257 Huber, Ortrun: Alles nur Reklame. Vor 50 Jahren flimmerte der erste Werbefilm in die deutschen Wohnstuben. Heute beschäftigt sich auch die Wissenschaft mit den Fernseh-Spots, in: Tagesspiegel-Beilage der Freien Universität Berlin, Ausgabe vom 18.11.2006, FU, Kommunikations- und Informationsstelle.

258 Vgl. Seebohn 1999, S. 71f.

Eine weitere Möglichkeit, Aufmerksamkeit mit einem Werbespot zu erreichen, sei *Originalität* - wozu z.B. der Einsatz markanter Figuren gehöre (z.B. die lila Kuh für Milka-Schokolade).[259] Der Ansicht, dass Fernsehen generell über höhere Beachtungswerte verfügen könnte als andere Werbeformen, erteilt *Schnierer* eine Absage: „Man kann sich stundenlang bei der Vorführung von Urlaubsdias zu Tode langweilen und anschließend beim mündlichen Reisebericht des Vorführers aufblühen. Bilder besitzen allenfalls ein höheres Aktivierungspotential." Der Vorzug von Bildern bestehe darin, dass sie „viel schneller aufgenommen und verarbeitet werden". Außerdem sei „die gedankliche Anstrengung bei der Dekodierung ... wesentlich geringer".[260] Allerdings gibt es an der Art und Weise der Fernsehspots grundsätzliche Kritik. So schreibt *Grasskamp*:

> Jeder sensible Fernsehbesitzer weiß, mit welcher akustischer Wucht und bildhaften Brutalität die Werbeinseln in einen Film hineinplatzen können, dem gerade noch seine höchste Aufmerksamkeit galt. Es hat im 20. Jahrhundert keinen so umfassenden und unangefochtenen kulturellen Vandalismus gegeben wie die Zerstörung der filmischen Wahrnehmung und narrativen Konzentration durch die Werbeinseln der Privatsender: Die Werbepause ist der massivste Einbruch in die Kultur seit der Abschaffung der Zensur; sie missbraucht und zerstümmelt den Film, die führende Kunstform des 20. Jahrhunderts, als Vehikel, laugt ihn von innen her aus, wie die Larve der Schlupfwespe ihr Wirtstier ... Glotzt nicht so romantisch' ist ihre Brechtsche Botschaft, wenn sie mit ihren hektischen Albernheiten in die Faszination eines Liebesfilmes einbricht, um den Betrachter wissen zu lassen, dass im Alltag Windeln und Binden, Kaffeesorten und Automarken zählen und nicht die hochgestimmte Emotion ...[261]

Kritisch diskutiert wird ferner, welche *Sendefrequenz* von Werbespots am ehesten zu unternehmerischem Erfolg, also beispielsweise dem Verkauf von Produkten (Absatz) führe. Laut einer Studie von *Zielske* sei einer *massierten Werbestrategie*, das heißt einer hohen Frequenz von Werbeschaltungen innerhalb eines zeitlich deutlich beschränkten Zeitraums, einer über einen langen Zeitraum gestreckten, weniger massiven Werbepräsenz der Vorrang zu erteilen.[262] Allerdings gelte es zu prüfen, welche Strategie verfolgt werde: Solle ein schneller Bekanntheitsgrad erreicht werden, oder könne auf eine hohe Bekanntheit gesetzt werden? Diese Fragen seien in einer Mediastrategie zu berücksichtigen. Für die Option der gemischten Frequenzdichte sprechen sich *Simon*[263] und *Park u. Hahn*[264] aus. Nicht grundsätzlich gelte das Motto: *je mehr Werbepräsenz, desto erfolgreicher*. Anfangs bedürfe es mehrerer Kontakte, um überhaupt einen Werbeeffekt zu erzielen. *Mayer u. Illmann* geben allerdings zu bedenken, es sei als Folge der andauernden Wiederholung ein und der-

259 Vgl. Schnierer 1999, S. 40f.

260 Vgl. Schnierer 1999, S. 43.

261 Grasskamp 2000, S. 126f.

262 Zielske, H. A.: The remembering and forgetting of advertising, Journal of Advertising Research, 1959, Nr. 23, S. 239–243.

263 Simon, H.: Die Marke ist stets ein Abbild der Persönlichkeiten, die das Unternehmen führen, in: marketingjournal 24/2, 1991, S. 96–100.

264 Park, S. / Hahn, M.: Pulsing in discrete model of advertising competition, in: Journal of Marketing Research, 28, 1991, S. 397–405.

selben Maßnahme ein Punkt zu erwarten, an dem die Werbewirkungskurve einen Wendepunkt aufweise. Nach anfänglichen Zuwächsen stellten sich zunächst abnehmende, dann Null- und wenig später gar negative Grenzerträge (wearout) ein.[265] Dies meint eine Abnutzung der Werbewirksamkeit durch häufiges Senden eines Spots (TV oder Radio).

Eine noch so häufige Ausstrahlung eines Werbespots ist auch nicht zwangsläufig zielführend, wenn das zu verkaufende Produkt nicht stimmt. So sind sich Marketingexperten einig: ohne Produktinnovationen oder zumindest den Versuch, ein Produkt mit „Neuem" zu inszenieren, gehe es nicht. *Berlyne* sieht *Neuartigkeit* (von Produkten oder Dienstleistungen) als eines der *vier bedeutendsten Elemente* zur Beeinflussung von Aufmerksamkeit. Die drei weiteren Stimuli seien *Ungewissheit*, *Konflikt* sowie *Komplexität*.[266] Für *Heselhoff* ist das Wort *neu* geradezu ein Schlüsselwort für die Werbung.[267] Mit Wörtern wie *neu*, *aktuell* oder *Neuheit* sollten beworbenen Produkten progressive Züge verliehen werden, so *Mayer u. Illmann*:

> Mit einem neuartigen Reiz sind natürlich auch Konsequenzen verbunden. So ist zu erwarten, dass zunehmend neuartige Reize zu steigender Aktivierung führen. Diese hat ihrerseits wieder Konsequenzen im Hinblick auf die Gedächtnisleistungen; d.h. die Erinnerungsleistung erhöht sich mit zunehmender Neuartigkeit ... Allerdings besteht dabei die Gefahr, dass neuartige Ansätze oder Lösungen eine Art Faszination auslösen, die nahezu die gesamte Aufmerksamkeit des Individuums absorbiert und den eigentlichen Zielen der Werbung zuwiderläuft … [Deshalb kann] Neuartigkeit als werbliches Gestaltungselement mit dem Ziel der Gewinnung von Aufmerksamkeit nicht nach dem Motto „je neuartiger und origineller, desto besser" eingesetzt werden ... In der Regel ist die Aufmerksamkeitswirkung in der Werbung kein Selbstzweck, sondern nur die Voraussetzung oder Eingangsbedingung für nachfolgende Werbewirkungsprozesse ...[268]

Kover, Goldberg u. James warnen deshalb, dass das Austoben kreativer Einfälle für angeblich „Neuartiges" nicht auf Kosten des eigentlichen Werbeziels, des Produktabsatzes, gehen dürfe. Kreativität sei nicht gleich Effektivität.[269] Dennoch: Mangelnde Kreativität könne wiederum den Eindruck beim Konsumenten hinterlassen, Werbung sei alt, stumpfsinnig oder geistlos.[270] *Kover, Goldberg u. James* sind davon überzeugt, dass Werbung vor allem dann erfolgreich sei, wenn es ihr gelinge, eine größtmögliche Spannweite an Emotionen hervorzurufen, die da wären: Das beworbene Produkt oder die Dienstleistung ist *wünschenswert, kompetent, virtuos, vorteilhaft, heiter, aktiv/erregend, nicht langweilig, liebevoll, konfliktvoll, skeptisch, beschämend oder konfus*.[271] Das Bedürfnis, Neues kennen zu lernen und zu den Pionie-

265 Mayer u. Illmann 2000, S. 548.

266 Berlyne, D. E.: Konflikt, Erregung, Neugier, Klett-Verlag, Stuttgart 1976.

267 Vgl. Haseloff, O. W.: Kommunikation, Transformation und Interaktion, in: Gadamer, H. C. u. Vogler, P. (Hrsg.): Psychologische Anthropologie, Thieme, Stuttgart 1973, S. 94–140.

268 Mayer u. Illmann 2000, S. 576f.

269 Vgl. auch Kover, A. J. / Goldberg, St. M. / James, W. L.: Creativity vs. effectiveness? An integrating classification of advertising, in: Journal of Advertising Research, 35/6, 1995, S. 29–38.

270 Ebd.

271 Ebd.

ren zu gehören, spiele beispielsweise für die Amerikaner eine große Rolle, so *Alpert u. Kamins*, „because, as a manifestation of innovation and progress in the product realm, it taps into core American values“.[272]

Diese Abhandlung vernachlässigte bislang einen weiteren wichtigen Bereich, der zu einem „guten Werbespot“ dazugehört: die Darsteller.

2.9 Werbe-Darsteller (Männer, Frauen, Kinder, Prominente, Tiere)

Darsteller, die in TV-Spots auftreten, werden in der Wissenschaft häufig als Vertreter „sozialer Modelle“ umschrieben. Im Fachjargon der Werber heißen sie oftmals *Testimonials*. Dabei werden sie nach bestimmten sozialen Bereichen klassifiziert: beispielsweise Prominente („Stars“), Experten, Repräsentanten z.B. eines Unternehmens (Verbandes oder Partei), Kinder, Jugendliche oder sonstige typische Konsumenten (Männer, Frauen). *Kratzer u. Silberer* belegten, dass 1976 in nur 9% von 150 ausgewerteten TV-Spots keine Darsteller zu sehen gewesen seien.[273] *Mayer u. Illmann* sind überzeugt, dass sich „an dieser Quote kaum etwas geändert“ habe.[274]. In der Literatur waren kaum nähere Erkenntnisse zum *tatsächlichen Einsatz* von Darstellern zu finden - weder im Allgemeinen noch im Speziellen. Das heißt: Es ist dringend notwendig, einmal zu untersuchen, welche Darsteller in der TV-Werbung in welchem Umfang eingesetzt werden. Diese Studie hebt sich von herkömmlichen Untersuchungen insofern ab, als der Fokus nicht nur auf *einer bestimmten* Zielgruppe von Darstellern liegen soll (z.B. Prominente oder Kinder), sondern dass alle Darsteller berücksichtig und klassifiziert werden sollen. Ein Augenmerk wird dabei beispielsweise auch den geschlechtsspezifischen Differenzen gelten. Irritierend ist, dass es zwar zahlreiche Abhandlungen über die *„Diskriminierung der Frau in der Werbung“* gibt *(Querverweis: Kapitel - Männer und Frauen in der* TV-Werbung, *S. 159 ff.)*, aber nicht eine Untersuchung ausfindig zu machen war, weder national noch international, die den *Einsatz der Frau als Darstellerin in Werbespots einmal rein quantitativ* untersuchte. So konnten auch beispielsweise keine Erkenntnisse ausfindig gemacht werden, für welche werbungtreibenden Branchen Frauen als Darstellerinnen eingesetzt werden (einer der Kritikpunkte lautet beispielsweise, sie würden nur „den Haushalt im Kopf“ haben und seien deshalb vor allem für Haushaltswerbung interessant).

Ähnlich irritierend gestaltet sich die umfänglich vorliegende Kritik am *Einsatz von Kindern (und Jugendlichen) in der Werbung*: Auch hierzu gibt es zahlreiche Abhandlungen, aber so gut wie kein quantitatives Anschauungsmaterial zum Umfang ihres tatsächlichen Einsatzes in der Werbung. Dieses Defizit sucht diese Studie zu beheben. Immerhin untersuchte *Goffman* 1976 zahlreiche amerikanische Rekla-

272 Alpert, Frank H. u. Kamins, Michael A.: Pioneer Brand Advantage and Consumer Behaviour: A Conceptual Framework and Propositional Inventory, in: Journal of Academy of Marketing Science 22, 1994, S. 244–253.

273 Kratzer, V. / Silberer, G.: Imitationsanreize in der Konsumgüterwerbung (unveröffentlichtes Manuskript), Sonderforschungsbereich 24, Mannheim, 1976.

274 Mayer u. Illmann 2000, S. 594.

mebilder im Hinblick darauf, welche Arrangements mittels der Darsteller getroffen werden und welche „Message“ damit übermittelt werden solle. So analysierte er u.a. die Inszenierung der *Familie* innerhalb der Werbung. Dabei stellt er unterschiedlichstes Rollenverhalten fest. Männer würden demnach z.B. häufig als „Beschützer“ inszeniert - entweder als Beschützer der „Frau“ oder der „Familie“. Kinder würden häufig ‚liebevolle‘ Zuwendung durch die Erwachsenen in der Werbung erfahren.[275]

Über theoretische Abhandlung hinausgehende Untersuchungen gibt es ebenfalls so gut wie nicht zum Einsatz von *Prominenten in der TV-Werbung*. Zwar gibt es vereinzelt Erhebungen zu ihrem generellen *quantitativen* Einsatz, aber nach Kenntnisstand hat sich bislang keiner die Mühe gemacht, die Prominenten einmal nach Prominenten-Kategorien (Sport, Entertainment, Musik etc.) *und* werbungtreibenden Branchen zu analysieren. Dies stellt ebenfalls ein Defizit dar, da vor allem von Seiten der Politik der Werbeindustrie vorgeworfen wird (ohne dass sie sich auf wissenschaftliche Erkenntnisse stützen könnte), sie setze weit überwiegend ‚ausgerechnet‘ Sportler für ‚weniger gesunde‘ Lebensmittel ein (Fast Food, Süßwaren) und trage somit zur angeblichen Zunahme von Fettleibigkeit und Übergewicht bei. Überhaupt keine Untersuchung, auch dies war überraschend, gibt es zum Einsatz von (Haus)tieren in der Werbung. Wenn an der Werbung kritisiert wird, sie transportiere vor allem eine Scheinwelt, eine heile Welt, und nutze dabei eine breite Klaviatur, dann gehört das Thema „Tier in der Werbung“ ebenfalls dazu. Also besteht bislang auch hier ein Defizit der Erkenntnisse, welche diese Studie helfen möchte zu beheben.

Näheres zu diesem Thema ist folgenden Analyse-Einheiten zu entnehmen: 5 (Kapitel - Kinder, Jugendliche, Babys in der TV-Werbung*, S. 131 ff.), 6 (Kapitel - Männer und Frauen in der TV-Werbung, S. 159 ff.), 7 (Kapitel - Prominente in der* TV-Werbung*, S. 183 ff.), 8 (Kapitel - (Haus)tiere in der* TV-Werbung*, S. 235 ff.).*

Im Folgenden soll nun auf einen wichtigen weiteren Aspekt von Werbespots eingegangen werden: auf den Einsatz von *Humor* und *Erotik*.

2.10 Humor und Erotik

Die deutsche Werbung steht für manche im Ruf, „betont ernst, sachlich, zugeknöpft und langweilig zu sein“.[276] Anders sieht es in den USA aus. Eine Studie aus dem Jahr 1990 besagte, dass 30,6% der Hörfunkspots und 24,4% der TV-Spots erheblich mit dem Stilmittel *Humor* arbeiteten.[277] Humor wird hier als Witz, Wortspiel, Unter- oder Übertreibungen, unlogisches oder unerwartetes Verhalten, Verdrehungen von Aussagen, Doppeldeutigkeiten, Satire, Ironie oder als Situationskomik umschrie-

275 Goffman, Erving: Geschlecht und Werbung, Harper & Row, 1979, edition suhrkamp, 1981, Frankfurt a.M., S. 202ff; 261ff.

276 Diehl, U.: Plädoyer für Humor, in: Werben & Verkaufen, Heft 34, 1984, S. 8–10.

277 Madden, T.J. / Campbell, L.: The use and impact of humour in radio advertising, in: Journal of Advertising Research, 30/6, 1990, S. 44–51; sowie Weinberger, M. G. / Cambell, L.: Humor in US versus UK TV advertising, in: Journal of Advertising Research, 18/2, 1990, S. 39–44.

ben.[278] Zumindest in den USA war 1990 die Mehrzahl - nämlich 90% - des leitenden Personals in Werbe- und Mediaagenturen der Meinung, dass Humor den Absatz, den Erfolg einer werblichen Maßnahme, positiv beeinflusse.[279] Allerdings wird das Thema *Humor in der Werbung* in der Wissenschaft unterschiedlich bewertet. Befürworter sehen im Humor eine ähnliche universelle Sprache wie in der Musik. Kritiker fürchten, Humor könnte sich schnell abnutzen und somit einem langfristigen Erfolg von Werbung abträglich sein.[280] *Illmann u. Mayer* kommen zu dem Resultat, dass „die Diskussion zwischen den beiden Parteien nicht besonders ergiebig" sei, „weil es sich hierbei meist um wenig fundierte Meinungen oder Glaubensbekenntnisse und nicht um empirisch überprüfte Aussagen handelt".[281] Dass Humor in der Werbung auch in Deutschland beim Rezipienten positiv wirken kann, zeigen beispielsweise Werbespots der Firma *Müller-Milch* oder des *Autovermieters Sixt*, die beide seit Jahren wachsenden Absatz und Umsatz vermelden.

Neben dem Humor als Stilmittel der Werbung wird seit Jahrzehnten auch *Erotik* als absatzsteigernd beurteilt, nach dem Motto „Sex sells". Wenige Themen polarisieren die Gesellschaft so wie Sexualität und Erotik im öffentlichen Raum. „Die Diskussion entzündet sich dabei nicht nur an deren Effektivität, sondern in erster Linie auch an dem Konflikt mit individuellen Wertvorstellungen einzelner Individuen und Gruppen."[282] Anlass für die kritische Auseinandersetzung mit dem Thema Erotik in der Werbung ist nicht selten die Tatsache, dass mit Frauen (oder Männern) geworben wird, die erotisierend wirken (sollen). *Grasskamp* folgend, ist „der Kapitalismus zwar selber nicht erotisch, hat aber die Erotik im Griff, zumindest die der Dinge".[283] *Stefan Frädrich* wiederum ist zwar auch der Überzeugung „Sex sells", aber nur wenn die werbliche Inszenierung dergestalt sei, dass sie Assoziationen zulasse wie *Spannung, Erotik, Vorfreude, Spiel, Reiz, Genuss, Erfüllung oder auch Frust, Schüchternheit oder Eifersucht*. Kurzum: Emotionen.[284]

Dies wiederum führt bei *Hans-Uwe L. Köhler* zu der Frage, ob es sich bei „Sex sells" um einen Mythos oder eine Wahrheit handele. Allerdings ist für ihn klar: „Das Grundprinzip des Einsatzes körperlicher Reize im Verkaufsprozess" bestehe seit Menschengedenken. Sobald man es schaffe, „die Vorteile eines Produktes auch nur

278 Sternthal, B. C. / Craig, C. S.: Humor in advertising, in: Journal of Marketing, 37/4, 1973, S. 12–18.

279 Chattopadhyay, A. / Basu, K.: Humor in advertising. The moderating role of prior bran evaluation, in: Journal of Marketing Research, 17/1990, S. 466–476.

280 Gelb, B. D. / Zinkhan, G. M.: The effects of repetition on humor in radion advertising study, in: Journal of Advertising 14/4, 1985, S. 13–20.

281 Mayer u. Illmann 2000, S. 582.

282 Mayer u. Illmann 2000, S. 588.

283 Grasskamp 2000, S. 50.

284 Ebd.

ein wenig mit dem Fortpflanzungstrieb zu verbinden", erhöhe dies „die Verkaufschancen dramatisch".[285] Zu prüfen sei allerdings jeweils, ob Sex ein wertvolles *Asset*, ein zentraler Vermögenswert, in der Produktvermarktung sei, gibt *Christian Blümelhuber* zu bedenken.[286] Für *Thomas Jendrosch* steht fest: „Verbotenes lockt und Verruchtes verführt"[287]. Sex allein sei keine Verkaufsgarantie, mahnt hingegen *Joachim Köhler*, es gebe auch andere verkaufsfördernde Merkmale, und verweist beispielsweise auf den Werbespruch „Geiz ist geil!"[288]

Zur Erzeugung erotischer Eindrücke bedient sich Werbung vielfältiger Mittel. So werden etwa Personen halb oder fast ganz nackt gezeigt, die Models (Testimonials) zeigen mittels Körpersprache oder Blicken klare sexuelle Signale, die manchmal durch das Stilmittel der Zweideutigkeit verzerrt dargestellt werden.[289] Kritiker sind überzeugt, dass Werbung zusehends auf das Stilmittel Erotik zugreife. Dabei habe sich auch der Level der Freizügigkeit sukzessive vergrößert.[290] Gerne übersehen wird, dass sich die Darstellung von Erotik letztlich seit den 20er Jahren des 20. Jahrhunderts immer wieder auch in der Werbung wiederfindet. Die Grafik zeigt, dass bereits 1957 ein Verlag (Stuttgarter Wochenblatt) überzeugt war, mittels Erotik den Absatz oder die Aufmerksamkeit steigern zu können. Es gibt zahlreiche Studien, die bestätigen, dass der Einsatz erotisierender Momente zu einer erhöhten Aufmerksamkeit gegenüber einer Werbemaßnahme führen kann.[291] Bereits 1968 belegte eine Studie, dass ein fast nacktes Modell (weiblich) mit einem beworbenen Automobil die Assoziationen *ansprechender, lebendiger, jugendlicher* sowie *schöner* beim Rezipienten bewirken könne.

Außerdem sei das Auto als *teurer, schneller, mit mehr PS ausgerüstet*, aber auch als *weniger sicher* bewertet worden.[292] *Illmann u. Mayer* kommen zu dem Ergebnis, dass der Einsatz erotischer Stimuli in der Werbung eher bei männlichen und jüngeren Zielgruppen und solchen mit höherer Schulbildung auch in absatzsteigernder Hinsicht „unbedenklich" sei. Jedoch sei unabhängig davon für die Beurteilung derartiger Maßnahmen auch die aktuelle Entwicklung, der Zeitgeist (Wertewandel), von großer Bedeutung. Bislang lägen noch zu wenige Studien vor, als dass eine Aussage für oder gegen erotische Stilelemente in der Werbung getroffen werden

285 Köhler, Hans-Uwe L. (Hrsg.): Sex sells. Mythos oder Wahrheit, Gabal managment, 2006, S. 13.

286 Frädrich, Stefan: Was ist sexy?, in: Köhler 2006, S. 78ff.

287 Jendrosch, Thomas: Welche Motive fördern den Kauf? Psychologische Aspekte einer kundenorientierten Kommunikation?, in: Köhler 2006, S. 191.

288 Köhler, Joachim: Welche Motive fördern den Kauf? Psychologische Aspekte einer kundenorientierten Kommunikation?, in: Köhler 2006, S. 222ff.

289 Vgl. Mayer u. Illmann 2000, S. 588.

290 Soley, L. / Kurzbard, C.: Sex in advertising. A comparison of 1964 and 1984 magazine advertisements, in: Journal of Advertising, 15/3, 1986, S. 46–54.

291 Vgl. Alexander, M. W. / Judd, B.: Do nudes in ads enhance brand recall?, in: Journal of Advertising Research, 18/1, 1978, S. 47–50, beziehungsweise Steadman, M.: How sexy illustrations affect brand recall, in: Journal of Advertising Research, 9/1, 1969, S. 15–19.

292 Smith, C.H. / Engel, R.: Influence of a female model on perceived characteristics of an automobile, in: Proc. 76th Annual Convention, APA, 1968, S. 681f.

könne.[293] In zwei Studien wurde allerdings belegt, dass zu viel Sex dem Absatz hinderlich sein könne. So zeigten *Steadman* bereits 1969 sowie *Alexander u. Judd* 1978, dass zu viel Erotik zu viel Aufmerksamkeit binden könne und von der eigentlichen Produktmessage ablenke, was heiße, dass letztlich Erotik sogar verkaufshindernd sein könne.[294]

Näheres zum Thema ist der Analyse-Einheit 10 zu entnehmen (Kapitel - Nachvollziehbarkeit von TV-Spot-Aussagen*, S. 337 ff.). Da umfangreiche Literatur zur Bedeutung von Erotik in der Werbung vorhanden ist, gilt das Augenmerk in Kapitel 10 u.a. dem Einsatz von Humor in der TV-Werbung.*

Das Thema Humor und Erotik in der Werbung leitet nun über zu dem, womit insbesondere Rundfunkwerbung eigentlich ‚berühmt' wurde: zum Werbeclaim bzw. „Reklamespruch".

2.11 Werbeclaims/Slogans

Handelt es sich um Markenprodukte, sind besonders in der Fernsehwerbung (aber auch im Hörfunk) häufig sogenannte Werbeclaims notwendig, früher gerne als Reklamesprüche bezeichnet, um das Werbeziel zu erreichen. Claim besagt einen Angebotsanspruch. Der Claim ist eine zugespitzte Äußerung, deren Ziel es ist, eine Umschreibung der produktbezogenen faktischen Basis oder der werblichen emotionalen Basis für eine Werbekonzeption zum Rezipienten zu transportieren. Claim, das wird auch übersetzt mit „Goldgräberunternehmen"[295] oder mit „ein beanspruchtes Stück Land" bzw. ein Anspruch, eine Forderung, ein Recht auf etwas (z.B. claim attention - für sich Aufmerksamkeit in Anspruch nehmen).[296] „Der Claim definiert, was ein Angebot zu können behauptet bzw. verspricht. Es handelt sich also um eine absenderorientierte Botschaft."[297] In der Sprache der Werber meinen auch Begrifflichkeiten wie Slogan, Headline, Motto oder Copy das, was unter einem Claim zu verstehen ist. *Ulrich Görg* umschreibt in seinem Buch *Claims. Claiming als Wertschöpfungsinstrument der Markenführung* bildhaft, was ein Claim ist:

> Schon beim Verzehr unseres morgendlichen Marmeladenbrötchens genießen wir Das erste Extra des Tages … Im Büro stärken wir uns mit dem Verwöhnaroma, lesen das Handelsblatt, weil Substanz entscheidet … In der Mittagspause wartet Die Beraterbank auf uns… Zwischendurch naschen wir Die zarteste Versuchung, seit es Schokolade gibt. Auf dem Heimweg kaufen wir noch Bohrer und Dübel, denn Es gibt immer was zu tun. Und dann ist Alles in O-BI. Zum Abendessen trinken wir Das einzig Wahre. Und nach dem Krimi wissen wir: Mit dem Zweiten sieht man besser. Wir studieren die Kontoauszüge und sind sicher: Geiz ist geil …

293 Mayer u. Illmann 2000, S. 594.

294 Steadman 1969 beziehungsweise Alexander u. Judd 1978.

295 Vgl. Duden. Das Fremdwörterbuch, Dudenverlag, Mannheim, 5. Auflage, 1997, S. 155.

296 Langenscheidts Handwörterbuch Englisch-Deutsch, Neubearbeitung 1988 von Heinz Messinger, Langenscheidt, München 1988, S. 125.

297 Vgl. Seebohn 1999, S. 71f.

> Der Tag geht, Johnnie Walker kommt. Und wir fragen uns wieder mal: „Sind wir nicht alle ein bisschen Bluna?“[298]

Neben dem Wort Claim ist vor allem das Wort „Slogan“ geläufig, das faktisch das Gleiche meint. Dieser Begriff hat seinen Ursprung im Gälisch-Englischen. Rief der Highlander seinen Clan zur Schlacht („Sluagh“), verwendete er einen leicht verständlichen und leicht zu merkenden Sammelruf, einen „Ghairms“. Aus der Verbindung von Sluagh-Ghairm entstand das Wort „Slogan“.[299] Ein Slogan ist, wie ein Claim, ein prägnanter Werbetext, der in der Regel für eine Produktmarke oder Dienstleistung, letztlich aber für eine Unternehmensmarke (von Parteienwerbung und Ähnlichem abgesehen) steht. Ein Werbeziel ist erreicht, wenn ein Werbeslogan im positiven Sinne zur Redensart wird. Ein gutes Beispiel ist hierfür die Aussage „Da werden Sie geholfen“ - der Slogan eines Telekommunikationsunternehmens, der heute in vielerlei Zusammenhang Anwendung findet. Claiming - das ist letztlich Markenführung, auch als Branding bezeichnet. Als Voraussetzung für das Branding wird Klarheit, Konsistenz und Konsequenz genannt. Wer den Auftritt einer Marke im Sinne einer ganzheitlichen und integrierten Kommunikation versteht, müsse - neben Logo, Typo, Farbe, Design und allen weiteren prägenden Markenelementen - auch beim Markenclaim darauf achten, dass er als Bestandteil einer stringenten Markenführung eingesetzt und wahrgenommen werde.[300] Doch gerade das Claiming bringt oft Probleme mit sich, da nicht immer „drinsteckt, was draufsteht“. Deshalb wird diese Studie in einem Kapitel auch die Nachvollziehbarkeit der werblichen Aussagen nach werbungtreibenden Branchen untersuchen. Die Stärke und Unmittelbarkeit von Werbeaussagen, von Slogans, können entscheidend für die Effektivität von Werbung sein. Mit diesem Themenkomplex beschäftigten sich zahlreiche Wissenschaftler - so unter anderem *Harris*. Er untersuchte Slogans, die sprachlich-inhaltlich leicht variierten. Beispiel:

> „Alka-Seltzer stoppt Schmerzen“ variiert in: „Alka-Seltzer hilft bei Schmerzen“
>
> oder
>
> „Damit Dich Deine besten Freunde nicht meiden“ variiert in: „Wenn Dich Deine besten Freunde meiden“.

Harris stellte fest, dass die *zwei unterschiedlichen Versionen* kaum eine veränderte Wahrnehmung beziehungsweise kognitive Erinnerung beim Rezipienten hervorriefen. Das heißt: Beide Varianten können gleich effektiv sein. *Howard* wiederum studierte das Stilmittel der *rhetorischen Frage* im Vergleich zu rein *informierenden Statements* in der Werbung.[301] Seine Erkenntnis: Zumindest die Hörfunkwerbung

298 Görg, Ulrich: Claims: Claiming als Wertschöpfung der Markenführung, Gabal Verlag, Offenbach 2005, S. 7.

299 Vgl. ebd.

300 Görg 2005, S. 110.

301 Howard, D. J. / Burnkrant, R. E.: Question effects on information processing in advertising,

könne mittels rhetorischer Fragen an den Rezipienten eher Veränderungen bei eben diesem und seinen Einstellungen bewirken. Die rhetorische Frage sei als retardierendes Moment, das zum Nachdenken verführe, eher werbetauglich. Wichtig sei, dass die eigentliche Werbebotschaft schon vor der rhetorischen Frage mitgeteilt werde. Gehe die Frage der Botschaft voran, sei kein nennenswerter Effekt zu erzielen.[302] *Ford, Smith u. Swasy* wollten schließlich wissen, ob *Skepsis oder Vorbehalte* von Verbrauchern gegenüber Aussagen bzw. Slogans der Werbung abhängig seien von ihrer *inhaltlichen Substanz*. Von Interesse war dabei,

- ob der Rezipient die Werbeaussage als objektiv oder subjektiv ansieht,
- ob die Werbeaussage auf einen nach einem bestimmten Produkt oder einer Dienstleistung suchenden Rezipienten trifft,
- ob der Rezipient bereits Erfahrungen mit dem Produkt machte und welche generellen Überzeugungen der Rezipient hat.[303]

Ford, Smith u. Swasy bezeichneten ihre Untersuchung als *„Theory of Economic of Information (EOI)“*. Ihre Erkenntnis: In Fällen, in welchen der Konsument den Wahrheitsgehalt von Werbeaussagen vor dem Produktkauf *einfach durchschaue*, sei die tatsächliche Wahrheit (eher) vorhanden. Konsumenten seien vor allem dann gegenüber Produkt- oder Dienstleistungseigenschaften, die werblich verkündet würden, skeptisch, wenn sie diese nicht selbst kennen würden. Im Umkehrschluss bedeute dies, dass ein Produkt eher dann gekauft werde, *wenn der potentielle Kunde die dem Produkt von der Werbung zugeschriebenen Eigenschaften leicht überprüfen könne*.

Johar u. Sirgy diskutierten hingegen die Bedeutung von *werte- und nutzenorientierten* Appellen in der Werbung.[304] Ihre Erkenntnis: Werbung, die stärker Produktwerte als den Nutzen in den Mittelpunkt schiebe, stelle oft lediglich Imagewerbung dar und sei keine klassische Absatzverkaufswerbung. *Mayer u. Illmann* kritisieren dabei, dass *Johar u. Sirgy* „zwar zu einem ganzen Bündel von Hypothesen“ bezüglich werte- und nutzenorientierter Appelle in der Werbung gelangten, aber „deren empirische Überprüfung bislang“ ausstehe.[305]

Eine andere Spielart des Slogans kann die *Preisverkündung* darstellen (Produkt kostet nur soundso viel etc.). *Ford, Smith u. Swasy* glauben dabei zu der Aussage gelangen zu können, dass die größten Zweifel an der Glaubwürdigkeit eines beworbenen Produktes häufig bestünden, je niedriger der Preis sei.[306] Dies konterkariert

Psychology & Marketing, 7 (1), 1990, S. 27–46.

302 Ebd..

303 Ford, G. T. / Smith, D. B. / Swasy, J. L.: Consumer scepticism of advertising claims. Testing hypotheses from economics, Journal of Consumer Research, 16, 1990, S. 433–441.

304 Johar, J. S. / Sirgy, M. J.: Value-expressive versus utilitarian advertising appeals. When and why to use which appeal, Journal of Advertising, 20 (3), 1991, S. 23–33.

305 Mayer u. Illmann 2000, S. 523.

306 Ford / Smith / Swasy 1990, S. 433–441.

Erkenntnisse der deutschen *Stiftung Warentest*, die bereits häufiger belegte, dass günstigere Produkte nicht selten objektiv die Besseren seien - beispielsweise bei Versicherungen, Computern oder Pflegeprodukten etc. Der beworbene Preis ist entsprechend zwar ein wichtiges Marketinginstrument in der Werbung. Allerdings sagt er nicht zwangsläufig etwas zur tatsächlichen Produktqualität aus. *Nelson* bestätigte im Wesentlichen die Erkenntnisse von *Ford, Smith u. Swasy*. Seine Überzeugung: Richtig zugeordnete Eigenschaften von beworbenen Produkten beruhten insbesondere auf Wissen, Erfahrung und eigenen Überzeugungen.[307]

Ferner stellt ein weiteres wichtiges Stilmittel in der Werbung die *Garantieversprechung* dar, die ebenfalls häufig sloganhaft in den Mittelpunkt werblicher Aktivitäten gestellt wird. Nach *Innis u. Unnava* wirkte sich diese in erster Linie bei neueren, eher unbekannteren beworbenen Produkten positiv auf den Absatz und die Glaubwürdigkeit aus.[308] Es habe sich gezeigt, dass bei bekannteren Marken mit einem guten Renommee die Garantielänge nicht die zentrale kaufentscheidende Rolle spiele.

Wie bereits im vorangegangenen Kapitelabschnitt „Humor und Erotik in der Werbung" dargestellt, so ist auch das Kapitel „Werbeclaims/Slogans" als Theorie-Bestandteil der Analyse-Einheit 10 (Kapitel - Nachvollziehbarkeit von TV-Spot-Aussagen, *S. 337 ff.) gedacht.*

Doch zunächst soll im Folgenden ein weiterer wichtiger Mosaikstein von Werbung, und damit dieser Studie, betrachtet werden: die Bedeutung unterschiedlicher *Räumlichkeiten* in der TV-Werbung.

2.12 Urlaubsstimmung am Strand und die „Entleerung von Sinn"

Für *Vetter* stellt Werbung eine mediale „Vermarktung von Lebensstilen", verbunden mit Vorschlägen „für die bewusstere Lebensweise" (in Konsumstil, Ernährungsverhalten, Freizeitaktivitäten etc.) dar.[309] Konsumprodukte würden oftmals, so *Barbara Hölscher*, nicht nur als „billig" beworben, sondern als Bestandteil des *„Lifestyles"* positioniert. Entsprechend lehnten sich diese an Moden bestimmter Lebensstilformen und -gruppen an.[310] Dies führt unweigerlich dazu, dass der Inszenierung von Produkten in bestimmten Räumlichkeiten eine große Bedeutung zukommt. Ob ein Eis auf der grünen Wiese, in einem Café, in einer Schulklasse oder im Auto werblich gezeigt wird, ist Bestandteil der Versuche, unterschiedlichste Menschen mit unterschiedlichsten Lebensstilen werblich anzusprechen. *Hölscher* spricht in diesem Zusammenhang von *Werbung als sozialem Manipulationsversuch*.[311]

307 Nelson, Ph.: Advertising as information, Journal of political economy, 83, 1974, S. 729–754.

308 Innis, D. E. / Unnava, H. R.: The usefulness of product warranties for reputable and new brands, Advances in Consumer Research, 18, 1991, S. 317–322.

309 Vetter, H.-R.: Lebensführung – Allerweltsbegriff mit Tiefgang, Weinheim, München 1991, S. 28.

310 Vgl. auch Hölscher 1998, S. 196.

311 Vgl. ebd., S. 162.

Die Betrachtung der in der TV-Werbung verwendeten Räumlichkeiten gehört aus diesem Grunde fast schon zwangsläufig auch in diese Studie. Leider gibt es zu diesem Punkt ebenfalls bislang, nach Kenntnis, weder national noch international, eine Untersuchung, die einmal nicht primär qualitative (hierzu gibt es umfangreiches Anschauungsmaterial), sondern quantitative Forschungsleistung zur Verwendung bestimmter Räumlichkeiten in der Werbung erbracht hätte. Doch dieses sollte eigentlich Bestandteil der kritischen Betrachtungsweise sein. Deshalb wird diese Studie zudem gezielt und detailliert den Einsatz bestimmter Räumlichkeiten (z.B. Natur, Sport, private, städtische Räume etc.) in den jeweiligen werbungtreibenden Branchen der TV-Werbung untersuchen.

An dieser Stelle sei deshalb auf die Analyse-Einheit 9 (Kapitel - Umfang bestimmter Räumlichkeiten in der TV-Werbung, S. 249 ff.) verwiesen.

2.13 Fazit: Grundlagen Werbung

Bevor die im Kapitel *„Grundlagen zur Werbung"* erlangten Erkenntnisse noch einmal kurz bewertend zusammengefasst werden, ist folgende Anmerkung hilfreich: Diese Studie möchte zu einer kritischeren, aber auch sachgerechteren Auseinandersetzung mit der Werbung, insbesondere der TV-Werbung, beitragen. Selbstredend können dabei immer nur einige Aspekte betrachtet und analysiert werden, obgleich es sicherlich zahlreiche andere interessante Aspekte zu untersuchen gäbe, um ein möglichst objektives Bild, in diesem Falle: der TV-Werbung, zu erlangen. So ist es dieser Arbeit nicht möglich, die TV-Werbung beispielsweise dahingehend zu untersuchen, welche Sprache[312] oder Mundart[313] [314], welche Farben, Schrifttypen[315] [316]oder welche Musik[317] [318] zur Inszenierung bestimmter Warenwelten verwendet werden. Dies würde dem eigentlichen Ziel dieser Studie, welches eingangs erläutert wurde, allerdings auch wenig hilfreich sein.

Die bisherigen Betrachtungen weisen den Weg bereits dahingehend, dass der Werbung, simpel ausgedrückt, bei weitem nicht so banal mit einer Rechenschiebermethode beizukommen ist, wie manchmal in der Öffentlichkeit der Eindruck erweckt wird - auch von politischer Seite. Es ist eben nicht damit getan, zwei, drei oder fünfzig Gesetze zu erlassen, auf dass alles gut in der Gesellschaft werde. Werbung ist ein integraler Bestandteil der Gesellschaft oder, um mit *Schnierers* Worten

312 Vgl. z.B. Konzept der sozialen Identität, Giles, H. / Johnsen, P: The role of language in ethnic group relations, in: Turner, J. C. u. Ciles, H., eds., Intergroup behavior, 1981, S. 204.

313 Vgl. z.B. Bernstein, B: Social class, linguistic codes und grammatical elements, Language and Speech, 5, 1962, S. 221–240.

314 Mayer u. Illmann 2000, S. 513.

315 Vgl. z.B. Tannenbaum, P. H. / Jacobson, H. K. / Norris, E. L.: An experimental investigation of typeface connotations, Journalism Quaterly, 41, 1964, S. 65–73.

316 Elbracht, D.: Erkennbarkeit und Lesbarkeit von Zeitungsschriften, Archiv, 4, 24-2x, 1967.

317 Vgl. z.B. Schnierer 1999, S. 53.

318 Rosenstiel, Lutz von / Kirsch, Alexander: Psychologie der Werbung, total überarbeitete Neuauflage von Rosenstiel 1968, Komar-Verlag, Rosenheim 1996, S. 73.

zu sprechen: ein *Spieglein an der Wand*[319] (von dem die meisten Rezipienten erhoffen, dass er ihm das „Schönste“ zeigen möge) bzw. ein *family album of society*[320] (was ebenfalls interaktiv zu verstehen ist; sowohl der Album-Gestalter als auch der Album-Rezipient möchte lieber ‚Schönes‘, als ‚Schlechtes‘ präsentiert bekommen). Trefflich ist die Definition der *American Marketing Association (AMA)* in Bezug zum Konsumentenverhalten. Sie spricht von einem „dynamischen Zusammenwirken von Affekten, Kognitionen, Verhalten und Umwelteinflüssen“, durch welches „Menschen die Austauschbeziehungen in ihrem Leben regeln“.[321] Dies umfasst selbstverständlich auch ihr Verhältnis zur Werbung und bedeutet: Werbung ist, und das noch nicht einmal grundsätzlich, nur eine unter vielen Einflussgrößen für Konsumverhalten. Die Aufgabe von Werbung ist, zusammengefasst:

Die Aufmerksamkeit des Verbrauchers gewinnen.

Einen bleibenden Eindruck hinterlassen.

Die Bekanntheit der werblichen Information erhöhen.

Neben Sachinformationen auch Gefühls-, Stimmungs-, bzw. Erlebniswelten vermitteln.

Konflikte des Verbrauchers z.B. im Hinblick auf ein bestimmtes Produkt sind in die Werbemaßnahme einzubeziehen, und eine Möglichkeit der Konfliktlösung ist anzubieten.

Dies setzt voraus, dass Werbung maßgeblich zur Produktidentifikation beizutragen hat.

Dabei können auch kommunikative Symbole angeboten werden (z.B. der Einsatz bestimmter Räumlichkeiten zur Produktinszenierung).

Eine Werbemaßnahme hat öffentliche Befindlichkeiten bzw. die öffentliche Meinung zu berücksichtigen. Dabei muss sie den Spagat zwischen souveränem Auftritt bzw. einer Nicht-Anbiederung und größtmöglicher Gefälligkeit schaffen.

Werbung trägt zur Imagebildung eines Produktes bei.

Werbung sollte gesellschaftliche Rollenverhalten beachten; dies bedeutet aber nicht, dass nicht auch z.B. mittels des Humors Distanz zu bestimmten Rollenverhalten gezeigt werden darf.

Werbung sollte auf Normen und Stimmungen in der Gesellschaft Rücksicht nehmen, da sie ansonsten ihre Verankerung in der Gesellschaft zu verlieren droht.[322]

Werbung blickt auf eine lange Tradition und ist in einem freiheitlichen Staaten- und Wirtschaftssystem ein unerlässlicher Bestandteil. Allerdings ist, wie in allen Formen des menschlichen Gemeinwesens, ein Regulativ notwendig. Fairer Wettbe-

319 Schnierer 1999, S. 261.

320 Belk, Russel W. u. Pollay, Richard W.: Images of Ourselves: The Good Life in Twentieth Century Advertising, in: Journal of Consumer Research 11, 1985, S. 887–897.

321 Kuß u. Tomczak 2000, S. 12.

322 Vgl. auch Gutjahr, G.: Die verschiedenen Methoden der Blickregistrierung, in: Die Anzeige, 1964.

werb ist ohne Regulierung nicht möglich. Ebenso haben die Menschen, die ‚Verbraucher' ein Recht, mittels Gesetzen und Verordnungen, auch mittels ‚regulierter Selbstregulierung' der Wirtschaft, vor unlauteren Geschäftspraktiken geschützt zu werden. Das heißt: Verbraucherschutz ist ein legitimes staatliches Ziel. Dabei ist die Balance zwischen dem Anspruch des Staates, Schutz zu bieten, und der Freiheit als hohem, wenn nicht höchstem Wert in demokratischen Gebilden zu halten. Staatliche Maßnahmen, die Freiheit beschränken, bedürfen deshalb stets umfangreicher Rechtfertigungsgründe. Hierbei ist größtmögliche Objektivität beim Abwägen vorliegender Erkenntnisse anzuwenden. Mit diesem Fazit soll zu einer weiteren Detailbetrachtung übergegangen werden: dem bisherigen Forschungsstand der Lebensmittelwerbung in Deutschland. Dabei werden exemplarisch wichtige, aktuellere Studien vorgestellt.

3. Kapitel - Auswahl bisherige Studien TV-Lebensmittelwerbung

Die folgenden beiden Studien (Ernährungsbericht 2004, Ernährungsbericht 2000) setzten sich u.a. mit der Lebensmittelwerbung im deutschen Fernsehen auseinander. Die Ernährungsberichte werden im Auftrag der Bundesregierung erstellt und von dieser alle vier Jahre der Öffentlichkeit präsentiert. Die aktuellsten Ernährungsberichte aus den Jahren 2000 sowie 2004 sind von besonderem Interesse, da sie auch als theoretische Basis für die Umsetzung politischer Maßnahmen, beispielsweise im Hinblick auf Werbereglementierungen, dienten (und dienen). Zwar gibt es auch andere Studien, die sich mit dem Werbefernsehen insgesamt auseinandersetzen, doch gehen diese entweder nicht erschöpfend auf das Thema Lebensmittelwerbung ein, stellen eher theoretische Abhandlungen dar (ohne empirische Fundierung) oder spielen im politischen Prozess keine so wichtige Rolle wie die Ernährungsberichte. Aus diesen Gründen erfolgt eine Konzentration auf lediglich zwei Studien an dieser Stelle.

3.1 Ernährungsbericht 2004

Dem Ernährungsbericht 2004 folgend, seien die Massenmedien bislang in zu geringem Umfang als Instrumente der Ernährungsaufklärung genutzt worden.[323] Während ihr Potenzial als mögliche Aufklärungsmedien kontrovers diskutiert werde, würden viele Ernährungsexperten negative Effekte der massenmedialen Darstellung von Ernährung feststellen. Doch empirisch nachgewiesen werden konnten diese Wirkungsbehauptungen bislang nicht. Um diese Erkenntnislücke mit Wissen zu füllen, greift der Ernährungsbericht 2004 auf eine Studie zum Thema Lebensmittelwerbung im Fernsehen zurück, die von der Universität Erfurt erstellt wurde. Die Studie beschreibt die Darstellung von Ernährung im Fernsehprogramm und trifft Aussagen darüber, inwieweit das Massenmedium Fernsehen zur Ernährungsaufklärung geeignet sein könnte. Der Ernährungsbericht 2004 greift auf ein Mehrmethodendesign zurück.

Dabei habe man zunächst mittels einer *Inhaltsanalyse* das Fernsehprogramm der reichweitenstärksten deutschen Fernsehsender untersucht, wobei von Interesse gewesen sei: Welches Bild von Ernährung wird in den *Unterhaltungsangeboten* (Serien, Spielfilme), in *Informationssendungen* (Nachrichten, Ratgeber) sowie in der *Werbung* vermittelt? Berücksichtigt worden seien die Fernsehprogramme von acht deutschen TV-Sendern. Es waren dies: ARD, ZDF, RTL, Sat.1, ProSieben, RTL II, Vox und WDR, und zwar im Zeitraum eines Jahres (26. August 2002 bis 12. August 2003). Dabei habe man eine Stichprobe von vier ‚künstlichen Wochen‘ gezogen (= 28 Tage), d.h. jeder der sieben Wochentage komme viermal vor. An jedem dieser 28

323 Ernährungsbericht 2004, Hrsg. Deutsche Gesellschaft für Ernährung e.V., Frankfurt/Main, S. 347f.

Tage habe man jeweils das 24-Stunden-Programm (03.00 bis 03.00 Uhr) aufgezeichnet. Insgesamt umfasse das Untersuchungsmaterial 1.344 Programmstunden.[324] Der Ernährungsbericht 2004 spricht von einem „erheblichen Umfang von Ernährungsdarstellungen im Fernsehprogramm". Von den insgesamt 3.123 Programmelementen, die die Ganztagsstichprobe umfasse, hätten rund zwei Drittel (65,5%) ernährungsrelevante Inhalte enthalten. In jeder Sendestunde der deutschen Vollprogramme tauchten beinahe 9 Filmszenen, Werbespots oder non-fiktionale Abschnitte (Nachrichten, Talkshows, Magazine) auf, die sich um Ernährung drehten und in denen rund 19-mal gegessen, getrunken, eingekauft und zubereitet worden sei oder in denen Inhalte vom Acker bis zur Ladentheke vorgekommen seien.[325]

Insbesondere in bestimmten Fernsehgattungen häuften sich die ernährungsrelevanten Sinneinheiten ‚auffällig'. Dazu gehörten neben der Werbung (29,5% Ernährungsanteil) die Magazinsendungen (16,3%), Serien (13,9%) sowie Spielfilme (8,9%). Diese vier Fernsehgattungen transportieren zusammen das Gros, 68,6%, an Ernährungsthemen.[326]

Nehme man die *Sendezeit* als Maßeinheit, summierten sich die ernährungsrelevanten Sinneinheiten in der Ganztagsstichprobe auf eine Gesamtdauer von rund 130 Programmstunden. *In mehr als einem Zehntel (12,3%) der untersuchten Gesamtsendezeit werde Ernährung dargestellt.* Bezogen auf den zeitlichen Umfang in den vier wichtigsten Fernsehgattungen, ändere sich lediglich die Reihenfolge. Mit insgesamt 26,3 Stunden ergebe sich folgendes Bild: Am meisten Sendezeit würden *Serien und Spielfilme* auf Ernährungsdarstellungen verwenden (17,4 Stunden), es folgten die *Werbung* (16,2 Stunden) sowie die Magazinsendungen (15,3 Stunden). Von den 130 Programmstunden, auf die sich die Dauer sämtlicher ernährungsrelevanter Sinneinheiten insgesamt summierte, entfielen also 75,2 Stunden, bzw. 57,8%, auf diese vier Fernsehgattungen.[327]

Außerdem habe sich gezeigt, dass in *Serien und Spielfilmen* ernährungsrelevante Themen zu zwei Dritteln lediglich im Bild, also als ‚Aspekt' bzw. ‚Objekt' vermittelt werde (64,4%), in *Magazinsendungen* liege die Quote bei 50%. Die *Werbung* hingegen transportiere Ernährung „erwartungsgemäß" in erster Linie als Gegenstand der Information und vermittle in 63,8% aller Darstellungen Ernährung als Objekt.[328]

Die in der Ernährungsaufklärung für eine „gesundheitsfördernde Ernährung" empfohlene Speiseplan-Zusammensetzung wird von der *Deutschen Gesellschaft für Ernährung (DGE)* in Form eines *Ernährungskreises* veranschaulicht. Süßes, fette Snacks und Alkohol werden als Lebensmittel mit „geringer Nährstoffdichte" nicht berücksichtigt.[329] Stelle man, so der *Ernährungsbericht 2004*, die empfohlenen täglichen Verzehrsmengen der Produktgruppen des Ernährungskreises den durchschnittlichen Mengen der Produktgruppen des ‚Fernsehmenüs' gegenüber (also sowohl

324 Ernährungsbericht 2004, Hrsg. Deutsche Gesellschaft für Ernährung e.V., Frankfurt/Main, S. 353f.
325 Ebd., S. 356f.
326 Ebd., S. 356f.
327 Ebd.
328 Ebd., S. 358f.
329 Ebd., S. 361f.

Spielfilme und Magazine als auch innerhalb der Werbung), zeigten sich erhebliche Abweichungen. *Mit 4.608-maligem Auftreten (24,6%)* werde ausgerechnet die Gruppe von Lebensmitteln am häufigsten dargestellt, „die eigentlich gar keinen Anteil am Speiseplan“ haben solle: Süßes und fette Snacks. Die zweitgrößte Produktgruppe stelle der Alkohol dar (2.994 Nennungen, 16,0%); ebenfalls ein Lebensmittel, das im Rahmen einer gesunderhaltenden Ernährung nur in sehr geringen Mengen verzehrt werden solle.[330]

Auch Fleisch, Fisch, Wurst und Eier (2.402 Nennungen; 12,8%) würden, so der Ernährungsbericht 2004, häufiger gezeigt, als es ihrem Mengenanteil im Ernährungskreis der DGE (7%) entspreche. Während der Anteil der Lebensmittelgruppe Fette und Öle (423 Nennungen, 2,3%) in etwa dem Stellenwert in den Empfehlungen (2%) entspreche, seien *alle anderen Lebensmittelgruppen deutlich unterrepräsentiert.* Besonders drastisch zeige sich dieses Missverhältnis an den Gruppen, die laut DGE-Empfehlungen den größten Anteil am Verzehr haben sollten: Brot, Getreideprodukte, Kartoffeln, Nudeln und Reis (2.510 Nennungen; 13,4% - empfohlen wird von der DGE ein Anteil von 30%). Ein ähnliches Bild zeige sich bei Gemüse (2.069 Nennungen; 11,1% - empfohlen werden 26%), Milch- und Milchprodukten (2.300 Nennungen; 12,3% - empfohlen werden 18%) und Obst (1.394 Nennungen; 7,5% - empfohlen werden 17%).[331]

Der Ernährungsbericht 2004 kritisiert, besonders die „Werbung“ würde „negativ hervorstechen“: So seien in mehr als einem Drittel der Werbespots (35,2%) Süßes und Snacks zu sehen gewesen. Ähnliche hohe Wert habe man auch den *Talkshows* entnommen (30,1%) sowie den *Trickfilmen* (29,7%). Der hohe Anteil an Darstellungen für Süßes und Snacks sei besonders in den *Trickfilmen* „bedenklich“, da die Zielgruppen meist Kinder und Jugendliche seien. In *Spielfilmen* (11,7%) und *Serien* (15,8%) spielten Süßwaren und Snacks eine vergleichsweise geringere Rolle. Hingegen sei *Alkohol* in *Spielfilmen* stets präsent - von allen dort gezeigten Lebensmitteln seien fast die Hälfte (46%) auf alkoholische Getränke entfallen. Mit einem Anteil von 31,5% läge der Alkohol-Anteil in den *Serien* ebenfalls recht hoch. Im Durchschnitt der gesamten Programmauswertung (also Spielfilme, Serien, Magazine, Werbung etc.) liege der Anteil bei 16,0%.[332] Vergleichsweise positiv seien hingegen die *Daily Soaps* aufgefallen: 18,6% der in ihnen präsentierten Lebensmittel seien auf Obst entfallen. Dieses Ergebnis erstaune umso mehr, da die den Soaps verwandten fiktionalen Gattungen *Serien* (8,1%) und *Spielfilme* (5,2%) die Darstellung von Obst im Vergleich sehr selten in die Handlung integrierten.

Unterschiede gebe es auch im Vergleich der Lebensmitteldarstellungen öffentlich-rechtlicher und privater Fernsehanbieter. Während in *ARD, ZDF* und *WDR* 14% aller Lebensmittel auf Süßigkeiten und fette Snacks entfielen, seien es bei *RTL, Sat.1, ProSieben, RTL II* und *Vox* mit 29,1% mehr als das Doppelte.[333] So kommen

330 Ebd.
331 Ebd.
332 Ebd.
333 Ebd., S. 363f.

denn auch die Studienautoren zu folgendem Fazit: „Zu einer positiven Einstellung zu einer gesunderhaltenden Ernährung trägt das deutsche Fernsehen wenig bei - es zeigt sich sogar als negativer Einflussfaktor, betrachtet man die tägliche Fernsehdauer und die Nutzungshäufigkeit der Gattung Serie ...“[334] Ergänzende Erkenntnisse erhofften sich die Studiendurchführenden durch eine *Verbraucherbefragung.* Diese sollte Erekenntnisse dahingehend erbringen, welche ernährungsrelevanten Inhalte von Fernsehzuschauern wahrgenommen würden und ob die Befragten davon ausgingen, dass möglicherweise Zusammenhänge zwischen der Fernsehnutzung, den Ernährungseinstellungen und dem Ernährungsverhalten bestehen könnten.[335] Auf die Ergebnisse kann an dieser Stelle nicht näher eingegangen werden.

3.2 Fazit

Der Versuch, das gesamte Fernsehprogramm, also nicht nur die Werbung, nach ernährungsrelevanten Themen zu untersuchen, stellt eine Bereicherung der bisherigen Untersuchungen dar. Allerdings ist der Ernährungsbericht 2004 in manchen Teilen zu idealistisch. Beispiel: Sicherlich mag es zutreffen, dass Brot oder Getreide im Fernsehen unterrepräsentiert sein könnten, doch insbesondere im Hinblick auf die Werbung wäre dieser Vorwurf etwas an der Realität ‚vorbei‘, da Fernsehwerbung teuer ist und vor allem große Unternehmen, häufig Konzerne, via TV Werbung betreiben. Doch gerade Brot ist ein Produkt, das bislang noch nicht (komplett, möchte man sagen) dem Zugriff der Großunternehmen unterliegt. Auch deshalb wird Brot vor allem von Bäckereien am Ort, lokal oder regional, beworben - und zwar in Lokalmedien, also in Tageszeitungen oder Anzeigenzeitungen bzw. Anzeigenblättern. Das Gleiche trifft auf (frische) Fleisch- oder Wurstprodukte zu (Fleischereien).

Der Aspekt „Wo werden Lebensmittel möglicherweise noch beworben, außer im Fernsehen?“ geht im Ernährungsbericht 2004 fast komplett unter. Da der Ernährungsbericht aber den Anspruch erhebt, recht allgemeingültige Aussagen in Bezug auf die Werbung treffen zu können, stellt das ein deutliches Manko dar. Dies betrifft auch Aussagen in Bezug auf das komplexe Thema der *Medien- und Werbewirkungsforschung.* So ist dem einleitenden Kapitel des Ernährungsberichtes zu entnehmen:

> Der Grundidee des vom US-amerikanischen Kommunikationswissenschaftler GEORGE GERBNER entwickelten Kultivierungsansatzes zufolge nähert sich das Bild der gesellschaftlichen Wirklichkeit für Zuschauer mit einem hohen Fernsehkonsum eher der Fernsehdarstellung an, während die Wahrnehmungen und Einstellungen von Zuschauern mit einem geringen Fernsehkonsum der Realität näher kommen (6). Die durch das Fernsehen wieder und wieder vermittelten Realitätsaspekte formen also demnach - allerdings erst kumulativ und langfristig - die generellen Vorstellungen der Zuschauer von ‚der Wirklichkeit‘ und beeinflussen ihre Überzeugungen, ihre Einstellungen und in der Folge auch ihr Verhalten.[336]

334 Ebd., S. 388ff.
335 Ebd., S. 364f.
336 Ebd., S. 348f.

Zwar räumen die Wissenschaftler des Ernährungsberichtes bzw. der Universität Erfurt, auf die diese Passagen zurückgehen, ein, dass die dargestellten Zusammenhänge zwischen Medienkonsum und persönlichem Verhalten in Alltagssituationen „umstritten" seien, dennoch erwecken sie letztlich den Eindruck, als bestehe ein *erheblicher Zusammenhang*. Allerdings ist die Kommunikationswissenschaft in den vergangenen Jahren von einseitigen Kommunikationsmustern (da der Sender, dort der willenlose Empfänger) abgerückt, was auch im einführenden Kapitel - Grundlagen Werbung (S. 33 ff.) nachzulesen ist. Außerdem schrieb der *Medienwissenschaftler Dr. Hans Mathias Kepplinger* an den Verfasser dieser Arbeit in Bezug auf das erwähnte Zitat:

> Das Problem des Gerbner-Ansatzes besteht nicht - wie im Text [Anmerkung: der Erfurter Studie] behauptet - darin, dass die Annahmen strittig sind, sondern dass sie mit den verfügbaren Daten nicht schlüssig belegt werden können, weil sie extrem weitreichende Wirkungszusammenhänge postulieren. An den Gerbnerstudien wurde in zwei Wellen eine z.T. massive Methodenkritik geübt, die auf sachlich durchaus richtigen Argumenten beruht, m. E. aber über das Ziel hinausschießt. Ich halte den Ansatz für im Kern zutreffend, bin allerdings der Ansicht, dass die empirischen Belege nicht ausreichen, um daraus gesetzgeberische Maßnahmen abzuleiten. Diese Ansicht beruht auf der Überzeugung, dass es nicht Aufgabe des Staates sein kann, die Bürger vor allen möglichen Gefahren zu beschützen (möglich sind sie m. A. nach), weil dadurch in jedem Fall reale Freiheiten beschränkt werden.[337]

Dies veranschaulicht, wie komplex die Thematik auch auf Seiten der Wissenschaft diskutiert wird. Die Frage, ob es beispielsweise einen Kausalzusammenhang *„viel Fernsehkonsum" = „hohe Wahrscheinlichkeit, fettleibig zu werden"*, gibt, ist wissenschaftlich bislang nicht belegt worden (siehe auch *Kapitel - Studien zu Übergewicht und* Adipositas, *S.* 371 ff.).

Als Schlussbemerkung sei erwähnt, dass es im Zusammenhang mit dem *Ernährungsbericht* nicht uninteressant ist, dass die Untersuchung in Kooperation zwischen der *Universität Erfurt* und der *Bundesforschungsanstalt für Ernährung und Lebensmittel (BFEL)* in Karlsruhe durchgeführt wurde - mit Förderung des *Bundesministeriums für Verbraucherschutz, Ernährung und Landwirtschaft.* Wie auch in Studien, die von der Wirtschaft in Auftrag gegeben werden, kann sich in solchen Verbindungen ein Interessenzwiespalt offenbaren. Denn das *Bundesministerium für Verbraucherschutz* hat immer wieder verdeutlicht, dass es beim Thema *Adipositas* beziehungsweise *Übergewicht* der *Fernsehwerbung* eine gewichtige Mitschuld zuschreibe. So geht beispielsweise der Potsdamer *Ernährungswissenschaftler Dr. Dieter Johnsen*, der jahrzehntelang in der Ernährungswissenschaft tätig war, auf Distanz zu Studien, wenn wissenschaftliche Unabhängigkeit nicht gewährleistet ist:

> Es ist nicht unüblich, dass Institute Auftraggebern gegenüber eine gewisse Solidarität empfinden, so dass die Freiheit von Forschung und Lehre sicher äußerst dehnbar wird. Um konkret zu werden: manche Studien werden gemacht, um dem Auftraggeber zu gefallen.[338]

337 E-Mail an den Verfasser vom 15. März 2005.

338 Mitteilung an den Verfasser dieser Studie vom 12. Februar 2005.

Ernährungsbericht 2000: Lebensmittelwerbung in TV-Sendern Anteil in Prozent			
Sender	Dauer	Anzahl TV-Werbespots	Anteil in %
Pro7	3:49:43	642	25
RTL	3:02:18	511	20
Sat 1	2:45:18	455	18
RTL II	2:05:59	373	14
Kabel 1	1:52:22	327	13
Super RTL	0:51:32	140	5
ZDF	0:35:06	111	4
VIVA	0:15:07	42	2
Summe	**15:17:25**	**2601**	**100**

Quelle: Ernährungsbericht 2000, Hrg. Deutsche Gesellschaft für Ernährung e.V. (DGE) im Auftrag des Bundesministerium für Gesundheit, Landwirtschaft und Ernährung, S. 135.

Problematisch ist ferner, wenn, wie geschehen, im Ernährungsbericht Vermutungen geäußert werden, die zumindest nicht deutlich genug als Spekulationen gekennzeichnet sind. Dies betrifft insbesondere die ‚Vermutung', ob die Darstellung von Süßigkeiten in TV-Serien oder Spielfilmen mit dem Umfang dieser Produktgruppe im Werbeumfeld zusammenhängen könnte.[339] Letztlich hätte man sich für den Ernährungsbericht 2004 etwas mehr ‚Tiefgang' gewünscht, um die vorgelegten Erkenntnisse besser einordnen zu können.

So ignoriert der Ernährungsbericht nahezu komplett das „Wie" an der TV-Werbung: Welche Stilmittel werden eingesetzt? Lassen sich hieraus beispielsweise bestimmte ‚Manipulationsversuche' erkennen? etc. Nicht beantwortet werden auch die Fragen „Mit wem werden die Produkte präsentiert?" und „Lassen sich auch daraus bestimmte ‚Beeinflussungsversuche' gegenüber dem Rezipienten erkennen?". Doch gerade wenn es darum geht, einen möglichst fundierten Blick auf die Ernährungsdarstellungen im Fernsehen zu werfen, reicht es nicht aus, sich nur auf die Nennung von Lebensmitteln bzw. den quantitativen Umfang in einem bestimmten Umfeld zu konzentrieren. Um zu weiterge-henden Erkenntnissen zu gelangen, ist eine fundiertere Untersuchung notwendig.

Ernährungsbericht 2000: Rangreihe Lebensmittelgruppen nach Anzahl TV-Werbespots			
Rang	Lebensmittelgruppe	Anzahl der Spots	Anteil in %
1	Cerealien	196	20,0
2	Schokoladenprodukte, Riegel und Pralinen	136	13,9
3	Eis	99	10,1
4	Fast Food	95	9,7
5	Fruchtgummi, Lackritz und Bonbons	90	9,2
6	Milchschnitten u.ä.	85	8,7
7	Salzige Snacks	75	7,7
8	Milchprodukte	72	7,4
9	Limonade	37	3,8
10	Obst und Gemüse	30	3,1
11	Fischgerichte	21	2,1
12	andere Getränke	19	1,9
13	Schokolade	18	1,8
14	Getreide-, Reis-, Nudeln-u. Kartoffelprodukte	2	0,2
14	Kuchen	2	0,2
16	Alkoholika	1	0,1
	Gesamt	**978**	**100**

Quelle: Ernährungsbericht 2000, Hrg. Deutsche Gesellschaft für Ernährung e.V. (DGE) im Auftrag des Bundesministerium für Gesundheit, Landwirtschaft und Ernährung, S. 135.

3.3 Ernährungsbericht 2000

Wie der Ernährungsbericht 2004 hatte auch der *Ernährungsbericht 2000* das Ziel, die Gesundheit der Bürger zu untersuchen, insbesondere auch von Kindern und Jugendlichen. Der Bericht wurde von dem Auftraggeber, der Bundesregierung, am 17. Oktober 2002 der Öffentlichkeit präsentiert. Die Studie untergliedert sich in eine Inhaltsanalyse (empirischer Teil) sowie in eine Verbraucherbefra-

339 Vgl. Ernährungsbericht 2004, S. 361f.

gung, wurde also in einem Mehrdesignmodell erstellt. Der empirische Teil des Ernährungsberichts 2000 hatte zum Ziel, eine *„qualitative sowie quantitative Bewertung der Lebensmittelwerbung für Kinder und Jugendliche"* im Fernsehen zu untersuchen. Hierfür habe man in den Monaten März und April 1997 die Fernsehprogramme der *privaten deutschen TV-Sender Kabel eins, RTL, RTL II, Super-RTL, ProSieben, Sat.1, Viva* sowie des *öffentlich-rechtlichen Senders ZDF* „während typischer Kinderfernsehzeiten" analysiert. Dabei hätten insbesondere die kinderaffinen Zeitfenster, nachmittags, früher Abend sowie Wochenende (ganztags) interessiert. Insgesamt habe man eine Programmstichprobe im Umfang von 429 Stunden und 45 Minuten ausgewertet. *Davon seien 88% werbefreie Zeit und 12% (51:29:40 Stunden) Werbung.*

Der Untersuchung nach habe ProSieben mit 16,4% den höchsten Werbeanteil. Es folge Sat.1 mit 14,3%. Viva habe mit 7,8% den geringsten Werbeanteil. *Der Anteil der gesamten Lebensmittelwerbung im Fernsehen habe 1997 bei 29,7% gelegen.* Für die Erhebung habe man 987 unterschiedliche Lebensmittel-Werbespots ausgewertet. Diese seien im Mitschnittszeitraum zusammen 2.601 Mal ausgestrahlt worden.[340] Der Ernährungsbericht 2000 führt aus, bei *der Lebensmittelwerbung seien erhebliche Differenzen* zwischen den Sendern festgestellt worden. So liege der Anteil bei RTL mit 50% am höchsten und bei Viva mit 5% am geringsten (Tabelle).[341]

Die am *häufigsten beworbene Lebensmittelgruppe* in der Zielgruppe Kinder und Jugendliche seien Cerealien (Getreideprodukte wie Cornflakes etc.) mit 196 Spots gewesen, gefolgt von Schokoladenprodukten, Riegeln und Pralinen mit 136

Ernährungsbericht 2000: Verzehrsmengen beworbener Lebensmittel bei Kindern/Jugendlichen, die Werbung kaum oder sehr gut identifizieren können
(Extremgruppenvergleich)

Lebensmittel-Produktgruppe	Extrem schlechte Werbeerkennung Stichprobe: n=190 Verzehr in Portionen pro Tag	Extrem gute Werbeerkennung Stichprobe: n=114 Verzehr in Portionen pro Tag	Differenz Verzehrmenge bei guter Werbeerkennung
Nussnougatcreme	2	2,1	0,1
Fischstäbchen	0,6	0,5	-0,1
Eiscreme	0,5	0,7	0,2
Bonbons	2,2	2	-0,2
Fruchtgummi, Lakritz	1,1	1,5	0,4
Schokolade	1,6	1,6	0
Schokoriegel (z.B. Snickers)	0,8	0,9	0,1
Riegel (z.B. Milky Way)	0,4	0,3	-0,1
Hanuta, Knoppers usw.	0,9	0,9	0
Ferrero Küßchen, usw.	0,7	0,6	-0,1
Schokonüsse	0,2	0,3	0,1
Milchschnitte usw.	0,7	1	0,3
Kekse, Lebkuchen usw.	1,8	0,9	-0,9
Chips	0,6	1,1	0,5
Flips	0,2	0,4	0,2
Hamburger usw.	0,1	0,3	0,2
BicMac, Royal TS usw.	0,1	0,2	0,1
Hähnchen Nuggets	0,1	0,1	0
Pommes Frites	0,4	0,6	0,2
Ketchup	0,7	1,1	0,4
Limonade, Cola	3	3,7	0,7
Fruchtquark (z.B. Obstgarten)	0,5	0,8	0,3
Fruchtzwerge	0,8	1,1	0,3
Pudding (z.B. Dany)	1	0,9	-0,1
Milchreis (z.B. Müller)	0,3	0,6	0,3
Cornflakes	1	1	0
Frosties, Smacks, usw.	0,8	1	0,2
Differenz gesamt			**3,1**

Quelle: Ernährungsbericht 2000, Hrg. Deutsche Gesellschaft für Ernährung e.V. (DGE) im Auftrag des Bundesministerium für Gesundheit, Landwirtschaft und Ernährung, S. 143.

340 Ernährungsbericht 2000, S. 134f.
341 Ebd.

Spots. Dabei habe man festgestellt, dass *die „in den Spots gebrauchten Werbeargumente für die Lebensmittel"* sich *„in der eingesetzten Häufigkeit für die Zielgruppe"* (Kinder, Jugendliche, Mütter, Väter etc.) nicht sehr stark unterschieden hätten: *„Die hedonistischen Argumente Geschmack und Genuss waren die häufigsten eingesetzten Werbeargumente für beide Zielgruppen"* (Kinder & Jugendliche und Erwachsene).[342]

3.3.1 Verbraucherbefragung

Neben dieser *Inhaltsanalyse* habe man auch eine *Verbraucherbefragung* durchgeführt. Die Studie habe u.a. festgestellt, dass Kinder, die viel fernsehen, die Lebensmittel aus der TV-Werbung sehr gut kennen würden und sie häufig als *,gesund'* beurteilten. Sie äßen aber von den beworbenen Produkten nicht mehr als jene Kinder, die weniger Werbeclips sähen. *Mund-zu-Mund-Propaganda* unter Freunden sowie die Präsentation der Lebensmittel in den Geschäften seien offenbar genauso starke Kaufanreize wie die Fernsehwerbung.[343]

Der Ernährungsbericht unternahm auch den Versuch zu ermitteln, ob sich die Bewerbung von Produkten auf den Konsum bei Kindern und Jugendlichen auswirke. Die Antworten ließen vermuten, dass die Werbeschaltungen im Fernsehen eine gewisse Wirkung auf den Essenswunsch hätten. Mehr als 30% der Kinder im Alter von 6 bis unter 8 Jahren hätten beworbene Produkte zumindest hin und wieder gerne ausprobieren wollen. Rund 10% hätten sogar angegeben, sie wollten dieses ,oft' tun. Mit zunehmendem Alter nehme dieser Wunsch jedoch ab.[344]

Dem Ernährungsbericht 2000 folgend, wüssten jüngere Kinder erfolgreich eine Klassifikation von ,gesunden' und ,ungesunden' Lebensmitteln vorzunehmen. Diese Einschätzung bestehe auch vor dem Hintergrund, dass 20 bis 40% der Kinder Lebensmittel und Getränke, „die in der allgemeinen Aufklärung als weniger günstig dargestellt werden", entsprechend einstuften. Auch die Eltern würden solche Lebensmittel mittlerweile „oft restriktiv" handhaben. Das sei bereits im Ernährungsbericht 1984 gezeigt worden. Kritisch beurteilt der Ernährungsbericht, dass gerade sehr zuckerhaltige Getränke, „durch die Werbung un-

Ernährungsbericht 2000: Häufigkeit zielgruppenspezifischer Werbeargumente
(Angaben in Prozent)*

Werbeargument	„Zielgruppe" Kinder und Jugendliche	„Zielgruppe" Erwachsene
Geschmack und Genuss	69,1	80,6
Lifestyle, modern. Leben, Chic	27,2	16,2
Gesundheit	18,6	20,2
Added value (Zusatznutzen, z.B. Spielzeug in der Packung)	12,6	0
Mentale Leistungsfähigkeit	11,7	1,3
Neues Produkt	9,5	19,1
Sportliche Leistungsfähigkeit	7	2,9
Tradition	4,1	15,4
Indirekt: Schlankheit	2	1,9
Prestige,edel	1	9
Direkt: Schlankheit, Abnehmen	0	1

Mehrfachnennungen sind möglich. Quelle: Ernährungsbericht 2000, Hrg. Deutsche Gesellschaft für Ernährung e.V. (DGE) im Auftrag des Bundesministerium für Gesundheit, Landwirtschaft und Ernährung, S. 121ff.

342 Siehe auch Krieb, Christiane / Reidl, Andreas: Seniorenmarketing. So erreichen Sie die Zielgruppe der Zukunft, Verlag Moderne Industrie, 2002.

343 Ernährungsbericht 2000, S. 125f.

344 Ebd., S. 115.

terstützt", ein positives Image zugesprochen werde.[345] Auch für die Jugendlichen kommt der Bericht zu einem recht aufgeklärten Bild: „Bei den Jugendlichen ist durchaus bei jeweils mehr als 50% ein zutreffendes Ernähungswissen festzustellen, wobei weibliche Jugendliche immer etwas besser abschneiden." So würden beispielsweise 71% aller Jugendlichen den Begriff Kohlenhydrate den richtigen Lebensmitteln zuordnen (Kartoffeln, Brot, Zucker). 66% würden Milch und/oder Käse als calciumreich ansehen. 82% wüssten um den hohen Fettgehalt bei Nussnougatcreme und/oder Nüssen. 76% glaubten, dass von verschiedenen Kombinationen die aus Brot, Milch und Gemüse „die beste Wahl zum Überleben" sei. 91% seien überzeugt, dass „der Kalorienverbrauch von körperlicher Bewegung, Größe und Gewicht" abhänge. 86% wüssten, dass Fett im Essen das Übergewicht am meisten fördere.[346] Die Zustimmung zu den erwähnten Statements belege, dass jüngere Kinder bis unter 8 Jahren ebenfalls die Botschaften der Ernährungswissenschaft aufnähmen und bereits reflektieren könnten. „Ganz eindeutig wird der Zusammenhang zwischen Bonbons/Zucker und Karies gesehen." Einem „günstigeren Gesundheitswert von Kinderschokolade und Honig stimmen allerdings ca. 60% der Kinder zu".[347]

Ernährungsbericht 2000: Anzahl TV-Spots Produktgruppen Lebensmittel-Werbung für Kinder und Jugendliche

Rang Hersteller - Produkt	Anzahl TV-Spots	%-Anteil
1. McDonalds - Junior Tüte	66	9,8
2. Mars- Milky Way - Sandwich	58	8,6
3. Nestlé - Nesquik Knusperfrühstück	45	6,7
4. Nestlé - Cini Minis	41	6,1
5. Bahlsen - Chips Monster Munch	40	5,9
6. Nestlé - Schokowunderkugel	40	5,9
7. Bahlsen - Nic Nac's	35	5,2
8. Wrigley's - Spearmint Kaugummi	32	4,7
9. Müller - Müllermilch Banane	31	4,6
10. Schwartau - Frucht Bombe	30	4,4
11. Wasa - Schoko Wikinger	29	4,3
12. Langnese - Calippo (Tanz)	28	4,1
13. Südmilch AG - Landliebe Joghurt Erdbeere	28	4,1
14. Langnese - Mister Long	27	4,0
15. Coca Cola - Sprite	25	3,7
16. Burger King - Kid's Club Menü	25	3,7
17. Kellog's - Smacks	25	3,7
18. Langnese- Tricky Licky	25	3,7
19. Kellog's - Chocos	23	3,4
20. Kellog's - Froot Loops	23	3,4
Summe:	**676**	**100,0**

Quelle: Ernährungsbericht 2000, Hrg. Deutsche Gesellschaft für Ernährung e.V. (DGE) im Auftrag des Bundesministerium für Gesundheit, Landwirtschaft und Ernährung, S. 136.

Ferner sei im Ernährungsbericht 2000 überprüft worden, ob sich *diese Einstellungen der* Kinder in ihrem Verzehr widerspiegelten. Dabei seien „Tendenzen erkennbar". „Kinder, die Schokolade als Dickmacher einstufen, essen im Durchschnitt 1 Stück Schokolade pro Tag, die anderen Kinder dagegen 2 Stück." Auch beim Bonbonkonsum lasse sich dieses feststellen. „Kinder, die glauben, dass Bonbons ‚schlecht für die Zähne sind', konsumieren 2, die anderen Kinder dagegen 3 Bonbons am Tag."

345 Ebd.
346 Ebd.
347 Ebd.

Ähnlich sieht die relativ gute Aufgeklärtheit beim Pizzakonsum aus. „31% der 8- bis unter 12-Jährigen hielten eine Fertigpizza für genauso gut wie eine selbstgemachte. Bekannt scheint unter Kindern und Jugendlichen auch zu sein, dass Obst und Gemüse gesund sind: Nur 13% glaubten, dass Obst- und Gemüsekonserven mit Frischprodukten vergleichbar seien.“ 92% hätten angegeben, „dass man weniger Fett essen sollte, um gesund zu bleiben“. Bei den Jugendlichen schwankt die Bandbreite dieser Erkenntnisse allerdings zwischen jeweils 6 und 95%.

Ernährungsbericht 2000: Antworten auf die Frage nach „subjektivem Gesundheitswert beworbener Lebensmittel“ (Angaben in %)

Subjektiver Gesundheitswert	6 bis unter 8 Jahre		8 bis unter 12 Jahre		12 bis unter 17 Jahre	
Wie gesund sind spezielle Kinderlebensmittel aus der Werbung?	männlich	weiblich	männlich	weiblich	männlich	weiblich
sehr gesund	3,5	2,2	4,9	1,7	1,4	1,2
ziemlich gesund	38,5	35,5	26,5	30,7	25,9	24,8
nicht sehr gesund	35,5	33,3	45,1	44,6	43,4	43,5
ungesund	7,8	8,7	9,8	11,1	9,4	10,9
genauso gesund wie andere Lebensmittel	14,2	16,7	13,1	10,8	8	10,9
Summe	**99,5**	**96,4**	**99,4**	**98,9**	**88,1**	**91,3**

Quelle: Ernährungsbericht 2000, Hrg. Deutsche Gesellschaft für Ernährung e.V. (DGE) im Auftrag des Bundesministerium für Gesundheit, Landwirtschaft und Ernährung, S. 141

Ernährungsbericht 2000: Einschätzung gesundheitlicher Verträglichkeit von Süßwaren durch 6- bis unter 8-Jährige (Angaben in %)

Statements	Zustimmung	Jungen	Mädchen
Bonbons sind schlecht für die Zähne	93,7	90,5	96,9
Kinderschokolade ist nicht gesünder als andere Schokolade	40,4	37,1	43,9
Honig macht nicht stark	36,4	38	34,8
Schokolade macht nicht dick	33,4	30,3	36,6
Zucker macht die Zähne nicht kaputt	14,8	10,1	19,7

Quelle: Ernährungsbericht 2000, Hrg. Deutsche Gesellschaft für Ernährung e.V. (DGE) im Auftrag des Bundesministerium für Gesundheit, Landwirtschaft und Ernährung, S. 121

Die Aussagen bezüglich der Gesundheit beworbener Produkte variieren deutlich nach *Altersklassen*. So habe sich gezeigt, dass Kinder zwischen 6 bis unter 8 Jahren beworbene Kinderlebensmittel in der Tendenz positiver bewerteten als die älteren Kinder oder Jugendlichen. So hielten immerhin 43% der 6- bis unter 8-Jährigen *beworbene Kinderlebensmittel für nicht gesund/ungesund*. Dieser Wert steige mit zunehmendem Alter an. So gingen 55% der 8- bis unter 12-Jährigen davon aus, dass *Lebensmittel, die sich werblich speziell an Kinder/Jugendliche wendeten, nicht gesund/ungesund seien*. Unter den 12- bis unter 17-Jährigen stimmen dieser Aussage immerhin 54% zu.

Außerdem hätten laut Gesundheitsbericht 93,7% der befragten Kinder (6- bis unter 8-Jährige) angegeben, sie hielten Bonbons für „schlecht für die Zähne“. Zudem seien 40,4% der Meinung, „Kinderschokolade ist nicht gesünder als andere Schokolade“. Während 67% der Auffassung seien, dass Schokolade dick mache, gingen 33% davon aus, dass dies nicht der Fall sei.

Immerhin rund 98,2% der 6- bis unter 8-Jährigen wüssten der Untersuchung zufolge auch, das Obst gesund sei und deshalb gegessen werden sollte. Ähnlich hohe Werte seien für Gemüse ermittelt worden (90,2%) oder für Brot (86,5).

Immerhin 41,4% der Befragten gingen davon aus, dass die Milchschnitte zu jenen Produkten gehöre, die *gegessen werden sollten, wenn man gesund bleiben wolle*. Ähnlich hohe Werte habe man für Pommes in dieser Frage ermittelt (37% Zustimmung), für Cola/Limonade (21,2%) oder für den Hamburger (19,4%). Letztlich plädieren die Ernährungswissenschaftler für eine möglichst breite Diskussion in Bezug auch auf Übergewicht:

Ernährungsbericht 2000: Einschätzung von Lebensmitteln unter Gesundheitsaspekt durch 6- bis unter 8-Jährige (Angaben in %)

Was musst du essen und trinken um gesund zu bleiben?	Zustimmung	6 - bis unter 8 - Jährige	
		männlich	weiblich
Obst	98,2	97,1	99,4
Gemüse	90,2	89,9	90,1
Brot	86,5	84,8	88,3
Milch	86,3	81	91,8
Kartoffeln	83	84,3	81,6
Fleisch	66,5	67,7	65,2
Milchschnitte	41,4	38	45
Pommes	37	35,5	38,5
Cola/Limonade	21,2	26,8	15,3
Hamburger	19,4	18,4	20,4

Quelle: Ernährungsbericht 2000, Hrg. Deutsche Gesellschaft für Ernährung e.V. (DGE) im Auftrag des Bundesministerium für Gesundheit, Landwirtschaft und Ernährung, S. 121

> Es sollte erkannt werden, dass sich auch Ernährungserziehung und Ernährungsaufklärung für Kinder und Jugendliche von dem Gesundheitsbezug lösen müssen, um mit kindgemäßen Erlebnisargumenten ein günstiges Essverhalten attraktiv zu machen. Kinder, nicht viel anders als Erwachsene auch, ernähren sich nicht, sondern sie essen. Kognitive Botschaften, die Ernährung und Gesundheit positionieren, sind für eine Beeinflussung des Essverhaltens wenig effektiv.

Zu denken sei an verhaltenspräventive Maßnahmen in Kindergärten, Schulen oder im Elternhaus.[348]

3.4 Fazit

Interessant ist am *Ernährungsbericht 2000*, der im Auftrag der *Bundesregierung* erstellt wurde, der Versuch, einen Zusammenhang zwischen inhaltlichen Erkenntnissen des Werbeaufkommens und des Konsums herzustellen.

Allerdings stellt es ein Manko dar, dass im Kapitel zur Fernsehwerbung im Ernährungsbericht 2000 für bestimmte Rubriken, die werbungtreibende Branchen zusammenfassen, breiter Raum zu Spekulationen gelassen wurde. Dies trifft beispielsweise auf die Rubrik *Cerealien* zu. Hier wurde nicht deutlich genug gemacht, welche Produktgruppen zusammengefasst wurden und warum. Verzerrend ist die gerangreihte Darstellung von Lebensmitteln *und* Süßwaren (Letztere gelten nach Definition des Lebensmittelgesetzes nicht als Lebensmittel im eigentlichen Sinne) innerhalb *einer* Tabelle, die obendrein gerade einmal *16 Produktgruppen* umfasst. Wie diese Studie belegen wird, und zwar im nächsten Kapitel, gibt es bei weitem mehr als nur 16 Lebensmittel-Produktgruppen, die im Fernsehen beworben werden. Die *reduktionistische Wiedergabe von Forschungsergebnissen* in einem *politisch so umstrittenen Bereich wie der Lebensmittel- oder Süßwarenwerbung* ist in einer Stu-

348 Ebd., S. 125f.

die, zumal wenn diese im Auftrag der Bundesregierung erstellt wird, unangebracht. Man kann sich schwerlich des Eindrucks erwehren, dass dies kein Zufallsprodukt ist, sondern dass im Ernährungsbericht 2000 durch Reduktion der *Fokus des Lesers* in eine *bestimmte* Richtung *gelenkt* werden sollte. Dabei hat das Gebot der Transparenz etwas gelitten. So leidet die Möglichkeit einer objektiven Urteilsbildung.

Misslich erscheint ferner, dass die Erkenntnisse des Ernährungsberichts 2000 nicht um vorliegende Ergebnisse der *Werbewirkungs- bzw. Konsumforschung* weitergedreht wurden, und zwar dahingehend, dass das Thema Werbung in einen globaleren Zusammenhang gestellt würde, ebenfalls der Verbraucher. So legt beispielsweise der Ernährungsbericht Erkenntnisse vor, inwiefern Jungendliche oder Kinder Werbung beurteilen, aber es fehlt die Darlegung theoretisch-wissenschaftlichen Backgrounds, der aufzeigen würde, dass Konsumverhalten nicht nur von Werbung abhängig ist. So bleibt der Ernährungsbericht etwas an der Oberfläche. Außerdem gilt für den Ernährungsbericht 2000, was bereits im Ernährungsbericht 2004 auffiel: eine rein quantitative Erhebung nur mit Blick auf den Umfang *bestimmter werbungtreibender Branchen* ist zu wenig, um zu einem fundierten Urteil über die TV-Werbung, und damit über einen Teilbereich des Agierens der Wirtschaft zur Steigerung des Absatzes, zu gelangen. Gerade aufgrund der eingangs dargestellten politischen Situation ist es dringend erforderlich, hier weitergehende und vor allem tiefer greifende Forschungsarbeit zu leisten. Dies möchte die im Folgenden vorgelegte Studie tun. Hier soll nicht nur untersucht werden, welche Produkte und Branchen beworben werden, sondern insbesondere soll auch das „Wie“ geklärt werden. In diesem Zusammenhang wird auch noch einmal auf den *Ernährungsbericht 2000* kritisch einzugehen sein.

4. Kapitel - Umfang werbungtreibender Branchen in der TV-Werbung

Der empirische Teil dieser Studie beginnt mit der Untersuchung des quantitativen Umfangs werbungtreibender Branchen und der darin zusammengefassten Produktgruppen im deutschen Fernsehen. Dabei besteht der Anspruch, dies wesentlich detaillierter zu tun, als es in bisherigen Studien, insbesondere in den von der Bundesregierung in den Jahren 2000 und 2004 vorgestellten Untersuchungen zur Fernsehwerbung, den *Ernährungsberichten*, geschehen ist. Dahinter steht die Überzeugung, dass ein objektives Urteil über die Werbung, in diesem Fall über die TV-Werbung, nur dann möglich ist, wenn ein möglichst komplettes, detailliertes Bild über werbungtreibende Branchen vermittelt wird.

Für diese Studie wurden 19:17 h Werbung analysiert, dies entspricht 3.320 Werbespots. Davon waren 852 Werbespots unterschiedlich. Die erhobenen Werbespots wurden, wie im Einleitungskapitel beschrieben, aus 100 Stunden aufgezeichnetem Fernsehprogramm herausgefiltert, nach 36 Kriterien codiert und in einer Datenbank zahlreichen, recht aufwendigen, Abfragen unterworfen. Als nicht unterschiedlich wurde ein Werbespot statistisch bewertet, wenn es sich um den gleichen Film zur Bewerbung eines Produktes handelte mit einer gleichen Teilmenge der erhobenen Kategorien. Dabei spielte in der Datenbankabfrage eine mögliche kürzere oder längere Sendezeit dieses Spots zur Beurteilung der „Unterschiedlichkeit“ keine ausschlaggebende Rolle.

Ernährungsbericht 2000: Rangreihe Lebensmittelgruppen nach Anzahl TV-Werbespots

Rang	Lebensmittelgruppe	Anzahl der Spots	Anteil in %
1	Cerealien	196	20,0
2	Schokoladenprodukte, Riegel und Pralinen	136	13,9
3	Eis	99	10,1
4	Fast Food	95	9,7
5	Fruchtgummi, Lackritz und Bonbons	90	9,2
6	Milchschnitten u.ä.	85	8,7
7	Salzige Snacks	75	7,7
8	Milchprodukte	72	7,4
9	Limonade	37	3,8
10	Obst und Gemüse	30	3,1
11	Fischgerichte	21	2,1
12	andere Getränke	19	1,9
13	Schokolade	18	1,8
14	Getreide-, Reis-, Nudeln-u. Kartoffelprodukte	2	0,2
14	Kuchen	2	0,2
16	Alkoholika	1	0,1
	Gesamt	**978**	**100**

Quelle: Ernährungsbericht 2000, Hrg. Deutsche Gesellschaft für Ernährung e.V. (DGE) im Auftrag des Bundesministerium für Gesundheit, Landwirtschaft und Ernährung, S. 135.

Während der Analyse des in dieser Studie berücksichtigten Erhebungszeitraumes kristallisierten sich 27 werbungtreibende Branchen heraus, die wiederum 141 „Unterbranchen/Unterkategorien“ subsumieren. Jedes beworbene Produkt wurde also einer Branche zugeordnet. So entstanden letztlich erst in der praktischen Erhebung und in Pretests die hier dargestellten 27 werbungtreibenden Branchen beziehungsweise Kategorien.

Sicherlich hätte man den einen oder anderen Produktbereich in einer Oberrubrik *Sonstiges* zusammenfassen können, doch hätte dies die Gefahr geborgen, dass eine solche Vorgehensweise möglicherweise letztlich nicht dem Erkenntnisziel förderlich gewesen wäre. Denn das Motto lautet: *größtmögliche Transparenz*. Deshalb wurde die verführerische Option einer Sammelsuriumsrubrik *Sonstiges* nicht in Anspruch genommen, obgleich es durchaus Gründe dafür gegeben hätte - beispielsweise die Zahl der dargestellten Branchen zwecks Anschaulichkeit möglichst gering und kompakt zu halten.

Dies betrifft aber nicht nur die Rubrik *Sonstiges*, sondern auch die Möglichkeiten, Produktgruppen oder sogar ganze Branchen in Oberrubriken zusammenzufassen, wie dieses beispielsweise der Ernährungsbericht 2000 mit seiner Rubrik „Cerealien" tat.

Hier ist nicht deutlich feststellbar, welche Produktgruppen zusammengefasst wurden. Außerdem besteht die Möglichkeit, dass die Zusammenfassung zahlreicher Produktgruppen in eine Kategorie „Cerealien" dazu führt, dass andere Produktgruppen von ihrem Werbeaufkommen in einer Rangreihung dominanter erscheinen, als sie sind.

Dies fällt besonders auf, vergleicht man die Rangreihung der am meisten beworbenen Produktgruppen beispielsweise im Ernährungsbericht 2000 mit den Ergebnissen, die diese Studie vorlegt (Tabellen). Während der *Ernährungsbericht 2000 der Bundesregierung* gerade einmal 16 Produktgruppen (Tabelle vorige Seite) ausweist mit 978 unterschiedlichen Lebensmittel- und Süßwarenwerbespots (der Ernährungsbericht fasst diese in einer Rubrik zusammen), die insgesamt 2.601 Mal ausgestrahlt worden seien, kommt *diese Studie* auf 43 Lebensmittel- und Süßwaren-Produktgruppen mit 183 unterschiedlichen Werbespots, die 948 Mal ausgestrahlt wurden (Tabellen). Dabei wurde in dieser

Werbungtreibende Branchen im TV
(Lebensmittel & nicht-alkoholische Getränke)

Produktgruppe	Spots gesamt	Verschiedene Spots	%-Anteil Produktgruppe an Spots gesamt in allen Branche (Anzahl Spots)	%-Anteil Produktgruppe an verschiedenen Spots gesamt in allen Branchen (Sendezeit)	**%-Anteil Produktgruppe an Spots gesamt in Branche (Anzahl Spots)**	**%-Anteil Produktgruppe an Spots gesamt in Branche (Sendezeit)**
Joghurt	107	10	3,2%	3,4%	17,8%	19,2%
Fast Food	76	10	2,3%	2,2%	12,6%	12,8%
Milchgetränke	70	10	2,1%	1,6%	11,6%	9,1%
Kaffee	36	9	1,1%	1,3%	6,0%	7,3%
Fleisch Wurstwaren	32	9	1,0%	1,0%	5,3%	5,6%
Limonaden	31	8	0,9%	1,1%	5,1%	6,2%
Soßen/Dressings	29	8	0,9%	1,0%	4,8%	5,8%
Fertiggerichte	28	4	0,8%	0,7%	4,7%	3,9%
Blätterteig-produkte	24	3	0,7%	0,5%	4,0%	2,8%
Cornflakes Ceralien	19	5	0,6%	0,6%	3,2%	3,2%
Mineralwasser Schorle	18	5	0,5%	0,6%	3,0%	3,3%
Energy Drinks	18	2	0,5%	0,6%	3,0%	3,2%
Säfte	16	6	0,5%	0,4%	2,7%	2,3%
Brot/Knäckebrot Baguettes	14	2	0,4%	0,2%	2,3%	1,2%
Brotaufstrich	12	2	0,4%	0,4%	2,0%	2,1%
Fisch	11	4	0,3%	0,3%	1,8%	1,6%
Käse	9	3	0,3%	0,2%	1,5%	1,3%
Mineralwasser	9	2	0,3%	0,2%	1,5%	1,2%
Gelatine	8	2	0,2%	0,2%	1,3%	1,2%
Limonaden Light	8	1	0,2%	0,2%	1,3%	1,3%
Pizza	5	3	0,2%	0,1%	0,8%	0,6%
Tee	5	1	0,2%	0,2%	0,8%	0,9%
Diät-Limonaden	4	1	0,1%	0,2%	0,7%	1,1%
Gemüse/Tiefkühl	4	1	0,1%	0,2%	0,7%	1,0%
Gewürze	3	1	0,1%	0,1%	0,5%	0,8%
Diät-Margarine	2	1	0,1%	0,0%	0,3%	0,2%
Reis	1	1	0,0%	0,0%	0,2%	0,2%
Babynahrung	1	1	0,0%	0,0%	0,2%	0,1%
Diät-Butter	1	1	0,0%	0,0%	0,2%	0,2%
Gewinnspiel	1	1	0,0%	0,0%	0,2%	0,1%
Summe	**602**	**117**	**18,1%**	**17,4%**	**100,0%**	**100,0%**

Studie, im Gegensatz zum Ernährungsbericht und zur Förderung der Transparenz, zwischen Lebensmitteln und Süßwaren unterschieden, wie in den folgenden Tabellen dargestellt.

Auffallend ist ferner, dass die 948 Lebensmittel- und Süßwarenspots aus dieser Studie aus 100 Stunden TV-Programm ermittelt wurden (19:15 h Werbung), während der Ernährungsbericht seine 2.601 Werbespots aus 429 Stunden und 45 Minuten TV-Programm (davon 51:29:40 Stunden Werbung) ermittelte.

Kritikwürdig ist am *Ernährungsbericht 2000* ebenfalls die recht willkürliche Zuordnung bestimmter Lebensmittel als *„Lebensmittel-Werbung für Kinder und Jugendliche"* (Tabelle). Hier fehlt eine exakte Definition, *warum* man zu dieser Einteilung kam. So ist zum Beispiel nicht nachvollziehbar, warum Nudeln, Reis oder Salat keine Nahrungsmittel darstellen sollen, die von Kindern gerne gegessen werden. So dass auch hier der Verdacht besteht, dass der Ernährungsbericht 2000 durch Reduktion den Fokus des Lesers in *eine* bestimmte Richtung zu lenken sucht.

Diese problematische Vorgehensweise möchte diese Studie vermeiden, indem eine Zuordnung bestimmter werbungtreibender Branchen in den Bereich „Kinderwerbung" anhand bestimmter Kriterien erfolgen soll - des *Einsatzes von Kindern (oder Jugendlichen) als Darstellern innerhalb der Werbespots*. Auch diese Abgrenzung ist zwar sicherlich diskussionswürdig, aber es stellt zumindest einen Versuch dar, eine Abgrenzung jenseits willkürlich festgelegter Regeln vorzunehmen.

In den folgenden Ausführungen wird es häufig statistische Vergleiche *zwischen den werbungtreibenden Branchen und Produktgruppen* geben, beispielsweise im Hinblick eines über- oder unterdurchschnittlichen Kriterienverhaltens zwischen den werbungtreibenden Branchen. Dieses Verfahren wird sich gewissermaßen wie ein roter Faden durch die folgenden Kapitel ziehen. Dieses soll einerseits gewährleisten, dass der Mehrwert dieser Studie nicht nur auf *einem* zu untersuchenden Kriterium liegt, wie dies in bisherigen Studien in der Regel der Fall war. Häufig, so auch in den erwähnten Ernährungsberichten der Bundesregierung, wird zwar z.B. der Anteil der *Lebensmittelwerbung* am Gesamtwerbeaufkommen publiziert, es lässt sich aber nicht oder kaum *en détail* nachvollziehen, wie sich einerseits konkret das Werbeaufkommen innerhalb der Branche Lebensmittel pro Produktgruppe zusammensetzt, und anderseits auch nicht, welche sonstigen Branchen Werbung getrieben haben.

Studienergebnisse

Werbungtreibende Branchen im TV (alle)				
Branche	Spots gesamt	Verschiedene Spots	**Anzahl Spots: %-Anteil Produktgruppe an Spots gesamt in allen Branchen**	**Sendezeit: %-Anteil Produktgruppe an Spots gesamt in allen Branchen**
Lebensmittel & nicht-alkohol. Getränke	602	117	**18,1%**	**17,4%**
Kosmetik/Pflege	453	124	**13,6%**	**12,9%**
TV-Eigenwerbung	404	110	**12,2%**	**14,4%**
Süßwaren	346	66	**10,4%**	**10,0%**
Spielwaren/Unterhaltung/Freizeit/Kino	183	39	**5,5%**	**4,5%**
Haushaltsprodukte	169	38	**5,1%**	**5,5%**
Telekommunikation	157	44	**4,7%**	**4,8%**
Elektronik/Unterhaltungselektronik	156	68	**4,7%**	**4,0%**
Alkohol	116	30	**3,5%**	**2,5%**
Einzelhandel/Handel	92	26	**2,8%**	**2,8%**
Pharmazeutika	87	27	**2,6%**	**2,6%**
Automobile	86	32	**2,6%**	**2,9%**
Banken/Versicherungen	79	26	**2,4%**	**2,4%**
Printmedien	68	30	**2,1%**	**1,3%**
Computer/Internet	62	12	**1,9%**	**2,7%**
Digital-TV & Kabelnetze	54	4	**1,6%**	**2,2%**
Kleidung	40	7	**1,2%**	**1,3%**
Touristik	36	11	**1,1%**	**1,2%**
Versandhandel	32	6	**1,0%**	**0,9%**
Bauen und Wohnen	25	9	**0,8%**	**0,8%**
Gewinnspiele	19	10	**0,6%**	**0,7%**
Salzgebäck/Chips	17	5	**0,5%**	**0,5%**
Humanitäres/Kirche/Initiativen/Selbsthilfe	16	5	**0,5%**	**0,7%**
Zustelldienste & Logistik	8	1	**0,2%**	**0,5%**
Haustiere	8	3	**0,2%**	**0,2%**
Chemie	3	1	**0,1%**	**0,1%**
Politik/Verbände	2	1	**0,1%**	**0,1%**
Summe	**3320**	**852**	**100,0%**	**100,0%**

Nach dieser Studie - das wird auf den Folgeseiten Stück für Stück vorgestellt - gibt es unter 27 werbungtreibenden Branchen lediglich drei, die Sendeanteile von *über 10%* aufweisen. Es sind dies: *Lebensmittel & nicht-alkoholische Getränke,* der Produktbereich *Kosmetik & Pflege* sowie *Süßwaren.* Alle anderen werbungtreibenden Branchen weisen einen Sendeanteil am Gesamtwerbeaufkommen von jeweils *5,5%* oder weniger aus (TV-Eigenwerbung nicht berücksichtigt)

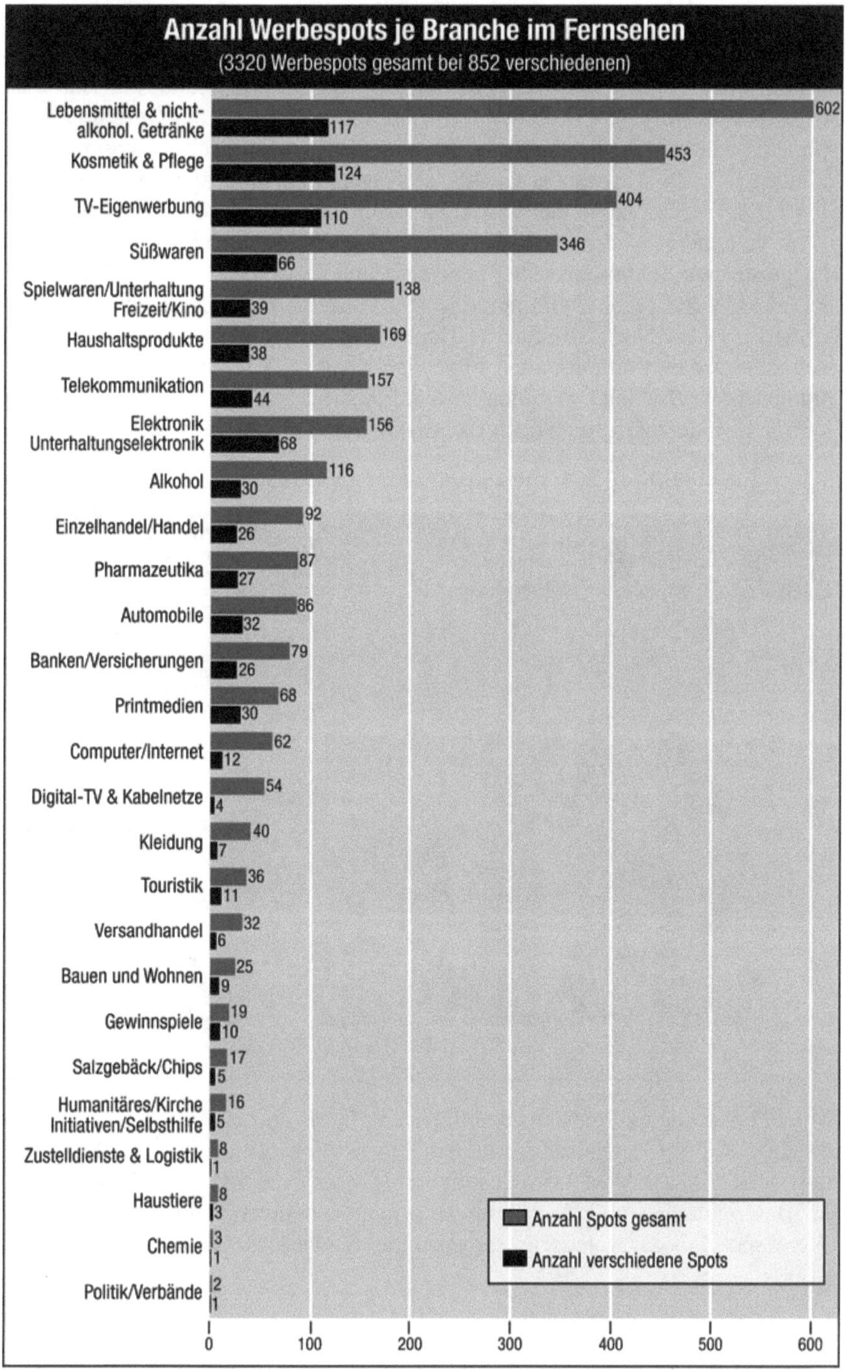
Anzahl Werbespots je Branche im Fernsehen
(3320 Werbespots gesamt bei 852 verschiedenen)
Lebensmittel & nicht-alkohol. Getränke 602 117
Kosmetik & Pflege 453 124
TV-Eigenwerbung 404 110
Süßwaren 346 66
Spielwaren/Unterhaltung Freizeit/Kino 138 39
Haushaltsprodukte 169 38
Telekommunikation 157 44
Elektronik Unterhaltungselektronik 156 68
Alkohol 116 30
Einzelhandel/Handel 92 26
Pharmazeutika 87 27
Automobile 86 32
Banken/Versicherungen 79 26
Printmedien 68 30
Computer/Internet 62 12
Digital-TV & Kabelnetze 54 4
Kleidung 40 7
Touristik 36 11
Versandhandel 32 6
Bauen und Wohnen 25 9
Gewinnspiele 19 10
Salzgebäck/Chips 17 5
Humanitäres/Kirche Initiativen/Selbsthilfe 16 5
Zustelldienste & Logistik 8 1
Haustiere 8 3
Chemie 3 1
Politik/Verbände 2 1
0 100 200 300 400 500 600
Anzahl Spots gesamt
Anzahl verschiedene Spots

Zum Segment *„TV-Eigenwerbung“* wäre anzumerken, dass diese, vom Anteil am Gesamtwerbeaufkommen einmal abgesehen, in den folgenden Kapiteln, also den Detailbetrachtungen, nicht weiter analysiert wird. Dies beruht auf der Tatsache, dass TV-Eigenwerbung, u.a. nach den EU-Richtlinien, nicht als *Werbung* im klassischen Sinne anzusehen ist. Deshalb wurden von den im Beobachtungszeitraum gesamt erhobenen 3.320 Werbespots die 404 TV-Eigenwerbespots abgezogen, so dass letztlich 2.916 Werbespots in den folgenden Detailanalysen berücksichtigt werden.

Im Folgenden wird nun der Umfang der werbungtreibenden Branchen innerhalb der gezogenen Stichprobe näher analysiert und dargestellt. Dabei gilt für diese Arbeit, dass in der Regel die umfangreichsten werbungtreibenden Branchen zuerst präsentiert werden. Diese strukturelle Darstellung der empirischen Erkenntnisse zieht sich nahezu durch die gesamten folgenden Kapitel. Dabei mag die Wiedergabe der Studienergebnisse teils monoton und refrainartig wirken, ist aber unumgänglich, möchte man dem Anspruch nach größtmöglicher Transparenz gerecht werden.

4.1 Lebensmittel & nicht-alkoholische Getränke

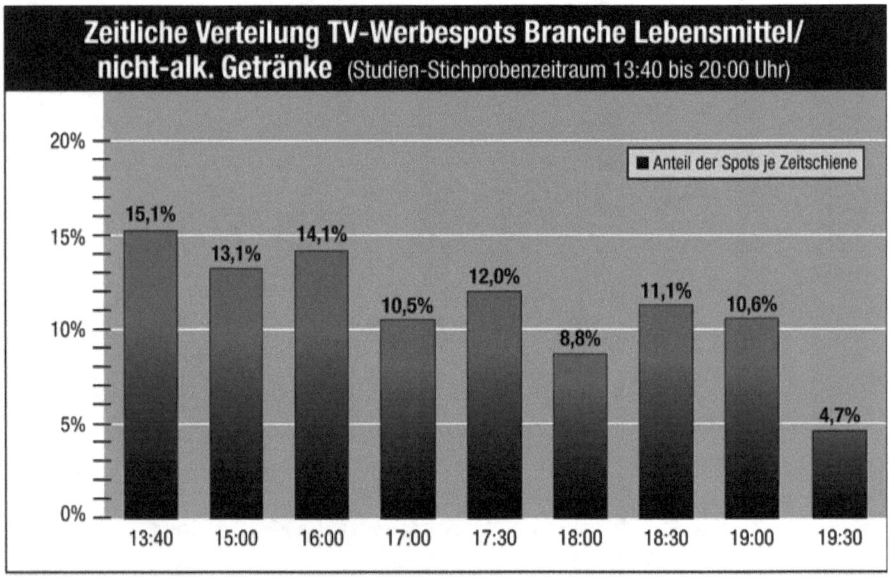

Mit 602 gesendeten Spots aus dem Bereich „Lebensmittel & nicht-alkoholische Getränke“ ist diese Kategorie die umfänglichste. Von diesen 602 TV-Spots sind 117 unterschiedlich. Das heißt, im Schnitt wurde jedes Produkt circa 6 Mal im Fernsehen im Beobachtungs- und Auswertungszeitraum beworben. Die Sendehäufigkeit der Werbespots aus der Kategorie „Lebensmittel & nicht-alkoholische Getränke“ macht

Werbungtreibende Branchen im TV (Lebensmittel & nicht-alkoholische Getränke)						
Produktgruppe	Spots gesamt	Verschiedene Spots	%-Anteil Produktgruppe an Spots gesamt in allen Branche (Anzahl Spots)	%-Anteil Produktgruppe an verschiedenen Spots gesamt in allen Branchen (Sendezeit)	**%-Anteil Produktgruppe an Spots gesamt in Branche (Anzahl Spots)**	**%-Anteil Produktgruppe an Spots gesamt in Branche (Sendezeit)**
Joghurt	107	10	3,2%	3,4%	**17,8%**	**19,2%**
Fast Food	76	10	2,3%	2,2%	**12,6%**	**12,8%**
Milchgetränke	70	10	2,1%	1,6%	**11,6%**	**9,1%**
Kaffee	36	9	1,1%	1,3%	**6,0%**	**7,3%**
Fleisch Wurstwaren	32	9	1,0%	1,0%	**5,3%**	**5,6%**
Limonaden	31	8	0,9%	1,1%	**5,1%**	**6,2%**
Soßen/Dressings	29	8	0,9%	1,0%	**4,8%**	**5,8%**
Fertiggerichte	28	4	0,8%	0,7%	**4,7%**	**3,9%**
Blätterteigprodukte	24	3	0,7%	0,5%	**4,0%**	**2,8%**
Cornflakes Ceralien	19	5	0,6%	0,6%	**3,2%**	**3,2%**
Mineralwasser Schorle	18	5	0,5%	0,6%	**3,0%**	**3,3%**
Energy Drinks	18	2	0,5%	0,6%	**3,0%**	**3,2%**
Säfte	16	6	0,5%	0,4%	**2,7%**	**2,3%**
Brot/Knäckebrot Baguettes	14	2	0,4%	0,2%	**2,3%**	**1,2%**
Brotaufstrich	12	2	0,4%	0,4%	**2,0%**	**2,1%**
Fisch	11	4	0,3%	0,3%	**1,8%**	**1,6%**
Käse	9	3	0,3%	0,2%	**1,5%**	**1,3%**
Mineralwasser	9	2	0,3%	0,2%	**1,5%**	**1,2%**
Gelatine	8	2	0,2%	0,2%	**1,3%**	**1,2%**
Limonaden Light	8	1	0,2%	0,2%	**1,3%**	**1,3%**
Pizza	5	3	0,2%	0,1%	**0,8%**	**0,6%**
Tee	5	1	0,2%	0,2%	**0,8%**	**0,9%**
Diät-Limonaden	4	1	0,1%	0,2%	**0,7%**	**1,1%**
Gemüse/Tiefkühl	4	1	0,1%	0,2%	**0,7%**	**1,0%**
Gewürze	3	1	0,1%	0,1%	**0,5%**	**0,8%**
Diät-Margarine	2	1	0,1%	0,0%	**0,3%**	**0,2%**
Reis	1	1	0,0%	0,0%	**0,2%**	**0,2%**
Babynahrung	1	1	0,0%	0,0%	**0,2%**	**0,1%**
Diät-Butter	1	1	0,0%	0,0%	**0,2%**	**0,2%**
Gewinnspiel	1	1	0,0%	0,0%	**0,2%**	**0,1%**
Summe	**602**	**117**	**18,1%**	**17,4%**	**100,0%**	**100,0%**

insgesamt 18,1% aller 3.320 ausgewerteten TV-Spots aus. Die Häufigkeit geht nahezu einher mit der Sendezeit (17,4% der 19:17:06 ausgewerteten Werbestunden).[349] Der Kategorie Lebensmittel & nicht-alkoholische Getränke wurden folgende Unterkategorien zugeordnet: Babynahrung, Backwaren, Brot/Knäckebrot, Brotaufstrich, Cornflakes/Cerealien, Desserts, Diät-Butter, Diät-Limonaden, Diät-Margarine, Energy-Drinks, Fast Food, Fertiggerichte, Fisch, Fleisch/Wurstwaren, Gelatine, Gemüse/Tiefkühl, Gewinnspiel (mit deutlichem Fokus auf Lebensmittel), Gewürze, Joghurt, Kaffee, Käse, Limonaden, Limonaden light, Milchgetränke, Mineralwasser, Mineralwasser/Schorle, Pizza, Reis, Säfte, Soßen/Dressings, Tee. Die Zuordnung dieser Unterkategorien erfolgte schlicht nach den gesendeten Produkten. 53% der in der Zeitschienen-Stichprobe 13.40 bis 20.00 Uhr erhobenen Lebensmittel-Werbespots werden zwischen 13.40 und 17.00 Uhr gesendet.

Joghurt

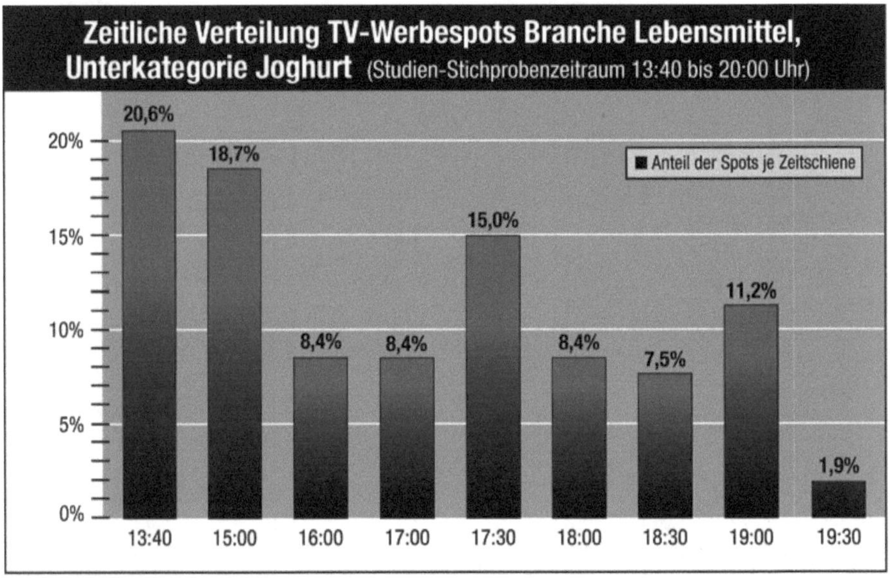

Mit 107 gesendeten und 10 unterschiedlichen Werbespots ist Joghurt das am häufigsten beworbene Produkt in der Kategorie Lebensmittel & nicht-alkoholische Getränke. Dies entspricht einem Anteil von 3,2% an allen gesendeten und analysierten

349 Zum Vergleich: Bezogen auf das Berichtsjahr 1977 entfielen nach Böckelmann u.a. in der Fernsehwerbung des ZDF beispielsweise 12,4 Prozent der Gesamtsendezeit für Werbeeinschaltunge auf die Werbung für Nahrungsmittel/Milchprodukte und 6,6 Prozent auf die Werbung für Heißgetränke und alkoholfreie Getränke. 4,4 Prozent der Gesamtsendezeit stellte im Jahresmittel die Werbung für alkoholische Getränke und 5,3 Prozent auf Süßwarenwerbung, wobei die ARD-Anstalten entsprechende Süßwaren-Anteile von jeweils rund zehn Prozent aufwiesen. Aus: Böckelmann, Frank / Huber, Jürgen / Middelmann, Astrid.: Werbefernsehkinder, Verlag Volker Spiess, Berlin, 1979, S. 21.

Werbespots (Anteil Werbespot-Häufigkeit) beziehungsweise von 3,4% (Sendedauer). Anders sieht dies beim Anteil innerhalb der Kategorie Lebensmittel & nicht-alkoholische Getränke aus. Hier entfällt jeder fünfte Werbespot, 19,2% (Sendedauer) beziehungsweise 17,8% (Werbespot-Häufigkeit) auf Joghurt. Kein Lebensmittel wird demnach so oft beworben wie Joghurt. Da der Joghurt zu den am häufigsten beworbenen Lebensmitteln gehört, lohnt sich ein Blick auf den Zeitpunkt, zu dem dieses Produkt im Nachmittags- und frühen Abendprogramm am häufigsten beworben wird: so werden 56% der in der Zeitschiene 13.40 bis 20.00 Uhr erhobenen Joghurt-Werbespots zwischen 13.40 und 17 Uhr gesendet - also in einer Zeit in der viele Kinder und Jugendliche fernsehen, aber auch „Hausfrauen". Diese Schaltfrequenz ist, wie sich in den folgenden Abschnitten zeigt, fast genauso hoch, wie für die Produktgruppen Fast Food oder Süßwaren.

Fast Food

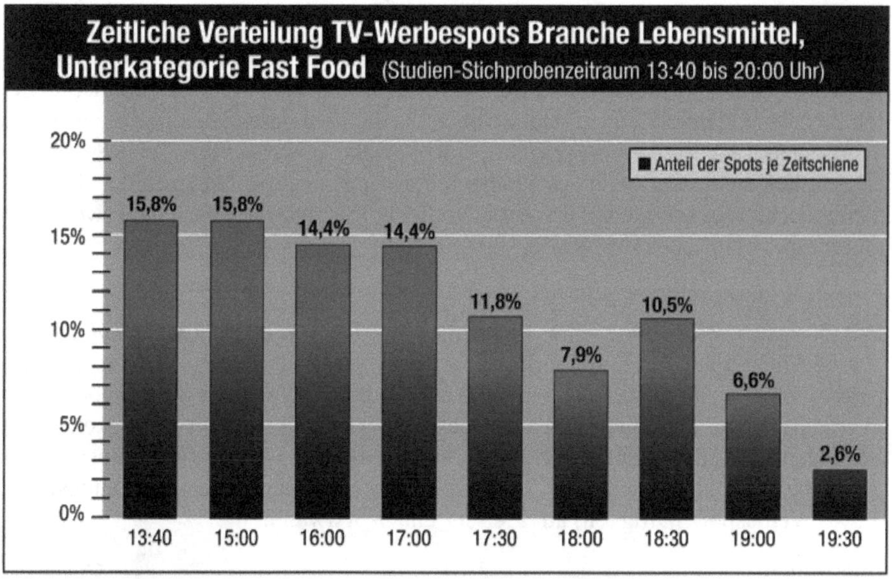

Mit 76 gesendeten und 10 unterschiedlichen Werbespots ist Fast Food das am zweihäufigsten beworbene Produkt in der Kategorie Lebensmittel & nicht-alkoholische Getränke. Dies entspricht einem Anteil von 2,3% an allen gesendeten und analysierten Werbespots (Anteil Werbespot-Häufigkeit) beziehungsweise von 2,2% (Sendedauer). Anders sieht dies beim Anteil innerhalb der Kategorie Lebensmittel & nicht-alkoholische Getränke aus. Hier entfällt gut jeder zehnte Werbespot, 12,8% (Sendedauer) beziehungsweise 12,5% (Werbespot-Häufigkeit) auf Fast Food. Damit besteht ein deutlicher Abstand zu dem am meisten beworbenen Lebensmittel, Joghurt, dennoch ist die Sendehäufigkeit signifikant. Sie bewegt sich allerdings auf dem Niveau des Drittplatzierten - der Milchgetränke. Für die Produktgruppe Fast Food zeigen sich klare Sende-Schwerpunkte im Nachmittagsprogramm. so werden 61% der in der Zeitschiene 13.40 bis 20.00 Uhr erhobenen Fast-Food-Werbespots zwischen 13.40 und 17 Uhr gesendet - also in einer Zeit in der viele Kinder und Jugendliche fernsehen, aber auch „Hausfrauen".

Milchgetränke

Mit 70 gesendeten und 10 unterschiedlichen Werbespots sind Milchgetränke die am dritthäufigsten beworbenen Produkte in der Kategorie Lebensmittel & nicht-alkoholische Getränke. Dies entspricht einem Anteil von 1,6% an allen gesendeten und analysierten Werbespots (Anteil Werbespot-Häufigkeit) beziehungsweise von 2,1% (Sendedauer). Anders sieht dies beim Anteil innerhalb der Kategorie Lebensmittel & nicht-alkoholische Getränke aus. Wie in der Produktgruppe Fast Food entfällt fast jeder zehnte Werbespot, 9,1% (Sendedauer) beziehungsweise 11,6% (Werbespot-Häufigkeit) auf Milchgetränke.

Kaffee

Mit 36 gesendeten und 9 unterschiedlichen Werbespots ist Kaffee das am vierthäufigsten beworbene Produkt in der Kategorie Lebensmittel & nicht-alkoholische Getränke. Dies entspricht einem Anteil von 1,1% an allen gesendeten und analysierten Werbespots (Anteil Werbespot-Häufigkeit) beziehungsweise von 1,3% (Sendedauer). Anders sieht dies beim Anteil innerhalb der Kategorie Lebensmittel & nicht-alkoholische Getränke aus. Hier entfallen 7,3% (Sendedauer) beziehungsweise 6% (Werbespot-Häufigkeit) auf Kaffe.

Fleisch/Wurstwaren

Mit 32 gesendeten und 9 unterschiedlichen Werbespots gehören Fleisch- und Wurstwaren zu den am fünfthäufigsten beworbenen Produkten in der Kategorie Lebensmittel & nicht-alkoholische Getränke. Dies entspricht einem Anteil von 1% an allen gesendeten und analysierten Werbespots (Anteil Werbespot-Häufigkeit sowie Sendedauer). Anders sieht dies beim Anteil innerhalb der Kategorie Lebensmittel & nicht-alkoholische Getränke aus. Hier entfallen 5,6% (Sendedauer) beziehungsweise 5,3% (Werbespot-Häufigkeit) auf Fleisch- und Wurstwaren.

Limonaden

Mit 31 gesendeten und 8 unterschiedlichen Werbespots gehören Limonaden zu den am sechsthäufigsten beworbenen Produkten in der Kategorie Lebensmittel & nicht-alkoholische Getränke. Dies entspricht einem Anteil von 0,9% an allen gesendeten und analysierten Werbespots (Anteil Werbespot-Häufigkeit) beziehungsweise von 1,1% (Sendedauer). Anders sieht dies beim Anteil innerhalb der Kategorie Lebensmittel & nicht-alkoholische Getränke aus. Hier entfallen 6,2% (Sendedauer) beziehungsweise 5,1% (Werbespot-Häufigkeit) auf Limonaden.

Soßen/Dressings

Insgesamt wurden 29 Werbespots (davon 8 unterschiedliche) im Beobachtungszeitraum zu Soßen/Dressings gesendet. Dies entspricht einem Anteil von 0,9% an allen gesendeten und analysierten Werbespots (Anteil Werbespot-Häufigkeit) beziehungsweise von 1% (Sendedauer). Anders sieht dies beim Anteil innerhalb der Kategorie Lebensmittel & nicht-alkoholische Getränke aus. Hier entfallen 5,8% (Sendedauer) beziehungsweise 4,8% (Werbespot-Häufigkeit) auf Soßen/Dressings.

Fertiggerichte

Insgesamt wurden 28 Werbespots (davon 4 unterschiedliche) im Beobachtungszeitraum zu Fertiggerichten gesendet. Dies entspricht einem Anteil von 0,8% an allen gesendeten und analysierten Werbespots (Anteil Werbespot-Häufigkeit) beziehungsweise von 0,7% (Sendedauer). Anders sieht dies beim Anteil innerhalb der Kategorie Lebensmittel & nicht-alkoholische Getränke aus. Hier entfallen 3,9% (Sendedauer) beziehungsweise 4,7% (Werbespot-Häufigkeit) auf Fertiggerichte.

Blätterteigprodukte

Insgesamt wurden 24 Werbespots (davon 3 unterschiedliche) im Beobachtungszeitraum zu Blätterteigprodukten gesendet. Dies entspricht einem Anteil von 0,7% an allen gesendeten und analysierten Werbespots (Anteil Werbespot-Häufigkeit) beziehungsweise von 0,5% (Sendedauer). Anders sieht dies beim Anteil innerhalb der Kategorie Lebensmittel & nicht-alkoholische Getränke aus. Hier entfallen 2,8% (Sendedauer) beziehungsweise 4% (Werbespot-Häufigkeit) auf Blätterteigprodukte.

Cornflakes/Cerealien

Insgesamt wurden 19 Werbespots (davon 5 unterschiedliche) im Beobachtungszeitraum zu Cornflakes/Cerealien gesendet. Dies entspricht einem Anteil von 0,6% an allen gesendeten und analysierten Werbespots (Anteil Werbespot-Häufigkeit) beziehungsweise mit dem gleichen Prozentsatz an der Sendedauer. Anders sieht dies beim Anteil innerhalb der Kategorie Lebensmittel & nicht-alkoholische Getränke aus. Hier entfallen 3,2% sowohl auf die Sendedauer als auch auf die Werbespot-Häufigkeit von Cornflakes/Cerealien.

Energy-Drinks

Insgesamt wurden 18 Werbespots (davon 2 unterschiedliche) im Beobachtungszeitraum zu Energy-Drinks gesendet. Dies entspricht einem Anteil von 0,5% an allen gesendeten und analysierten Werbespots (Anteil Werbespot-Häufigkeit) beziehungsweise von 0,6% (Sendedauer). Anders sieht dies beim Anteil innerhalb der Kategorie Lebensmittel & nicht-alkoholische Getränke aus. Hier entfallen 3,2% (Sendedauer) beziehungsweise 3% (Werbespot-Häufigkeit) auf Energy Drinks.

Mineralwasser-Schorle

Insgesamt wurden 18 Werbespots (davon 5 unterschiedliche) im Beobachtungszeitraum zu Mineralswasser-Schorle gesendet. Dies entspricht einem Anteil von 0,5%

an allen gesendeten und analysierten Werbespots (Anteil Werbespot-Häufigkeit) beziehungsweise von 0,6% (Sendedauer). Anders sieht dies beim Anteil innerhalb der Kategorie Lebensmittel & nicht-alkoholische Getränke aus. Hier entfallen 3,3% (Sendedauer) beziehungsweise 3% (Werbespot-Häufigkeit) auf Mineralswasser-Schorle.

Säfte

Insgesamt wurden 16 Werbespots (davon 6 unterschiedliche) im Beobachtungszeitraum zu Säften (Obstsäfte etc.) gesendet. Dies entspricht einem Anteil von 0,4% an allen gesendeten und analysierten Werbespots (Anteil Werbespot-Häufigkeit) beziehungsweise von 0,5% (Sendedauer). Anders sieht dies beim Anteil innerhalb der Kategorie Lebensmittel & nicht-alkoholische Getränke aus. Hier entfallen 2,3% (Sendedauer) beziehungsweise 2,7% (Werbespot-Häufigkeit) auf Mineralswasser-Schorle.

Brot/Knäckebrot/Baguettes

Insgesamt wurden 14 Werbespots (davon 2 unterschiedliche) im Beobachtungszeitraum zu Brot/Knäckebrot/Baguettes gesendet. Dies entspricht einem Anteil von 0,4% an allen gesendeten und analysierten Werbespots (Anteil Werbespot-Häufigkeit) beziehungsweise von 0,2% an der Sendedauer. Anders sieht dies beim Anteil innerhalb der Kategorie Lebensmittel & nicht-alkoholische Getränke aus. Hier entfallen 1,2% (Sendedauer) beziehungsweise 2,3% (Werbespot-Häufigkeit) auf Brot/Knäckebrot/Baguettes.

Brotaufstrich

Insgesamt wurden 12 Werbespots (davon 2 unterschiedliche) im Beobachtungszeitraum zu Brotaufstrich-Produkten gesendet. Dies entspricht einem Anteil von 0,4% an allen gesendeten und analysierten Werbespots (Anteil Werbespot-Häufigkeit) beziehungsweise an der Sendedauer. Anders sieht dies beim Anteil innerhalb der Kategorie Lebensmittel & nicht-alkoholische Getränke aus. Hier entfallen 2% sowohl auf die Sendedauer als auch auf die Werbespot-Häufigkeit von Brotaufstrichen.

Fisch

Insgesamt wurden 11 Werbespots (davon 4 unterschiedliche) im Beobachtungszeitraum zu Fisch-Produkten gesendet. Dies entspricht einem Anteil von 0,3% an allen gesendeten und analysierten Werbespots - sowohl beim Anteil Werbespot-Häufigkeit sowie bei der Sendedauer. Anders sieht dies beim Anteil innerhalb der Kategorie Lebensmittel & nicht-alkoholische Getränke aus. Hier entfallen 1,6% (Sendedauer) beziehungsweise 1,8% (Werbespot-Häufigkeit) auf Fischprodukte.

Käse

Insgesamt wurden im Beobachtungszeitraum 9 Werbespots (davon 3 unterschiedliche) zu Käseprodukten gesendet. Dies entspricht einem Anteil von 0,3% an allen gesendeten und analysierten Werbespots (Anteil Werbespot-Häufigkeit) beziehungsweise von 0,2% (Sendedauer). Anders sieht dies beim Anteil innerhalb der Kategorie Lebensmittel & nicht-alkoholische Getränke aus. Hier entfallen 1,3% (Sendedauer) beziehungsweise 1,5% (Werbespot-Häufigkeit) auf Käseprodukte.

Mineralwasser

Insgesamt wurden im Beobachtungszeitraum 9 Werbespots (davon 2 unterschiedliche) zu Mineralwasser gesendet. Dies entspricht einem Anteil von 0,3% an allen gesendeten und analysierten Werbespots (Anteil Werbespot-Häufigkeit) beziehungsweise von 0,2% (Sendedauer). Anders sieht dies beim Anteil innerhalb der Kategorie Lebensmittel & nicht-alkoholische Getränke aus. Hier entfallen 1,2% (Sendedauer) beziehungsweise 1,5% (Werbespot-Häufigkeit) auf Mineralwasser.

Gelatine

Insgesamt wurden im Beobachtungszeitraum 8 Werbespots (davon 2 unterschiedliche) zu Gelatine gesendet. Dies entspricht einem Anteil von 0,2% an allen gesendeten und analysierten Werbespots (sowohl Anteil Werbespot-Häufigkeit wie Sendedauer). Anders sieht dies beim Anteil innerhalb der Kategorie Lebensmittel & nicht-alkoholische Getränke aus. Hier entfallen 1,2% (Sendedauer) beziehungsweise 1,5% (Werbespot-Häufigkeit) auf Gelatine.

Limonaden light

Insgesamt wurden im Beobachtungszeitraum 8 Werbespots (davon 1 unterschiedlicher) zu Light-Limonaden gesendet. Dies entspricht einem Anteil von 0,2% an allen gesendeten und analysierten Werbespots (Anteil Werbespot-Häufigkeit sowie Sendedauer). Anders sieht dies beim Anteil innerhalb der Kategorie Lebensmittel & nicht-alkoholische Getränke aus. Hier entfallen 1,3% auf die Sendedauer sowie die Werbespot-Häufigkeit.

Pizza

Insgesamt wurden im Beobachtungszeitraum 5 Werbespots (davon 3 unterschiedliche) zu Pizza gesendet. Dies entspricht einem Anteil von 0,2% an allen gesendeten und analysierten Werbespots (Anteil Werbespot-Häufigkeit) bzw. von 0,1% (Sendedauer). Anders sieht dies beim Anteil innerhalb der Kategorie Lebensmittel & nicht-alkoholische Getränke aus. Hier entfallen 0,6% (Sendedauer) beziehungsweise 0,8% (Werbespot-Häufigkeit) auf Pizzas.

Tee

Insgesamt wurden im Beobachtungszeitraum 5 Werbespots (davon 1 unterschiedlicher) zu Tee gesendet. Dies entspricht einem Anteil von 0,2% an allen gesendeten und analysierten Werbespots (Anteil Werbespot-Häufigkeit sowie Sendedauer). Anders sieht dies beim Anteil innerhalb der Kategorie Lebensmittel & nicht-alkoholische Getränke aus. Hier entfällt 0,9% (Sendedauer) beziehungsweise 0,8% (Werbespot-Häufigkeit) auf Tee.

Diät-Limonaden

Insgesamt wurden im Beobachtungszeitraum 4 Werbespots (davon 1 unterschiedlicher) zu Diät-Limonaden gesendet. Dies entspricht einem Anteil von 0,1% an allen gesendeten und analysierten Werbespots (Anteil Werbespot-Häufigkeit) beziehungsweise von 0,2% (Sendedauer). Anders sieht dies beim Anteil innerhalb der Kategorie Lebensmittel & nicht-alkoholische Getränke aus. Hier entfallen 1,1% (Sendedauer) beziehungsweise 0,7% (Werbespot-Häufigkeit) auf Diät-Limonaden.

Gemüse/Tiefkühl

Insgesamt wurden im Beobachtungszeitraum 4 Werbespots (davon 1 unterschiedlicher) zu Gemüse/Tiefkühl gesendet. Dies entspricht einem Anteil von 0,1% an allen gesendeten und analysierten Werbespots (Anteil Werbespot-Häufigkeit) beziehungsweise von 0,2% (Sendedauer). Anders sieht dies beim Anteil innerhalb der Kategorie Lebensmittel & nicht-alkoholische Getränke aus. Hier entfallen 1% (Sendedauer) beziehungsweise 0,7% (Werbespot-Häufigkeit) auf Gemüse/Tiefkühl.

Gewürze

Insgesamt wurden im Beobachtungszeitraum 3 Werbespots (davon 1 unterschiedlicher) zu Gewürzen gesendet. Dies entspricht einem Anteil von 0,1% an allen gesendeten und analysierten Werbespots (Anteil Werbespot-Häufigkeit sowie Sendedauer). Anders sieht dies beim Anteil innerhalb der Kategorie Lebensmittel & nicht-alkoholische Getränke aus. Hier entfallen 0,8% (Sendedauer) beziehungsweise 0,5% (Werbespot-Häufigkeit) auf Gemüse/Tiefkühl.

Diät-Margarine

Insgesamt wurden im Beobachtungszeitraum 2 Werbespots (davon 1 unterschiedlicher) zu Diät-Margarine gesendet. Dies entspricht einem Anteil von 0,01% an allen gesendeten und analysierten Werbespots (Anteil Werbespot-Häufigkeit) beziehungsweise von 0,1% (Sendedauer). Anders sieht dies beim Anteil innerhalb der Kategorie Lebensmittel & nicht-alkoholische Getränke aus. Hier entfallen 0,2% (Sendedauer) beziehungsweise 0,3% (Werbespot-Häufigkeit) auf Diät-Margarine.

Babynahrung

Insgesamt wurde im Beobachtungszeitraum lediglich 1 Werbespot (1 unterschiedlicher) zu Babynahrung gesendet.

Gewinnspiele

Insgesamt wurde im Beobachtungszeitraum lediglich 1 Werbespot (1 unterschiedlicher) zu Gewinnspielen (mit Lebensmittelbezug) gesendet.

Diät-Butter

Insgesamt wurde im Beobachtungszeitraum lediglich 1 Werbespot (1 unterschiedlicher) zu Diät-Butter gesendet. Dies entspricht jeweils einem kaum mehr wahrnehmbaren Anteil von circa 0,01% an allen gesendeten und analysierten Werbespots (Anteil Werbespot-Häufigkeit sowie Sendedauer). Anders ist es beim Anteil innerhalb der Kategorie Lebensmittel & nicht-alkoholische Getränke. Hier entfallen ebenfalls jeweils circa zwischen 0,1% und 0,2% (Sendedauer) beziehungsweise 0,2% (Werbespot-Häufigkeit) auf Babynahrung, Diät-Butter, Gewinnspiele oder Reis.

4.2 Kosmetik & Pflege

Unter den ausgewerteten 3.320 Werbespots waren 453, die Kosmetik & Pflege bewarben, davon waren 124 verschieden. Dies ist ein Anteil am ausgewerteten Gesamtwerbeaufkommen von 13,6% (Häufigkeit) beziehungsweise 12,9% (Dauer).

4.3 TV-Eigenwerbung/Programmankündigung

Unter den ausgewerteten 3.320 Werbespots waren 404, die TV-Eigenwerbung (z.B. Programmankündigungen) gezeigt haben, davon waren 110 unterschiedlich. Dies entspricht einem Anteil am ausgewerteten Gesamtwerbeaufkommen von 12,2% (Häufigkeit) beziehungsweise 14,4% (Dauer).

4.4 Süßwaren

Unter den ausgewerteten 3.320 Werbespots waren 342 Werbespots, die Süßwaren bewarben, davon waren 64 unterschiedlich. Das ist ein Anteil am ausgewerteten Gesamtwerbeaufkommen von 10,3% (Häufigkeit) bzw. von 9,9% (Dauer). Auch im Bereich Süßwaren zeigen sich klare Werbeschwerpunkte im Nachmittagsprogramm. So werden 62% der in der Zeitschiene 13.40 bis 20.00 Uhr erhobenen Süßwaren-Werbespots zwischen 13.40 und 17 Uhr gesendet - also in einer Zeit in der viele Kinder und Jugendliche fernsehen, aber auch „Hausfrauen" (Fast Food: zu 61%).

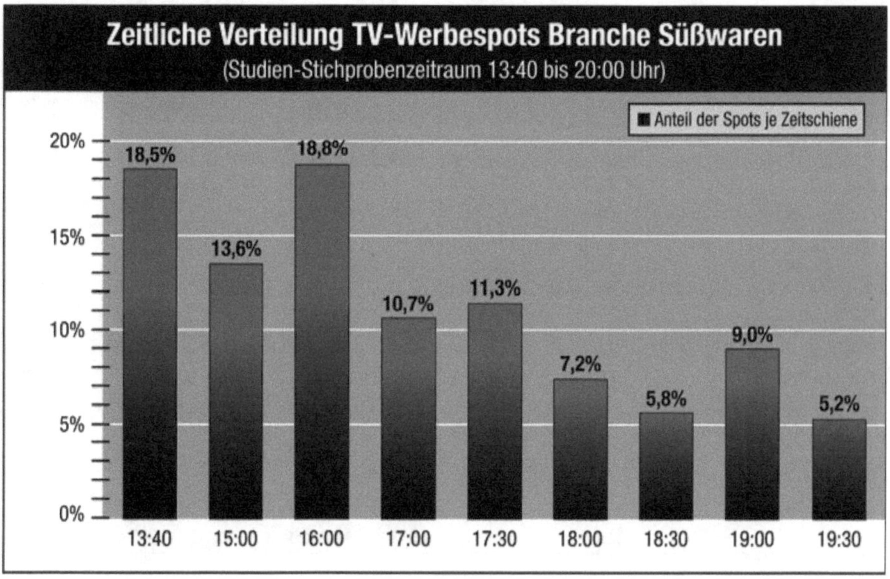

Kaugummis/Gums/Kaustreifen

Mit 82 gesendeten und 13 unterschiedlichen Werbespots sind Kaugummis / Gums / Kaustreifen die am meisten gesendeten Süßwarenprodukte. Dies entspricht einem Anteil von 23,7% (Anteil Werbespot-Häufigkeit) beziehungsweise von 20,3% (Sendedauer).

Schokoladenriegel

Mit 61 gesendeten und 8 unterschiedlichen Werbespots sind Schokoladenriegel die am zweihäufigsten gesendeten Süßwarenprodukte. Dies entspricht einem Anteil von 17,6% (Anteil Werbespot-Häufigkeit) beziehungsweise von 17,0% (Sendedauer).

Bonbons

Mit 42 gesendeten und 7 unterschiedlichen Werbespots sind Bonbons die am dritthäufigsten gesendeten Süßwarenprodukte. Dies entspricht einem Anteil von 12,1% (Anteil Werbespot-Häufigkeit) beziehungsweise von 13,6% (Sendedauer).

Kuchen/Kekse

Mit 42 gesendeten und 10 unterschiedlichen Werbespots sind Kuchen/Kekse die am vierthäufigsten gesendeten Süßwarenprodukte. Dies entspricht einem Anteil von 12,1% (Anteil Werbespot-Häufigkeit) beziehungsweise von 11,6% (Sendedauer).

Werbungtreibende Branchen im TV (Süßwaren)

Produktgruppe	Spots gesamt	Verschiedene Spots	%-Anteil Produktgruppe an Spots gesamt in allen Branchen (Anzahl Spots)	**%-Anteil Produktgruppe an Spots gesamt in allen Branchen (Sendezeit)**	**%-Anteil Produktgruppe an Branche nach Häufigkeit**
Kaugummis Gums/Kaustreifen	82	13	2,5%	**2,0%**	**23,7%**
Schokoladenriegel	61	8	1,8%	**1,7%**	**17,6%**
Bonbons	42	7	1,3%	**1,4%**	**12,1%**
Kuchen/Kekse	42	10	1,3%	**1,2%**	**12,1%**
Eis	39	7	1,2%	**1,2%**	**11,3%**
Desserts	30	7	0,9%	**0,9%**	**8,7%**
Schokolade	11	5	0,3%	**0,4%**	**3,2%**
Riegel	11	2	0,3%	**0,4%**	**3,2%**
Brausepulver	10	1	0,3%	**0,2%**	**2,9%**
Nuss-Nougat-Creme	10	3	0,3%	**0,4%**	**2,9%**
Traubenzucker	4	1	0,1%	**0,1%**	**1,2%**
Lutscher	3	1	0,1%	**0,1%**	**0,9%**
Pralinen	1	1	0,0%	**0,0%**	**0,3%**
Summe	**346**	**66**	**10,4%**	**10,0%**	**100,0%**

Eis

Mit 39 gesendeten und 7 unterschiedlichen Werbespots ist Eis das am fünfthäufigsten gesendete Süßwarenprodukt. Dies entspricht einem Anteil von 11,3% (Anteil Werbespot-Häufigkeit) beziehungsweise von 11,9% (Sendedauer).

4.5 Spielwaren/Unterhaltung/Freizeit/Kino

Unter den ausgewerteten 3.320 Werbespots waren 183, die Spielwaren/Unterhaltung/Freizeit/Kino bewarben, davon waren 39 unterschiedlich. Dies entspricht einem Anteil am ausgewerteten Gesamtwerbeaufkommen von 5,5% (Häufigkeit) beziehungsweise 4,5% (Dauer).

4.6 Haushaltsprodukte

Unter den ausgewerteten 3.320 Werbespots waren 169, die Haushaltsprodukte (Reinigungsmittel, Waschmittel) bewarben, davon waren 38 unterschiedlich. Dies entspricht einem Anteil am ausgewerteten Gesamtwerbeaufkommen von 5,1% (Häufigkeit) beziehungsweise 5,5% (Dauer).

4.7 Telekommunikation

Unter den ausgewerteten 3.320 Werbespots waren 157, die Telekommunikationsprodukte bewarben (Handys, Billigrufnummern, Klingeltöne, Telefonauskunf-Hotlines, Festnetzanbieter etc.), davon waren 44 unterschiedlich. Dies entspricht einem Anteil am ausgewerteten Gesamtwerbeaufkommen von 4,7% (Häufigkeit) beziehungsweise 4,8% (Dauer). Mit einem Branchenanteil von 40% werden am häufigsten Handy beworben, gefolgt mit 33% von Klingeltönen.

4.8 Elektronik/Unterhaltungselektronik

Unter den ausgewerteten 3.320 Werbespots waren 156, die Elektronikprodukte/ Unterhaltungselektronik bewarben (auch: DVDs, CDs), davon waren 68 unterschiedlich. Dies entspricht einem Anteil am ausgewerteten Gesamtwerbeaufkommen von 4,7% (Häufigkeit) beziehungsweise 4,0% (Dauer).

4.9 Alkohol

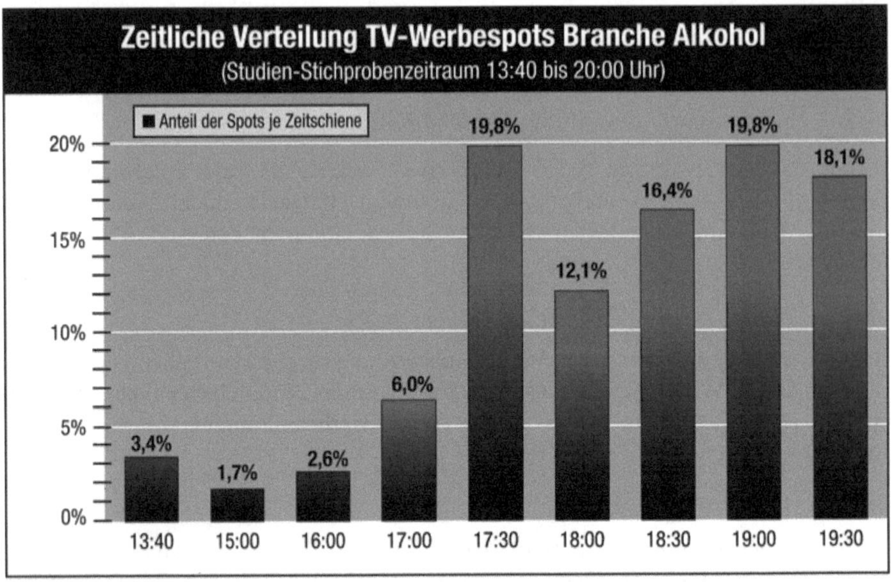

Alkoholwerbung gehört zwar nicht zu den Haupt-Analysezielen dieser Arbeit, dennoch wird Alkoholwerbung aufgrund ihrer politischen Bedeutung (siehe Kapitel: Werbeverbote) ebenfalls detaillierter analysiert. Dies scheint auch deshalb angebracht, da sie im entfernteren Sinne dem Bereich Lebensmittelwerbung zugeordnet werden kann. Die im Analysezeitraum festgestellten beworbenen Produktgruppen lauten: *Bier (62%), Biermixgetränke (11%), Sekt (10,3%)*[350]*, Likör/Kräuterlikör (0,9%), Wein (3,4%), Alkohol-Gewinnspiele (0,9%*). Es wurden keine *Alkopops* beworben.

Unter den ausgewerteten 3.320 Werbespots waren 116 Werbespots dabei, die Alkohol beworben haben. Dies entspricht einem Anteil am ausgewerteten Gesamtwerbeaufkommen von 3,5% (Häufigkeit) beziehungsweise 2,5% (Dauer). Von diesen 116 Werbespots waren lediglich 30 unterschiedlicher Natur. Alkoholwerbung spielt zwar relativ gesehen sowohl zeitlich als auch nach der Sendefrequenz der Werbespots eine nicht erhebliche Rolle. Dennoch ist Alkoholwerbung mit dem 8. Platz im oberen Drittel aller beworbenen Produkte und damit noch vor den Bereichen Automobilwerbung, Banken & Versicherungen, Kleidung oder Computer & Internetwerbung.

350 Anmerkung: Im Jahr 2005 wurden in Deutschland beispielsweise 312,2 Millionen Liter Sekt abgesetzt. Das waren nach Mitteilung des Statistischen Bundesamtes 1,1 Millionen Liter oder 0,4% mehr als 2004. Umgerechnet entspricht dies einer Menge von rund 416 Millionen handelsüblicher 0,75-Liter-Flaschen oder 44 Gläsern (0,1 Liter) je potenziellem Verbraucher (Personen im Alter von 15 Jahren und älter).

Werbungtreibende Branchen im TV (Alkohol)					
Produktgruppe	Spots gesamt	Verschiedene Spots	%-Anteil Produktgruppe an Spots gesamt in allen Branchen (Anzahl Spots)	%-Anteil Produktgruppe an Spots gesamt in allen Branchen (Sendezeit)	**%-Anteil Produktgruppe an Branche nach Häufigkeit**
Bier	75	18	2,3%	1,6%	**64,7%**
Biermixgetränke	13	1	0,4%	0,4%	**11,2%**
Sekt	12	4	0,4%	0,2%	**10,3%**
Likör/Kräuterlikör	11	4	0,3%	0,2%	**9,5%**
Wein	4	2	0,1%	0,0%	**3,4%**
Gewinnspiel	1	1	0,0%	0,0%	**0,9%**
Summe	**116**	**30**	**3,5%**	**2,5%**	**100,0%**

Das Werbeaufkommen im Fernsehen legt einen Blick auf das Konsumverhalten in der Bevölkerung nahe. Denn ein Konsumanstieg ist nicht beim Alkohol, sondern bei den alkoholfreien Getränken zu verzeichnen. Wurden im Jahr 1985 insgesamt 433 Liter alkoholfreie Getränke konsumiert, wuchs der Verzehr bis 1994 auf 507 Liter. Entgegen der Annahme von Verbraucherpolitikern wird im deutschen Nachmittags-Fernsehen, zumindest innerhalb dieser Stichprobe, nicht überwiegend Alkohol beworben. So werden lediglich 14% der in der Zeitschiene 13.40 bis 20.00 Uhr erhobenen Alkohol-Werbespots zwischen 13.40 und 17 Uhr gesendet. Es kann also nicht festgestellt werden, dass zumindest in diesem Zeitraum, in dem häufig ohne „Betreuung“ durch Erwachsene ferngesehen wird, „gezielt“ kinder- und jugendaffin Alkohol intensiv beworben wird.

4.10 Einzelhandel/Handel

Unter den ausgewerteten 3.320 Werbespots waren 92, die Einzelhandel/Handel bewarben, davon waren 26 unterschiedlich. Dies entspricht einem Anteil am ausgewerteten Gesamtwerbeaufkommen von 2,8% (Häufigkeit) beziehungsweise 2,8% (Sendedauer). Wenngleich das Non-Food-Segment im Einzelhandel einen nicht unerheblichen Anteil ausmacht, so müsste man, betrachtet man die Lebensmittel-, Süßwaren- oder Alkoholwerbung, doch auch diesen Bereich zumindest in die Gesamtbetrachtung der Vollständigkeit halber einbeziehen. Das Werbeaufkommen des Handels/Einzelhandels entspricht im Beobachtungszeitraum einem Anteil am Gesamtwerbeaufkommen von gerade einmal 2,8% (Werbespot-Sendehäufigkeit sowie Sendedauer). So waren unter den ausgewerteten 3.320 Werbespots lediglich 92, die den Einzelhandel/Handel bewarben, davon waren 26 unterschiedlich. Mit 60 gesendeten und 13 unterschiedlichen Werbespots sind Bekleidungsketten die am häufigsten beworbene Gruppe innerhalb der Branche Einzelhandel/Handel. Dies entspricht einem Anteil von 1,5 nach der Sendehäufigkeit innerhalb des gesamten Werbeaufkommens aller Branchen und 1,8% nach der Sendedauer. Innerhalb der Unterkategorie Einzelhandel/Handel entspricht dies einem Anteil von 65,2% (nach Sendehäufigkeit) beziehungsweise von 54,9% nach Sendedauer.

Werbungtreibende Branchen im TV (Handelswerbung)					
Produktgruppe	Spots gesamt	Verschiedene Spots	%-Anteil Produktgruppe an Spots gesamt in allen Branchen (Anzahl Spots)	**%-Anteil Produktgruppe an Spots gesamt in allen Branchen (Sendezeit)**	**%-Anteil Produktgruppe an Branche nach Häufigkeit**
Bekleidungshandelsketten	60	13	1,8%	**1,5%**	**65,2%**
Optik-Händler	9	4	0,3%	**0,4%**	**9,8%**
Discounter	7	2	0,2%	**0,2%**	**7,6%**
Kaffeeröster	6	3	0,2%	**0,3%**	**6,5%**
Unterhaltungselektronik-Kette	5	2	0,2%	**0,2%**	**5,4%**
Möbeldiscounter	3	1	0,1%	**0,1%**	**3,3%**
Payback	2	1	0,1%	**0,1%**	**2,2%**
Summe	**92**	**26**	**2,8%**	**2,8%**	**100,0%**

Mit 9 gesendeten und 4 unterschiedlichen Werbespots stellen Optik-Händler die am zweithäufigsten beworbene Gruppe innerhalb der Gruppe Einzelhandels-/Handelswerbung. Dies entspricht einem Anteil von 0,3 nach der Sendehäufigkeit innerhalb des gesamten Werbeaufkommens aller Branchen und 0,4% nach der Sendedauer. Innerhalb der Unterkategorie Einzelhandel/Handel entspricht dies einem Anteil von 9,8% (nach Sendehäufigkeit) beziehungsweise von 12,7% nach Sendedauer.

Die für diese Studie besonders interessante Gruppe der Discounter wirbt kaum im Fernsehen (sondern nach wie vor vorwiegend in Printmedien wie den Tageszeitungen, Anzeigenzeitungen oder mit Prospekten, die den Haushalten in der Direktzustellung zugestellt werden). Mit 7 gesendeten und 2 unterschiedlichen Werbespots sind Discounter die am dritthäufigsten beworbene Gruppe innerhalb der Branche Einzelhandel/Handel. Dies entspricht dennoch gerade einem Anteil von 0,2% nach der Sendehäufigkeit innerhalb des gesamten Werbeaufkommens aller Branchen und 0,2% nach der Sendedauer. Innerhalb der Unterkategorie Einzelhandel/Handel entspricht dies einem Anteil von 7,6% (nach Sendehäufigkeit) beziehungsweise von 7,5% nach Sendedauer.

Ebenfalls so gut wie überhaupt nicht warben Kaffeeröster im Beobachtungszeitraum: Mit 6 gesendeten und 3 unterschiedlichen Werbespots sind Kaffeeröster die am vierthäufigsten beworbene Gruppe innerhalb der Branche Einzelhandel/Handel. Dies entspricht einem Anteil von 0,2 nach der Sendehäufigkeit innerhalb des gesamten Werbeaufkommens aller Branchen und 0,3% nach der Sendedauer. Innerhalb der Unterkategorie Einzelhandel/Handel entspricht dies einem Anteil von 6,5% (nach Sendehäufigkeit) beziehungsweise von 10,4% nach der Sendedauer. Wenngleich Werbung der großen Unterhaltungselektronik-Ketten sowohl im Rundfunk wie in den Printmedien allgegenwärtig erscheint, so ist ihr Anteil mit 5 gesendeten und 2 unterschiedlichen Werbespots nicht erheblich, und sie ist die am fünfthäufigsten beworbene Gruppe innerhalb der Branche Einzelhandel/Handel. Dies entspricht einem Anteil von 0,2% nach der Sendehäufigkeit innerhalb des gesamten Werbeaufkommens aller Branchen und 0,2% nach der Sendedauer. Innerhalb der Unterkategorie Einzelhandel/Handel entspricht dies einem Anteil von 5,4% (nach Sendehäufigkeit) beziehungsweise von 7,5% nach Sendedauer.

Es sei der Vollständigkeit halber erwähnt, dass Möbel-Discounter nach dieser Studie die Gruppe mit dem geringsten Werbeaufkommen im TV innerhalb der Gruppe Händler-/Einzelhändlerwerbung darstellen. So waren im Erhebungszeitraum lediglich 3 gesendete Werbespots festzustellen, bei einem unterschiedlichen. Dies entspricht einem Anteil von 0,1% nach der Sendehäufigkeit innerhalb des gesamten Werbeaufkommens aller Branchen und 0,1% nach der Sendedauer. Innerhalb der Unterkategorie Einzelhandel/Handel entspricht dies einem Anteil von 3,3% (nach Sendehäufigkeit) beziehungsweise von 4,0% nach der Sendedauer.

Dieser kleine *Exkurs zum Handel/Einzelhandel* erschien notwendig, da die beworbenen Produkte Lebensmittel, Süßwaren, Salzgebäck & Chips oder Alkohol die eine Seite der Medaille sind, die Vertriebsschiene die andere Seite. Jetzt ist also klar: Die skizzierten Lebensmittelprodukte werden primär „individuell" im Fernsehen beworben und mit einem Anteil am Gesamtwerbeaufkommen von gerade einmal 0,2% so gut wie nicht über die Vertriebsschiene Discounter.

4.11 Pharmazeutika

Unter den ausgewerteten 3.320 Werbespots waren 87, die Pharmazeutika bewarben (Heilmittel: 86%, Pflaster: 10,3%, Forschung: 3,4%), davon waren 27 unterschiedlich. Dies entspricht einem Anteil am ausgewerteten Gesamtwerbeaufkommen von 2,6% (Werbespot-Häufigkeit) beziehungsweise 2,6% (Sendedauer).

4.12 Automobile

Unter den ausgewerteten 3.320 Werbespots waren 86, die Automobile/Kfz bewarben (Automobile: 84%, KfZ-Gewinnspiele: 15,1%, Automobilclubs: 1,2%), davon waren 32 unterschiedlich. Dies entspricht einem Anteil am ausgewerteten Gesamtwerbeaufkommen von 2,6% (Werbespot-Häufigkeit) beziehungsweise 2,9% (Sendedauer). Nachdem in den vorangegangenen Kapitelabschnitten für die Branchen Lebensmittel&nicht-alkoholische Getränke oder Süßwaren bereits die zeitliche Verteilung der in der Stichprobe analysierten Werbespots dargestellt wurde, folgt an dieser Stelle exemplarisch anhand der Automobilbranche eine Branche, die sich offensichtlich nicht primär an Kinder und Jugendliche oder Hausfrauen wendet. So werden lediglich 12% der in der Zeitschiene 13.40 bis 20.00 Uhr erhobenen Automobil-Werbespots zwischen 13.40 und 17 Uhr gesendet. Dies ist eine deutlich andere zeitliche Spot-Streuung als für Süßwaren oder Fast-Food-Produkte, die nach dieser Stichprobe jeweils zu über 60% zwischen 13.40 und 17 Uhr im Fernsehen beworben wird.

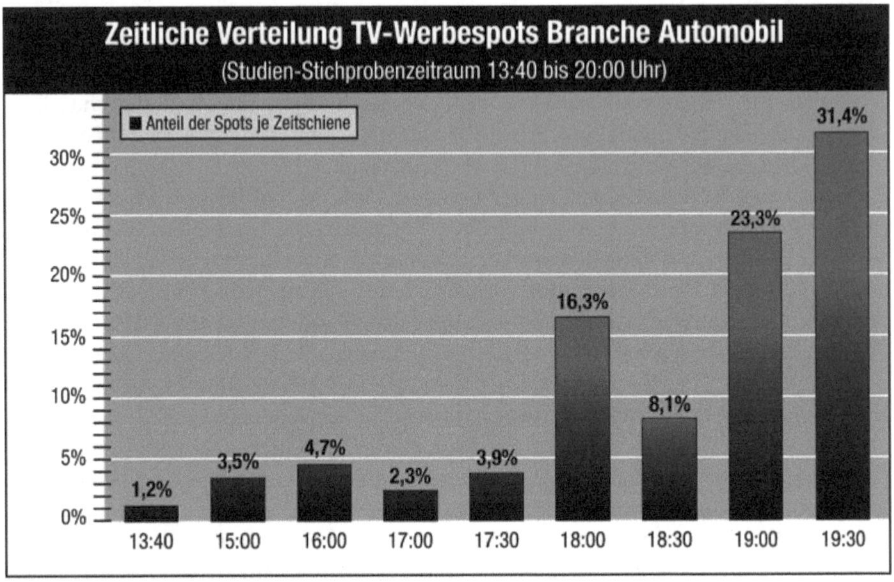

4.13 Banken/Versicherungen

Unter den ausgewerteten 3.320 Werbespots waren 79, die Banken/Versicherungen bewarben (Banken: 46%, Bausparkassen: 27%; Versicherungen Sonstige: 22%; Krankenkassen: 6,3%), davon waren 26 unterschiedlich. Dies entspricht einem Anteil am ausgewerteten Gesamtwerbeaufkommen von 2,4% (Werbespot-Häufigkeit) beziehungsweise 2,4% (Sendedauer).

4.14 Printmedien

Unter den ausgewerteten 3.320 Werbespots waren 68, die Printmedien (Zeitungen, Zeitschriften) bewarben, davon waren 30 unterschiedlich. Dies entspricht einem Anteil am ausgewerteten Gesamtwerbeaufkommen von 2,0% (Werbespot-Häufigkeit) beziehungsweise 1,3% (Sendedauer).

4.15 Computer & Internet

Unter den ausgewerteten 3.320 Werbespots waren 62, die Computer & Internet bewarben (Internetprovider: 40%; Computer: 24%; DSL-Zugänge: 24%, Internet Sonstiges: 8,1%; Software: 3,2%) davon waren 12 unterschiedlich. Dies entspricht einem Anteil am ausgewerteten Gesamtwerbeaufkommen von 1,9% (Werbespot-Häufigkeit) beziehungsweise 2,7% (Sendedauer).

4.16 Digital-TV/Kabelnetze

Unter den ausgewerteten 3.320 Werbespots waren 54, die Digital-TV & Kabelnetze bewarben (Premiere Digitalfernsehen: 89%; Kabel-Anbieter: 11%), davon waren 4 unterschiedlich. Dies entspricht einem Anteil am ausgewerteten Gesamtwerbeaufkommen von 1,6% (Werbespot-Häufigkeit) beziehungsweise 2,2% (Sendedauer).

4.17 Bekleidung

Unter den ausgewerteten 3.320 Werbespots waren 40, die Bekleidung bewarben (ausschließlich Schuhe; hier sind keine Bekleidungs-Handelsketten gemeint), davon waren 7 unterschiedlich. Dies entspricht einem Anteil am ausgewerteten Gesamtwerbeaufkommen von 1,2% (Werbespot-Häufigkeit) beziehungsweise 1,3% (Sendedauer).

4.18 Touristik

Unter den ausgewerteten 3.320 Werbespots waren 36, die Touristik bewarben (Pauschalreisen: 89%; Hotels: 8%; Reiseanbieter Sonstige: 3%), davon waren 11 unterschiedlich. Dies entspricht einem Anteil am ausgewerteten Gesamtwerbeaufkommen von 1,1% (Werbespot-Häufigkeit) beziehungsweise 1,2% (Sendedauer).

4.19 Versandhandel

Unter den ausgewerteten 3.320 Werbespots waren 32, die den Versandhandel bewarben, davon waren 6 unterschiedlich. Dies entspricht einem Anteil am ausgewerteten Gesamtwerbeaufkommen von 1,0% (Werbespot-Häufigkeit) beziehungsweise 0,9% (Sendedauer).

4.20 Bauen & Wohnen

Unter den ausgewerteten 3.320 Werbespots waren 25, die Produkte rund um Bauen & Wohnen bewarben (Baumärkte: 44%; Gartenzubehör: 28%; Fensterhersteller: 12%; Sanitäranbieter: 12%; Sonstige Gerätschaften: 4%), davon waren 9 unterschiedlich. Dies entspricht einem Anteil am ausgewerteten Gesamtwerbeaufkommen von 0,8% (Werbespot-Häufigkeit) beziehungsweise 0,8% (Sendedauer).

4.21 Gewinnspiele ohne Branche

Unter den ausgewerteten 3.320 Werbespots waren 19, die Gewinnspiele bewarben (Gewinnspiele Sonstige: 63%; Lotto/Toto: 11%; TV-Eigenwerbe-Gewinnspiele: 26%), davon waren 10 unterschiedlich. Dies entspricht einem Anteil am ausgewerteten Gesamtwerbeaufkommen von 0,6% (Werbespot-Häufigkeit) beziehungsweise 0,7% (Sendedauer). Berücksichtigt man auch die Gewinnspiele, die einen offensichtlichen Branchenzusammenhang (z.B. Lebensmittel) haben, erhöhen sich die Gewinnspiel-Werbespots auf 39.

4.22 Humanitäres/Kirche/Initiative/Selbsthilfe

Unter den ausgewerteten 3.320 Werbespots waren 16, die Humanitäres/Kirche/Initiativen/ Selbsthilfegruppen bewarben, davon waren 5 unterschiedlich. Dies entspricht einem Anteil am ausgewerteten Gesamtwerbeaufkommen von 0,5% (Werbespot-Häufigkeit) beziehungsweise 0,7% (Sendedauer).

4.23 Salzgebäck/Chips

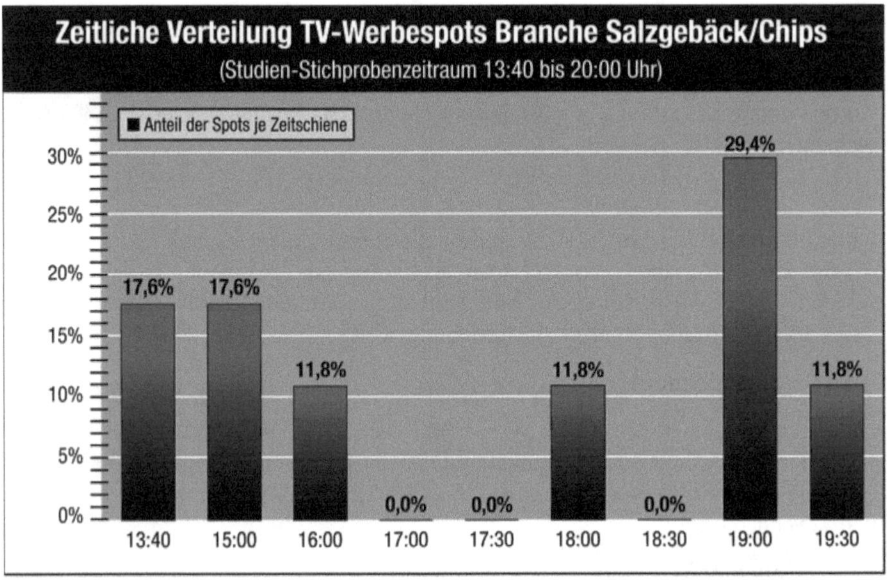

Unter den ausgewerteten 3.320 Werbespots waren 17, die Salzgebäck/Chips bewarben, davon waren 5 unterschiedlich. Dies entspricht einem Anteil am ausgewerteten Gesamtwerbeaufkommen von 0,5% (Werbespot-Häufigkeit) beziehungsweise 0,5% (Sendedauer). Im Gegensatz zu den Produktgruppen Fast Food oder Süßwaren lässt sich für Salzgebäck&Chips nicht feststellen, dass diese im Nachmittagsprogramm häufiger beworben würden, als im Abendprogramm. So werden 47% der in der Zeitschiene 13.40 bis 20.00 Uhr erhobenen Salzgebäck&Chips-Werbespots zwischen 13.40 und 17 Uhr gesendet. Ein Sendeschwerpunkt lässt sich allenfalls um 19 Uhr erkennen - hier wurden 29% aller Salzgebäck&Chips-Werbespots gesendet.

4.24 Haustiere

Unter den ausgewerteten 3.320 Werbespots waren 8, die Haustiere bewarben (Tierpflege: 90%; Hundefutter: 25%; Tierfutter Sonstiges: 25%), davon waren 3 unterschiedlich. Dies entspricht einem Anteil am ausgewerteten Gesamtwerbeaufkommen von 0,2% (Werbespot-Häufigkeit) beziehungsweise 0,2% (Sendedauer).

4.25 Zustelldienste & Logistik

Unter den ausgewerteten 3.320 Werbespots waren 8, die Zustelldienste/Logistik bewarben, davon lediglich ein Werbespot unterschiedlich. Dies entspricht einem Anteil am ausgewerteten Gesamtwerbeaufkommen von 0,2% (Werbespot-Häufigkeit) beziehungsweise 0,5% (Sendedauer).

4.26 Chemie

Unter den ausgewerteten 3.320 Werbespots waren 3, die Chemie bewarben, davon war 1 unterschiedlich. Dies entspricht einem Anteil am ausgewerteten Gesamtwerbeaufkommen von 0,1% (Werbespot-Häufigkeit) beziehungsweise 0,1% (Sendedauer).

4.27 Politik/Verbände

Unter den ausgewerteten 3.320 Werbespots waren 2, die Politik/Verbände bewarben, davon war lediglich ein Werbespot unterschiedlich. Dies entspricht einem Anteil am ausgewerteten Gesamtwerbeaufkommen von 0,1% (Werbespot-Häufigkeit) beziehungsweise 0,1% (Sendedauer).

4.28 Fazit: Umfang werbungtreibender Branchen in der TV-Werbung

Vor einer abschließenden Beurteilung seien noch einmal in geraffter Form die Ergebnisse der für diese Untersuchung besonders wichtigen werbungtreibenden Branchen Lebensmittel & nicht-alkoholische Getränke, Alkohol, Süßwaren sowie Werbung für Salzgebäck & Chips zusammengefasst. Auch hier gilt das Prinzip, dass aufgrund des in dieser Studie bestehenden Anspruchs, zu größtmöglicher Transparenz in der Fernsehwerbung beizutragen, leider die Darstellung der Studienergebnisse teils monoton wirken könnte, was aber leider nicht zu umgehen ist.

4.28.1 Lebensmittelwerbung & nicht-alkoholische Getränke

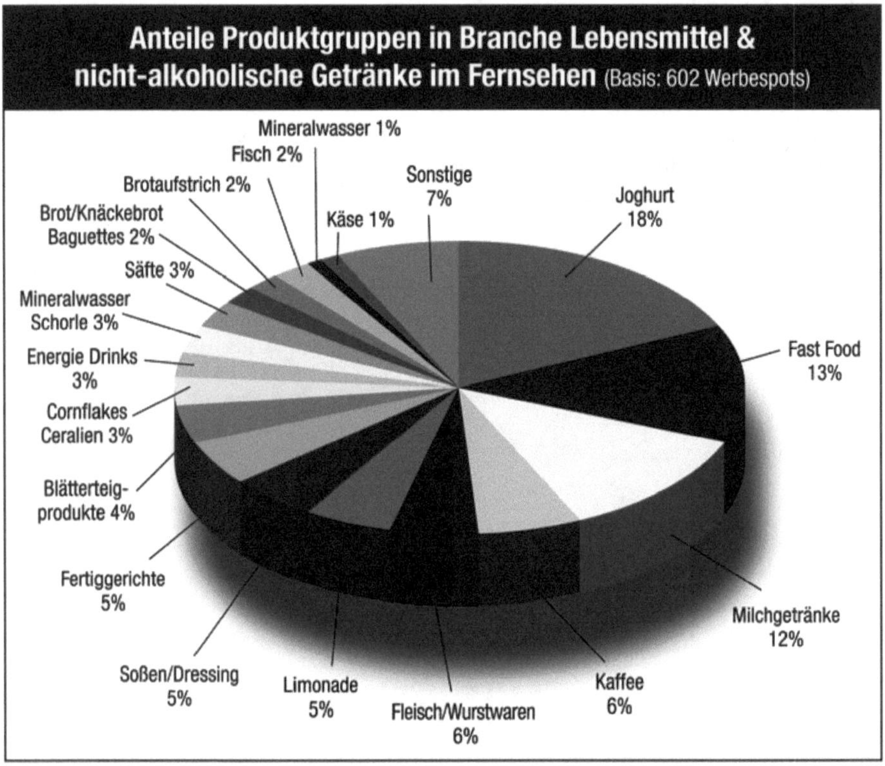

Mit einem Anteil von 18,1% am Gesamtwerbeaufkommen stellen Lebensmittel & nicht-alkoholische Getränke die Branche dar, die im Fernsehen am häufigsten beworben wird. Unter 3.320 in der Stichprobe erhobenen Fernsehspots (Gesamtsendedauer: 19:17 h) entstammen allein 602 dieser Branche. Das am *häufigsten beworbene Lebensmittel stellt* der Joghurt dar. Insgesamt wurden 107 Werbespots im Beobachtungszeitraum gesendet. Dies entspricht einem Anteil an der Branche Lebensmittel & nicht-alkoholische Getränke von 17,8% nach der Werbespot-Sendehäufigkeit beziehungsweise von 19,2% nach der Sendedauer. Bezogen auf das Gesamtwerbeaufkommen der Stichprobe (alle 3.320 Werbespots) verringert sich der Anteil auf 3,2%. Mit 76 gesendeten Werbespots folgt bereits auf Platz 2 die Produktgruppe Fast Food. Dies entspricht einem Anteil am gesamten Lebensmittelwerbeaufkommen von 12,6% (Werbespot-Sendehäufigkeit) beziehungsweise von 12,8% (Sendedauer) beziehungsweise von 2,3% innerhalb des gesamten Werbeaufkommens der Stichprobe.

Unmittelbar der Produktgruppe Fast Food folgen Milchgetränke in der Rangreihung jener Produkte aus der Branche Lebensmittel & nicht-alkoholische Getränke, die am häufigsten im Fernsehen beworben werden. Mit 70 gesendeten Werbespots sind Milchgetränke die am dritthäufigsten beworbenen Produkte in der Kategorie Lebensmittel & nicht-alkoholische Getränke. Dies entspricht einem Anteil von 1,6% an allen gesendeten und analysierten Werbespots beziehungsweise von 11,6% innerhalb der Kategorie Lebensmittel & nicht-alkoholische Getränke (jeweils Anteil Werbespot-Häufigkeit). Ebenfalls verhältnismäßig häufig wird Kaffee im Fernsehen beworben. Mit 36 gesendeten Werbespots ist Kaffee das am vierthäufigsten beworbene Produkt in der Branche Lebensmittel & nicht-alkoholische Getränke. Dies entspricht einem Anteil von 1,1% an allen gesendeten und analysierten Werbespots beziehungsweise von 6% innerhalb der Kategorie Lebensmittel & nicht-alkoholische Getränke (jeweils Anteil Werbespot-Häufigkeit).

Es folgen Fleisch- und Wurstwaren mit 32 gesendeten Werbespots. Dies entspricht einem Anteil von 1% an allen gesendeten und analysierten Werbespots beziehungsweise von 5,3% innerhalb der Kategorie Lebensmittel & nicht-alkoholische Getränke (jeweils Anteil Werbespot-Häufigkeit). Limonade, aufgrund des hohen Zuckergehaltes gesundheitspolitisch umstritten, stellt mit 31 gesendeten Werbespots das am sechsthäufigsten beworbene Produkt in der Kategorie Lebensmittel & nicht-alkoholische Getränke dar. Dies entspricht einem Anteil von 0,9% an allen gesendeten und analysierten Werbespots beziehungsweise von 5,1% innerhalb der Kategorie Lebensmittel & nicht-alkoholische Getränke (jeweils Anteil Werbespot-Häufigkeit).

Weitaus seltener werden Fertiggerichte im deutschen Fernsehen beworben. Insgesamt wurden 28 Werbespots im Beobachtungszeitraum zu Fertiggerichten gesendet. Dies entspricht einem Anteil von 0,8% an allen gesendeten und analysierten Werbespots beziehungsweise von 4,7% innerhalb der Kategorie Lebensmittel & nicht-alkoholische Getränke (jeweils Anteil Werbespot-Häufigkeit). Ähnliches gilt für die Produktgruppe Cornflakes/Cerealien, ein in Ländern wie Großbritannien oder den USA stark beworbenes Produkt, das im deutschen Fernsehen ebenfalls verhältnismäßig selten beworben wird. Insgesamt wurden 19 Werbespots im Beobachtungszeitraum gesendet. Dies entspricht einem Anteil von 0,6% an allen gesendeten und analysierten Werbespots beziehungsweise von 3,2% innerhalb der Kategorie Lebensmittel & nicht-alkoholische Getränke (jeweils Anteil Werbespot-Häufigkeit).

Gesundheitspolitisch unbedenkliche Produkte, wie Mineralwasser, werden im deutschen Fernsehen ebenfalls eher selten beworben: Insgesamt wurden im Beobachtungszeitraum 9 Werbespots zu Mineralwasser gesendet. Dies entspricht einem

Anteil von 0,3% an allen gesendeten und analysierten Werbespots beziehungsweise von 1,5% innerhalb der Kategorie Lebensmittel & nicht-alkoholische Getränke (Anteil Werbespot-Häufigkeit). Auch Gemüse/Tiefkühl wird eher selten beworben: Insgesamt wurden im Beobachtungszeitraum 4 Werbespots zu Gemüse/Tiefkühl gesendet. Dies entspricht einem Anteil von 0,1% an allen gesendeten und analysierten Werbespots beziehungsweise von 0,7% innerhalb der Kategorie Lebensmittel & nicht-alkoholische Getränke (Werbespot-Häufigkeit).

Zwar werden auch Diät-Produkte, wie Diät-Margarinen, im TV beworben, allerdings ist deren Anteil am Gesamtwerbeaufkommen ebenfalls als eher gering zu bezeichnen: Insgesamt wurden im Beobachtungszeitraum 2 Werbespots zu Diät-Margarine gesendet. Dies entspricht einem Anteil von 0,01% an allen gesendeten und analysierten Werbespots beziehungsweise von 0,3% innerhalb der Kategorie Lebensmittel & nicht-alkoholische Getränke (jeweils Werbespot-Häufigkeit). Außerdem wurden im Beobachtungszeitraum insgesamt 4 Werbespots zu Diät-Limonaden gesendet. Dies entspricht einem Anteil von 0,1% an allen gesendeten und analysierten Werbespots beziehungsweise von 1,3% innerhalb der Kategorie Lebensmittel & nicht-alkoholische Getränke (Anteil Werbespot-Häufigkeit).

Allerdings gilt das geringe Werbeaufkommen nicht nur für „gesunde Produkte", wie Mineralwasser, sondern auch für fetthaltige Produkte, wie Pizza: Insgesamt wurden im Beobachtungszeitraum 5 Werbespots zu Pizza gesendet. Dies entspricht einem Anteil von 0,2% an allen gesendeten und analysierten Werbespots beziehungsweise von 0,8% innerhalb der Kategorie Lebensmittel & nicht-alkoholische Getränke (jeweils Anteil Werbespot-Häufigkeit).

4.28.2 Alkoholwerbung

Alkoholwerbung gehört zwar nicht zu den Haupt-Analysezielen dieser Arbeit, dennoch wird Alkoholwerbung aufgrund ihrer politischen Bedeutung (*Querverweis: Kapitel - Werbeverbote in der juristischen Diskussion, S. 393 ff. sowie Kapitel* - Einleitung, *S. 13 ff.)* ebenfalls partiell in die Betrachtungen einbezogen. Dies scheint auch deshalb angebracht, da sie im entfernteren Sinne dem Bereich Lebensmittelwerbung zugeordnet werden kann. Die im Analysezeitraum festgestellten beworbenen Produktgruppen lauten: *Bier, Biermixgetränke, Sekt, Likör/Kräuterlikör, Wein, Alkohol-Gewinnspiele.* Unter den ausgewerteten 3.320 Werbespots waren 116 Werbespots dabei, die Alkohol beworben haben. Dies entspricht einem Anteil am ausgewerteten Gesamtwerbeaufkommen von 3,5% (Häufigkeit) beziehungsweise 2,5% (Dauer). Von diesen 116 Werbespots waren lediglich 30 unterschiedlicher Natur.

Alkoholwerbung spielt zwar relativ gesehen sowohl zeitlich als auch nach der Sendefrequenz der Werbespots beurteilt eine nicht erhebliche Rolle. Dennoch ist Alkoholwerbung mit dem 8. Platz im oberen Drittel aller im Fernsehen im Beobachtungszeitraum beworbenen Produkte und damit noch vor den Bereichen Automobilwerbung, Banken & Versicherungen, Kleidung oder Computer & Internetwerbung. Im Übrigen wurden in dieser Studie auch Sponsoring-Einblendungen als Werbung gewertet und entsprechend berücksichtigt. Das mit Abstand am meisten beworbene alkoholische Produkt ist Bier mit 18 Spots, die 75 Mal gesendet wurden. Bierwerbung entspricht innerhalb der Branche Alkohol einem Anteil von 64,7% (Häufigkeit) beziehungsweise von 64,4% (Sendedauer). Berücksichtigt man den Anteil der Bierwerbung im Nachmittags- beziehungsweise Abendprogramm, also dem Zeitraum dieser Studien-Stichprobe, entspricht der Werbeanteil für Bier lediglich 2,3% nach der gesendeten Spothäufigkeit beziehungsweise 1,6% nach der Sendedauer.

Deutlich seltener werden Biermixgetränke beziehungsweise limonadenhaltiges Bier beworben. Hier war lediglich 1 Spot mit einer Frequenz von 13 Aussendungen zu verzeichnen. Dies entspricht einem Wert von 0,4% am gesamten Sendeaufkommen aller Spots, sowohl nach Sendefrequenz wie nach der Sendedauer, beziehungsweise 11,2% am gesamten Alkoholwerbeaufkommen (Spothäufigkeit) und 14,2% (Sendedauer). Die anderen alkoholischen Getränke (Sekt, Liköre/Kräuterliköre) werden deutlich seltener beworben.

So macht Sekt mit 4 Werbespots, die 12 Mal gesendet wurden, am Gesamtwerbeaufkommen aller im Beobachtungszeitraum erhobenen Werbespots aller Branchen einen Anteil von 0,4% aus beziehungsweise von 10,3% innerhalb der Branche Alkohol (jeweils Werbespot-Häufigkeit). Auch Liköre/Kräuterliköre werden im Kontext des gesamten TV-Werbeaufkommens kaum beworben. So waren lediglich 4 Spots zu verzeichnen, die 14 Mal gesendet wurden. Dies entspricht einem Häufigkeitsanteil am gesamten Werbeaufkommen von 0,3% beziehungsweise 9,5% innerhalb der Kategorie Alkohol.

Andere alkoholische Produkte wurden im ausgewerteten Zeitraum nicht beworben. So gut wie überhaupt nicht wird Wein im Fernsehen beworben: So wurden insgesamt überhaupt nur 2 unterschiedliche Spots mit einer Frequenz von vier gesendet. Vom Sendeaufkommen nach der Dauer bewegen wir uns ebenfalls auf einem Null-Niveau, das obendrein erst zwei Stellen nach dem Komma überhaupt sichtbar ist. Dies entspricht einem Anteil am Gesamtspotaufkommen von 0,1%. Ähnlich sind die Werte bei der Betrachtung der Weinwerbung innerhalb aller gesendeten Alkoholwerbespots - hier ist ein Anteil von 3,4% (Häufigkeit) beziehungsweise von 1,7% (Sendedauer) festzustellen.

Überhaupt kein Werbeanteil lässt sich für Alkopops ausmachen: im Beobachtungszeitraum (in der kinder- und jugendaffinen TV-Zeitschiene 14.00 bis 20.00 Uhr) wurden keine Alkopop-Werbespots ausgestrahlt. Mit einem Anteil von 11% innerhalb der Branche Alkohol wurde jedoch zumindest limonadenhaltiges Bier (Biermixgetränke) beworben.

4.28.3 Süßwarenwerbung

Entgegen dem hohen Werbeaufkommen im Fernsehen in Ländern wie den USA oder Großbritannien, werden Süßwaren im deutschen Fernsehen zwar deutlich seltener, aber immer noch signifikant häufig beworben: *jeder 10. im Fernsehen ausgestrahlte Werbespot war im Beobachtungszeitraum der Kategorie Süßwaren zuzuordnen.* Dies ist umso beachtlicher, als dies fast der Hälfte der Sendezeit entspricht, die für Lebensmittelwerbung beziehungsweise für Werbung nicht-alkoholischer Getränke insgesamt aufgebracht wird.

Unter den ausgewerteten 3.320 Werbespots waren immerhin 342 Werbespots, die Süßwaren beworben haben, davon waren 64 unterschiedlich. Dies entspricht einem Anteil am ausgewerteten Gesamtwerbeaufkommen von 10,3% (Häufigkeit) beziehungsweise 9,9% (Dauer). Das am häufigsten beworbene Produkt in der Branche Süßwaren stellt keinesfalls Schokolade dar, sondern mit 82 gesendeten und 13 unterschiedlichen Werbespots Kaugummis/Gums/Kaustreifen. Dies entspricht einem Anteil innerhalb der Branche Süßwaren von 23,7% (Anteil Werbespot-Häufigkeit) beziehungsweise von 20,3% (Sendedauer). Allerdings folgt unmittelbar das Produkt Schokolade.

Mit 61 gesendeten und 8 unterschiedlichen Werbespots sind Schokoladenriegel die am zweihäufigsten gesendeten Süßwarenprodukte. Dies entspricht einem Anteil innerhalb der Branche Süßwaren von 17,6% (Anteil Werbespot-Häufigkeit) beziehungsweise von 17,0% (Sendedauer). Auch Bonbons werden recht häufig im Fernsehen beworben: mit 42 gesendeten und 7 unterschiedlichen Werbespots sind Bonbons die am dritthäufigsten gesendeten Süßwarenprodukte. Dies entspricht einem Anteil in der Branche Süßwaren von 12,1% (Anteil Werbespot-Häufigkeit) beziehungsweise von 13,6% (Sendedauer).

Mit 42 gesendeten und 10 unterschiedlichen Werbespots werden Kuchen/Kekse ebenfalls recht häufig beworben. Damit gehören diese Produkte zu den am vierthäufigsten beworbenen Süßwarenprodukten. Dies entspricht einem Anteil von 12,1% (Anteil Werbespot-Häufigkeit) beziehungsweise von 11,6% (Sendedauer). Das bei Kindern und Jugendlichen so überaus beliebte Produkt Eis bringt es ebenfalls auf einen stattlichen Werbeanteil in der Branche Süßwaren: Mit 39 gesendeten und 7 unterschiedlichen Werbespots ist Eis das am fünfthäufigsten im Fernsehen beworbene Süßwarenprodukt. Dies entspricht einem Anteil von 11,3% (Anteil Werbespot-Häufigkeit) beziehungsweise von 11,9% (Sendedauer). Alle anderen beworbenen Süßwarenprodukte weisen deutlich niedrigere Werte aus (Tabelle).

4.28.4 Salzgebäck- & Chips

Deutlich seltener als Süßwaren, und das mag den einen oder anderen Werbekritiker irritieren, werden im Nachmittags- und Abendprogramm des deutschen Fernsehens die ebenfalls bei Kindern und Jugendlichen beliebten Produkte Salzgebäck & Chips beworben. Unter den ausgewerteten 3.320 Werbespots waren lediglich 17, die Salzgebäck/Chips bewarben, davon waren 5 unterschiedlich. Dies entspricht einem Anteil am ausgewerteten Gesamtwerbeaufkommen von 0,5% (Werbespot-Häufigkeit) beziehungsweise 0,5% (Sendedauer).

4.28.5 Besonders fett- oder zuckerhaltige TV-Werbung

An dieser Stelle sei auf die Frage zurückgekommen, ob im Fernsehen überwiegend besonders fett- oder zuckerhaltige Produkte beworben werden und ob dabei besonders viele sind, die sich speziell auch an *Kinder und Jugendliche* wenden. Die Tatsache, dass Lebensmittel & nicht-alkoholische Getränke für sich genommen die größte werbungtreibende Branche im Fernsehen - zumindest im Beobachtungszeitraum - darstellen, ist zunächst einmal nichts Verwerfliches, sondern aufgrund der hohen Bedeutung von Lebensmitteln nachvollziehbar. So geben die Deutschen laut *Statistischem Bundesamt rund 15% ihrer privaten Konsumausgaben für Nahrungsmittel, Getränke oder Tabak* aus.[351] Dieser Wert ist seit Jahren konstant. Im Beobachtungszeitraum wurde im Fernsehen kein Tabak beworben. Letztlich lässt sich feststellen: der Anteil der Werbung im Fernsehen für die Produktgruppen Lebensmittel, Alkohol, Süßwaren oder Salzgebäck & Chips ist mit einem Anteil am Gesamtwerbeaufkommen im Fernsehen mit 32,7% in etwa doppelt so hoch wie der Anteil des Betrages, den die privaten Haushalte tatsächlich dafür ausgeben.

Trotz der relativierenden Sichtweise in Bezug auf den Umfang besonders von Lebensmittelwerbung im Fernsehen bei Berücksichtigung der tatsächlichen Konsumausgaben, ist dennoch der relativ hohe Anteil an Fast-Food-Werbung in der von Kindern und Jugendlichen favorisierten TV-Zeitschiene 14.00 bis 20.00 Uhr (dem Zeitpunkt der Stichprobe dieser Studie) in Verbindung mit anderen beworbenen Produktgruppen, die ebenfalls hohe Fett- oder Zuckeranteile aufweisen, auffallend.

Fast-Food-Produkte werden mit einem Anteil am Gesamtwerbeaufkommen der Branche Lebensmittel von 12,6% recht häufig im deutschen Fernsehen beworben. Auch Süßwaren sind mit einem Anteil von 10% sehr präsent on air, also auf Werbesendung. An dieser Stelle scheint eine produktgruppenübergreifende Betrachtung sinnvoll, um festzustellen, wie hoch tatsächlich der Anteil besonders fett- oder zuckerhaltiger Lebensmittel in der Fernsehwerbung in Deutschland ist. Beim Blick auf die zeitliche Verteilung von Werbespots, fällt auf: Es gibt zielgruppenspezifische Sendeprioritäten: 60% der Fast-Food- oder Süßwarenspots werden im Beobachtungszeitraum zwischen 13.40 und 17 Uhr gesendet, Jogurt-Werbespots zu 56%, alle anderen Lebensmittelwerbespots nur zu 53%, Alkohol zu 14%, Automobile zu 12%.

Es bleibt deshalb noch einmal zu rekapitulieren: Von 30 in der Branche Lebensmittel & nicht-alkoholische Getränke beworbenen Produktgruppen gehören *5 zu jenen, die einen besonders hohen Fett- oder Zuckergehalt* aufweisen. Wie beschrieben, sind dies: Fast Food, Limonaden, Energy-Drinks, Säfte, Pizza. Insgesamt entsprechen diese Produkte am Gesamtwerbeaufkommen der *Lebensmittelwerbung* im deutschen Fernsehen nach dieser Stichprobe einem Werbespot-Sendeanteil von 24% (dies entspricht nicht dem Anteil am gesamten Werbeaufkommen aller werbungtreibenden Branchen im Fernsehen!). Stellt man diese Produktgruppen in Relation zum gesamten in der Stichprobe ausgewerteten Sendeaufkommen aller werbungtreibenden Branchen, reduziert sich dieser Anteil auf 4,4%. Summiert man nun das Werbe-

351 Anm.: Nach einer Untersuchung über die „Productions- und Consumtionsverhältnisse des Königreichs Sachsen" aus dem Jahr 1857 bewegten sich die „Ausgaben für Nahrung" damals, „wenn das gesammte jährliche Einkommen einer Familie" 200 Francs beträgt, bei 72,96 Prozent des Einkommens. Wenn das jährliche Einkommen bei 3.000 Franc lag, wurden 56,90 Prozent dieses Einkommens für Nahrung ausgegeben. Vgl.: Kern, Horst: Empirische Sozialforschung. Ursprünge, Ansätze, Entwicklungslinien. Verlag C. H. Beck, München, 1982, S. 62.

aufkommen für Süßwaren, Alkohol und Salzgebäck & Chips zu den besonders fetthaltigen Produkten der Branche Lebensmittel, erhöht sich dieser Anteil am Gesamtwerbeaufkommen aller Branchen im Fernsehen wiederum deutlich, wie die folgende Aufstellung belegt:

Anteil fetthaltige Lebensmittel am TV-Werbeaufkommen innerhalb Branche Lebensmittel & nicht-alkoholische Getränke (Fast Food, Limonaden, Energy-Drinks, Säfte, Pizza): 4,4%

Anteil Süßwaren: 10,3%

Anteil: Alkohol: 3,5%

Anteil Salzgebäck & Chips: 0,5%

Dies entspricht einer Gesamtsumme von 18,7% am Gesamtwerbeaufkommen im Fernsehen. Es bleibt also festzuhalten: Im Beobachtungszeitraum ist jeder 5. Werbespot unter den 3.320 Werbespots besonders fett-, zucker- oder alkoholhaltigen Produkten zuzuordnen. Wie ambivalent die aus diesen Ergebnissen möglichen Interpretationen und Schlussfolgerungen sind, zeigt sich jedoch daran, dass zwar von signifikanten Anteilen besonders fett- oder zuckerhaltiger Produkte gesprochen werden kann, andererseits aber auch festzustellen ist, dass daraus nicht geschlussfolgert werden kann, es würden im deutschen Fernsehen nur „ungesunde" Produkte beworben. Vielmehr gehören rund 75% (siehe Statistik) der beworbenen Lebensmittel & nicht-alkoholischen Getränke zu jenen Produkten, die bezüglich des Fett- oder Zuckergehaltes als eher unauffällig einzuschätzen sind.

Insgesamt lässt sich jedoch feststellen, dass insbesondere die Werte für besonders fett- oder zuckerhaltige Produkte (insbesondere Süßwarenwerbung) deutlich niedriger sind, als dies in anderen Studien oder Publikationen behauptet wird, so z.B. im Ernährungsbericht der Bundesregierung oder im Buch der ehemaligen deutschen Bundesverbraucherministerin, Renate Künast *(Querverweise auf: Kapitel -* Einleitung, *S. 13 ff., Kapitel - Auswahl bisherige Studien TV-Lebensmittelwerbung , S. 87 ff.; Dickmacher - Buch von Verbraucherministerin Renate Künast, S. 383 ff.).*

Das folgende Kapitel möchte nun untersuchen, in welchem Ausmaß die im deutschen Fernsehen werbungtreibenden Branchen sich besonders an *Kinder oder Jugendliche* wenden bzw. wie häufig diese als Darsteller innerhalb der Werbespots eingesetzt werden. Diese Untersuchung erfolgt insbesondere aufgrund der Kritik von Politikern oder Verbraucherverbänden, TV-Werbung wende sich überwiegend mit ihren werblichen Aussagen insbesondere für besonders fett- oder zuckerhaltige Produkte an Kinder oder Jugendliche, indem diese häufig auch als Darsteller eingesetzt würden. Diese Form der werblichen Ansprache sei nicht nur grundsätzlich diskussionswürdig, auch aus moralischen Gründen, sondern trage obendrein eine Mitschuld an (angeblich) zunehmendem Übergewicht oder Fettleibigkeit bei Minderjährigen *(Querverweise auf: Kapitel -* Einleitung, *S. 13 ff , Kapitel - Auswahl bisherige Studien TV-Lebensmittelwerbung , S. 87 ff.; Dickmacher - Buch von Verbraucherministerin Renate Künast, S. 383 ff.).*

5. Kapitel - Kinder, Jugendliche, Babys in der TV-Werbung

Der Beginn des Aufbaus eines Marketings, das sich gezielt an Kinder wendet, reicht nach *Grasskamps* Überzeugung über 100 Jahre zurück. Bereits 1880 habe man etwa den heiligen Nikolaus „als einen die Kinder bezaubernden Agent des Handels" in amerikanischen Kaufhäusern eingesetzt. „Die Rekrutierung für die Konsumgesellschaft begann ... schon früher als ihre Ausstaffierung mit Taschengeld."[352] Die Literatur zur Werbung für Kinder (und Jugendliche) und deren vermeintlicher kommerzieller Missbrauch ist so umfangreich, dass dieses Thema an dieser Stelle nicht gänzlich erläutert werden kann. Diese Studie möchte allerdings einen Beitrag dahingehend erbringen, zu untersuchen, in welchem Umfang Kinder oder Jugendliche in der TV-Werbung innerhalb welcher Branchen in welchem Umfang als Darsteller eingesetzt werden. Letztlich soll daraus auch geschlussfolgert werden, in welchem Umfang werbungtreibende Branchen Kinder und Jugendliche *werblich ansprechen*, da der Einsatz von Kindern oder Jugendlichen als Darsteller innerhalb von Werbespots als wichtiges Indiz für eine versuchte kommerzielle Ansprache gewertet werden kann.

Da die Vorwürfe gegen die Industrie, sie missbrauche Jugendliche *und* Kinder mit ihren Marketingaktionen, im Wesentlichen für beide Zielgruppen identisch sind, scheint zunächst ein Blick auf einige (wissenschaftliche) Aussagen bezüglich der Kinderwerbung ausreichend. Dies soll im Folgenden geschehen. Zahlreiche Studien zum Thema gibt es vor allem in der internationalen Wissenschaft: *„Research into children and advertising has been carried out internationally for many years. Until recently most of the research has taken place in die United States and Canada."*[353]

5.1 Diskussionen um Kinder in der Werbung

Als Speerspitze der Kritiker bezüglich von Marketingaktionen, die sich an Kinder wenden, kann in Deutschland sicherlich *Gabriele Bieber-Delfosses* relativ aktuelles Buch *Vom Medienkind zum Kinderstar* bezeichnet werden. Auf 350 Seiten legt sie dar, warum sie den Einsatz von Kindern zu werblichen Zwecken, insbesondere im Fernsehen, fast grundsätzlich missbräuchlich findet. Dabei hält sie zahlreiche Thesen parat: So geht sie zunächst davon aus, dass Werbung mit Kindern bei den Werberezipienten jeder Altersgruppe gut ankomme.[354] Dies habe mehrere Gründe: zum einen seien Kinder grundsätzlich emotional positiv besetzt, in gewisser Hinsicht handele es sich bei kindlichen Darstellern sogar um „perfekte" Darsteller. Anhand eines Werbespot-Beispiels leitet *Bieber-Delfosse* einen Teil ihrer Erkenntnisse ab:

352 Grasskamp, Walter: Konsumglück. Die Ware Erlösung, Verlag C. H. Beck, München 2000, S. 54f.

353 Martensen, Anne / Tufte, Birgitte: Children. Consumption, Advertising and Media, Copenhagen Business School Press, 2002, S. 25.

354 Bieber-Delfosse, Gabriele: Vom Medienkind zum Kinderstar, leske + budrich, Opladen 2002, S. 23.

Kinder seien häufig authentisch in der Werbung dargestellt, das schaffe Sympathien und sei ein Garant für Glaubwürdigkeit der Werbebotschaft und zugleich ein Eye-Catcher für die Aufmerksamkeit des Zuschauers. Ein weiterer Vorteil liege zum anderen darin, dass Kinder beim Erwachsenen einen Beschützerinstinkt weckten. Außerdem könnten kindliche Darsteller in der Werbung als Folie für alle möglichen Gefühle der Erwachsenen dienen, beispielsweise „als Trost" im (nicht näher spezifizierten) Leid der Erwachsenen. Kinder fühlten mit, hätten ein weiches Herz. Außerdem könne der Erwachsene in die Kinderwelt der Werbung hinübergleiten. Deshalb könne man auch sagen, dass die Gefühle der Erwachsenen den „kleinen Kindern gegenüber missbräuchlich aktiviert und benutzt" würden durch die Werbung. Auch komme ein kindlicher Darsteller in einem Werbespot dem Bedürfnis der Erwachsenen nach, „bedingungslose Liebe, die Kinder geben", entgegennehmen zu können.[355]

5.1.1 Kinder-Werbespots

Sven Kommer sieht seit Mitte der 80er Jahre des 20. Jahrhunderts eine „deutliche Veränderung im Bereich der an Kinder gerichteten Werbung". Maßgeblich hierfür sei das Entstehen von kinderaffinen Sparten-Fernsehsendern sowie der „Aufstieg des Fernsehens zum ‚Leitmedium' für an Kinder gerichtete Werbung". So könne man mittlerweile von einem „ausdifferenzierten Genre des ‚Kinderspots'" ausgehen.[356] *Kommer* verweist auf eine Definition von *Böckelmann* aus dem Jahr 1979. Dieser hatte in einer Studie im Dezember 1977 sowie Ende Januar/Anfang Februar 1978 insgesamt 3.201 Werbeeinschaltungen (im ZDF sowie im Bayerischen Rundfunk) mit einer Gesamtsendezeit von 22 Stunden und 28 Minuten untersucht[357]. Laut der Studie gebe es zwei Kategorien Kinder-Werbespots[358]:

a) Fernsehspots, die sich ausschließlich, ausdrücklich oder zumindest auch an Kinder als Entscheidungsträger, Konsumenten und/oder Käufer richten, ohne dass Kinder im Spot auftreten.
b) Fernsehspots, die sich ausschließlich, ausdrücklich oder zumindest auch an Kinder als Entscheidungsträger, Konsumenten und/oder Käufer richten und in denen Kinder auftreten.

Kommer kritisiert, dass „leider über die Entwicklung der Kinderspots kaum Untersuchungen (und schon gar nicht solche mit Längsschnittcharakter) zur Verfügung" stünden. Nach der *Böckelmann*-Studie wurde in der 1977 und 1978 gezogenen Stichprobe durchschnittlich 23% der Werbespot-Sendezeit mit Kindern und/oder für Kinder geworben. Dieser Wert sei in etwa gleich hoch wie eine Studie aus dem Jahr

355 Ebd., S. 32ff.

356 Kommer, Sven: Kinder im Werbenetz. Eine qualitative Studie zum Werbeangebot und zum Werbeverhalten von Kindern, GMK-Schriftenreihe, Leske + Budrich, Opladen 1996, S. 43.

357 Darunter waren 417 Werbespots für Lebensmittel bzw. rund 20% für Lebensmittel, Milchprodukte, Heißgetränke, Alkoholfreie Getränke, Alkoholische Getränke, Süßwaren; Vgl.: Böckelmann, Frank / Huber, Jürgen / Middelmann, Astrid.: Werbefernsehkinder, Verlag Volker Spiess, Berlin, 1979, S. 90, 139.

358 Böckelmann, Frank / Huber, Jürgen / Middelmann, Astrid.: Werbefernsehkinder, Verlag Volker Spiess, Berlin, 1979, S. 90, 131.

1973 gezeigt habe.[359] *Charlton* hingegen sieht 1995 einen Anteil von circa 18% kinderspezifischer Werbung (Kinderwerbespots mit und ohne Kinder).[360] *Kommer* selbst hatte ab Herbst 1992 154 „Kinderspots" im deutschen TV analysiert, die 282 Mal gesendet worden seien. In Bezug auf die in dieser Studie besonders interessierenden Produktgruppe, Lebensmittel, schreibt *Kommer*: „Im Gegensatz zu den Anzeigen in Kinderzeitschriften sind Lebensmittel für Kinder bei den Spots vom Herbst 92 nicht vertreten." Obwohl man annehmen könne, dass im Fernsehen *Fast Food* beworben würde, habe er im „rein kinderspezifischen Umfeld" in seiner Fernsehbeobachtung nur „selten" Werbespots der Fast-Food-Ketten gesichtet.[361] Zu dieser Aussage, dass bei weitem nicht nur Fast Food oder Süßwaren im Fernsehen beworben würden, wie gerne von der EU-Politik kritisiert, gelangt auch eine Studie in Dänemark: „Researchers appear to agree on the broad categories of products advertised".[362] Dennoch gibt es auch andere Erkenntnisse, beispielsweise aus den USA oder Großbritannien:

> In the early 1990s, Pecora found that toy advertisements accounted for almost 30% of Saturday morning commercials on U.S. television (Pecora, 1998). Barcus (1980), in a series of content analyses of American television, found that the staples of children's advertising consisted of four product categories: toys, cereals, candies, and fast-food restaurants. Food advertisements overall accounted for 60% of commercials, and of these, 70% were for highly sugared and fatty foods such as cereals, confectionery, cake, and cookies. Barcus's findings are corroborated by other researchers who have identified similar product categories (Alexander, Benjamin, Hoerrner, & Roe, 1999; Gamble & Cotugna, 1999; Kunkel & Gantz, 1992; Lewis & Hill, 1998) ... Many of the studies ... have been undertaken in the United States. Young (1990) however, carried out a British study in the 1980s funded by the Health Education Council and prompted by concern over children's dental health ... From a total of 1,750 Commercials, a third were for food products, and of these, a third were for sugared foods.[363]

5.1.2 Beeinflussbarkeit von Kindern

Singer kritisierte 1986: *„A powerful force affecting all groups in society, advertising is of special significance for children, since their values, identity, and behaviour patterns are just developing".*[364] Viel wurde deshalb geschrieben, *ab welchem Alter die Intention von Werbung für Kinder durchschaubar* wäre. Die meisten Autoren gehen davon aus, dass ab dem 6. bis 8. Lebensjahr davon ausgegangen werden könne, dass Werbung von Kindern auch als solche erkannt werde:

---

359 Böckelmann, Frank / Huber, Jürgen / Middelmann, Astrid.: Werbefernsehkinder, Verlag Volker Spiess, Berlin, 1979, S. 92.

360 Charlton, M. / Neumann-Braun, K. / Aufenanger, S. / Hoffmann-Riem, W. u.a.: Fernsehwerbung und Kinder. Das Werbeangebot in der Bundesrepublik Deutschland und seine Verarbeitung durch Kinder. Bd. 1: Das Werbeangebot für Kinder im Fernsehen, Opladen 1995.

361 Kommer 1996, S. 54f.

362 Gunter, Barrie / Oates, Caroline / Blades, Mark: Advertising to Children on TV. Content, Impact, and Regulation, University of Sheffield, United Kingdom, Lawrence Erlbaum Associates, Publishers, London 2005, S. 15.

363 Ebd.

364 Singer, Benjamin: Advertising and Society. Don Mills, Ontario, Addison-Wesley 1986, S. 78.

> By the time children reach their eighth birthday, they not only understand advertising's persuasive intent but also recognize the existence of bias and deception in advertising. Children aged eight and older no longer believe that commercials always tell the truth.[365]

Diese Aussage gelte nicht nur für westliche Industriestaaten, sondern auch beispielsweise für China, wie eine Studie ermittelte. *Crosier* sagte bereits 1983, er glaube nicht, dass Kinder gegenüber Werbung „more vulnerable than adults" seien.[366] *Ward* ging 1972 davon aus, dass Kinder die Werbung vom (redaktionellen) TV-Programm unterscheiden könnten.[367] Die von Hamburger Großverlagen publizierte jährliche *Kids Verbraucher-Analyse (KVA)* stellt seit Jahren fest, dass Kinder schon früh wüssten, welche Funktionen Werbung habe, und ihr nicht kritiklos gegenüberstünden. Die *KVA* befasst sich mit Konsum und Mediennutzung der 5,98 Mio. Jungen und Mädchen zwischen sechs und 13 Jahren in Deutschland:[368]

> Bei Werbung finden Kinder sowohl TV Spots (65 Prozent) wie auch Anzeigen in Magazinen (60 Prozent) gut oder sehr gut. Radiowerbung ist weniger gefragt. Gut finden die Kids Werbung vor allem dann, wenn man mitmachen und etwas gewinnen kann (79 Prozent), sie witzig ist (74 Prozent) und Rätsel oder Quizaufgaben zu lösen sind (60 Prozent). Kritisiert wird von den jungen Konsumenten, dass Werbung oft keine Gründe liefert, warum das Produkt gekauft werden soll (68 Prozent), sie bei den vielen Wiederholungen langweilig wird (64 Prozent) und selbst bei Produkten für Kinder oft die Erwachsenen angesprochen werden. (63 Prozent).[369]

Flemming et al. ist überzeugt, dass Kinder ab acht, und erst recht Jugendliche, Werbung gegenüber sogar mit einer „cognitive defense" gegenübertreten würden.[370] Bereits unter 8-Jährige wüssten außerdem häufig, dass beispielsweise zu viel Zucker schädlich für die Zähne sei. So wurden in einer 1981 durchgeführten Studie 5- bis 8-Jährige gefragt, welche Lebensmittel gesundheitlich eher schädlich seien: „For example, nearly all the five- and six-year-olds thought that sweet confectionery products were bad for teeth".[371]

Nach *Baacke* glaube trotz der in der Wissenschaft mittlerweile häufig relativierenden Sichtweise in Bezug auf den Einfluss von Werbung zumindest „die Mehrheit der pädagogischen Welt" nach wie vor an die „Verführungstheorie", dass Werbung gefährlich sei und für Jugendliche und Kinder abträglich.[372] *Schnierer* schreibt: „Nun wissen wir aber seit Jahrzehnten, dass Kinder schon um das Einschulungsalter herum lernen, Werbung vom Programm zu unterscheiden und sie genrespezifisch wahrzunehmen." Auch Kinder misstrauten „Werbung und verwenden sie zu marke-

365 Flemming, Hansen / Rasmussen, Jeanette / Martensen, Anne / Tufte, Birgitte: Children. Consumption, Advertising and Media, Copenhagen Business School Press, 2002, S. 39.

366 Crosier, Keith: Towards a Praxiology of Advertising, in: International Journal of Advertising, 1983/2, S. 215–232.

367 Ward, Scott: Children's Reactions to Commercials, in: Journal of Advertising Research, 12/2, 1972, S. 37–45.

368 Vgl. Kids Verbraucher-Analyse (KVA) 2005, Egmont Ehapa Verlag.

369 Vgl. http://www.wuv.de/studien/archiv/082005/964/summary.html.

370 Flemming et al. 2002, S. 41.

371 Vgl. Gunter et al. 2005, S. 122.

372 Baacke, Dieter: Medienpädagogik, Niemeyer, Tübingen 1997, S. 88.

tingfremden Zwecken, etwa um Gespräche in der Familie zu initiieren“[373], oder als Anregung zum Spielen fern der Absichten der Werbungtreibenden. So sei es kein Wunder, dass die Kinder selbst die Sorgen der Öffentlichkeit bezüglich des negativen Einflusses der Werbung auf ihre Psyche nicht teilten, bzw. „ähnlich wie ... viele Erwachsene ... der Werbung durchaus Macht zuschreiben, die aber meist nur ‚bei Anderen‘ Auswirkungen“ habe.[374] *Schnierer* ist sicher: „In der Regel stößt man, was fragwürdige Folgen der Werbung anbelangt, auf mindestens ebenso fragwürdige ‚Belege‘.[375] Schnierer verweist auf eine 1993 vorgelegte Studie von *Baacke, Sander u. Vollbrecht*, welche „völlig zu Recht“ feststelle:

> Viele der im Zusammenhang mit Werbung artikulierten Ängste, zu erwarten seien psychische Deformationen von Kindern und Jugendlichen durch Werbung, müssen als unbegründet zurückgewiesen werden. Da durch keine Untersuchung bisher längerfristige, direkt auf Werbeeinflüsse nachweisbare Wirkungen belegt werden konnten, muss davon ausgegangen werden - bis zum Erweis des Gegenteils -, dass solche Wirkungen nicht existieren.[376]

Zwar ist auch *Schnierer* davon überzeugt, dass Werbung bei Kindern „nicht völlig wirkungslos verpufft“, doch sieht er vor allem die soziale Einbindung von Kindern (Familie, Freunde, Nachbarn, Verwandte etc.) als Garant für eine relativierende Einflussgröße der Werbung. Die soziale Einbettung beeinträchtige den Einfluss von Werbung „ganz beträchtlich“. „Auch die Kinderwelt stellt daher eine in ihren Grundzügen jenseits der Werbung konstituierende Größe dar, an die sich die Werbung vor allen Dingen anpassen muss.“[377] Er kommt zu folgendem Fazit: *„Insgesamt ist der Großteil der aktuellen Literatur von der früher gängigen Überschätzung möglicher Auswirkungen der Werbung auf Kinder weit entfernt, und es droht teilweise eher die entgegengesetzte Gefahr einer verharmlosenden Unterschätzung.“*[378]

5.1.3 Überforderte Kinder versus ‚heilende Kraft‘ Werbung

Auf einen gänzlich anderen Aspekt weist *Degen* hin. So gibt er zu bedenken, dass „nicht die Kinder“ nach „der Flut an Spielsachen und Eindrücken“ riefen, sondern dass man sie „von allen Seiten“ damit überschütte. Dieses sei kein Phänomen, das sich ausschließlich auf die Werbung reduzieren lasse, sondern hänge primär mit „der psychologischen Situation der Erwachsenen“ zusammen. Er spricht von einer „übermäßigen Verwöhnung“, die weniger von der Werbung verursacht sei als von der Erwachsenenwelt, dem unmittelbaren sozialen Umfeld der Kinder:

> Wer seine eigenen Kinder mit einem Übermaß an materiellen und geistigen Gütern überschüttet und es unverhohlen zwingt, an der ganzen Problematik des eigenen Lebens schlechthin viel

373 Vgl. auch Reid, Leonard N. / Frazer, Charles F.: Children's Use of Television Commercials to Initiate Social Interaction in Family Viewing Situations, in: Journal of Broadcasting, 24, 1980, S. 149–158.

374 Schnierer, Thomas: Soziologie der Werbung, Leske+Budrich, Opladen, 1999, S. 256.

375 Ebd.

376 Baacke, Dieter / Sander, Uwe / Vollbrecht, Ralf: Kinder und Werbung, Kohlhammer, Stuttgart 1993, S. 220.

377 Schnierer 1999, S. 257f.

378 Ebd., S. 257.

> zu früh teilzunehmen und gleichzeitig behauptet, daran sei wieder einmal die böse Werbung schuld, dem mag das ja seiner seelischen Entlastung dienlich sein, nur hat er mit dem Schlag auf den Prügelknaben weder dem Kind noch sich selbst geholfen.[379]

Degen geht sogar so weit, die Erwachsenenwelt des unmittelbaren sozialen Umfeldes der Kinder als Ursache dafür auszumachen, dass immer mehr Kinder *viel zu früh ihre Kindheit verlören*:

> Die Werbung für die wenigen Produkte, die Kinderwerbung rechtfertigen, wie zum Beispiel die Bonbons und Zaubertüten, Kaugummi sowie die Verpackungen von Spielwaren, hilft deshalb immer, den Kindern etwas von ihrer verlorenen Kindheit zurückzugeben. Die Kinderwerbung hat eine den Kindern helfende und das überspannte Verhältnis zur Erwachsenenwelt ausgleichende Funktion … Sie ist eine der wenigen ‚Produktionen' der Erwachsenenwelt, die das Kind als Kind ansprechen, es in seiner Kindlichkeit respektieren und es als Kind leben lassen. Auch in diesem Bereich ist die Funktion der Werbung das Gegenteil von dem, was man ihr vorwirft …[380]

Degen erwähnt in diesem Zusammenhang den zunehmenden „Bildungsstress". Das, was die „intelligenter werdende Gesellschaft" zu lehren habe, sei enorm: Nicht nur wüchsen sprunghaft die Ansprüche der sogenannten Allgemeinbildung, auch das Spezialistentum brauche Nachwuchs und verankere seine Interessen in den Schulprogrammen. Bald schon würden die Kinder merken, dass sie „den gewaltigen Stoff nur mühsam bewältigen" könnten. Sie begännen „den kompakten Anspruch eines gewaltigen Bildungsreichtums zu spüren" und begännen zu ahnen, „dass sie diesen niemals ganz erfassen" könnten. Die *„Überforderung aus der Kindheit"* beginne sich nun zu rächen. Der „strahlende Mut" verwandele sich bei vielen Kindern *„in eine sukzessiv schleichende Mutlosigkeit"*. Letztlich sei es für viele Kinder auch die Werbung, „die Entdeckerin echter Bedürfnisse", die die Überforderung der Kinder (und Jugendlichen) erkannt habe und deshalb nicht mit Wissensanspruch agiere, sondern hier zu einem Ausgleich verhelfe. Die Motive der Werbung wirkten „heilend auf die Psyche der Jugend". Wäre „das Bedürfnis der Jugend nach Entspannung und Selbstfindung nicht echt, dann würde die Werbung diese Motive nicht verwenden", so *Degen*.[381]

5.1.4 Finanzkraft der Kinder

Das Interesse der Werbung an den Kindern beruht einerseits auf der Beeinflussbarkeit Erziehungsberechtigter durch Kinder, andererseits auf ihrer eigenen Finanzkraft. Im Jahr 2004 meldete die Fachzeitschrift *Werben & Verkaufen*, die Kaufkraft der rund 6 Mio. Kinder übersteige in Deutschland erstmals 6 Mrd. Euro im Jahr. Dies besage die *Kids Verbraucher-Analyse (KVA)* 2004. Demnach verfügten die 6- bis 13-Jährigen monatlich etwa über 20 Euro Taschengeld, bei den 6- bis 9-Jährigen seien es im Schnitt 13, bei den 10- bis 13-Jährigen etwa 27 Euro. Ausgegeben werde

379 Vgl. auch Degen, Kurt Markus: Werbung für Übermorgen. Die leise Reform der Gesellschaft durch Werbung, Sponsoring und Public Relations, Ringier AG, Zürich 1995, S. 90f.

380 Vgl. auch ebd., S. 94.

381 Vgl. auch ebd., S. 95ff.

das Geld am häufigsten für Süßigkeiten, Zeitschriften und Comics.[382] Auch im Ausland verfügen nicht wenige Kinder über beträchtliche Finanzmittel: *„Children have spending power. Children 12 years or younger in the United States controlled the spending of $ 28 billion in 2000. This was spending from their own allowances and earnings."*[383] Allerdings brachte eine Studie in Dänemark die Erkenntnis, dass Kinder bei weitem nicht so umfangreich ihr Geld in *ungesunde Lebensmittel* investierten, wie manche vielleicht annehmen. Gerade einmal 1% der 8- bis 10-Jährigen kaufte sich Fast Food. Dieser Wert steige allerdings mit zunehmendem Alter an.[384]

5.1.5 Studie - Hintergrund

Dieser kleine Exkurs soll helfen, die weitere Vorgehensweise dieser Studie besser einordnen und die Motivation für die folgende Darstellung der Studienergebnisse nachvollziehen zu können. Wie im Eingangskapitel beschrieben, lautet der Vorwurf der Politik speziell an die TV-Werbung: diese trage erheblich zur angeblich zunehmenden Fettleibigkeit bei Kindern und Jugendlichen bei. Begründet wird dies vor allem mit der angeblich besonders häufigen Bewerbung „ungesunder" Lebensmittel sowie der angeblich besonders intensiven werblichen Ansprache der Kinder und Jugendlichen - z.B. durch deren darstellerischen Einsatz in der TV-Werbung. Problematisch an den Vorwürfen ist, dass es hierzu zumindest in Bezug auf den deutschen TV-Markt zu wenige wissenschaftliche Erkenntnisse gibt. Sofern welche vorliegen, wie in den Ernährungsberichten beschrieben, weisen diese teils deutliche Mängel auf.

Diese Studie möchte dazu beitragen, die Erkenntnisdefizite zu beheben. Deshalb wurde auch untersucht, *in welchem Umfang Kinder und Jugendliche in der TV-Werbung in den unterschiedlichen werbungtreibenden Branchen im Fernsehen zum Einsatz kommen.* Ein Einsatz von Kindern oder Jugendlichen in der TV-Werbung wird als Indiz dafür genommen, dass diese auch als Rezipienten, also als Zuschauer, angesprochen werden sollen. Damit möchte sich diese Studie von anderen abheben (wie z.B. dem Ernährungsbericht 2000), deren Zuordnung bestimmter beworbener Produkte, z.B. als „Kinder-Lebensmittel", ausschließlich oder vorwiegend auf subjektiven Maßstäben der Forscher beruht und nicht auf objektiv nachvollziehbaren Tatsachen.

Zur Methodik, die hinter den empirischen Ergebnissen steht, ist zu sagen, dass der darstellerische Einsatz von Kindern, Jugendlichen oder Babys in der TV-Werbung im Erhebungszeitraum zunächst schlicht mit der Anzahl der im Werbespot zu sehenden minderjährigen Darsteller je beworbenes Produkt ausgewertet wurde (unterteilt in Kinder, Jugendliche, Babys). Die Häufigkeit bestimmter Bewertungskriterien diente schließlich als Grundlage für die Berechnung des durchschnittlichen Einsatzes von Kindern, Jugendlichen oder Babys je nach werbungtreibender Branche oder Produktgruppe. Die Ergebnisse werden im Folgenden mittels Prozentwerten unter dem Motto „Ansprache Kinder/Jugendliche in den TV-Spots" dargestellt.

382 Vgl. http://www.wuv.de/news/archiv/2004/07/32157/index.html.
383 Gunter et al. 2005, S. 2.
384 Flemming et al. 2002, S. 117.

Wird beispielsweise für eine Branche der Wert 30% ausgewiesen, so bedeutet dies, dass in nahezu jedem 3. Werbespot entweder Kinder, Jugendliche (oder Babys) in irgendeiner Weise zum Einsatz kamen oder zumindest bildlich-szenisch zu sehen waren. Jene Branchen, denen beim Thema Übergewicht oder Adipositas eine besondere Rolle zukommt, werden in der Übersichtstabelle entsprechend kenntlich gemacht.

Studienergebnisse
Unter den 2.916 erhobenen Werbespots im Nachmittags- und Abendprogramm der berücksichtigten deutschen TV-Sender (14.00 bis 20.00 Uhr) wenden sich 33,5% mittels direkter oder indirekter Ansprache an Kinder und/oder Jugendliche. Hierunter ist zu verstehen, dass entweder Kinder oder Jugendliche (oder Babys) visuell in einem TV-Werbespot zu sehen sind (z.B. ein Kind isst einen Schokoladenriegel) oder dass Kinder/Jugendliche (Babys) in irgendeiner anderen Weise in die Thematik des Werbespots involviert sind. Allerdings gibt es, wie auf den folgenden Seiten dargelegt, deutliche Unterschiede im Ausmaß des Einsatzes von Kindern, Jugendlichen oder Babys in der TV-Werbung. So schwanken die Werte zwischen 100% und 0%.

Durchschnittlich handelnde Konsumenten pro Werbespot in der TV-Werbung (Männer, Frauen, Kinder, Jugendliche, Babys)					
Ansprache von Kindern und Jugendlichen in der TV-Werbung in beworbener Branchen (Anteil Ansprache in % je Branche)	Durchschnittlich handelnde Kinder pro Spot	Durchschnittlich handelnde Jugendliche pro Spot	Durchschnittlich handelnde Babys pro Spot	Durchschnittlich handelnde Männer pro Spot	Durchschnittlich handelnde Frauen pro Spot
33,5%	0,74	0,16	0,03	1,01	1,13

Mit deutlichem Abstand spielen Kinder die wichtigste Rolle in den TV-Werbespots. So waren durchschnittlich 0,74 Kinder je Werbespot im Erhebungszeitraum zu sehen. Im Gegensatz hierzu lässt sich feststellen, dass mit durchschnittlich 0,16 Jugendlichen und 0,03 Babys je Werbespot sowohl Jugendliche als auch Babys eine untergeordnete Rolle spielen. Auch hier gilt, dass es deutliche Schwankungen gibt. So gibt es Werbespots mit bis zu 12 Kindern als Darsteller und Spots mit null Kindern. Im Folgenden werden die Detailergebnisse der Ansprache bzw. des Einsatzes von Kindern/Jugendlichen/Babys je Branche gerangreiht dargestellt.

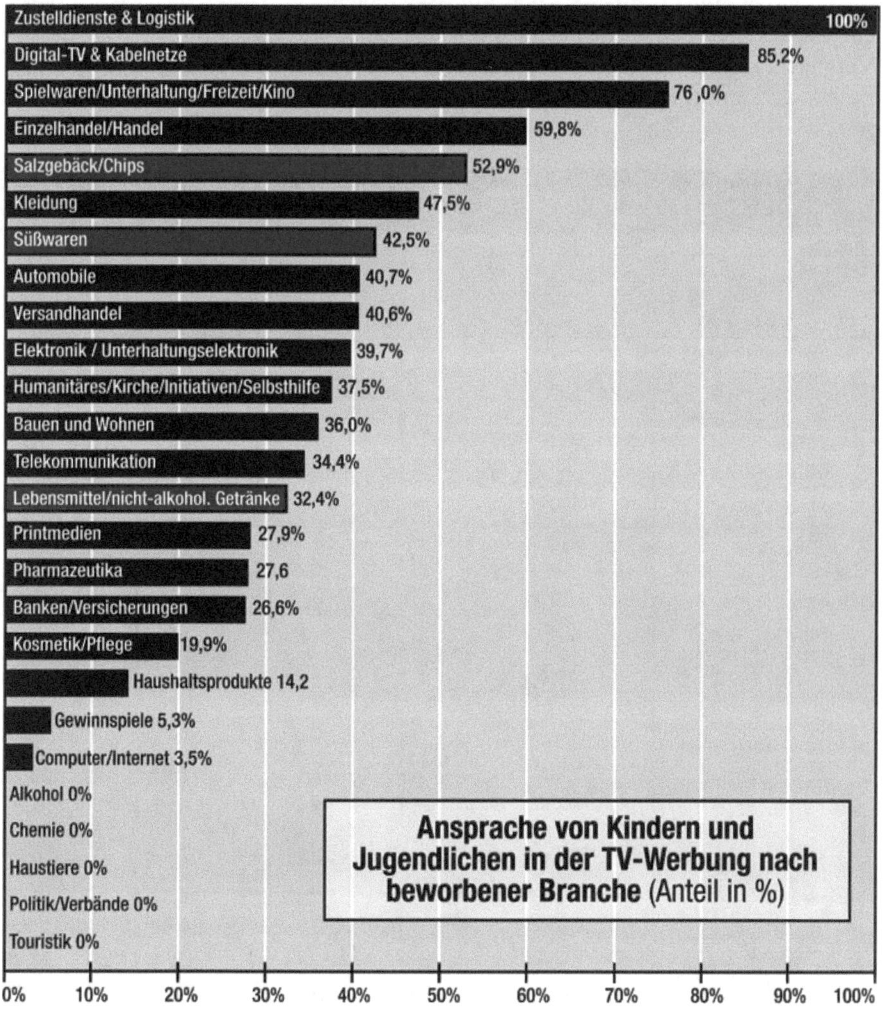

5.2 Zustelldienste & Logistik

100% aller Werbespots aus dem Bereich Zustelldienste & Logistik sprechen im Beobachtungszeitraum Kinder und Jugendliche an. Das ist der höchste Wert von allen im Beobachtungszeitraum analysierten Branchen.

Durchschnittlich werden 3 Kinder zur Bewerbung von Zustelldiensten & Logistik eingesetzt. Dies entspricht einem um +303,5% überdurchschnittlichen Einsatz im Vergleich zu allen anderen im Fernsehen beworbenen Branchen. Jugendliche und Babys wurden im Beobachtungszeitraum nicht zur Bewerbung der Branche eingesetzt.

Minderjährige in der TV-Werbung					
Branche	Spots gesamt	Verschiedene Spots	%-Anteil Branche an Spots gesamt (Anzahl Spots)	%-Anteil Branche an Spots gesamt (Sendezeit)	**%-Anteil spezielle Ansprache Kinder Jugendliche**
Zustelldienste & Logistik	8	1	0,2%	0,5%	**100,0%**
Digital-TV & Kabelnetze	54	4	1,6%	2,2%	**85,2%**
Spielwaren/Unterhaltung Freizeit/Kino	183	39	5,5%	4,5%	**76,0%**
Einzelhandel/Handel	92	26	2,8%	2,8%	**59,8%**
Salzgebäck/Chips	17	5	0,5%	0,5%	**52,9%**
Kleidung	40	7	1,2%	1,3%	**47,5%**
Süßwaren	346	66	10,4%	10,0%	**42,5%**
Automobile	86	32	2,6%	2,9%	**40,7%**
Versandhandel	32	6	1,0%	0,9%	**40,6%**
Elektronik Unterhaltungselektronik	156	68	4,7%	4,0%	**39,7%**
Humanitäres/Kirche/Initiativen/Selbsthilfegruppen	16	5	0,5%	0,7%	**37,5%**
Bauen und Wohnen	25	9	0,8%	0,8%	**36,0%**
Telekommunikation	157	44	4,7%	4,8%	**34,4%**
Lebensmittel & nicht-alkohol. Getränke	602	117	18,1%	17,4%	**32,4%**
Printmedien	68	30	2,1%	1,3%	**27,9%**
Pharmazeutika	87	27	2,6%	2,6%	**27,6%**
Banken/Versicherungen	79	26	2,4%	2,4%	**26,6%**
Kosmetik/Pflege	453	124	13,6%	12,9%	**19,9%**
Haushaltsprodukte	169	38	5,1%	5,5%	**14,2%**
Gewinnspiele	19	10	0,6%	0,7%	**5,3%**
Computer/Internet	62	12	1,9%	2,7%	**3,2%**
Alkohol	116	30	3,5%	2,5%	**0,0%**
Chemie	3	1	0,1%	0,1%	**0,0%**
Haustiere	8	3	0,2%	0,2%	**0,0%**
Politik/Verbände	2	1	0,1%	0,1%	**0,0%**
Touristik	36	11	1,1%	1,2%	**0,0%**
Summe	**2916**	**742**			
TV-Eigenwerbung	404	110	12,2%	14,4%	**Nicht bewertet**

Durchschnittlich handelnde Minderjährige in der TV-Werbung
(Kinder, Jugendliche, Babys)

Branche	Durchschnittlich handelnde Kinder pro Spot	**Abweichung handelnde Kinder von Gesamtschnitt in allen Branchen**	Durchschnittlich handelnde Jugendliche pro Spot	**Abweichung handelnde Jugendliche von Gesamtschnitt in allen Branchen**	Durchschnittlich handelnde Babys pro Spot	**Abweichung handelnde Babys vom Gesamtschnitt in allen Branchen**
Zustelldienste & Logistik	3,00	**303,5%**	0,00	**-100,0%**	0,00	**-100,0%**
Digital-TV & Kabelnetze	2,56	**243,7%**	0,00	**-100,0%**	0,00	**-100,0%**
Spielwaren/Unterhaltung/Freizeit/Kino	1,46	**97,0%**	0,00	**-100,0%**	0,00	**-100,0%**
Lebensmittel & nicht-alkohol. Getränke	1,45	**94,4%**	0,14	**-13,2%**	0,00	**-93,8%**
Kleidung	1,35	**81,6%**	0,00	**-100,0%**	0,00	**-100,0%**
Automobile	1,22	**64,2%**	0,00	**-100,0%**	0,02	**-13,1%**
Pharmazeutika	1,08	**45,3%**	0,00	**-100,0%**	0,00	**-100,0%**
Süßwaren	0,82	**10,8%**	0,11	**-33,5%**	0,01	**-56,8%**
Banken Versicherungen	0,82	**10,7%**	0,53	**230,5%**	0,00	**-100,0%**
Versandhandel	0,81	**9,3%**	1,22	**657,8%**	0,00	**-100,0%**
Bauen u. Wohnen	0,80	**7,6%**	0,00	**-100,0%**	0,00	**-100,0%**
Einzelhandel Handel	0,79	**6,7%**	1,09	**575,8%**	0,00	**-100,0%**
Humanitäres Kirche/Initiativen Selbsthilfe	0,44	**-41,2%**	0,31	**94,3%**	0,56	**2002,9%**
Printmedien	0,24	**-68,4%**	0,00	**-100,0%**	0,00	**-100,0%**
Haushaltsprodukte	0,22	**-70,6%**	0,00	**-100,0%**	0,00	**-100,0%**
Kosmetik/Pflege	0,12	**-83,7%**	0,23	**45,5%**	0,12	**345,6%**
Telekommunikation	0,08	**-89,7%**	0,01	**-92,1%**	0,00	**-100,0%**
Elektronik U.-Elektronik	0,07	**-90,5%**	0,06	**-60,1%**	0,03	**19,8%**
Computer/Internet	0,06	**-91,3%**	0,00	**-100,0%**	0,05	**80,9%**
Alkohol	0,03	**-95,4%**	0,00	**-100,0%**	0,00	**-100,0%**
Chemie	0,00	**-100,0%**	0,00	**-100,0%**	0,00	**-100,0%**
Gewinnspiele	0,00	**-100,0%**	0,42	**161,8%**	0,00	**-100,0%**
Haustiere	0,00	**-100,0%**	0,00	**-100,0%**	0,00	**-100,0%**
Politik/Verbände	0,00	**-100,0%**	0,00	**-100,0%**	0,00	**-100,0%**
Salzgebäck/Chips	0,00	**-100,0%**	2,12	**1216,6%**	0,00	**-100,0%**
Touristik	0,00	**-100,0%**	0,00	**-100,0%**	0,00	**-100,0%**
TV-Eigenwerbung	**Nicht bewertet**					

5.3 Digital-TV & Kabelnetze

85,2% aller Werbespots aus dem Bereich Digital-TV & Kabelnetze sprechen im Beobachtungszeitraum Kinder und Jugendliche an. Dies entspricht dem zweithöchsten Wert von allen im Beobachtungszeitraum analysierten Branchen. Durchschnittlich werden 2,6 Kinder zur Bewerbung von Digital-TV & Kabelnetze eingesetzt. Dies entspricht einem um +243,7% überdurchschnittlichen Einsatz im Vergleich zu allen anderen im Fernsehen beworbenen Branchen. Jugendliche und Babys wurden im Beobachtungszeitraum nicht zur Bewerbung der Branche eingesetzt.

5.4 Spielwaren/Unterhaltung/Freizeit/Kino

76% aller Werbespots aus dem Bereich Spielwaren/Unterhaltung/Freizeit/Kino sprechen im Beobachtungszeitraum Kinder und Jugendliche an. Das ist der höchste Wert von allen im Beobachtungszeitraum analysierten Branchen. Durchschnittlich werden 1,5 Kinder zur Bewerbung von Spielwaren/Unterhaltung/Freizeit/ Kino eingesetzt. Dies entspricht einem um +97% überdurchschnittlichen Einsatz im Vergleich zu allen anderen im Fernsehen beworbenen Branchen. Obwohl sich Produkte rund um Spielwaren/Unterhaltung/Freizeit/Kino sicherlich auch an Jugendliche wenden, werden diese interessanterweise zumindest im Beobachtungszeitraum überhaupt nicht zur Bewerbung von Spielwaren/Unterhaltung/Freizeit/Kino eingesetzt. Dies entspricht einem um -100% unterdurchschnittlichen Einsatz im Vergleich zu allen anderen im Fernsehen beworbenen Branchen. Dies gilt auch für Babys, die ebenfalls in keinem Werbespot der Branche zu sehen waren.

5.5 Einzelhandel/Handel

59,8% aller Werbespots aus dem Bereich Einzelhandel/Handel sprechen im Beobachtungszeitraum Kinder und Jugendliche an. Das ist der vierthöchste Wert von allen im Beobachtungszeitraum analysierten Branchen. Durchschnittlich werden 0,8 Kinder zur Bewerbung des Einzelhandels/Handels eingesetzt. Dies entspricht einem um +6,7% überdurchschnittlichen Einsatz im Vergleich zu allen anderen im Fernsehen beworbenen Branchen. Obwohl sich Produkte rund um Einzelhandel/Handel sicherlich auch an Jugendliche wenden, werden diese interessanterweise zumindest im Beobachtungszeitraum überhaupt nicht zur Bewerbung eingesetzt. Dies entspricht einem um -100% unterdurchschnittlichen Einsatz im Vergleich zu allen anderen im Fernsehen beworbenen Branchen. Dies gilt auch für Babys, die ebenfalls in keinem Werbespot der Branche zu sehen waren.

5.6 Salzgebäck/Chips

Gut jeder zweite Werbespot, 52,9%, aus dem Bereich Salzgebäck/Chips spricht Kinder und Jugendliche an. Das ist der fünfthöchste Wert von allen im Beobachtungszeitraum analysierten Branchen. Durchschnittlich werden 0 Kinder zur Bewerbung von Salzgebäck/Chips eingesetzt. Dies entspricht einem um -100% unterdurchschnittlichen Einsatz im Vergleich zu allen anderen im Fernsehen beworbenen Branchen. Durchschnittlich werden 2,1 Jugendliche zur Bewerbung von Salzgebäck/Chips eingesetzt. Dies entspricht einem um +1216,6% überdurchschnittlichen Einsatz im Vergleich zu allen anderen im Fernsehen beworbenen Branchen. Es werden keine Babys im Beobachtungszeitraum zur Bewerbung von Salzgebäck/Chips eingesetzt.

5.7 Kleidung

Ähnlich häufig wie Salzgebäck & Chips wird Kleidung mit Minderjährigen beworben. So sind in fast jedem zweiten Werbespot - in 47,5% - Minderjährige zu sehen. Durchschnittlich werden 1,4 Kinder zur Bewerbung von Bekleidung eingesetzt. Dies entspricht einem um -100% unterdurchschnittlichen Einsatz im Vergleich zu allen anderen im Fernsehen beworbenen Branchen. Allerdings waren im Beobachtungszeitraum keine Jugendlichen zur Bewerbung von Kleidung zu sehen. Das Gleiche gilt für Babys. Dies entspricht jeweils einem unterdurchschnittlichen Wert im Vergleich zu allen anderen im Fernsehen werbungtreibenden Branchen von -100%. In der hier kategorisierten Branche „Kleidung" sind allerdings keine Bekleidungsketten (wie z.B. Hennes & Mauritz etc.) enthalten. Vielmehr handelt es sich ausschließlich um gegenständliche Darstellung (beispielsweise Einblendung eines Pullovers) ohne einen besonderen Bezug zu einer bestimmten Handelsschiene.

5.8 Süßwaren

Ebenfalls intensiv werden Kinder oder Jugendliche zur Bewerbung von Süßwaren eingesetzt. So waren in 42,5% aller im Beobachtungszeitraum ausgewerteten TV-Werbespots Kinder oder Jugendliche zu sehen. Dies entspricht unter allen im Fernsehen werbungtreibenden 26 Branchen dem siebthäufigsten Wert. Durchschnittlich werden 0,8 Kinder zur Bewerbung von Süßwaren eingesetzt. Dies entspricht einem um +10,8% überdurchschnittlichen Einsatz im Vergleich zu allen anderen im Fernsehen beworbenen Branchen. Durchschnittlich werden 0,1 Jugendliche zur Bewerbung von Süßwaren eingesetzt. Dies entspricht einem um -33,5% unterdurchschnittlichen Einsatz im Vergleich zu allen anderen im Fernsehen beworbenen Branchen. Es werden mit einem eher rein statistischen Wert von 0,01% so gut wie keine Babys im Beobachtungszeitraum zur Bewerbung von Süßwaren eingesetzt (-56,8% unter Durchschnitt aller Branchen).

Unter 13 beworbenen Süßwarenproduktgruppen gab es lediglich einen Produktbereich (Schokoladenriegel), der mit Babys/Kleinstkindern - allerdings als passive Werbespot-Teilnehmer, nicht als konsumierende - gezeigt wurde. Durchschnittlich waren 0,07 Babys in den 61 Werbespot (davon 8 unterschiedliche) zur Bewerbung von Schokoladenriegeln zu sehen. Die Tabelle zeigt detailliert, für welche Produktgruppen Kinder und Jugendliche besonders häufig zur Bewerbung eingesetzt werden.

Minderjährige in der TV-Werbung (Branche: Süßwaren)									
Unterkategorie	Häufigkeit Unterkategorie	Anzahl unterschiedliche Spots	**Ansprache/Einsatz Kinder/Jugendliche**	Durchschnittlich handelnde Kinder	**Abweichung handelnde Kinder von Gesamtschnitt in allen Branchen**	Durchschnittlich handelnde Jugendliche	**Abweichung handelnde Jugendliche von Gesamtschnitt in allen Branchen**	Durchschnittlich handelnde Babys	**Abweichung handelnde Babys von Gesamtschnitt in allen Branchen**
Brausepulver	10	1	**100,0%**	0,00	**-100,0%**	0,00	**-100,0%**	0,00	**-100,0%**
Lutscher	3	1	**100,0%**	4,00	**438,0%**	1,00	**521,7%**	0,00	**-100,0%**
Pralinen	1	1	**100,0%**	2,00	**169,0%**	0,00	**-100,0%**	0,00	**-100,0%**
Traubenzucker	4	1	**100,0%**	12,00	**1514,0%**	0,00	**-100,0%**	0,00	**-100,0%**
Schokolade	11	5	**63,6%**	0,55	**-26,6%**	2,73	**1595,7%**	0,00	**-100,0%**
Eis	39	7	**51,3%**	0,72	**-3,4%**	0,00	**-100,0%**	0,00	**-100,0%**
Kaugummis Kaustreifen	82	13	**48,8%**	0,76	**1,7%**	0,00	**-100,0%**	0,00	**-100,0%**
Schokoladenriegel	61	8	**45,9%**	0,69	**-7,4%**	0,07	**-59,2%**	0,07	**145,1%**
Bonbons	42	7	**42,9%**	0,60	**-19,9%**	0,00	**-100,0%**	0,00	**-100,0%**
Nuss-Nougat-Creme	10	3	**30,0%**	2,40	**222,8%**	0,00	**-100,0%**	0,00	**-100,0%**
Desserts	30	7	**26,7%**	0,77	**3,1%**	0,00	**-100,0%**	0,00	**-100,0%**
Kuchen Kekse	42	10	**11,9%**	0,31	**-58,4%**	0,00	**-100,0%**	0,00	**-100,0%**
Riegel	11	2	**0,0%**	0,00	**-100,0%**	0,00	**-100,0%**	0,00	**-100,0%**
Summe	**346**	**66**							

5.9 Automobile

Ebenfalls intensiv werden Kinder oder Jugendliche zur Bewerbung von Automobilen eingesetzt. So waren in 40,7% aller im Beobachtungszeitraum ausgewerteten TV-Werbespots Kinder oder Jugendliche zu sehen. Durchschnittlich werden 1,2 Kinder zur Bewerbung von Automobilen je Werbespot eingesetzt. Dies entspricht einem um +64,2% überdurchschnittlichen Einsatz im Vergleich zu allen anderen im Fernsehen beworbenen Branchen. Es werden keine Jugendlichen zur Bewerbung von Automobilen im Beobachtungszeitraum eingesetzt. Allerdings waren je Werbespot durchschnittlich 0,02 Babys zu sehen. Dies entspricht einem unterdurchschnittlichen Einsatz im Vergleich zu allen anderen werbungtreibenden Branchen von -13,1%.

5.10 Versandhandel

40,6% aller Werbespots aus dem Bereich Versandhandel sprechen im Beobachtungszeitraum Kinder oder Jugendliche (oder Babys) an beziehungsweise setzen diese als Darsteller ein. Durchschnittlich werden 0,8 Kinder zur Bewerbung von Versandhandel eingesetzt. Dies entspricht einem um +9,3% überdurchschnittlichen Einsatz im Vergleich zu allen anderen im Fernsehen beworbenen Branchen. Durchschnittlich werden 1,2 Jugendliche zur Bewerbung von Versandhandel eingesetzt. Dies entspricht einem um +657,8% überdurchschnittlichen Einsatz im Vergleich zu allen anderen im Fernsehen beworbenen Branchen. Im Beobachtungszeitraum wurden keine Babys zur Bewerbung von Versandhandel eingesetzt.

5.11 Elektronik/Unterhaltungselektronik

93,7% aller Werbespots aus dem Bereich Elektronik/Unterhaltungselektronik sprechen im Beobachtungszeitraum Kinder oder Jugendliche (oder Babys) an beziehungsweise setzen diese als Darsteller ein. Durchschnittlich werden 0,07 Kinder zur Bewerbung von Elektronik- beziehungsweise Unterhaltungselektronik-Produkten eingesetzt. Dies entspricht einem um -90,5% unterdurchschnittlichen Einsatz im Vergleich zu allen anderen im Fernsehen beworbenen Branchen. Durchschnittlich werden 0,06 Jugendliche zur Bewerbung von Elektronik- beziehungsweise Unterhaltungselektronik-Produkten eingesetzt. Dies entspricht einem um -60,1% unterdurchschnittlichen Einsatz im Vergleich zu allen anderen im Fernsehen beworbenen Branchen. Im Beobachtungszeitraum wurden zudem lediglich 0,03 Babys zur Bewerbung von Elektronik- beziehungsweise Unterhaltungselektronik-Produkten eingesetzt. Dies entspricht einem überdurchschnittlichen Wert von +19,8%.

5.12 Humanitäres/Kirche/Initiativen/Selbsthilfe

37,5% aller Werbespots aus dem Bereich Humanitäres / Kirche / Initiativen / Selbsthilfegruppen sprechen oder setzen im Beobachtungszeitraum Kinder, Jugendliche oder Babys ein. Durchschnittlich werden 0,4 Kinder zur Bewerbung von Humanitärem/Kirchen/ Initiativen/Selbsthilfegruppen eingesetzt. Dies entspricht einem um -41,2% unterdurchschnittlichen Einsatz im Vergleich zu allen anderen im Fernsehen beworbenen Branchen. Durchschnittlich werden 0,3 Jugendliche zur Bewerbung von Humanitärem/ Kirchen/Initiativen/Selbsthilfegruppen eingesetzt. Dies entspricht einem um +94,3% überdurchschnittlichen Einsatz im Vergleich zu allen anderen im Fernsehen beworbenen Branchen. Im gesamten Auswertungszeitraum gibt es nur zwei Bereiche, in denen Babys / Kleinstkinder überhaupt zur Bewerbung eingesetzt werden: Neben dem Bereich Humanitäres / Kirche / Initiativen / Selbsthilfegruppen (0,6 Babys im Durchschnitt aller gesendeten 19 Werbespots, davon 6 unterschiedliche) ist dies der Bereich Kosmetik & Pflege. Damit werden Babys/Kleinstkinder zur Bewerbung von Humanitärem/Kirchen/Initiativen/ Selbsthilfegruppen zu +2002,9% überdurchschnittlich stark im Vergleich zu allen anderen im TV beworbenen und im Beobachtungszeitraum berücksichtigten Branchen eingesetzt.

5.13 Bauen & Wohnen

36% aller Werbespots aus dem Bereich Bauen & Wohnen sprechen im Beobachtungszeitraum Kinder oder Jugendliche (oder Babys) an beziehungsweise setzen diese als Darsteller ein. Durchschnittlich werden 0,8 Kinder zur Bewerbung von Bauen-&-Wohnen-Produkten eingesetzt. Dies entspricht einem um +7,6% überdurchschnittlichen Einsatz im Vergleich zu allen anderen im Fernsehen beworbenen Branchen. Es wurden keine Jugendlichen oder Babys zur Bewerbung von Bauen-&-Wohnen-Produkten im Beobachtungszeitraum eingesetzt.

5.14 Telekommunikation

34,4% aller Werbespots aus dem Bereich Telekommunikation sprechen im Beobachtungszeitraum Kinder oder Jugendliche (oder Babys) an beziehungsweise setzen diese als Darsteller ein. Durchschnittlich werden 0,08 Kinder zur Bewerbung von Telekommunikationsprodukten eingesetzt. Dies entspricht einem um -89,7% unterdurchschnittlichen Einsatz im Vergleich zu allen anderen im Fernsehen beworbenen Branchen. Durchschnittlich werden 0,01 Jugendliche zur Bewerbung von Telekommunikationsprodukten eingesetzt. Dies entspricht einem um -92,1% unterdurchschnittlichen Einsatz im Vergleich zu allen anderen im Fernsehen beworbenen Branchen. Im Beobachtungszeitraum wurden keine Babys zur Bewerbung von Telekommunikationsprodukten eingesetzt.

5.15 Lebensmittel & nicht-alkoholische Getränke

32,4% aller Werbespots, also rund jeder dritte, aus dem Bereich Lebensmittel & nicht-alkoholische Getränke sprechen Kinder, Jugendliche oder Babys an beziehungsweise setzen diese als Darsteller ein. Aufgrund der wichtigen Bedeutung der Lebensmittelwerbung für diese Studie wird die umfangreiche werbungtreibende Branche Lebensmittel & nicht-alkoholische Getränke detailliert nach Produktgruppen und dem Umfang des Einsatzes von Kindern, Jugendlichen oder Babys dargestellt. In 17 von 30 beworbenen Produktgruppen innerhalb der Branche Lebensmittel & nicht-alkoholische Getränke werden Kinder „handelnd“ eingesetzt (nächste Grafik).

Minderjährige in der TV-Werbung (Branche: Lebensmittel & nicht-alkoholische Getränke)									
Produkt-gruppe	Spots ge-samt	Ver-schie-dene Spots	**%-Anteil Anspra-che/ Einsatz Kinder/ Jugendli-che**	Durch-schnittlich handelnde Kinder pro Spot	**%-Ab-weichung handeln-de Kinder vom Schnitt in allen Branchen**	Durch-schnittlich handelnde Jugend-liche pro Spot	**%-Ab-weichung handelnde Jugendli-che vom Schnitt in allen Branchen**	Durch-schnittlich handelnde Babys pro Spot	**%-Ab-weichung handeln-de Babys vom Schnitt in allen Branchen**
Gelatine	8	2	**100,0%**	1,00	**34,5%**	0,00	**-100,0%**	0,00	**-100,0%**
Gewürze	3	1	**100,0%**	6,00	**707,0%**	0,00	**-100,0%**	0,00	**-100,0%**
Reis	1	1	**100,0%**	2,00	**169,0%**	0,00	**-100,0%**	0,00	**-100,0%**
Fertigger.	28	4	**75,0%**	1,50	**101,8%**	0,00	**-100,0%**	0,00	**-100,0%**
Cornflakes Ceralien	19	5	**73,7%**	1,11	**48,7%**	0,00	**-100,0%**	0,00	**-100,0%**
Mineralw. Schorle	18	5	**61,1%**	0,61	**-17,8%**	0,00	**-100,0%**	0,00	**-100,0%**
Energy Drinks	18	2	**55,6%**	0,00	**-100,0%**	0,00	**-100,0%**	0,00	**-100,0%**
Käse	9	3	**55,6%**	3,11	**318,5%**	0,00	**-100,0%**	0,00	**-100,0%**
Säfte	16	6	**50,0%**	2,00	**169,0%**	0,00	**-100,0%**	0,00	**-100,0%**
Joghurt	107	10	**46,7%**	1,06	**42,0%**	0,00	**-100,0%**	0,00	**-100,0%**
Blätterteig	24	3	**37,5%**	0,00	**-100,0%**	0,50	**210,9%**	0,00	**-100,0%**
Fast Food	76	10	**27,6%**	5,82	**682,2%**	0,00	**-100,0%**	0,00	**-100,0%**
Soßen Dressings	29	8	**20,7%**	0,62	**-16,5%**	0,00	**-100,0%**	0,00	**-100,0%**
Kaffee	36	9	**19,4%**	0,19	**-73,8%**	0,00	**-100,0%**	0,00	**-100,0%**
Milchgetr.	70	10	**17,1%**	1,27	**71,0%**	1,03	**539,5%**	0,00	**-100,0%**
Fleisch Wurstwaren	32	9	**15,6%**	1,22	**63,9%**	0,00	**-100,0%**	0,00	**-100,0%**
Limonaden	31	8	**12,9%**	0,00	**-100,0%**	0,00	**-100,0%**	0,00	**-100,0%**
Babynahrung	1	1	**0,0%**	0,00	**-100,0%**	0,00	**-100,0%**	1,00	**3638,5%**
Brot Knäckebrot Baguettes	14	2	**0,0%**	0,00	**-100,0%**	0,00	**-100,0%**	0,00	**-100,0%**
Brotaufstr.	12	2	**0,0%**	0,00	**-100,0%**	0,00	**-100,0%**	0,00	**-100,0%**
Diät-Butter	1	1	**0,0%**	0,00	**-100,0%**	0,00	**-100,0%**	0,00	**-100,0%**
Diät-Limonaden	4	1	**0,0%**	0,00	**-100,0%**	0,00	**-100,0%**	0,00	**-100,0%**
Diät-Margarine	2	1	**0,0%**	0,00	**-100,0%**	0,00	**-100,0%**	0,00	**-100,0%**
Fisch	11	4	**0,0%**	0,00	**-100,0%**	0,00	**-100,0%**	0,00	**-100,0%**
Gemüse Tiefkühl	4	1	**0,0%**	0,00	**-100,0%**	0,00	**-100,0%**	0,00	**-100,0%**
Gewinnspiel	1	1	**0,0%**	0,00	**-100,0%**	0,00	**-100,0%**	0,00	**-100,0%**
Limonaden Light	8	1	**0,0%**	0,00	**-100,0%**	0,00	**-100,0%**	0,00	**-100,0%**
Mineralw.	9	2	**0,0%**	0,00	**-100,0%**	0,00	**-100,0%**	0,00	**-100,0%**
Pizza	5	3	**0,0%**	0,00	**-100,0%**	0,00	**-100,0%**	0,00	**-100,0%**
Tee	5	1	**0,0%**	0,00	**-100,0%**	0,00	**-100,0%**	0,00	**-100,0%**
Summe	**602**	**117**							

Ansprache Kinder/Jugendliche: 75%: Fertiggerichte

Am zweithäufigsten wenden sich Werbespots für Fertiggerichte (ohne Fast Food) an Kinder und Jugendliche. Durchschnittlich 75% aller im Beobachtungszeitraum analysierten Werbespots (28 gesendete; davon 4 unterschiedliche) aus dieser Produktgruppe wenden sich an Kinder und Jugendliche. Durchschnittlich werden 1,5 Kinder zur Bewerbung von Fertiggerichten eingesetzt. Dies entspricht einem um +101,8% überdurchschnittlichen Einsatz im Vergleich zu allen anderen im Fernsehen beworbenen Branchen beziehungsweise um +3,8% im Vergleich zur Branche Lebensmittel & nicht-alkoholische Getränke. Es werden keine Jugendlichen als handelnde Personen beziehungsweise Babys zur Bewerbung von Fertiggerichten eingesetzt.

Ansprache Kinder/Jugendliche: 73,7%: Cornflakes/Cerealien

Am dritthäufigsten wenden sich Werbespots für Cornflakes/Cerealien an Kinder und Jugendliche. Durchschnittlich 73,7% aller im Beobachtungszeitraum analysierten Werbespots (19 gesendete; davon 5 unterschiedliche) aus dieser Produktgruppe wenden sich an Kinder und Jugendliche. Durchschnittlich werden 1,1 Kinder zur Bewerbung von Cornflakes/Cerealien pro Werbespot eingesetzt. Dies entspricht einem um +48,7% überdurchschnittlichen Einsatz im Vergleich zu allen anderen im Fernsehen beworbenen Branchen beziehungsweise einem unterdurchschnittlichen Einsatz von -23,5% im Vergleich zur Branche Lebensmittel & nicht-alkoholische Getränke. Es werden keine Jugendlichen als handelnde Personen beziehungsweise Babys zur Bewerbung von Cornflakes/Cerealien eingesetzt.

Ansprache Kinder/Jugendliche: 61,1%: Mineralwasser/Schorle

Am vierthäufigsten wenden sich Werbespots für Mineralwasser/Schorle an Kinder und Jugendliche. Durchschnittlich 61,1% aller im Beobachtungszeitraum analysierten Werbespots (18 gesendete; davon 5 unterschiedliche) aus dieser Produktgruppe wenden sich an Kinder und Jugendliche. Durchschnittlich werden 0,6 Kinder zur Bewerbung von Mineralwasser/Schorle pro Werbespot eingesetzt. Dies entspricht einem um -17,8% unterdurchschnittlichen Einsatz im Vergleich zu allen anderen im Fernsehen beworbenen Branchen beziehungsweise einem unterdurchschnittlichen Einsatz von -57,7% im Vergleich zur Branche Lebensmittel & nicht-alkoholische Getränke. Es werden keine Jugendlichen als handelnde Personen beziehungsweise Babys zur Bewerbung von Mineralwasser/Schorle eingesetzt.

Ansprache Kinder/Jugendliche: 55,6%: Käse

Am sechsthäufigsten wenden sich Werbespots für Käse an Kinder und Jugendliche. Durchschnittlich 55,6% aller im Beobachtungszeitraum analysierten Werbespots (9 gesendete; davon 3 unterschiedliche) aus dieser Produktgruppe wenden sich an Kinder und Jugendliche. Durchschnittlich werden 3,1 Kinder zur Bewerbung von Käse eingesetzt. Dies ist nach der Produktgruppe Gewürze (6 Kinder) der zweithäufigste Einsatz und entspricht einem um +318,5% überdurchschnittlichen Einsatz im Vergleich zu allen anderen im Fernsehen beworbenen Branchen beziehungsweise um +115,3% im Vergleich zur Branche Lebensmittel & nicht-alkoholische Getränke. Es werden keine Jugendlichen als handelnde Personen beziehungsweise Babys zur Bewerbung von Käse eingesetzt.

Ansprache Kinder/Jugendliche: 55,6%: Energy-Drinks

Auch Werbespots für Energy-Drinks wenden sich häufig an Kinder und Jugendliche. Durchschnittlich 55,6% aller im Beobachtungszeitraum analysierten Werbespots (18 gesendete; davon 2 unterschiedliche) aus dieser Produktgruppe wenden sich an Kinder und Jugendliche. Es werden weder Kinder noch Jugendliche oder Babys als handelnde Personen zur Bewerbung von Energy-Drinks eingesetzt. Dennoch ist die „spielerische“ Inszenierung des Produktes dergestalt, dass ein deutlicher Akzent dahingehend besteht, dass hier recht klar ist, dass Kinder und/oder Jugendliche als Zielgruppe (ebenfalls) angesprochen werden sollen.

Ansprache Kinder/Jugendliche: 50%: Säfte

Durchschnittlich 50% aller im Beobachtungszeitraum analysierten Werbespots für die Produktgruppe Säfte (16 gesendete; davon 6 unterschiedliche) wenden sich an Kinder und Jugendliche. Durchschnittlich werden 2 Kinder zur Bewerbung von Fruchtsäften eingesetzt. Dies entspricht einem um +169% überdurchschnittlichen Einsatz im Vergleich zu allen anderen im Fernsehen beworbenen Branchen beziehungsweise um +38,4% im Vergleich zur Branche Lebensmittel & nicht-alkoholische Getränke. Es werden keine Jugendlichen als handelnde Personen beziehungsweise Babys zur Bewerbung von Säften eingesetzt.

Ansprache Kinder/Jugendliche: 46,7%: Joghurt

Werbespots für Joghurt wenden sich im Beobachtungszeitrum (107 gesendete; davon 10 unterschiedliche) zu 46,7% an Kinder und Jugendliche. Durchschnittlich werden 1,1 Kinder zur Bewerbung von Joghurt eingesetzt. Dies entspricht einem um +42% überdurchschnittlichen Einsatz im Vergleich zu allen anderen im Fernsehen beworbenen Branchen beziehungsweise einem um -26,9% unterdurchschnittlichen Einsatz innerhalb der Branche Lebensmittel & nicht-alkoholische Getränke. Es werden keine Jugendlichen als handelnde Personen beziehungsweise Babys zur Bewerbung von Joghurt eingesetzt.

Ansprache Kinder/Jugendliche: 37,5%: Blätterteigprodukte

Werbespots für Blätterteigprodukte wenden sich im Beobachtungszeitrum (107 gesendete; davon 10 unterschiedliche) zu 37,5% an Kinder und Jugendliche. Durchschnittlich werden 0,5 Jugendliche pro Werbespot zur Bewerbung von Blätterteigprodukten eingesetzt. Dies entspricht einem um +210,9% überdurchschnittlichen Einsatz im Vergleich zu allen anderen im Fernsehen beworbenen Branchen beziehungsweise einem um +258,3% überdurchschnittlichen Einsatz innerhalb der Branche Lebensmittel & nicht-alkoholische Getränke. Es werden keine Kinder als handelnde Personen beziehungsweise Babys zur Bewerbung von Blätterteigprodukten eingesetzt.

Ansprache Kinder/Jugendliche: 27,6%: Fast Food

Mehr als jeder vierte Werbespot für Fast Food (27,6%) wendet sich im Beobachtungszeitrum (76 gesendete; davon 10 unterschiedliche) an Kinder und Jugendliche.

Durchschnittlich werden 5,8 Kinder pro Werbespot zur Bewerbung von Fast Food im Beobachtungszeitraum eingesetzt. Dies ist der zweithöchste Wert (nach Gewürzen) innerhalb der Branche Lebensmittel & nicht-alkoholische Getränke überhaupt und entspricht einem um +682,2% überdurchschnittlichen Einsatz im Vergleich zu allen anderen im Fernsehen beworbenen Branchen beziehungsweise einem um +302,4% innerhalb der Branche Lebensmittel & nicht-alkoholische Getränke. Es werden keine Jugendlichen als handelnde Personen beziehungsweise Babys zur Bewerbung von Fast Food eingesetzt.

Ansprache Kinder/Jugendliche: 17,1%: Milchgetränke

Weniger als jeder 5. Werbespot wendet sich im Beobachtungszeitrum (70 gesendete; davon 10 unterschiedliche) an Kinder und Jugendliche. Es werden durchschnittlich 1,3 Kinder pro Werbespot zur Bewerbung von Milchgetränken eingesetzt. Dies entspricht einem um +71% überdurchschnittlichen Einsatz im Vergleich zu allen anderen im Fernsehen beworbenen Branchen beziehungsweise einem unterdurchschnittlichen Einsatz von -12% innerhalb der Branche Lebensmittel & nicht-alkoholische Getränke. Durchschnittlich werden 1,03 Jugendliche zur Bewerbung von Milchgetränken eingesetzt. Dies entspricht einem um +539,5% überdurchschnittlichen Einsatz im Vergleich zu allen anderen im Fernsehen beworbenen Branchen beziehungsweise einem um +637,1% innerhalb der Branche Lebensmittel & nicht-alkoholische Getränke. Es werden keine Babys als handelnde Personen beziehungsweise Babys zur Bewerbung von Milchgetränken eingesetzt.

Ansprache Kinder/Jugendliche: 15,6%: Fleisch/Wurstwaren

Rund jeder 7. Werbespot wendet sich im Beobachtungszeitrum (32 gesendete; davon 9 unterschiedliche) an Kinder und Jugendliche. Es werden durchschnittlich 1,2 Kinder pro Werbespot zur Bewerbung von Fleisch/Wurstwaren eingesetzt. Dies entspricht einem um +63,9% überdurchschnittlichen Einsatz im Vergleich zu allen anderen im Fernsehen beworbenen Branchen beziehungsweise einem unterdurchschnittlichen Einsatz von -15,9% innerhalb der Branche Lebensmittel & nicht-alkoholische Getränke. Es werden weder Jugendliche noch Babys als handelnde Personen beziehungsweise Babys zur Bewerbung von Fleisch- und Wurstwaren eingesetzt.

Ansprache Kinder/Jugendliche: 12,9%: Limonaden

Gut jeder 10. wendet sich im Beobachtungszeitrum (31 gesendete; davon 8 unterschiedliche) an Kinder und Jugendliche. Es werden weder Kinder noch Jugendliche noch Babys als handelnde Personen zur Bewerbung von Limonaden eingesetzt. Allerdings ist die werbliche Inszenierung von Limonaden dergestalt (bunte Farben, lustige Musik etc.), dass angenommen werden kann, dass in einem Großteil der Werbespots Kinder und Jugendliche angesprochen werden sollen.

5.15.1 Kein Einsatz von Kindern

Es ist nicht nur von Interesse, wofür Kinder zur Produktbewerbung eingesetzt werden, sondern auch wofür nicht. Pizza zählt beispielsweise bekanntermaßen zu den Lieblingsspeisen vieler Kinder und kann sicherlich im entfernteren Sinne auch zum Fast-Food-Bereich (man denke an die Restaurantkette Pizza Hut) gezählt werden, weist aber im Beobachtungszeitraum überhaupt keine Kinder als Darsteller auf. Deshalb seien hier noch einmal jene Produktgruppen dargestellt, die überhaupt keine Kinder handelnd zeigen und damit um -100% unter dem Durchschnitt liegen:

Kaffee

Soßen/Dressings

Brotaufstrich

Fisch

Mineralwasser

Limonade light

Pizza

Tee

Diät-Limonaden

Gemüse/Tiefkühl

Brot/Knäckebrot/Baguettes

Diät-Margarine

Babynahrung

Diät-Butter

Lebensmittel-Gewinnspiele

5.15.2 Überdurchschnittlicher Einsatz Kinder

Berücksichtigt man lediglich die Produktgruppen innerhalb der Branche Lebensmittel & nicht-alkoholische Getränke, in denen Kinder über dem Durchschnitt handelnd eingesetzt werden, so verbleiben von 31 beworbenen Lebensmitteln/nicht-alkoholischen Getränken lediglich 6. Obgleich hier noch einmal erwähnt sei, dass unter „handelnd" alles verstanden wird - also auch ein passive Handlung beispielsweise des Spielens. Es sind dies:

Gewürze: 6 (+707% über Gesamtschnitt; +315,2% über Branchenschnitt)

Fast Food: 5,82 (+682,2% über Gesamtschnitt; +302,4% über Branchenschnitt)

Käse: 3,11 (+318,5% über Gesamtschnitt; +115,3% über Branchenschnitt)

Säfte: 2 (+169% über Gesamtschnitt; +38,4% über Branchenschnitt)

Reis: 2 (+169% über Gesamtschnitt; +38,4% über Branchenschnitt)

Fertiggerichte: 1,5 (+101,8% über Gesamtschnitt; +3,8% über Branchenschnitt)

5.16 Printmedien

27,9% aller Werbespots aus dem Bereich Pharmazeutika sprechen im Beobachtungszeitraum Kinder oder Jugendliche (oder Babys) an beziehungsweise setzen diese als Darsteller ein. Durchschnittlich werden 0,24 Kinder zur Bewerbung von Printprodukten (Zeitungen, Zeitschriften) eingesetzt. Dies entspricht einem um -68,4% unterdurchschnittlichen Einsatz im Vergleich zu allen anderen im Fernsehen beworbenen Branchen. Es wurden keine Jugendlichen oder Babys zur Bewerbung von Printprodukten im Beobachtungszeitraum eingesetzt.

5.17 Pharmazeutika

27,6% aller Werbespots aus dem Bereich Pharmazeutika sprechen im Beobachtungszeitraum Kinder oder Jugendliche (oder Babys) an beziehungsweise setzen diese als Darsteller ein. Durchschnittlich werden 1,08 Kinder zur Bewerbung von Pharmazeutika-Produkten eingesetzt. Dies entspricht einem um +45,3% überdurchschnittlichen Einsatz im Vergleich zu allen anderen im Fernsehen beworbenen Branchen. Es wurden keine Jugendlichen oder Babys zur Bewerbung von Pharmazeutika-Produkten im Beobachtungszeitraum eingesetzt.

5.18 Banken/Versicherungen

26,6% aller Werbespots aus dem Bereich Banken & Versicherungen sprechen im Beobachtungszeitraum Kinder oder Jugendliche (oder Babys) an beziehungsweise setzen diese als Darsteller ein. Durchschnittlich werden 0,82 Kinder zur Bewerbung von Banken & Versicherungen eingesetzt. Dies entspricht einem um +10,7% überdurchschnittlichen Einsatz im Vergleich zu allen anderen im Fernsehen beworbenen Branchen. Durchschnittlich werden außerdem 0,53 Jugendliche zur Bewerbung von Banken & Versicherungen eingesetzt. Dies entspricht einem um +230,5% überdurchschnittlichen Einsatz im Vergleich zu allen anderen im Fernsehen beworbenen Branchen. Es wurden keine Babys zur Bewerbung von Banken & Versicherungen im Beobachtungszeitraum eingesetzt.

5.19 Kosmetik & Pflege

19,9% aller Werbespots aus dem Bereich Kosmetik & Pflege sprechen im Beobachtungszeitraum Kinder oder Jugendliche (oder Babys) an beziehungsweise setzen diese als Darsteller ein. Durchschnittlich werden 0,12 Kinder pro Werbespot zur Bewerbung von Kosmetik & Pflege eingesetzt. Dies entspricht einem um -83,7% unterdurchschnittlichen Einsatz im Vergleich zu allen anderen im Fernsehen beworbenen Branchen. Durchschnittlich werden außerdem 0,23 Jugendliche pro Werbespot zur Bewerbung von Kosmetik & Pflege eingesetzt. Dies entspricht einem um +45,5% überdurchschnittlichen Einsatz im Vergleich zu allen anderen im Fernsehen beworbenen Branchen. Außerdem wurden auch Babys zur Produktbewerbung eingesetzt. So waren durchschnittlich 0,12 Babys pro Werbespot zur Bewerbung von Kosmetik & Pflege zu sehen. Dies entspricht einem um +345,6% überdurchschnittlichen Einsatz im Vergleich zu allen anderen im Fernsehen beworbenen Branchen.

5.20 Haushaltsprodukte (Putzmittel etc.)

14,2% aller Werbespots aus dem Bereich Haushaltsprodukte (Putzmittel etc.) sprechen im Beobachtungszeitraum Kinder oder Jugendliche (oder Babys) an beziehungsweise setzen diese als Darsteller ein. Durchschnittlich werden 0,22 Kinder pro Werbespot zur Bewerbung von Haushaltsprodukten (Reinigungsmittel, Waschmittel etc.) eingesetzt. Dies entspricht einem um -70,7% unterdurchschnittlichen Einsatz im Vergleich zu allen anderen im Fernsehen beworbenen Branchen. Es werden keine Jugendlichen oder Babys zur Bewerbung von Haushaltsprodukten (Reinigungsmittel, Waschmittel etc.) eingesetzt.

5.21 Gewinnspiele (ohne speziellen Branchenbezug)

14,2% aller Werbespots aus dem Bereich Gewinnspiele sprechen im Beobachtungszeitraum Kinder oder Jugendliche (oder Babys) an beziehungsweise setzen diese als Darsteller ein. Durchschnittlich werden 0,42 Jugendliche pro Werbespot zur Bewerbung von Gewinnspielen eingesetzt. Dies entspricht einem um +161,8% überdurchschnittlichen Einsatz im Vergleich zu allen anderen im Fernsehen beworbenen Branchen. Es werden keine Kinder oder Babys zur Bewerbung von Gewinnspielen eingesetzt.

5.22 Computer & Internet

14,2% aller Werbespots aus dem Bereich Computer & Internet sprechen im Beobachtungszeitraum Kinder oder Jugendliche (oder Babys) an beziehungsweise setzen diese als Darsteller ein. Durchschnittlich werden 0,06 Kinder pro Werbespot zur Bewerbung von Computer & Internet eingesetzt. Dies entspricht einem um -91,3% unterdurchschnittlichen Einsatz im Vergleich zu allen anderen im Fernsehen beworbenen Branchen. Außerdem werden durchschnittlich 0,5 Babys pro Werbespot zur Bewerbung von Computer & Internet eingesetzt. Dies entspricht einem um +80,9% überdurchschnittlichen Einsatz im Vergleich zu allen anderen im Fernsehen beworbenen Branchen. Es werden keine Jugendlichen zur Bewerbung von Computer & Internet eingesetzt.

5.23 Alkoholwerbung

Kein Alkohol-Werbespot hat sich speziell an Kinder oder Jugendliche in der Ansprache gewendet beziehungsweise setzte diese als Darsteller ein. Das heißt, Meinungen, wonach Alkoholwerbung sich gezielt an Kinder oder Jugendliche wende beziehungsweise besonders durch szenische Berücksichtigung von Kindern und Jugendlichen (Partyszenen etc.) zumindest bildsprachlich hier den „Schulterschluss" suche, können mit dieser Studie nicht bestätigt werden. Dass in der Alkoholwerbung überhaupt Kinder auftauchen, liegt daran, dass im Bereich Bierwerbung durchschnittlich 0,05 Kinder pro Werbespot zu sehen waren. Dies entspricht in der Branche Alkohol einem überdurchschnittlichen Wert von +54,7% und im Vergleich zu allen werbungtreibenden Branchen im Fernsehen von -92,8%. „Handelnde Kinder oder Jugendliche" meint hier aber nicht z.B., dass ein Darsteller z.B. Bier trinkt. Vielmehr versteht diese Erhebung darunter, dass eine Person überhaupt im Werbespot auftaucht. Ist also beispielsweise ein Kind auf einer Gartenparty lediglich im Hintergrund spielend zu sehen, während der Vater beim Grillen Bier trinkt, würde das bereits als „handelndes Kind" eingestuft. Man könnte also sagen, dass auch passive Inszenesetzung in einem Werbespot in dieser Studie berücksichtigt wird. Dabei sollten besonders die nonverbalen Aspekte in die Erhebung einfließen.

5.24 Kein Einsatz von Kindern, Jugendlichen, Babys in der TV-Werbung

In folgenden Branchen waren im Studienzeitraum keine Minderjährigen als Darsteller in der TV-Werbung zu sehen.

5.24.1 Chemie

5.24.2 Haustier-Werbung

5.24.3 Politik/Verbände

5.24.4 Touristik

5.25 Fazit: Kinder, Jugendliche, Babys in der TV-Werbung

Zusammengefasst lässt sich über den Einsatz von Kindern, Jugendlichen oder Kleinstkindern (Babys) in der deutschen TV-Werbung sagen:

- Diese Studie belegt, dass die TV-Werbung in Deutschland mit einem Wert von 33,5% Minderjährige als Darsteller häufig, aber nicht mehrheitlich einsetzt.
- Diese Studie belegt, dass mit durchschnittlich 0,74 Kindern als Darsteller pro Werbespot deutlich mehr Kinder werblich eingesetzt werden als Jugendliche (0,16) oder Babys (0,03).
- Ein starkes und immer wiederkehrendes werbliches Motiv stellt die Familie dar: So sitzen beispielsweise Kinder mit Erwachsenen (z.B. den Eltern) um einen Esstisch und genießen irgendein beworbenes Produkt (Kaffee, Nutella, Pralinen, Digitalfernsehen etc.). Oder eine Familie ist während eines Unwetters im Auto auf einer kurvigen Landstraße unterwegs - als Symbolik für die Leistungsfähigkeit einer bestimmten KfZ-Marke.
- Nicht bestätigen lassen sich Vorwürfe der Politik, Kinder würden in *besonders* umfangreichem Ausmaß für Lebensmittel, und hier obendrein für besonders ungesunde Lebensmittel (da stark fett- oder zuckerhaltig), eingesetzt. Vielmehr werden Kinder sowohl für gesunde als auch „weniger gesunde“ Lebensmittel als Darsteller eingesetzt. Das politisch besonders umstrittene Lebensmittelprodukt, Fast Food, setzt sogar in Deutschland im TV seltener Kinder oder Jugendliche als Darsteller ein als im Durchschnitt der sonstigen Lebensmittelwerbespots - und zwar zu 27,6%. Dies entspricht zwar immer noch jedem dritten Werbespot, ist aber deutlich seltener als z.B. für Joghurt (46,7%).
- Auffallend ist, dass die Anzahl der in den Werbespots eingesetzten Personen, insbesondere der Kinder, stark schwanken kann: In der Branche Fast Food verzichten beispielsweise 58 von 76 ausgewerteten Fast-Food-Werbespots (der Firmen McDonald's, Burger King, Nordsee-Restaurants) ganz auf Kinder oder Jugendliche als Darsteller. In lediglich 2 Werbespots (McDonald's) wurde durchschnittlich 1 Kind zur Bewerbung eingesetzt, in weiteren 10 wurden durchschnittlich 2 Kinder eingesetzt (ebenfalls McDonald's) und in nur 6 Werbespots wurden durchschnittlich 70 Kinder - das heißt eine Kindergruppe - zur Bewerbung eingesetzt. Diese zuletzt genannten 10 Werbespots, die letztlich nur 0,2% am gesamten Werbeaufkommen aller 3.320 ausgewerteten Werbespots ausmachen, heben den Durchschnittswert bezüglich des Einsatzes von Kindern/Jugendlichen in der Gruppe Fast Food erheblich an.
- Letztlich kommt aber diese Studie zu der Erkenntnis, dass Kinder quer durch alle Branchen als Darsteller eingesetzt werden und die Lebensmittelwerbung mit einem Anteil von 32,4% Kinder oder Jugendliche nahezu durchschnittlich häufig als Darsteller in der Fernsehwerbung einsetzt. Allerdings relativiert sich diese Erkenntnis etwas, berücksichtigt man im nächsten Punkt die Tatsachse, dass
- in 17 von 30 beworbenen Produktgruppen innerhalb der Branche Lebensmittel & nicht-alkoholische Getränke Kinder als Darsteller eingesetzt werden. Damit werden diese also deutlich häufiger zur Bewerbung von Lebensmitteln eingesetzt als im Durchschnitt aller anderen Branchen.

- Gleichzeitig gilt die Erkenntnis, dass Kinder *und* Jugendliche häufiger für die Bewerbung von Süßwaren - und zwar zu 40,7% - eingesetzt werden.
- Von 141 im deutschen Fernsehen beworbenen Produktgruppen in den 26 analysierten Branchen entfallen allein 31 Unterkategorien auf den Bereich Lebensmittel & nicht-alkoholische Getränke. Davon nutzen 12 Unterkategorien Kinder *und* Jugendliche als Darsteller.
- Die stärkste Ansprache von Kindern und Jugendlichen erfolgt in der Branche Lebensmittelwerbung & nicht-alkoholische Getränke in Produktgruppen, die nicht gesundheitspolitisch bedenklich sind: in der Reiswerbung, Gewürzewerbung sowie Gelatinewerbung - jeweils zu 100%.
- Häufig werden allerdings auch Fertiggerichte mit Kindern und Jugendlichen beworben: 75% aller 28 im Beobachtungszeitraum gesendeten Werbespots. Beworben wurden hier: Erasco Gemüsegarten Eintöpfe, Maggi Guten Appetit Hochzeits-Suppe, Maggi Guten Appetit Frühling-Suppe, Homann pack2snack. Dabei gilt jedoch:
- Fertiggerichte werden in Deutschland deutlich seltener beworben (Anteil an der TV-Lebensmittelwerbung von 7%) als z.B. in den USA (22%).
- Im Gegensatz zum Einsatz von *Kindern* als Darsteller in der TV-Werbung spielen *Jugendliche* eine deutlich geringere bis gar keine Rolle. Durchschnittlich werden lediglich 0,16 Jugendliche zur Bewerbung aller Branchen im Fernsehen überhaupt eingesetzt. Mit durchschnittlich 2,1 Jugendlichen pro Werbespot führt die Branche Salzgebäck/Chips die Rangreihe an. Dies entspricht einem überdurchschnittlichen Einsatz von +1.216,6%.
- In der Rangreihung jener Branchen, die am häufigsten Jugendliche zur Produktbewerbung einsetzten, kommt der Bereich Lebensmittel & nicht-alkoholische Getränke erst an 9. Stelle. Durchschnittlich werden lediglich 0,14 Jugendliche pro Werbespot hier eingesetzt - deutlich weniger als Kinder (1,4).
- Von 26 ausgewerteten Branchen setzen 16 überhaupt keine Jugendlichen zur Produktbewerbung ein. Es sind dies: Politik/Verbände, Chemie, Haustiere, Touristik, Alkohol, Computer & Internet (interessanterweise möchte man sagen, da gerade Internet/Computer ja starke jugendaffine Produkte sind), Haushaltsprodukte, Printmedien, Bauen & Wohnen, Pharmazeutika, Automobile, Kleidung, Spielwaren/Unterhaltung/Freizeit/Kino (ähnlich bemerkenswert wie im Bereich Internet/Computer), Digital-TV & Kabelnetze, Zustelldienste & Logistik sowie Telekommunikation.
- Obwohl in der Nachmittags-Fernsehschiene durchaus auch viele Kleinstkinder (Babys) vor dem Fernseher sitzen, werden Kleinstkinder/Babys so gut wie überhaupt nicht in der TV-Werbung eingesetzt. Lediglich 0,03 Babys werden nach dieser Studie in den Werbespots als Darsteller eingesetzt. Von 141 beworbenen Unterkategorien aus 26 Branchen wurden in lediglich 9 Produktgruppen Babys überhaupt gezeigt. Letztlich lässt sich also sagen: Diese Untersuchung kommt zum dem Ergebnis, dass Kinder mit +93,3% zwar häufiger zur Produktbewerbung im Bereich Lebensmittel & nicht-alkoholische Getränke eingesetzt werden als in anderen Branchen. Jedoch zeichnet sich ein durchaus differenziertes Bild. So werden gerade Kin-

der quer durch zahlreiche unterschiedlichste Produktgruppen, die man als *gesund* wie *weniger gesund* bezeichnen könnte, als Darsteller eingesetzt. Es fällt auf, dass Jugendliche mit -13,8% unterdurchschnittlich selten zur Bewerbung von Produkten im Fernsehen eingesetzt werden. Dies mag vielleicht auch damit zusammen hängen, dass Jugendliche dem Alter gemäß Konsum gegenüber kritischer gegenüberstehen als möglicherweise Kinder.

Es lässt sich schlussfolgern, dass es kaum möglich ist, einen Trend festzustellen, welche Produktgruppen ganz besonders intensiv Kinder oder Jugendliche zur Bewerbung einsetzen. Ein eruptiver Anstieg beim Einsatz von Kindern zur Produktbewerbung ist eher, wie dargestellt, in seltenen Fällen (z.B. in wenigen Werbespots von McDonald's - nicht in allen!) feststellbar, die dann die gesamte Unterkategorie innerhalb der Branchen statistisch nach oben ziehen. Daraus jedoch eine Ableitung auf alle in einer Produktgruppe zusammengefassten beworbenen Produkte zu bewerkstelligen scheint problematisch und der Themenkomplexität wenig angemessen. Deshalb müssen diese Aufstellungen in gewisser Weise auch für sich stehen. Es lässt sich keine Matrix ableiten, deren Aufbau so gestrickt ist, dass man sagen könnte, „Werbung arbeitet so". Vielleicht könnte man sagen, dass TV-Werbung Kinder und Jugendliche vor allem zur Bewerbung von Produkten einsetzt, die schmecken (Fertiggerichte, Cornflakes/Cerealien, Chips, Schokolade, Joghurt, Energy-Drinks, Eis, Fruchtsäfte, Bonbons, Nuss-Nougat-Creme, Fast Food, Desserts, Milchgetränke etc.), der Unterhaltung dienen (z.B. Fernsehen, Computer-Spielesoftware, Handy-Klingeltöne etc.), dem Äußeren dienen (Bekleidungsketten), der Kommunikation dienen (Mobilfunk) oder den eigenen Finanzen beziehungsweise der Zukunftssicherung dienen könnten (Banken, Bausparen).

Um auf die zu Beginn dieses Kapitels erwähnte Kritik an der Werbung mit Kindern einzugehen, lässt sich feststellen, dass Kinder und Jugendliche in unserer Gesellschaft ein soziales Ideal bedeuten, einen integralen Bestandteil von Glück. Deshalb ist es sicherlich falsch, *jede* Darstellung von Kindern oder Jugendlichen in der Werbung als „Missbrauch" zu interpretieren und zu verteufeln. Wie differenziert beispielsweise Kinder in der Werbung dargestellt werden, führte *Goffman* 1976 mit einer Untersuchung zur amerikanischen Reklame vor: Mal zeige die Werbung Erwachsene beim Spielen mit Kindern, dann, wie Erwachsene Kinder in den Arm nähmen (positives Zeichen der Wichtigkeit emotionaler Bindungen). In wieder anderen Reklamebildern habe *Goffman* festgestellt, dass Werbung letztlich positiv darstelle, wie wichtig es sei, dass Kindern durch Erwachsene ein „Schutz" zukomme oder sie ein glückliches Dasein innerhalb familiärer Strukturen erlebten usw.[385] Deshalb scheint auch folgende Bilanz möglich: Die Werbung inszeniert sicherlich in Teilen eine Scheinwelt oder ein „family album of society", aber zugleich führt sie in ihrem Drang nach der Inszenierung einer „heilen Welt" auch schöne Beispiele zwischenmenschlicher Aktion vor, die möglicherweise durchaus positive Effekte auf die Gesellschaft haben können (Vorbildcharakter). Deshalb scheinen manche Äußerun-

385 Goffman, Erving: Geschlecht und Werbung, Harper & Row, 1979, edition suhrkamp, Frankfurt a.M., 1981, S. 202ff.

gen in Bezug auf den Einsatz von Kindern und den „gnadenlosen Missbrauch" dieser in der Werbung (Kritik beispielsweise von *Gabrielle Bieber-Delfosse; S.*131ff) arg überzogen und überspannt.

Nach dieser Abhandlung soll nun der Einsatz von Erwachsenen, speziell von Männern und Frauen, in der Fachliteratur auch als „typische Konsumenten" umschrieben, untersucht werden. Dabei geht es - ebenso wie dies im Kapitel um den Einsatz von Kindern und Jugendlichen in der TV-Werbung der Fall war - vor allem darum, eine nüchterne Ist-Zustandsanalyse vorzulegen. Hierbei soll auch der Fokus auf den Einsatz bestimmter Geschlechter für bestimmte Branchen gelegt werden. Auch dies ist Bestandteil der Bemühungen dieser Untersuchung, die Debatte um Werbung etwas zu versachlichen.

6. Kapitel - Männer und Frauen in der TV-Werbung

In der Marketingliteratur ist immer wieder von der Bedeutung des *typischen Konsumenten* für die Werbung die Rede. Dieser zeichne sich durch eine gewisse ,Normalheit' aus und biete den Rezipienten Platz für Identifikationsmuster. Nach *Friedmann u. Friedmann* sei die werbliche Präsentation durch typische Konsumenten angemessen, wenn es sich um Güter des täglichen Bedarfs handele.[386] Ähnlichkeiten zwischen Werbedarstellern und Zielpersonen, also beispielsweise den TV-Zuschauern, förderten das Imitationsverhalten, sind *Mayer und Illmann* überzeugt.[387] Das gelte aber nicht zwangsläufig für alle Fälle. So orientierten sich vor allem junge Leute gerne an Älteren, schreibt *Maklin.*[388] Allerdings könne man auch dieses nicht allgemeingültig sagen. So habe beispielsweise eine Untersuchung bezüglich Kaffeewerbung gezeigt, dass sich bei Zielgruppen unterschiedlicher Altersklassen das Alter des Modells als nicht besonders wichtig herausgestellt habe, geben wiederum *Greco, Swayne* und *Johnson* zu bedenken.[389] Deshalb müsse auch der Einsatz von Darstellern in Bezug auf Altersklassen von Fall zu Fall geprüft werden.

Ferner gelte es zu berücksichtigen, dass die Auswahl der Darsteller nach geschlechtsspezifischen Kriterien einen erheblichen Einfluss auf das *User-Geschlecht einer Marke habe.* Dabei sei „klar, dass die Frage des Geschlechts einen zwar häufig nicht unwichtigen, aber keineswegs einzig relevanten Aspekt" darstelle, so *Schnierer.*[390] Wenn die These Gültigkeit hat, dass Werbung zumindest in Grenzen die Gesellschaft widerspiegele, so stellen *Schmidt u. Spieß* fest: „Die restaurative Wiedereinführung traditioneller Rollenbilder der Geschlechter in den fünfziger Jahren spiegelt sich ebenso exakt in der zeitgenössischen Werbung wie die Umdefinition dieser Bilder im Gefolge der 68er Entwicklung."[391]

Geschlechtsübergreifend wird an der Werbung u.a. kritisiert, es würden vor allem *attraktive, schöne Menschen* gezeigt. Dem widerspricht *Schnierer:* Es seien im Gegenteil die Darsteller in der (TV-)Werbung im Durchschnitt wesentlich weniger attraktiv als beispielsweise die Models in den Modezeitschriften. Werbung sitze immer

386 Friedmann, H.H. u. Friedmann, L: Endorser effectiveness by product type, in: Journal of Advertisement Research, Nr. 19/5, 1979, S. 63–71.

387 Mayer, Hans / Illmann, Tanja: Markt- und Werbepsychologie, 3. Auflage, Schäffer-Pöschel Verlag, Stuttgart 2000, S. 601.

388 Maklin, M.C.: The influence of model age on children's reactions to advertising stimuli, in: Psychology / Marketing, Nr. 7/4, 1990, S. 295–310.

389 Greco, A.J. / Swayne, L.E. / Johnson, E.B.: Will older models turn off shoppers?, In: International Journal of Advertising, Nr. 16/1, 1997, S. 27–36.

390 Schnierer, Thomas: Soziologie der Werbung, Leske+Budrich, Opladen 1999, S. 203.

391 Schmidt, Siegried u. Spieß, Brigitte: Geschichte der Fernsehwerbung in der Bundesrepublik Deutschland, Bd. 4: Unterhaltung, Werbung und Zielgruppenprogramme, Hg.: Erlinger, Hans Dieter u. Foltin, Hans-Friedrich, Wilhelm Fink, München 1994, S. 237.

die Angst im Nacken, die Adressaten, also Konsumenten, zu sehr mit einem ‚never-neverland' zu konfrontieren.[392] *Baker* sieht folglich die Notwendigkeit, *unterschiedliche Produktarten* mit *unterschiedlich attraktiven Modellen* zu präsentieren. Die Realität zeige, dass z.B. für Kosmetikprodukte eher attraktivere Modelle eingesetzt würden als für Kaffeewerbung.[393] *Mayer und Illmann* empfehlen, aufgrund der zu erwartenden großen Varianz der Urteile beim Rezipienten auf Werbekampagnen „empirische Ergebnisse" als Entscheidungskriterium für die Darsteller-Besetzung in Werbekampagnen zu nutzen und dabei eventuelle Auswirkungen auf das Produktimage in die Überlegung einzubeziehen.[394]

Darüber hinaus sei zu berücksichtigen, dass der *soziale Status eines Werbedarstellers* ebenfalls gut bedacht werden müsse, so *Mayer u. Illmann*. Dies gelte besonders für sozial relevante Produkte, die vom starken Image lebten (z.B. Rolex-Uhren). Allerdings warnen Werbeexperten vor ‚Experimenten'. Dies gelte besonders für solche, z.B. prominente Darsteller, die weit außerhalb der *realisierbaren Reichweite für den Rezipienten* seien. Sei der Unterschied zwischen Werbemodell und Zielgruppe zu groß, könne dies zu einer Minderung der Nachahmungsbereitschaft führen, also zum Nicht-Kauf des Produktes.[395] Zudem müssten Werbefachleute, führen *Mayer u. Illmann* aus, sich auch rechtzeitig Gedanken darüber machen, *wie viele Darsteller* sie beispielsweise in einem Werbespot auftreten ließen. So seien frühere Studien davon ausgegangen, der Einsatz mehrerer Darsteller könne zu einer Art *additiver Informationswirkung* führen. Dies dürfte vor allem dann sinnvoll sein, wenn beim Produktgebrauch soziale Situationen und geselliges Verhalten vorherrschten.[396] Was die Anzahl der Modelle anbelange, sei zu vermuten, dass sich ‚besondere Effekte' mit bis zu sechs Modellen verbessern ließen, wobei allerdings die Grenzzuwächse ab dem Einsatz von drei Modellen niedriger würden, ist *Holzkamp* überzeugt.[397]

Der Einsatz von Darstellern in der Werbung führe jedoch auch dazu, kritisiert *Debord*, dass die Möglichkeit einer „Manipulation oder Deformation" des Rollenverhaltens mittels Werbung bestehe.[398] Besonders häufig gerät hierbei der Einsatz von Frauen ins Blickfeld. Zwar wird auch das männliche Geschlecht regelmäßig in der Werbung eingesetzt, allerdings führte dies bislang nur in Ausnahmefällen zu kritischen Bemerkungen. Aus diesem Grunde scheint eine einführende Betrachtung der „Frau in der Werbung" im Folgenden ausreichend.

392 Schnierer 1999, S. 259.

393 Baker, M.J. u. Churchill, C.A.: The impact of physically attractive models on advertising evaluations, in: Journal of Marketing Research, Nr. 14, 1977, S. 538–555.

394 Mayer u. Illmann 2000, S. 602.

395 Ebd.

396 Ebd.

397 Holzkamp, K.: Soziale Kognition, in: Graumann, C.F., Hrsg.: Handbuch der Psychologie, Bd. 7, Sozialpsychologie, Halbband, Hogrefe, Göttingen 1972, S. 1263–1341.

398 Debord, Guy: Die Gesellschaft des Spektakels, Nautilus, Hamburg 1978.

6.1 Disskussionen um die Frau in der Werbung

Der Einsatz von Frauen als Darsteller in der Werbung, z.B. auf Fotos, erfolgte anfangs, neben der Zeitung, vor allem in den Publikumsmagazinen. Sie wurden bereits im 19. Jahrhundert nicht nur in Europa millionenfach verbreitet, sondern auch in den USA. Die große Beliebtheit der Magazine Ende des 19. Jahrhunderts brachte eine zunehmende Segmentierung der Zeitschriften nach Zielgruppen mit sich. In Amerika stieg allein im Zeitraum 1890 bis 1905 die Anzahl der „popular magazines" von 18 Millionen Exemplaren pro Erscheinungsintervall auf 64 Millionen „which translated into about four different monthly magazines in each household".[399] Besonders beliebt waren die Magazine insbesondere bei den Frauen. Deshalb lag es nahe, diese häufig auch als Darsteller in der Werbung einzusetzen.

Bereits 1883 hatte *Emile Zola* in seinem Roman *Au bonheur des Dames* die (angenommene) Verführbarkeit der Frau durch Werbung, insbesondere durch Pariser Warenhäuser, eindringlich und nachhaltig geschildert. In dem Roman bestand die Leidenschaft eines Warenhausbesitzers nämlich darin,

> ... die Frau zu besiegen. Er wollte, daß sie in seinem Hause König sei; er baute ihr einen Tempel, um sie darin in seiner Gewalt zu haben. Seine ganze Taktik bestand darin, sie durch galante Aufmerksamkeit zu berauschen und dann aus ihren erregten Begierden Nutzen zu ziehen und sie auszubeuten.[400]

Zwar kann in dieser Studie nicht das gesamte Portfolio dessen aufgegriffen werden, was an der Werbung mit der und für die Frau in den vergangenen Jahrzehnten kritisiert wurde, doch möchte dieser Abschnitt zumindest einen kurzen Einblick geben. So schrieb beispielsweise im Jahre 1938 *Charlotte Lebahn* in der Fachzeitschrift *werben & verkaufen* einen Beitrag unter der Überschrift „Die Frau im Spiegel der Werbung":

> Das Bild, dem auch ich jeden Tag im Spiegel der Werbung begegne, hat mich schon seit langem sehr nachdenklich gemacht ... ich kritisiere das Bild der Frau, so wie es mich und alle anderen Fraun ansieht, wie es mich und alle anderen Fraun anspricht ... Der Zweck einer an die Frau gerichteten Werbung ist doch offenbar der, sie zu gewinnen - als Frau und als Verbraucherin ...[401]

Etwas konkreter formuliert *Christiane Schmerl* 1981 ihre Kritik. Sie sehe vor allem „frauenfeindliche Werbung". Dies habe bereits 1971 nach einer Tagung der *Bundeszentrale für politische Bildung* zum Thema „Das Bild der Frau in den Massenmedien" zu einer Abschlussresolution geführt, indem der Deutsche Frauenrat aufgefordert worden sei, *„gegen den Missbrauch der Frau in der Werbung vorzuge-*

399 Hill, Daniel Delis: Advertising to the American Woman, 1900 – 1999, Ohio State University Press, Columbus, 2002, S. VIIIff.

400 Zola, Emile: Au bonheur des Dames (Zum Glück der Damen bzw. Zum Paradies der Damen), 1883, zitiert aus der illustrierten Ausgabe der Franck'schen Verlagsbuchhandlung: Zum Glück der Damen, übersetzt von K. Walther, Stuttgart 1900.

401 Lebahn, Charlotte: Die Frau im Spiegel der Werbung, in: werben & verkaufen, Juni 1938, S. 253.

hen". *Schmerl* kritisiert in ihrer umfangreichen Dokumentation zahlreiche Aspekte an der Frauenwerbung, neben sexistischen Inhalten (Darstellung der Frau als „sexuelles Spielzeug für Männer") u.a. auch Vorurteile, Frauen seien dümmer, sachlicher Information weniger zugänglich als Männer oder hätten nur den „Haushalt im Kopf". So werde in der Werbung „selbstverständlich davon ausgegangen, dass der Haushalt nur und ausschließlich die Angelegenheit von Frauen" sei.[402]

Eva Heller verweist in ihrer Untersuchung des *Modernen Frauenlebens in der Werbung* darauf, dass die Werbung nicht die Gesellschaft widerspiegele, sondern eine „Welt der Träume" transportiere.[403] Nicht ganz so kritisch sieht *Brigitte Spieß* die Rolle der Frau in der Fernsehwerbung und spricht davon, es würden „die sozialen Wirklichkeitsmodelle" widergespiegelt. Außerdem würde TV-Werbung „Abweichungen von traditionellen Rollenklischees anbieten" und zudem „traditionelle geschlechterspezifische Konventionen" ergänzen.[404] Für *Erving Goffman* wiederum stellt das Reklamebild der Geschlechter die Ritualisierung der diesbezüglichen sozialen Ideale dar.[405]

Ein weiterer Kritikpunkt besagt, „die Frauenbilder in der Werbung" würden „zum *Schlankheitsideal* tendieren". Deshalb liege „die Vermutung" nahe, dass Werbung damit zur Unzufriedenheit beitrage. Allerdings sieht *Schnierer* dies nicht losgekoppelt von der Gesellschaft, sondern Werbung tendiere zum Schlankheitsideal, „weil es ein gesellschaftlich vorherrschendes Ideal ist" (besonders bei Frauen). Allerdings sei es forschungspraktisch schwierig, den Beitrag der Werbung zum Schlankheitsideal in der (westlichen) Bevölkerung nachzuweisen.[406] 1994 meldeten sich auch *Percy u. Lautmann* zum Thema zu Wort. Ihre Einschätzung: „Whether this almost obsession women have with thinner figures is nurtured by advertising, however, remains a difficult question to answer".[407] Für *Schnierer* ist die Frage der Beeinflussung durch Werbung auch im Hinblick auf den „Schlankheitswahn" zu bejahen: „Die Frage ist nur, wie stark der Beitrag der Werbung ist."[408] *Hirschman u. Thompson* geben zu bedenken, dass attraktive Darstellerinnen im positiven Sinne als „inspirational ideals" angesehen würden.[409]

---

402 Schmerl, Christiane: Frauenfeindliche Werbung. Sexismus als heimlicher Lehrplan, EP 39 Elefanten Press, 1981, S. 3ff.

403 Heller, Eva: Die Werbung wirkt. Theorien und Tatsachen, Fischer, Frankfurt am Main 1984, S. 132.

404 Spieß, Brigitte: Weiblichkeitsklischees in der Fernsehwerbung, in: Merten, Klaus / Schmidt, Siegfried J. / Weischenberg, Siegfried (Hrsg.): Die Wirklichkeit der Medien. Eine Einführung in die Kommunikationswissenschaft, Westdeutscher Verlag, Opladen 1994, S. 408–426.

405 Goffman, Erving: Geschlecht und Werbung, Harper & Row, 1979; edition suhrkamp, Frankfurt a.M. 1981. Deutsch von Lindquist, Thomas.

406 Schnierer 1999, S. 259.

407 Percy, Larry u. Lautmann, Martin R.: Advertising, Weight Loss, and Eating Disorder, in: Clark, Eddie M. / Brock, Timothy C. & Stewart, David W. (Hrsg.): Attention, Attitude, and Affect in Response to Advertising, Lawrence Erlbaum Associates, Hillsdale, New Jersey 1994, S. 301–311.

408 Schnierer 1999, S. 259.

409 Hirschman, Elisabeth u. Thompson, Craig: Why Media Matter: Toward a Richer Understanding of Consumers' Relationships with Advertising and Mass Media, in: Journal of Advertising, 26/1,

Jenseits von den gerne kritisierten Sexappeal- und Erotik-Elementen in der Werbung gibt es traditionell zahlreiche andere Darstellungen der Frau in der Werbung. Darüber berichtet beispielsweise *Lori Anne Loeb* in ihrem Buch *Consuming Angels. Advertising and Victorian Women.* Die Frau sei zwar im viktorianischen Zeitalter gerne als „Engel im Haushalt" dargestellt worden, allerdings *„even when well equipped with a retinue of experienced servants, the angel became a shrewd chancellor of the exchequer of the family purse".*[410] Auch *Daniel Delis Hill* belegt in seinem reich bebilderten Buch über die Frau in der amerikanischen Werbung in den Jahren 1900-1999 die große Bandbreite des Einsatzes der Frau für kommerzielle Werbezwecke. Sie reicht von der schlichten Hausfrau, der Mutter-Darstellung über die Beauty-Queen bis hin zur strengen Sittlichkeitswächterin (Sauberkeit etc.) oder der an Technik interessierten Dame, die bereits 1904 Auto fährt etc.[411]

Unabhängig vom Standpunkt der Kritik, ist sich dennoch *Goffman* sicher, dass es zweifelsohne einen Unterschied im Rollenverhalten von Mann und Frau gibt und dass dieser Unterschied „unser zeremonielles Leben" so nachhaltig beeinflusse, „dass wir hier von einem systematischen ‚Gegenspieler-Verhältnis' sprechen" könnten. Außerdem weist er darauf hin, dass Rollenverhalten und Rollendarstellungen über einen langen Zeitraum gewachsen sind und deshalb eines historischen Verständnisses bedürfen. Außerdem sei eine wesentliche Ursache in der Darstellung der Geschlechter „natürlich die biologische". So schreibt *Goffman*: „Geschlechtseigenschaften gelten als zu unserer tierischen Natur gehörig, und wie die Tiere ihr Geschlecht zum Ausdruck bringen, so tun es auch die Menschen."[412]

Zudem weist Goffman auf einen weiteren wichtigen Aspekt hin: Es ginge an der Realität vorbei, wollte man die Darstellung von Personen in der Reklame vor allem anhand der „Realität", also des ‚wirklichen' Lebens, abklopfen und entsprechend beurteilen. Reklame, insbesondere die Darstellung von Geschlechtern, das sei auch ein Stück Fiktion. So sei denn Reklame, welche er als „kommerziellen Realismus" umschreibt, „voller bedeutungsgeladener Anblicke anderer Personen", aber jede dieser Ansichten sei „auf die dargelegte Weise abgeflacht und abstrakt" und entsprechend zu bewerten.[413] In erster Linie bestehe die Aufgabe des Reklame-Designers schließlich darin, „den Betrachter für sein Produkt einzunehmen … dieses von seiner vorteilhaften Seite, im Kontext strahlender Ereignisse zu zeigen". Hierzu sei manchmal auch eine gewisse ‚Dramatik' notwendig. Letztlich gibt *Goffman* auch zu bedenken, ob „die überall vorhandene Reklame" häufig nicht nur „als Vorwand" genommen werde, um beispielsweise „über das tatsächliche Geschlechter-Verhalten" in der Gesellschaft zu reden.[414]

1997, S. 43–60.

410 Loeb, Lori Anne: Consuming Angels. Advertising and Victorian Women, Oxford University Press, Oxford/New York 1994, Preface.

411 Hill 2002, S. VIIIff.

412 Goffman 1981, S. 11ff. sowie S. 18ff.

413 Ebd., S. 89ff.

414 Ebd., S. 113ff.

Nach dieser kurzen Betrachtung der Rolle der Geschlechter in der Werbung, insbesondere der Frau, soll nun, als Ergänzung zum vorangegangenen Kapitel, in dem untersucht wurde, wie viele Kinder, Jugendliche oder Babys in der TV-Werbung in Deutschland in den werbungtreibenden Branchen eingesetzt werden, das Äquivalent stattfinden: die Untersuchung, in welchem Umfang „typische Konsumenten", und zwar nun aus der „Erwachsenenwelt", eingesetzt werden. In dieser Statistik sind allerdings nur die nicht-prominenten Erwachsenen berücksichtigt, da es für das Thema *Prominente in der TV-Werbung* ein eigenes Kapitel gibt *(Querverweis: Kapitel - Prominente in der* TV-Werbung, *S. 183 ff.).* Die Studie interessierte an dieser Stelle vor allem die Frage: Für welche Branchen werden überwiegend Männer, für welche Frauen eingesetzt, und lässt sich dabei ein Trend erkennen? Ohne diese Erhebung bliebe diese Studie nur Stückwerk. Nur mit Hilfe möglichst vieler Mosaiksteine kann letztlich der Versuch unternommen werden, ein möglichst passendes Bild über die TV-Werbung in Deutschland zu erhalten.

Diese Studie kann und will es nicht leisten, über eine empirische Untersuchung hinausgehende weitere Analysen zur Inszenierung der Geschlechter in der Werbung zu machen. Außerdem gibt es hierzu, wie erwähnt, eine Reihe von Studien. Es folgt nun die Darstellung der Studienergebnisse zum Umfang der Darstellung von Mann und Frau in der Fernsehwerbung in Deutschland.

Studienergebnisse

Mit durchschnittlich 1,01 handelnden erwachsenen Männern, die pro Werbespot im Erhebungszeitraum zu sehen waren, sind etwas weniger als Frauen im Werbefernsehen on air (1,13), aber deutlich mehr als Kinder (0,74), Jugendliche (0,16) oder Babys (0,03). Im Folgenden wird gerangreiht dargestellt, in welchen Branchen Männer am häufigsten eingesetzt werden.

Durchschnittlich handelnde Konsumenten pro Werbespot in der TV-Werbung (Männer, Frauen, Kinder, Jugendliche, Babys)				
Durchschnittlich handelnde Männer pro Spot	Durchschnittlich handelnde Frauen pro Spot	Durchschnittlich handelnde Kinder pro Spot	Durchschnittlich handelnde Jugendliche pro Spot	Durchschnittlich handelnde Babys pro Spot
1,01	1,13	0,74	0,16	0,03

Allerdings ist dabei zu berücksichtigen, dass diese Erhebung vor allem im Nachmittags- und frühen Abendprogramm stattfand (14.00 bis 20.00 Uhr) - also zu einem Zeitpunkt, an dem mehr Frauen als Männer vor dem Fernseher sitzen. Im Folgenden werden jene Branchen dargestellt, in denen Männer und Frauen - hier als „typische Konsumenten" bezeichnet - am häufigsten als Darsteller eingesetzt werden. Zur Erhebungsmethode ist zu sagen, dass jede Person in einem Werbespot entweder handelnd oder eher als Staffage auftritt. Handelnd meint eine aktive Handlung. Zum Beispiel: Ein Mann fährt sein Auto Probe, oder eine Frau tätigt ihre Einkäufe im Supermarkt. Die folgende Datendarstellung findet gerangreiht statt - beginnend mit jenen Branchen, in denen Männer oder Frauen überdurchschnittlich beziehungsweise unterdurchschnittlich häufig als Darsteller eingesetzt werden.

6.2 Überdurchschnittlicher Einsatz Männer in der TV-Werbung

6.2.1 Versandhandel

Durchschnittlich werden 3,13 Männer pro Werbespot zur Bewerbung des Versandhandels eingesetzt. Dies entspricht einem um +209,9% überdurchschnittlichen Einsatz im Vergleich zu allen anderen im Fernsehen beworbenen Branchen.

6.2.2 Zustelldienste & Logistik

Durchschnittlich werden 3,0 Männer pro Werbespot zur Bewerbung von Zustelldiensten und der Logistikbranche eingesetzt. Dies entspricht einem um +197,6% überdurchschnittlichen Einsatz im Vergleich zu allen anderen im Fernsehen beworbenen Branchen.

6.2.3 Digital-TV & Kabelnetze

Durchschnittlich werden 2,72 Männer pro Werbespot zur Bewerbung von Digital-TV & Kabelnetzen eingesetzt. Dies entspricht einem um +170% überdurchschnittlichen Einsatz im Vergleich zu allen anderen im Fernsehen beworbenen Branchen.

6.2.4 Alkohol

Durchschnittlich werden 2,56 Männer pro Werbespot zur Bewerbung von Alkohol eingesetzt. Dies entspricht einem um +153,9% überdurchschnittlichen Einsatz im Vergleich zu allen anderen im Fernsehen beworbenen Branchen.

6.2.5 Humanitäres/Kirche/Initiativen/Selbsthilfe

Durchschnittlich werden 2,31 Männer pro Werbespot zur Bewerbung von Humanitärem/Kirche/Initiativen/Selbsthilfe eingesetzt. Dies entspricht einem um +129,4% überdurchschnittlichen Einsatz im Vergleich zu allen anderen im Fernsehen beworbenen Branchen.

6.2.6 Touristik

Durchschnittlich werden 2,17 Männer pro Werbespot zur Bewerbung von Touristik eingesetzt. Dies entspricht einem um +114,9% überdurchschnittlichen Einsatz im Vergleich zu allen anderen im Fernsehen beworbenen Branchen.

6.2.7 Chemie

Durchschnittlich werden 2,0 Männer pro Werbespot zur Bewerbung von Chemieprodukten eingesetzt. Dies entspricht einem um +98,4% überdurchschnittlichen Einsatz im Vergleich zu allen anderen im Fernsehen beworbenen Branchen.

6.2.8 Banken/Versicherungen

Durchschnittlich werden 1,81 Männer pro Werbespot zur Bewerbung von Banken/Versicherungen eingesetzt. Dies entspricht einem um +79,5% überdurchschnittlichen Einsatz im Vergleich zu allen anderen im Fernsehen beworbenen Branchen.

6.2.9 Bauen & Wohnen

Durchschnittlich werden 1,56 Männer pro Werbespot zur Bewerbung von Bauen & Wohnen eingesetzt. Dies entspricht einem um +54,7% überdurchschnittlichen Einsatz im Vergleich zu allen anderen im Fernsehen beworbenen Branchen.

6.2.10 Computer & Internet

Durchschnittlich werden 1,42 Männer pro Werbespot zur Bewerbung von Computer & Internet eingesetzt. Dies entspricht einem um +40,8% überdurchschnittlichen Einsatz im Vergleich zu allen anderen im Fernsehen beworbenen Branchen.

6.2.11 Automobile

Durchschnittlich werden 1,31 Männer pro Werbespot zur Bewerbung von Automobilen eingesetzt. Dies entspricht einem um +30,3% überdurchschnittlichen Einsatz im Vergleich zu allen anderen im Fernsehen beworbenen Branchen.

6.2.12 Kleidung

Durchschnittlich werden 1,23 Männer pro Werbespot zur Bewerbung von Kleidung eingesetzt. Dies entspricht einem um +21,5% überdurchschnittlichen Einsatz im Vergleich zu allen anderen im Fernsehen beworbenen Branchen.

6.2.13 Einzelhandel/Handel

Durchschnittlich werden 1,15 Männer zur Bewerbung des Einzelhandels/Handels eingesetzt. Dies entspricht einem um +14,3% überdurchschnittlichen Einsatz im Vergleich zu allen anderen im Fernsehen beworbenen Branchen.

6.2.14 Süßwaren

Durchschnittlich werden 1,08 Männer pro Werbespot zur Bewerbung von Süßwaren eingesetzt. Dies entspricht einem um +6,9% überdurchschnittlichen Einsatz im Vergleich zu allen anderen im Fernsehen beworbenen Branchen.

6.2.15 Pharmazeutika

Durchschnittlich werden 1,01 Männer pro Werbespot zur Bewerbung von Pharmazeutika eingesetzt. Dies entspricht einem um +0,3% überdurchschnittlichen Einsatz im Vergleich zu allen anderen im Fernsehen beworbenen Branchen.

Durchschnittlich handelnde Konsumenten in der TV-Werbung (Männer u. Frauen)

Branche	Spots gesamt	Verschiedene Spots	%-Anteil Branche an Spots gesamt (Anzahl Spots)	%-Anteil Branche an Spots gesamt (Sendezeit)	**Durchschnittlich handelnde Männer pro Spot**	%-Abweichung Männer vom Schnitt in allen Branchen	**Durchschnittlich handelnde Frauen pro Spot**	%-Abweichung Frauen vom Schnitt in allen Branchen
Versandhandel	32	6	1,0%	0,9%	**3,13**	209,9%	**1,91**	69,1%
Zustelldienste & Logistik	8	1	0,2%	0,5%	**3,00**	197,6%	**3,00**	166,1%
Digital-TV Kabelnetze	54	4	1,6%	2,2%	**2,72**	170,0%	**2,83**	151,3%
Alkohol	116	30	3,5%	2,5%	**2,56**	153,9%	**1,97**	74,3%
Humanitäres/Kirche Initiativen/Selbsthilfe	16	5	0,5%	0,7%	**2,31**	129,4%	**2,31**	105,1%
Touristik	36	11	1,1%	1,2%	**2,17**	114,9%	**2,06**	82,3%
Chemie	3	1	0,1%	0,1%	**2,00**	98,4%	**0,00**	-100,0%
Banken Versicherungen	79	26	2,4%	2,4%	**1,81**	79,5%	**1,00**	-11,3%
Bauen und Wohnen	25	9	0,8%	0,8%	**1,56**	54,7%	**0,64**	-43,2%
Computer/Internet	62	12	1,9%	2,7%	**1,42**	40,8%	**0,98**	-12,7%
Automobile	86	32	2,6%	2,9%	**1,31**	30,3%	**0,62**	-45,3%
Kleidung	40	7	1,2%	1,3%	**1,23**	21,5%	**1,23**	8,6%
Einzelhandel/Handel	92	26	2,8%	2,8%	**1,15**	14,3%	**1,08**	-4,6%
Süßwaren	346	66	10,4%	10,0%	**1,08**	6,9%	**1,39**	23,0%
Pharmazeutika	87	27	2,6%	2,6%	**1,01**	0,3%	**1,51**	33,5%
Telekommunikation	157	44	4,7%	4,8%	**0,97**	-3,3%	**0,95**	-15,8%
Lebensmittel/nicht-alkohol. Getränke	602	117	18,1%	17,4%	**0,97**	-3,6%	**1,10**	-2,0%
Salzgebäck/Chips	17	5	0,5%	0,5%	**0,88**	-12,5%	**1,00**	-11,3%
Haushaltsprodukte	169	38	5,1%	5,5%	**0,62**	-38,4%	**1,06**	-6,1%
Kosmetik/Pflege	453	124	13,6%	12,9%	**0,60**	-40,4%	**1,36**	20,6%
Elektronik/Unterhaltungselektronik	156	68	4,7%	4,0%	**0,49**	-51,0%	**0,51**	-54,5%
Printmedien	68	30	2,1%	1,3%	**0,34**	-66,5%	**0,29**	-73,9%
Spielwaren/Unterhaltung/Freizeit/Kino	183	39	5,5%	4,5%	**0,12**	-88,1%	**0,08**	-92,7%
Gewinnspiele	19	10	0,6%	0,7%	**0,00**	-100,0%	**0,00**	-100,0%
Haustiere	8	3	0,2%	0,2%	**0,00**	-100,0%	**0,25**	-77,8%
Politik/Verbände	2	1	0,1%	0,1%	**0,00**	-100,0%	**0,00**	-100,0%
Summe	**2916**	**742**						
TV-Eigenwerbung	404	110	12,2%	14,4%				

6.3 Unterdurchschnittlicher Einsatz Männer in der TV-Werbung

6.3.1 Telekommunikation

Durchschnittlich werden 0,97 Männer pro Werbespot zur Bewerbung von Telekommunikationsprodukten eingesetzt. Dies entspricht einem um -3,3% unterdurchschnittlichen Einsatz im Vergleich zu allen anderen im Fernsehen beworbenen Branchen.

6.3.2 Lebensmittel & nicht-alkoholische Getränke

Durchschnittlich werden 0,97 Männer pro Werbespot zur Bewerbung von Lebensmitteln & nicht-alkoholischen Getränken eingesetzt. Dies entspricht einem um -3,6% unterdurchschnittlichen Einsatz im Vergleich zu allen anderen im Fernsehen beworbenen Branchen.

6.3.3 Salzgebäck/Chips

Durchschnittlich werden 0,88 Männer pro Werbespot zur Bewerbung von Salzgebäck/Chips eingesetzt. Dies entspricht einem um -12,5% unterdurchschnittlichen Einsatz im Vergleich zu allen anderen im Fernsehen beworbenen Branchen.

6.3.4 Haushaltsprodukte (Reinigungsmittel, Waschmittel etc.)

Durchschnittlich werden 0,62 Männer pro Werbespot zur Bewerbung von Haushaltsprodukten (Reinigungsmittel, Waschmittel etc.) eingesetzt. Dies entspricht einem um -38,4% unterdurchschnittlichen Einsatz im Vergleich zu allen anderen im Fernsehen beworbenen Branchen.

6.3.5 Kosmetik & Pflege

Durchschnittlich werden 0,6 Männer pro Werbespot zur Bewerbung von Kosmetik- & Pflegeprodukten eingesetzt. Dies entspricht einem um -40% unterdurchschnittlichen Einsatz im Vergleich zu allen anderen im Fernsehen beworbenen Branchen.

6.3.6 Elektronik/Unterhaltungselektronik

Durchschnittlich werden 0,49 Männer pro Werbespot zur Bewerbung von Elektronik & Unterhaltungsprodukten eingesetzt. Dies entspricht einem um -51% unterdurchschnittlichen Einsatz im Vergleich zu allen anderen im Fernsehen beworbenen Branchen.

6.3.7 Printmedien

Durchschnittlich werden 0,34 Männer pro Werbespot zur Bewerbung von Printmedien eingesetzt. Dies entspricht einem um -66,5% unterdurchschnittlichen Einsatz im Vergleich zu allen anderen im Fernsehen beworbenen Branchen.

6.3.8 Spielwaren/Unterhaltung/Freizeit/Kino

Durchschnittlich werden 0,12 Männer pro Werbespot zur Bewerbung von Spielwaren/Unterhaltung/Freizeit/Kino eingesetzt. Dies entspricht einem um -88,1% unterdurchschnittlichen Einsatz im Vergleich zu allen anderen im Fernsehen beworbenen Branchen.

6.3.9 Gewinnspiele, Haustiere, Politik/Verbände

Durchschnittlich werden 0 Männer pro Werbespot zur Bewerbung von Gewinnspielen, Haustieren oder Politik/Verbänden eingesetzt. Dies entspricht einem um -100% unterdurchschnittlichen Einsatz im Vergleich zu allen anderen im Fernsehen beworbenen Branchen.

6.4 Überdurchschnittlicher Einsatz Frauen in der TV-Werbung

Mit durchschnittlich 1,13 handelnden erwachsenen Frauen, die pro Werbespot im Erhebungszeitraum zu sehen waren, sind etwas mehr Frauen im Werbefernsehen on air als Männer (1,01), deutlich mehr als Kinder (0,74), Jugendliche (0,16) oder Babys (0,03). Im Folgenden wird gerangreiht dargestellt, in welchen Branchen Frauen am häufigsten eingesetzt werden.

6.4.1 Zustelldienste & Logistik

Durchschnittlich werden 3 Frauen pro Werbespot zur Bewerbung von Zustelldiensten & Logistik eingesetzt. Dies entspricht einem um +166,1% überdurchschnittlichen Einsatz im Vergleich zu allen anderen im Fernsehen beworbenen Branchen.

6.4.2 Digital-TV & Kabelnetze

Durchschnittlich werden 2,83 Frauen pro Werbespot zur Bewerbung von Digital-TV & Kabelnetzen eingesetzt. Dies entspricht einem um +151,3% überdurchschnittlichen Einsatz im Vergleich zu allen anderen im Fernsehen beworbenen Branchen.

6.4.3 Humanitäres/Kirche/Initiativen/Selbsthilfe

Durchschnittlich werden 2,31 Frauen pro Werbespot zur Bewerbung von Humanitärem/Kirche/Initiativen/Selbsthilfegruppen eingesetzt. Dies entspricht einem um +105,1% überdurchschnittlichen Einsatz im Vergleich zu allen anderen im Fernsehen beworbenen Branchen.

6.4.4 Touristik

Durchschnittlich werden 2,06 Frauen pro Werbespot zur Bewerbung von Touristik eingesetzt. Dies entspricht einem um +82,3% überdurchschnittlichen Einsatz im Vergleich zu allen anderen im Fernsehen beworbenen Branchen.

6.4.5 Alkohol

Durchschnittlich werden 1,97 Frauen pro Werbespot zur Bewerbung von Alkohol eingesetzt. Dies entspricht einem um +74,3% überdurchschnittlichen Einsatz im Vergleich zu allen anderen im Fernsehen beworbenen Branchen.

6.4.6 Versandhandel

Durchschnittlich werden 1,91 Frauen zur Bewerbung des Versandhandels eingesetzt. Dies entspricht einem um +69,1% überdurchschnittlichen Einsatz im Vergleich zu allen anderen im Fernsehen beworbenen Branchen.

6.4.7 Pharmazeutika

Durchschnittlich werden 1,51 Frauen pro Werbespot zur Bewerbung von Pharmazeutika eingesetzt. Dies entspricht einem um +33,5% überdurchschnittlichen Einsatz im Vergleich zu allen anderen im Fernsehen beworbenen Branchen.

6.4.8 Süßwaren

Durchschnittlich werden 1,39 Frauen pro Werbespot zur Bewerbung von Süßwaren eingesetzt. Dies entspricht einem um +23,0% überdurchschnittlichen Einsatz im Vergleich zu allen anderen im Fernsehen beworbenen Branchen.

6.4.9 Kosmetik & Pflege

Durchschnittlich werden 1,36 Frauen pro Werbespot zur Bewerbung von Kosmetik & Pflege eingesetzt. Dies entspricht einem um +20,6% überdurchschnittlichen Einsatz im Vergleich zu allen anderen im Fernsehen beworbenen Branchen.

6.4.10 Kleidung

Durchschnittlich werden 1,23 Frauen pro Werbespot zur Bewerbung von Kleidung eingesetzt. Dies entspricht einem um +8,6% überdurchschnittlichen Einsatz im Vergleich zu allen anderen im Fernsehen beworbenen Branchen.

6.5 Unterdurchschnittlicher Einsatz Frauen in der TV-Werbung

6.5.1 Lebensmittel & nicht-alkoholische Getränke

Durchschnittlich werden 1,1 Frauen pro Werbespot zur Bewerbung von Lebensmitteln & nicht-alkoholischen Getränken eingesetzt. Dies entspricht einem um -2,2% unterdurchschnittlichen Einsatz im Vergleich zu allen anderen im Fernsehen beworbenen Branchen.

6.5.2 Einzelhandel/Handel

Durchschnittlich werden 1,08 Frauen zur Bewerbung des Einzelhandels/Handels eingesetzt. Dies entspricht einem um -4,6% unterdurchschnittlichen Einsatz im Vergleich zu allen anderen im Fernsehen beworbenen Branchen.

6.5.3 Haushaltsprodukte (Reinigungsmittel, Waschmittel)

Durchschnittlich werden 1,06 Frauen pro Werbespot zur Bewerbung von Haushaltsprodukten (Reinigungsmittel, Waschmittel etc.) eingesetzt. Dies entspricht einem um -6,1% unterdurchschnittlichen Einsatz im Vergleich zu allen anderen im Fernsehen beworbenen Branchen.

6.5.4 Salzgebäck/Chips

Durchschnittlich werden 1,0 Frauen pro Werbespot zur Bewerbung von Salzgebäck/Chips eingesetzt. Dies entspricht einem um -11,3% unterdurchschnittlichen

Einsatz im Vergleich zu allen anderen im Fernsehen beworbenen Branchen.

6.5.5 Banken/Versicherungen

Durchschnittlich werden 1,0 Frauen pro Werbespot zur Bewerbung von Banken/ Versicherungen eingesetzt. Dies entspricht einem um -1,3% unterdurchschnittlichen Einsatz im Vergleich zu allen anderen im Fernsehen beworbenen Branchen.

6.5.6 Computer & Internet

Durchschnittlich werden 0,98 Frauen pro Werbespot zur Bewerbung von Computer & Internet eingesetzt. Dies entspricht einem um -12,7% unterdurchschnittlichen Einsatz im Vergleich zu allen anderen im Fernsehen beworbenen Branchen.

6.5.7 Telekommunikation

Durchschnittlich werden 0,95 Frauen pro Werbespot zur Bewerbung von Telekommunikationsprodukten eingesetzt. Dies entspricht einem um -15,8% unterdurchschnittlichen Einsatz im Vergleich zu allen anderen im Fernsehen beworbenen Branchen.

6.5.8 Bauen & Wohnen

Durchschnittlich werden 0,64 Frauen pro Werbespot zur Bewerbung von Bauen & Wohnen eingesetzt. Dies entspricht einem um -43,2% unterdurchschnittlichen Einsatz im Vergleich zu allen anderen im Fernsehen beworbenen Branchen.

6.5.9 Automobile

Durchschnittlich werden 0,62 Frauen pro Werbespot zur Bewerbung von Produkten der Automobilbranche eingesetzt. Dies entspricht einem um -45,3% unterdurchschnittlichen Einsatz im Vergleich zu allen anderen im Fernsehen beworbenen Branchen.

6.5.10 Elektronik/Unterhaltungselektronik

Durchschnittlich werden 0,51 Frauen pro Werbespot zur Bewerbung von Elektronik/Unterhaltungselektronik eingesetzt. Dies entspricht einem um -54,5% unterdurchschnittlichen Einsatz im Vergleich zu allen anderen im Fernsehen beworbenen Branchen.

6.5.11 Printmedien

Durchschnittlich werden 0,29 Frauen pro Werbespot zur Bewerbung von Printmedien eingesetzt. Dies entspricht einem um -73,9% unterdurchschnittlichen Einsatz im Vergleich zu allen anderen im Fernsehen beworbenen Branchen.

6.5.12 *Haustiere*

Durchschnittlich werden 0,25 Frauen pro Werbespot zur Bewerbung von Haustieren (besonders: Futter) eingesetzt. Dies entspricht einem um -77,8% unterdurchschnittlichen Einsatz im Vergleich zu allen anderen im Fernsehen beworbenen Branchen.

6.5.13 *Spielwaren/Unterhaltung/Freizeit/Kino*

Durchschnittlich werden 0,08 Frauen pro Werbespot zur Bewerbung von Spielwaren/Unterhaltung/Freizeit/Kino eingesetzt. Dies entspricht einem um -92,7% unterdurchschnittlichen Einsatz im Vergleich zu allen anderen im Fernsehen beworbenen Branchen.

6.5.14 *Chemie, Gewinnspiele, Politik/Verbände*

Durchschnittlich werden 0,08 Frauen pro Werbespot zur Bewerbung von Chemie, Gewinnspielen, Politik/Verbänden eingesetzt. Dies entspricht einem um -100% unterdurchschnittlichen Einsatz im Vergleich zu allen anderen im Fernsehen beworbenen Branchen.

6.6 Zusammenfassung: Erwachsene, Minderjährige in der TV-Werbung

In der deutschen TV-Werbung werden im Studien-Erhebungszeitraum durchschnittlich 1,01 Männer pro Werbespot als Darsteller eingesetzt. Das ist ein etwas geringerer Wert als für Frauen (1,13), aber deutlich mehr als für Kinder (0,74), Jugendliche (0,16) oder Babys (0,03). Interessant ist, dass es nur wenige werbungtreibende Branchen gibt, über die man sagen könnte, TV-Werbung ist hier eher „männlich" oder eher „weiblich". Diese Aussage gilt allerdings nur eingeschränkt. So lässt sich durchaus sagen, dass die Technik-, Kommunikations- oder Transportbranche deutlich maskuliner mit Darstellern besetzt ist als andere Branchen. Einen deutlichen Männerüberhang gibt es beispielsweise in der Versandhandels-Branche. In den 6 unterschiedlichen Werbespots, die 32 Mal im Beobachtungszeitraum gesendet wurden, waren durchschnittlich 3,13 Männer je Spot zu sehen, aber nur 1,91 Frauen. Dies entspricht einem überdurchschnittlichen Einsatz im Vergleich zu allen anderen werbungtreibenden Branchen von +209,9% (Männer) beziehungsweise von +61,1% (Frauen). Keine Branche wirbt so intensiv mit männlichen Darstellern. Etwas anders ist die Situation in der Branche Zustelldienste & Logistik. Hier waren durchschnittlich pro Spot 3 Männer zu sehen (+197,6% über dem Durchschnitt aller werbungtreibenden Branchen) und 3 Frauen (+166,1%).

Hier ist also eine Pattsituation der Geschlechter zu verzeichnen. Das Gleiche gilt für die Branche Digital-TV & Kabelnetze (2,72 Männer sowie 1,83 Frauen pro Werbespot). Dies entspricht einem jeweils überdurchschnittlichen Einsatz von +170% (Männer) beziehungsweise von +151,3% (Frauen). Etwas abgeschwächt könnte man zu dieser Erkenntnis auch in der Alkoholwerbung gelangen. Hier waren durchschnittlich 2,56 Männer (+ 153,9% über dem Durchschnitt aller werbungtreibenden Branchen) sowie 1,97 Frauen zu sehen (+74,3% über dem Durchschnitt aller werbungtreibenden Branchen). Klare männliche Dominanz lässt sich im Bereich der Banken- und Versicherungswerbung erkennen. Hier wurden durchschnittlich 1,81 Männer pro Werbespot eingesetzt (+98,4% über dem Durchschnitt aller werbungtreibenden Branchen), jedoch nur 1 Frau (-11,3% unter dem Durchschnitt aller werbungtreibenden Branchen). Man könnte also sagen: Es gilt auch in der TV-Werbung nach wie vor das gern bediente Klischee „Geld ist primär Männersache". Entspricht der Einsatz der Männer in der TV-Werbung für Banken & Versicherungen in dieser Erhebung dem 8. Ranking-Platz jener Branchen, die am häufigsten Männer pro Werbespot als Darsteller einsetzen, landen die Frauen erst auf dem 15. Platz.

Deutlich wird diese Geschlechtertrennung auch in der werbungtreibenden Branche Bauen & Wohnen. Hier waren durchschnittlich 1,56 Männer pro Werbespot zu sehen (+54,7% über dem Durchschnitt aller werbungtreibenden Branchen), aber nur 0,64 Frauen (-43,2% unter dem Durchschnitt aller werbungtreibenden Branchen). Selbst im Bereich Computer & Internet besteht eine klare Männerdominanz. Hier waren durchschnittlich 1,42 Männer pro Werbespot zu sehen (+40,8% über dem Durchschnitt aller werbungtreibenden Branchen) und nur 0,98 Frauen (-12,7% unter dem Durchschnitt aller werbungtreibenden Branchen). Das Gleiche gilt für die Automobilwerbung. Hier waren durchschnittlich 1,31 Männer pro Werbespot zu sehen (+30,3% über dem Durchschnitt aller werbungtreibenden Branchen) und nur 0,62 Frauen (-45,3% unter dem Durchschnitt aller werbungtreibenden Branchen).

Eine Pattsituation ist erst wieder im Bereich der Bekleidungswerbung erkennbar. Hier waren durchschnittlich 1,23 Männer pro Werbespot zu sehen (+21,5% über dem Durchschnitt aller werbungtreibenden Branchen) und 1,23 Frauen (+8,6% über dem Durchschnitt aller werbungtreibenden Branchen). Ähnliches gilt für die Werbung des Einzelhandels/Handels. Hier waren durchschnittlich 1,15 Männer pro Werbespot zu sehen (+14,3% über dem Durchschnitt aller werbungtreibenden Branchen) und 1,08 Frauen (-4,6% unter dem Durchschnitt aller werbungtreibenden Branchen). An dieser Stelle kollidiert der Glaube des Volkes, wonach Einkaufen vor allem ein Hobby der Frauen ist, mit der Erkenntnis, dass in der TV-Werbung letztlich im Durchschnitt mehr Männer in den Werbespots zu sehen sind als Frauen. Erstmals mehr Frauen als Männer werden in der Süßwarenwerbung eingesetzt.

Hier waren durchschnittlich 1,08 Männer pro Werbespot zu sehen (+6,9% über dem Durchschnitt aller werbungtreibenden Branchen) und 1,39 Frauen (+23% über dem Durchschnitt aller werbungtreibenden Branchen). Auch dies könnte eine werbliche Bestätigung eines Klischees sein, wonach Frauen möglicherweise lieber Süßes essen als Männer. Deutlich mehr Frauen als Männer werden auch in der Pharmazie-Werbung eingesetzt. Hier waren durchschnittlich 1,01 Männer pro Werbespot zu sehen (+0,3% über dem Durchschnitt aller werbungtreibenden Branchen) und 1,51 Frauen (+33,5% über dem Durchschnitt aller werbungtreibenden Branchen). Hier ist die Werbung recht nah an einer Jahrtausende alten Tradition, beziehungsweise einem weit verbreiteten Glauben, wonach Heilen (Kräutersammeln etc.) primär Frauensache sei.

Eine Pattsituation der Geschlechter gibt es auch in der TV-Werbung für Telekommunikationsprodukte. So waren durchschnittlich 0,97 Männer pro Werbespot zu sehen (-3,3% unter dem Durchschnitt aller werbungtreibenden Branchen) und 0,95 Frauen (-15,8% unter dem Durchschnitt aller werbungtreibenden Branchen). Letztlich waren im Erhebungszeitraum in der TV-Werbung sogar etwas mehr Männer mit Telefonen etc. zu sehen als Frauen.

Etwas mehr Frauen als Männer sind hingegen wieder in der TV-Werbung für Lebensmittel & nicht-alkoholische Getränke vertreten. Hier waren durchschnittlich 0,97 Männer pro Werbespot zu sehen (-3,6% unter dem Durchschnitt aller werbungtreibenden Branchen) und 1,1 Frauen (-2,0% unter dem Durchschnitt aller werbungtreibenden Branchen). Ähnlich wie in der Süßwarenwerbung sind auch in der TV-Werbung für Salzgebäck & Chips mehr Frauen als Darsteller on air. Hier waren durchschnittlich 0,88 Männer pro Werbespot zu sehen (-12,5% unter dem Durchschnitt aller werbungtreibenden Branchen) und 1,0 Frauen (-11,3% unter dem Durchschnitt aller werbungtreibenden Branchen). Einen deutlichen weiblichen Überhang gibt es auch in der TV-Werbung für Haushaltsprodukte (Reinigungs- und Waschmittel). Hier waren durchschnittlich 0,62 Männer pro Werbespot zu sehen (-

38,4% unter dem Durchschnitt aller werbungtreibenden Branchen) und 1,06 Frauen (-6,1% unter dem Durchschnitt aller werbungtreibenden Branchen). Putzen und Waschen scheint also, glaubt man der TV-Werbung, nach wie vor primär ein Frauenjob zu sein.

Mehr als doppelt so viele Frauen wie Männer sind in der TV-Werbung für Kosmetik- & Pflegeprodukte zu verzeichnen - was kaum verwundern dürfte. Hier waren durchschnittlich 0,6 Männer pro Werbespot zu sehen (-40,4% unter dem Durchschnitt aller werbungtreibenden Branchen) und 1,36 Frauen (+20,6% über dem Durchschnitt aller werbungtreibenden Branchen). Hingegen gibt es im Bereich der Elektronik & Unterhaltungselektronik nahezu einen Gleichstand zwischen männlichen und weiblichen Darstellern in der TV-Werbung. Hier waren durchschnittlich 0,49 Männer pro Werbespot zu sehen (-51% unter dem Durchschnitt aller werbungtreibenden Branchen) und 0,51 Frauen (-54,5% unter dem Durchschnitt aller werbungtreibenden Branchen).

Das Lesen von Zeitungen und Zeitschriften scheint hingegen zumindest in der Darstellung der TV-Werbung wieder stärker ein maskulines Interesse oder Hobby zu sein. So waren im Erhebungszeitraum durchschnittlich 0,34 Männer pro Werbespot zu sehen (-66,5% unter dem Durchschnitt aller werbungtreibenden Branchen) und 0,29 Frauen (-73,9% unter dem Durchschnitt aller werbungtreibenden Branchen). Das Gleiche gilt bei TV-Werbung für Spielwaren, Unterhaltung, Freizeit, Kino: Hier waren durchschnittlich 0,12 Männer pro Werbespot zu sehen (-88,1% unter dem Durchschnitt aller werbungtreibenden Branchen) und 0,08 Frauen (-92,7% unter dem Durchschnitt aller werbungtreibenden Branchen).

Im Folgenden werden die Studienergebnisse noch etwas detaillierter für jene Branchen dargestellt, die für diese Untersuchung von besonderem Interesse sind. Zunächst einmal zur TV-Werbung für Lebensmittel & nicht-alkoholische Getränke: Es ist bemerkenswert, dass für die TV-Werbung von Lebensmitteln & nicht-alkoholischen Getränken durchschnittlich 1,45 Kinder pro Werbespot zum Einsatz kommen, jedoch nur 0,97 erwachsene Männer und 1,1 erwachsenen Frauen beziehungsweise nur 0,14 Jugendliche. Das heißt, dass Lebensmittel & nicht-alkoholische Getränke sehr stark, und zwar im Vergleich zu allen anderen beworbenen Branchen um +93,3%, mit Kindern beworben werden.

Dabei lässt sich feststellen, dass Männer wie Frauen als Darsteller vor allem für jene Produktgruppen überdurchschnittlich stark eingesetzt werden, in denen Kinder so gut wie keine Rolle spielen (Tabelle). Zu nennen sind hier insbesondere z.B. *Fleisch/Wurstwaren, Käse, Diät-Limonaden, Gemüse/Tiefkühl, Energy-Drinks, Soßen/Dressings, Pizza, Cornflakes.* In all diesen Produktgruppen werden deutlich mehr Erwachsene als Kinder eingesetzt (Ausnahme: Käse und Fleisch/Wurstwaren).

So gut wie keine Erwachsenen werden hingegen für folgende Produkte als Darsteller eingesetzt: *Desserts, Brot/Knäckebrot, Diät-Margarine beziehungsweise Diät-Butter (nur Frauen als Darsteller), Babynahrung, Gewinnspiele (mit Lebensmittelbezug) und für Reis*. Lohnend ist hier allerdings ein detaillierter Blick auf die Produktgruppen. So werden beispielsweise als Darsteller deutlich mehr Männer für

Fleisch- und Wurstwaren eingesetzt als Frauen. Es waren hier durchschnittlich 3,28 Männer pro Werbespot zu sehen (+225,4% über dem Durchschnitt aller werbungtreibenden Branchen beziehungsweise +237,7% innerhalb der Branche Lebensmittel & nicht-alkoholische Getränke) und 1,28 Frauen (+13,6% über dem Durchschnitt aller werbungtreibenden Branchen beziehungsweise +16% innerhalb der Branche Lebensmittel & nicht-alkoholische Getränke).

Mehr Männer als Frauen werden auch zur Bewerbung von Energy-Drinks im Erhebungszeitraum in der TV-Werbung eingesetzt. So waren hier durchschnittlich 2,11 Männer pro Werbespot zu sehen (+109,4% über dem Durchschnitt aller werbungtreibenden Branchen beziehungsweise +117,2% innerhalb der Branche Lebensmittel & nicht-alkoholische Getränke) und 1,67 Frauen (+47,8% über dem Durchschnitt aller werbungtreibenden Branchen beziehungsweise +50,9% innerhalb der Branche Lebensmittel & nicht-alkoholische Getränke). Ähnlich ist die Situation in der Pizza-Werbung. Hier waren durchschnittlich 1,6 Männer pro Werbespot zu sehen (+58,7% über dem Durchschnitt aller werbungtreibenden Branchen beziehungsweise +64,4% innerhalb der Branche Lebensmittel & nicht-alkoholische Getränke) und 0,2 Frauen (-82,3% unter dem Durchschnitt aller werbungtreibenden Branchen beziehungsweise -81,9% innerhalb der Branche Lebensmittel & nicht-alkoholische Getränke). Bemerkenswert ist, dass im Erhebungszeitraum weder Kinder noch Jugendliche als Darsteller in der Pizza-Werbung auszumachen waren.

Erstmals mehr Frauen als Männer sind bei der im Fernsehen werbungtreibenden Branche „Lebensmittel" in der Gewürze-Werbung festzustellen. So standen durchschnittlich einem Mann als Darsteller pro Werbespot (-0,8% unter dem Durchschnitt aller werbungtreibenden Branchen beziehungsweise +2,9% innerhalb der Branche Lebensmittel & nicht-alkoholische Getränke) 2 Frauen gegenüber (+77,4% über dem Durchschnitt aller werbungtreibenden Branchen beziehungsweise +81,1% innerhalb der Branche Lebensmittel & nicht-alkoholische Getränke). Man könnte also auch an dieser Stelle sagen, dass TV-Werbung sehr nahe an vorhandenen Klischees agiert („Kochen ist Frauensache" etc.). Der zweite Produktbereich, in dem mehr Frauen als Männer zu sehen waren, ist der Bereich Mineralwasser-Schorle-Werbung. Hier waren durchschnittlich 0,61 Männer pro Werbespot zu sehen (-39,4% unter dem Durchschnitt aller werbungtreibenden Branchen beziehungsweise -37,1% innerhalb der Branche Lebensmittel & nicht-alkoholische Getränke) und 1,11 Frauen (-1,5% unter dem Durchschnitt aller werbungtreibenden Branchen beziehungsweise +0,6% innerhalb der Branche Lebensmittel & nicht-alkoholische Getränke).

Deutlich mehr Frauen als Männer werden auch in der Kaffee-Werbung als Darsteller eingesetzt. Hier waren durchschnittlich 0,56 Männer pro Werbespot zu sehen (-44,9% unter dem Durchschnitt aller werbungtreibenden Branchen beziehungsweise -42,8% innerhalb der Branche Lebensmittel & nicht-alkoholische Getränke) und 1,42 Frauen (+25,6% über dem Durchschnitt aller werbungtreibenden Branchen beziehungsweise +28,2% innerhalb der Branche Lebensmittel & nicht-alkoholische Getränke). Ähnlich feminin ist die Mineralwasser-Werbung. Hier waren durchschnittlich 0,44 Männer pro Werbespot als Darsteller vertreten (-55,9% unter dem

Durchschnitt aller werbungtreibenden Branchen beziehungsweise -54,3% innerhalb der Branche Lebensmittel & nicht-alkoholische Getränke) und 1,33 Frauen (+18,2% über dem Durchschnitt aller werbungtreibenden Branchen beziehungsweise +20,7% innerhalb der Branche Lebensmittel & nicht-alkoholische Getränke).

Auch Milchgetränke werden in der TV-Werbung eher als feminines Produkt inszeniert. So waren in dieser Erhebung durchschnittlich 0,24 Männer pro Werbespot als Darsteller feststellbar (-75,9% unter dem Durchschnitt aller werbungtreibenden Branchen beziehungsweise -75% innerhalb der Branche Lebensmittel & nicht-alkoholische Getränke) und 1,51 Frauen (+34,3% über dem Durchschnitt aller werbungtreibenden Branchen beziehungsweise +37,1% innerhalb der Branche Lebensmittel & nicht-alkoholische Getränke). Gleiches gilt für die Bewerbung von Fruchtsäften. Hier waren durchschnittlich 0,13 Männer pro Werbespot zu sehen (-87,6% unter dem Durchschnitt aller werbungtreibenden Branchen beziehungsweise -87,1% innerhalb der Branche Lebensmittel & nicht-alkoholische Getränke) und 0,69 Frauen (-39% über dem Durchschnitt aller werbungtreibenden Branchen beziehungsweise -37,8% innerhalb der Branche Lebensmittel & nicht-alkoholische Getränke). Mit durchschnittlich 2 Kindern pro Fruchtsaft-Werbespot werden Minderjährige dominierend als Testimonials in der TV-Werbung eingesetzt.

Etwas mehr Männer als Frauen werden für die Fast-Food-Werbung eingesetzt. Hier waren durchschnittlich 0,79 Männer pro Werbespot zu sehen (-21,7% unter dem Durchschnitt aller werbungtreibenden Branchen beziehungsweise -18,8% innerhalb der Branche Lebensmittel & nicht-alkoholische Getränke) und 0,51 Frauen (-54,5% unter dem Durchschnitt aller werbungtreibenden Branchen beziehungsweise -53,5% innerhalb der Branche Lebensmittel & nicht-alkoholische Getränke). Wie bereits ausgeführt, stellen die Kinder mit durchschnittlich 5,82 Darstellern pro Fast-Food-Werbespot die größte Gruppe dar (+682,2% über dem Durchschnitt aller werbungtreibenden Branchen).

Geht es nach der TV-Werbung, scheint Joghurt ebenfalls ein Produkt zu sein, das klar auf Frauen oder Kinder gerichtet ist. Hier waren durchschnittlich 0,04 Männer pro Werbespot zu sehen (-96,3% unter dem Durchschnitt aller werbungtreibenden Branchen beziehungsweise -96,2% innerhalb der Branche Lebensmittel & nicht-alkoholische Getränke) sowie 0,97 Frauen (-13,8% unter dem Durchschnitt aller werbungtreibenden Branchen beziehungsweise -12% innerhalb der Branche Lebensmittel & nicht-alkoholische Getränke). Durchschnittlich waren 1,06 Kinder in der Joghurtwerbung zu sehen. Nicht zulässig scheint eine nach Geschlechtern gewichtete Bewertung der meisten Diätprodukte (Diät-Limonade, Diät-Butter, Diät-Margarine) zu sein, da hier die Sendefrequenz mit teils nur 1 bis 4 Werbespot im Beobachtungszeitraum zu gering ist. Dennoch sei der Vollständigkeit halber erwähnt, dass zur Bewerbung von Diät-Limonade (1 Werbespot, der 4 Mal im Beobachtungszeitraum gesendet wurde) gleich viele Männer wie Frauen zu sehen waren (3 Männer, 3 Frauen). In der TV-Bewerbung von Diät-Butter (1 Werbespot, 1 Mal im Beobachtungszeitraum gesendet) und Diät-Margarine (1 Werbespot, 1 Mal im Beobachtungszeitraum gesendet) waren keine Männer als Darsteller vertreten, dafür aber jeweils 3 Frauen beziehungsweise 1 Frau. Auch an dieser Stelle lässt sich also feststellen, wie schwierig es ist, beim Thema TV-Werbung zu einer allgemeingültigen Erkenntnis zu gelangen. *So werden Erwachsene wie Kinder mehr oder weniger gleichmäßig verteilt zur Bewerbung von besonders fetthaltigen und weniger fetthaltigen Produkten eingesetzt.* Von 30 Produktgruppen in der Branche Lebensmittel & nicht-alkoholische Getränke werden Männer in 23 eingesetzt, Frauen in 25, Kinder in 13, Jugendliche lediglich in 2 und Babys nur in 1 (Babynahrung). Dies lässt zumindest den Schluss zu, dass Kinder zwar in weniger Produktgruppen zur Bewerbung eingesetzt werden als Erwachsene, dafür aber mit einer höheren Darstellerfrequenz, wie bereits ausgeführt.

Diese Erkenntnis zeigt sich auch in der Süßwarenwerbung. Von 13 im Fernsehen beworbenen Süßwaren-Untergruppen werden in 10 Männer wie Frauen eingesetzt, in 11 Kinder und in nur 3 Produktgruppen Jugendliche. Da die Süßwarenwerbung vom Produktportfolio her betrachtet nicht so stark variiert wie in der Branche Lebensmittel & nicht-alkoholische Getränke, wird an dieser Stelle lediglich ein über- oder unterdurchschnittlicher Einsatz von Männern oder Frauen in Bezug auf das gesamte TV-Werbeaufkommen aller Branchen verzeichnet. So werden zur Bewerbung von Süßwaren durchschnittlich 1,09 Männer pro Werbespot im Beobachtungszeitraum als Darsteller eingesetzt. Dies entspricht einem überdurchschnittlichen Wert im Vergleich zu allen anderen Branchen von +6,9%. Im Gegensatz dazu werden durchschnittlich 1,39 Frauen zur Branchenbewerbung eingesetzt. Das entspricht einem unterdurchschnittlichen Wert von +23,0%. Durchschnittlich werden allerdings nur 0,82 Kinder zur Bewerbung von Süßwaren eingesetzt. Dies entspricht zwar einem um +10,8% überdurchschnittlichen Einsatz im Vergleich zu allen anderen im Fernsehen beworbenen Branchen, gleichzeitig jedoch einem deutlich geringeren Einsatz als von Erwachsenen. Mit durchschnittlich 0,11 Jugendlichen pro Süßwaren-Werbespot kann gesagt werden, dass diese Altersgruppe hier so gut wie keine Rolle spielt.

Süßwaren werden also deutlich stärker von Erwachsenen, besonders von Frauen, als von Kindern beworben, während Jugendliche so gut wie gar keine Rolle als Darsteller für Süßwarenwerbung spielen - mit einer Ausnahme: in der Schokoladenwerbung. Denn hier erlangen sie ein deutliches Übergewicht. Schokolade wird unter Einsatz der meisten männlichen wie weiblichen Darsteller werblich im Fernsehen im Beobachtungszeitraum inszeniert. So waren hier durchschnittlich 6,73 Männer pro Werbespot zu sehen (+567,2% über dem Durchschnitt aller werbungtreibenden Branchen) und 6,18 Frauen (+448,2% über dem Durchschnitt aller werbungtreibenden Branchen). Durchschnittlich waren jedoch nur 0,55 Kinder pro Werbespot in der Schokoladenwerbung zu sehen (-26,6% unter dem Durchschnitt aller werbungtreibenden Branchen), hingegen 2,73 Jugendliche pro Werbespot (+1595,7% über dem Durchschnitt aller werbungtreibenden Branchen). Damit wird Schokolade mit den meisten jugendlichen Darstellern aller im Erhebungszeitraum ausgewerteten Produkte beworben.

Am zweithäufigsten werden Männer im Bereich der Süßwarenwerbung für Eis eingesetzt. So waren in der Eiswerbung durchschnittlich 1,38 Männer pro Werbespot zu sehen (-37,3% unter dem Durchschnitt aller werbungtreibenden Branchen) und 1,49 Frauen (-31,9% unter dem Durchschnitt aller werbungtreibenden Branchen). Durchschnittlich waren 0,72 Kinder in der Eiswerbung zu sehen (-3,4% unter dem Durchschnitt aller werbungtreibenden Branchen) und keine Jugendlichen.

Wie die meisten Süßwarenprodukte werden Schokoladenriegel deutlich häufiger von Frauen als von Männern beworben. Schokoladenriegel gehören mit 8 unterschiedlichen Werbespots, die 61 Mal gesendet wurden, nach den Kaugummis / Gums / Kaustreifen zu dem am häufigsten beworbenen Süßwarenprodukt im Erhebungszeitraum. So waren in der Schokoladenriegelwerbung durchschnittlich 1,21 Männer pro Werbespot zu sehen (+20,3% über dem Durchschnitt aller werbungtreibenden Branchen) und 1,39 Frauen (+23,9% über dem Durchschnitt aller werbungtreibenden Branchen). Durchschnittlich wurden außerdem 0,69 Kinder in der Schokoladenriegelwerbung als Darsteller eingesetzt (-7,4% unter dem Durchschnitt aller werbungtreibenden Branchen) und nur 0,07 Jugendliche (-59,2% unter dem Durchschnitt aller werbungtreibenden Branchen).

Auch Desserts (7 unterschiedliche Werbespots im Erhebungszeitraum, die 30 Mal gesendet wurden) werden deutlich häufiger unter dem darstellerischen Einsatz von Frauen als von Männern im Fernsehen beworben. So waren durchschnittlich 1,13 Männer pro Werbespot zu sehen (+12,4% über dem Durchschnitt aller werbungtreibenden Branchen) und 1,57 Frauen (+38,9% über dem Durchschnitt aller werbungtreibenden Branchen). Durchschnittlich wurden außerdem 0,77 Kinder pro Dessert-Werbespot als Darsteller eingesetzt (+3,1% über dem Durchschnitt aller werbungtreibenden Branchen). Im Erhebungszeitraum waren keine Jugendlichen zur Bewerbung von Desserts im Fernsehen zu sehen.

Bonbons scheinen, glaubt man der TV-Werbung, ebenfalls eher ein feminines Produkt zu sein. So waren hier durchschnittlich 0,86 Männer pro Werbespot zu sehen (-15% unter dem Durchschnitt aller werbungtreibenden Branchen) und 1,17 Frauen (+3,5% über dem Durchschnitt aller werbungtreibenden Branchen). Durchschnittlich waren 0,6 Kinder in der Bonbon-Werbung zu sehen (-19,9% unter dem Durchschnitt aller werbungtreibenden Branchen) und keine Jugendlichen.

Ähnliches gilt für die TV-Bewerbung von Kaugummis, Gums sowie Kaustreifen. Diese Produktgruppe ist mit 13 unterschiedlichen Werbespots, die 82 Mal gesendet wurden, die größte Süßwaren-Produktgruppe im Erhebungszeitraum. Durchschnittlich wurden zu ihrer Bewerbung 0,76 Männer pro Werbespot eingesetzt (-25% unter dem Durchschnitt aller werbungtreibenden Branchen) und 1,2 Frauen (+6% über dem Durchschnitt aller werbungtreibenden Branchen). Zudem waren durchschnittlich 0,76 Kinder in der Kaugummiwerbung feststellbar (-1,7% unter dem Durchschnitt aller werbungtreibenden Branchen) sowie keine Jugendlichen.

Auch Kuchen/Kekse sind, folgt man der TV-Werbung, eher Produkte, die von Frauen genossen werden. So waren hier durchschnittlich 0,45 Männer pro Werbespot zu sehen (-55,1% unter dem Durchschnitt aller werbungtreibenden Branchen) und 1,21 Frauen (+7,7% über dem Durchschnitt aller werbungtreibenden Branchen).

Durchschnittlich waren 0,31 Kinder in der Kuchen-/Kekswerbung zu sehen (-56,4% unter dem Durchschnitt aller werbungtreibenden Branchen) und keine Jugendlichen. Deutlich mehr Kinder als Erwachsene werden lediglich zur Bewerbung von Traubenzucker (12 Kinder, 1 Mann, 2 Frauen) und Nuss-Nougat-Creme eingesetzt (keine erwachsenen Darsteller, dafür 2,4 Kinder als Darsteller pro Werbespot und keine Jugendlichen).

Auch in der Branche Salzgebäck/Chips ist feststellbar, dass Erwachsene vor allem in jenen Produktgruppen als Darsteller eingesetzt werden, in denen Kinder nicht auftauchen. Zur Bewerbung von Salzgebäck/Chips werden durchschnittlich 0,88 Männer pro Werbespot im Beobachtungszeitraum als Darsteller eingesetzt. Dies entspricht einem unterdurchschnittlichen Wert im Vergleich zu allen anderen Branchen von -12,5%. Im Gegensatz dazu wird durchschnittlich nur eine Frau zur Branchenbewerbung eingesetzt. Das entspricht einem unterdurchschnittlichen Wert von -11,3%. Am häufigsten werden Salzgebäck und Chips allerdings von Jugendlichen beworben. Durchschnittlich waren hier 2,12 Jugendliche pro Werbespot feststellbar. Dies entspricht einem um +1216,6% überdurchschnittlichen Einsatz im Vergleich zu allen anderen im Fernsehen beworbenen Branchen.

Im Bereich der Alkoholwerbung sind so gut wie keine Kinder und Jugendlichen zu sehen. Auch ergibt sich im Beobachtungszeitraum zwischen der Anzahl männlicher und weiblicher Darstellung zwar keine Pattsituation, aber nur eine leichte männliche Dominanz. So waren hier durchschnittlich 2,56 Männer pro Werbespot zu sehen (+155,9% über dem Durchschnitt aller werbungtreibenden Branchen) und 1,97 Frauen (+74,3% über dem Durchschnitt aller werbungtreibenden Branchen). Da überdurchschnittlich häufig Männer wie Frauen in der Alkoholwerbung im Fernsehen zu sehen sind, legt dies die Schlussfolgerung nahe, dass Alkohol im Fernsehen als gesellschaftliches Ereignis inszeniert wird. Interessant ist, dass nahezu alle alkoholischen Getränke nahezu gleich stark von Männern wie Frauen beworben werden. Ein deutlicher Unterschied ist lediglich in der Bierwerbung zu verzeichnen (Tabelle). So waren hier durchschnittlich 2,76 Männer pro Werbespot zu sehen (+7,8% über dem Branchenschnitt) und „nur" 1,92 Frauen (-2,3% unter dem Branchenschnitt).

Mit 0,03 Kindern, die durchschnittlich pro Alkoholwerbespot im Beobachtungszeitraum zu sehen waren, lässt sich die szenische Darstellung von Kindern in Alkoholwerbespots kaum mehr wahrnehmen. Betroffen davon sind lediglich 4 Werbespots mit einer Gesamtdauer von 1,17 Minuten, die zur Bewerbung des Bieres Wernesgrüner Pils aufgewendet wurden. Es lässt sich feststellen, dass sich die Industrie an die Eigenverpflichtung hält, keine Kinder oder Jugendlichen zur Bewerbung von Alkohol im Fernsehen einzusetzen. Dass Kinder beispielsweise einmal in einer filmischen Szene zu sehen sind, in der der Vater bei einem sommerlichen Grillfest ein Bier zum Braten trinkt, ist sicherlich auch unter dem Aspekt des Kinder- und Jugendschutzes verkraftbar.

6.7 Fazit: Männer und Frauen in der TV-Werbung

Es zeigt sich, dass Männer wie Frauen für eine breite Produktpalette im Fernsehen als Darsteller eingesetzt werden, ohne dass ein Trend erkennbar wäre, dass das eine oder andere Geschlecht beispielsweise - um auf die für diese Studie besonders interessante Lebensmittelwerbung zurückzukommen - signifikant häufig für fett oder schlank machende Produkte eingesetzt würde. Allerdings lässt sich in diesem Zusammenhang auch feststellen, dass zumindest Kinder und Jugendliche nicht für besonders schlank machende Produkte, z.B. Diätprodukte, als Darsteller eingesetzt werden. Kinder werden, ähnlich Erwachsene, zur Bewerbung nahezu sämtlicher Lebensmittel eingesetzt. Im Gegensatz dazu spielen Jugendliche fast keine Rolle in der Lebensmittel- oder Süßwaren-TV-Werbung. Ihr größter Einsatz erfolgt in der Bewerbung von Salzgebäck. Bemerkenswert ist, dass besonders für die Bewerbung von Schokolade deutlich mehr erwachsene Darsteller als Kinder eingesetzt werden.

Dies widerlegt Vorwürfe von Seiten der Politik, besonders die TV-Werbung würde sich hier werblich in besonderer Art vor allem an Kinder wenden *(nachzulesen unter: Kapitel -* Einleitung, *S. 13 ff. sowie Kapitel - Auswahl bisherige Studien TV-Lebensmittelwerbung S. 87 ff.).* Außerdem ist feststellbar, dass es durchaus eher maskulin beworbene Branchen/Produkte gibt (Fleisch/Wurstwaren, Logistik, Bier - um nur einige zu nennen) und eher feminin beworbene Branchen/Produkte (Kosmetik & Pflege, Süßwaren, Gewürze, Pharmazeutika, Reinigungs- und Waschmittel - um ebenfalls nur einige zu nennen). Die TV-Werbung bedient letztlich allerdings durchaus gesellschaftliche Klischees in Bezug auf das (Konsum)verhalten von Bürgern. Das bedeutet an dieser Stelle aber nicht, dass diese Klischees grundsätzlich nichts mit dem tatsächlichen (Konsum)verhalten von Männern oder Frauen zu tun haben. Allerdings ist hier nicht der Ort, um auf die Frage weiter einzugehen, inwiefern von der TV-Werbung bediente Geschlechterklischees mit realem Verhalten zu tun haben. Nicht bestätigen lassen sich Vorwürfe, die Werbung würde Frauen (Stichwort: „Frauendiskriminierung") vor allem für Produkte als Darsteller einsetzen, die mit Haushalt zu tun haben *(nachzulesen unter: Kapitel - Männer und Frauen in der* TV-Werbung, *S. 159 ff.)* Diese Vorwürfe, sofern sie denn jemals zutrafen (leider konnte keine Studie ausfindig gemacht werden, die sich dem Thema empirisch angenähert hätte), scheinen also von der gesellschaftlichen Realität bzw. von dem, was u.a. auch als „Emanzipation" umschrieben ist, eingeholt.

Nachdem in den vergangenen Kapiteln ausführlich der Einsatz von Kindern, Jugendlichen, und „typischen Konsumenten" (Männer, Frauen) in der TV-Werbung dargestellt wurde, sei im Folgenden eine weitere wichtige Betrachtung vorgenommen: der Einsatz von Prominenten in der TV-Werbung. Hierbei wird zunächst ein einführendes Kapitel darlegen, welche Bedeutung Prominente innerhalb einer Gesellschaft haben. Anschließend wird detailliert dargelegt, in welchem Ausmaß Prominente in den unterschiedlichen Branchen in der deutschen TV-Werbung eingesetzt werden und aus welchen Bereichen die Prominenten kommen (Sport, Musik, Entertainment etc.).

7. Kapitel - Prominente in der TV-Werbung

Mayer u. Illmann sind überzeugt, Prominente würden vor allem deshalb in der Werbung verwendet, da ihnen - neben ihrer hohen Bekanntheit und Beliebtheit - auch hohe Glaubwürdigkeit entgegengebracht werde. Werbung mit Stars werde als stärker, produktaffiner oder als bedeutsamer beurteilt.[415] Strittig ist, ob berühmtere Personen tatsächlich zur Steigerung des Produktabsatzes führen, sprich, ob sie dazu beitragen, dass eine Werbekampagne erfolgreicher ist. *Reid u. Soley* sehen jedenfalls eine fördernde Wirkung.[416] Andere beurteilen Prominente in der Werbung als unnötig und teuer.

Klar ist: Prominente spielen in der Bewerbung von Produkten und Dienstleistungen eine nicht zu unterschätzende Rolle. Dies gilt insbesondere für die Fernsehwerbung. Dass manchen Prominenten eine wichtige Funktion als Werbeträger zugeschrieben wird, dürfte primär mit ihrer Vorbildfunktion zu tun haben. Dies gilt umso mehr für Prominente, die nicht nur einen hohen Bekanntheitsgrad aufweisen beziehungsweise berühmt sind, sondern umso mehr für Prominente, die es geschafft haben, einen Idol-Status zu erlangen. Prominent lässt sich auf den lateinischen Ausdruck prominere zurückführen, was so viel wie „herausragen" bedeutet. Der Begriff Abgott oder Idol bezeichnet das Abbild eines Gottes (Götze) oder etwas, das von Menschen aus irgendeinem Grund *vergöttert* wird. Das sollte jedoch nicht darüber hinwegtäuschen, dass prominent zu sein nicht automatisch bedeutet, vergöttert zu werden. Vielmehr gibt es eine ganze Reihe von Prominenten, die zwar bekannt oder berühmt sind, aber genau das Gegenteil dessen darstellen, was für eine signifikante Anzahl von Menschen erstrebenswert erscheint. Dennoch:

> Im Altertum waren Idole, meist kleine Tonfiguren oder Holzfiguren, zentraler Gegenstand häuslicher göttlicher Verehrung. Dabei konnte es sich um persönliche Götter, Familiengötter oder Hausgötter handeln. Sie waren schon im Neolithikum, besonders aber in der Bronzezeit im gesamten Mittelmeerraum, im nahen Osten und auch auf dem Europäischen Festland verbreitet und nahmen je nach Kultur charakteristische Formen an, z. B. die bekannten kykladischen Idole. Idole wurden zwischen Hausgrundrissen, in Grabanlagen, aber auch in Heiligtümern gefunden. In einer monotheistisch geprägten Gesellschaft, z. B. im Christentum oder im Islam, hat der Begriff eine scharfe Negativbedeutung. Im Allgemeinen können z. B. Stars, wie

415 Mayer, Hans / Illmann, Tanja: Markt- und Werbepsychologie, 3. Auflage, Schäffer-Pöschel Verlag, Stuttgart 2000, S. 596. Vgl. auch Kahle L. R. / Homer, P.M.: Physical attractiveness of the celebrity endorser. A social adaption perspektive, in: Journal of Consumer Research, 11, S. 954–961.

416 Reid, L. N. / Soley, L C: Another look at the decorative female model. The recognition of visual and verbal ad components, in: Leigh, J.H. / Martin, C. R., eds.: Current issues and research in advertising, University of Michigan, 1981, S. 123–133.

> Politiker, Schauspieler, Musiker oder Sportler, zu Abgöttern werden. In diesem Sinne spricht man allgemeinsprachlich von Idol (vgl. „Jemanden abgöttisch lieben.“).[417]

Als soziales Wesen habe der Mensch die Neigung, sich am Verhalten anerkannter, weil gesellschaftlich erfolgreicher „Leithammel“ (Opinion-Leader) zu orientieren, ist beispielsweise anlässlich einer Ausstellung zum Thema Prominente und Werbung zu lesen.[418] Idole kennzeichnet meistens eine enorm hohe mediale Präsenz. Diese kann sowohl fachliche Gründe haben als auch private. Häufig lässt sich das eine kaum vom anderen unterscheiden. Ein aktuelles Beispiel soll helfen, Prominenz fassbar zu machen. Im Februar 2006 verbrachte der Schauspieler („Hollywood-Star“) Brad Pitt eine Woche privat mit seiner Freundin, der Schauspielerin Angelina Jolie, in Berlin. Die deutsche Version der Online-Suchmaschine Google weist für diesen einwöchigen privaten Aufenthalt des Hollywood-Stars 457 Artikel in deutsprachigen Medien aus. Allerdings sind darin auch zahlreiche Berichte zu finden, die sich mit der fast gleichzeitig erfolgten Scheidung zwischen Brad Pitt und seiner Ehefrau, der Schauspielerin Jennifer Anniston, befassen.[419]

Die britische Version von Google weist zum Thema Brad Pitt für den gleichen Zeitraum sogar 1.770 Medienbeiträge aus. Lässt man jegliche Zeitbeschränkung weg, so weist die französische Version von Google 11,1 Mio. mediale Einträge zum Thema Brad Pitt aus. Zum Vergleich: Der Sänger Michael Jackson bringt es auf 17,5 Mio. Einträge und der (deutsche) Papst Benedikt XVI. insgesamt auf 1,6 Mio. Es ist schon fast erschütternd, dass Google die 24-jährige amerikanische Hotelerbin Paris Hilton mit 12,7 Mio. Treffern auf dem Bildschirm aufzeigt - obgleich sie in keiner Berufsdisziplin Herausragendes vollbracht hat. Ihre „Leistung“ besteht darin, gut auszusehen, sich sexuell-aufreizend den Medien zu präsentieren und sich Werbeauftritte bezahlen zu lassen. Das Magazin *Spiegel* zitiert Hilton mit den Worten:

> „Ich lebe ein Leben, das Spaß macht. Das ist es, was die Leute gerne sehen“, erklärt die Hotelerbin ihren Erfolg. Das Partyleben interessiere sie allerdings nicht mehr sonderlich: „Es macht Spaß, aber in erster Linie ist es Arbeit.“ Allerdings Arbeit zu einem passablen Stundenlohn: Für den Besuch einer Party kassiert Hilton nach eigenen Angaben zwischen 100.000 und 300.000 Dollar. Ihr Jahreseinkommen wird auf jährlich zehn Mio. US-Dollar geschätzt.[420]

Mit einer deutlichen schwächeren Medienpräsenz müssen sich deutsche Stars begnügen die - häufig aufgrund sprachlicher Barrieren - nicht zur „obersten Liga“ der Weltstars zu zählen sind (fast alle Weltstars sind muttersprachlich englisch). So weist Google beispielsweise für die deutschen Schauspieler Heiner Lauterbach

417 http://de.wikipedia.org/wiki/Idol.

418 Prominente in der Werbung. Da weiß man, was man hat, Buch zur Ausstellung im Haus der Geschichte der Bundesrepublik Deutschland, Verlag Hermann Schmidt, Mainz 2001, S. 14.

419 Zu berücksichtigen ist allerdings, dass die Suchfunktion von Google nicht 100% exakt funktioniert. So muss damit gerechnet werden, dass beim Begriff „Brad Pitt“ auch Texte enthalten sind, die entweder Bratt oder Pitt enthalten oder eine Person (in diesem Fall eher unwahrscheinlich) berücksichtigen, die zwar auch Brad Pitt heißt, aber mit dem Namensvetter nicht gleichzusetzen ist. Diese Einschränkung gilt für alle folgend dargestellten Google-Angaben.

420 Paris Hilton will Ferrari zum Geburtstag, in: Spiegel-Online v. 13.2.2006.

295.000 Einträge auf, für Til Schweiger 65.900 oder für Veronica Ferres 38.900. Deutsche Spitzensportler bringen es auf wesentlich mehr Einträge in Google als die Vertreter der Kategorie „Schauspieler“. Für den Fußballer Franz Beckenbauer weist Google beispielsweise 1,7 Mio. Einträge aus, für den ehemaligen FC-Bayern-Star Michael Ballack 1,3 Mio. Die als Klitschko-Brüder bekannten Boxer bringen es auf 1,7 Mio. Einträge, und für den Formel-1-Rennfahrer Michael Schumacher weist Google immerhin 3,6 Mio. aus. Damit führt Schumacher unter deutschen Prominenten mit Abstand die Google-Statistik und ist zweifelsohne in der Liga der Weltstars zu berücksichtigen. Sport, es ist fast unnötig, das hier zu erwähnen, ist seit Jahrtausenden eine überaus populäre Beschäftigungs- und Unterhaltungsart. Wie in Olympia, so auch in Rom - die besten Sportler waren nicht selten Idole und Helden mit einer entsprechenden „Fangemeinde“.

> Mit jedem Kampf wuchs die Erfahrung, Selbstsicherheit und Prestige eines Gladiators. Der Ruf, der einem „unbesiegbaren“ Gegner vorausging, war zweifellos geeignet, viele seiner Gegner dermaßen einzuschüchtern, dass das Duell schon vor seinem Beginn so gut wie entschieden war. Und schließlich hatte ein berühmter „Champion“ eine große Anhängerschaft ... Es gab Fechter, die auf ihren Grabsteinen ... 150 Siege vermerken konnten.[421]

Sport hängt unmittelbar mit Siegen(wollen) zusammen; letztlich also auch mit einem Verdrängungswettbewerb, wie er in der Marktwirtschaft ausgetragen wird. Deshalb wird es für diese Studie auch von Interesse sein, aus welchen Genres die Prominenten besonders in der TV-Werbung eingesetzt werden. Auf niedrigere Werte als die Sportler, aber immer noch recht beachtlich, bringen es die bekanntesten deutschen Showmaster. So verzeichnet Google für Thomas Gottschalk (*Wetten, dass...?*; ZDF) 640.000 Einträge, für Günther Jauch (*Wer wird Millionär?*; RTL) 628.000 Einträge und für Johannes Kerner (Talkshow im ZDF) seltsamerweise nur 437 Einträge.[422]

Zwar erlangen Politiker aufgrund ihres Berufes ebenfalls hohe mediale Präsenz, doch kann angenommen werden, dass hier insbesondere hinsichtlich des Vorbildcharakters ein Defizit zu sonstigen Prominenten besteht. So erlangt Bundeskanzlerin Angela Merkel weltweit immerhin 4,4 Mio. Einträge in Google, Ex-Bundeskanzler Gerhard Schröder „nur“ 2,5 Mio. und Helmut Kohl 2 Mio. Dass Helmut Kohl mit „nur“ 2 Mio. Einträgen vertreten ist, lässt sich sicherlich unmittelbar darauf zurückführen, dass das Internet erst ab 1996 weltweit an Bedeutung zulegte und Kohl 1998 als Bundeskanzler abgewählt worden war. Dass aber selbst Gerhard Schröder weniger Einträge in Google ausweist als Angela Merkel, ist vor allem deshalb bemerkenswert, da Gerhard Schröder zum Zeitpunkt der Stichprobe - Februar 2006 - fast auf zwei Legislaturperioden zurückschauen konnte, Angela Merkel aber auf noch nicht einmal 6 Monate. Womit hängt das zusammen? Sicherlich spielt es in der weltweiten medialen Berücksichtigung eine große Rolle, dass mit Angela Merkel

421 Junkelmann, Markus: Familia Gladiatoria. Die Helden des Amphitheaters, in: Caesaren und Gladiatoren. Die Macht der Unterhaltung im antiken Rom, Buch zur Ausstellung im Museum für Kunst und Gewerbe Hamburg, Philipp von Zabern, Mainz 2000, S. 76f.

422 Stand: 21. Februar 2006.

erstmals eine *Frau* - zumal noch gebürtig in Ostdeutschland, im „real existierenden Sozialismus" - zum Bundeskanzler gewählt wurde.

Diese kurze Übersicht zeigt, in welcher Bandbreite sich Prominenz darstellen kann. Allerdings ist die Suchmaschine Google nur *ein* Indikator. Auch sind die von Google ausgewiesenen Werte mit Vorsicht zu betrachten. Je nach „Tagesform" der Suchmaschine können die Werte erheblich nach oben oder unten schwanken. Dennoch lässt sich ein Trend sicher ablesen. Prominenz - und der damit möglicherweise einhergehende Idolcharakter - hängt auch signifikant mit dem Zeitraum zusammen, in dem Persönlichkeiten öffentlich agieren. So bringt es zwar Angela Merkel auf einen statistisch höheren Wert als z.B. der Rennfahrer Michael Schumacher. Dennoch kann davon ausgegangen werden, dass Michael Schumacher, der über 15 Jahre in dem weltweit medial verbreiteten Rennspektakel Formel 1 dabei war (bis Ende 2006), letztlich über eine deutlich höhere Bekanntheit - zumindest international betrachtet - verfügt als Angela Merkel. Außerdem dürfte sein Idolcharakter als erfolgreichster Rennfahrer seit Bestehen der Formel 1 deutlich höher angesiedelt sein als bei Vertretern der Politik.

Die Effizienz von Werbung hängt in besonderer Weise davon ab, inwiefern es Produkte oder Dienstleistungen schaffen, sich beim Rezipienten nachhaltig im Gedächtnis zu verankern und als sinnvoll und nützlich oder wenigstens begehrenswert anerkannt zu werden. Prominente verfügen über den Vorteil, dass sie bereits berühmt sind, sich also im Gedächtnis des Rezipienten bereits festgesetzt haben. Das Ziel der Werbungtreibenden ist es, Produkte oder neue Produkteigenschaften, die möglicherweise noch nicht nachhaltig (genug) beim Rezipienten bekannt sind, mittels der Prominenz von Persönlichkeiten nachhaltig mit einer „geklauten" Bekanntheit aufzuladen. *„Celebreties sollen Güte und Qualität der Produkte bezeugen und zugleich ihre Ausstrahlung auf Markenwaren übertragen."*[423]

Vor allem die Marketingfachpresse beobachtet engagiert, für welche Produkte oder Dienstleistungen Prominente eingesetzt werden. Einige Schlagzeilen zu Prominenten und Werbung allein aus den Jahren 2002 und 2003: „Heidi Klum trägt Bikinis von H&M"[424], „Alles Bohlen oder was? Warum Dieter für zwei Jahre zum großen Milch-Bubi wird"[425], „Krombacher wirbt mit Steffi Graf für den Regenwald"[426], „Daniel Küblböck wird Testimonial für Molkerei Müller"[427], „T-Online engagiert Gottschalk"[428], „Harald Schmidt macht aus Nescafé einen Kaffee Latte"[429], „Manfred Krug wirbt nicht weiter für Deutsche Telekom"[430], „Jauch wirbt mit Hund für den Quelle-Versand"[431], „Haribo verlängert mit Gottschalk"[432], „Mario Adorf spielt wie-

423 Prominente in der Werbung, 2001, S. 14.
424 Werben & Verkaufen, 2. Mai 2005; Onlinemeldung.
425 tz, München, 24. April 2003, S. 6.
426 Werben & Verkaufen, 26. April 2002; Onlinemeldung.
427 Werben & Verkaufen, 7. April 2003; Onlinemeldung.
428 Kontakter, 21. Januar 2003; Onlinemeldung.
429 Werben & Verkaufen, 15. Januar 2003; Onlinemeldung.
430 die tageszeitung, S. 18, 23. Dezember 2002.
431 Horizont.net, 3. Januar 2003.
432 Werben & Verkaufen, 17. Februar 2002; Onlinemeldung.

der für die Aachener und Münchener Versicherung"[433], „Veronica Ferres trägt Delmod in die Saison Herbst/Winter 2003/2004"[434] oder „Klitschko unterzeichnet Werbevertrag mit Kellogg's"[435]. Diese Liste könnte um ein Vielfaches verlängert werden.

Da stellt sich auch die Frage: Wie viel Prominenz verträgt die (TV-)Werbung? „90% der TV-Werbung kommt ohne Prominenz aus", lässt sich der Sprecher des Deutschen Werberates sowie des Zentralverbandes der deutschen Werbewirtschaft (ZAW), *Volker Nickel*, in der *Berliner Zeitung* zitieren.[436] Auch international werden Prominente zur Produktbewerbung eingesetzt. So warb beispielsweise der Sänger Michael Jackson für das Getränk Pepsi, der Schauspieler Dustin Hoffman für VW oder der Boxer Muhammad Ali für Gino's Food.

Nicht jeder Prominente, es wurde bereits angesprochen, eignet sich in besonderem Maße zur Bewerbung von Produkten oder Dienstleistungen. „Prominente müssen sich in zentrale Identifikationsfelder und ihre Prinzipien eingliedern können; deren wurden vier ausgemacht: das Identitätsfeld Sport mit dem Prinzip Leistung, Show-Business mit dem Prinzip innere Befindlichkeit, Mode mit dem Prinzip äußeres Erscheinungsbild und Politisches Zeitgeschehen mit dem Prinzip der Regeln des Zusammenlebens." Diese Kategorisierung nimmt zumindest die Studie *Neue Wege für den erfolgreichen Einsatz von Prominenten in der Markenkommunikation* vor.[437]

Etwas vollmundig behauptete 1999 die Nürnberger Gesellschaft für Konsumforschung (GfK), *„noch nie war Promi-Werbung so wirksam"*, ohne dafür ausreichend Belege zu liefern. Dem Beispiel der USA folgend, setze die Produktwerbung in Deutschland zunehmend auf bekannte Persönlichkeiten. Im Wettbewerb der Aufmerksamkeiten und Marktanteile sollten Sportler oder Schauspieler, Sänger oder Moderatoren die unternehmerische Position stärken. Dem Thema Prominente in der Werbung widmete sich auch eine im Jahr 2001 eröffnete Ausstellung im „Haus der Geschichte der Bundesrepublik Deutschland" in Bonn.

Die Attraktivität von Prominenten für die Werbeindustrie geht einher mit der Bedeutung der Prominenten als Brands, als Marken. „Prominente werden heute genauso professionell vermarktet wie die Marken, die sie bewerben", so *Achim von Kirschhofer* vom Imas-Institut in München gegenüber der Fachzeitschrift *Werben & Verkaufen*.[438] Wie für beworbene Produkte, so ist es auch für Prominente wichtig, eine unverkennbare Individualität zu haben. So schreibt *Norbert Elias* in seinem bahnbrechenden Werk *Die höfische Gesellschaft* im Zusammenhang mit der Bedeutung der individuellen Entfaltungsmöglichkeit für Könige:

433 Werben & Verkaufen, 28. Januar 2003; Onlinemeldung.

434 Horizont.net, 31. Januar 2003.

435 Werben & Verkaufen, 16. November 2002; Onlinemeldung.

436 Scheidt, Wolfgang: Teure Pausen. Trotz Werbeflaute zahlen Firmen Millionen-Gagen, damit Prominente ihre Produkte anpreisen, Berliner Zeitung v. 7. Juni 2002.

437 Vgl. Studie „Neue Wege für den erfolgreichen Einsatz von Prominenten in der Markenkommunikation", 7.12.2001, S1ff.

438 Löw, Elke: Testimonials: Jenseits von gut und böse. Prominente Werbeträger sind teuer. Ob sich eine Millionen-Investition rechnet, hängt vor allem vom Vertrauen der Verbraucher ab, in: Werben & Verkaufen, Mai 2005, S. 12ff.

> Wenn Historiker gerade diejenige Ebene des vielschichtigen menschlichen Universums ins Blickfeld rücken, in der das, was an Menschen verschieden ist, ihre Individualität, eine besondere Rolle spielt, wenn sie aufzuzeigen versuchen, welchen Anteil einzelne Personen im Zusammenhang mit der Einzigartigkeit ihrer Begabung und ihres Verhaltens an Ereignissen hatten, die für die Geschichte bestimmter gesellschaftlicher Verbände von Bedeutung waren, dann kann ihr Forschungsbemühen also durchaus sachgerecht sein ... Rein als Person betrachtet war Ludwig XIV. einmalig und unwiederholbar. Aber die „reine Person" , das „Individuum an sich", ist nicht weniger ein Kunstprodukt der philosophischen Einbildungskraft als das „Ding an sich". Die Entwicklung der gesellschaftlichen Position, die ein Individuum durchläuft, ist nicht in dem gleichen Sinne einmalig und unwiederholbar, wie die des Individuums, das sie durchläuft.[439]

Einzigartigkeit als Kunstprodukt „der philosophischen Einbildungskraft" - ein Gedanke, der auch im Zusammenhang mit Prominenten wichtig ist. Wem einzigartige Begabungen zugeschrieben werden - unabhängig ob real vorhanden oder vom Rezipienten ‚eingebildet' -, für den gilt das Marktgesetz, dass das Angebot den Preis entscheidet, stärker als für andere. Werbung mit Prominenten gilt als entsprechend teuer: unter einem Sockelhonorar von 300.000 Euro laufe „bei A-Promis gar nichts". Eine Faustregel besage, dass sich die Honorare für Prominente „zwischen zehn und 15% der Werbegelder" beliefen. Große Unternehmen würden allein in einem Quartal deutliche zweistellige Millionensummen für Werbung ausgeben. Allerdings verteilten sich die Mediaspendings beispielsweise für Media-Markt/Saturn (geschätzte 83 Mio. Euro im ersten Quartal 2005), L'Oréal (53 Mio.) oder Opel (41) auf mehrere Produkte - und damit häufig auch auf mehrere Prominente.[440]

Dabei ist strittig, wie effektiv Werbung mit Prominenten tatsächlich ist. Auch eignet sich sicherlich nicht jeder Prominente für Werbung. Denn ausschlaggebend ist, durch welche Gegebenheiten jemand prominent geworden ist. Während die einen glauben bewiesen zu haben, dass Werbung mit Prominenten den beworbenen Produkten helfe, gehen andere Studien eher vom Gegenteil aus. Dabei gibt es europaweit unterschiedliche Sichtweisen.

> Werbung mit Prominenten erhöht die Aufmerksamkeit der Empfänger insgesamt, allen voran die der portugiesischen Bürger. Über 80% von ihnen glauben, dass Werbung zu Gummibärchen & Co. besser ankommt, wenn bekannte Persönlichkeiten aus Funk und Fernsehen sie anpreisen. Kroaten und Slowenen vertreten diese Meinung ebenfalls zu jeweils deutlich über 75%. Wie in Bezug auf den Informationsgehalt von Werbung hegen auch bei der Wirkung Prominenter Italiener mit nur 47%, Slowaken mit nur 35% und Tschechen mit nur 30% Zustimmung die meisten Zweifel.[441]

---

439 Elias, Norbert: Die höfische Gesellschaft, Suhrkamp, Frankfurt a.M. 1997, S. 36.

440 Löw 2005, S. 12ff.

441 Die europaweite Studie zu Einstellungen und Präferenzen gegenüber Werbung (veröffentlicht am 1.10.2003) wurde von der GfK Marktforschung über das Euro-Bus-Netzwerks der GfK durchgeführt. Jedes der 21 beteiligen GfK-Tochter- beziehungsweise Partnerunternehmen führte im eigenen Land eine Studie mit jeweils rund 1.000 repräsentativ ausgewählten Befragten in Form von telefonischen oder persönlichen Interviews durch. Die Gesamtstichprobe belief sich auf 21.178 Befragte in den Ländern Österreich, Belgien, Dänemark, Finnland, Frankreich, Deutschland, Großbritannien, Griechenland, Italien, Portugal, Spanien, Schweden, Schweiz, Bulgarien, Kroatien,

Dass Prominente oft nicht zum Produkt passen, davon ist die Mitarbeiterin der Unternehmensberatung McKinsey & Company, *Judith-Maria Gillies*, in ihrer Ausarbeitung zur Bedeutung von Prominenten in der Werbung überzeugt: „Prominente bevölkern die Werbung, ganz egal, ob die Person zur Marke passt oder nicht. Oft genug passt sie nicht.“[442] Erfolgreiche Promiwerbung zeichne sich vor allem dadurch aus, dass die zu bewerbende Marke in den Vordergrund gerückt werde und nicht der prominente Protagonist.[443]

Um eine zu große Differenz zwischen dem, was der Prominente verkörpert, und dem, was er bewerben soll, zu vermeiden, erweiterte im Jahr 2005 der Werbezeiten-Vermarkter des Fernsehkonzerns ProSiebenSat.1 Media AG, die SevenOne Media GmbH, ihr Angebotsportfolio um das neue Geschäftsfeld „Face your Brand!“. Als „erster TV Vermarkter“ starte SevenOne Media damit das sogenannte Face-Marketing. Ziel sei es, prominente Testimonials strategisch mit den Marken der Werbekunden zu verknüpfen. Dabei stünden nicht nur die bekannten Programmgesichter der Sender Sat.1, ProSieben, Kabel eins und N24 zur Verfügung. SevenOne Media biete auch die Möglichkeit, externe Prominente aus den Bereichen Film, Fernsehen und Musik sowie Modelling und Sport für Werbezwecke einzubinden. Die Integration reiche dabei von Auftritten in klassischen Werbekampagnen über Events und Moderationen bis hin zur Einbindung in Sonderwerbeformen wie die sogenannten Promostories.

Werbung mit Prominenten hat eine gewisse Historie. Nachweisbar ist sie seit der zweiten Hälfte des 19. Jahrhunderts - vorwiegend mit adeligen Persönlichkeiten.

> So nutzt die Koblenzer Firma Deinhardt & Co. die Besuche von Kaiserin Augusta 1875 und Kaiser Wilhelm II. 1897 in ihren Kellereien zur Werbung für Wein und Sekt; und das Konterfei des „Eisernen Kanzlers“ Otto von Bismarck wird bald nach seiner Entlassung als Reichskanzler 1890 zu einem beliebten Motiv, das noch heute Verwendung findet. In der Weimarer Republik lösen „neue Prominente“ die alten nach und nach ab: Vor allem Filmschauspielerinnen und -schauspieler werben für Massenartikel wie Seife, Make-up und Zigaretten; bei besonders teuren und prestigeträchtigen Waren greifen die Hersteller aber weiterhin auf Adlige zurück.[444]

Prominenz ist zu einem erheblichen Teil unmittelbar an die Möglichkeit gebunden, ein visuelles Antlitz einer möglichst breiten Masse an Menschen zu vermitteln. Anfangs gab es diese Möglichkeiten nur eingeschränkt durch Büsten oder Ähnliches, beziehungsweise durch die Malerei. Exzessiv nutzte diese Möglichkeit beispielsweise der französischen „Sonnenkönig“ Ludwig XIV. (1638 bis 1715), der bereits als Vierjähriger 1643 den Thron geerbt hatte und 72 Jahre regierte.

Tschechien, Polen, Rumänien, Russland, Slowakei und Slowenien. Weitere Informationen: Peggy Zirnstein, GfK Marktforschung GmbH, Fon +49 (0) 911 395-2998, Fax +49 (0) 911 33 84 86, peggy.zirnstein@gfk.com

442 Gillies, Judith-Maria, Brand Personality Gameboard, McKinsey & Company, McK Wissen 03, S. 48f. (genaues Datum nicht feststellbar).

443 Prominente in der Werbung, 2001, S. 14.

444 Ebd.

Zur Glorifizierung des „Sonnenkönigs" entstanden im Laufe seiner Regentschaft unzählige „Porträts, Gemälde, Münzen, Standbilder, Triumphbögen, Opern und Gedichte"[445]. All dies diente primär auch dem Zweck des Prestigegewinns als des wesentlichen Pfeilers der Machterhaltung:

> Der Prestigefetisch, der den Selbstwertcharakter des Königsdaseins am besten zum Ausdruck bringt, ist die Idee der „Glorie". Dieser Prestigefetisch ist für die Politik Frankreichs von Zeit zu Zeit bis heute bestimmend geblieben. ... Er ist überaus eng verkoppelt mit wirtschaftlichen Nutzmotivationen. Für Ludwig XIV. selbst dagegen hatte die Prestigemotivation ... den absoluten Vorrang ... Er zeichnete sich nicht durch Intelligenz und nicht durch Einfallsreichtum aus, sondern durch die Ernsthaftigkeit und Gewissenhaftigkeit, mit der er durch sein eigenes Verhalten sein ganzes Leben hindurch mit jedem Schritt sein eigenes Ideal von der Größe, der Würde und der Glorie des Königs von Frankreich darzustellen suchte.[446]

Die Dichtkunst stellte zwar ebenfalls eine beliebte Möglichkeit dar, Prominenz hervorzurufen oder zu stärken, musste aber auf visuelle Möglichkeiten verzichten und konnte ausschließlich an die Phantasie der Rezipienten appellieren. Die Sagen der Griechen und Römer gehören zu den ältesten überlieferten Werken der Dichtkunst:

> Sie sind ein unverlierbarer, nicht wegzudenkender Bestandteil unseres kulturellen Erbes. Sie entstanden nicht, wie oft behauptet wird, im Zuge einer einheitlichen, geschlossenen Welterklärung, sondern auf überaus verschiedene Weise und als Reaktion auf sehr unterschiedliche gesellschaftliche und psychologische Bedürfnisse. In einer vorwissenschaftlichen Welt erfand man sie, um Naturerscheinungen zu erklären; um Ortsnamen, Rituale und Bezeichnungen zu deuten, deren ursprünglicher Sinn vergessen worden war; um Sitten, Gebräuche und Einrichtungen zu begründen; um Völker, Stämme, Familien, Hierarchien und Priesterschaften zu glorifizieren ... um durch Abenteuer- und Heldengeschichten die Wirklichkeit zu überhöhen; oder einfach zum Vergnügen und zur Unterhaltung ...[447]

Für ungeahnte Möglichkeiten, ein Abbild des Menschen herzustellen - als wesentliche Voraussetzung für Prominenz -, sorgten erst die Fotografie und später die Cinematik, noch später das Fernsehen. Der Siegeszug der Kinematografie begann in Deutschland im April 1896, mit dem technisch ausgereifteren „Cinématographe". Er konnte 16 Bilder je Sekunde aufnehmen.[448]

445 Burke, Peter: Ludwig XIV. Die Inszenierung des Sonnenkönigs, Fischer Taschenbuch Verlag, Frankfurt a.M. 1996, S. 2.

446 Elias 1997, S. 204.

447 Grant, Michael / Hazel, John: Lexikon der antiken Mythen, dtv, 15. Auflage, München 2000, Einleitung.

448 Neue Zürcher Zeitung v. 11.10.1996: „Castan gelingt der Versuch, die Leistungen Skladanowskys in den internationalen Rahmen zu stellen und nachzuweisen, dass der erste ‚Kurbelkasten' des Erfinders nicht 1892, sondern erst 1894 konstruiert wurde. Entwicklungsgeschichtlich aber steht der Apparat zwischen einer Serienbildphotokamera und der Filmkamera, während Edisons Kinematograph bereits alle Merkmale einer richtigen Filmkamera aufwies. Skladanowskys

Wenn man die These vertritt, dass für viele Menschen der Mensch im Mittelpunkt steht, ist das Fazit des Deutschen Historischen Museums verständlich: *„Kein Motiv ist so häufig fotografiert worden wie das menschliche Antlitz. Schon wenige Jahre nach Erfindung der Fotografie 1839 ...“*[449]

Früh schon wurde Prominentenwerbung in den Medien diskutiert. So schrieb *Walter Gold* in einem Aufsatz im ersten großen deutschen Marketingfachmagazin, *Seidels Reklame* (später unter den Nationalsozialisten in „werben & verkaufen“ umbenannt), im Jahr 1923 unter der Überschrift „Der Filmstar als Reklameheld“:

> Was will der Film? Mit wenigen Ausnahmen unterhalten, Amusement bieten und Zerstreuung. Auf dieser Basis war es selbstverständlich, daß er einen ganz enormen Aufschwung nehmen mußte und sich in kürzester Zeit fast alle Kreise eroberte. Eine logische Konsequenz war dann das Entstehen des Serienfilms, der Stars usw. Wir rasch sie sich entwickelt haben und in kürzester Zeit an Bedeutung gewannen, wird einem klar, wenn man bedenkt, daß man heute bei der Klassifikation oder Beurteilung eines Films in erster Linie oder fast nur auf die Namen der Hauptdarsteller sieht. Von größter Bedeutung sind nun die importierten amerikanischen Lustspielschlager. In der denkbar kürzesten Zeit haben sie sich den ganzen Markt erobert und überall Eingang gefunden. Ein Fatty- oder Chaplin-Film gewährt gewiß irgendwelche Garantien, daß man sich gut unterhalten wird und auf seine Kosten kommt ... Fatty und Chaplin sind mit ihrer internationalen und zweifellos einzig dastehenden originellen und sittlich einwandfreien Komik in kurzer Zeit geschätzte Lieblinge geworden, Stars im wahrsten Sinne des Wortes, bekannter und berühmter vielleicht als mancher unserer großen deutschen Künstler ...
>
> War es nicht naheliegend, dass sich auch die Reklame dieses psychologisch außerordentlich wichtigen Momentes bedienen mußte? Daß hier die Reklame Figuren und Faktoren in ihren Dienst stellt, die zu den populärsten, bekanntesten gehören, die man sich denken kann?[450]

Mit dem Aufschwung der Filmindustrie floriert auch der Werbefilm, der zunächst auf das Kino beschränkt ist. In den 20er Jahren des 20. Jahrhunderts galt die Berliner Firma „Epoche Reklame Gesamt M.B.H. Das deutsche Großunternehmen für Kinoreklame, Werbefilm, Lichtbild“ zu den größten Werbefilm-Firmen. Anlässlich des 30-jährigen Jubiläums im Jahr 1927 ist in einer Eigenanzeige zu lesen:

> Das erste Dreißigjährige Geschäftsjubiläum eines Reklameunternehmens: ... Spezial-Reklameunternehmungen sind so jung wie das ganze Gebiet der Reklame selbst, wobei man selbstverständlich von Buchdruckereien und Plakatanstalten absehen muß. Mit der wachsenden Bedeutung der Reklame für das Wirtschaftsleben entstanden Unternehmungen, die sich als Berater und Vermittler auf jedem Spezialgebiet der Reklame dem Handel und der Industrie für ihre Reklameabschlüsse zur Verfügung stellten. Die Unkenntnis der Verbraucher wurde aber leider allzu oft von unlauteren Elementen ausgenutzt, doch das reiche Lehrgeld, das bezahlt wurde, hatte auch den Erfolg herbeigeführt, daß man die Notwendigkeit einsah, die Reklame

‚Bioskop‘, ein Doppelprojektor, konnte wegen der nicht völlig flimmerfreien Wiedergabefrequenz von acht Bildern je Sekunde nicht der Definition einer modernen Filmprojektion gerecht werden. Der grosse Siegeszug der Kinematographie in Deutschland begann im April 1896, mit dem technisch ausgereifteren ‚Cinématographe‘ der Lumières, der mit 16 Bildern je Sekunde arbeitete.“

449 Deutsches Historisches Museum anlässlich der Ausstellung „Das Porträt im XX. Jahrhundert. Fotografien aus der Sammlung des Deutschen Historischen Museums“, Buch zur Ausstellung, 228 Seiten, 261 Abbildungen, Februar 2006.

450 Gold, Walter: Der Filmstar als Reklameheld, in: Seidels Reklame, Heft 1, 1923, S. 13f.

> zu studieren, und sich nur wirklichen Fachleuten anvertrauen. Daß sich ein Unternehmen wie die im Jahr 1897 in Frankfurt a. M. von Herrn Jean Rosenberg gegründete ‚Epoche' nicht nur gegen die Fährnisse, die in dieser Entwicklung lagen, behauptet hat, sondern auch in die erste Reihe der führenden deutschen Spezial-Reklameunternehmungen vertreten ist, ist der Beweis, daß sich die Leitung der Firma von Anfang an der Verantwortung bewußt war, die in ihrer Aufgabe lag. Die Firma ‚Epoche' … als Plakatunternehmen gegründet … hat sich … auf den verschiedensten Spezialgebieten der Reklame … einen Namen gemacht.[451]

Nach dem Ersten Weltkrieg gewinnt die Ausstrahlung von Werbefilmen anlässlich von Kinovorführungen deutlich an Bedeutung:

> Je verblüffender der Trick in dem zur Werbung verwandten Reklamefilm ist, desto größer sich die Aussichten seines Erfolges zeigt … Ganz neuartig ist das Zusammenspiel einer gezeichneten Figur mit lebenden Menschen innerhalb einer realistischen Umgebung. Eine solche Technik ist in dem Film ‚Der Kaffee und die Fee' angewandt. - Wir sind in der Lage, die schwierigsten Aufgaben, die an eine Werbefilm-Produktion gestellt werden können, aufs beste zu erfüllen. Die Herstellungspreise selbst für die schwierigsten Trickaufnahmen bewegen sich in normalen Grenzen und dank unserer Theater-Organisation, die sich über ganz Deutschland erstreckt und ca. 1600 erstklassige Lichtspielhäuser umfaßt, worunter sich Theater der Ufa-, Deulig- und Phoebus-Konzerns befinden, in denen wir Alleinvorführungsrechte besitzen, ist es möglich, bei entsprechendem Vorführungsauftrag den erforderlichen Werbefilm kostenlos zu liefern. Versäumen Sie daher nicht, unser Angebot einzufordern![452]

Nach heutigen Gesichtspunkten würde man allerdings den Werbespot, der beispielhaft dargestellt wird (Kaffee für das Handelsunternehmen Firma Schade & Füllgrube), als rassistisch einstufen. Textauszug:

„Der Maler sitzt am Tisch und macht einen Tintenklecks.
Aus dem Tintenklecks entwickelt der Maler ein Negerlein.
Kaum ist der Neger fertig, will er
fortlaufen. Er versucht das Papier zu zerreißen,
jedoch der Maler hält ihn fest.
Der Neger wird zur Hälfte ausradiert,
ihm gesellt sich die Figur einer Fee zu.
Zum Schluß mahlt der Maler Kaffee.
Der Kaffee läuft aus der Kaffeemühle und bildet die Firma Schade & Füllgrabe [Anm.: bildet das Logo ab]."[453]

Prominentenwerbung könne nicht von der Geschichte der Medien und des Massenkonsums getrennt werden, schreibt das „Haus der Geschichte der Bundesrepublik Deutschland" anlässlich seiner erwähnten Prominenten-Ausstellung. Wie in den 20er Jahren seien auch nach 1945 vor allem Filmschauspieler als Sympathieträger und neue Konsumleitbilder auf Anzeigen und Plakaten in den Vordergrund getreten.

---

451 Vgl. Seidels Reklame, Ausgabe August 1927, keine Seitenangabe.
452 Ebd.
453 Ebd.

Nach Deckung des Grundbedarfs hätten sich die Verbraucherwünsche in den 50er Jahren des 20. Jahrhunderts nicht länger auf „Entbehrtes, sondern auf Begehrtes" ausgedehnt.[454] Das Haus der Geschichte geht anlässlich seiner Ausstellung auch auf die unterschiedliche Entwicklung in Ost- und Westdeutschland ein:

> Während die Werbebranche in der Bundesrepublik der Entwicklung in den westlichen Industrienationen folgt, hat die DDR bis zu ihrem Ende Werbung mit Prominenten kaum gekannt. Generell fristet die Produktwerbung in der DDR schon aus politisch-ideologischen Gründen eher ein Schattendasein beziehungsweise wird seit den 70er Jahren zunehmend auf Außenhandelswerbung eingeengt. Mit dem Siegeszug des Fernsehens kommen in der Bundesrepublik in den 70er und 80er Jahren verstärkt Sportler und TV-Prominente zum Einsatz, wobei der eigentliche Boom der TV-Werbung mit der Zulassung des Privatfernsehens Mitte der 80er Jahre einsetzt. Dabei findet auch eine Umwertung von Werbung statt. War Werbung im Zuge der Konsumkritik der 60er und 70er Jahre fast schon in Verruf geraten, stellt sich die Situation heute gänzlich anders dar: Berühmte Fotografen und Filmemacher setzen Prominente ins Bild. Sie arbeiten für Werbeagenturen, die um die beste Anzeige, das beste Plakat, den besten Spot, das beste Vermarktungskonzept wetteifern. Die Werbung etabliert sich als eine neue Kunstform.[455]

Besonders der Einsatz von *prominenten Sportlern* als Werbeträgern ist keinesfalls eine Erfindung der jüngeren Vergangenheit. Vielmehr wurden die Konterfeis prominenter Sportler bereits zwischen den beiden Weltkriegen als Motive genutzt - insbesondere auf Reklame- und Sammelbildern, die ihre „Blütezeit zwischen den beiden Weltkriegen" haben. Sie zeigen neben bedeutenden Persönlichkeiten aus der Geschichte auch Filmschauspieler und zum ersten Mal auch erfolgreiche Sportler, die als Beigabe zu Schokolade oder Zigaretten den Kaufanreiz erhöhen sollen.[456] Das „Dritte Reich" entdeckt Angehörige des Militärs und der politischen Führung als Werbeträger. So publiziert eine Hamburger Zigarettenfabrik die Bilderserie „Männer um den Führer".[457] Allerdings war das keinesfalls üblich, und es gab über Jahre Verbote, Repräsentanten des NS-Staates werblich zu benutzen.

Die Geburtsstunde der Werbung im deutschen Fernsehen schlägt in den frühen Abendstunden des 3. November 1956 beim Bayerischen Rundfunk: In der Lücke zwischen dem Kinderprogramm am Nachmittag und dem Abendprogramm ab 20 Uhr präsentieren erstmals Henkel das Waschmittel Persil, Procter & Gamble die Zahnpasta Blendax und Dr. Oetker ein Backmittel dem staunenden Publikum.[458]

> Während Werbung in den 50er und 60er Jahren eher auf gesellschaftliche und soziale Entwicklungen reagiert, setzt die „Lifestyle-Werbung" der 90er Jahre selber Trends. In einer immer stärker durch audiovisuelle Medien und ihre Einflüsse bestimmten Gesellschaft, prägt

454 Pressemitteilung vom 29.10.2001 zur neuen Wechselausstellung im Haus der Geschichte „Prominente in der Werbung. Da weiß man, was man hat"; veröffentlicht vom Haus der Geschichte der Bundesrepublik Deutschland.

455 Ebd.

456 Prominente in der Werbung, 2001, S. 14.

457 Ebd.

458 TV-Werbung für Einsteiger, Infobroschüre des RTL-Werbezeitenvermarkters der IP-Deutschland GmbH, 2005, S. 6.

> Werbung zunehmend die Lebenswirklichkeit. Zudem verschwinden die Grenzen zwischen Öffentlichkeit und Privatsphäre.[459]

Schon mit der Ausstrahlung der ersten TV-Werbespots im deutschen Fernsehen 1956 werden Prominente eingesetzt. Mit den damals populären Schauspielern Liesl Karlstadt (1892 bis 1960)[460] und Beppo Brem (1906 bis 1990)[461] setzte der Waschmittelhersteller Henkel von Anfang an auf prominente Gesichter und eine Spielhandlung, in die die Produktbotschaft von Persil verpackt wird.

Persil-Werbespot 1956: „Mahlzeit"

> Sie: Xaver - da schau her, was d' wieder gemacht hast. Also, also du bist doch a richtiger Dreck...
> Er: Sprich's nicht aus, wir sind nicht daheim.
> Sie: Aber du benimmst dich so, als wenn's d' daheim wärst. Ich, wenn ich Wirt wär, mein Lieber.
> Er: Ja, was wäre dann, wenn du der Wirt wärst?
> Sie: 'nausschmeißen tät ich dich! Wirt: Mahlzeit, die Herrschaften. - Oh, ein kleines Malheur.
> Gisela! - Serviette!
> Er: Entschuldigen Sie, bitt'schön.
> Wirt: Aber ich bitte Sie, das kann doch vorkommen. Dafür gibt's doch Gott sei Dank Persil - nicht wahr, gnädige Frau? Wünsche weiterhin gut zu speisen.
> Beide: Danke.
> Er: Sichst, Lieserl, das ist eben der Unterschied zwischen dir und dem feinen Mann.
> Sie: Was - na ja ...
> Er: Du machst alleweil gleich ein Trara und ein Theater, wenn bloß so ein kleines Fleckerl auf d' Tischdecken kommt. Der gebildete Mensch sagt nur „Persil" - „Persil" und nichts anderes.

Lange bevor im Fernsehen geworben wird, setzt Henkel andere Werbeträger ein, wie zum Beispiel Tageszeitungen oder Wochenblätter. So erschien am 6. Juni 1907 die erste Ankündigungsanzeige für Persil in der *Düsseldorfer Zeitung*. Bereits Anfang der 20er Jahre des 20. Jahrhunderts engagierte die Firma Schwarzkopf die englisch-deutsche Schauspielerin und Sängerin Lilian Harvey (1907-1968)[462], kurz dar-

459 Pressemitteilung vom 29.10.2001 zur Neuen Wechselausstellung im Haus der Geschichte.

460 So wie der Münchner Schauspieler und Komiker Karl Valentin nicht ohne sie als Spielpartnerin denkbar ist, so wird Liesl Karlstadt für Valentin die unentbehrliche Interpretin seines spezifischen Humors, seit sie gemeinsam im Jahre 1911, von Kathi Kobus engagiert, in deren Münchner „Simplicissimus-Kabarett" aufgetreten sind. Sie wird nicht nur die engste Partnerin Karl Valentins, sondern verfasst auch viele Dialoge und Sketche und wirkt neben ihm in zahlreichen Filmen mit. Vgl.: http://www.meinhard.privat.t-online.de/frauen/karlstadt.html.

461 Beppo Brem spielte zwischen 1932 und 1990 insgesamt in 193 Filmen.

462 Die romantische Komödie „Liebeswalzer" (1930) ist Harveys erster Tonfilm. Mit ihm avancieren Harvey und Fritsch zu populären Leinwandstars und zu dem „Traumpaar des deutschen Films". Gemeinsam drehen die auch privat Befreundeten Kassenschlager wie „Hokuspokus" (1930), „Die Drei von der Tankstelle" (1930), „Der Kongreß tanzt" (1931) und „Ein blonder Traum" (1932). Harvey, die bekannteste Schauspielerin der Ufa, gilt in Deutschland als „süßestes Mädel der Welt". Die in den Filmen gesungenen Lieder „Ein Freund, ein guter Freund" und „Das gibt's nur einmal, das kommt nie wieder" werden zu bekannten Schlagern. Da die Filme teilweise zusätzlich auf Englisch und Französisch gedreht werden, wird Harvey auch international bekannt. Quelle: Deutsches Historisches Museum.

auf warb die Tänzerin, Regisseurin und Fotografin Leni Riefenstahl (1902-2003) für die Gesichtscreme Velouty.[463] Allerdings hatte die Kreativität spätestens ab 1933 ihre deutlichen Grenzen:

> Als die Nationalsozialisten sämtliche Medien gleichschalteten, war es mit der Kreativität erst mal vorbei; und nach dem Zweiten Weltkrieg gab es kaum noch etwas, wofür man hätte werben können. Das änderte sich mit dem Wirtschaftswunder Mitte der 50er Jahre; nun gab es eine regelrechte Reklame-Explosion. Jeder halbwegs populäre Zeitgenosse wurde eingespannt. Äußerst beliebt waren ganze Kampagnen. So umfasst die Liste der Schauspielerinnen, die für die Seife Luxor (später Lux) warben, Namen wie Liz Taylor, Hildegard Knef, Marilyn Monroe und Romy Schneider ... In den 50er Jahren wurde die Wirkung von Sportlern erkannt. Max Schmeling [Anm: Boxer] zum Beispiel freute sich über die Kraft von Philips-Rasierern. Zu regelrechten Werbestars aber wurden erst Fußballer: einer von ihnen ist Franz Beckenbauer. 1966 stieg er mit Werbung für Suppen von Knorr ein („Kraft in den Teller").[464]

Unilever setzte bereits 1924 zur Markteinführung der „Luxor Toiletteseife" Prominente in der Werbung ein.[465] In den USA gab es schon deutlich früher Werbespots im Fernsehen zu sehen als in Deutschland - und zwar seit 1941. „The first television commercial was in July 1941 when the Bulova Watch company paid $ 9 to WNBT for a commercial aired during a baseball game between the Brooklyn Dodgers and Philadelphia Phillies". An anderer Stelle heißt es:

> W2XBS was one of ten stations that was issued a commercial television license by the FCC on May 2, 1941. On July 1, 1941, it became the first TV station to begin commercial broadcasting under the new call letters WNBT. Everything before this date was considered experimental television. Since that time, WNBT has served New York, New Jersey, and Connecticut, which is considered the nation's 1 market. Their call letters have changed a few times over the years, but they are now known as WNBC.
>
> In addition to hosting the first official day of Television, WNBC466 also made television history with these other "television firsts," the first sports telecast, the first commercial, the first newscast, and the first local news broadcast in color.[467]

463 Vgl. Gangloff, P. Tilmann: Promis für die Werbepause. Der Trend, Schauspieler, Models und Fußballer dafür zu gewinnen, sich für ein Produkt einzusetzen, ist nicht neu. Inzwischen aber taucht in jedem zehnten Werbespot ein Star auf. Manche, wie Heidi Klum, sogar gleich in mehreren, in: Rheinische Post, Düsseldorf, 10. August 2005.

464 Ebd.

465 Prominente in der Werbung, 2001, S. 14.

466 "NBC, formerly called the National Broadcasting Company, is an American television broadcasting company based in New York City's Rockefeller Center. It is now part of the media conglomerate NBC Universal, and supplies programming to more than 200 affiliated U.S. stations. NBC Universal is a unit of General Electric. The last U.S. network holding company to legally abandon the name behind its acronym, in 2003 the corporate name was shrunk from 'National Broadcasting Company, Inc.', as it had been from 1926, to NBC Universal, Inc. following a merger with Vivendi Universal's Entertainment division in 2004. NBC still uses the name National Broadcasting Company during occasional broadcasts, such as its coverage the Macy's Thankgiving Day Parade. (ABC still occasionally uses American Broadcasting Company or Companies for some copyrights and on-air branding.)"; Quelle: wikipedia.org; Stand: 20. Februar 2006.

467 Quelle: WNBC.

Aktuell tauche in jedem zehnten Werbespot in Deutschland „ein Promi auf"[468]. Woher diese immer wieder zu lesende Zahl stammt, lässt sich nicht feststellen. Die größte europäische Marketingfachzeitschrift Werben & Verkaufen spricht im Jahr 2005 gar von einem Anteil in Höhe von 15 Prozent: „Vor zehn Jahren warben nur drei Prozent der Fernsehkampagnen mit berühmter Unterstützung, heute sind es 15".[469] In den USA sei der Anteil von rund 20% deutlich höher, und in Japan würden sogar 70% der Werbespots mit Prominenten besetzt. Häufig gelte dabei das Motto der Langfristigkeit: Wer lange für ein Produkt wirbt, wirbt endlich gut. Gut sei es, wenn man an den Promi denke und dann auch an das Produkt.[470]

Trotz des relativ hohen Einsatzes bleiben Prominente in der TV-Werbung äußerst umstritten. „Die Werbebranche zweifelt immer wieder, wie viel Umsatz der Einsatz bekannter Persönlichkeiten bringt." An dieser Unsicherheit verdienten „zuallererst die Marktforscher". Neben Imas seien in Deutschland ein halbes Duzend anderer Institute mit dem Thema beschäftigt.[471] So ist *Gert Gutjahr*, Hauptgesellschafter des Instituts für Markenpsychologie in Mannheim, überzeugt, Geld zur Verpflichtung Prominenter als Darsteller in Werbespots sei „hinausgeworfen". Das zumindest schreibt die Fachzeitschrift Werben & Verkaufen.[472] Gutjahr führte tiefenpsychologische Studien durch, die belegten, dass der Einsatz eines unbekannten Nobelpreisträgers genauso gute Bewertung bei den Werberezipienten hatte wie Prominente. Habe man den Nobelpreisträger jedoch zu einem „Angestellten degradiert", ohne besondere Qualitätsmerkmale, „sanken Vertrauen und Sympathie prompt um einige Prozentpunkte". Gutjahrs Fazit: „Wenn die Story stimmt, kann sie ein Unbekannter genauso gut verkaufen wie ein Star."[473]

Die *Hochschule der Medien in Stuttgart* kommt in einer empirischen Studie zu dem Ergebnis, dass Prominente für wenig Werbeeffizienz sorgten und ihre „Aufgaben nur selten erfüllen". Für die Studie wurden von Mai bis Juni 2004 insgesamt 568 Personen im Alter von 20 bis 40 Jahren online befragt - und zwar im Rahmen einer Diplomarbeit von Christian Weissenberger. 83 Prozent der Befragten sehen demnach weder das Vertrauen in die Marke gestärkt, noch erfolge ein Imagetransfer.

> Von 97% wird ein Celebrity nicht als sympathischer oder vertrauenswürdiger eingestuft. Der Werbung mit Promis fehlt die Glaubwürdigkeit um wirken zu können. Den Grund, warum die Stars werben, sehen 98% in den hohen Gagen. Gerade Prominente mit vielfachen Werbeverträgen versagen in ihrer Wirkung stärker, als wenn sie sich auf wenige Werbepartner beschränken würden. Sie werden in ihrer Präsenz zu dominant und lenken vom Produkt ab[474]

Zu einem ähnlichen Ergebnis kommt eine Studie des Hamburger *Marktforschungsinstituts Media Analyzer*. Mit der Internet-gestützten Analysemethode Atten-

468 Gangloff 2005.

469 Löw 2005, S. 12ff.

470 Ebd.

471 Ebd.

472 Ebd.

473 Ebd.

474 Ellwanger, Sonja: Dieter & Co. wirken nicht! Prominenten wird eine schlechte Werbewirkung attestiert!, in: Zeitschrift der Hochschule für Medien Stuttgart, Ausgabe 2004/2005, S. 26.

tion Tracking TM wurde die Aufmerksamkeitswirkung von Promis ermittelt. Es stellte sich heraus, dass der Einsatz von Prominenten keinen positiven Einfluss auf die Markenwahrnehmung hat, sondern häufig sogar das Gegenteil bewirkt. Testimonials wie *Verona Feldbusch* oder *Claudia Schiffer* in attraktiven Posen lenken demnach eher vom Produkt ab. So stellten die Forscher in ihrer Erhebung fest, dass die Werbewirkung prominenter Testimonials weitaus geringer sei als erhofft. Obwohl ihre Anzahl in den letzten zehn Jahren um über 400% angestiegen sei, würden Prominente eher negativ wahrgenommen. In der Studie sind 76% der Befragten der Meinung, dass Prominente für zu viele Dinge gleichzeitig werben. Lediglich 34% der Befragten finden Werbung mit populären Persönlichkeiten grundsätzlich gut. Doch sind die Studienergebnisse durchaus ambivalent:

> Etwa ein Drittel (36%) der Befragten halten eine Aufwertung des Produktes beziehungsweise der Marke durch berühmte Personen für möglich. Immerhin 60% der Befragten sind der Meinung, dass Promis in der Werbung Aufmerksamkeit garantieren. Bei der Studie untersuchte Media-Analyzer die Aufmerksamkeit von 1.044 Befragten beim Betrachten von Printanzeigen mit prominenten und nichtprominenten Testimonials über die Blickverlaufsmessung.[475]

Doch trotz dieser unterschiedlichsten Beurteilungen sind nicht wenige Auftraggeber - angeblich zwei Drittel - mit dem Einsatz Prominenter in der Werbung zufrieden. Dies schließe auch die Produkt-Identifikation ein, so die Studie „Promi-Vision" 2005 von TNS Infratest. Ergebnis der Studie sei auch, so TNS Infratest, dass „jeder zweite Marketingentscheider der werbungtreibenden Unternehmen in Deutschland der Auffassung ist, dass Werbung mit Prominenten weiter an Bedeutung für die Markenkommunikation" gewinne. Lediglich jeder Fünfte habe gesagt, dass Prominentenwerbung als Marketinginstrument eher zu vernachlässigen sei.[476] TNS Infratest prognostiziert ein kräftiges Wachstum:

> Während im Jahr 2004 der durchschnittliche Werbeetat für „Promi-Kampagnen" (klassisch, nicht-klassisch und im Rahmen von Sponsoringmaßnahmen) bei etwa 3,2 Mio. Euro lag, sei dieser Etat in 2005 voraussichtlich auf 3,7 Mio. Euro angewachsen. Dies entspreche einem Wachstum von über 15%. Von den 500 Top-Marken haben bereits 38% der Marketingentscheider Erfahrung mit dem Einsatz von Prominenten in der Werbung. Weitere 5% planten, künftig Promis in ihrer Werbekommunikation einzusetzen. 57% der Befragten haben bislang keine Erfahrung mit Prominenten in der Werbung.[477]

Der in der werbungtreibenden Branche bekannte Werbetexter *Reinhard Siemes* nennt den Einsatz von Celebreties dennoch die „letzte Nummer vor der kreativen Bankrotterklärung".[478] Humor und Sex wirkten in der Werbung ebenso gut wie Stars. Ob Prominentenwerbung in erster Linie dem Konto und dem Bekanntheitsgrad des Prominenten selbst am meisten nutzt oder dem Verkauf des Produktes - darüber wird kontrovers diskutiert. Es sind Tendenzen erkennbar, dass der Wille in wer-

475 Vgl.: Große Chance für kleine Lichter. Neue Studie zeigt: Promi-Werbung bringt es nicht, Studie der MediaAnalyzer Software & Research GmbH, 2004, S. 1ff.

476 TNS Infratest, Sport- & Sponsoringforschung PromiVision 2005 v. 14.1.2005, S. 1ff.

477 Ebd.

478 Löw 2005, S. 14.

bungtreibenden Unternehmen wächst, den Einsatz Prominenter hinsichtlich der Werbeeffizienz auch wissenschaftlich zu belegen.

Wie komplex Werbestrategien sein können, das zeigt alljährlich der vom Gesamtverband Kommunikationsagenturen GWA e.V. verliehene EFFIE (Effizienz-Preis). Der EFFIE zeichnet seit 25 Jahren jährlich Marketingkommunikation aus, „die ausgewiesen wirkungsvoll und effizient bezogen auf ihr Kosten-Nutzenverhältnis und ehrgeizig gesetzte Marketingziele ist". Keinesfalls lässt sich beim Durchsehen der mit dem EFFIE ausgezeichneten Werbekampagnen feststellen, dass hier ein deutliches Über- oder Untergewicht hinsichtlich von Werbekampagnen besteht, die Prominente als Darsteller einsetzten. An dieser Stelle sei eine Werbekampagne vorgestellt, die zweigleisig initiiert wurde: Anfänglich bewarb sie das Produkt ohne prominente Darsteller, in der zweiten Phase wurde schließlich ein Prominenter Showmaster (Entertainer Harald Schmidt) hinzugezogen. Der folgende kaum veränderte Textauszug ist dem EFFIE-Jahrbuch 2004 entnommen:

Kategorie: Health Care

Kunde: HEXAL AG, Holzkirchen

Agentur: Healthy People GmbH, Düsseldorf

Die Marketing-Situation

> Das mittelständische Unternehmen HEXAL hat sich innerhalb von 18 Jahren zum zweitgrößten Pharmahersteller (nach Verordnungen IMS 2004*) in Deutschland entwickelt. HEXAL entwickelt, produziert und vermarktet moderne Generika und innovative Pharmazeutika in mehr als 40 Ländern mit über 6000 Mitarbeitern weltweit. HEXAL investiert mit etwa 12% seines Umsatzes überdurchschnittlich in Forschung und Entwicklung. Rund 250 Wirkstoffe bilden die Grundlage der breiten und differenzierten Präparatetabelle mit zum Teil innovativen Darreichungsformen. Diese Arzneimittelrange, die den Ärzten, Apothekern und Patienten zu günstigen Preisen zur Verfügung gestellt wird, deckt 12 Arzneimittelkategorien ab: Allergie, Herz-Kreislauf, Erkältung, Magen-Darm, Gynäkologie, Schmerz, Onkologie, Infektionen, Dermatologie, Neurologie, Phyto und Transplantation.
>
> HEXAL hat trotz der breiten Präparatepalette in der Kommunikation im freiverkäuflichen Bereich (OTC) eine Monomarken-Strategie verfolgt, die verschreibungspflichtigen Produkte wurden gemäß Heilmittelwerbegesetz beim Verbraucher nicht beworben. Im Jahre 2002 war die Marke HEXAL überwiegend nur bei Ärzten und Apothekern bekannt. Der Endverbraucher hingegen kannte nur Einzelmarken, wie Lorano und ACC akut (Bekanntheit 95%). Allerdings wurden diese Einzelmarken nicht (oder kaum) mit HEXAL in Verbindung gebracht. Des Weiteren muss sich HEXAL dem Marktführer stellen, der in den vergangenen Jahren eine Dachmarke erfolgreich etabliert hat und der sich über viele Jahre mit einem stringenten Werbeauftritt auszeichnet.
>
> Zu Jahresbeginn 2003 trat das so genannte Aut-idem-Gesetz in Kraft, nach dem der Apotheker unter wirkstoffgleichen Medikamenten auswählen kann. Die Bekanntheit und das Image der Marke HEXAL beim Verbraucher wurden immer wichtiger. Außerdem ändert sich der Markt laufend durch die Gesundheitsreform, Ärzte und insbesondere Apotheker sehen sich aus Kosten- und Bedarfsgesichtspunkten gezwungen, sich auf wenige Hersteller von Vollsortimenten zu konzentrieren. Aus vorgenannten Gründen galt es für das Unternehmen HEXAL eine Dachmarke in allen 3 Zielgruppen zu etablieren und zu penetrieren und diese mit entsprechen-

der Kompetenz aufzuladen. Dabei sollten die bereits bekannten Einzelmarken Lorano und ACC akut für die Dachmarke genutzt werden.

Die Verankerung der Dachmarke beim Endverbraucher soll helfen, dem Arzt und Apotheker eine Bestätigung zu geben, dass er HEXAL Produkte in allen Produktkategorien verschreibt, empfiehlt beziehungsweise substituiert, und im OTC-Bereich die direkte Nachfrage beim Endverbraucher anzukurbeln.

Die Marketing- und Werbeziele

Quantitative Zielsetzungen: Die direkte Kommunikationsleistung und Werbewirkung für die HEXAL Dachmarkenkampagne beziehen sich auf:

- Steigerung der spontanen und gestützten Bekanntheit der HEXAL Dachmarke

- Steigerung der Werbebekanntheit der HEXAL Dachmarke.

- Im Rahmen der Marktleistung: Marktanteilsausweitung und Umsatzsteigerung des gesamten HEXAL Unternehmens: Umsatzsteigerung einzelner Produktkategorien

Qualitative Zielsetzungen:

Verankerung der Dachmarken-Positionierung „Bei HEXAL erhalte ich alle Arzneimittel, die ich für meine Gesundheit brauche, in höchster Qualität, zu einem bezahlbaren Preis“ beim Endverbraucher.

Wichtigste Zielgruppe für die Kommunikation: Da die HEXAL Präparate-Palette viele Indikationen mit unterschiedlichen Altersgruppen abdeckt, wurde eine allgemeine Zielgruppe für die Dachmarke definiert: Frauen und Männer, die Arzneimittel in der Apotheke nachfragen oder beim Arzt einfordern, das heißt Frauen und Männer ab 20 Jahre.

Weitere Zielgruppen: alle Apotheker, PTAs und Apothekenhelferinnen sowie Ärzte.

Die Basis für den Dachmarkenauftritt bilden verschiedene Marken-Schlüsselsignale, die die Dachmarke und ihren Anspruch bei den Zielgruppen bekannt machen und in den Köpfen verankern sollen. Die Schlüsselsignale bestehen aus einem hochwertigen dreidimensionalen HEXAL Markenlogo, dem Kampagnenslogan „Wir haben was dagegen“ und Blau als dominanter Markenfarbe sowie dem bekannten Unternehmensclaim „Arzneimittel Ihres Vertrauens“. Mit dem dreidimensionalen HEXAL-Logo auf blauem Grund wurden die folgenden positiven Assoziationen genutzt: Die blaue Farbe steht für Kompetenz und Vertrauen, die Form des Logos - also das Kreuz - symbolisiert Schutz, Geborgenheit, Gesundheit und Professionalität. Der zentrale Kampagnenslogan „Wir haben was dagegen“ gibt - in gewisser Weise provozierend - Antwort auf alle Problembereiche. Seien es Fragen zur Gesundheitsreform seitens des Arztes, zu wenige Infomaterialien für den Apotheker oder steigende Arzneimittelpreise und Gesundheitsprobleme beim Endverbraucher: HEXAL biete die Antwort.

Der Dachmarkenaufbau erfolgte in zwei aufeinander folgenden Phasen:

Phase I: „Teaser-Kampagne“

Mit der Zielsetzung, Aufmerksamkeit und Bekanntheit zu schaffen, wurde das dreidimensionale HEXAL Kreuz in den Mittelpunkt einer Teaser-Kampagne gestellt, verbunden mit einer aktuellen gesundheitspolitischen Fragestellung:

„Sind gute Arzneimittel bald unbezahlbar?“ Mit der Antwort: „Wir haben was dagegen“, nämlich HEXAL Arzneimittel. Diese Teaser-Kampagne wurde in Print, TV sowie in Below-the-Line-Materialien beim Arzt und Apotheker sowie für interne Schulungsmaterialien umgesetzt.

Phase II: „Harald-Schmidt-Kampagne“

In dieser Phase wurde die Kampagne mit Kompetenz und Emotionen aufgeladen. Als ideale Leitfigur für den Markenaufbau fungierte Harald Schmidt, Deutschlands Hypochonder Nummer 1. Er erzeuge starke Glaubwürdigkeit und habe die Kampagne durch seine hohen Sympathiewerte emotional aufgeladen. Harald Schmidt über diese Kampagne: „Ich musste mich nur selbst spielen.“ Nachdem er zu Beginn des Spots behauptet: „Ich bin kerngesund bis auf ...“, zählt er nach und nach seine Zipperlein auf.

HEXAL Arzneimittel geben die Antwort auf alle diese Krankheiten. Im Rahmen der in dieser Phase parallel laufenden Produktkampagnen wurden die oben beschriebenen Marken-Schlüsselsignale in die Produktwerbung integriert, um eine stärkere Verankerung mit der Dachmarke zu erzielen.

Die Media-Strategie

Neben Anzeigen in Apotheken- und Arztmedien, PoS-Aktivitäten (Point of Sale) in den Apotheken und Below-the-Line-Aktivitäten für den Arzt wurde als Kernmedium für den Endverbraucher Fernsehen und als Unterstützung Print eingesetzt. Hierfür hätten folgende Gründe gesprochen:

- Fernsehen könne schnell Bekanntheit und Aufmerksamkeit generieren

- Fernsehen ermögliche die Erreichung einer breiten Zielgruppe

- Der Hauptwettbewerber bewerbe ebenfalls seine Dachmarke vorwiegend im Fernsehen

Das Mediabudget teilte sich in der ersten und zweiten Phase zu etwa 40% auf Dachmarken- und zu etwa 60% auf Produktwerbung auf.

Die Ergebnisse

Die HEXAL Dachmarkenkampagne startete zeitgleich mit der Einführung des bedeutenden generischen Produkts SimvaHEXAL im März 2003. Spontane Bekanntheit zu Kampagnenbeginn: 2,8%. Ein Jahr später sei die spontane Bekanntheit auf 14,0% gestiegen.

Gestützte Bekanntheit zu Kampagnenbeginn: 64,8%; Ein Jahr später habe die gestützte Bekanntheit bereits 82,2% betragen.

Aussage: HEXAL bietet qualitativ hochwertige Produkte: In einem Jahr sei die Anzahl der Personen, die diesem Statement zustimmten, um 11,9 Prozentpunkte gestiegen.

Aussage: HEXAL ist mir sympathisch: In einem Jahr stieg die Anzahl der Personen, die diesem Statement zustimmten, um 8,5 Prozentpunkte.

Aussage: HEXAL bietet preiswerte Arzneimittel: In einem Jahr sei die Anzahl der Personen, die diesem Statement zustimmten, um 16,5 Prozentpunkte gestiegen.

Aussage: HEXAL ist innovativ: In einem Jahr sei die Anzahl der Personen, die diesem Statement zustimmten, um 9,4 Prozentpunkte gestiegen.

Aussage: HEXAL hat für jeden das richtige Produkt: In einem Jahr sei die Anzahl der Personen, die diesem Statement zustimmten, um 11,9 Prozentpunkte gestiegen.

Aussage: HEXAL hat wirksame Produkte: In einem Jahr sei die Anzahl der Personen, die diesem Statement zustimmten, um 5,3 Prozentpunkte gestiegen.

Aussage: HEXAL hat ein breites Angebot: In einem Jahr sei die Anzahl der Personen, die diesem Statement zustimmten, um 16,8 Prozentpunkte gestiegen.

Aussage: HEXAL ist vertrauenswürdig: In einem Jahr sei die Anzahl der Personen, die diesem Statement zustimmten, um 9,4 Prozentpunkte gestiegen.

Diesem Abriss bezüglich des Einsatzes von Prominenten in der TV-Werbung folgt eine Analyse, in welchem Ausmaß Prominente aus welchem Genre zur Produktbewerbung - zumindest innerhalb der Stichprobe - in Deutschland eingesetzt werden.

Studienergebnisse

Prominente in der TV-Werbung (alle Branchen)						
Branche	Spots gesamt unabhängig ob oder ob nicht Promis mitspielen	Spots verschieden unabhängig ob oder ob nicht Promis mitspielen	**%-Anteil Spots gesamt mit Promi an Branche**	**%-Anteil Spots verschieden mit Promi an Branche**	%-Abweichung Spots gesamt mit Promi vom Gesamtschnitt aller Branchen	%Abweichung Spots verschieden mit Promi am Gesamtschnitt aller Branchen
Versandhandel	32	6	**100%**	**100%**	537%	689%
Digital-TV & Kabelnetze	54	4	**91%**	**50%**	478%	295%
Elektronik /Unterhaltungselektronik	156	68	**44%**	**43%**	178%	237%
Humanitäres Kirche/Initiativen Selbsthilfegruppen	16	5	**38%**	**60%**	139%	374%
Telekommunikation	157	44	**34%**	**18%**	119%	44%
Gewinnspiele	19	10	**32%**	**10%**	101%	-21%
Computer/Internet	62	12	**24%**	**8%**	54%	-34%
Lebensmittel/Nichtalkohol. Getränke	602	117	**21%**	**15%**	32%	15%
Süßwaren	346	66	**11%**	**14%**	-30%	8%
Einzelhandel/Handel	92	26	**9%**	**4%**	-45%	-70%
Banken Versicherungen	79	26	**8%**	**12%**	-52%	-9%
Kosmetik/Pflege	453	124	**7%**	**7%**	-55%	-49%
Spielwaren Unterhaltung Freizeit/Kino	183	39	**6%**	**5%**	-62%	-60%
Touristik	36	11	**6%**	**9%**	-65%	-28%
Printmedien	68	30	**3%**	**3%**	-81%	-74%
Alkohol	116	30	**2%**	**3%**	-89%	-74%
Haushaltsprodukte	169	38	**1%**	**3%**	-93%	-79%
Summe alle Branchen	**2916**	**742**	**16%**	**13%**		

Anmerkung: in hier nicht aufgeführten werbungtreibenden Branchen spielten keine Prominenten mit

Prominente spielen in der Bewerbung von Produkten und Dienstleistungen eine nicht zu unterschätzende Rolle. Dabei wird immer wieder ihre Funktion als Vorbilder, als Idole, vor allem auch von politischer Seite diskutiert. So wurde beispielsweise im Schweizer Parlament im Jahr 2005 diskutiert, ob es nicht gesetzlich verboten werden sollte, dass prominente Sportler im Fernsehen für Alkohol werben. Aus diesem Grunde hat in dieser Studie auch die Frage interessiert, für welche Produktgruppen oder Dienstleistungen Prominente als Werbefiguren eingesetzt werden. Von Interesse war aber auch, aus welchem Bereich die Prominenten selbst kommen - ob zum Beispiel prominente Sportler ganz besonders intensiv beispielsweise zur Bewerbung von Alkohol oder Fast-Food-Produkten eingesetzt werden. Insgesamt wurden für diese Studie sieben Prominentenkategorien gebildet: Prominente aus dem Bereich Sport, der Wirtschaft, dem Journalismus/Moderation/Literatur, Film / Show/ Comedy, Mode (z.B. *Model* Claudia Schiffer), Musik oder der Werbung selbst (Beispiel: *Werbeikone* Verona Feldbusch).

Da in TV-Eigenwerbung zu Spielfilmen in der Regel häufig sowieso prominente Schauspieler „werblich" auftreten (Einspielung aus Spielfilmsequenzen etc.), schien es auch an dieser Stelle wenig sinnvoll, die TV-Eigenwerbung im Kapitel „Prominente in der TV-Werbung" zu berücksichtigen. Deshalb wurde die Grundgesamtheit (3.320 Werbespots) um die Spots der TV-Eigenwerbung (404 Spots; entspricht einem Sendeanteil an der Spothäufigkeit von 12,2% beziehungsweise an der Sendedauer von 14,4%) abgezogen. Das heißt: Alle folgend dargestellten Auswertungen beruhen auf Basis aller anderer Werbespots - insgesamt 2.916. Diese Studie kommt zu der Erkenntnis, dass verteilt auf die 2.916 ausgewerteten TV-Werbespots in der Stichprobe durchschnittlich absolut 0,34 Prominente eingesetzt werden.

Prominente nach Genre in der TV-Werbung

Genre Promi	Spots gesamt mit Promis	Spots verschieden mit Promis	Anteil Genre Promi an Spots gesamt (Basis: 2.916 Spots)	Anteil Genre Promi an Spots verschieden (Basis: 742 Spots)
Film Show Comedy	205	34	7,0%	4,6%
Sport	132	23	4,5%	3,1%
Musik	102	32	3,5%	4,3%
Mode	16	3	0,5%	0,4%
Werbung	2	1	0,1%	0,1%
Wirtschaft	1	1	0,1%	0,1%
Summe	**458**	**94**	**15,7%**	**12,6%**

Oder anders ausgedrückt: In 15,7% aller gesendeten Werbespots treten Prominente werblich auf (Tabelle). Berücksichtigt man lediglich die unterschiedlichen Werbespots, so kommen wir auf einen Wert von 12,7%. Das heißt: Prominente werden im Schnitt in elf von 100 unterschiedlichen Werbespots (94 von 742) beziehungsweise in 15 von 100 (458 von 2916) gesendeten Werbespots eingesetzt. Im Folgenden wird chronologisch dargestellt, welche Prominenten aus welchen Bereichen am häufigsten als Testimonials on air gehen - anhand des Einsatzes in Branchen.

7.1 Prominente insgesamt in der TV-Werbung

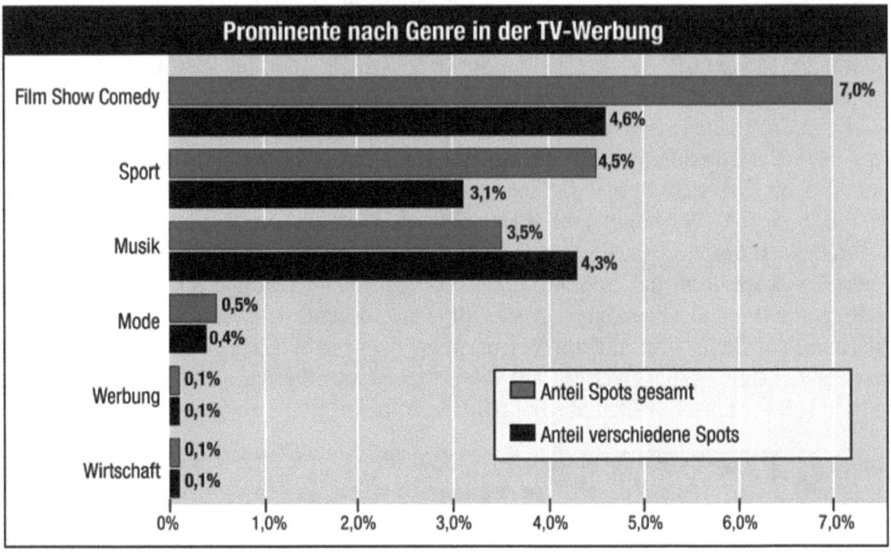

7.1.1 Versandhandel

Unter den ausgewerteten 32 Versandhandel-Werbespots waren 32 (6 unterschiedliche), die von Prominenten beworben wurden. Dies entspricht einem Anteil am ausgewerteten Gesamtwerbeaufkommen von 100% sowohl für die Sendehäufigkeit der insgesamt gesendeten Werbespots in der Branche als auch der unterschiedlich in der Branche gesendeten Werbespots. Versandhandel wird mit durchschnittlich einem Prominenten beworben. Dies entspricht einem überdurchschnittlichen Wert von +184,2%.

7.1.2 Digital-TV & Kabelnetze

Unter den ausgewerteten 54 Digital-TV- & Kabelnetz-Werbespots waren 49 (2 unterschiedliche), die von Prominenten beworben wurden. Dies entspricht einem Anteil am ausgewerteten Gesamtwerbeaufkommen von 90,7% für die Sendehäufigkeit der insgesamt gesendeten Werbespots in der Branche beziehungsweise von 50 Prozent der unterschiedlich in der Branche gesendeten Werbespots. Durchschnittlich werden 4,54 Prominente pro Werbespot zur Bewerbung von Digital-TV & Kabelnetzen eingesetzt. Mit +1.189,6% über dem Durchschnitt führt diese Kategorie den Einsatz von Prominenten in der Werbung an (mit +1.259% über dem Durchschnitt wirbt insbesondere Premiere World mit Prominenten; mit +3.660,8% über dem Durchschnitt kommen die meisten aus dem Bereich Film/Show/Comedy).

7.1.3 Elektronik/Unterhaltungselektronik

Unter den ausgewerteten 156 Elektronik-/Unterhaltungselektronik-Werbespots waren 68 (29 unterschiedliche), die von Prominenten beworben wurden. Dies entspricht einem Anteil am ausgewerteten Gesamtwerbeaufkommen von 43,6% für die Sendehäufigkeit der insgesamt gesendeten Werbespots in der Branche beziehungsweise von 42,6 Prozent der unterschiedlich in der Branche gesendeten Werbespots. Ähnlich häufig wie in „Digitalfernsehen & Kabel" werden Prominente zur Bewerbung von Elektronik & Unterhaltungselektronik eingesetzt (besonders für CDs). Durchschnittlich sind 1,82 Personen zu sehen. Dies entspricht einem überdurchschnittlichen Wert von +418,1%.

7.1.4 Telekommunikation

Unter den ausgewerteten 157 Telekommunikations-Werbespots waren 54 (8 unterschiedliche), die von Prominenten beworben wurden. Dies entspricht dem viertstärksten Einsatz in allen Branchen und bedeutet einen Anteil am ausgewerteten Gesamtwerbeaufkommen in der Branche von 34,4% für die Sendehäufigkeit der insgesamt gesendeten Werbespots in der Branche beziehungsweise von 18,2 Prozent der unterschiedlich in der Branche gesendeten Werbespots. Mit durchschnittlich 0,55 Prominenten pro Werbespots zur Bewerbung von Telekommunikationsprodukten- oder Dienstleistungen wird diese Branche zu +57,5% über dem Durchschnitt aller Branchen mit Prominenten beworben.

7.1.5 Gewinnspiele

Unter den ausgewerteten 19 Gewinnspiel-Werbespots waren 6 (1 unterschiedlicher), die von Prominenten beworben wurden. Dies entspricht dem fünftstärksten Einsatz in allen Branchen und bedeutet einen Anteil am ausgewerteten Gesamtwerbeaufkommen in der Branche von 31,6% für die Sendehäufigkeit der insgesamt gesendeten Werbespots in der Branche beziehungsweise von 10 Prozent der unterschiedlich in der Branche gesendeten Werbespots. Gewinnspiele werden zu +42,1% über dem Durchschnitt aller Branchen mit Prominenten beworben.

7.1.6 Humanitäres/Kirche/Initiativen/Selbsthilfegruppen

Unter den ausgewerteten 19 Werbespots, die Humanitäres / Kirche / Initiativen / Selbsthilfegruppen bewarben, waren 6 (3 unterschiedliche), die von Prominenten beworben wurden. Dies entspricht dem sechststärksten Einsatz in allen Branchen und bedeutet einen Anteil am ausgewerteten Gesamtwerbeaufkommen in der Branche von 31,6% für die Sendehäufigkeit der insgesamt gesendeten Werbespots in der Branche beziehungsweise von 50 Prozent der unterschiedlich in der Branche gesendeten Werbespots.

7.1.7 Computer & Internet

Unter den ausgewerteten 62 Computer- & Internet-Werbespots waren 15 (1 unterschiedlicher), die von Prominenten beworben wurden. Dies entspricht einem Anteil am ausgewerteten Gesamtwerbeaufkommen in der Branche von 24,2% für die Sendehäufigkeit der insgesamt gesendeten Werbespots in der Branche beziehungsweise von 8,3 Prozent der unterschiedlich in der Branche gesendeten Werbespots. Für

Computer & Internet werden durchschnittlich 0,24 Prominente eingesetzt. Dies entspricht einem unterdurchschnittlichen Wert von -31,2%.

7.1.8 *Lebensmittel & nicht-alkoholische Getränke*

Prominente in der TV-Werbung (Branche: Lebensmittel & nicht-alkoholische Getränke)							
Produktgruppe	Genre Promi	Spots gesamt unabhängig ob oder ob nicht Promis mitspielen	Spots verschieden unabhängig ob oder ob nicht Promis mitspielen	**%-Anteil Spots gesamt mit Promi an Produktgruppe**	%-Abweichung Spots gesamt mit Promi vom Gesamtschnitt aller Branchen	**%-Anteil Spots verschieden mit Promi an Produktgruppe**	%-Abweichung Spots verschieden mit Promi vom Gesamtschnitt aller Branchen
Babynahrung	Wirtschaft	1	1	**100,0%**	331900%	**100,0%**	85100%
Gemüse Tiefkühl	Sport	4	1	**100,0%**	2415%	**100,0%**	3604%
Limonaden Light	Film/Show Comedy	8	1	**100,0%**	1520%	**100,0%**	2406%
Fisch	Sport	11	4	**63,6%**	1501%	**25,0%**	826%
Mineralwasser	Sport	9	2	**55,6%**	1297%	**50,0%**	1752%
Fast Food	Sport	76	10	**39,5%**	893%	**20,0%**	641%
Kaffee	Sport	36	9	**36,1%**	808%	**11,1%**	312%
Fleisch Wurstwaren	Film/Show Comedy	32	9	**25,0%**	305%	**11,1%**	178%
Joghurt	Musik	107	10	**21,5%**	600%	**10,0%**	166%
Milchgetränke	Sport	70	10	**17,1%**	331%	**10,0%**	270%
Limonaden	Film/Show Comedy	31	8	**12,9%**	109%	**12,5%**	213%
Käse	Film/Show Comedy	9	3	**11,1%**	80%	**33,3%**	735%
Mineralwasser Schorle	Film Show Comedy	18	5	**5,6%**	-10%	**20,0%**	401%
Mineralwasser Schorle	Sport	18	5	**5,6%**	40%	**20,0%**	641%
Joghurt	Film/Show Comedy	107	10	**4,7%**	-24%	**10,0%**	151%
Fast Food	Film/Show Comedy	76	10	**2,6%**	-57%	**10,0%**	151%

Unter den ausgewerteten 606 Lebensmittel-&-nicht-alkoholische-Getränke-Werbespots waren 125 (17 unterschiedliche), die von Prominenten beworben wurden.[479] Dies entspricht einem Anteil am ausgewerteten Gesamtwerbeaufkommen in der Branche von 20,6% für die Sendehäufigkeit der insgesamt gesendeten Werbespots in der Branche beziehungsweise von 14,3 Prozent der unterschiedlich in der Branche gesendeten Werbespots. Das heißt: Jeder fünfte gesendete Lebensmittel-

479 Die hier dargestellte Tabelle (Prominente in der TV-Werbung [Branche Lebensmittel & nicht-alkoholische Getränke]) ist auch für die folgenden Kapitelabschnitte von Bedeutung.

Werbespot findet unter dem Einsatz von Prominenten statt. Durchschnittlich wurden in den 602 ausgewerteten Spots aus dem Bereich Lebensmittel & nicht-alkoholische Getränke Prominente mit -29,6% unterdurchschnittlich selten eingesetzt. Absolut ausgedrückt, sind das 0,25 Prominente pro Spot in dieser Branche (Durchschnitt in allen Branchen: 0,35). Allerdings lohnt sich hier ein Blick in die Unterkategorien. Denn innerhalb der Branche Lebensmittel & nicht-alkoholischen Getränken gibt es durchaus Unterkategorien, die wenigstens im Durchschnitt oder überdurchschnittlich stark mit Prominenten werben.

Babynahrung

Im Bereich der Lebensmittelwerbung wird durchschnittlich ein Prominenter für die Bewerbung von Babynahrung eingesetzt. Dies entspricht einem überdurchschnittlichen Einsatz von +183,7% gegenüber dem Gesamtdurchschnitt aller Branchen beziehungsweise von +304% gegenüber dem Schnitt innerhalb der Branche Lebensmittelwerbung. Auf Grund der Vielzahl beworbener Lebensmittel lohnt sich ein Blick auf jene Lebensmittel, die mittels Prominenten überdurchschnittlich oft beworben werden.

Fast Food

Für die Unterkategorie „Fast Food“ innerhalb der Hauptkategorie (Branche) Lebensmittel & nicht-alkoholische Getränke werben durchschnittlich je TV-Werbespot absolut 0,4 Prominente. Das bedeutet, dass mit +19,5% so gut wie durchschnittlich Prominente zur Bewerbung von Fast Food im Vergleich zu allen anderen Branchen eingesetzt werden. Das Gleiche gilt für den Bezug Fast-Food-Werbung zur Branche Lebensmittel (+70,1%). Mit absolut 0,395 Prominenten kommen fast alle zur Bewerbung von Fast Food eingesetzten prominenten Testimonials aus dem Bereich Sport. Das heißt: Für die Bewerbung von Fast Food werden zwar innerhalb der Branche Lebensmittel überdurchschnittlich viele Prominente eingesetzt, aber Fast Food führt innerhalb dieser Branche den Einsatz von Prominenten nicht an.

Fisch, Gemüse/Tiefkühlkost

Denn zur Bewerbung von Fisch werden durchschnittlich absolut 0,6 Prominente eingesetzt (+157,1% über dem Haupt-Branchendurchschnitt), zur Bewerbung von Gemüse/Tiefkühlkost wird durchschnittlich ein Prominenter eingesetzt (dies entspricht +304% über dem Branchendurchschnitt innerhalb der Kategorie Lebensmittel & nicht-alkoholische Getränke sowie +183% gegenüber allen Branchen; mit einem Plus von 1.138,1% werden im Vergleich zu allen Branchen prominente Sportler deutlich überdurchschnittlich zur Bewerbung von Gemüse/Tiefkühlkost eingesetzt).

Light-Limonaden

Auf einem ähnliche Niveau wie im Bereich Fisch/Gemüse/Tiefkühlwerbung werden Prominente auch für die Bewerbung von Light-Limonaden eingesetzt.

Milchgetränke

Mit absolut 0,5 Prominenten werden außerdem Milchgetränke beworben (+45,9% über dem Durchschnitt aller Branchen beziehungsweise +304% überdurchschnittlich innerhalb der Branche Lebensmittel & nicht-alkoholische Getränke).

Mineralwasser

Mit absolut 0,647 Prominenten kommen die meisten Testimonials zur Bewerbung von Mineralwasser aus dem Bereich Sport (+59,4% über dem Durchschnitt aller Branchen beziehungsweise +248,4% innerhalb der Branche Lebensmittel & nicht-alkoholische Getränke).

7.1.9 Süßwaren

Unter den ausgewerteten 342 Süßwaren-Werbespots waren 38 (9 unterschiedliche), die von Prominenten beworben wurden. Dies entspricht einem Anteil am ausgewerteten Gesamtwerbeaufkommen in der Branche von 11,1% für die Sendehäufigkeit der insgesamt gesendeten Werbespots in der Branche beziehungsweise von 14,1 Prozent der unterschiedlich in der Branche gesendeten Werbespots. Mit durchschnittlich 0,37 Prominenten pro Werbespot zur Bewerbung von Süßwaren wird diese Branche zu +4,3% über dem Durchschnitt aller Branchen mit Prominenten beworben. Im Beobachtungszeitraum stammten alle prominenten Testimonials der Branche Film/Show/Comedy.

7.1.10 Einzelhandel/Handel

Unter den ausgewerteten 92 Einzelhandel-/Handel-Werbespots waren 8 (1 unterschiedlicher), die von Prominenten beworben wurden. Dies entspricht einem Anteil am ausgewerteten Gesamtwerbeaufkommen in der Branche von 8,7% für die Sendehäufigkeit der insgesamt gesendeten Werbespots in der Branche beziehungsweise von 3,8 Prozent der unterschiedlich in der Branche gesendeten Werbespots. Für den Einzelhandel/Handel werden durchschnittlich 0,09 Prominente in der TV-Werbung eingesetzt. Dies entspricht einem unterdurchschnittlichen Wert von -75,3%.

7.1.11 Banken/Versicherungen

Unter den ausgewerteten 79 Banken-/Versicherungen-Werbespots waren 6 (3 unterschiedliche), die von Prominenten beworben wurden. Dies entspricht einem Anteil am ausgewerteten Gesamtwerbeaufkommen in der Branche von 7,6% für die Sendehäufigkeit der insgesamt gesendeten Werbespots in der Branche beziehungsweise von 11,5 Prozent der unterschiedlich in der Branche gesendeten Werbespots. Für Banken/Versicherungen werden durchschnittlich 0,08 Prominente in der TV-Werbung eingesetzt. Dies entspricht einem unterdurchschnittlichen Wert von -78,4%.

7.1.12 *Kosmetik & Pflege*

Unter den ausgewerteten 450 Kosmetik- & Pflege-Werbespots waren 32 (8 unterschiedliche), die von Prominenten beworben wurden. Dies entspricht einem Anteil am ausgewerteten Gesamtwerbeaufkommen in der Branche von 7,1% für die Sendehäufigkeit der insgesamt gesendeten Werbespots in der Branche beziehungsweise von 6,5 Prozent der unterschiedlich in der Branche gesendeten Werbespots. Für Kosmetik & Pflege werden durchschnittlich 0,07 Prominente in der TV-Werbung eingesetzt. Dies entspricht einem unterdurchschnittlichen Wert von -79,9%.

7.1.13 *Spielwaren/Unterhaltung/Freizeit/Kino*

Unter den ausgewerteten 183 Spielwaren/Unterhaltung/Freizeit/Kino-Werbespots waren 11 (2 unterschiedliche), die von Prominenten beworben wurden. Dies entspricht einem Anteil am ausgewerteten Gesamtwerbeaufkommen in der Branche von 6% für die Sendehäufigkeit der insgesamt gesendeten Werbespots in der Branche beziehungsweise von 4,9 Prozent der unterschiedlich in der Branche gesendeten Werbespots. Für Spielwaren/Unterhaltung/ Freizeit/Kino werden durchschnittlich 0,18 Prominente eingesetzt. Dies entspricht einem unterdurchschnittlichen Wert von -49,2%.

7.1.14 *Touristik*

Unter den ausgewerteten 36 Touristik-Werbespots waren 2 (1 unterschiedlicher), die von Prominenten beworben wurden. Dies entspricht einem Anteil am ausgewerteten Gesamtwerbeaufkommen in der Branche von 5,6% für die Sendehäufigkeit der insgesamt gesendeten Werbespots in der Branche beziehungsweise von 9,1 Prozent der unterschiedlich in der Branche gesendeten Werbespots. Für die Touristikbranche werden durchschnittlich 0,06 Prominente in der TV-Werbung eingesetzt. Dies entspricht einem unterdurchschnittlichen Wert von -84,2%.

7.1.15 *Printmedien*

Unter den ausgewerteten 68 Printmedien-Werbespots waren 2 (1 unterschiedlicher), die von Prominenten beworben wurden. Dies entspricht einem Anteil am ausgewerteten Gesamtwerbeaufkommen in der Branche von 2,9% für die Sendehäufigkeit der insgesamt gesendeten Werbespots in der Branche beziehungsweise von 3,3 Prozent der unterschiedlich in der Branche gesendeten Werbespots. Für die Bewerbung von Printmedien werden durchschnittlich 0,03 Prominente in der TV-Werbung eingesetzt. Dies entspricht einem unterdurchschnittlichen Wert von -91,6%.

7.1.16 *Alkohol*

Unter den ausgewerteten 116 Alkohol-Werbespots waren 2 (1 unterschiedlicher), die von Prominenten beworben wurden. Dies entspricht einem Anteil am ausgewerteten Gesamtwerbeaufkommen in der Branche von 1,7% für die Sendehäufigkeit der insgesamt gesendeten Werbespots in der Branche beziehungsweise von 3,3 Prozent der unterschiedlich in der Branche gesendeten Werbespots. Für die Bewerbung von

Alkohol werden durchschnittlich 0,02 Prominente in der TV-Werbung eingesetzt. Dies entspricht einem unterdurchschnittlichen Wert von -95,1%.

7.1.17 Haushaltsprodukte

Unter den ausgewerteten 169 Werbespots, die Haushaltswaren bewarben, waren 2 (1 unterschiedlicher), die von Prominenten beworben wurden. Dies entspricht einem Anteil am ausgewerteten Gesamtwerbeaufkommen in der Branche von 1,2% für die Sendehäufigkeit der insgesamt gesendeten Werbespots in der Branche beziehungsweise von 2,6 Prozent der unterschiedlich in der Branche gesendeten Werbespots. Für die Bewerbung von Haushaltsprodukten (Reinigungsmittel, Waschmittel etc.) werden durchschnittlich 0,01 Prominente in der TV-Werbung eingesetzt. Dies entspricht einem unterdurchschnittlichen Wert von -96,6%.

7.2 Kein Einsatz von Prominenten in der TV-Werbung

Unter den ausgewerteten 3.320 insgesamt ausgewerteten Werbespots aus 26 Branchen sind 9, die im Beobachtungszeitraum überhaupt keine Prominenten einsetzten. Das heißt aber selbstverständlich nicht, dass diese Branchen zu einem anderen Zeitpunkt nicht doch Prominente einsetzen. Für die Bewerbung folgender Branchen werden durchschnittlich 0,0 Prominente in der TV-Werbung eingesetzt. Dies entspricht einem unterdurchschnittlichen Wert von -100%.

7.2.1 Automobile

7.2.2 Bauen & Wohnen

7.2.3 Chemie

7.2.4 Haustiere

7.2.5 Kleidung

7.2.6 Pharmazeutika

7.2.7 Politik/Verbände

7.2.8 Salzgebäck/Chips

7.2.9 Zustelldienste & Logistik

7.3 Prominente aus Film/Show/Comedy in der TV-Werbung

In 458 Werbespots (94 unterschiedliche) wurden in der Stichprobe (3.320 Werbespots) Prominente eingesetzt. Dies entspricht einem Anteil von 15,7% aller gesendeten Werbespots beziehungsweise 12,7% der unterschiedlichen Werbespots. Die meisten Prominenten lassen sich in der TV-Werbung der Kategorie Film/Show/Comedy zuordnen. Durchschnittlich waren 0,13 Prominente aus diesem Bereich im Beobachtungszeitraum zu sehen. Unter 3.320 insgesamt gesendeten und ausgewerteten Werbespots waren 173 Spots, davon 28 unterschiedliche (von insgesamt 852), betroffen. Dies entspricht einem Anteil an den gesendeten Werbespots von 6,2% und von 4,0% der unterschiedlichen Werbespots.

Prominente in der TV-Werbung (Genre: Film / Show / Comedy)

Branche	Spots gesamt unabhängig ob oder ob nicht Promis mitspielen	Spots verschieden unabhängig ob oder ob nicht Promis mitspielen	**%-Anteil Spots gesamt mit Promi an Branche**	%-Abweichung Spots gesamt mit Promi vom Gesamtschnitt aller Branchen	**%-Anteil Spots verschieden mit Promi an Branche**	%Abweichung Spots verschieden mit Promi am Gesamtschnitt aller Branchen
Versandhandel	32	6	**100,0%**	1520%	**100,0%**	2406%
Digital-TV Kabelnetze	54	4	**90,7%**	1370%	**50,0%**	1153%
Computer Internet	62	12	**24,2%**	292%	**8,3%**	109%
Telekommunik.	157	44	**18,5%**	199%	**11,4%**	185%
Humanitäres Kirche/Initiativen Selbsthilfe	16	5	**6,3%**	1%	**20,0%**	401%
Süßwaren	346	66	**6,1%**	-2%	**6,1%**	52%
Spielwaren Unterhaltung Freizeit/Kino	183	39	**6,0%**	-3%	**5,1%**	29%
Lebensmittel nicht-alkohol. Getränke	602	117	**4,8%**	-22%	**6,0%**	50%
Kosmetik/Pflege	453	124	**3,8%**	-39%	**4,0%**	1%
Banken Versicherungen	79	26	**1,3%**	-80%	**3,8%**	-4%

7.3.1 Versandhandel

In allen 32 gesendeten Werbespots aus dem Bereich Versandhandel waren Prominente zu sehen - und zwar aus der Kategorie Film/Show/Comedy. Damit werden diese Prominenten zu +2405,9% über dem Durchschnitt aller Branchen zur Bewerbung von Versandhandel eingesetzt, bei Berücksichtigung der unterschiedlichen Spots, in denen Promis aus dieser Kategorie mitspielten (6 von 6).

7.3.2 Digital-TV & Kabelnetze

In 49 von 54 gesendeten Werbespots wurden Prominente aus Film/Show/Comedy in den Branchen Digital-TV & Kabelnetze eingesetzt. Dies entspricht einem überdurchschnittlichen Wert im Vergleich zu allen andere Branchen von 1152,9%, bei Berücksichtigung der unterschiedlichen Spots, in denen Promis aus dieser Kategorie mitspielten (2 von 4).

7.3.3 Computer & Internet

In 15 von 62 gesendeten Werbespots waren Prominente aus Film/Show/Comedy in den Branchen Computer & Internet eingesetzt. Dies entspricht einem überdurchschnittlichen Wert im Vergleich zu allen andere Branchen von 1152,9% bei Berücksichtigung der unterschiedlichen Spots, in denen Promis aus dieser Kategorie mitspielten (1 von 12).

7.3.4 Telekommunikation

In 29 von 157 gesendeten Werbespots wurden Prominente aus Film/Show/Comedy in der Branche Telekommunikation eingesetzt. Dies entspricht einem überdurchschnittlichen Wert im Vergleich zu allen andere Branchen von 184,8%, bei Berücksichtigung der unterschiedlichen Spots, in denen Promis aus dieser Kategorie mitspielten (5 von 44).

7.3.5 Humanitäres/Kirche/Initiativen/Selbsthilfegruppen

In 1 von 16 gesendeten Werbespots wurden Prominente aus Film/Show/Comedy in den Bereichen Humanitäres/Kirche/Initiativen/Selbsthilfegruppen eingesetzt. Dies entspricht einem überdurchschnittlichen Wert im Vergleich zu allen andere Branchen von 401,2%, bei Berücksichtigung lediglich der unterschiedlichen Spots (1 von 5).

7.3.6 Süßwaren

In 21 von 346 gesendeten Werbespots wurden Prominente aus Film/Show/Comedy zur Bewerbung von Süßwaren eingesetzt. Dies entspricht einem überdurchschnittlichen Wert im Vergleich zu allen andere Branchen von 51,9%, bei Berücksichtigung lediglich der unterschiedlichen Spots (4 von 66).

7.3.7 Spielwaren/Unterhaltung/Freizeit/Kinovorschauen

In 11 von 183 gesendeten Werbespots wurden Prominente aus Film/Show/Comedy zur Bewerbung von Spielwaren/Unterhaltung/Freizeit oder für Kinovorschauen eingesetzt. Dies entspricht einem überdurchschnittlichen Wert im Vergleich zu allen andere Branchen von 28,5% bei Berücksichtigung lediglich der unterschiedlichen Spots (2 von 39).

7.3.8 Lebensmittel & nicht-alkoholische Getränke

In 29 von 602 gesendeten Werbespots wurden Prominente aus Film/Show/Comedy zur Bewerbung von Lebensmitteln/nicht-alkoholischen Getränken eingesetzt. Dies entspricht einem überdurchschnittlichen Wert im Vergleich zu allen andere Branchen von 49,9%, bei Berücksichtigung lediglich der unterschiedlichen Spots (7 von 117). Es wurden in nur 7 von insgesamt 117 Unterkategorien der Branche Lebensmittel & nicht-alkoholische Getränke Prominente aus dem Bereich Film/Show/Comedy eingesetzt (Tabelle). Es waren dies folgende Produktgruppen (gerangreiht):

Limonaden light

In 8 von 8 gesendeten Werbespots wurden Prominente aus Film/Show/Comedy zur Bewerbung von Light-Limonaden in der Branche Lebensmittel & nicht-alkoholische Getränke eingesetzt (1 von 1). Dies entspricht einem überdurchschnittlichen Wert im Vergleich zu allen anderen in der Branche Lebensmittel & nicht-alkoholische Getränke gesendeten Spots von +1.975,9% beziehungsweise bei Berücksichtigung lediglich der unterschiedlichen Spots von +1.571,4%.

Fleisch/Wurstwaren

In 8 von 32 gesendeten Werbespots wurden Prominente aus Film/Show/Comedy zur Bewerbung von Fleisch/Wurstwaren in der Branche Lebensmittel & nicht-alkoholische Getränke eingesetzt (1 von 9 unterschiedlichen). Dies entspricht einem überdurchschnittlichen Wert im Vergleich zu allen anderen in der Branche Lebensmittel & nicht-alkoholische Getränke gesendeten Spots von +419% beziehungsweise bei Berücksichtigung lediglich der unterschiedlichen Spots von +85,7%.

Limonaden

In 4 von 31 gesendeten Werbespots wurden Prominente aus Film/Show/Comedy zur Bewerbung von Limonaden in der Branche Lebensmittel & nicht-alkoholische Getränke eingesetzt (1 von 8 unterschiedlichen). Dies entspricht einem überdurchschnittlichen Wert im Vergleich zu allen anderen in der Branche Lebensmittel & nicht-alkoholische Getränke gesendeten Spots von +167,9% beziehungsweise bei Berücksichtigung lediglich der unterschiedlichen Spots von +108,9%.

Käse

In 1 von 9 gesendeten Werbespots wurden Prominente aus Film/Show/Comedy zur Bewerbung von Käse in der Branche Lebensmittel & nicht-alkoholische Getränke eingesetzt (1 von 3 unterschiedlichen). Dies entspricht einem überdurchschnittlichen Wert im Vergleich zu allen anderen in der Branche Lebensmittel & nicht-alkoholische Getränke gesendeten Spots von +130,7% beziehungsweise bei Berücksichtigung lediglich der unterschiedlichen Spots von +457,1%.

Mineralwasser/Schorle

In 1 von 18 gesendeten Werbespots wurden Prominente aus Film/Show/Comedy zur Bewerbung von Mineralwasser/Schorle in der Branche Lebensmittel & nicht-alkoholische Getränke eingesetzt (1 von 5 unterschiedlichen). Dies entspricht einem überdurchschnittlichen Wert im Vergleich zu allen anderen in der Branche Lebensmittel & nicht-alkoholische Getränke gesendeten Spots von +15,3% beziehungsweise bei Berücksichtigung lediglich der unterschiedlichen Spots von +234,3%.

Joghurt

In 5 von 107 gesendeten Werbespots wurden Prominente aus Film/Show/Comedy zur Bewerbung von Joghurt in der Branche Lebensmittel & nicht-alkoholische Getränke eingesetzt (1 von 10 unterschiedlichen). Dies entspricht einem unterdurchschnittlichen Wert im Vergleich zu allen anderen in der Branche Lebensmittel & nicht-alkoholische Getränke gesendeten Spots von -3% beziehungsweise bei Berücksichtigung lediglich der unterschiedlichen Spots von +67,1%.

Fast Food

In 2 von 76 gesendeten Werbespots wurden Prominente aus Film/Show/Comedy zur Bewerbung von Fast Food in der Branche Lebensmittel & nicht-alkoholische Getränke eingesetzt (1 von 10 unterschiedlichen). Dies entspricht einem unterdurchschnittlichen Wert im Vergleich zu allen anderen in der Branche Lebensmittel & nicht-alkoholische Getränke gesendeten Spots von -45,4% beziehungsweise bei Berücksichtigung lediglich der unterschiedlichen Spots von +67,1%.

7.3.9 Kosmetik & Pflege

In 17 von 453 gesendeten Werbespots wurden Prominente aus Film/Show/Comedy zur Bewerbung von Kosmetik & Pflege eingesetzt. Dies entspricht einem überdurchschnittlichen Wert im Vergleich zu allen anderen Branchen von 1% bei Berücksichtigung lediglich der unterschiedlichen Spots (5 von 124).

7.3.10 Banken/Versicherungen

In 1 von 79 gesendeten Werbespots wurden Prominente aus Film/Show/Comedy zur Bewerbung von Banken/Versicherungen eingesetzt. Dies entspricht einem unterdurchschnittlichen Wert im Vergleich zu allen anderen Branchen von -3,6% bei Berücksichtigung lediglich der unterschiedlichen Spots (1 von 26).

7.4 Prominente Sportler in der TV-Werbung

Prominente in der TV-Werbung (Genre: Sportler)						
Branche	Spots gesamt unabhängig ob oder ob nicht Promis mitspielen	Spots verschieden unabhängig ob oder ob nicht Promis mitspielen	**%-Anteil Spots gesamt mit Promi an Branche**	%-Abweichung Spots gesamt mit Promi vom Gesamtschnitt aller Branchen	**%-Anteil Spots verschieden mit Promi an Branche**	%Abweichung Spots verschieden mit Promi am Gesamtschnitt aller Branchen
Gewinnspiele	19	10	**31,6%**	694%	**10,0%**	270%
Telekommunik.	157	44	**15,3%**	285%	**4,5%**	68%
Lebensmittel nicht-alkohol. Getränke	602	117	**12,0%**	201%	**6,8%**	153%
Banken Versicherungen	79	26	**6,3%**	59%	**7,7%**	185%
Humanitäres Kirche/Initiativen Selbsthilfe	16	5	**6,3%**	57%	**20,0%**	641%
Touristik	36	11	**5,6%**	40%	**9,1%**	237%
Süßwaren	346	66	**4,3%**	9%	**6,1%**	125%
Printmedien	68	30	**2,9%**	-26%	**3,3%**	24%
Alkohol	116	30	**1,7%**	-57%	**3,3%**	24%
Kosmetik/Pflege	453	124	**0,7%**	-83%	**1,6%**	-40%

7.4.1 TV-Gewinnspiele

In 6 von 19 gesendeten Werbespots (1 von 19 unterschiedlichen) wurden Prominente aus dem Sport zur Bewerbung von TV-Gewinnspielen eingesetzt. Dies entspricht einem überdurchschnittlichen Wert im Vergleich zu allen anderen gesendeten Spots in allen Branchen von +694,3% beziehungsweise, bei Berücksichtigung lediglich der unterschiedlichen Spots, von +270,4%.

7.4.2 Telekommunikation

In 24 von 157 gesendeten Werbespots (2 von 44 unterschiedlichen) wurden Prominente aus dem Sport zur Bewerbung von Telekommunikationsprodukten eingesetzt. Dies entspricht einem überdurchschnittlichen Wert im Vergleich zu allen anderen gesendeten Spots in allen Branchen von +284,5% beziehungsweise, bei Berücksichtigung lediglich der unterschiedlichen Spots, von +68,4%.

7.4.3 Lebensmittel & nicht-alkoholische Getränke

In 72 von 602 gesendeten Werbespots (8 von 117 unterschiedlichen) wurden Prominente aus dem Sport zur Bewerbung von Lebensmitteln/nicht-alkoholischen Getränken eingesetzt. Dies entspricht einem überdurchschnittlichen Wert im Vergleich zu allen anderen gesendeten Spots in allen Branchen von +200,8% beziehungsweise, bei Berücksichtigung lediglich der unterschiedlichen Spots, von +153,3%. Der Bereich Lebensmittel & nicht-alkoholische Getränke stellt eine der größten beworbenen Produktgruppen im Fernsehen dar. Unter den 3.320 gesendeten Werbespots waren 602 beziehungsweise 117 unterschiedliche Spots diesem Bereich zuzuordnen. Dies entspricht einem Häufigkeitsanteil von 18,1% beziehungsweise von 17,4% (Sendedauer). Das heißt: Fast jeder fünfte Werbespot bewirbt Lebensmittel oder nicht-alkoholische Getränke. Mit absolut 0,25 Prominenten zur Bewerbung von Lebensmitteln oder nicht-alkoholischen Getränken werden Prominente um -29,6% unterdurchschnittlich selten zur Bewerbung von diesen Produktgruppen eingesetzt. Allerdings werden sie damit immer noch häufiger zur Bewerbung in diesem Bereich eingesetzt als zum Beispiel für Kosmetik- & Pflegeprodukte (-79,8%), Kleidung (-100%) oder Pharmazeutika (-100%).

Insgesamt wurden prominente Sportler zur Bewerbung von Lebensmitteln & nicht-alkoholischen Getränken in 7 unterschiedlichen Werbespots eingesetzt, die 72 Mal gesendet wurden. Das heißt: In 12% aller Werbespots aus diesem Bereich werden Sportler eingesetzt. Dies ist deutlich überdurchschnittlich, wenn man bedenkt, dass in 4% aller 3.320 ausgewerteten Werbespots prominente Sportler eingesetzt werden. Damit führen Sportler die Riege Prominenter in diesem Segment an. Lebensmittel und nicht-alkoholische Getränke werden ansonsten mit einem Anteil von 4,8% von Prominenten aus dem Bereich Film/Show/Comedy, dem Musik-Business (3,18%) sowie der Wirtschaft (0,2%) beworben. Summiert man diese Werte, so kann gesagt werden, dass 20,8% aller Werbespots, die Lebensmittel- oder nicht-alkoholische Getränke bewerben, von Prominenten beworben werden.

Für Detailbetrachtungen bitte u.a. Grafik auf S.206 beachten.

Fast Food

Absolut gesehen, stellen Sportler zur Bewerbung von Fast Food die größte Gruppe dar. In 30 von 76 gesendeten Werbespots wurden Prominente aus dem Sport zur Bewerbung von Fast Food in der Branche Lebensmittel & nicht-alkoholische Getränke eingesetzt (in 2 von 10 unterschiedlichen Spots). Dies entspricht einem überdurchschnittlichen Wert im Vergleich zu allen anderen in der Branche Lebensmittel & nicht-alkoholische Getränke gesendeten Spots von +1.975,9% beziehungsweise, bei Berücksichtigung lediglich der unterschiedlichen Spots, von +1.571,4%. Etwas niedriger fallen diese Werte aus, zieht man Vergleiche innerhalb der Branche Lebensmittel & nicht-alkoholische Getränke. Hier ist ein überdurchschnittlicher Wert in Höhe von +230% feststellbar bei allen gesendeten Werbespots beziehungsweise von +192% bei den in der Branche unterschiedlich gesendeten Werbespots.

Kaffee

In 13 von 36 gesendeten Werbespots wurden Prominente aus dem Sport zur Bewerbung von Kaffee in der Branche Lebensmittel & nicht-alkoholische Getränke eingesetzt (in 1 von 9 unterschiedlichen Spots). Dies entspricht einem überdurchschnittlichen Wert im Vergleich zu allen anderen in der Branche Lebensmittel & nicht-alkoholische Getränke gesendeten Spots von +808,2% beziehungsweise, bei Berücksichtigung lediglich der unterschiedlichen Spots, von +311,6%. Etwas niedriger fallen diese Werte aus, zieht man Vergleiche innerhalb der Branche Lebensmittel & nicht-alkoholische Getränke. Hier ist ein überdurchschnittlicher Wert in Höhe von +201,9% feststellbar bei allen gesendeten Werbespots beziehungsweise von +62,9% bei den in der Branche unterschiedlich gesendeten Werbespots.

Milchgetränke

In 12 von 70 gesendeten Werbespots wurden Prominente aus dem Sport zur Bewerbung von Milchgetränken in der Branche Lebensmittel & nicht-alkoholische Getränke eingesetzt (in 1 von 10 unterschiedlichen Spots). Dies entspricht einem überdurchschnittlichen Wert im Vergleich zu allen anderen in der Branche Lebensmittel & nicht-alkoholische Getränke gesendeten Spots von +331,2% beziehungsweise, bei Berücksichtigung lediglich der unterschiedlichen Spots, von +270,4%. Etwas niedriger fallen diese Werte aus, zieht man Vergleiche innerhalb der Branche Lebensmittel & nicht-alkoholische Getränke. Hier ist ein überdurchschnittlicher Wert in Höhe von +43,3% feststellbar bei allen gesendeten Werbespots beziehungsweise von +46,3% bei den in der Branche unterschiedlich gesendeten Werbespots.

Fisch

In 7 von 11 gesendeten Werbespots wurden Prominente aus dem Sport zur Bewerbung von Fisch in der Branche Lebensmittel & nicht-alkoholische Getränke eingesetzt (in 1 von 4 unterschiedlichen Spots). Dies entspricht einem überdurchschnittlichen Wert im Vergleich zu allen anderen in der Branche Lebensmittel & nicht-alkoholische Getränke gesendeten Spots von +1.500,6% beziehungsweise, bei Berücksichtigung lediglich der unterschiedlichen Spots, von +826,1%. Etwas niedriger fallen diese Werte aus, zieht man Vergleiche innerhalb der Branche Lebensmittel & nicht-alkoholische Getränke. Hier ist ein überdurchschnittlicher Wert in Höhe von +432,1% feststellbar bei allen gesendeten Werbespots beziehungsweise von +265,6% bei den in der Branche unterschiedlich gesendeten Werbespots.

Mineralwasser

In 5 von 9 gesendeten Werbespots wurden Prominente aus dem Sport zur Bewerbung von Mineralwasser in der Branche Lebensmittel & nicht-alkoholische Getränke eingesetzt (in 1 von 2 unterschiedlichen Spots). Dies entspricht einem überdurchschnittlichen Wert im Vergleich zu allen anderen in der Branche Lebensmittel & nicht-alkoholische Getränke gesendeten Spots von +1.297,3% beziehungsweise, bei Berücksichtigung lediglich der unterschiedlichen Spots, von +1.752,2%. Etwas niedriger fallen diese Werte aus, zieht man Vergleiche innerhalb der Branche Lebensmittel & nicht-alkoholische Getränke. Hier ist ein überdurchschnittlicher Wert in Höhe von +364,5% feststellbar bei allen gesendeten Werbespots beziehungsweise von +631,3% bei den in der Branche unterschiedlich gesendeten Werbespots.

Gemüse/Tiefkühl

In 4 von 4 gesendeten Werbespots wurden Prominente aus dem Sport zur Bewerbung von Gemüse/Tiefkühl in der Branche Lebensmittel & nicht-alkoholische Getränke eingesetzt (in 4 von 4 unterschiedlichen Spots). Dies entspricht einem überdurchschnittlichen Wert im Vergleich zu allen anderen in der Branche Lebensmittel & nicht-alkoholische Getränke gesendeten Spots von +2415,2% beziehungsweise, bei Berücksichtigung lediglich der unterschiedlichen Spots, von +3604,3%. Etwas niedriger fallen diese Werte aus, zieht man Vergleiche innerhalb der Branche Lebensmittel & nicht-alkoholische Getränke. Hier ist ein überdurchschnittlicher Wert in Höhe von +736,1% feststellbar bei allen gesendeten Werbespots beziehungsweise von +1362,5% bei den in der Branche unterschiedlich gesendeten Werbespots.

Mineralwasser/Schorle

In 1 von 18 gesendeten Werbespots wurden Prominente aus dem Sport zur Bewerbung von Mineralwasser/Schorle in der Branche Lebensmittel & nicht-alkoholische Getränken eingesetzt (in 1 von 5 unterschiedlichen Spots). Dies entspricht einem überdurchschnittlichen Wert im Vergleich zu allen anderen in der Branche Lebensmittel & nicht-alkoholische Getränke gesendeten Spots von +39,7% beziehungsweise, bei Berücksichtigung lediglich der unterschiedlichen Spots, von +640,9%. Etwas niedriger fallen diese Werte aus, zieht man Vergleiche innerhalb der Branche Lebensmittel & nicht-alkoholische Getränke. Hier ist ein unterdurchschnittlicher Wert in Höhe von -53,5% feststellbar bei allen gesendeten Werbespots beziehungsweise von +192,5% bei den in der Branche unterschiedlich gesendeten Werbespots.

7.4.4 Banken/Versicherungen

In 5 von 79 gesendeten Werbespots (2 von 26 unterschiedlichen) wurden Prominente aus dem Sport zur Bewerbung von Banken/Versicherungen eingesetzt. Dies entspricht einem überdurchschnittlichen Wert im Vergleich zu allen anderen gesendeten Spots in allen Branchen von +59,2% beziehungsweise, bei Berücksichtigung lediglich der unterschiedlichen Spots, von +184,9%.

7.4.5 Humanitäres/Kirche/Initiativen/ Selbsthilfegruppen

In 1 von 16 gesendeten Werbespots (1 von 5 unterschiedlichen) wurden Prominente aus dem Sport zur Bewerbung von Humanitärem/Kirchen/Initiativen/Selbsthilfegruppen eingesetzt. Dies entspricht einem überdurchschnittlichen Wert im Vergleich zu allen anderen gesendeten Spots in allen Branchen von +57,2% beziehungsweise, bei Berücksichtigung lediglich der unterschiedlichen Spots, von +640,9%.

7.4.6 Touristik

In 2 von 36 gesendeten Werbespots (1 von 11 unterschiedlichen) wurden Prominente aus dem Sport zur Bewerbung von Touristik eingesetzt. Dies entspricht einem überdurchschnittlichen Wert im Vergleich zu allen anderen gesendeten Spots in allen Branchen von +39,7% beziehungsweise, bei Berücksichtigung lediglich der unterschiedlichen Spots, von +236,8%.

7.4.7 Süßwaren

Prominente in der TV-Werbung (Branche: Süßwaren)							
Produkt-gruppe	Genre Promi	Spots gesamt unabhängig ob oder ob nicht Promis mitspielen	Spots verschieden unabhängig ob oder ob nicht Promis mitspielen	**%-Anteil Spots gesamt mit Promi an Produkt-gruppe**	%-Ab-weichung Spots gesamt mit Promi vom Gesamt-schnitt aller Branchen	**%-Anteil Spots ver-schieden mit Promi an Produkt-gruppe**	%-Ab-weichung Spots ver-schieden mit Promi vom Gesamt-schnitt aller Branchen
Brausepulver	Film/Show Comedy	10	1	**100,0%**	1520%	**100,0%**	2406%
Nuss-Nougat-Creme	Sport	10	3	**70,0%**	1661%	**66,7%**	2370%
Riegel	Sport	11	2	**54,5%**	1272%	**50,0%**	1752%
Kaugummis Kaustreifen	Film/Show Comedy	82	13	**13,4%**	117%	**23,1%**	478%
Kaugummis Kaustreifen	Mode	82	13	**2,4%**	406%	**7,7%**	2085%
Kaugummis Kaustreifen	Sport	82	13	**2,4%**	-39%	**7,7%**	185%

In 15 von 346 gesendeten Werbespots (4 von 66 unterschiedlichen) wurden Prominente aus dem Sport zur Bewerbung von Süßwaren eingesetzt. Dies entspricht einem überdurchschnittlichen Wert im Vergleich zu allen anderen gesendeten Spots in allen Branchen von +9% beziehungsweise, bei Berücksichtigung lediglich der unterschiedlichen Spots, von +124,5%.

Prominente Sportler werden in lediglich drei Produktgruppen eingesetzt, die in dieser Studie der Kategorie Süßwaren zugeordnet sind. Den einen oder anderen Leser mag eventuell verwundern, dass Nuss-Nougat-Creme den Süßwaren zugeordnet wurde, obwohl man sie auch der Lebensmittelbranche hätte zuordnen können. Das hat einen simplen Grund: Das Produkt wird vermutlich von der Mehrzahl der Konsumenten durchaus als so süß angesehen, dass eine Einordnung in der Branche Süßwaren sinnvoll erschien.

Nuss-Nougat-Creme

In 7 von 10 gesendeten Werbespots wurden Prominente aus dem Sport zur Bewerbung von Nuss-Nougat-Creme in der Branche Lebensmittel & nicht-alkoholische Getränke eingesetzt (in 2 von 3 unterschiedlichen Spots). Dies entspricht einem überdurchschnittlichen Wert im Vergleich zu allen anderen in der Branche Lebensmittel & nicht-alkoholische Getränke gesendeten Spots von +1.666,6% beziehungsweise, bei Berücksichtigung lediglich der unterschiedlichen Spots, von +2.369,6%. Etwas niedriger fallen diese Werte aus, zieht man Vergleiche innerhalb der Branche Lebensmittel & nicht-alkoholische Getränke. Hier ist ein überdurchschnittlicher

Wert in Höhe von +1.514,7% feststellbar bei allen gesendeten Werbespots beziehungsweise von +1.000% bei den in der Branche unterschiedlich gesendeten Werbespots.

Riegel (Nicht-Schoko)

In 6 von 11 gesendeten Werbespots wurden Prominente aus dem Sport zur Bewerbung von Riegeln (Nicht-Schokoladenriegeln) in der Branche Lebensmittel & nicht-alkoholische Getränke eingesetzt (in 1 von 2 unterschiedlichen Spots). Dies entspricht einem überdurchschnittlichen Wert im Vergleich zu allen anderen in der Branche Lebensmittel & nicht-alkoholische Getränke gesendeten Spots von +1.271,9% beziehungsweise, bei Berücksichtigung lediglich der unterschiedlichen Spots, von +1.752,2%. Etwas niedriger fallen diese Werte aus, zieht man Vergleiche innerhalb der Branche Lebensmittel & nicht-alkoholische Getränke. Hier ist ein überdurchschnittlicher Wert in Höhe von +1.158,2% feststellbar bei allen gesendeten Werbespots beziehungsweise von +725% bei den in der Branche unterschiedlich gesendeten Werbespots.

Kaugummi/Gums/Kaustreifen

In 2 von 82 gesendeten Werbespots wurden Prominente aus dem Sport zur Bewerbung von Riegeln (Nicht-Schokoladenriegeln) in der Branche Lebensmittel & nicht-alkoholische Getränke eingesetzt (in 1 von 13 unterschiedlichen Spots). Dies entspricht einem unterdurchschnittlichen Wert im Vergleich zu allen anderen in der Branche Lebensmittel & nicht-alkoholische Getränke gesendeten Spots von -38,7% beziehungsweise, bei Berücksichtigung lediglich der unterschiedlichen Spots, von überdurchschnittlich +184,9%. Etwas niedriger fallen diese Werte aus, zieht man Vergleiche innerhalb der Branche Lebensmittel & nicht-alkoholische Getränke. Hier ist ein unterdurchschnittlicher Wert in Höhe von -43,7% feststellbar bei allen gesendeten Werbespots beziehungsweise ein überdurchschnittlicher Wert von +26,9% bei den in der Branche unterschiedlich gesendeten Werbespots.

7.4.8 Printmedien

In 2 von 68 gesendeten Werbespots (1 von 30 unterschiedlichen) wurden Prominente aus dem Sport zur Bewerbung von Printmedien eingesetzt. Dies entspricht einem unterdurchschnittlichen Wert im Vergleich zu allen anderen gesendeten Spots in allen Branchen von -26% beziehungsweise, bei Berücksichtigung lediglich der unterschiedlichen Spots, von +23,5%.

7.4.9 Alkohol

In gerade einmal 1,7% aller Alkoholwerbespots wurden prominente Sportler eingesetzt. Das heißt: Unter 28 unterschiedlichen Alkoholwerbespots, die 116 Mal gesendet wurden, war lediglich 1 Werbespot zu verzeichnen, der 2 Mal gesendet wurde (2 von insgesamt 75 Bierwerbespots), in dem ein prominenter Sportler zum Einsatz kam. Dies ist ein um -56,6% unterdurchschnittlicher Einsatz prominenter Sportler im Vergleich zum Einsatz von prominenten Sportlern im gesamten ausgewerteten Werbeaufkommen aller Branchen.

Prominente in der TV-Werbung (Branche: Alkohol)							
Produktgruppe	Genre Promi	Spots gesamt unabhängig ob oder ob nicht Promis mitspielen	Spots verschieden unabhängig ob oder ob nicht Promis mitspielen	**%-Anteil Spots gesamt mit Promi an Produktgruppe**	%-Abweichung Spots gesamt mit Promi vom Gesamtschnitt aller Branchen	**%-Anteil Spots verschieden mit Promi an Produktgruppe**	%-Abweichung Spots verschieden mit Promi vom Gesamtschnitt aller Branchen
Bier	Sport	75	18	**2,7%**	-32,9%	**5,6%**	105,8%

7.4.10 Kosmetik & Pflege

Auch zur Bewerbung von Kosmetik- oder Pflegeprodukten werden prominente Sportler eingesetzt. Allerdings bewegen wir uns hier in einem ebenfalls kaum wahrnehmbaren Bereich - bedenkt man, wie umfangreich diese Produktgruppen im Nachmittags- und Abendprogramm beworben werden. So sind von 3.320 ausgewerteten Werbespots immerhin 453 Werbespots dieser Kategorie zuzuordnen (124 unterschiedliche). Dies entspricht einem Häufigkeitsanteil von 13,6% beziehungsweise von 12,9% (Sendedauer). Mit absolut 0,07 Prominenten werden diese Personengruppen um -79,9% unterdurchschnittlich selten zur Bewerbung von Kosmetik oder Pflegeprodukten eingesetzt. Konkret: In 2 unterschiedlichen Werbespots, die obendrein lediglich 3 Mal gesendet wurden, kamen prominente Sportler zur Bewerbung von Kosmetik oder Pflegeprodukten zum Einsatz. Das heißt: in gerade einmal 0,7% der Kosmetik- oder Pflegewerbespots. Insgesamt werden in 10,6% aller Werbespots aus dem Bereich Kosmetik & Pflege Prominente generell eingesetzt. Das heißt: In jedem zehnten Werbespot kommen hier Prominente zum Eins

7.5 Prominente Musiker in der TV-Werbung

Prominente in der TV-Werbung (Genre: Musiker)

Branche	Spots gesamt unabhängig ob oder ob nicht Promis mitspielen	Spots verschieden unabhängig ob oder ob nicht Promis mitspielen	**%-Anteil Spots gesamt mit Promi an Branche**	%-Abweichung Spots gesamt mit Promi vom Gesamtschnitt aller Branchen	**%-Anteil Spots verschieden mit Promi an Branche**	%Abweichung Spots verschieden mit Promi am Gesamtschnitt aller Branchen
Elektronik U-Elektronik	156	68	**42,3%**	1277%	**41,2%**	996%
Humanitäres Kirche/Initiativen Selbsthilfe	16	5	**25,0%**	714%	**20,0%**	433%
Einzelhandel Handel	92	26	**8,7%**	183%	**3,8%**	2%
Lebensmittel nicht-alkohol. Getränke	602	117	**3,8%**	24%	**0,9%**	-77%
Telekommunik.	157	44	**0,6%**	-79%	**2,3%**	-40%

Durchschnittlich wurden in den ausgewerteten Werbespots 0,09 Prominente aus dem Musiksektor eingesetzt. Damit belegen diese Prominenten den dritten Platz. Sie wurden in insgesamt 23 unterschiedlichen Werbespots (Anteil an allen 852 unterschiedlichen Werbespots: 3,1%) eingesetzt, die 102 Mal gesendet wurden (Anteil an allen gesendeten Spots: 3,8%).

7.5.1 Elektronik/Unterhaltungselektronik

In 66 von 156 gesendeten Werbespots (28 von 68 unterschiedlichen) wurden Prominente aus dem Musik-Business zur Bewerbung von Elektronik/Unterhaltungselektronik eingesetzt. Dies entspricht einem überdurchschnittlichen Wert im Vergleich zu allen anderen Branchen von +1.277,1% bei Berücksichtigung aller Werbespots und von +996,3% bei Berücksichtigung lediglich der in allen Branchen gesendeten unterschiedlichen Spots.

7.5.2 Humanitäres/Kirche/Initiativen/Selbsthilfegruppen

In 4 von 16 gesendeten Werbespots (1 von 5 unterschiedlichen) wurden Prominente aus dem Musik-Business zur Bewerbung von Humanitärem/Kirche/Initiativen/Selbsthilfegruppen eingesetzt. Dies entspricht einem überdurchschnittlichen Wert im Vergleich zu allen anderen Branchen von +713,7% bei Berücksichtigung aller Werbespots und von +432,5% bei Berücksichtigung lediglich der in allen Branchen gesendeten unterschiedlichen Spots.

7.5.3 Einzelhandel/Handel

In 8 von 92 gesendeten Werbespots (1 von 26 unterschiedlichen) wurden Prominente aus dem Musik-Business zur Bewerbung von Einzelhandel/Handel eingesetzt. Dies entspricht einem überdurchschnittlichen Wert im Vergleich zu allen anderen Branchen von +183% bei Berücksichtigung aller Werbespots und von +2,4% bei Berücksichtigung lediglich der in allen Branchen gesendeten unterschiedlichen Spots.

7.5.4 Lebensmittel & nicht-alkoholische Getränke

In 23 von 602 gesendeten Werbespots (1 von 117 unterschiedlichen) wurden Prominente aus dem Musik-Business zur Bewerbung von Lebensmitteln/nicht-alkoholischen Getränken eingesetzt. Dies entspricht einem überdurchschnittlichen Wert im Vergleich zu allen anderen Branchen von +24,4% bei Berücksichtigung aller Werbespots und von unterdurchschnittlich -77,2% bei Berücksichtigung lediglich der in allen Branchen gesendeten unterschiedlichen Spots.

7.5.5 Telekommunikation

In 1 von 157 gesendeten Werbespots (1 von 44 unterschiedlichen) wurden Prominente aus dem Musik-Business zur Bewerbung von Telekommunikationsprodukten eingesetzt. Dies entspricht einem unterdurchschnittlichen Wert im Vergleich zu allen anderen Branchen von -79,3% bei Berücksichtigung aller Werbespots und von -39,5% bei Berücksichtigung lediglich der in allen Branchen gesendeten unterschiedlichen Spots.

7.6 Prominente Mode-Models in der TV-Werbung

Prominente aus dem Bereich Mode, z.B. Models wie Claudia Schiffer, spielen in der Werbung zwar ebenfalls eine große Rolle, allerdings nicht so umfangreich, wie man vielleicht aufgrund der generellen Medienpräsenz annehmen könnte. Unter 3.320 ausgewerteten Werbespots gab es genau 3 unterschiedliche, die 16 Mal gesendet wurden und in denen prominente Models als Testimonials eingesetzt wurden. Dies entspricht einem Häufigkeitsanteil aller gesendeten Spots von 0,48% beziehungsweise von 0,38% an allen 830 unterschiedlichen Werbespots.

7.7 Prominente Wirtschaftsführer in der TV-Werbung

Auch Repräsentanten von Unternehmen werden in der Werbung eingesetzt. Wie umfangreich dies geschieht, auch dazu gibt es kaum Untersuchungen. Ob der Einsatz von Wirtschaftsführern dem Absatz eines Produktes oder einer Dienstleistung hilfreich ist, lasse sich, so *Mayer und Illmann*, „angesichts der doch sehr schmalen Basis an Erkenntnis ... kaum eindeutig beantworten“.[480] Sie empfehlen, die Effektivität von Wirtschaftsführern als Testimonials von Fall zu Fall zu evaluieren, statt hier

480 Mayer, Hans / Illmann, Tanja: Markt- und Werbepsychologie, 3. Auflage, Schäffer-Pöschel Verlag, Stuttgart, 2000, S. 599.

auf eine allgemeine gültige These oder wissenschaftliche Erkenntnis zu setzen.[481] Diese Studie kommt zu der Erkenntnis, dass prominente Wirtschaftsführer so gut wie überhaupt nicht zur Bewerbung von Produkten oder Dienstleistungen im Fernsehen eingesetzt werden. Unter den ausgewerteten 3.320 Werbespots gab es gerade einen Werbespot, der obendrein auch nur ein einziges Mal gesendet wurde, in dem ein prominenter Unternehmer als Testimonial eingesetzt wurde. Dies entspricht einem Wert an allen gesendeten Werbespots von 0,03% beziehungsweise von 0,13% an allen 830 unterschiedlichen Werbespots.

7.8 Prominente Werbe-Testimonials in der TV-Werbung

Es gibt eine Kategorie von Prominenten, die primär prominent wurden aufgrund ihres Einsatzes in der Werbung, selbst ohne dass eine besondere Branche hier ausschlaggebend wäre. In diese Kategorie fällt beispielsweise Verona Feldbusch. Sie wurde unter den 3.320 ausgewerteten Werbespots genau in einem Werbespot gesichtet, der zwei Mal gesendet wurde. Dies entspricht einem Häufigkeitsanteil an allen unterschiedlichen Werbespots von 0,13% beziehungsweise von 0,06% im Vergleich zu allen gesendeten Werbespots.

481 Ebd., S. 600.

7.9 Fazit: Prominente in der TV-Werbung

Diese Untersuchung belegt, dass Prominente eine wichtige Funktion in der Bewerbung von Produkten spielen. Mit einem Anteil von 15,7% innerhalb aller in der Stichprobe gesendeten Werbespots, beziehungsweise von 12,7% der unterschiedlich gesendeten Werbespots, werden Prominente eingesetzt. Dass in dieser Studie kontinuierlich zwischen den gesendeten und unterschiedlichen Werbespots differenziert wird, hängt damit zusammen, dass sich so am ehesten erkennen lässt, in welchen Branchen wenige Anbieter beziehungsweise wenige Produkte das gesamte Werbeaufkommen dominieren.

In welchen Branchen Prominente in der TV-Werbung eingesetzt werden

(Basis:458 Spots von 2.916 nach Prominenten ausgewertete Spots)

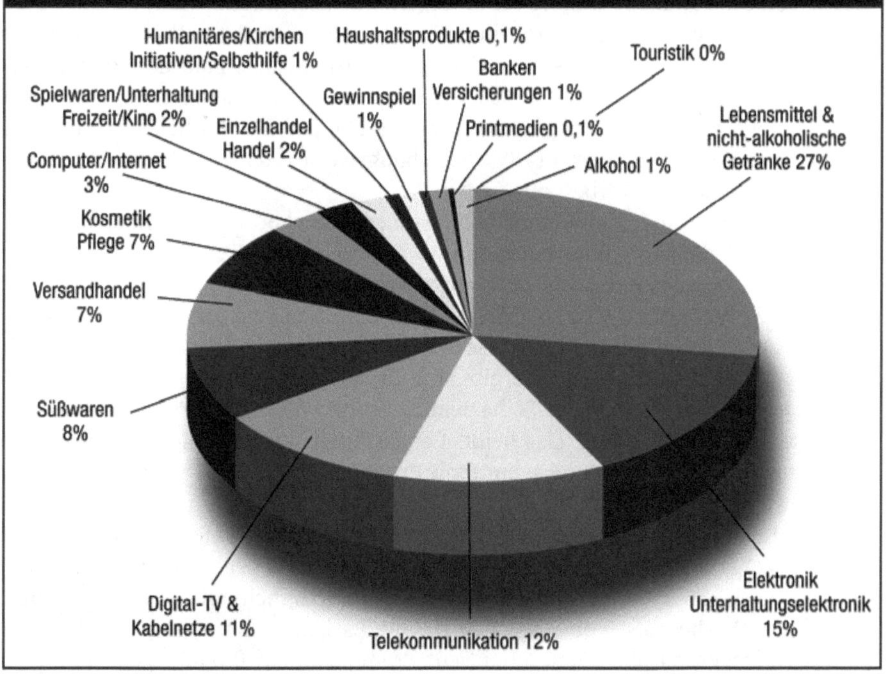

Im Bereich des Einsatzes Prominenter in der TV-Werbung lässt sich sagen: Unter 2.916 Werbespots waren sie in 458 zu sehen. Von 742 unterschiedlichen Werbespots waren 94 mit Prominenten besetzt. Zwar beträgt, wie bereits an anderer Stelle notiert, die Gesamtbasis dieser Stichprobe 3.320 Werbespots (davon 854 unterschiedliche), allerdings wurden für die Detailbetrachtungen Werbespots zur TV-Eigenwerbung abgezogen, so dass die genannten 2.916 Werbespots beziehungsweise die 742 unterschiedlichen Werbespots verblieben. Dies erschien sinnvoll, da TV-

Eigenwerbung (also z.B. Filmankündigungen) zwar im Rahmen der Werbeblöcke ausgestrahlt wird, aber keine Werbung im klassischen Sinne darstellt. Am häufigsten werden Prominente in folgenden Branchen eingesetzt: Im Versandhandel waren alle 32 Werbespots, darunter 6 unterschiedliche, unter Besetzung Prominenter in der Stichprobe zu sehen. Das entspricht einem Anteil von 100% beziehungsweise einem über dem Durchschnitt aller anderen in der Stichprobe ausgewerteten werbungtreibenden Branchen von +537% bei allen gesendeten Werbespots und von +689% bei den unterschiedlichen. Es folgt die Branche Digital-TV & Kabelnetze. Hier waren 49 von 54 in der Stichprobe ausgewerteten Werbespots mit Prominenten besetzt. Dies entspricht einem Anteil von 90,7%. Zieht man den Vergleich dieser Branche zu allen anderen in der Stichprobe werbungtreibenden Branchen, so ergibt sich ein überdurchschnittlicher Wert für alle gesendeten Werbespots von +478% beziehungsweise von +295% bei den unterschiedlichen. Auf dem dritten Platz jener Branchen, die am intensivsten auf die Besetzung prominenter Darsteller in der TV-Werbung setzen, folgt die Branche Elektronik & Unterhaltungselektronik (z.B. Media-Markt, Saturn etc.). 68 von insgesamt 158 in der Stichprobe gesendeten Werbespots waren mit Prominenten besetzt. Dies entspricht einem Anteil innerhalb der Branche von 43,6%. Zieht man den Vergleich dieser Branche zu allen anderen in der Stichprobe werbungtreibenden Branchen, so ergibt sich ein überdurchschnittlicher Wert für alle gesendeten Werbespots von +178% beziehungsweise von +237% bei den unterschiedlich gesendeten Werbespots.

Die für diese Studie besonders interessante Branche - Lebensmittel & nichtalkoholische Getränke - folgt unter den im Beobachtungszeitraum 26 werbungtreibenden Branchen auf Platz 8 jener Branchen, die am häufigsten Prominente einsetzen. Jeder 5. Werbespot, also 20,8%, greift auf die Besetzung prominenter Darsteller zurück. Zieht man den Vergleich dieser Branche zu allen anderen in der Stichprobe werbungtreibenden Branchen, so ergibt sich ein überdurchschnittlicher Wert für alle gesendeten Werbespots von +32% beziehungsweise von +15% bei den unterschiedlich gesendeten Werbespots. Das heißt: Lebensmittel werden, insgesamt betrachtet, nicht erheblich über dem Durchschnitt mit Prominenten beworben. Das gilt auch für die Süßwarenwerbung: 38 von 346 Werbespots (Anteil: 11%) bedienen sich zur Produktinszenierung Prominenter. Dies entspricht einem unterdurchschnittlichen Wert im Vergleich zu allen anderen in der Stichprobe erhobenen werbungtreibenden Branchen von -30% beziehungsweise, beim Blick lediglich auf die unterschiedlich gesendeten Werbespots, von +8%. Das heißt: Es kann nicht gesagt werden, dass Süßwaren insgesamt über dem Schnitt auf Prominente zur Produktinszenierung zurückgreifen.

Deutlich unter dem Durchschnitt liegend werden Prominente auch zur Bewerbung von Alkohol eingesetzt. In lediglich 2 von 116 Werbespots waren in der Stichprobe Prominente zu sehen. Dies entspricht einem Anteil von 1,7%. Zieht man den Vergleich dieser Branche zu allen anderen in der Stichprobe werbungtreibenden Branchen, so ergibt sich ein unterdurchschnittlicher Wert für alle gesendeten Werbespots von -89% beziehungsweise von -74% bei den unterschiedlich gesendeten Werbespots. Damit kann gesagt werden: Prominente werden in der TV-Alkoholwerbung so gut wie nicht einsetzt. Die Idolfunktion, die manchen Prominenten zugeschrieben wird, scheint sich die Werbung hier nicht in signifikanter Weise nutzbar zu machen. Der Einsatz Prominenter zur Alkoholwerbung im Fernsehen (z.B. warb TV-Moderator Günther Jauch für Krombacher-Bier) ist die Ausnahme.

Interessant ist allerdings ein Blick auf die gesellschaftlichen Kategorien, aus denen jene Prominenten kommen, die in der TV-Werbung eingesetzt werden: Die Studie kann nicht die These belegen, wonach beispielsweise Sportler in der TV-Werbung in besonders intensiver und häufiger Weise zur Produktbewerbung eingesetzt würden. Vielmehr zeigt sich primär ein Dreigestirn aus Prominentenkategorien. Angeführt wird es von Prominenten aus dem Bereich Film/Show/Comedy (hierzu zählen z.B. sowohl Schauspieler als auch Show-Moderatoren). Diese Prominenten wurden in 6,2% aller gesendeten Werbespots eingesetzt beziehungsweise in 4% der unterschiedlichen Werbespots. Es folgen Prominente aus dem Bereich Sport mit einem Anteil an allen gesendeten Werbespots von 4% beziehungsweise von 2,7% bei den unterschiedlichen Werbespots sowie Prominente aus dem Musikbereich mit einem Anteil am Gesamtwerbeaufkommen der Stichprobe von 3,1% beziehungsweise von 3,8% bei den unterschiedlichen Werbespots.

7.9.1 Film/Show/Comedy

Insgesamt sind Prominente aus dem Bereich Film/Show/Comedy in 205 Werbespots der Stichprobe (davon sind 34 unterschiedlich) von gesamt 2.916 zu sehen. Nach dem prozentualen Anteil ihres Einsatzes am Gesamtwerbeaufkommen in den Branchen, sind sie am häufigsten für die Branchen *Versandhandel* (zu 100%) und *Digital-TV & Kabelnetze* (zu 90,7%) on air. Rein von der Wahrnehmung beim Zuschauer beurteilt, ist die Präsenz Prominenter aus dem Bereich Film/Show/Comedy in der absoluten Anzahl gesendeter Werbespots in der Branche *Digital-TV & Kabelnetze* mit 49 gesendeten Werbespots sowie in der Branche *Telekommunikation* mit 29 gesendeten Werbespots (Anteil Einsatz Prominenter in dieser Branche: 24,2%) am häufigsten. Es folgt mit 29 Werbespots die *Lebensmittelwerbung/Werbung für nicht-alkoholische Getränke.* Hier waren in 4,8% aller gesendeten Werbespots Prominente aus Film/Show/Comedy zu sehen.

Beim Blick in die Produktgruppen der Branche *Lebensmittel & nicht-alkoholische Getränke* zeigt sich, dass der Einsatz von Prominenten aus dem Bereich Film/Show/Comedy sich auf lediglich 7 von 117 beworbenen Produktgruppen beschränkt. Betroffen davon sind u.a. *Light-Limonaden* mit 8 von 8 gesendeten Werbespots (Anteil 100%). Auch *Fleisch/Wurstwaren* werden relativ häufig von Prominenten aus dem Bereich Film/Show/Comedy beworben: 8 von 32 gesendeten Werbespots (Anteil 25%). Seltener werden *Limonaden* mit Prominenten aus Film/Show/Comedy beworben - in 4 von 31 Werbespots (Anteil 12,9%). Prozentual bewertet, werden Prominente aus Film/Show/Comedy zwar zur Bewerbung von Käse in 11,1% der *Käse*-TV-Werbespots eingesetzt. Absolut ausgedrückt, umfasste dies aber lediglich 9 Werbespots der Stichprobe. *Joghurt* wird, was die absolute Anzahl der Werbespots in der Stichprobe anbelangt, nicht sehr viel häufiger als *Käse* mit Prominenten aus Film/Show/Comedy beworben. So waren Prominente aus diesem Genre in 4,7% der Werbespots - beziehungsweise in 5 von 107 zu sehen. Das gilt auch für die Produktgruppe *Fast Food.* In 2 von 76 gesendeten Werbespots waren Prominente aus Film/Show/Comedy vertreten. Dies entspricht einem Anteil von 2,6%.

Die Zahlen zeigen, dass innerhalb der Lebensmittelwerbung Prominente aus dem Bereich Film/Show/Comedy für keine Produktgruppe (von Light-Limonaden abgesehen) besonders auffällig häufig eingesetzt werden. Deshalb ist auch der überdurchschnittliche Einsatz von Prominenten aus dieser Kategorie mit +49,9% zwar statistisch gesehen relevant, aber nicht dergestalt, dass von einem auffallend hohen Wert gesprochen werden könnte. Für die für diese Untersuchung ebenfalls wichtige Branche Alkohol werden keine Prominente aus dem Bereich Film/Show/Comedy eingesetzt. Mit einem Anteil von 6,1% am Gesamtwerbeaufkommen der Süßwaren (21 von 346 Werbespots) ist ihr Einsatz hier ebenfalls als eher gering anzusehen.

7.9.2 Sportler

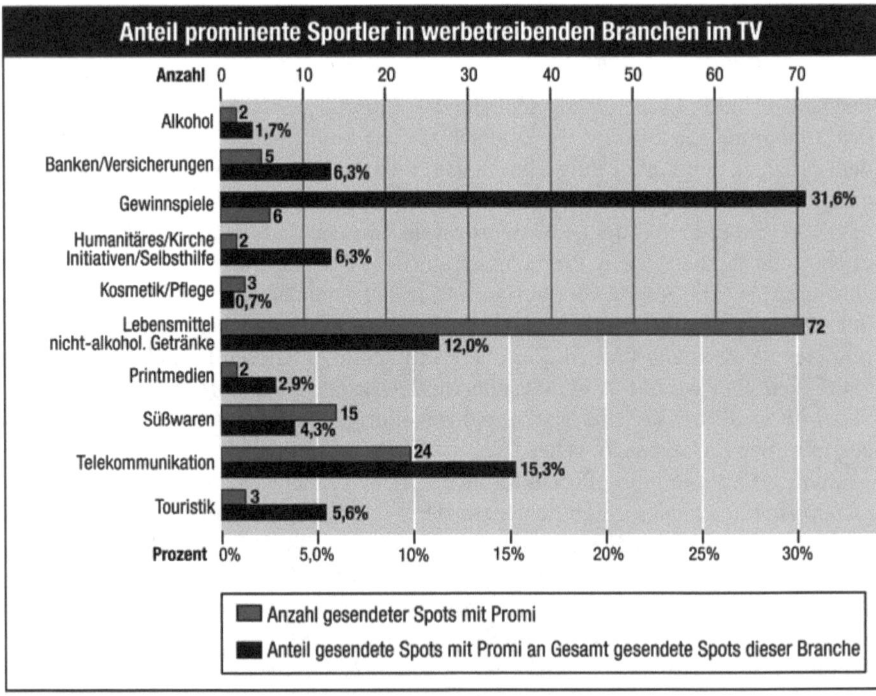

Für diese Studie von großem Interesse ist der Einsatz prominenter Sportler in der TV-Werbung. Besonders erfolgreiche und prominente Sportler neigen dazu, einer breiten Masse von Menschen als Idole, als Vorbilder in vielerlei Hinsicht zu dienen. Das ist seit Jahrtausenden so - man denke an Olympia oder die Gladiatorenkämpfe.

Was vor allem Superstars des Sports beruflich und manchmal auch privat tun, interessiert vor allem im jetzigen Medienzeitalter Millionen, weltweit zu besonderen Anlässen sogar Milliarden Menschen (z.B. Fußball-WM, Olympische Spiele). Die Frage „Wie ernähren Sie sich?“ gehört in TV-Talkshows gegenüber Sportlern fast schon zum Standard. Aus diesem Grunde sind gerade sie immer wieder auf politischer Ebene von großem Interesse. Wie beschrieben, ist ihr Einsatz beispielsweise für Alkoholwerbung im Fernsehen in nicht wenigen europäischen Ländern untersagt. Wer über Fettleibigkeit und Adipositas bei Kindern und Jugendlichen spricht (und über eine mögliche Mitschuld der Werbung hieran), für den sollte es von Interesse sein, inwiefern besonders Sportler in der Werbung ihren Einfluss geltend machen, bestimmte Produkte zu promoten. Doch leider gibt es auch hierzu bislang so gut wie keine Untersuchungen.

Zunächst einmal fällt auf, dass der Einsatz prominenter Sportler in der TV-Werbung in Deutschland innerhalb der Stichprobe weitaus geringer ausfällt, als der eine oder andere vielleicht annehmen mag. Mit einem prozentualen Anteil am Gesamtwerbeaufkommen von 4%, beziehungsweise von 2,7% bei den lediglich unterschiedlichen Werbespots, ist ihr Einsatz als niedrig anzusehen. Doch vielleicht bringt der Blick aufs Detail lohnende weitere Erkenntnisse, ob nicht doch Sportler zumindest für bestimmte Branchen oder Produktgruppen eine deutlich über dem Durchschnitt liegende Werbefrequenz im Fernsehen aufweisen. Im Gegensatz zu Prominenten aus dem Bereich Film/Show/Comedy gibt es keine werbungtreibende Branche innerhalb der Stichprobe, die von prominenten Sportlern dominierend beworben wird. Jedoch gibt es drei Branchen, in denen prominente Sportler signifikant öfters eingesetzt werden als in allen anderen werbungtreibenden Branchen. Es sind dies primär die Gewinnspiele. Hier wurden prominente Sportler in 6 von 19 Werbespots (davon in einem von 10 unterschiedlichen) eingesetzt.

Dies entspricht einem Anteil am Gesamtwerbeaufkommen der Branche von 31,6% beziehungsweise einem im Vergleich zu allen anderen werbungtreibenden Branchen überdurchschnittlichen Einsatz von +694,3%. Ebenfalls auffallend häufig werden prominente Sportler zur Bewerbung von Telekommunikationsprodukten eingesetzt. In der Stichprobe waren sie in 24 von gesamt gesendeten 157 Werbespots zu sehen. Dies entspricht einem Anteil des Einsatzes prominenter Sportler am Gesamtwerbeaufkommen der Branche von 15,3% beziehungsweise einem im Vergleich zu allen anderen werbungtreibenden Branchen überdurchschnittlichen Einsatz von +284,5%. Die drittwichtigste Branche stellt für den Einsatz prominenter Sportler die Lebensmittelwerbung dar. Hier wurden in 72 von 602 gesendeten Werbespots in der Stichprobe prominente Sportler eingesetzt. Dies entspricht einem Anteil am Gesamtwerbeaufkommen der Branche von 12% beziehungsweise einem im Vergleich zu allen anderen werbungtreibenden Branchen überdurchschnittlichen Einsatz von +200,8%.

Bei der Analyse jener Produkte, die am häufigsten mittels prominenter Sportler in der Stichprobe beworben wurden, führen Fast-Food-Produkte das Ranking an. In insgesamt 30 von 76 gesendeten Werbespots (Anteil: 39,5%) waren prominente

Sportler zu sehen. Dies entspricht einem überdurchschnittlichen Einsatz von Sportlern im Vergleich zu allen anderen werbungtreibenden Branchen in der Stichprobe von +892,8%. Interessant ist der Blick auf die unterschiedlichen Werbespots. So wurden zwar insgesamt 10 unterschiedliche Fast-Food-Werbespots gesendet, tatsächlich kamen prominente Sportler aber nur in 2 zum Einsatz. Das zeigt klar die Dominanz zweier Produktgruppen innerhalb der Fast-Food-Angebote in der TV-Werbung. Es lässt sich also sagen: Fast Food setzt in besonders häufiger Weise Sportler zur Produktbewerbung ein. Man könnte also schlussfolgern, dass gezielt ein Imagetransfer nach dem Motto *Sport = Vitalität, Schönheit, Gesundheit* auf die Produktgruppe *Fast Food* stattfindet. Kritisch einwendend könnte man sagen, dass dies problematisch sein könnte, da hier Vorbilder einem Produkt das Klischee verleihen, als könnte der Konsum von Fast Food in irgendeiner Weise einem „Gesamtpaket" Sport und Gesundheit zugeordnet werden und deshalb in letzter Konsequenz Mitschuld am zunehmenden Übergewicht von Kindern und Jugendlichen tragen. Denn, es sei an dieser Stelle noch einmal erwähnt, die in dieser Studie dargestellte Stichprobe wurde ausschließlich im Nachmittags- und frühen Abendprogramm (14.00 bis 20.00 Uhr) gezogen - und zwar in jenen bundesweiten TV-Sendern, die hohe Einschaltquoten besonders bei Kindern aufweisen.

Diese Gleichung des Imagetransfers könnte aber auch einen Umkehrschluss zulassen. Man könnte soziologisch sagen: Die Wirtschaft könnte durch die Bewerbung von Fast Food mittels Prominenten den Eindruck erwecken, als verfolge sie auch einen Appell: Konsumiere Fast Food, bewege dich aber auch wie ein berühmter Sportler. Das wäre dann eine Verbindung von Absatzförderung durch Werbung verbunden mit soziologischen Erziehungsversuchen. Denn: Fast Food könnte sicher auch erfolgreich beispielsweise mit Schauspielern, berühmten Moderatoren oder Comedians beworben werden. An dieser Stelle sei eine Meldung zitiert, die den Einsatz von prominenten Sportlern beispielsweise anlässlich der Fußball-WM 2006 in Deutschland dokumentiert:

> Kahn ist Werbeweltmeister: Den Torhüter-Wettbewerb gegen Jens Lehmann hat Oliver Kahn verloren, aber in Sachen Werbung geht der FC Bayern-Star als klarer Sieger vom Platz. Kurz vor dem Anpfiff zur WM ist „King Kahn" als Testimonial so gefragt wie noch nie. Für den Buletten-Brater Burger King drückt Kahn demnächst auch im Fernsehen die Bank. Und WM-Sponsor Adidas ließ an der Autobahn zum Münchner Flughafen den größten Olli der Welt installieren: Eine mehr als 65 Meter lange Figur in Torwart-Pose, die die gesamte Fahrbahn überspannt. Die 4130 Kubikmeter große Outdoor-Werbefläche soll sechs Wochen lang zu sehen sein (Kreation: TBWA, Berlin). „Oliver Kahn ist ein wirklich großer Sportsmann", begründet Stefan Schmidt, Kreativchef von TBWA in Deutschland, die Wahl. Der Meister selbst zeigte sich gegenüber Adidas beeindruckt: „Ich habe in meiner langen Profikarriere schon viele Bilder von mir gesehen, aber das ist mit Abstand das Spektakulärste."[482]

Alle anderen Lebensmittelprodukte, für die prominente Sportler eingesetzt wurden, sind bezüglich des Verdachts, einen erheblichen Anteil beim Thema Ernährung und Übergewicht zu haben, eher unauffällig: So werden in 36,1% aller Kaffee-

482 Kahn ist Fußball-Weltmeister, Werben & Verkaufen (wuv.de) v. 30. Mai 2006.

Werbespots prominente Sportler eingesetzt, in 17,1% der Milchgetränke-Spots, in 63,6% der Fisch-Werbespots, in 55,6% der Mineralwasser-Werbespots, in 100% der Gemüse/Tiefkühl-Werbespots sowie in 5,6% der Mineralwasser-Schorle-Werbespots. Das heißt: Es kann nicht gesagt werden, dass im Bereich der Lebensmittelwerbung prominente Sportler generell besonders häufig für besonders fetthaltige Lebensmittel eingesetzt werden. Es könnte aber durchaus die Erkenntnis gewonnen werden, dass prominente Sportler sowohl für besonders fetthaltige Produkte (Fast Food) als auch für im populären Sinne als „gesund“ geltende Produkte häufig eingesetzt werden. Denn Mineralwasser oder Gemüse sind sicherlich keine Produkte, die im Verdacht stehen, besonderen Anteil an zunehmender Fettleibigkeit zu haben.

Schließlich kann aber, wie bereits dargestellt, das Fazit gezogen werden, dass prominente Sportler deutlich häufiger zur Bewerbung von Lebensmitteln eingesetzt werden als zur Bewerbung in vielen anderen Branchen. Im Ranking jener Branchen, die prominente Sportler am häufigsten einsetzen (Anzahl Werbespots *absolut*), führt die Lebensmittelbranche von 26 im Beobachtungszeitraum erhobenen Branchen die Liste mit 72 gesendeten Werbespots unter Beteiligung prominenter Sportler an. Auch beim prozentualen Anteil jener Werbespots innerhalb der Branche Lebensmittel & nicht-alkoholische Getränke führt der Anteil von 12% auf den dritthöchsten Platz. Prominente Sportler werden also gezielt und häufig zur Bewerbung von Lebensmitteln eingesetzt. Bei Berücksichtigung des Einsatzes Prominenter aus allen in dieser Stichprobe erhobenen Promi-Kategorien (Film/Show/Comedy, Sport, Musik, Mode, Werbung, Wirtschaft) lässt sich sagen, dass durchschnittlich, in absoluten Zahlen ausgedrückt, 0,25 Prominente je Werbespot in der Branche Lebensmittel & nicht-alkoholische Getränke zu sehen waren. Dies entspricht allerdings einem unterdurchschnittlichen Wert von -29,6%.

Neben den Lebensmitteln ist der Einsatz Prominenter in der Süßwaren-Werbung für diese Studie ebenfalls von großer Bedeutung. In lediglich 11,1% der Süßwaren-Werbespots waren Prominente zu sehen. Dies entspricht absolut 38 von gesamt in der Stichprobe gesendeten 346 Süßwaren-Werbespots und damit einem unterdurchschnittlichen Wert im Vergleich zu allen andere Branchen von -30% beziehungsweise von +8% beim Fokus auf die lediglich unterschiedlichen Werbespots. So waren Prominente in 9 von 66 unterschiedlichen Süßwaren-Werbespots zu sehen. Untersucht man, welche Art von Prominenten zur Bewerbung von Süßwaren eingesetzt werden, so zeigt sich eine Dominanz der Sportler. Sie werden in der Stichprobe zu +229% über dem Schnitt aller im TV werbungtreibender Branchen zur Bewerbung von Süßwaren eingesetzt, während beispielsweise Prominente aus dem Bereich Film/Show/Comedy zu -58,2% deutlich unterdurchschnittlich zum Zuge kommen. Prominente Sportler werden in 4,3% aller in der Stichprobe gesendeten Süßwaren-Werbespots eingesetzt - in 15 von 346 Werbespots beziehungsweise in 4 von 66 unterschiedlichen. Dies entspricht einem überdurchschnittlichen Wert im Vergleich zu allen anderen gesendeten Spots in allen Branchen von +9% beziehungsweise, bei Berücksichtigung lediglich der unterschiedlichen Werbespots, von +124,5%. Allerdings ist die absolute Anzahl der Süßwaren-Werbespots, in denen prominente Sportler auftauchen, doch eher als gering zu bezeichnen.

Mit einem Anteil von 70% werden prominente Sportler zur Bewerbung von Nuss-Nougat-Creme am häufigsten eingesetzt. Zwar könnte man Nuss-Nougat-Creme auch der Branche Lebensmittel zuordnen, doch ist dies in dieser Studie aufgrund des hohen Zucker- und Fettgehaltes des Produktes nicht geschehen. Prominente Sportler waren zur Bewerbung von Nuss-Nougat in 7 von 10 gesendeten Werbespots in der Stichprobe zu sehen. Dies entspricht statistisch einem überdurchschnittlichen Einsatz von +1.660,6% im Vergleich zu allen anderen beworbenen Branchen beziehungsweise von +2.369,9 bei Berücksichtigung lediglich der unterschiedlichen Werbespots. Innerhalb der Branche Süßwaren werden Riegel mit einem Anteil von 54,4% recht häufig mittels prominenter Sportler beworben. Allerdings ist die Anzahl der absolut gesendeten Werbespots mit 6 von insgesamt 11 Riegel-Werbespots ebenfalls recht gering. Das gilt auch für den dritten Süßwarenbereich, in dem prominente Sportler in der Stichprobe zum Einsatz kamen - zur Bewerbung von Kaugummi, Gums und Kaustreifen. In 2,4% der insgesamt 82 gesendeten Werbespots (2 Spots) waren sie zu sehen.

Interessant ist, dass mit durchschnittlich 0,37 Prominenten pro Süßwaren-Werbespot mehr Prominente eingesetzt werden als für die Lebensmittelwerbung. Dies entspricht einem überdurchschnittlichen Einsatz von +4,3% gegenüber dem Einsatz Prominenter in allen anderen werbungtreibenden Branchen. Das ist zwar kein erheblich überdurchschnittlicher Wert, aber doch ein Indiz, das zu folgender Aussage verleiten könnte: Süßwaren werden nicht nur gern mit Sportlern beworben, sondern gern auch als Produkte, die in Gesellschaft, im (Mannschafts-)Sport gegessen werden. Man könnte demnach schlussfolgern: Süßwarenwerbung im Fernsehen bedient sich nicht nur der gesundheitlichen Aspekte des Sports, sondern auch gesellschaftlich-soziologischer Aspekte: beispielsweise des Teamgeistes in der Mannschaft (selbst Süßes wird gemeinschaftlich verzehrt etc.). Ein konkretes Beispiel: Eine Fußballmannschaft isst Schokoriegel oder Nuss-Nougat-Creme. An dieser Stelle sei dem nächsten Kapitel vorgegriffen, dass Sportler in der TV-Werbung nicht zwangsläufig nur auf Sportplätzen zur Produktbewerbung eingesetzt werden. Für den Imagetransfer scheint also manchmal die Person wichtiger als die Räumlichkeit.

7.9.3 Musiker, Models, Werbeprominente, Wirtschaftsprominente

Mit einem Anteil von 3,1% am Gesamtwerbeaufkommen der Stichprobe werden prominente Musiker nach den Sportlern am dritthäufigsten eingesetzt - besonders im Bereich Elektronik/Unterhaltungselektronik. Es folgen prominente Models. Dabei handelt es sich um Personen, die primär zur Vorführung von Mode und Pflegeprodukten in der TV-Werbung eingesetzt werden. Ihr Anteil am Gesamtwerbeaufkommen liegt bei bescheidenen 0,5%. Am fünfthäufigsten waren in der Stichprobe Prominente, die aus der Werbung heraus selbst prominent wurden (Werbe-Prominente), zu sehen. Diese Prominenten haben in aller Regel keinen Bezug zu einer bestimmten Branche. Hierzu gehört z.B. Verona Feldbusch. Der Anteil solcher Testimonials am Gesamtwerbeaufkommen liegt bei 0,1%. So gut wie überhaupt nicht zum Einsatz kommen mit einem Anteil von 0,01% am Gesamtwerbeaufkommen Prominente aus dem Wirtschaftsbereich. Hierzu gehören z.B. Unternehmer, die den bekannten Namen ihres Produkts tragen. Beispiel: Albert Darbooven vom gleichnamigen Kaffeeprodukt.

Diese Studienergebnisse zeigen, dass Prominente zur Produktbewerbung im Fernsehen zweifelsohne eine wichtige Rolle spielen. Es kann auch gesagt werden, dass Prominente, insbesondere Sportler, auffallend häufig zur Bewerbung besonders fetthaltiger Lebensmittel und Süßwaren eingesetzt werden - also genau jener Produkte, die auf Seiten der Politik im besonderen Fokus stehen (Health Claims). Zwar werden Prominente mit +32% über dem Durchschnitt aller werbungtreibenden Branchen im Fernsehen zur Bewerbung von Lebensmitteln eingesetzt, dies lässt aber keine Schlussfolgerung auf alle zum Verzehr gedachten Produktgruppen zu. Ein Kausalzusammenhang kann also nicht gezogen werden. Denn für die Süßwarenwerbung oder den ebenfalls auf politischer Ebene umstrittenen Bereich der Alkoholwerbung ist bei einer Gesamtbetrachtung sogar eine Unterrepräsentanz beim Einsatz prominenter Darsteller feststellbar. Dies zeigt, wie komplex das Thema Prominente in der TV-Werbung ist. Es zeigt auch, wie behutsam und differenziert die Frage zu diskutieren ist, ob der Einsatz Prominenter, insbesondere von Sportlern, in der TV-Werbung vor allem zur Bewerbung bestimmter Produkte auch gesellschaftspolitisch gewünscht ist oder nicht. Dabei ist eines klar: TV-Werbung kann nicht mit pauschalen Aussagen erfasst werden. Denn gerade prominente Sportler werden, wie dargestellt, sowohl für im populären Sinne „gesunde" als auch „ungesunde" Produkte von der Industrie eingesetzt. Wer also TV-Werbung stärker staatlich reglementieren möchte, kommt nicht umhin, sich mit zahlreichen Facetten und Details der unterschiedlichsten Produktbewerbungen auseinanderzusetzen.

Im Folgenden wird nun ein weiterer Aspekt von Darstellern in der TV-Werbung untersucht, und zwar der Einsatz von (Haus)tieren. Auch Tiere spielen in der medialen werblichen Welt, zumindest lautet so die These in dieser Studie, eine wichtige Rolle. Dass dies so ist, das soll nun gezeigt werden.

8. Kapitel - (Haus)tiere in der TV-Werbung

Es hätte ein Defizit dargestellt, wenn in dieser Studie nicht auch der letzte Aspekt von Darstellern in der TV-Werbung untersucht worden wäre - der Einsatz von (Haus)tieren. Hier konnte keine Studie bislang ausfindig gemacht werden, die sich dieses Themas angenommen hätte. Denn der Einsatz von Tieren kann für die Werbeaussage mindestens eine ebenso wichtige Rolle spielen wie der Einsatz von Kindern, Jugendlichen, Männern, Frauen oder Prominenten.

In geraffter Übersicht soll zunächst die Bedeutung des Tieres für den Menschen generell dargestellt werden - ohne Anspruch auf Vollständigkeit der Thematik. Es folgt dann die Darstellung der Studienergebnisse zum Umfang von Tieren als Darsteller in der TV-Werbung. Dabei soll insbesondere analysiert werden, ob Tiere innerhalb bestimmter Branchen signifikant öfter zum Einsatz kommen als in anderen Branchen. Dies scheint sinnvoll, um ein möglichst komplettes Bild bezüglich jener Elemente zu erhalten, die in der TV-Werbung zum Einsatz kommen, um den Absatz bestimmter Produkte zu fördern. Tiere - es klingt fast schon als zu banale Aussage, um das hier noch einmal zu erwähnen - bedeuten für viele Menschen eine Bereicherung in vielfältiger Hinsicht. Tiere, besonders Haustiere, vermitteln Geborgenheit und sollen sogar medizinisch-therapeutische Bedeutung haben, beispielsweise für ältere Personen:[483]

> Im Rahmen einer konkreten, tiergestützten Therapiesituation mit der Absicht der Einflussnahme auf Psychische Störungen, als auch im Rahmen des alltäglichen Zusammenlebens und Integrierens mit Tieren, kann eine Förderung der intrapersonellen Integrität, der sozialen Integration und des subjektiven Wohlbefindens geschehen. Im Hinblick auf die pädagogisch-therapeutische Bedeutung der Auswirkung von Tieren auf den einzelnen alten, psychisch veränderten Menschen steht die Wiederbelebung des Selbst (F. Perls) im Vordergrund. Dazu gehört sowohl der Rückblick im Sinne des Bilanzierens, des Akzeptierens und Integrierens bisheriger Ereignisse und elementarer Lebensprozesse als auch die Gestaltung einer individuellen Perspektive für die verbleibende Lebenszeit.[484]

„Die Bedeutung des Haustieres für den älteren Menschen" bekräftigt auch *Simone Denise de Smet* in einer Publikation.[485] Auf die komplexe Mensch-Tier-Verbindung geht auch das Medizinhistorische Museum der Universität Zürich in der Sonderausstellung „Verehrt, verflucht, verwertet" ein. Hier wurden folgende Aspekte betrach-

483 Tügel, Hanne: Tiere als Therapeuten. Wie sie Menschen heilen helfen, in: Geo 3 (2001), S. 86–112, sowie: Voelker, Rebecca: Puppy love can be therapeutic, too, in: Journal of the American Medical Association 274 (1995) 24, S. 1897–1899.

484 Vgl.: Müller, Bianca: Die Bedeutung von Tieren für die therapeutische Arbeit mit älteren Menschen. Dortmund, Univ., Diplomarbeit, 1998.

485 Smet, Simone Denise de: Die Bedeutung des Haustieres für den älteren Menschen, in: Ergotherapie und Rehabilitation 32 (1993) 1, S. 10–15.

tet: die Furcht des Menschen vor Tieren, wenn diese eine Bedrohung seiner Gesundheit darstellen; das Zurückgreifen des Menschen auf Tiere, wenn er damit seine Gesundheit erhalten oder wiedererlangen kann; die Vorbildfunktion von Tieren für Menschen, besonders wenn es darum geht, gesund zu leben.

> Trotz aller Gefährdungen galten die Tiere auch als Hüter der menschlichen Gesundheit und wirkten als Beschützer und Vorbild. Die Gewinnung von Kuhpockenlymphe vom Euter erkrankter Kühe und deren systematische Impfung (Vakzination) auf den Menschen hat die früher so sehr gefürchteten Menschenpocken weltweit zum Verschwinden gebracht. Vitaminpräparate wie das von bestimmten Fischarten gewonnene Lebertran wirkte gegen die Mangelkrankheit Rachitis. Der Deckel eines „Lebertranlöffels" schützte vor dem berüchtigten schlechten Geruch; durch dessen Stiel konnte der ungeliebte Vitaminspender den Kindern regelrecht eingeblasen werden. Aus Pferdeserum wurde Ende des 19. Jahrhunderts eine vorbeugende Schutzimpfung gegen die Diphtherie gewonnen. Und der deutsche Arzt Prof. Gustav Jäger propagierte lautstark seine tierische Wollkleidung anstelle der Baumwolle. Als magischer Schutz dienten Amulette aus tierischen Knochen, Zähnen und Krallen, die ebenfalls Eigenschaften der entsprechenden Tiere auf den Menschen übertragen sollten.[486]

Eine wichtige therapeutische Funktion belegte auch die preisgekrönte Studie *Animal-Assisted Therapy and the Severely Disabled Child*, die am *Illinois Center for Rehabilitation and Education in Chicago* Mitte der 90er Jahre durchgeführt worden war. Ziel war es, eine therapeutische Funktion von Tieren für Kinder und Jugendliche im Alter von 6 bis 17 Jahren nachzuweisen. *Chrissan Schiro-Geist*, einer der die Studie begleitenden Professoren, stellte fest, dass „die Kinder, die durch diese Therapie gegangen sind" sich besser verhalten und „im Unterricht kooperativer" sind. Die Kinder machten auch Fortschritte in der Kommunikationsfähigkeit. Allerdings bleibe es „ein Rätsel", was konkret den positiven Einfluss der Tiere bewirke.[487]

Manche Autoren sehen in Tieren auch wichtige Kommunikationsgefährten des Menschen.[488] So schreibt die Amerikanerin *Penelope Smith*, die für viele als Pionierin auf dem Gebiet der telepathischen Kommunikation mit Tieren gilt:

„In dieser Zeit des ökologischen Notstands erkennen immer mehr Menschen die Notwendigkeit, ihre Verbindung zu ALLEN Lebewesen wieder zu entdecken. Kommunikation zwischen Menschen und Tieren hat eine tiefere Bedeutung und Dringlichkeit bekommen. Wir können so viel lernen von den Tieren über ein Leben in Harmonie und das Gleichgewicht der Erde. Für Menschen, die die Tiere aufrichtig lieben, verstärkt die direkte telepathische Kommunikation das Verständnis für

486 Vgl. Verehrt – verflucht – verwertet: Die Bedeutung von Tieren für die menschliche Gesundheit. Medizinhistorisches Museum der Universität Zürich.

487 Vgl. auch Rost, Detlef H./Hartmann, Annette: Haustierbesitz und sozio-emotionales Wohlbefinden von Kindern, in: Psychologie in Erziehung und Unterricht (1994) 41, S. 241–248.

488 Vgl. auch Olbrich, Erhard: Psychische und physische Auswirkungen von Heimtieren auf die Lebensqualität älterer Menschen, in: GeroCare Newsletter 7 (1997), beziehungsweise: Perelle, Ira B./Granville, Diane A.: Assessment of the effectiveness of a pet facilitated therapy program in a nursing home setting, in: Society and Animals 1 (1993) 1, S. 91–100, beziehungsweise Raveis, Victoria H./Mesagno, Frances/Karus, Dan/Gorey, Eileen: Pet ownership as a protective factor supplementing the emotional well-being of cancer patients and their family members, in: Final Report Year 2, Memorial Sloan-Kettering Cancer Center. New York 1993.

und die Freude mit ihren Tiergefährten, was die Beziehung mit ihnen und allem Lebenden sehr bereichern wird."[489] Auf ihre wichtige soziale Funktion[490] weist auch der Thüringer Minister für Soziales, Familie und Gesundheit *Dr. Klaus Zeh* hin. So hätten Tiere für Kinder und Erwachsene eine große soziale Bedeutung. Kinder lernten im Zusammenleben mit Tieren den verantwortungsvollen Umgang mit den Mitgeschöpfen. Zudem bewahrten Tiere gerade ältere Menschen oftmals vor der Einsamkeit. Außerdem gehörten für viele Tiere häufig zu jenen Lebewesen, die sie sich familiär wünschten:

> Alle Jahre wieder steht in der Weihnachtszeit auf den Wunschzetteln vieler Kinder und Erwachsener ein Tier.[491]

Über die vielfältigen Beziehungen des Menschen zum Tier schreibt auch die Allgemeinmedizinerin *Dr. med. Susanne Thor* in ihrem Aufsatz „Mensch-Tier-Beziehung"[492]: „Von Anfang an bestand in der Menschheitsgeschichte eine sehr enge Beziehung zwischen Mensch und Tier. Tiere waren für den Menschen Nahrungsquelle aber auch Gefahrenquelle, später auch Helfer bei der Jagd und Gefährte." Mittlerweile gingen die Forscher davon aus, dass Hunde schon im ältesten Abschnitt der Menschheitsgeschichte, der zwei bis drei Millionen Jahre dauernden Altsteinzeit (Paläolithikum)[493], den Menschen begleiteten und sich Menschen und Tiere gegenseitig beistanden. Thor berücksichtigt auch den seelischen Aspekt:

> Der Umgang mit Tieren hilft mit schwierigen Situationen und mit Stress besser umzugehen und vermittelt das, wonach sich viele alte und kranke Menschen sehnen: Liebe und Hoffnung. Auch wenn der Zugang zu anderen Menschen zunehmend schwierig oder versperrt ist, können Tiere auch im zeitlich begrenzten Rahmen von Tierbesuchsprogrammen Seelentröster und Freunde sein.[494]

Tiergestützte Pädagogik ist zu einer Wissenschaftsdisziplin geworden, die große Anerkennung genieße, so *James Serpell*.[495] Auch *Sylvia Greiffenhagen* beschäftigt sich in ihrem Buch *Tiere als Therapie* umfassend mit der tiergestützten Therapie.

---

489 Smith, Penelope: Kommunikation mit Tieren. Die telepathische Verbindung, Aufsatz auf der offiziellen deutsche Webseite von Penelope Smith www.tier-kommunikation.de vom 4.2.2006.

490 Vgl. auch Gorczyca, Kenneth/Fine, Aubrey H./Spain, C. Victor: History, theory, and development of human-animal support services for people with AIDS and other chronic/terminal illnesses, in: Fine, Aubrey H. (Hrsg.): Handbook on Animal-Assisted Therapy. Theoretical Foundations and Guidelines for Practice. San Diego 2000, S. 254–302.

491 Pressemitteilung des Thüringer Sozialministers Dr. Klaus Zeh (CDU): „Verschenken von Tieren zum Weihnachtsfest sorgfältig überlegen", Erfurt, 9.12.2005.

492 Thor, Susanne: Mensch-Tier-Beziehung, Aufsatz vom 30.8.2001, veröffentlicht in: Gesundheitsgespräche, Information, Dialog und Service in der Medizin, S. 1.

493 Vgl. auch Serpell, James A.: Animal companions and human well-being: An historical exploration of the value of human-animal relationships. In: Fine, Aubrey H. (Hrsg.): Handbook on Animal-Assisted Therapy. Theoretical Foundations and Guidelines for Practice. San Diego: Academic Press 2000, S. 3–19.

494 Thor 2001, S. 1.

495 Vgl. auch Serpell, James A.: Evidence for long term effects of pet ownership on human health. In: Pets, Benefits and Practice. Waltham Symposium 20, 1990.

Besonders wichtig sei der Umgang mit Tieren für Kinder für ihre spätere Entwicklung. Sie erlebten mit Tieren Nähe, Trost und Spiel.[496] *Ulrich Gebhard und Erhard Olbrich* erklären die *Mensch-Tier-Beziehung* unter Berücksichtigung psychoanalytischer, psychologischer und entwicklungspsychologischer Theorien. Sie vertreten die Ansicht, dass eine Verbundenheit des Menschen mit der Natur, aber auch mit Tieren notwendig sei. Erst so könne er sich in seinem Umfeld beheimatet fühlen.[497] All diese Aspekte legen nahe, warum sich auch die Werbung dem Thema Tier nicht verschließt.

Studienergebnisse

Einsatz von Tieren in der TV-Werbung					
Tier	Spots gesamt mit Tieren	Spots gesamt unabhängig ob oder ob kein Tiereinsatz	Verschiedene Spots unabhängig von Tiereinsatz	Anteil Tier Spots gesamt	Anteil Tier verschiedene Spots
Hunde	61	2916	742	2,1%	2,4%
Katzen	10	2916	742	0,3%	0,5%
Pferde	15	2916	742	0,5%	0,4%
Sonstige	33	2916	742	1,1%	1,2%
Vögel	20	2916	742	0,7%	0,3%
Gesamt	**139**			**4,8%**	**4,9%**

Diese Studie belegt, dass im Beobachtungszeitraum innerhalb 26 werbungtreibender Branchen und 2.916 Werbespots insgesamt in 136 Werbespots (4,8%) Tiere als Darsteller im Fernsehen zu sehen waren. Es zeigen sich klare Präferenzen unter jenen Tieren, die in der TV-Werbung zur Produktbewerbung eingesetzt werden. Es folgt eine detaillierte Betrachtung (Tabellen sowie Ausführungen auf den nächsten Seiten).

Hunde

Unter den 139 gesendeten TV-Werbespots, in denen Tiere als Darsteller auftauchten, waren mit 61 Spots die Hunde führend. Dies entspricht einem Anteil an allen gesendeten und ausgewerteten Werbespots von 2,1% beziehungsweise von 2,4% an den unterschiedlichen Werbespots.

Sonstige

Unter den 139 gesendeten TV-Werbespots, in denen Tiere als Darsteller auftauchten, waren 33 Spots, in denen sonstige Tiere (Nilpferde, Affen etc.) eingesetzt wur-

496 Greiffenhagen, Sylvia: Tiere als Therapie, Droemer Knaur, 1993, S. 65 ff.

497 Gebhard, Ulrich: Kind und Natur. Opladen: Westdeutscher Verlag GmbH, 1994 / Olbrich, Erhard: Menschen brauchen Tiere – Tiere brauchen Menschen, Erlangen o. J.; erhältlich bei „Tiere helfen Menschen e.V."

den. Dies entspricht einem Anteil an allen gesendeten und ausgewerteten Werbespots von 1,1% beziehungsweise von 1,2% an den unterschiedlichen Werbespots.

Vögel

Unter den 139 gesendeten TV-Werbespots, in denen Tiere als Darsteller auftauchten, waren 20 Spots, in denen Vögel eingesetzt wurden. Dies entspricht einem Anteil an allen gesendeten und ausgewerteten Werbespots von 0,7% beziehungsweise von 0,3% an den unterschiedlichen Werbespots. Vögel werden lediglich in zwei Branchen als Darsteller eingesetzt: für die Bewerbung von Lebensmitteln/nicht-alkoholischen Getränken sowie für Süßwaren.

Einsatz Tiere in der TV-Werbung (Alle Branchen)

Branche	Spots gesamt	Verschiedene Spots	%-Anteil Tiere in Branche bei Spots gesamt	%-Anteil Tiere in Branche bei verschiedenen Spots
Haustiere	8	3	100,0%	100,0%
Zustelldienste & Logistik	8	1	100,0%	100,0%
Versandhandel	32	6	40,6%	16,7%
Humanitäres/Kirche/Initiativen Selbsthilfegruppen	16	5	25,0%	20,0%
Bauen und Wohnen	25	9	16,0%	33,3%
Alkohol	116	30	8,6%	6,7%
Computer/Internet	62	12	8,1%	8,3%
Lebensmittel/nicht-alkohol. Getränke	602	117	7,8%	8,5%
Süßwaren	346	66	6,4%	4,5%
Automobile	86	32	4,7%	9,4%
Haushaltsprodukte	169	38	3,0%	5,3%
Printmedien	68	30	2,9%	3,3%
Kosmetik/Pflege	453	124	1,3%	3,2%
Elektronik/Unterhaltungselektronik	156	68	0,6%	1,5%

Pferde

Unter den 139 gesendeten TV-Werbespots, in denen Tiere als Darsteller auftauchten, waren 20 Spots, in denen Pferde eingesetzt wurden. Dies entspricht einem Anteil an allen gesendeten und ausgewerteten Werbespots von 0,5% beziehungsweise von 0,4% an den unterschiedlichen Werbespots. Pferde kommen, wie die Vögel, ebenfalls nur in zwei Branchen zum Einsatz, und zwar zur Bewerbung von Lebensmitteln/nicht-alkoholischen Getränken sowie in der Alkoholwerbung.

Katzen

Unter den 139 gesendeten TV-Werbespots, in denen Tiere als Darsteller auftauchten, waren 10 Spots, in denen Katzen eingesetzt wurden. Dies entspricht einem Anteil an allen gesendeten und ausgewerteten Werbespots von 0,3% beziehungsweise von 0,5% an den unterschiedlichen Werbespots. Katzen wurden in lediglich drei Branchen zur Produktbewerbung eingesetzt, und zwar für die Bewerbung von Haustierprodukten (Futter, Pflege), Lebensmitteln & nicht-alkoholischen Getränken sowie in der Automobilwerbung. Im Folgenden wird dargestellt, in welchen Branchen Tiere am häufigsten zur Produktbewerbung eingesetzt werden.

8.1 Haustierwerbung

Unter den 139 gesendeten TV-Werbespots, in denen Tiere als Darsteller auftauchten, waren 8 in der beworbenen Branche Haustier-Werbung (meist Futtermittel). Davon waren 3 unterschiedliche Werbespots. Dies entspricht einem Anteil von 100%.

8.2 Zustelldienste & Logistik

Unter den 139 gesendeten TV-Werbespots, in denen Tiere als Darsteller auftauchten, waren 8 in der beworbenen Branche Zustelldienste & Logistik. Dabei handelte es sich immer um den gleichen Werbespot (1). Dies entspricht einem Anteil von 100%.

8.3 Versandhandel

Unter den 139 gesendeten TV-Werbespots, in denen Tiere als Darsteller auftauchten, waren 13 in der beworbenen Branche Versandhandel. Dabei handelte es sich immer um den gleichen Werbespot (1). Insgesamt wurden 32 Versandhandel-Werbespots gesendet. Dies entspricht einem Anteil an allen gesendeten Versandhandel-Werbespots von 40,6% beziehungsweise von 16,7% an den unterschiedlichen Versandhandel-Werbespots.

8.4 Humanitäres/Kirche/Initiativen/Selbsthilfegruppen

Unter den 139 gesendeten TV-Werbespots, in denen Tiere als Darsteller auftauchten, waren 4 in der beworbenen Branche Humanitäres/Kirche/Initiativen/Selbsthilfegruppen. Dabei handelte es sich immer um den gleichen Werbespot (1). Dies entspricht einem Anteil an allen gesendeten Humanitäres/Kirche/Initiativen/Selbsthilfegruppen-Werbespots von 25% beziehungsweise von 20% an den unterschiedlichen Werbespots.

8.5 Bauen und Wohnen

Unter den 139 gesendeten TV-Werbespots, in denen Tiere als Darsteller auftauchten, waren 4 in der beworbenen Branche Bauen und Wohnen. Dabei handelte es sich um 3 unterschiedliche Werbespots. Dies entspricht einem Anteil an allen gesendeten

Bauen-und-Wohnen-Werbespots von 16% beziehungsweise von 33,3% an den unterschiedlichen Werbespots.

8.6 Alkohol

Unter den 139 gesendeten TV-Werbespots, in denen Tiere als Darsteller auftauchten, waren 10 in der beworbenen Branche Alkohol (davon 2 unterschiedliche). Dies entspricht einem Anteil an allen gesendeten Alkohol-Werbespots von 8,6% beziehungsweise von 6,7% an den unterschiedlichen Werbespots. Tiere werden zur Bewerbung von Alkohol mit einem Anteil von 6% (Hunde) bis 2,6% (Pferde) eingesetzt. Berücksichtigt man lediglich die Anzahl aller unterschiedlichen gesendeten Alkohol-Werbespots (30 von 116), so verringert sich dieser Anteil auf 3,3%.

Tiere werden nur zur Bewerbung von 2 alkoholischen Getränken (Bier und Sekt) eingesetzt. So wiesen 3 von 12 Sekt-Werbespots (25%) Tiere (Pferde) als Darsteller auf. Dies entspricht einem überdurchschnittlichen Wert im Vergleich zu allen anderen im Fernsehen beworbenen Produkten von +4.760% (beziehungsweise von +866,7% innerhalb der Branche Alkohol). Auch Bier wird häufig unter Einsatz von Tieren (Hunden) beworben. So wiesen 7 von 75 Bier-Werbespots (9,3%) Hunde als Darsteller auf. Dies entspricht einem überdurchschnittlichen Wert im Vergleich zu allen anderen im Fernsehen beworbenen Produkten von +346,2% (beziehungsweise von +54,7% innerhalb der Branche Alkohol).

8.7 Computer & Internet

Unter den 139 gesendeten TV-Werbespots, in denen Tiere als Darsteller auftauchten, waren 5 in der beworbenen Branche Computer & Internet (davon 1 unterschiedlicher). Dies entspricht einem Anteil an allen gesendeten Computer-&-Internet-Werbespots von 8,1% beziehungsweise von 8,3% an den unterschiedlichen Werbespots.

8.8 Lebensmittel & nicht-alkoholische Getränke

Unter den 139 gesendeten TV-Werbespots, in denen Tiere als Darsteller auftauchten, waren 47 in der beworbenen Branche Lebensmittel & nicht-alkoholische Getränke (davon 10 unterschiedliche). Insgesamt wurden 602 Lebensmittel-/nicht-alkohol.-Getränke-Werbespots gesendet. Dies entspricht einem Anteil an allen gesendeten Lebensmittel-/nicht-alkohol.-Getränke-Werbespots von 7,8% beziehungsweise von 8,5% an den unterschiedlichen Werbespots.

Analysiert man den Einsatz von Tieren in der TV-Werbung nach dem höchsten Anteil absolut gesendeter Werbespots mit Tierdarstellungen, so ist auffallend, dass zur Bewerbung von Mineralwasser/Schorle in 11 von 18 im Beobachtungszeitraum gesendeten Werbespots Tiere, und zwar Vögel, auftauchten. Dies entspricht einem Wert von 61,1% und ist somit der höchste Wert von Tierdarstellungen für Lebensmittel überhaupt. Damit werden, statistisch gesehen, Vögel zur Bewerbung von Mineralwasser/Schorle zu +8810% über dem Durchschnitt aller Branchen zur Produkt bewerbung eingesetzt beziehungsweise zu +3.244,4% über dem Schnitt der Branche Lebensmittel & nicht-alkoholische Getränke.

Es folgt die Produktgruppe Fast Food auf dem 2. Platz. In 10 von 76 gesendeten Werbespots wurden Tiere als Darsteller eingesetzt. Dies entspricht einem Anteil von 13,2%. Damit werden, statistisch gesehen, Tiere (seltsamerweise Pferde im Beobachtungszeitraum) zur Bewerbung von Fast Food zu +2457,9% über dem Durchschnitt aller Branchen zur Produktbewerbung eingesetzt beziehungsweise zu +560,1% über dem Schnitt der Branche Lebensmittel & nicht-alkoholische Getränke. Das heißt: Fast Food wird nicht nur gern mittels prominenter Sportler beworben (Anteil an allen gesendeten Fast-Food-Werbespots: 39,5%) und mittels Naturräumen (11,8% aller gesendeten Fast-Food-Werbespots), sondern auch gern mittels Tieren. Es vervollkommnet sich also ein Bild, wonach Fast Food in besonderer Weise sich gern mit all jenen Attributen werblich umgibt, die Gesundheits- und Wohlbefindlichkeitsaspekte umschließen. Ähnlich gilt dies für Kaffee. In insgesamt 12 von 36 im Beobachtungszeitraum gesendeten Kaffee-Werbespots waren Tiere zu sehen (Anteil: 33,3%). Davon waren 7 Werbespots mit Hunden als Darsteller (Anteil: 19,4%) sowie 5 mit sonstigen Tieren (Anteil: 13,9%). Damit werden, statistisch gesehen, beispielsweise Hunde zur Bewerbung von Kaffee zu +829,5% über dem Durchschnitt aller Branchen zur Produktbewerbung eingesetzt beziehungsweise zu +1572,2% über dem Schnitt der Branche Lebensmittel & nicht-alkoholische Getränke. Das heißt: Kaffee wird nicht nur gern in ländlichen Räumen beworben (Kapitel: Örtlichkeiten zur Bewerbung von Branchen und Produkten), sondern auch gern mit Tieren.

Einsatz von Tieren in der TV-Werbung
(Branche: Lebensmittel & nicht-alkoholische Getränke)

Tier	Spots gesamt mit Tieren	Spots verschieden in Branche mit Tieren	Spots gesamt in Branche	Verschiedene Spots in Branche	%-Anteil Tier in Branche bei Spots gesamt	%-Anteil Tier in Branche bei verschiedenen Spots
Pferde	12	2	602	117	2,0%	1,7%
Vögel	11	1	602	117	1,8%	0,9%
Hunde	7	2	602	117	1,2%	1,7%
Katzen	3	1	602	117	0,5%	0,9%
Sonstige	14	4	602	117	2,3%	3,4%
Summe					7,8%	8,5%

Auffallend ist zudem, dass Cornflakes/Cerealien ebenfalls stärker als viele andere Produkte auf Tiere als Darsteller setzen - und zwar mit einem Anteil von 15,8% (in 3 von 19 Werbespots). Damit werden, statistisch gesehen, beispielsweise Tiere zur Bewerbung von Cornflakes/Cerealien zu +1.295,2% über dem Durchschnitt aller Branchen zur Produktbewerbung eingesetzt beziehungsweise zu +303,1% über dem Schnitt der Branche Lebensmittel & nicht-alkoholische Getränke.

Einsatz von Tieren in der TV-Werbung (Branche: Lebensmittel & nicht-alkoholische Getränke)						
Produkt-gruppe	Tier	Spots Gesamt	Verschiedene Spots	**%-Anteil Tier bei Spots gesamt in Produktgruppe**	%-Anteil Tier bei Spots gesamt in allen Branchen	**%-Anteil Tier bei verschiedenen Spots in Produktgruppe**
Gewürze	Sonstige	3	1	**100,0%**	1,1%	**100,0%**
Mineralwasser Schorle	Vogel	18	5	**61,1%**	0,7%	**20,0%**
Kaffee	Hund	36	9	**19,4%**	2,1%	**22,2%**
Cornflakes Ceralien	Sonstige	19	5	**15,8%**	1,1%	**20,0%**
Kaffee	Sonstige	36	9	**13,9%**	1,1%	**11,1%**
Fast Food	Pferd	76	10	**13,2%**	0,5%	**10,0%**
Säfte	Pferd	16	6	**12,5%**	0,5%	**16,7%**
Fleisch Wurstwaren	Sonstige	32	9	**9,4%**	1,1%	**11,1%**
Joghurt	Katze	107	10	**2,8%**	0,3%	**10,0%**

Statistisch am häufigsten werden Gewürze unter Einsatz von Tieren beworben (3 von 3 Werbespots). Da es sich aber um eine im Beobachtungszeitraum sehr selten beworbene Produktgruppe handelt, ist eine weitergehende Detailanalyse nicht sinnvoll. Mit einem Wert von 9,4% werden auch Fleisch/Wurstwaren relativ häufig unter Einsatz von Tieren als Darstellern beworben (in 3 von insgesamt 32 gesendeten Werbespots). Dies entspricht einem im Vergleich zu allen anderen im Fernsehen beworbenen Produkten überdurchschnittlichen Einsatz von Tieren als Darstellern von +728,4% beziehungsweise von +3244,4% (beziehungsweise von +816% bei Berücksichtigung lediglich der unterschiedlichen Mineralwasser/Schorle-Werbespots).

8.9 Süßwaren

Unter den 139 gesendeten TV-Werbespots, in denen Tiere als Darsteller auftauchten, waren 22 in der beworbenen Branche Süßwaren (davon 3 unterschiedliche von 13 unterschiedlichen Süßwaren-Unterkategorien). Insgesamt wurden 364 Süßwaren-Werbespots gesendet. Dies entspricht einem Anteil an allen gesendeten Süßwaren-Werbespots von 6,4% beziehungsweise von 4,5% an den unterschiedlichen Werbespots. Analysiert man, welche Tiere zur Bewerbung von Süßwaren am häufigsten eingesetzt werden, so lassen sich drei Gruppen feststellen: sonstige Tiere mit einem Anteil am Süßwaren-Werbeaufkommen im Beobachtungszeitraum von 3,2%, Vögel mit 2,6% sowie Hunde mit 0,6%. Berücksichtigt man lediglich die Anzahl aller unterschiedlichen gesendeten Süßwaren-Werbespots (66 von 346), so verringert sich dieser Anteil auf jeweils 1,5%, da jeweils nur 1 unterschiedlicher Werbespot mehrmals ausgestrahlt wurde. Hunde werden allerdings zur Bewerbung von Süßwaren im Vergleich zu allen anderen beworbenen Branchen mit -37,5% unterdurchschnittlich selten zur Bewerbung von Süßwaren eingesetzt.

Tiere werden lediglich zur Bewerbung von 3 Süßwarenprodukt-Gruppen (von 13) eingesetzt. So wiesen 9 von 42 Bonbon-Werbespots (21,4%) Tiere als Darsteller auf (Vögel). Dies entspricht einem überdurchschnittlichen Wert im Vergleich zu allen anderen im Fernsehen beworbenen Produkten von +5.200% (beziehungsweise von

Einsatz von Tieren in der TV-Werbung (Branche: Süßwaren)

Unter-kategorie	Tier	Spots gesamt	Verschiedene Spots	**%-Anteil Tier bei Spots gesamt in Produktgruppe**	%-Anteil Tier bei Spots gesamt in allen Branchen	**%-Anteil Tier bei verschiedenen Spots in Produktgruppe**
Bonbons	Vogel	42	7	**21,4%**	0,7%	**14,3%**
Schoko-ladenriegel	Sonstige	61	8	**18,0%**	1,1%	**12,5%**
Desserts	Hund	30	7	**6,7%**	2,1%	**14,3%**

+723,8% innerhalb der Branche Süßwaren). Auch Schokoladenriegel werden häufiger als die meisten anderen Süßwaren unter Einsatz von Tieren beworben. So wiesen 11 von 61 Schokoladenriegel-Werbespots (18%) Tiere als Darsteller auf („Sonstige Tiere"). Dies entspricht einem überdurchschnittlichen Wert im Vergleich zu allen anderen im Fernsehen beworbenen Produkten von +930,6% (beziehungsweise von +1053,3% innerhalb der Branche Süßwaren). Süße Desserts werden ebenfalls häufiger als die meisten anderen Süßwaren unter Einsatz von Tieren beworben. So wiesen 2 von 30 Dessert-Werbespots (6,7%) Tiere als Darsteller auf (Hunde). Dies entspricht einem überdurchschnittlichen Wert im Vergleich zu allen anderen im Fernsehen beworbenen Produkten von +218,7% (beziehungsweise von +467,2% innerhalb der Branche Süßwaren).

8.10 Automobile

Unter den 139 gesendeten TV-Werbespots, in denen Tiere als Darsteller auftauchten, waren 4 in der beworbenen Branche Automobile (davon 3 unterschiedliche). Insgesamt wurden 86 Automobil-Werbespots gesendet. Dies entspricht einem Anteil an allen gesendeten Automobil-Werbespots von 4,7% beziehungsweise von 9,4% an den unterschiedlichen Werbespots.

8.11 Haushaltsprodukte

Unter den 139 gesendeten TV-Werbespots, in denen Tiere als Darsteller auftauchten, waren 5 in der beworbenen Branche Haushaltsprodukte (davon 2 unterschiedliche). Insgesamt wurden 169 Haushaltsprodukte-Werbespots gesendet. Dies entspricht einem Anteil an allen gesendeten Haushaltsprodukte-Werbespots von 3% beziehungsweise von 5,3% an den unterschiedlichen Werbespots.

8.12 Printmedien

Unter den 139 gesendeten TV-Werbespots, in denen Tiere als Darsteller auftauchten, waren 2 in der beworbenen Branche Printmedien (davon 1 unterschiedlicher). Insgesamt wurden 68 Printmedien-Werbespots gesendet. Dies entspricht einem Anteil an allen gesendeten Printmedien-Werbespots von 2,9% beziehungsweise von 3,3% an den unterschiedlichen Werbespots.

8.13 Kosmetik & Pflege

Unter den 139 gesendeten TV-Werbespots, in denen Tiere als Darsteller auftauchten, waren 6 in der beworbenen Branche Kosmetik & Pflege (davon 4 unterschiedliche). Insgesamt wurden 453 Kosmetik-&-Pflege-Werbespots gesendet. Dies entspricht einem Anteil an allen gesendeten Kosmetik-&-Pflege-Werbespots von 1,3% beziehungsweise von 3,2% an den unterschiedlichen Werbespots.

8.14 Elektronik/Unterhaltungselektronik

Unter den 139 gesendeten TV-Werbespots, in denen Tiere als Darsteller auftauchten, war 1 in der beworbenen Branche Elektronik/Unterhaltungselektronik (davon 1 unterschiedlicher). Insgesamt wurden 156 Elektronik/Unterhaltungselektronik-Werbespots gesendet. Dies entspricht einem Anteil an allen gesendeten Elektronik/Unterhaltungselektronik-Werbespots von 0,6% beziehungsweise von 1,5% an den unterschiedlichen Werbespots.

8.15 Keine Einsatz von (Haus)tieren in der TV-Werbung

Unter den insgesamt in dieser Erhebung 26 ausgewerteten Branchen waren 12, die überhaupt keine Tiere als Darsteller einsetzten.

8.16 Fazit: (Haus)tiere in der TV-Werbung

In jedem 20. Werbespot, in 4,9%, werden im deutschen Fernsehen nach dieser Erhebung Tiere als Darsteller eingesetzt (in 139 von 2.916 gesamt gesendeten Werbespots). Dies ist kein signifikant hoher Wert. Allerdings zeigen sich beim Blick in die Branchen erhebliche Unterschiede. Auffallend ist dabei vor allem, dass Tiere besonders in den Bereichen Transport/Kommunikation sowie Ernährung & Trinken häufiger als in den meisten anderen werbungtreibenden Branchen eingesetzt werden. So wurden in allen im Erhebungszeitraum gesendeten 8 Werbespots (Branchenanteil: 100%) aus dem Bereich Zustelldienste & Logistik Tiere eingesetzt. Absolut gesehen, ist dies kein hoher Wert, dennoch ist er bemerkenswert. Tiere spielen für den Menschen seit Jahrtausenden in der Fortbewegung und dem Transport eine zentrale Rolle. In den 8 gesendeten Werbespots - alle von der Deutschen Post AG - wurde ein Hund als Begleiter des Transportdienstleisters Deutsche Post AG gezeigt.

Überhaupt spielen Hunde die größte Rolle als Tier-Darsteller in der TV-Werbung. Sie werden nicht nur insgesamt deutlich häufiger in den Werbespots eingesetzt, sondern auch in deutlich mehr und unterschiedlicheren beworbenen Branchen und Produkten als z.B. *Katzen* oder *Vögel.* Insgesamt werden Tiere im Beobachtungszeitraum zur Bewerbung von 24 Produktgruppen (von insgesamt 136) eingesetzt. Davon entfallen allein 12 auf Hunde. Die Spannbreite reicht von Alkoholwerbung, Pflegeprodukte, Automobile, Bauen und Wohnen, Computer & Internet, Elektronik/Unterhaltungselektronik, Haushaltsprodukten, Haustieren, Kosmetik & Pflege, Süßwaren, Versandhandel, Lebensmitteln/nicht-alkoholischen Getränken bis hin zu Zustelldiensten & Logistik.

Wenn diese Erhebung zu der Erkenntnis gelangt, dass die Branchen Logistik & Transport beziehungsweise der Versandhandel überdurchschnittlich häufig Tiere als Darsteller in der TV-Werbung einsetzen, so könnte man sagen, dass es durchaus konsequent ist, wenn man feststellt, dass im Erhebungszeitraum dieser Studie auch der Bereich Computer & Internet häufiger als andere werbungtreibende Branchen Tiere als Darsteller einsetzt. Denn auch Computer & Internet sind Transporteure von Content - wenn auch in digitaler Form. So waren in 8,1% aller Computer-&-Internet-Werbespots Tiere zu sehen. Diese Branche schlägt in der TV-Werbung gewissermaßen auch den Bogen von der Transportbranche hin zur werbungtreibenden Branche Bauen & Wohnen, die ebenfalls, wie ausgeführt, häufig Tiere als Darsteller in der TV-Werbung einsetzt. In der TV-Werbesprache sieht das dann beispielsweise so aus: Ein Mann sitzt auf einer Couch in seinem Wohnzimmer. Auf seinen Knien hält er einen Computer, genauer ein Notebook, und surft im Internet. Neben ihm sitzt ein Hund auf dem Wohnzimmerboden und schaut ihn treu-lieb an. Man könnte demnach zu folgender Interpretation gelangen: TV-Werbung versucht den Produkten Computer und Internet das stark technikaffine Image zu nehmen, indem Tiere - insbesondere Hunde - als Darsteller zum Einsatz kommen. Wagemutig könnte man sogar schlussfolgern: Computer & Internet, so suggeriert die Werbung, gehören zur Familie.

Nach der Computer- und Internetbranche setzt die Branche Lebensmittel & nicht-alkoholische Getränke am achthäufigsten Tiere zur unterstützenden Produktbewerbung ein. In 7,8% aller im Beobachtungszeitraum erhobenen Lebensmittel-&-nicht-alkoholische-Getränke-Werbespots wurden Tiere als Darsteller eingesetzt. Lediglich nach Spothäufigkeit beurteilt, lässt sich sagen, dass keine im Erhebungszeitraum werbungtreibende Branche so häufig Spots zeigt, in denen Tiere zu sehen waren. Von den gesamt in allen werbungtreibenden Branchen gesendeten 139 Werbespots unter Mitwirkung von Tieren entstammt mehr als ein Drittel - exakt 47 Werbespots - der Branche Lebensmittel & nicht-alkoholische Getränke.

Es scheint an dieser Stelle von Interesse, noch einmal darzustellen, welche Produktgruppen in besonders häufiger Weise Tiere zur werblichen Unterstützung im Fernsehen einsetzen. Analysiert man den Einsatz von Tieren in der TV-Werbung nach dem höchsten Anteil absolut gesendeter Werbespots mit Tierdarstellungen in der Branche Lebensmittel & nicht-alkoholische Getränke, so ist auffallend, dass zur Bewerbung von Mineralwasser/Schorle in 11 von 18 im Beobachtungszeitraum gesendeten Werbespots Tiere, und zwar Vögel, auftauchten. Dies entspricht einem Wert von 61,1% und ist somit der höchste Wert von Tierdarstellungen für Lebensmittelwerbung überhaupt. Damit werden, statistisch gesehen, Vögel zur Bewerbung von Mineralwasser/Schorle zu +8.810% über dem Durchschnitt aller werbungtreibenden Branchen zur Produktbewerbung eingesetzt beziehungsweise zu +3.244,4% über dem Schnitt der Branche Lebensmittel & nicht-alkoholische Getränke.

Es folgt die Produktgruppe *Fast Food* auf dem 2. Platz. In 10 von 76 gesendeten Werbespots wurden Tiere als Darsteller eingesetzt. Dies entspricht einem Anteil von 13,2%. Damit werden, statistisch gesehen, Tiere (seltsamerweise Pferde im Beobachtungszeitraum) zur Bewerbung von Fast Food zu +2.457,9% über dem Durchschnitt aller Branchen zur Produktbewerbung eingesetzt beziehungsweise zu +560,1% über dem Schnitt der Branche Lebensmittel & nicht-alkoholische Getränke. Das heißt: Fast Food wird nicht nur gern mittels prominenter Sportler beworben (Anteil an allen gesendeten Fast-Food-Werbespots: 39,5%) und mittels Naturräumen (11,8% aller gesendeten Fast-Food-Werbespots), sondern auch gern mittels Tieren. Es vervollkommnet sich also ein Bild, wonach Fast Food in besonderer Weise sich gern mit all jenen Attributen werblich umgibt, die Gesundheits- und Wohlbefindlichkeits-, aber auch Attraktivitätsaspekte umschließen. Nicht ganz so häufig werden Süßwaren mit Tieren beworben - lediglich zur Bewerbung von 3 Süßwarenproduktgruppen (von 13).

Es lässt sich letztlich feststellen, dass der Einsatz von Tieren in der TV-Werbung, insgesamt betrachtet, in keinem erheblichen Ausmaß stattfindet, wohl aber in der Lebensmittelwerbung eine überdurchschnittliche Bedeutung einnimmt.

9. Kapitel - Umfang bestimmter Räumlichkeiten in der TV-Werbung

Zur Verwendung bestimmter Räumlichkeiten für die Imagebildung in der Werbung urteilt *Schnierer*, dass „wir ... um die Parteilichkeit der Werbung“ wüssten. Deshalb erwarteten die Konsumenten nur bedingt, „dass die dort gegebenen Nutzenversprechen eingelöst werden“. Dies gelte beispielsweise für das „Bacardi-Feeling“ (Rum, am Strand werblich inszeniert), genauso wie für das Feeling „Ich und mein Magnum“ (Eis).[498] *Kroeber-Riel* nennt in diesem Zusammenhang als zentrale werbliche Motive *„Erotik, soziales Glück und Urlaubsstimmung“*.[499] All dies sei ein wichtiger Bestandteil emotionaler Produktbewerbung, die wiederum häufig eine wichtige Voraussetzung für effektive Werbekampagnen sei. Die guten Gründe für den Kauf, der versprochene Nutzen, müssten in der Werbung zusätzlich in einer *appetitlichen Werbebotschaft* untergebracht werden.[500] *Schnierer* ist denn auch überzeugt, dass Werbung *unterhaltsam* sein müsse, wenn sie eine hohe Akzeptanz erreichen wolle. Allerdings dürfe es nicht das einzige Stilmittel sein. Im Zentrum müsse immer die *Lieferung von möglichst guten Gründen für den Kauf* sein.[501] So empfehlen denn auch *Leather et al.:* „Be original; feature people having some degree of positive character distinctiveness ...; be generally stimulating, i.e. interesting, clever, watchable, bright, attention grabbing, amusing, exciting“.[502]

Kritiker geben jedoch zu bedenken, die Verwendung bestimmter Räumlichkeiten wie Natur, Urlaubsstimmungen, die Einbeziehung von Tieren, aber auch hochstehende Werte wie Freiheit bzw. Liebe in werblichen szenischen Darstellungen zögen eine gewisse Sinnentleerung nach sich.[503] Zu den radikalsten Kritikern gehören hierbei *Goldman u. Papson*. Ihrer Überzeugung nach könne die Beliebigkeit von Werbung zu einer regelrechten *Sinnkrise der Dinge* führen („crises of meaning“[504]) bzw. würden die Dinge sogar, nach *Lears*, *zerstört* („collapse of meaning“[505]). Es gibt aber auch Stimmen, wie die von *Dominik Schrage*, die die Beliebigkeit, die Orientierung am Lifestyle, nicht für eine neue Art des Lebens beurteilen:

498 Schnierer, Thomas: Soziologie der Werbung, Leske + Budrich, Opladen 1999, S. 87f.

499 Kroeber-Riel, Werner: Konsumentenverhalten, 5. Auflage, München, Vahlen 1992, S. 128.

500 Olson, David: The Characteristics of High-Trial New-Product Advertising, in: Journal of Advertising Research 25 (3), 1985, S. 14.

501 Schnierer 1999, S. 71.

502 Leather, Phil / McKechnie, Sally / Amirkhanian, Manon: The Importance of Like-ability as a Measure of Television Advertising Effectiveness, in: International Journal of Advertising, 13, 1994, S. 279.

503 Vgl. auch Schnierer 1999, S. 282.

504 Goldman Robert u. Papson, Stephen: Advertising in the Age of Hyper signification, in: Theory, Culture & Society 11/3, 1994, S. 23–53.

505 Lears, Jackson: From Salvation to Self-Realization: Advertising and the Therapeutic Roots of the Consumer Culture, 1880–1930, in: Fox, Richard Wightman u. Lears, Jackson (Hrg.): The Culture of Consumption: Critical Essays in American History, 1880–1930, Pantheon Books, News York 1983, S. 1–38.

> Das über den Markt vermittelte Zusammenspiel von Modedynamik, Erwartungssteigerung und sozialer Mobilität, welches für das soziologische Interesse am Konsum ausschlaggebend ist, kommt nicht erst in den westlichen Industriegesellschaften der Zeit nach dem Zweiten Weltkrieg zum Tragen, sondern kann schon im England des 18. Jahrhunderts beobachtet werden.[506]

Degen wiederum ist der Überzeugung, dass die Inszenierung von Produkten mittels *Motiven beziehungsweise Räumlichkeiten der Freizeit oder Fröhlichkeit* auch eine *werbliche Antwort auf eine überforderte Gesellschaft* sei.[507] Ein wichtiges Stilmittel in der Werbung stellen also Örtlichkeiten dar. Es macht einen großen Unterschied aus, ob beispielsweise Alkohol in ländlichen Räumen oder in Sportstätten getrunken und beworben wird. Um eine Beurteilung der Fernsehwerbung im Nachmittags- und Abendprogramm möglichst umfangreich auf objektive Tatsachen stützen zu können, wird in dieser Studie auch untersucht, welche Örtlichkeiten zur Produktbewerbung im Fernsehen vorwiegend zum Einsatz kommen. Immer wiederkehrende Räumlichkeiten wurden hierfür in 14 unterschiedlichen Kategorien zusammengefasst: Privaträume, ländliche Räume, gegenständliche Darstellungen ohne spezifischen Raum, städtische Räume, Sporträume, Kunst-/Kultur-/Ausstellungsräume, Filmeinspielungen, gastronomische Räume, Reise/Urlaub/Freizeitatmosphäre, Geschäfts-/Büroräume, Klinik/Arztpraxis/Apotheke/ Labor, virtuelle Räume, Bildungsinstitutionen, sonstige Räume. Diese Räumlichkeiten standen jedoch nicht von vornherein fest.

Erst nach Sichtung und Codierung aller 3.320 in der Stichprobe ausgewerteten Werbespots wurde die rund 119.000 Platzhalter umfassende TV-Spot-Codierungstabelle noch einmal überarbeitet. Ziel war es, immer wiederkehrende Räumlichkeiten in möglichst wenige übergreifende Kategorien zusammenzufassen. Wurde beispielsweise in einem Werbespot eine Küche zur Bewerbung eingesetzt, in einem anderen ein Wohnzimmer, so schien es sinnvoll, diese einer Oberkategorie „Privaträume" zuzuordnen. Nach diesem Schema entstanden aus ursprünglich rund 100 unterschiedlichen die skizzierten 14 räumlichen Zuordnungen.

Ähnlich wie im Kapitel „Prominente" wurde auch für die Auswertung der Räumlichkeiten die Grundgesamtheit aller ausgewerteten TV-Werbespots (3.320) um die TV-Eigenwerbung bereinigt. Das heißt, die TV-Eigenwerbung wurde nicht nach dem Einsatz bestimmter Räumlichkeiten ausgewertet. Deshalb wurden die TV-Eigenwerbespots abgezogen, so dass als Basis für die folgenden Darstellungen die 2.916 Werbespots verbleiben, die tatsächlich nach Räumlichkeiten untersucht wurden. Dies erschien notwendig, um zu einer späteren Aussage, einem Fazit, gelangen zu können. Es war für diese Untersuchung weniger von Interesse, ob Coca-Cola, Alkohol, Süßwaren oder Fast Food nun primär in der Küche oder im Wohnzimmer konsumiert, sondern ob diese Produkte in Privaträumen oder z.B. auf dem Sportplatz

506 Hellmann, Kai-Uwe u. Schrage, Dominik: Konsum der Werbung. Zur Produktion und Rezeption von Sinn in der kommerziellen Kultur, Konsumsoziologie und Massenkultur, Verlag für Sozialwissenschaften, 2004, S. 13.

507 Vgl. auch Degen, Kurt Markus: Werbung für Übermorgen. Die leise Reform der Gesellschaft durch Werbung, Sponsoring und Public Relations, Ringier AG, Zürich 1995, S. 101f.

konsumiert werden. Ziel war es, Erkenntnisse zu gewinnen, ob z.B. besonders fetthaltige Lebensmittel überdurchschnittlich stark in Sport- oder Naturräumen beworben werden oder nicht. Für Einzelauswertungen könnten die 14 Oberrubriken für Räumlichkeiten näher spezifiziert werden.

Räumlichkeiten in der TV-Werbung				
Räumlichkeit	Spots gesamt	Verschiedene Spots	**%-Anteil Räumlichkeit an Spots gesamt (Basis: 2.916)**	**%-Anteil Räumlichkeit an Spots verschieden (Basis: 742)**
Privaträume	828	211	**28,4%**	**28,4%**
Ländliche Räume	502	111	**17,2%**	**15,0%**
Gegenständliche Darstellung ohne spezifischen Raum	441	139	**15,1%**	**18,7%**
Städtische Räume Straßenräume	409	100	**14,0%**	**13,5%**
Sporträume	137	31	**4,7%**	**4,2%**
Kunst-/ Kultur-/ Ausstellungsräume	118	30	**4,1%**	**4,0%**
Filmeinspielungen	110	18	**3,8%**	**2,4%**
Gastronomische Räume	101	17	**3,5%**	**2,3%**
Reise-/Urlaubs-/ Freizeitatmosphäre	94	28	**3,2%**	**3,8%**
Geschäfts-/Büroräume	65	20	**2,2%**	**2,7%**
Klinik Arztpraxis Apotheke Labor	42	11	**1,4%**	**1,5%**
Virtueller Raum	27	14	**0,9%**	**1,9%**
Bildungsinstitution	24	3	**0,8%**	**0,4%**
Sonstiges	18	9	**0,6%**	**1,2%**
Summe	**2916**	**742**		

In diesem Kapitel werden lediglich die Unterkategorien (Produktgruppen) jener Branchen näher in Bezug auf den Einsatz bestimmter Räumlichkeiten dargestellt, sofern sie sowohl inhaltlich als auch quantitativ für das Untersuchungsziel relevant erscheinen. Besonders handelt es sich dabei um die Lebensmittelwerbung, Süßwarenwerbung sowie Alkoholwerbung. Allerdings stehen zu allen Branchen weitere Daten zur Verfügung, die jedoch aus Platzgründen in dieser Arbeit nicht dargestellt werden können. Im Folgenden sollen die Ergebnisse dieser Studie präsentiert werden.

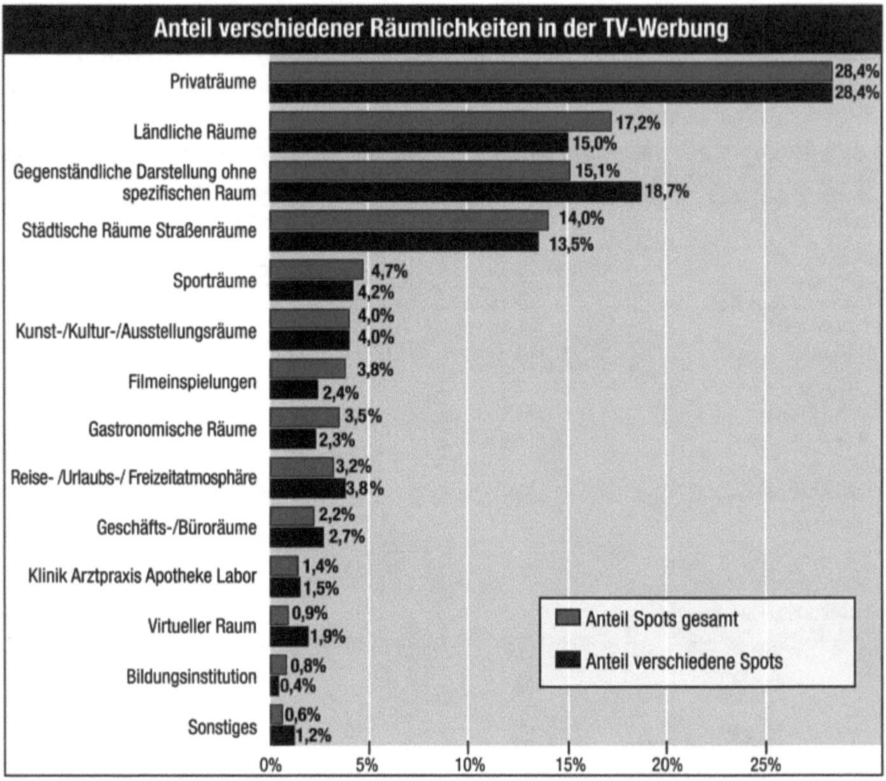
Anteil verschiedener Räumlichkeiten in der TV-Werbung
Privaträume
28,4%
28,4%
Ländliche Räume
17,2%
15,0%
Gegenständliche Darstellung ohne spezifischen Raum
15,1%
18,7%
Städtische Räume Straßenräume
14,0%
13,5%
Sporträume
4,7%
4,2%
Kunst-/Kultur-/Ausstellungsräume
4,0%
4,0%
Filmeinspielungen
3,8%
2,4%
Gastronomische Räume
3,5%
2,3%
Reise- /Urlaubs-/ Freizeitatmosphäre
3,2%
3,8%
Geschäfts-/Büroräume
2,2%
2,7%
Klinik Arztpraxis Apotheke Labor
1,4%
1,5%
Virtueller Raum
0,9%
1,9%
Bildungsinstitution
0,8%
0,4%
Sonstiges
0,6%
1,2%
Anteil Spots gesamt
Anteil verschiedene Spots
0%
5%
10%
15%
20%
25%

9.1 Privaträume in der TV-Werbung

Privaträume in der TV-Werbung (alle Branchen)

Branche	Spots gesamt in Branche unabhängig von Räumlichkeit	Verschiedene Spots in Branche unabhängig von Räumlichkeit	**%-Anteil Räumlichkeit an Spots gesamt in Branche**	%-Abweichung Räumlichkeit in Spots gesamt vom Schnitt aller Branchen	**%-Anteil Räumlichkeit an verschiedenen Spots in Branche**	%-Abweichung Räumlichkeit in verschiedenen Spots vom Schnitt aller Branchen
Salzgebäck/Chips	17	5	**88%**	211%	**60%**	111%
Kosmetik/Pflege	453	124	**45%**	59%	**48%**	70%
Haushaltsprodukte	169	38	**44%**	56%	**50%**	76%
Versandhandel	32	6	**41%**	43%	**17%**	-41%
Computer/Internet	62	12	**40%**	42%	**25%**	-12%
Lebensmittel/Nicht-alkohol. Getränke	602	117	**35%**	24%	**34%**	20%
Süßwaren	346	66	**28%**	-3%	**30%**	7%
Einzelhandel/Handel	92	26	**26%**	-8%	**27%**	-5%
Kleidung	40	7	**25%**	-12%	**29%**	1%
Bauen und Wohnen	25	9	**24%**	-16%	**22%**	-22%
Elektronik/Unterhaltungselektronik	156	68	**23%**	-19%	**25%**	-12%
Spielwaren/Unterhaltung/Freizeit/Kino	183	39	**22%**	-23%	**18%**	-37%
Telekommunikation	157	44	**18%**	-37%	**21%**	-28%
Banken Versicherungen	79	26	**15%**	-47%	**15%**	-46%
Printmedien	68	30	**13%**	-53%	**10%**	-65%
Pharmazeutika	87	27	**9%**	-68%	**22%**	-22%
Alkohol	116	30	**8%**	-73%	**10%**	-65%
Automobile	86	32	**5%**	-84%	**9%**	-67%
Digital-TV & Kabelnetze	54	4	**4%**	-87%	**25%**	-12%
Touristik	36	11	**3%**	-90%	**9%**	-68%

Insgesamt wurden 828 Werbespots von in der Stichprobe ausgewerteten 2.916 Werbespots mit Privaträumen beworben. Dies entspricht einem Anteil von 28,4% an allen gesendeten Werbespots beziehungsweise, bei Berücksichtigung lediglich der unterschiedlichen Werbespots (211), von ebenfalls 28,4%. Als Privaträume werden in dieser Arbeit alle jene Räumlichkeiten definiert, die überwiegend privat genutzt werden und geschlossene Räumlichkeiten darstellen. Zu den Privaträumen habe ich beispielsweise nicht den Bereich Garten gezählt - das fließt in die Rubrik „Ländliche Räume“ ein. Diese Abgrenzung erschien mir sinnvoll, um z.B. feststellen zu können, inwiefern das Natur-Motiv (das auch Gesundheit, Vitalität, Aufgeschlossenheit impliziert) in der Werbung eine Rolle spielt. Ein Garten mag beispielsweise zwar primär „privat“ sein, impliziert aber vor allem die Bedeutung von Natur. Deshalb werden nicht-geschlossene Räume wie beispielsweise der Garten den Naturräumen zugeordnet.

9.1.1 Salzgebäck/Chips

Mit einem Anteil von 88,2% spielen Privaträume zur Bewerbung von Salzgebäck/Chips eine erhebliche Rolle im Fernsehen. Insgesamt wurden 15 von 17 Werbespots (3 von 5 unterschiedlichen) aus diesem Bereich mit Privaträumen beworben. Damit werden Salzgebäck/Chips zu +210,7% überdurchschnittlich stark mittels Privaträumen beworben beziehungsweise zu +111% bei Berücksichtigung lediglich der unterschiedlichen Werbespots.

Mit einem Anteil von 100% werden Privaträume zur Bewerbung von Salzgebäck-Gewinnspielen im Fernsehen eingesetzt. Insgesamt wurden 9 von 9 Werbespot (1 von 1 unterschiedlichen) aus diesem Bereich mit Privaträumen beworben (im Beobachtungszeitraum). Damit werden Salzgebäck-Gewinnspiele zu +252,2% überdurchschnittlich oft mittels Privaträumen im Vergleich zu allen anderen beworbenen Produktgruppen (Unterkategorien) aller Branchen beworben; bzw. zu +13,3% im Vergleich zu allen Werbespots der Branche Salzgebäck/Chips. Bei Berücksichtigung lediglich der unterschiedlichen Werbespots ist ein Wert von +251,7% (Gesamt) beziehungsweise von +66,7% (Branche) zu verzeichnen.

Mit einem Anteil von 75% werden Privaträume zur Bewerbung von Chips im Fernsehen eingesetzt. Insgesamt wurden 6 von 8 Werbespots (2 von 4 unterschiedlichen) aus diesem Bereich mit Privaträumen beworben (im Beobachtungszeitraum). Damit werden Chips zu +164,1% überdurchschnittlich oft mittels Privaträumen im Vergleich zu allen anderen beworbenen Produktgruppen (Unterkategorien) aller Branchen beworben; bzw. zu -15% im Vergleich zu allen Werbespots der Branche Salzgebäck/Chips. Bei Berücksichtigung lediglich der unterschiedlichen Werbespots ist ein Wert von +75,8% (Gesamt) beziehungsweise von -16,7% (Branche) zu verzeichnen.

9.1.2 Kosmetik & Pflege

Der Bereich Pflege/Kosmetik wird primär in privaten Räumlichkeiten beworben. Mit einem Anteil an allen gesendeten Spots im Auswertungszeitraum von 45% spielen Privaträume hier die wichtigste Rolle. Von 453 Werbespots (60 von 124 unterschiedlichen), die Kosmetik- & Pflegeprodukte bewarben, spielten immerhin 204 in Privaträumlichkeiten. Damit werden Kosmetik- & Pflegeprodukte zu 58,6% überdurchschnittlich stark mittels Privaträumen beworben beziehungsweise zu 70,2% bei Berücksichtigung lediglich der unterschiedlichen Werbespots.

9.1.3 Haushaltsprodukte

Mit einem Anteil von 44,4% spielen Privaträume zur Bewerbung von Haushaltsprodukten (Reinigungsmittel, Waschmittel, auch Putzmittel etc.) eine erhebliche Rolle im Fernsehen. Insgesamt wurden 75 von 169 Haushaltsmittel-Werbespots (19 von 38 unterschiedlichen) mit Privaträumen beworben. Damit werden Haushaltsprodukte zu 56,3% überdurchschnittlich stark mittels Privaträumen beworben beziehungsweise zu 75,8% bei Berücksichtigung lediglich der unterschiedlichen Werbespots.

9.1.4 Versandhandel

Mit einem Anteil von 40,6% spielen Privaträume zur Bewerbung des Versandhandels eine erhebliche Rolle im Fernsehen. Insgesamt wurden 13 von 32 Versandhandel-Werbespots (1 von 6 unterschiedlichen) mit Privaträumen beworben. Damit wird der Versandhandel zu +43,1% überdurchschnittlich stark mittels Privaträumen beworben beziehungsweise zu -41% bei Berücksichtigung lediglich der unterschiedlichen Werbespots.

9.1.5 Computer & Internet

Mit einem Anteil von 40,3% spielen Privaträume zur Bewerbung von Computer & Internet eine erhebliche Rolle im Fernsehen. Insgesamt wurden 13 von 32 Computer- & Internet-Werbespots (3 von 12 unterschiedlichen) mit Privaträumen beworben. Damit werden Computer- & Internet-Produkte zu +42% überdurchschnittlich stark mittels Privaträumen beworben beziehungsweise zu -12,1% bei Berücksichtigung lediglich der unterschiedlichen Werbespots.

9.1.6 Lebensmittel & nicht-alkoholische Getränke

Mit einem Anteil von 35,2% spielen Privaträume zur Bewerbung von Lebensmitteln & nicht-alkoholischen Getränken eine erhebliche Rolle im Fernsehen. Insgesamt wurden 212 von 602 Werbespots (40 von 117 unterschiedlichen) aus diesem Bereich mit Privaträumen beworben. Damit werden Lebensmittel & nicht-alkoholische Getränke zu +24% überdurchschnittlich stark mittels Privaträumen beworben beziehungsweise zu +20,2% bei Berücksichtigung lediglich der unterschiedlichen Werbespots.

Blätterteigprodukte

Mit einem Anteil von 100% werden Privaträume zur Bewerbung von Blätterteigprodukten im Fernsehen eingesetzt. Insgesamt wurden 24 von 24 Werbespot (3 von 3 unterschiedlichen) aus diesem Bereich mit Privaträumen beworben. Damit werden Blätterteigprodukte zu +252,2% überdurchschnittlich oft mittels Privaträumen im Vergleich zu allen anderen beworbenen Produktgruppen (Unterkategorien) aller Branchen beworben; bzw. zu +184% im Vergleich zu allen Werbespots der Branche Lebensmittel & nicht-alkoholische Getränke. Bei Berücksichtigung lediglich der unterschiedlichen Werbespots ist ein Wert von +251,7% (Gesamt) beziehungsweise von +192,5% (Branche) zu verzeichnen.

Diät-Butter

Mit einem Anteil von 100% werden Privaträume zur Bewerbung von Diät-Butter im Fernsehen eingesetzt. Insgesamt wurde 1 von 1 Werbespot (1 von 1 unterschiedlichen) aus diesem Bereich mit Privaträumen beworben. Damit wird Diät-Butter zu +252,2% überdurchschnittlich oft mittels Privaträumen im Vergleich zu allen anderen beworbenen Produktgruppen (Unterkategorien) aller Branchen beworben; bzw. zu +184% im Vergleich zu allen Werbespots der Branche Lebensmittel & nicht-alkoholische Getränke. Bei Berücksichtigung lediglich der unterschiedlichen Werbespots ist ein Wert von +251,7% (Gesamt) beziehungsweise von +192,5% (Branche) zu verzeichnen.

Räumlichkeiten in der TV-Werbung
(Branche: Lebensmittel & nicht-alkoholische Getränke)

Räumlichkeit	Spots gesamt in Branche nach Räumlichkeit	Verschiedene Spots in Branche nach Räumlichkeit	**%-Anteil Räumlichkeit an Spots gesamt in Branchen**	**%-Anteil Räumlichkeit an verschiedenen Spots in Branchen**	%-Abweichung Räumlichkeit in verschiedenen Spots vom Schnitt aller Branchen	%-Abweichung Räumlichkeit in Spots gesamt vom Schnitt aller Branchen
Privaträume	212	40	**35,2%**	**34,2%**	20,2%	24,0%
Ländliche Räume	141	32	**23,4%**	**27,4%**	82,8%	36,1%
Sporträume	50	8	**8,3%**	**6,8%**	63,7%	76,8%
Gastronomische Räume	47	5	**7,8%**	**4,3%**	86,5%	125,4%
Städtische Räume Straßenräume	43	7	**7,1%**	**6,0%**	-55,6%	-49,1%
Kunst-/Kultur-/ Ausstellungsräume	35	4	**5,8%**	**3,4%**	-15,4%	43,7%
Gegenständliche Darstellung ohne spezifischen Raum	34	12	**5,6%**	**10,3%**	-45,2%	-62,7%
Reise-/Urlaubs-/ Freizeitatmosphäre	20	4	**3,3%**	**3,4%**	-9,4%	3,1%
Geschäfts-/ Büroräume	18	4	**3,0%**	**3,4%**	26,8%	34,1%
Filmeinspielungen	2	1	**0,3%**	**0,9%**	-64,8%	-91,2%
Summe	**602**	**117**				

Privaträume in der TV-Werbung (in Branchen und deren Produktgruppen)

Branche (*= Lebensmittel & nicht-alkohol. Getränke)	Produktgruppe	Spots gesamt in Produktgruppe unabhängig von Räumlichkeit	Verschiedene Spots in Produktgruppe unabhängig von Räumlichkeit	**%-Anteil Räumlichkeit an Spots gesamt in Produktgruppe**	%-Abweichung Räumlickeit in Spots gesamt nach Prdukt-gruppe vom Schnitt jeweiliger Branche	**%-Anteil Räumlichkeit an verschiedenen Spots in Produktgruppe**
Spielwaren/Unterhaltung/Freizeit/Kino	Spielwaren	106	19	34%	55%	31%
Lebensmittel*	Fleisch/Wurstwaren	32	9	31%	-11%	22%
Süßwaren	Bonbons	42	7	31%	12%	28%
Einzelhandel/Handel	Bekleidungshandelsketten	60	13	28%	8%	30%
Kleidung	Schuhe	40	7	25%	0%	28%
Lebensmittel*	Kaffee	36	9	22%	-14%	33%
Einzelhandel/Handel	Optik-Händler	9	4	22%	-36%	25%
Printmedien	Allgemein	45	20	20%	-13%	15%
Lebensmittel*	Pizza	5	3	20%	-55%	33%
Kosmetik/Pflege	Hygiene	20	6	20%	-43%	33%
Elektronik/U-Ektronik	U-Ektronik	5	4	20%	51%	25%
Süßwaren	Eis	39	7	17%	-34%	14%
Elektronik/U-Ektronik	CDs	75	31	17%	-24%	22%
Lebensmittel*	Soßen/Dressings	29	8	17%	-51%	50%
Kosmetik/Pflege	Zahnpflege	35	11	17%	-61%	18%
Haushaltsprodukte	Waschmittel	57	12	15%	-64%	33%
Telekommunikation	Mobilfunk	53	10	15%	-15%	30%
Spielwaren/Unterhaltung/Freizeit/Kino	Kino Merchandising	27	5	14%	-32%	20%
Süßwaren	Schokoladenriegel	61	8	11,5%	-58%	25%
Lebensmittel*	Mineralwasser-Schorle	18	5	11,1%	-68%	40%
Süßwaren	Kaugummsi/Gums	82	13	11,0%	-60%	15%
Pharmazeutika	Heilmittel	75	24	10,7%	16%	25%
Telekommunikation	Handy- Klingeltöne, Logos, Bilder, Spiele	63	21	9,5%	-46%	4%
Süßwaren	Schokolade	11	5	9,1%	-66%	20%
Lebensmittel*	Milchgetränke	70	10	8,6%	-75%	20%
Banken/Versicher.	Banken	36	13	5,6%	19%	7%
Automobile	Automobile	72	29	5,6%	-63%	10%
Lebensmittel*	Cornflakes/Ceralien	19	5	5,3%	-85%	20%
Elektronik/U-Ektronik	DVDs	21	9	4,8%	-79%	11%
Digital-TV & Kabelnetze	Premiere Digital-TV	48	2	4,2%	12%	50%
Alkohol	Bier	75	18	4,0%	-48%	5%

Privaträume in der TV-Werbung (in Branchen und deren Produktgruppen)

Branche (*= Lebensmittel & nicht-alkohol. Getränke)	Produktgruppe	Spots gesamt in Produkt-gruppe un-abhängig von Räumlichkeit	Verschiedene Spots in Produkt-gruppe un-abhängig von Räumlichkeit	**%-Anteil Räumlichkeit an Spots gesamt in Produkt-gruppe**	%-Abweichung Räumlickeit in Spots gesamt nach Prdukt-gruppe vom Schnitt jeweiliger Branche	**%-Anteil Räumlichkeit an verschie-denen Spots in Produkt-gruppe**
Touristik	Reiseanbieter	1	1	100%	316%	100%
Telekommunik.	Flirt	2	2	100%	316%	100%
Süßwaren	Lutscher	3	1	100%	333%	100%
Salzgebäck/Chips	Gewinnspiel	9	1	100%	333%	100%
Lebensmittel*	Blätterteigprodukte	24	3	100%	122%	100%
Lebensmittel*	Gelatine	8	2	100%	184%	100%
Lebensmittel*	Diät-Butter	1	1	100%	184%	100%
Lebensmittel*	Diät-Margarine	2	1	100%	184%	100%
Lebensmittel*	Gemüse/Tiefkühl	4	1	100%	184%	100%
Lebensmittel*	Reis	1	1	100%	184%	100%
Kosmetik/Pflege	Gewinnspiel	3	2	100%	184%	100%
Elektronik /U-Ektronik	Küchengeräte	8	1	100%	13%	100%
Elektronik /U-Ektronik	Telekommunik.	1	1	100%	264%	100%
Bauen/Wohnen	Fenster	3	1	100%	460%	100%
Bauen/Wohnen	Sanitär	3	1	100%	3500%	100%
Lebensmittel*	Fertiggerichte	28	4	96%	173%	75%
Lebensmittel*	Fisch	11	4	81%	132%	75%
Lebensmittel*	Brot/Knäckebrot/ Baguettes	14	2	78%	123%	50%
Computer/Internet	Internetprovider	25	4	76%	88%	50%
Salzgebäck/Chips	Chips	8	4	75%	113%	50%
Lebensmittel*	Brotaufstrich	12	2	75%	-15%	50%
Süßwaren	Kuchen/Kekse	42	10	73%	168%	50%
Lebensmittel*	Joghurt	107	10	68%	93%	60%
Haushaltsprodukte	Reinigungsmittel	83	16	67%	52%	68%
Telekommunik	Billigrufnr.	18	4	66%	188%	75%
Elektronik /U-Ektronik	Kosmetik/Pflege	6	4	66%	273%	50%
Elektronik /U-Ektronik	Haushaltsprodukte	8	6	62%	170%	50%
Süßwaren	Desserts	30	7	60%	118%	71%
Banken/Versicher.	Versicherungen	17	6	58%	287%	50%
Lebensmittel*	Käse	9	3	55%	57%	33%
Lebensmittel*	Mineralwasser	9	2	55%	57%	50%
Süßwaren	Riegel	11	2	54%	603%	50%
Alkohol	Likör/Kräuterlikör	11	4	54%	98%	50%
Elektronik /U-Ektronik	Imagewerbung	6	3	50%	91%	33%
Einzelhandel/Handel	Kaffeeröster	6	3	50%	116%	33%
Kosmetik / Pflege	Kosmetik / Pflege	391	104	48%	8%	51%
Versandhandel	Versandhandel	32	6	40%	0%	16%
Einzelhandel/Handel	U-Elektronik-Kette	5	2	40%	-1%	50%
Computer/Internet	DSL-Zugang	15	3	40%	53%	33%
Haushaltsprodukte	Haushaltsprodukte	29	10	34%	-22%	40%

Diät-Margarine

Mit einem Anteil von 100% werden Privaträume zur Bewerbung von Diät-Margarine im Fernsehen eingesetzt. Insgesamt wurden 2 von 2 Werbespots (1 von 1 unterschiedlichen) aus diesem Bereich mit Privaträumen beworben. Damit wird Diät-Margarine zu +252,2% überdurchschnittlich oft mittels Privaträumen im Vergleich zu allen anderen beworbenen Produktgruppen (Unterkategorien) aller Branchen beworben; bzw. zu +184% im Vergleich zu allen Werbespots der Branche Lebensmittel & nicht-alkoholische Getränke. Bei Berücksichtigung lediglich der unterschiedlichen Werbespots ist ein Wert von +251,7% (Gesamt) beziehungsweise von +192,5% (Branche) zu verzeichnen.

Gelatine

Mit einem Anteil von 100% werden Privaträume zur Bewerbung von Gelatine im Fernsehen eingesetzt. Insgesamt wurden 8 von 8 Werbespots (3 von 3 unterschiedlichen) aus diesem Bereich mit Privaträumen beworben. Damit wird Gelatine zu +252,2% überdurchschnittlich oft mittels Privaträumen im Vergleich zu allen anderen beworbenen Produktgruppen (Unterkategorien) aller Branchen beworben; bzw. zu +184% im Vergleich zu allen Werbespots der Branche Lebensmittel & nicht-alkoholische Getränke. Bei Berücksichtigung lediglich der unterschiedlichen Werbespots ist ein Wert von +251,7% (Gesamt) beziehungsweise von +192,5% (Branche) zu verzeichnen.

Gemüse/Tiefkühl

Mit einem Anteil von 100% werden Privaträume zur Bewerbung von Gemüse/Tiefkühl im Fernsehen eingesetzt. Insgesamt wurden 4 von 4 Werbespots (1 von 1 unterschiedlichen) aus diesem Bereich mit Privaträumen beworben. Damit wird Gemüse/Tiefkühl zu +252,2% überdurchschnittlich oft mittels Privaträumen im Vergleich zu allen anderen beworbenen Produktgruppen (Unterkategorien) aller Branchen beworben; bzw. zu +184% im Vergleich zu allen Werbespots der Branche Lebensmittel & nicht-alkoholische Getränke. Bei Berücksichtigung lediglich der unterschiedlichen Werbespots ist ein Wert von +251,7% (Gesamt) beziehungsweise von +192,5% (Branche) zu verzeichnen.

Reis

Mit einem Anteil von 100% werden Privaträume zur Bewerbung von Reis im Fernsehen eingesetzt. Insgesamt wurden (im Beobachtungszeitraum) 1 von 1 Werbespot (1 von 1 unterschiedlichen) aus diesem Bereich mit Privaträumen beworben. Damit wird Reis zu +252,2% überdurchschnittlich oft mittels Privaträumen im Vergleich zu allen anderen beworbenen Produktgruppen (Unterkategorien) aller Branchen beworben; bzw. zu +184% im Vergleich zu allen Werbespots der Branche Lebensmittel & nicht-alkoholische Getränke. Bei Berücksichtigung lediglich der unterschiedlichen Werbespots ist ein Wert von +251,7% (Gesamt) beziehungsweise von +192,5% (Branche) zu verzeichnen.

Fertiggerichte

Mit einem Anteil von 96,4% werden Privaträume zur Bewerbung von Fertiggerichten im Fernsehen eingesetzt. Insgesamt wurden (im Beobachtungszeitraum) 27 von 28 Werbespots (3 von 4 unterschiedlichen) aus diesem Bereich mit Privaträumen beworben. Damit werden Fertiggerichte zu +239,6% überdurchschnittlich oft mittels Privaträumen im Vergleich zu allen anderen beworbenen Produktgruppen (Unterkategorien) aller Branchen beworben; bzw. zu +173,8% im Vergleich zu allen Werbespots der Branche Lebensmittel & nicht-alkoholische Getränke. Bei Berücksichtigung lediglich der unterschiedlichen Werbespots ist ein Wert von +163,7% (Gesamt) beziehungsweise von +119,4% (Branche) zu verzeichnen.

Fisch

Mit einem Anteil von 81,8% werden Privaträume zur Bewerbung von Fisch im Fernsehen eingesetzt. Insgesamt wurden (im Beobachtungszeitraum) 9 von 11 Werbespots (3 von 4 unterschiedlichen) aus diesem Bereich mit Privaträumen beworben. Damit wird Fisch zu +188,1% überdurchschnittlich oft mittels Privaträumen im Vergleich zu allen anderen beworbenen Produktgruppen (Unterkategorien) aller Branchen beworben; bzw. zu +132,3% im Vergleich zu allen Werbespots der Branche Lebensmittel & nicht-alkoholische Getränke. Bei Berücksichtigung lediglich der unterschiedlichen Werbespots ist ein Wert von +163,7% (Gesamt) beziehungsweise von +119,4% (Branche) zu verzeichnen.

Brot/Knäckebrot/Baguettes

Mit einem Anteil von 78,6% werden Privaträume zur Bewerbung von Brot/Knäckebrot/Baguettes im Fernsehen eingesetzt. Insgesamt wurden (im Beobachtungszeitraum) 11 von 14 Werbespots (1 von 2 unterschiedlichen) aus diesem Bereich mit Privaträumen beworben. Damit werden Brot/Knäckebrot/Baguettes zu +176,7% überdurchschnittlich oft mittels Privaträumen im Vergleich zu allen anderen beworbenen Produktgruppen (Unterkategorien) aller Branchen beworben; bzw. zu +132,3% im Vergleich zu allen Werbespots der Branche Lebensmittel & nicht-alkoholische Getränke. Bei Berücksichtigung lediglich der unterschiedlichen Werbespots ist ein Wert von +75,8% (Gesamt) beziehungsweise von +46,3% (Branche) zu verzeichnen.

Brotaufstrich

Mit einem Anteil von 75% werden Privaträume zur Bewerbung von Brotaufstrich (hier nicht enthalten: Nutella; siehe Süßwaren) im Fernsehen eingesetzt. Insgesamt wurden (im Beobachtungszeitraum) 9 von 12 Werbespots (1 von 2 unterschiedlichen) aus diesem Bereich mit Privaträumen beworben. Damit werden Brotaufstriche zu +164,1% überdurchschnittlich oft mittels Privaträumen im Vergleich zu allen anderen beworbenen Produktgruppen (Unterkategorien) aller Branchen beworben; bzw. zu +113% im Vergleich zu allen Werbespots der Branche Lebensmittel & nicht-alkoholische Getränke. Bei Berücksichtigung lediglich der unterschiedlichen

Werbespots ist ein Wert von +75,8% (Gesamt) beziehungsweise von +46,3% (Branche) zu verzeichnen.

Joghurt

Mit einem Anteil von 68,2% werden Privaträume zur Bewerbung von Joghurt im Fernsehen eingesetzt. Insgesamt wurden (im Beobachtungszeitraum) 73 von 107 Werbespots (6 von 10 unterschiedlichen) aus diesem Bereich mit Privaträumen beworben. Damit wird Joghurt zu +140,3% überdurchschnittlich oft mittels Privaträumen im Vergleich zu allen anderen beworbenen Produktgruppen (Unterkategorien) aller Branchen beworben; bzw. zu +93,7% im Vergleich zu allen Werbespots der Branche Lebensmittel & nicht-alkoholische Getränke. Bei Berücksichtigung lediglich der unterschiedlichen Werbespots ist ein Wert von +111% (Gesamt) beziehungsweise von +75,5% (Branche) zu verzeichnen.

Käse

Mit einem Anteil von 55,6% werden Privaträume zur Bewerbung von Käse im Fernsehen eingesetzt. Insgesamt wurden (im Beobachtungszeitraum) 5 von 9 Werbespots (1 von 3 unterschiedlichen) aus diesem Bereich mit Privaträumen beworben. Damit wird Käse zu +95,7% überdurchschnittlich oft mittels Privaträumen im Vergleich zu allen anderen beworbenen Produktgruppen (Unterkategorien) aller Branchen beworben; bzw. zu +34,2% im Vergleich zu allen Werbespots der Branche Lebensmittel & nicht-alkoholische Getränke. Bei Berücksichtigung lediglich der unterschiedlichen Werbespots ist ein Wert von +17,2% (Gesamt) beziehungsweise von -2,5% (Branche) zu verzeichnen.

Mineralwasser

Mit einem Anteil von 55,6% werden Privaträume zur Bewerbung von Mineralwasser im Fernsehen eingesetzt. Insgesamt wurden (im Beobachtungszeitraum) 5 von 9 Werbespots (1 von 2 unterschiedlichen) aus diesem Bereich mit Privaträumen beworben. Damit wird Mineralwasser zu +95,7% überdurchschnittlich oft mittels Privaträumen im Vergleich zu allen anderen beworbenen Produktgruppen (Unterkategorien) aller Branchen beworben; bzw. zu +57,8% im Vergleich zu allen Werbespots der Branche Lebensmittel & nicht-alkoholische Getränke. Bei Berücksichtigung lediglich der unterschiedlichen Werbespots ist ein Wert von +75,8% (Gesamt) beziehungsweise von +46,3% (Branche) zu verzeichnen.

Fleisch/Wurstwaren

Mit einem Anteil von 31,3% werden Privaträume zur Bewerbung von Fleisch/Wurstwaren im Fernsehen eingesetzt. Insgesamt wurden (im Beobachtungszeitraum) 10 von 32 Werbespots (2 von 9 unterschiedlichen) aus diesem Bereich mit Privaträumen beworben. Damit werden Fleisch/Wurstwaren zu +10,1% überdurchschnittlich oft mittels Privaträumen im Vergleich zu allen anderen beworbenen Produktgruppen (Unterkategorien) aller Branchen beworben; bzw. zu -11,3% im Vergleich zu allen Werbespots der Branche Lebensmittel & nicht-alkoholische Getränke. Bei Berücksichtigung lediglich der unterschiedlichen Werbespots ist ein Wert von -21,9% (Gesamt) beziehungsweise von -35% (Branche) zu verzeichnen.

Kaffee

Mit einem Anteil von 22,2% werden Privaträume zur Bewerbung von Kaffee im Fernsehen eingesetzt. Insgesamt wurden (im Beobachtungszeitraum) 8 von 36 Werbespots (3 von 9 unterschiedlichen) aus diesem Bereich mit Privaträumen beworben. Damit wird Kaffee zu -21,7% unterdurchschnittlich selten mittels Privaträumen im Vergleich zu allen anderen beworbenen Produktgruppen (Unterkategorien) aller Branchen beworben; bzw. zu -36,9% im Vergleich zu allen Werbespots der Branche Lebensmittel & nicht-alkoholische Getränke. Bei Berücksichtigung lediglich der unterschiedlichen Werbespots ist ein Wert von +17,2% (Gesamt) beziehungsweise von -2,5% (Branche) zu verzeichnen.

Pizza

Mit einem Anteil von 20% werden Privaträume zur Bewerbung von Pizza im Fernsehen eingesetzt. Insgesamt wurde (im Beobachtungszeitraum) 1 von 5 Werbespots (1 von 3 unterschiedlichen) aus diesem Bereich mit Privaträumen beworben. Damit wird Pizza zu -29,6% unterdurchschnittlich selten mittels Privaträumen im Vergleich zu allen anderen beworbenen Produktgruppen (Unterkategorien) aller Branchen beworben; bzw. zu -43,2% im Vergleich zu allen Werbespots der Branche Lebensmittel & nicht-alkoholische Getränke. Bei Berücksichtigung lediglich der unterschiedlichen Werbespots ist ein Wert von +17,2% (Gesamt) beziehungsweise von -2,5% (Branche) zu verzeichnen.

Soßen/Dressings

Mit einem Anteil von 17,2% werden Privaträume zur Bewerbung von Soßen/Dressings im Fernsehen eingesetzt. Insgesamt wurden (im Beobachtungszeitraum) 5 von 29 Werbespots (4 von 8 unterschiedlichen) aus diesem Bereich mit Privaträumen beworben. Damit werden Soßen/Dressings zu -39,3% unterdurchschnittlich selten mittels Privaträumen im Vergleich zu allen anderen beworbenen Produktgruppen (Unterkategorien) aller Branchen beworben; bzw. zu -51% im Vergleich zu allen Werbespots der Branche Lebensmittel & nicht-alkoholische Getränke. Bei Berücksichtigung lediglich der unterschiedlichen Werbespots ist ein Wert von +75,8% (Gesamt) beziehungsweise von +46,3% (Branche) zu verzeichnen.

Mineralwasser/Schorle

Mit einem Anteil von 11,1% werden Privaträume zur Bewerbung von Mineralwasser/Schorle im Fernsehen eingesetzt. Insgesamt wurden (im Beobachtungszeitraum) 2 von 18 Werbespots (2 von 5 unterschiedlichen) aus diesem Bereich mit Privaträumen beworben. Damit werden Mineralwasser/Schorle zu -60,9% unterdurchschnittlich selten mittels Privaträumen im Vergleich zu allen anderen beworbenen Produktgruppen (Unterkategorien) aller Branchen beworben; bzw. zu -68,4% im Vergleich zu allen Werbespots der Branche Lebensmittel & nicht-alkoholische Getränke. Bei Berücksichtigung lediglich der unterschiedlichen Werbespots ist ein Wert von +40,7% (Gesamt) beziehungsweise von +17% (Branche) zu verzeichnen.

Milchgetränke

Mit einem Anteil von 8,6% werden Privaträume zur Bewerbung von Milchgetränken im Fernsehen eingesetzt. Insgesamt wurden (im Beobachtungszeitraum) 6 von 70 Werbespots (2 von 10 unterschiedlichen) aus diesem Bereich mit Privaträumen beworben. Damit werden Milchgetränke zu -69,8% unterdurchschnittlich selten mittels Privaträumen im Vergleich zu allen anderen beworbenen Produktgruppen (Unterkategorien) aller Branchen beworben; bzw. zu -75,7% im Vergleich zu allen Werbespots der Branche Lebensmittel & nicht-alkoholische Getränke. Bei Berücksichtigung lediglich der unterschiedlichen Werbespots ist ein Wert von -29,7% (Gesamt) beziehungsweise von -41,5% (Branche) zu verzeichnen.

Cornflakes/Cerealien

Mit einem Anteil von 5,3% werden Privaträume zur Bewerbung von Cornflakes/Cerealien im Fernsehen eingesetzt. Insgesamt wurde (im Beobachtungszeitraum) 1 von 19 Werbespots (1 von 5 unterschiedlichen) aus diesem Bereich mit Privaträumen beworben. Damit werden Cornflakes/Cerealien zu -81,5% unterdurchschnittlich selten mittels Privaträumen im Vergleich zu allen anderen beworbenen Produktgruppen (Unterkategorien) aller Branchen beworben; bzw. zu -85,1% im Vergleich zu allen Werbespots der Branche Lebensmittel & nicht-alkoholische Getränke. Bei Berücksichtigung lediglich der unterschiedlichen Werbespots ist ein Wert von -29,7% (Gesamt) beziehungsweise von -41,5% (Branche) zu verzeichnen.

9.1.7 Süßwaren

Mit einem Anteil von 27,5% spielen Privaträume zur Bewerbung von Süßwaren eine erhebliche Rolle im Fernsehen. Insgesamt wurden 95 von 346 Werbespots (20 von 66 unterschiedlichen) aus diesem Bereich mit Privaträumen beworben. Damit werden Süßwaren zu -3,3% unterdurchschnittlich selten mittels Privaträumen beworben beziehungsweise zu +6,6% bei Berücksichtigung lediglich der unterschiedlichen Werbespots.

Lutscher

Mit einem Anteil von 100% werden Privaträume zur Bewerbung von Lutschern (konkret handelt es sich im Beobachtungszeitraum um das Lutschgel „Frooze Pop Kirsch + Erdbeergeschmack“ der amerikanischen Firma Candy Inc. beziehungsweise unter neuer Firmierung der Iconix Brand Group, Inc.) im Fernsehen eingesetzt. Insgesamt wurden 3 von 3 Werbespots (1 von 3 unterschiedlichen) aus diesem Bereich mit Privaträumen beworben (im Beobachtungszeitraum). Damit werden Lutscher zu +252,2% überdurchschnittlich oft mittels Privaträumen im Vergleich zu allen anderen beworbenen Produktgruppen (Unterkategorien) aller Branchen beworben; bzw. zu +264,2% im Vergleich zu allen Werbespots der Branche Lebensmittel & nicht-alkoholische Getränke. Bei Berücksichtigung lediglich der unterschiedlichen Werbespots ist ein Wert von +251,7% (Gesamt) beziehungsweise von +230% (Branche) zu verzeichnen. Frooze Pop wird unter anderem mit folgendem Claim z.B. in einem Internetshop beworben: „Ein cooler Lutscher mit Gel zum Rausdrücken, sehr beliebt bei Kindern.“[508] Frooze Pop weise außerdem Vitamin C auf, was auch auf der Packung stehe.[509]

Kuchen/Kekse

Mit einem Anteil von 73,8% werden Privaträume zur Bewerbung von Kuchen/Keksen im Fernsehen eingesetzt. Insgesamt wurden 31 von 42 Werbespots (5 von 10 unterschiedlichen) aus diesem Bereich mit Privaträumen beworben (im Beobachtungszeitraum). Damit werden Kuchen/Kekse zu +159,9% überdurchschnittlich oft mittels Privaträumen im Vergleich zu allen anderen beworbenen Produktgruppen (Unterkategorien) aller Branchen beworben; bzw. zu +168,8% im Vergleich zu allen Werbespots der Branche Lebensmittel & nicht-alkoholische Getränke. Bei Berücksichtigung lediglich der unterschiedlichen Werbespots ist ein Wert von +75,8% (Gesamt) beziehungsweise von +65% (Branche) zu verzeichnen.

Desserts

Mit einem Anteil von 60% werden Privaträume zur Bewerbung von Desserts im Fernsehen eingesetzt. Insgesamt wurden 18 von 30 Werbespots (5 von 7 unterschiedlichen) aus diesem Bereich mit Privaträumen beworben (im Beobachtungszeitraum). Damit werden Desserts zu +111,3% überdurchschnittlich oft mittels Privaträumen im Vergleich zu allen anderen beworbenen Produktgruppen (Unterkategorien) aller Branchen beworben; bzw. zu +118,5% im Vergleich zu allen Werbespots der Branche Lebensmittel & nicht-alkoholische Getränke. Bei Berücksichtigung lediglich der unterschiedlichen Werbespots ist ein Wert von +151,2% (Gesamt) beziehungsweise von +135,7% (Branche) zu verzeichnen.

---

508 http://www.bversand.de/shop/product_info.php/products_id/76/cPath/15_41/sonstige/fr-ooze-pop.html; Stand: 1.1.2006. Das Motto des Herstellers Candy lautet: “The mission of The Candies Foundation is to educate America’s youth about the devastating consequences of teen pregnancy”; Quelle: www.candiesfoundation.org beziehungsweise www.candies.com. Es handelt sich um eine Tochterfirma der amerikanischen Iconix Brand Group (“is in the business of licensing the CANDIE’S, BONGO, BADGLEY MISCHKA, JOE BOXER and RAMPAGE trademarks on a variety of footwear, apparel and fashion products. Through its wholly owned subsidiary, Brightstar Footwear, Inc., the Company also arranges for the manufacture of footwear products for mass market and discount retailers under the private label brand of the retailer”; weitere Informationen: Iconix Brand Group, Inc. Formerly known as Candie’s, Inc. “The Group’s principal activity is to design, market and distribute women’s footwear, apparel and fashion products. The Group is also a designer, distributor and marketer of jeans wears under the BONGO brand. It also markets and distributes children’s footwear trademarks and a variety of men’s workboots, hiking boots, winter boots and outdoor casual shoes. The Group also licenses the CANDIE’S and BONGO brands for a variety of other product categories. Brands of the Group are CANDIE’S(R), BONGO(R) and BADGLEY MISCHKA(R). The Group has operations in the United States, Hong Kong and British Virgin Islands.”).

509 So z.B. http://www.zoeliakie-treff.de/zoeliakie/ftopic3524.html.

Riegel (Nicht-Schoko)

Mit einem Anteil von 54,5% werden Privaträume zur Bewerbung von Riegeln (Nicht-Schoko) im Fernsehen eingesetzt. Insgesamt wurden 6 von 11 Werbespots (1 von 2 unterschiedlichen) aus diesem Bereich mit Privaträumen beworben (im Beobachtungszeitraum). Damit werden Riegel (Nicht-Schoko) zu +92,1% überdurchschnittlich oft mittels Privaträumen im Vergleich zu allen anderen beworbenen Produktgruppen (Unterkategorien) aller Branchen beworben; bzw. zu +98,7% im Vergleich zu allen Werbespots der Branche Lebensmittel & nicht-alkoholische Getränke. Bei Berücksichtigung lediglich der unterschiedlichen Werbespots ist ein Wert von +75,8% (Gesamt) beziehungsweise von +65% (Branche) zu verzeichnen.

Bonbons

Mit einem Anteil von 31% werden Privaträume zur Bewerbung von Bonbons im Fernsehen eingesetzt. Insgesamt wurden 13 von 42 Werbespots (2 von 7 unterschiedlichen) aus diesem Bereich mit Privaträumen beworben (im Beobachtungszeitraum). Damit werden Bonbons zu +9% überdurchschnittlich oft mittels Privaträumen im Vergleich zu allen anderen beworbenen Produktgruppen (Unterkategorien) aller Branchen beworben; bzw. zu +12,7% im Vergleich zu allen Werbespots der Branche Lebensmittel & nicht-alkoholische Getränke. Bei Berücksichtigung lediglich der unterschiedlichen Werbespots ist ein Wert von +0,5% (Gesamt) beziehungsweise von -5,7% (Branche) zu verzeichnen.

Eis

Mit einem Anteil von 17,9% werden Privaträume zur Bewerbung von Eis im Fernsehen eingesetzt. Insgesamt wurden 7 von 39 Werbespots (1 von 7 unterschiedlichen) aus diesem Bereich mit Privaträumen beworben (im Beobachtungszeitraum). Damit wird Eis zu +17,9% überdurchschnittlich oft mittels Privaträumen im Vergleich zu allen anderen beworbenen Produktgruppen (Unterkategorien) aller Branchen beworben; bzw. zu -34,6% im Vergleich zu allen Werbespots der Branche Lebensmittel & nicht-alkoholische Getränke. Bei Berücksichtigung lediglich der unterschiedlichen Werbespots ist ein Wert von +49,8% (Gesamt) beziehungsweise von -52,9% (Branche) zu verzeichnen.

Schokoladenriegel

Mit einem Anteil von 11,5% werden Privaträume zur Bewerbung von Schokoladenriegeln im Fernsehen eingesetzt. Insgesamt wurden 7 von 61 Werbespots (2 von 8 unterschiedlichen) aus diesem Bereich mit Privaträumen beworben (im Beobachtungszeitraum). Damit werden Schokoladenriegel zu -59,6% unterdurchschnittlich selten mittels Privaträumen im Vergleich zu allen anderen beworbenen Produktgruppen (Unterkategorien) aller Branchen beworben; bzw. zu -58,2% im Vergleich zu allen Werbespots der Branche Lebensmittel & nicht-alkoholische Getränke. Bei Berücksichtigung lediglich der unterschiedlichen Werbespots ist ein Wert von -12,1% (Gesamt) beziehungsweise von -17,5% (Branche) zu verzeichnen.

Kaugummis/Gums/Kaustreifen

Mit einem Anteil von 11% werden Privaträume zur Bewerbung von Kaugummis/ Gums/Kaustreifen im Fernsehen eingesetzt. Insgesamt wurden 9 von 82 Werbespots (2 von 13 unterschiedlichen) aus diesem Bereich mit Privaträumen beworben (im Beobachtungszeitraum). Damit werden Kaugummis/Gums/Kaustreifen zu -61,3% unterdurchschnittlich selten mittels Privaträumen im Vergleich zu allen anderen beworbenen Produktgruppen (Unterkategorien) aller Branchen beworben; bzw. zu -60% im Vergleich zu allen Werbespots der Branche Lebensmittel & nicht-alkoholische Getränke. Bei Berücksichtigung lediglich der unterschiedlichen Werbespots ist ein Wert von -45,9% (Gesamt) beziehungsweise von -49,2% (Branche) zu verzeichnen.

Schokolade

Mit einem Anteil von 9,1% werden Privaträume zur Bewerbung von Schokolade im Fernsehen eingesetzt. Insgesamt wurde 1 von 11 Werbespots (1 von 5 unterschiedlichen) aus diesem Bereich mit Privaträumen beworben (im Beobachtungszeitraum). Damit wird Schokolade zu -68% unterdurchschnittlich selten mittels Privaträumen im Vergleich zu allen anderen beworbenen Produktgruppen (Unterkategorien) aller Branchen beworben; bzw. zu -66,9% im Vergleich zu allen Werbespots der Branche Lebensmittel & nicht-alkoholische Getränke. Bei Berücksichtigung lediglich der unterschiedlichen Werbespots ist ein Wert von -29,7% (Gesamt) beziehungsweise von -34% (Branche) zu verzeichnen.

9.1.8 Einzelhandel/Handel

Mit einem Anteil von 26,1% spielen Privaträume zur Bewerbung von Einzelhandel/Handel eine erhebliche Rolle im Fernsehen. Insgesamt wurden 24 von 92 Werbespots (7 von 26 unterschiedlichen) aus diesem Bereich mit Privaträumen beworben. Damit wird der Einzelhandel/Handel zu -8,1 unterdurchschnittlich selten mittels Privaträumen beworben beziehungsweise zu -5,3% bei Berücksichtigung lediglich der unterschiedlichen Werbespots.

9.1.9 Kleidung

Mit einem Anteil von 25% spielen Privaträume zur Bewerbung von Kleidung eine erhebliche Rolle im Fernsehen. Insgesamt wurden 10 von 40 Werbespots (2 von 7 unterschiedlichen) aus diesem Bereich mit Privaträumen beworben. Damit werden Kleider zu -12% unterdurchschnittlich selten mittels Privaträumen beworben beziehungsweise zu +0,5% bei Berücksichtigung lediglich der unterschiedlichen Werbespots.

9.1.10 Bauen & Wohnen

Mit einem Anteil von 24% spielen Privaträume zur Bewerbung von Bauen & Wohnen eine erhebliche Rolle im Fernsehen. Insgesamt wurden 6 von 25 Werbespots (2 von 9 unterschiedlichen) aus diesem Bereich mit Privaträumen beworben. Damit werden Produkte aus dem Bereich Bauen & Wohnen zu -15,5% unterdurchschnittlich selten mittels Privaträumen beworben beziehungsweise zu -21,9% bei Berücksichtigung lediglich der unterschiedlichen Werbespots.

9.1.11 Elektronik/Unterhaltungselektronik

Mit einem Anteil von 23,1% werden Privaträume zur Bewerbung von Elektronik/Unterhaltungselektronik im Fernsehen eingesetzt. Insgesamt wurden 36 von 156 Werbespots (17 von 68 unterschiedlichen) aus diesem Bereich mit Privaträumen beworben. Damit wird Elektronik/Unterhaltungselektronik zu -18,7% unterdurchschnittlich selten mittels Privaträumen beworben beziehungsweise zu -12,1% bei Berücksichtigung lediglich der unterschiedlichen Werbespots.

9.1.12 Spielwaren/Unterhaltung/Freizeit/Kino

Mit einem Anteil von 21,9% werden Privaträume zur Bewerbung von Spielwaren/Unterhaltung/Freizeit/Kino im Fernsehen eingesetzt. Insgesamt wurden 40 von 183 Werbespots (7 von 39 unterschiedlichen) aus diesem Bereich mit Privaträumen beworben. Damit wird der Bereich Spielwaren/Unterhaltung/Freizeit/Kino zu -23% unterdurchschnittlich selten mittels Privaträumen beworben beziehungsweise zu -36,9% bei Berücksichtigung lediglich der unterschiedlichen Werbespots.

9.1.13 Telekommunikation

Mit einem Anteil von 17,8% werden Privaträume zur Bewerbung von Telekommunikationsprodukten im Fernsehen eingesetzt. Insgesamt wurden 28 von 157 Werbespots (9 von 44 unterschiedlichen) aus diesem Bereich mit Privaträumen beworben. Damit werden Telekommunikationsprodukte zu -37,2% unterdurchschnittlich selten mittels Privaträumen beworben beziehungsweise zu -28,1% bei Berücksichtigung lediglich der unterschiedlichen Werbespots.

9.1.14 Banken/Versicherungen

Mit einem Anteil von 15,2% werden Privaträume zur Bewerbung von Banken/Versicherungen im Fernsehen eingesetzt. Insgesamt wurden 12 von 79 Werbespots (4 von 26 unterschiedlichen) aus diesem Bereich mit Privaträumen beworben. Damit werden Banken/Versicherungen zu -46,5% unterdurchschnittlich selten mittels Privaträumen beworben beziehungsweise zu -45,9% bei Berücksichtigung lediglich der unterschiedlichen Werbespots.

9.1.15 Printmedien

Mit einem Anteil von 13,2% werden Privaträume zur Bewerbung von Printmedien im Fernsehen eingesetzt. Insgesamt wurden 9 von 68 Werbespots (3 von 30 unterschiedlichen) aus diesem Bereich mit Privaträumen beworben. Damit werden Printmedien zu -53,4% unterdurchschnittlich selten mittels Privaträumen beworben beziehungsweise zu -64,8% bei Berücksichtigung lediglich der unterschiedlichen Werbespots.

9.1.16 *Pharmazeutika*

Mit einem Anteil von 9,2% werden Privaträume zur Bewerbung von Pharmazeutika im Fernsehen eingesetzt. Insgesamt wurden 8 von 87 Werbespots (6 von 27 unterschiedlichen) aus diesem Bereich mit Privaträumen beworben. Damit werden Pharmazeutika zu -67,6% unterdurchschnittlich selten mittels Privaträumen beworben beziehungsweise zu -21,9% bei Berücksichtigung lediglich der unterschiedlichen Werbespots.

9.1.17 *Alkohol*

Mit einem Anteil von 7,8% werden Privaträume zur Bewerbung von Alkohol im Fernsehen eingesetzt. Insgesamt wurden 9 von 116 Werbespots (3 von 30 unterschiedlichen) aus diesem Bereich mit Privaträumen beworben. Damit wird Alkohol zu -72,7% unterdurchschnittlich selten mittels Privaträumen beworben beziehungsweise zu -64,8% bei Berücksichtigung lediglich der unterschiedlichen Werbespots.

Likör/Kräuterlikör

Mit einem Anteil von 54,5% werden Privaträume zur Bewerbung von Likör/Kräuterlikör im Fernsehen eingesetzt. Insgesamt wurden 6 von 11 Werbespots (2 von 4 unterschiedlichen) aus diesem Bereich mit Privaträumen beworben (im Beobachtungszeitraum). Damit werden Likör/Kräuterlikör zu +92,1% überdurchschnittlich oft mittels Privaträumen im Vergleich zu allen anderen beworbenen Produktgruppen (Unterkategorien) aller Branchen beworben; bzw. zu +603% im Vergleich zu allen Werbespots der Branche Alkohol. Bei Berücksichtigung lediglich der unterschiedlichen Werbespots ist ein Wert von -80,5% (Gesamt) beziehungsweise von -44,4% (Branche) zu verzeichnen.

Bier

Mit einem Anteil von 4% werden Privaträume zur Bewerbung von Bier im Fernsehen eingesetzt. Insgesamt wurden 3 von 75 Werbespots (1 von 18 unterschiedlichen) aus diesem Bereich mit Privaträumen beworben (im Beobachtungszeitraum). Damit wird Bier zu -85,9% unterdurchschnittlich selten mittels Privaträumen im Vergleich zu allen anderen beworbenen Produktgruppen (Unterkategorien) aller Branchen beworben; bzw. zu -44,4% im Vergleich zu allen Werbespots der Branche Alkohol. Bei Berücksichtigung lediglich der unterschiedlichen Werbespots ist ein Wert von -80,5% (Gesamt) beziehungsweise von -48,4% (Branche) zu verzeichnen.

9.1.18 *Automobile*

Mit einem Anteil von 4,7% werden Privaträume zur Bewerbung von Automobilen im Fernsehen eingesetzt. Insgesamt wurden 4 von 86 Werbespots (3 von 32 unterschiedlichen) aus diesem Bereich mit Privaträumen beworben. Damit werden Automobile zu -83,6% unterdurchschnittlich selten mittels Privaträumen beworben beziehungsweise zu -67% bei Berücksichtigung lediglich der unterschiedlichen Werbespots.

9.1.19 Digital-TV & Kabelnetze

Mit einem Anteil von 3,7% werden Privaträume zur Bewerbung von Digital-TV & Kabelnetzen im Fernsehen eingesetzt. Insgesamt wurden 2 von 54 Werbespots (1 von 4 unterschiedlichen) aus diesem Bereich mit Privaträumen beworben. Damit werden Produkte aus Digital-TV & Kabelnetzen zu -87% unterdurchschnittlich selten mittels Privaträumen beworben beziehungsweise zu -12,1% bei Berücksichtigung lediglich der unterschiedlichen Werbespots.

9.1.20 Touristik

Mit einem Anteil von 2,8% werden Privaträume zur Bewerbung von Touristik im Fernsehen eingesetzt. Insgesamt wurde 1 von 36 Werbespots (1 von 11 unterschiedlichen) aus diesem Bereich mit Privaträumen beworben. Damit wird Touristik zu -90,2% unterdurchschnittlich selten mittels Privaträumen beworben beziehungsweise zu -68% bei Berücksichtigung lediglich der unterschiedlichen Werbespots.

9.2 Ländliche Räume in der TV-Werbung

Ländliche Räume in der TV-Werbung (alle Branchen)						
Branche	Spots gesamt	Verschiedene Spots	**%-Anteil Räumlichkeit in Spots gesamt**	%-Abweichung Räumlichkeit in Spots gesamt vom Gesamtschnitt aller Branchen	**%-Anteil Räumlichkeit in verschiedenen Spots**	%-Abweichung Räumlichkeit in verschiedenen Spots vom Gesamtschnitt aller Branchen
Chemie	3	1	**100%**	481%	**100%**	569%
Haustiere	8	3	**50%**	190%	**33%**	123%
Alkohol	116	30	**36%**	110%	**37%**	145%
Bauen und Wohnen	25	9	**32%**	86%	**56%**	271%
Touristik	36	11	**25%**	45%	**27%**	82%
Süßwaren	346	66	**25%**	44%	**15%**	1%
Lebensmittel nicht-alkohol. Getränke	602	117	**23%**	36%	**27%**	83%
Pharmazeutika	87	27	**22%**	27%	**26%**	73%
Haushaltsprodukte	169	38	**20%**	17%	**18%**	23%
Kosmetik/Pflege	453	124	**20%**	17%	**12%**	-19%
Banken Versicherungen	79	26	**18%**	3%	**15%**	3%
Automobile	86	32	**15%**	-12%	**16%**	4%
Spielwaren/Unterhaltung/Freizeit/Kino	183	39	**13%**	-27%	**8%**	-49%
Einzelhandel/Handel	92	26	**9%**	-50%	**12%**	-23%
Humanitäres/Kirche/Initiativen/Selbsthilfe	16	5	**6%**	-64%	**20%**	34%
Elektronik /U-Ektronik	156	68	**3%**	-81%	**3%**	-80%
Printmedien	68	30	**2%**	-92%	**3%**	-78%

Es liegt auf der Hand: Sonne, Meer, Natur, Garten, Sandstrände, Seenlandschaften, Kornfelder, Prärie - all das sind Motive, die tausendfach in der Werbung zu sehen sind. Würde man eine Umfrage starten und Menschen interviewen, welche Räumlichkeiten am stärksten in der Werbung eingesetzt würden, so glaube ich die Annahme vertreten zu können, dass wohl die meisten davon ausgehen würden, Werbung setze überwiegend auf schöne Motive der ländlichen Natur und Harmonie. Umso überraschter war ich nach der Analyse von fast 20 Stunden Werbung im Nachmittags- und Abendprogramm des Fernsehens, dass lediglich 17,2% aller 2.916 nach Örtlichkeiten ausgewerteten Werbespots (beziehungsweise 15% der unterschiedlichen Werbespots) sich ländlicher Räume bedienten - also 502 (111 unterschiedliche) von 2.916 Werbespots. Folgende Produkte werden am stärksten überproportional mittels ländlicher Räume beworben (Tabelle). Näher interpretierend gehe ich lediglich auf die Branchen/Produktgruppen ein, die für diese Untersuchung besonders von Interesse sind: Lebensmittel & nicht-alkoholische Getränke, Alkohol, Süßwaren - und zwar in den jeweils folgenden Branchen-Kapiteln.

Ländliche Räume in der TV-Werbung
(in ausgewählten Branchen und deren Produktgruppen)

Branche (*= Lebensmittel & nicht-alkol. Getränke)	Produktgruppe	Spots gesamt in Produktgruppe unabhängig von Räumlichkeit	Verschiedene Spots in Produktgruppe unabhängig von Räumlichkeit	**%-Anteil Räumlichkeit an Spots gesamt in Produktgruppe**	Abweichung Räumlichkeit in Spots gesamt nach Produktgruppe vom Schnitt jeweiliger Branche	**%-Anteil Räumlichkeit an verschiedenen Spots in Produktgruppe**
Süßwaren	Pralinen	1	1	**100%**	302%	**100%**
Lebensmittel*	Gewinnspiel	1	1	**100%**	327%	**100%**
Lebensmittel*	Babynahrung	1	1	**100%**	327%	**100%**
Süßwaren	Schokoladenriegel	61	8	**87%**	250%	**63%**
Lebensmittel*	Fleisch Wurstwaren	32	9	**69%**	194%	**78%**
Lebensmittel*	Soßen Dressings	29	8	**62%**	165%	**38%**
Lebensmittel*	Mineralwasser Schorle	18	5	**61%**	161%	**20%**
Lebensmittel*	Energy Drinks	18	2	**56%**	137%	**50%**
Süßwaren	Bonbons	42	7	**52%**	111%	**29%**
Alkohol	Bier	75	18	**49%**	36%	**50%**
Lebensmittel*	Limonaden	31	8	**48%**	107%	**38%**
Lebensmittel*	Käse	9	3	**44%**	90%	**67%**
Lebensmittel*	Mineralwasser	9	2	**44%**	90%	**50%**
Alkohol	Sekt	12	4	**42%**	15%	**50%**
Lebensmittel*	Cornflakes Ceralien	19	5	**37%**	57%	**40%**
Lebensmittel*	Milchgetränke	70	10	**27%**	16%	**20%**
Lebensmittel*	Säfte	16	6	**25%**	7%	**33%**
Lebensmittel*	Brotaufstrich	12	2	**25%**	7%	**50%**
Süßwaren	Eis	39	7	**18%**	-28%	**14%**
Lebensmittel*	Kaffee	36	9	**14%**	-41%	**11%**
Lebensmittel*	Fast Food	76	10	**12%**	-49%	**20%**
Lebensmittel*	Joghurt	107	10	**8%**	-68%	**20%**
Süßwaren	Kaugummis Kaustreifen	82	13	**4%**	-85%	**8%**

Wenngleich für alle Branchen solche Werte vorliegen, würde es den Rahmen dieser Arbeit sprengen, die Ergebnisse für alle Produktgruppen aller Branchen hier zu präsentieren. Für Detailbetrachtungen können diese allerdings im Datenband eingesehen werden.

9.2.1 Chemie

Mit einem Anteil von 100% werden ländliche Räume zur Bewerbung von Chemieprodukten im Fernsehen eingesetzt. Insgesamt wurden 3 von 3 Werbespots (1 von 1 unterschiedlichen) aus diesem Bereich mit ländlichen Räumen beworben. Damit wird Chemie zu +480,9% überdurchschnittlich oft mittels ländlicher Räume beworben beziehungsweise zu +568,5% bei Berücksichtigung lediglich der unterschiedlichen Werbespots.

9.2.2 Haustiere

Mit einem Anteil von 50% werden ländliche Räume zur Bewerbung von Haustierprodukten im Fernsehen eingesetzt. Insgesamt wurden 4 von 8 Werbespots (1 von 3 unterschiedlichen) aus diesem Bereich mit ländlichen Räumen beworben. Damit werden Haustierprodukte zu +190,4% überdurchschnittlich oft mittels ländlicher Räume beworben beziehungsweise zu +122,8% bei Berücksichtigung lediglich der unterschiedlichen Werbespots.

9.2.3 Alkohol

Mit einem Anteil von 36,2% werden ländliche Räume zur Bewerbung von Alkohol im Fernsehen eingesetzt. Insgesamt wurden 42 von 116 Werbespots (11 von 30 unterschiedlichen) aus diesem Bereich mit ländlichen Räumen beworben. Damit wird Alkohol zu +110,3% überdurchschnittlich oft mittels ländlicher Räume beworben beziehungsweise zu +145,1% bei Berücksichtigung lediglich der unterschiedlichen Werbespots. Von den insgesamt 5 unterschiedlichen alkoholhaltigen Getränken, die in der Nachmittags- und Abendschiene unter den 3.320 Werbespots gesendet wurden (Bier, limonadenhaltiges Bier, Liköre/Kräuterliköre, Sekt, Wein) waren allerdings lediglich zwei, die mit ländlichen Räumen warben - dafür aber umso intensiver. Absoluter Spitzenreiter ist das Bier.

Bier

Mit einem Anteil von 49,3% werden ländliche Räume zur Bewerbung von Bier im Fernsehen eingesetzt. Insgesamt wurden 32 von 75 Werbespots (9 von 18 unterschiedlichen) aus diesem Bereich mit ländlichen Räumen beworben. Damit wird Bier zu +186,6% überdurchschnittlich oft mittels ländlicher Räume im Vergleich zu allen anderen beworbenen Produktgruppen (Unterkategorien) aller Branchen beworben; bzw. zu +36,3% im Vergleich zu allen Werbespots der Branche Lebensmittel & nicht-alkoholische Getränke. Bei Berücksichtigung lediglich der unterschiedlichen Werbespots ist ein Wert von +234,2% (Gesamt) beziehungsweise von +36,4% (Branche) zu verzeichnen. Bier ist auch jenes Getränk, das am häufigsten im Vergleich zu allen anderen alkoholischen Getränken im Fernsehen beworben wird. Von 28,3 Minuten analysierter Alkoholwerbung im Beobachtungszeitraum entfallen 18,4 Minuten auf Bierwerbung.

Sekt

Mit einem Anteil von 41,7% werden ländliche Räume zur Bewerbung von Sekt im Fernsehen eingesetzt. Insgesamt wurden 5 von 12 Werbespots (2 von 4 unterschiedlichen) aus diesem Bereich mit ländlichen Räumen beworben. Damit wird Sekt zu +142% überdurchschnittlich oft mittels ländlicher Räume im Vergleich zu allen anderen beworbenen Produktgruppen (Unterkategorien) aller Branchen beworben; bzw. zu +15,1% im Vergleich zu allen Werbespots der Branche Lebensmittel & nicht-alkoholische Getränke. Bei Berücksichtigung lediglich der unterschiedlichen Werbespots ist ein Wert von +234,2% (Gesamt) beziehungsweise von +36,4% (Branche) zu verzeichnen.

9.2.4 *Bauen & Wohnen*

Mit einem Anteil von 32% werden ländliche Räume zur Bewerbung von Produkten rund um Bauen & Wohnen im Fernsehen eingesetzt. Insgesamt wurden 8 von 25 Werbespots (5 von 9 unterschiedlichen) aus diesem Bereich mit ländlichen Räumen beworben. Damit wird Bauen & Wohnen zu +85,9% überdurchschnittlich oft mittels ländlicher Räume beworben beziehungsweise zu +271,4% bei Berücksichtigung lediglich der unterschiedlichen Werbespots.

9.2.5 *Touristik*

Mit einem Anteil von 25% werden ländliche Räume zur Bewerbung von Touristikprodukten im Fernsehen eingesetzt. Insgesamt wurden 9 von 36 Werbespots (3 von 11 unterschiedlichen) aus diesem Bereich mit ländlichen Räumen beworben. Damit wird Touristik zu +45,2% überdurchschnittlich oft mittels ländlicher Räume beworben beziehungsweise zu +82,3% bei Berücksichtigung lediglich der unterschiedlichen Werbespots.

9.2.6 *Süßwaren*

Mit einem Anteil von 24,9% werden ländliche Räume zur Bewerbung von Süßwaren im Fernsehen eingesetzt. Insgesamt wurden 86 von 346 Werbespots (10 von 66 unterschiedlichen) aus diesem Bereich mit ländlichen Räumen beworben. Damit werden Süßwaren zu +44,4% überdurchschnittlich oft mittels ländlicher Räume beworben beziehungsweise zu +1,3% bei Berücksichtigung lediglich der unterschiedlichen Werbespots.

Pralinen

Mit einem Anteil von 100% werden ländliche Räume zur Bewerbung von Pralinen im Fernsehen eingesetzt. Insgesamt wurde allerdings nur 1 von 1 Werbespot (1 von 1 unterschiedlichen) aus diesem Bereich mit ländlichen Räumen beworben. Damit werden Pralinen zu +480,9% überdurchschnittlich oft mittels ländlicher Räume im Vergleich zu allen anderen beworbenen Produktgruppen (Unterkategorien) aller Branchen beworben; bzw. zu +302,3%% im Vergleich zu allen Werbespots der Branche Lebensmittel & nicht-alkoholische Getränke. Bei Berücksichtigung lediglich der unterschiedlichen Werbespots ist ein Wert von +568,5% (Gesamt) beziehungsweise von +560% (Branche) zu verzeichnen.

Schokoladenriegel

Mit einem Anteil von 86,9% werden ländliche Räume zur Bewerbung von Schokoladenriegeln im Fernsehen eingesetzt. Insgesamt wurden 53 von 61 Werbespots (5 von 8 unterschiedlichen) aus diesem Bereich mit ländlichen Räumen beworben. Damit werden Schokoladenriegel zu +404,7% überdurchschnittlich oft mittels ländlicher Räume im Vergleich zu allen anderen beworbenen Produktgruppen (Unterkategorien) aller Branchen beworben; bzw. zu +249,6% im Vergleich zu allen Werbespots der Branche Lebensmittel & nicht-alkoholische Getränke. Bei Berücksichtigung lediglich der unterschiedlichen Werbespots ist ein Wert von +317,8% (Gesamt) beziehungsweise von +312,5% (Branche) zu verzeichnen.

Bonbons

Mit einem Anteil von 52,4% werden ländliche Räume zur Bewerbung von Bonbons im Fernsehen eingesetzt. Insgesamt wurden 22 von 42 Werbespots (2 von 7 unterschiedlichen) aus diesem Bereich mit ländlichen Räumen beworben. Damit werden Bonbons zu +204,3% überdurchschnittlich oft mittels ländlicher Räume im Vergleich zu allen anderen beworbenen Produktgruppen (Unterkategorien) aller Branchen beworben; bzw. zu +110,7% im Vergleich zu allen Werbespots der Branche Lebensmittel & nicht-alkoholische Getränke. Bei Berücksichtigung lediglich der unterschiedlichen Werbespots ist ein Wert von +91% (Gesamt) beziehungsweise von +88,6% (Branche) zu verzeichnen.

Eis

Mit einem Anteil von 17,9% werden ländliche Räume zur Bewerbung von Eis im Fernsehen eingesetzt. Insgesamt wurden 7 von 39 Werbespots (1 von 7 unterschiedlichen) aus diesem Bereich mit ländlichen Räumen beworben. Damit wird Eis zu +4,3% überdurchschnittlich oft mittels ländlicher Räume im Vergleich zu allen anderen beworbenen Produktgruppen (Unterkategorien) aller Branchen beworben; bzw. zu -27,8% im Vergleich zu allen Werbespots der Branche Lebensmittel & nicht-alkoholische Getränke. Bei Berücksichtigung lediglich der unterschiedlichen Werbespots ist ein Wert von -4,5% (Gesamt) beziehungsweise von -5,7% (Branche) zu verzeichnen.

Kaugummis/Gums/Kaustreifen

Mit einem Anteil von 3,7% werden ländliche Räume zur Bewerbung von Kaugummis/Gums/ Kaustreifen im Fernsehen eingesetzt. Insgesamt wurden 3 von 82 Werbespots (1 von 13 unterschiedlichen) aus diesem Bereich mit ländlichen Räumen beworben. Damit werden Kaugummis/Gums/Kaustreifen zu -78,7% unterdurchschnittlich selten mittels ländlicher Räume im Vergleich zu allen anderen beworbenen Produktgruppen (Unterkategorien) aller Branchen beworben; bzw. zu -85,3% im Vergleich zu allen Werbespots der Branche Lebensmittel/ nicht-alkoholische Getränke. Bei Berücksichtigung lediglich der unterschiedlichen Werbespots ist ein Wert von -48,6% (Gesamt) bzw. von -49,2% (Branche) zu verzeichnen.

9.2.7 *Lebensmittel & nicht-alkoholische Getränke*

Ländliche Räume in der TV-Werbung
(Branche: Lebensmittel & nicht-alkoholische Getränke)

Produktgruppe	Spots gesamt	Verschiedene Spots	**%-Anteil Räumlichkeit in Spots gesamt**	%-Abweichung Räumlichkeit in Spots gesamt vom Branchenschnitt	**%-Anteil Räumlichkeit in verschiedenen Spots**	%-Abweichung Räumlichkeit in verschiedenen Spots vom Branchenschnitt
Gewinnspiel	1	1	**100%**	327%	**100%**	266%
Babynahrung	1	1	**100%**	327%	**100%**	266%
Fleisch/Wurstwaren	32	9	**69%**	194%	**78%**	184%
Soßen/Dressings	29	8	**62%**	165%	**38%**	37%
Mineralwasser Schorle	18	5	**61%**	161%	**20%**	-27%
Energy Drinks	18	2	**56%**	137%	**50%**	83%
Limonaden	31	8	**48%**	107%	**38%**	37%
Mineralwasser	9	2	**44%**	90%	**50%**	83%
Käse	9	3	**44%**	90%	**67%**	144%
Cornflakes/Ceralien	19	5	**37%**	57%	**40%**	46%
Milchgetränke	70	10	**27%**	16%	**20%**	-27%
Säfte	16	6	**25%**	7%	**33%**	22%
Brotaufstrich	12	2	**25%**	7%	**50%**	83%
Kaffee	36	9	**14%**	-41%	**11%**	-59%
Fast Food	76	10	**12%**	-49%	**20%**	-27%
Joghurt	107	10	**8%**	-68%	**20%**	-27%

Mit einem Anteil von 23,4% werden ländliche Räume zur Bewerbung von Lebensmitteln/nicht-alkoholischen Getränken im Fernsehen eingesetzt. Insgesamt wurden 141 von 602 Werbespots (32 von 117 unterschiedlichen) aus diesem Bereich mit ländlichen Räumen beworben. Damit werden Lebensmittel & nicht-alkoholische Getränke zu +36,1% überdurchschnittlich oft mittels ländlicher Räume beworben beziehungsweise zu +82,8% bei Berücksichtigung lediglich der unterschiedlichen Werbespots.

Babynahrung

Mit einem Anteil von 100% werden ländliche Räume zur Bewerbung von Babynahrung im Fernsehen eingesetzt. Insgesamt wurde allerdings nur 1 von 1 Werbespot (1 von 1 unterschiedlichen) aus diesem Bereich mit ländlichen Räumen beworben.

Damit wird Babynahrung zu +480,9% überdurchschnittlich oft mittels ländlicher Räume im Vergleich zu allen anderen beworbenen Produktgruppen (Unterkategorien) aller Branchen beworben; bzw. zu +327%% im Vergleich zu allen Werbespots der Branche Lebensmittel & nicht-alkoholische Getränke. Bei Berücksichtigung lediglich der unterschiedlichen Werbespots ist ein Wert von +568,5% (Gesamt) beziehungsweise von +265,6% (Branche) zu verzeichnen.

Fleisch/Wurstwaren

Mit einem Anteil von 68,8% werden ländliche Räume zur Bewerbung von Fleisch/Wurstwaren im Fernsehen eingesetzt. Insgesamt wurden 22 von 32 Werbespots (7 von 9 unterschiedlichen) aus diesem Bereich mit ländlichen Räumen beworben. Damit werden Fleisch/Wurstwaren zu +299,4% überdurchschnittlich oft mittels ländlicher Räume im Vergleich zu allen anderen beworbenen Produktgruppen (Unterkategorien) aller Branchen beworben; bzw. zu +193,5%% im Vergleich zu allen Werbespots der Branche Lebensmittel & nicht-alkoholische Getränke. Bei Berücksichtigung lediglich der unterschiedlichen Werbespots ist ein Wert von +568,5% (Gesamt) beziehungsweise von +184,4% (Branche) zu verzeichnen.

Soßen/Dressings

Mit einem Anteil von 62,1% werden ländliche Räume zur Bewerbung von Soßen/Dressings im Fernsehen eingesetzt. Insgesamt wurden 18 von 29 Werbespots (3 von 8 unterschiedlichen) aus diesem Bereich mit loändlichen Räumen beworben. Damit werden Soßen/Dressings zu +260,5% überdurchschnittlich oft mittels ländlicher Räume im Vergleich zu allen anderen beworbenen Produktgruppen (Unterkategorien) aller Branchen beworben; bzw. zu +165% im Vergleich zu allen Werbespots der Branche Lebensmittel & nicht-alkoholische Getränke. Bei Berücksichtigung lediglich der unterschiedlichen Werbespots ist ein Wert von +150,7% (Gesamt) beziehungsweise von +37,1% (Branche) zu verzeichnen.

Mineralwasse/Schorle

Mit einem Anteil von 61,1% werden ländliche Räume zur Bewerbung von Mineralwasser/Schorle im Fernsehen eingesetzt. Insgesamt wurden 11 von 18 Werbespots (1 von 5 unterschiedlichen) aus diesem Bereich mit ländlichen Räumen beworben. Damit werden Mineralwasser/Schorle zu +250% überdurchschnittlich oft mittels ländlicher Räume im Vergleich zu allen anderen beworbenen Produktgruppen (Unterkategorien) aller Branchen beworben; bzw. zu +160,9% im Vergleich zu allen Werbespots der Branche Lebensmittel & nicht-alkoholische Getränke. Bei Berücksichtigung lediglich der unterschiedlichen Werbespots ist ein Wert von +33,7% (Gesamt) beziehungsweise von -26,9% (Branche) zu verzeichnen.

Energy-Drinks

Mit einem Anteil von 55,6% werden ländliche Räume zur Bewerbung von Energy-Drinks im Fernsehen eingesetzt. Insgesamt wurden 10 von 18 Werbespots (1 von 2 unterschiedlichen) aus diesem Bereich mit ländlichen Räumen beworben. Damit werden Energy-Drinks zu +222,7% überdurchschnittlich oft mittels ländlicher Räume im Vergleich zu allen anderen beworbenen Produktgruppen (Unterkategorien) aller Branchen beworben; bzw. zu +137,2% im Vergleich zu allen Werbespots der Branche Lebensmittel & nicht-alkoholische Getränke. Bei Berücksichtigung lediglich der unterschiedlichen Werbespots ist ein Wert von +234,2% (Gesamt) beziehungsweise von +82,2% (Branche) zu verzeichnen.

Limonaden

Mit einem Anteil von 48,4% werden ländliche Räume zur Bewerbung von Limonaden im Fernsehen eingesetzt. Insgesamt wurden 15 von 31 Werbespots (3 von 8 unterschiedlichen) aus diesem Bereich mit ländlichen Räumen beworben. Damit werden Limonaden zu +181,1% überdurchschnittlich oft mittels ländlicher Räume im Vergleich zu allen anderen beworbenen Produktgruppen (Unterkategorien) aller Branchen beworben; bzw. zu +106,6% im Vergleich zu allen Werbespots der Branche Lebensmittel & nicht-alkoholische Getränke. Bei Berücksichtigung lediglich der unterschiedlichen Werbespots ist ein Wert von +150,7% (Gesamt) beziehungsweise von +37,1% (Branche) zu verzeichnen.

Käse

Mit einem Anteil von 44,4% werden ländliche Räume zur Bewerbung von Käse im Fernsehen eingesetzt. Insgesamt wurden 4 von 9 Werbespots (2 von 3 unterschiedlichen) aus diesem Bereich mit ländlichen Räumen beworben. Damit wird Käse zu +158,2,% überdurchschnittlich oft mittels ländlicher Räume im Vergleich zu allen anderen beworbenen Produktgruppen (Unterkategorien) aller Branchen beworben; bzw. zu +89,8% im Vergleich zu allen Werbespots der Branche Lebensmittel & nicht-alkoholische Getränke. Bei Berücksichtigung lediglich der unterschiedlichen Werbespots ist ein Wert von +345,6% (Gesamt) beziehungsweise von +143,8% (Branche) zu verzeichnen.

Mineralwasser

Mit einem Anteil von 44,4% werden ländliche Räume zur Bewerbung von Mineralwasser im Fernsehen eingesetzt. Insgesamt wurden 4 von 9 Werbespots (2 von 3 unterschiedlichen) aus diesem Bereich mit ländlichen Räumen beworben. Damit wird Mineralwasser zu +158,2% überdurchschnittlich oft mittels ländlicher Räume im Vergleich zu allen anderen beworbenen Produktgruppen (Unterkategorien) aller Branchen beworben; bzw. zu +89,8% im Vergleich zu allen Werbespots der Branche Lebensmittel & nicht-alkoholische Getränke. Bei Berücksichtigung lediglich der unterschiedlichen Werbespots ist ein Wert von +234,2% (Gesamt) beziehungsweise von +82,2% (Branche) zu verzeichnen.

Cornflakes/Cerealien

Mit einem Anteil von 36,8% werden ländliche Räume zur Bewerbung von Cornflakes/Cerealien im Fernsehen eingesetzt. Insgesamt wurden 7 von 19 Werbespots (2 von 5 unterschiedlichen) aus diesem Bereich mit ländlichen Räumen beworben. Damit werden Cornflakes/Cerealien zu +114% überdurchschnittlich oft mittels länd licher Räume im Vergleich zu allen anderen beworbenen Produktgruppen (Unterkategorien) aller Branchen beworben; bzw. zu +57,3% im Vergleich zu allen Werbespots der Branche Lebensmittel & nicht-alkoholische Getränke. Bei Berücksichtigung lediglich der unterschiedlichen Werbespots ist ein Wert von +167,4% (Gesamt) beziehungsweise von +46,3% (Branche) zu verzeichnen.

Milchgetränke

Mit einem Anteil von 27,1% werden ländliche Räume zur Bewerbung von Milchgetränken im Fernsehen eingesetzt. Insgesamt wurden 19 von 70 Werbespots (2 von 10 unterschiedlichen) aus diesem Bereich mit ländlichen Räumen beworben. Damit werden Milchgetränke zu +57,7% überdurchschnittlich oft mittels ländlicher Räume im Vergleich zu allen anderen beworbenen Produktgruppen (Unterkategorien) aller Branchen beworben; bzw. zu +15,9% im Vergleich zu allen Werbespots der Branche Lebensmittel & nicht-alkoholische Getränke. Bei Berücksichtigung lediglich der unterschiedlichen Werbespots ist ein Wert von +33,7% (Gesamt) beziehungsweise von -26,9% (Branche) zu verzeichnen.

Brotaufstrich

Mit einem Anteil von 25% werden ländliche Räume zur Bewerbung von Brotaufstrich im Fernsehen eingesetzt. Insgesamt wurden 3 von 12 Werbespots (1 von 2 unterschiedlichen) aus diesem Bereich mit ländlichen Räumen beworben. Damit wird Brotaufstrich zu +45,2% überdurchschnittlich oft mittels ländlicher Räume im Vergleich zu allen anderen beworbenen Produktgruppen (Unterkategorien) aller Branchen beworben; bzw. zu +6,7% im Vergleich zu allen Werbespots der Branche Lebensmittel & nicht-alkoholische Getränke. Bei Berücksichtigung lediglich der unterschiedlichen Werbespots ist ein Wert von +234,2% (Gesamt) beziehungsweise von +82,8% (Branche) zu verzeichnen.

Säfte

Mit einem Anteil von 25% werden ländliche Räume zur Bewerbung von Säften (Fruchtsäften) im Fernsehen eingesetzt. Insgesamt wurden 4 von 16 Werbespots (2 von 6 unterschiedlichen) aus diesem Bereich mit ländlichen Räumen beworben. Damit werden Säfte zu +45,2% überdurchschnittlich oft mittels ländlicher Räume im Vergleich zu allen anderen beworbenen Produktgruppen (Unterkategorien) aller Branchen beworben; bzw. zu +6,7% im Vergleich zu allen Werbespots der Branche Lebensmittel & nicht-alkoholische Getränke. Bei Berücksichtigung lediglich der unterschiedlichen Werbespots ist ein Wert von +122,8% (Gesamt) beziehungsweise von +21,9% (Branche) zu verzeichnen.

Kaffee

Mit einem Anteil von 13,9% werden ländliche Räume zur Bewerbung von Kaffee im Fernsehen eingesetzt. Insgesamt wurden 5 von 36 Werbespots (1 von 9 unterschiedlichen) aus diesem Bereich mit ländlichen Räumen beworben. Damit wird Kaffee zu -19,3% unterdurchschnittlich selten mittels ländlicher Räume im Vergleich zu allen anderen beworbenen Produktgruppen (Unterkategorien) aller Branchen beworben; bzw. zu -40,7% im Vergleich zu allen Werbespots der Branche Lebensmittel & nicht-alkoholische Getränke. Bei Berücksichtigung lediglich der unterschiedlichen Werbespots ist ein Wert von -25,7% (Gesamt) beziehungsweise von -59,4% (Branche) zu verzeichnen.

Fast Food

Mit einem Anteil von 11,8% werden ländliche Räume zur Bewerbung von Fast Food im Fernsehen eingesetzt. Insgesamt wurden 9 von 76 Werbespots (2 von 10 unterschiedlichen) aus diesem Bereich mit ländlichen Räumen beworben. Damit wird Fast Food zu -31,2% unterdurchschnittlich selten mittels ländlicher Räume im Vergleich zu allen anderen beworbenen Produktgruppen (Unterkategorien) aller Branchen beworben; bzw. zu -49,4% im Vergleich zu allen Werbespots der Branche Lebensmittel & nicht-alkoholische Getränke. Bei Berücksichtigung lediglich der unterschiedlichen Werbespots ist ein Wert von +33,7% (Gesamt) beziehungsweise von -26,9% (Branche) zu verzeichnen.

Joghurt

Mit einem Anteil von 7,5% werden ländliche Räume zur Bewerbung von Joghurt im Fernsehen eingesetzt. Insgesamt wurden 8 von 107 Werbespots (2 von 10 unterschiedlichen) aus diesem Bereich mit ländlichen Räumen beworben. Damit wird Joghurt zu -56,6% unterdurchschnittlich selten mittels ländlicher Räume im Vergleich zu allen anderen beworbenen Produktgruppen (Unterkategorien) aller Branchen beworben; bzw. zu -68,1% im Vergleich zu allen Werbespots der Branche Lebensmittel & nicht-alkoholische Getränke. Bei Berücksichtigung lediglich der unterschiedlichen Werbespots ist ein Wert von +33,7% (Gesamt) beziehungsweise von -26,9% (Branche) zu verzeichnen.

9.2.8 Pharmazeutika

Mit einem Anteil von 21,8% werden ländliche Räume zur Bewerbung von Pharmazeutika im Fernsehen eingesetzt. Insgesamt wurden 19 von 87 Werbespots (7 von 27 unterschiedlichen) aus diesem Bereich mit ländlichen Räumen beworben. Damit werden Pharmazeutika zu +26,9% überdurchschnittlich oft mittels ländlicher Räume beworben beziehungsweise zu +73,3% bei Berücksichtigung lediglich der unterschiedlichen Werbespots.

9.2.9 Haushaltsprodukte

Mit einem Anteil von 20,1% werden ländliche Räume zur Bewerbung von Haushaltsprodukten (Reinigungsmittel, Waschmittel etc.) im Fernsehen eingesetzt. Insgesamt wurden 34 von 169 Werbespots (7 von 38 unterschiedlichen) aus diesem Bereich mit ländlichen Räumen beworben. Damit werden Haushaltsprodukte zu +16,9% überdurchschnittlich oft mittels ländlicher Räume beworben beziehungsweise zu +23,1% bei Berücksichtigung lediglich der unterschiedlichen Werbespots.

9.2.10 Kosmetik & Pflege

Mit einem Anteil von 20,1% werden ländliche Räume zur Bewerbung von Kosmetik & Pflege im Fernsehen eingesetzt. Insgesamt wurden 91 von 453 Werbespots (15 von 124 unterschiedlichen) aus diesem Bereich mit ländlichen Räumen beworben. Damit werden Kosmetik- & Pflegeprodukte zu +16,7% überdurchschnittlich oft mittels ländlicher Räume beworben beziehungsweise zu -19,1% bei Berücksichtigung lediglich der unterschiedlichen Werbespots.

9.2.11 Banken/Versicherungen

Mit einem Anteil von 17,7% werden ländliche Räume zur Bewerbung von Banken/Versicherungen im Fernsehen eingesetzt. Insgesamt wurden 14 von 79 Werbespots (4 von 26 unterschiedlichen) aus diesem Bereich mit ländlichen Räumen beworben. Damit werden Banken/Versicherungen zu lediglich +2,9% überdurchschnittlich oft mittels ländlicher Räume beworben beziehungsweise zu -2,8% bei Berücksichtigung lediglich der unterschiedlichen Werbespots.

9.2.12 Automobile

Mit einem Anteil von 15,1% werden ländliche Räume zur Bewerbung von Produkten rund um Automobile im Fernsehen eingesetzt. Insgesamt wurden 13 von 86 Werbespots (5 von 32 unterschiedlichen) aus diesem Bereich mit ländlichen Räumen beworben. Damit werden Automobile zu -12,2% unterdurchschnittlich selten mittels ländlicher Räume beworben beziehungsweise zu +4,4% bei Berücksichtigung lediglich der unterschiedlichen Werbespots.

9.2.13 Spielwaren/Unterhaltung/Freizeit/Kino

Mit einem Anteil von 12,6% werden ländliche Räume zur Bewerbung von Spielwaren/Unterhaltung/Freizeit/Kino im Fernsehen eingesetzt. Insgesamt wurden 23 von 183 Werbespots (3 von 39 unterschiedlichen) aus diesem Bereich mit ländlichen Räumen beworben. Damit werden Spielwaren/Unterhaltung/Freizeit/Kino zu -27% unterdurchschnittlich selten mit ländlichen Räumen beworben beziehungsweise zu -48,6% bei Berücksichtigung lediglich der unterschiedlichen Werbespots.

9.2.14 Einzelhandel/Handel

Mit einem Anteil von 8,7% werden ländliche Räume zur Bewerbung von Einzelhandel/Handel im Fernsehen eingesetzt. Insgesamt wurden 8 von 92 Werbespots (3 von 26 unterschiedlichen) aus diesem Bereich mit ländlichen Räumen beworben. Damit wird der Handel/Einzelhandel zu -49,5% unterdurchschnittlich selten mit ländlichen Räumen beworben beziehungsweise zu -22,9% bei Berücksichtigung lediglich der unterschiedlichen Werbespots.

9.2.15 *Humanitäres/Kirche/Initiativen/Selbsthilfe*

Mit einem Anteil von 6,3% werden ländliche Räume zur Bewerbung von Humanitärem/Kirchen/Initiativen/Selbsthilfegruppen im Fernsehen eingesetzt. Insgesamt wurde 1 von 16 Werbespots (1 von 5 unterschiedlichen) aus diesem Bereich mit ländlichen Räumen beworben. Damit wird Humanitäres/Kirche/Initiativen/Selbsthilfegruppen zu -63,7% unterdurchschnittlich selten mit ländlichen Räumen beworben beziehungsweise zu +33,7% bei Berücksichtigung lediglich der unterschiedlichen Werbespots.

9.2.16 *Elektronik/Unterhaltungselektronik*

Mit einem Anteil von 3,2% werden ländliche Räume zur Bewerbung von Elektronik/Unterhaltungselektronik im Fernsehen eingesetzt. Insgesamt wurden 5 von 156 Werbespots (2 von 68 unterschiedlichen) aus diesem Bereich mit ländlichen Räumen beworben. Damit wird Elektronik/Unterhaltungselektronik zu -81,4% unterdurchschnittlich selten mit ländlichen Räumen beworben beziehungsweise zu -80,3% bei Berücksichtigung lediglich der unterschiedlichen Werbespots.

9.2.17 *Printmedien*

Mit einem Anteil von 1,5% werden ländliche Räume zur Bewerbung von Printmedien im Fernsehen eingesetzt. Insgesamt wurde 1 von 69 Werbespots (1 von 30 unterschiedlichen) aus diesem Bereich mit ländlichen Räumen beworben. Damit werden Printmedien zu -91,5% unterdurchschnittlich selten mit ländlichen Räumen beworben beziehungsweise zu -77,7% bei Berücksichtigung lediglich der unterschiedlichen Werbespots.

9.3 Gegenständliche Darstellungen in der TV-Werbung

Gegenständliche Darstellungen in der TV-Werbung (alle Branchen)						
Branche	Spots gesamt in Branche unabhängig von Räumlichkeit	Verschiedene Spots in Branche unabhängig von Räumlichkeit	**%-Anteil Räumlichkeit an Spots gesamt in Branche**	%-Abweichung Räumlichkeit in Spots gesamt vom Schnitt aller Branchen	**%-Anteil Räumlichkeit an verschiedenen Spots in Branche**	%-Abweichung Räumlichkeit in verschiedenen Spots vom Schnitt aller Branchen
Politik/Verbände	2	1	**100,0%**	561,2%	**100,0%**	433,8%
Printmedien	68	30	**69,1%**	357,0%	**70,0%**	273,7%
Haustiere	8	3	**50,0%**	230,6%	**66,7%**	255,9%
Elektronik U-Ektronik	156	68	**38,5%**	154,3%	**36,8%**	96,3%
Spielwaren Unterhaltung Freizeit/Kino	183	39	**33,9%**	124,0%	**25,6%**	36,9%
Telekommunik.	157	44	**27,4%**	81,1%	**34,1%**	82,0%
Pharmazeutika	87	27	**24,1%**	59,6%	**18,5%**	-1,1%
Kosmetik/Pflege	453	124	**16,3%**	8,0%	**21,0%**	11,9%
Gewinnspiele	19	10	**15,8%**	4,4%	**20,0%**	6,8%
Computer/Internet	62	12	**14,5%**	-4,0%	**25,0%**	33,5%
Banken Versicherungen	79	26	**12,7%**	-16,3%	**7,7%**	-58,9%
Haushaltsprodukte	169	38	**11,2%**	-25,7%	**13,2%**	-29,8%
Automobile	86	32	**10,5%**	-30,8%	**6,3%**	-66,6%
Süßwaren	346	66	**10,4%**	-31,2%	**9,1%**	-51,5%
Lebensmittel & nicht-alkohol. Getränke	602	117	**5,6%**	-62,7%	**10,3%**	-45,2%
Digital-TV & Kabelnetze	54	4	**5,6%**	-63,3%	**25,0%**	33,5%
Alkohol	116	30	**4,3%**	-71,5%	**3,3%**	-82,2%

Unter gegenständlicher Darstellung wird in dieser Arbeit verstanden, dass die zu bewerbenden Gegenstände ohne Einsatz spezieller Räumlichkeiten oder irgendwelcher Darsteller beworben werden. Beispiel: Die zu bewerbenden Fruchtgummis werden einfach nur auf dem Tisch liegend in einer Plastikpackung gezeigt. Der Umfang solcher Darstellungsformen liegt bei 15,1%. Da die gegenständliche Darstellung nicht von erheblicher Aussagekraft für diese Arbeit ist - bis auf die Tatsache, dass Werbung immerhin am drittstärksten auf schlichte, sachliche, gegenständliche Darstellungen im Fernsehen zurückgreift -, unterbleibt an dieser Stelle eine nähere Detailanalyse beziehungsweise wird auf die Tabelle verwiesen.

9.4 Städtische Räume/Straßenräume in der TV-Werbung

Städtische Räume / Straßenräume der TV-Werbung (alle Branchen)						
Branche	Spots gesamt in Branche unabhängig von Räumlichkeit	Verschiedene Spots in Branche unabhängig von Räumlichkeit	**%-Anteil Räumlichkeit an Spots gesamt in Branche**	%-Abweichung Räumlichkeit in Spots gesamt vom Schnitt aller Branchen	**%-Anteil Räumlichkeit an verschiedenen Spots in Branche**	%-Abweichung Räumlichkeit in verschiedenen Spots vom Schnitt aller Branchen
Zustelldienste & Logistik	8	1	**100,0%**	613,0%	**100,0%**	642,0%
Automobile	86	32	**59,3%**	322,8%	**56,2%**	317,4%
Bauen und Wohnen	25	9	**40,0%**	185,2%	**11,1%**	-17,6%
Kleidung	40	7	**37,5%**	167,4%	**14,3%**	6,0%
Computer/Internet	62	12	**33,9%**	141,5%	**33,3%**	147,3%
Einzelhandel/Handel	92	26	**29,3%**	109,2%	**23,1%**	71,2%
Telekommunikation	157	44	**24,8%**	77,1%	**11,4%**	-15,7%
Banken Versicherungen	79	26	**24,1%**	71,5%	**26,9%**	99,8%
Süßwaren	346	66	**17,6%**	25,7%	**24,2%**	79,9%
Pharmazeutika	87	27	**17,2%**	22,9%	**14,8%**	9,9%
Haushaltsprodukte	169	38	**17,2%**	22,3%	**10,5%**	-21,9%
Salzgebäck/Chips	17	5	**11,8%**	-16,1%	**40,0%**	196,8%
Alkohol	116	30	**10,3%**	-26,2%	**16,7%**	23,7%
Elektronik/Unterhaltungselektronik	156	68	**9,0%**	-36,0%	**11,8%**	-12,7%
Kosmetik/Pflege	453	124	**8,6%**	-38,6%	**7,3%**	-46,1%
Lebensmittel & nicht-alkohol. Getränke	602	117	**7,1%**	-49,1%	**6,0%**	-55,6%
Humanitäres/Kirche/ Initiativen/Selbsthilfe	16	5	**6,3%**	-55,4%	**20,0%**	48,4%
Printmedien	68	30	**4,4%**	-68,5%	**3,3%**	-75,3%

Jeder 8. Werbespot greift zur Produktinszenierung auf städtische Räume zurück - also beispielsweise Straßenszenen. Von den insgesamt 2.916 ausgewerteten Werbespots spielen 409 in städtischen Räumen (100 unterschiedliche Werbespots). Dies entspricht einem Anteil von 14% beziehungsweise von 13,5% bei Berücksichtigung lediglich der unterschiedlichen Werbespots. Damit stellen städtische Räume die viertwichtigste Kategorie dar (nach Privaträumen, sonstigen Räumen, ländlichen Räumen).

9.4.1 Zustelldienste & Logistik

Mit einem Anteil von 100% werden städtische Räume/Straßenräume zur Bewerbung von Zustelldiensten & Logistik im Fernsehen eingesetzt. Insgesamt wurden 8 von 8

Werbespots (1 von 1 unterschiedlichen) aus diesem Bereich mit städtischen Räumen/Straßenräumen beworben. Damit werden Zustelldienste & Logistik zu +613% überdurchschnittlich oft mit städtischen Räumen/Straßenräumen beworben beziehungsweise zu +642% bei Berücksichtigung lediglich der unterschiedlichen Werbespots.

9.4.2 Automobile

Mit einem Anteil von 59,3% werden städtische Räume/Straßenräume zur Bewerbung von Automobilen im Fernsehen eingesetzt. Insgesamt wurden 51 von 86 Werbespots (18 von 32 unterschiedlichen) aus diesem Bereich mit städtischen Räumen/Straßenräumen beworben. Damit werden Automobile zu +322,8% überdurchschnittlich oft mit städtischen Räumen/Straßenräumen beworben beziehungsweise zu +317,4% bei Berücksichtigung lediglich der unterschiedlichen Werbespots.

9.4.3 Bauen & Wohnen

Mit einem Anteil von 40% werden städtische Räume/Straßenräume zur Bewerbung von Automobilen im Fernsehen eingesetzt. Insgesamt wurden 10 von 25 Werbespots (1 von 9 unterschiedlichen) aus diesem Bereich mit städtischen Räumen/Straßenräumen beworben. Damit werden Produkte rund um Bauen & Wohnen zu +185,2% überdurchschnittlich oft mit städtischen Räumen/Straßenräumen beworben beziehungsweise zu -17,6% bei Berücksichtigung lediglich der unterschiedlichen Werbespots.

9.4.4 Kleidung

Mit einem Anteil von 37,5% werden städtische Räume/Straßenräume zur Bewerbung von Kleidung im Fernsehen eingesetzt. Insgesamt wurden 15 von 40 Werbespots (1 von 7 unterschiedlichen) aus diesem Bereich mit städtischen Räumen/Strassenräumen beworben. Damit wird Kleidung zu +167,4% überdurchschnittlich oft mit städtischen Räumen/Straßenräumen beworben beziehungsweise zu +6% bei Berücksichtigung lediglich der unterschiedlichen Werbespots.

9.4.5 Computer & Internet

Mit einem Anteil von 33,9% werden städtische Räume/Straßenräume zur Bewerbung von Computer & Internet im Fernsehen eingesetzt. Insgesamt wurden 21 von 61 Werbespots (4 von 12 unterschiedlichen) aus diesem Bereich mit städtischen Räumen/Straßenräumen beworben. Damit werden Computer & Internet zu +141,5% überdurchschnittlich oft mit städtischen Räumen/Straßenräumen beworben beziehungsweise zu +147,3% bei Berücksichtigung lediglich der unterschiedlichen Werbespots.

9.4.6 Einzelhandel/Handel

Mit einem Anteil von 29,3% werden städtische Räume/Straßenräume zur Bewerbung von Einzelhandel/Handel im Fernsehen eingesetzt. Insgesamt wurden 27 von

92 Werbespots (6 von 26 unterschiedlichen) aus diesem Bereich mit städtischen Räumen/Straßenräumen beworben. Damit wird der Einzelhandel/Handel zu +109,2% überdurchschnittlich oft mit städtischen Räumen/Straßenräumen beworben beziehungsweise zu +71,2% bei Berücksichtigung lediglich der unterschiedlichen Werbespots.

9.4.7 Telekommunikation

Mit einem Anteil von 24,8% werden städtische Räume/Straßenräume zur Bewerbung von Telekommunikationsprodukten im Fernsehen eingesetzt. Insgesamt wurden 39 von 157 Werbespots (5 von 44 unterschiedlichen) aus diesem Bereich mit städtischen Räumen/Straßenräumen beworben. Damit wird Telekommunikation zu +77,1% überdurchschnittlich oft mit städtischen Räumen/Straßenräumen beworben beziehungsweise zu -5,7% bei Berücksichtigung lediglich der unterschiedlichen Werbespots.

9.4.8 Banken/Versicherungen

Mit einem Anteil von 24,1% werden städtische Räume/Straßenräume zur Bewerbung von Banken/Versicherungen im Fernsehen eingesetzt. Insgesamt wurden 19 von 79 Werbespots (7 von 26 unterschiedlichen) aus diesem Bereich mit städtischen Räumen/Straßenräumen beworben. Damit werden Banken/Versicherungen zu +71,5% überdurchschnittlich oft mit städtischen Räumen/Straßenräumen beworben beziehungsweise zu +99,8% bei Berücksichtigung lediglich der unterschiedlichen Werbespots.

9.4.9 Süßwaren

Mit einem Anteil von 17,6% werden städtische Räume/Straßenräume zur Bewerbung von Süßwaren im Fernsehen eingesetzt. Insgesamt wurden 61 von 346 Werbespots (16 von 66 unterschiedlichen) aus diesem Bereich mit städtischen Räumen/Straßenräumen beworben. Damit werden Süßwaren zu +25,7% überdurchschnittlich oft mit städtischen Räumen/Straßenräumen beworben beziehungsweise zu +79,9% bei Berücksichtigung lediglich der unterschiedlichen Werbespots.

Brausepulver

Mit einem Anteil von 100% werden städtische Räume/Straßenräume zur Bewerbung von Brausepulver im Fernsehen eingesetzt. Insgesamt wurden 10 von 10 Werbespots (1 von 1 unterschiedlichen) aus diesem Bereich mit städtischen Räumen/Straßenräumen beworben (im Beobachtungszeitraum). Damit wird Brausepulver zu +613% überdurchschnittlich oft mit städtischen Räumen/Straßenräumen im Vergleich zu allen anderen beworbenen Produktgruppen (Unterkategorien) aller Branchen beworben; bzw. zu +467,2% im Vergleich zu allen Werbespots der Branche Süßwaren. Bei Berücksichtigung lediglich der unterschiedlichen Werbespots ist ein Wert von +642% (Gesamt) beziehungsweise von +312,5% (Branche) zu verzeichnen.

Räumlichkeiten in der TV-Werbung (Branche: Süßwaren)

Produktgruppe	Räumlichkeit	Spots gesamt in Produktgruppe unabhängig von Räumlichkeit	Verschiedene Spots in Produktgruppe unabhängig von Räumlichkeit	**%-Anteil Räumlichkeit an Spots gesamt in Prdukt-gruppe**	%-Abweichung Räumlichkeit in Spots gesamt nach Produktgruppe vom Schnitt jeweiliger Branche	**%-Anteil Räumlichkeit an verschiedenen Spots in Produkt-gruppe**
Bonbons	Ländliche Räume	42	7	**52,4%**	110,7%	**28,6%**
Bonbons	Privaträume	42	7	**31,0%**	12,7%	**28,6%**
Bonbons	Städtische/Straßen	42	7	**16,7%**	-5,5%	**42,9%**
Brausepulver	Städtische/Straßen	10	1	**100,0%**	467,2%	**100,0%**
Desserts	Privaträume	30	7	**60,0%**	118,5%	**71,4%**
Desserts	Städtische/Straßen	30	7	**33,3%**	89,1%	**14,3%**
Desserts	Gegenst. Darst.	30	7	**6,7%**	-35,9%	**14,3%**
Eis	Gegenst. Darst.	39	7	**20,5%**	97,2%	**14,3%**
Eis	Reise-/Urlaubsr.	39	7	**20,5%**	317,5%	**14,3%**
Eis	Privaträume	39	7	**17,9%**	-34,6%	**14,3%**
Eis	Städtische/Straßen	39	7	**17,9%**	1,8%	**28,6%**
Eis	Ländliche Räume	39	7	**17,9%**	-27,8%	**14,3%**
Eis	Geschäfts-/Büror.	39	7	**5,1%**	10,9%	**14,3%**
Kaugummis/Gums	Sporträume	82	13	**24,4%**	172,2%	**23,1%**
Kaugummis/Gums	Gegenst. Darst.	82	13	**19,5%**	87,5%	**7,7%**
Kaugummis/Gums	Geschäfts-/Büror.	82	13	**15,9%**	242,8%	**7,7%**
Kaugummis/Gums	Städtische/Straßen	82	13	**15,9%**	-10,1%	**30,8%**
Kaugummis/Gums	Privaträume	82	13	**11,0%**	-60,0%	**15,4%**
Kaugummis/Gums	Reise-/Urlaubsr.	82	13	**9,8%**	98,6%	**7,7%**
Kaugummis/Gums	Ländliche Räume	82	13	**3,7%**	-85,3%	**7,7%**
Kuchen/Kekse	Privaträume	42	10	**73,8%**	168,8%	**50,0%**
Kuchen/Kekse	Gegenst. Darst.	42	10	**16,7%**	60,2%	**10,0%**
Kuchen/Kekse	Geschäfts/Büror.	42	10	**2,4%**	-48,5%	**10,0%**
Kuchen/Kekse	Reise-/Urlaubsr.	42	10	**2,4%**	-51,5%	**10,0%**
Kuchen/Kekse	Sporträume	42	10	**2,4%**	-73,4%	**10,0%**
Kuchen/Kekse	Städtische / Straßen	42	10	**2,4%**	-86,5%	**10,0%**
Lutscher	Privaträume	3	1	**100,0%**	264,2%	**100,0%**
Nuss-Nougat-Creme	Sporträume	10	3	**100,0%**	1016,1%	**100,0%**
Pralinen	Ländliche Räume	1	1	**100,0%**	302,3%	**100,0%**
Riegel	Privaträume	11	2	**54,5%**	98,7%	**50,0%**
Riegel	Städtische/Straßen	11	2	**45,5%**	157,8%	**50,0%**
Schokolade	Gegenst. Darst.	11	5	**27,3%**	162,1%	**40,0%**
Schokolade	Städtische/Straßen	11	5	**63,6%**	261,0%	**40,0%**
Schokolade	Privaträume	11	5	**9,1%**	-66,9%	**20,0%**
Schokoladenriegel	Ländliche Räume	61	8	**86,9%**	249,6%	**62,5%**
Schokoladenriegel	Privaträume	61	8	**11,5%**	-58,2%	**25,0%**
Schokoladenriegel	Städtische/Straßen	61	8	**1,6%**	-90,7%	**12,5%**
Traubenzucker	Bildungsinstitution	4	1	**100,0%**	8550,0%	**100,0%**

Schokolade

Mit einem Anteil von 63,6% werden städtische Räume/Straßenräume zur Bewerbung von Schokolade im Fernsehen eingesetzt. Insgesamt wurden 7 von 11 Werbespots (2 von 5 unterschiedlichen) aus diesem Bereich mit städtischen Räumen/Straßenräumen beworben (im Beobachtungszeitraum). Damit wird Schokolade zu +353,7% überdurchschnittlich oft mit städtischen Räumen/Straßenräumen im Vergleich zu allen anderen beworbenen Produktgruppen (Unterkategorien) aller Branchen beworben; bzw. zu +261% im Vergleich zu allen Werbespots der Branche Süßwaren. Bei Berücksichtigung lediglich der unterschiedlichen Werbespots ist ein Wert von +196,8% (Gesamt) beziehungsweise von +65% (Branche) zu verzeichnen.

Riegel

Mit einem Anteil von 45,5% werden städtische Räume/Straßenräume zur Bewerbung von Riegeln im Fernsehen eingesetzt. Insgesamt wurden 5 von 11 Werbespots (1 von 2 unterschiedlichen) aus diesem Bereich mit städtischen Räumen/Straßenräumen beworben (im Beobachtungszeitraum). Damit werden Riegel zu +224,1% überdurchschnittlich oft mit städtischen Räumen/Straßenräumen im Vergleich zu allen anderen beworbenen Produktgruppen (Unterkategorien) aller Branchen beworben; bzw. zu +157,8% im Vergleich zu allen Werbespots der Branche Süßwaren. Bei Berücksichtigung lediglich der unterschiedlichen Werbespots ist ein Wert von +271% (Gesamt) beziehungsweise von +106,3% (Branche) zu verzeichnen.

Desserts

Mit einem Anteil von 33,3% werden städtische Räume/Straßenräume zur Bewerbung von Desserts im Fernsehen eingesetzt. Insgesamt wurden 10 von 30 Werbespots (1 von 7 unterschiedlichen) aus diesem Bereich mit städtischen Räumen/Straßenräumen beworben (im Beobachtungszeitraum). Damit werden Desserts zu +137,7% überdurchschnittlich oft mit städtischen Räumen/Straßenräumen im Vergleich zu allen anderen beworbenen Produktgruppen (Unterkategorien) aller Branchen beworben; bzw. zu +89,1% im Vergleich zu allen Werbespots der Branche Süßwaren. Bei Berücksichtigung lediglich der unterschiedlichen Werbespots ist ein Wert von +6% (Gesamt) beziehungsweise von -41,1% (Branche) zu verzeichnen.

Eis

Mit einem Anteil von 17,9% werden städtische Räume/Straßenräume zur Bewerbung von Eis im Fernsehen eingesetzt. Insgesamt wurden 7 von 39 Werbespots (2 von 7 unterschiedlichen) aus diesem Bereich mit städtischen Räumen/Straßenräumen beworben (im Beobachtungszeitraum). Damit wird Eis zu +28% überdurchschnittlich oft mit städtischen Räumen/Straßenräumen im Vergleich zu allen anderen beworbenen Produktgruppen (Unterkategorien) aller Branchen beworben; bzw. zu +1,8% im Vergleich zu allen Werbespots der Branche Süßwaren. Bei Berücksichtigung lediglich der unterschiedlichen Werbespots ist ein Wert von +112% (Gesamt) beziehungsweise von +17,9% (Branche) zu verzeichnen.

Bonbons

Mit einem Anteil von 16,7% werden städtische Räume/Straßenräume zur Bewerbung von Bonbons im Fernsehen eingesetzt. Insgesamt wurden 7 von 42 Werbespots (3 von 7 unterschiedlichen) aus diesem Bereich mit städtischen Räumen/Straßenräumen beworben (im Beobachtungszeitraum). Damit werden Bonbons zu +18,8% überdurchschnittlich oft mit städtischen Räumen/Straßenräumen im Vergleich zu allen anderen beworbenen Produktgruppen (Unterkategorien) aller Branchen beworben; bzw. zu -5,5% im Vergleich zu allen Werbespots der Branche Süßwaren. Bei Berücksichtigung lediglich der unterschiedlichen Werbespots ist ein Wert von +218% (Gesamt) beziehungsweise von +76,8% (Branche) zu verzeichnen.

Kaugummis/Gums/Kaustreifen

Mit einem Anteil von 15,9% werden städtische Räume/Straßenräume zur Bewerbung von Kaugummis/Gums/Kaustreifen im Fernsehen eingesetzt. Insgesamt wurden 13 von 82 Werbespots (4 von 13 unterschiedlichen) aus diesem Bereich mit städtischen Räumen/Straßenräumen beworben (im Beobachtungszeitraum). Damit werden Kaugummis/Gums/Kaustreifen zu +13% überdurchschnittlich oft mit städtischen Räumen/Straßenräumen im Vergleich zu allen anderen beworbenen Produktgruppen (Unterkategorien) aller Branchen beworben; bzw. zu -10,1% im Vergleich zu allen Werbespots der Branche Süßwaren. Bei Berücksichtigung lediglich der unterschiedlichen Werbespots ist ein Wert von +128,3% (Gesamt) beziehungsweise von +26,9% (Branche) zu verzeichnen.

Kuchen/Kekse

Mit einem Anteil von 2,4% werden städtische Räume/Straßenräume zur Bewerbung von Kuchen/Keksen im Fernsehen eingesetzt. Insgesamt wurden 1 von 42 Werbespots (1 von 10 unterschiedlichen) aus diesem Bereich mit städtischen Räumen/Straßenräumen beworben (im Beobachtungszeitraum). Damit werden Kuchen/Kekse zu -83% unterdurchschnittlich selten mit städtischen Räumen/Straßenräumen im Vergleich zu allen anderen beworbenen Produktgruppen (Unterkategorien) aller Branchen beworben; bzw. zu -86,5% im Vergleich zu allen Werbespots der Branche Süßwaren. Bei Berücksichtigung lediglich der unterschiedlichen Werbespots ist ein Wert von -25,8% (Gesamt) beziehungsweise von -58,8% (Branche) zu verzeichnen.

Schokoladenriegel

Mit einem Anteil von 1,6% werden städtische Räume/Straßenräume zur Bewerbung von Schokoladenriegeln im Fernsehen eingesetzt. Insgesamt wurde 1 von 61 Werbespots (1 von 8 unterschiedlichen) aus diesem Bereich mit städtischen Räumen/Straßenräumen beworben (im Beobachtungszeitraum). Damit werden Schokoladenriegel zu -88,3% unterdurchschnittlich selten mit städtischen Räumen/Straßenräumen im Vergleich zu allen anderen beworbenen Produktgruppen (Unterkategorien) aller Branchen beworben; bzw. zu -90,7% im Vergleich zu allen

Werbespots der Branche Süßwaren. Bei Berücksichtigung lediglich der unterschiedlichen Werbespots ist ein Wert von -7,2% (Gesamt) beziehungsweise von -48,4% (Branche) zu verzeichnen.

9.4.10 Pharmazeutika

Mit einem Anteil von 17,2% werden städtische Räume/Straßenräume zur Bewerbung von Pharmazeutika im Fernsehen eingesetzt. Insgesamt wurden 15 von 87 Werbespots (4 von 27 unterschiedlichen) aus diesem Bereich mit städtischen Räumen/Straßenräumen beworben. Damit werden Süßwaren zu +22,9% überdurchschnittlich oft mit städtischen Räumen/Straßenräumen beworben beziehungsweise zu +9,9% bei Berücksichtigung lediglich der unterschiedlichen Werbespots.

9.4.11 Haushaltsprodukte

Mit einem Anteil von 17,2% werden städtische Räume/Straßenräume zur Bewerbung von Haushaltsprodukte (Reinigungsmittel, Waschmittel etc.) im Fernsehen eingesetzt. Insgesamt wurden 29 von 169 Werbespots (4 von 38 unterschiedlichen) aus diesem Bereich mit städtischen Räumen/Straßenräumen beworben. Damit werden Haushaltsprodukte zu +22,3% überdurchschnittlich oft mit städtischen Räumen/Straßenräumen beworben beziehungsweise zu -21,9% bei Berücksichtigung lediglich der unterschiedlichen Werbespots.

9.4.12 Salzgebäck/Chips

Mit einem Anteil von 11,8% werden städtische Räume/Straßenräume zur Bewerbung von Salzgebäck/Chips im Fernsehen eingesetzt. Insgesamt wurden 2 von 17 Werbespots (2 von 5 unterschiedlichen) aus diesem Bereich mit städtischen Räumen/Straßenräumen beworben. Damit werden Salzgebäck/Chips zu -16,3% überdurchschnittlich selten mit städtischen Räumen/Straßenräumen beworben beziehungsweise zu +195,8% bei Berücksichtigung lediglich der unterschiedlichen Werbespots.

Chips

Mit einem Anteil von 25% werden städtische Räume/Straßenräume zur Bewerbung von Chips im Fernsehen eingesetzt. Insgesamt wurden 2 von 8 Werbespots (2 von 4 unterschiedlichen) aus diesem Bereich mit städtischen Räumen/Straßenräumen beworben (im Beobachtungszeitraum). Damit werden Chips zu +78,2% überdurchschnittlich oft mit städtischen Räumen/Straßenräumen im Vergleich zu allen anderen beworbenen Produktgruppen (Unterkategorien) aller Branchen beworben; bzw. zu +112,5% im Vergleich zu allen Werbespots der Branche Salzgebäck/Chips. Bei Berücksichtigung lediglich der unterschiedlichen Werbespots ist ein Wert von +271% (Gesamt) beziehungsweise von +25% (Branche) zu verzeichnen.

9.4.13 Alkohol

Mit einem Anteil von 10,3% werden städtische Räume/Straßenräume zur Bewerbung von Alkohol im Fernsehen eingesetzt. Insgesamt wurden 12 von 116 Werbespots (5 von 30 unterschiedlichen) aus diesem Bereich mit städtischen Räumen/Straßenräumen beworben. Damit wird Alkohol zu -26,2% unterdurchschnittlich selten mit städtischen Räumen/Straßenräumen beworben beziehungsweise zu +23,7% bei Berücksichtigung lediglich der unterschiedlichen Werbespots.

Wein

Mit einem Anteil von 100% werden städtische Räume/Straßenräume zur Bewerbung von Wein im Fernsehen eingesetzt. Insgesamt wurden 4 von 4 Werbespots (2 von 2 unterschiedlichen) aus diesem Bereich mit städtischen Räumen/Straßenräumen beworben (im Beobachtungszeitraum). Damit wird Wein zu +613% überdurchschnittlich oft mit städtischen Räumen/Straßenräumen im Vergleich zu allen anderen beworbenen Produktgruppen (Unterkategorien) aller Branchen beworben; bzw. zu +866,7% im Vergleich zu allen Werbespots der Branche Alkohol. Bei Berücksichtigung lediglich der unterschiedlichen Werbespots ist ein Wert von +642% (Gesamt) beziehungsweise von +500% (Branche) zu verzeichnen.

Sekt

Mit einem Anteil von 58,3% werden städtische Räume/Straßenräume zur Bewerbung von Sekt im Fernsehen eingesetzt. Insgesamt wurden 7 von 12 Werbespots (2 von 4 unterschiedlichen) aus diesem Bereich mit städtischen Räumen/Straßenräumen beworben (im Beobachtungszeitraum). Damit wird Sekt zu +315,9% überdurchschnittlich oft mit städtischen Räumen/Straßenräumen im Vergleich zu allen anderen beworbenen Produktgruppen (Unterkategorien) aller Branchen beworben; bzw. zu +463,9% im Vergleich zu allen Werbespots der Branche Alkohol. Bei Berücksichtigung lediglich der unterschiedlichen Werbespots ist ein Wert von +271% (Gesamt) beziehungsweise von +200% (Branche) zu verzeichnen.

Bier

Mit einem Anteil von 1,3% werden städtische Räume/Straßenräume zur Bewerbung von Bier im Fernsehen eingesetzt. Insgesamt wurde 1 von 75 Werbespots (1 von 18 unterschiedlichen) aus diesem Bereich mit städtischen Räumen/Straßenräumen beworben (im Beobachtungszeitraum). Damit wird Bier zu -90,5% unterdurchschnittlich selten mit städtischen Räumen/Straßenräumen im Vergleich zu allen anderen beworbenen Produktgruppen (Unterkategorien) aller Branchen beworben; bzw. zu -87,1% im Vergleich zu allen Werbespots der Branche Alkohol. Bei Berücksichtigung lediglich der unterschiedlichen Werbespots ist ein Wert von -58,8% (Gesamt) beziehungsweise von -66,7% (Branche) zu verzeichnen.

9.4.14 Elektronik/Unterhaltungselektronik

Mit einem Anteil von 9% werden städtische Räume/Straßenräume zur Bewerbung von Elektronik/Unterhaltungselektronik im Fernsehen eingesetzt. Insgesamt wurden 14 von 156 Werbespots (8 von 68 unterschiedlichen) aus diesem Bereich mit städtischen Räumen/Straßenräumen beworben. Damit wird Elektronik/Unterhaltungselektronik zu -36% unterdurchschnittlich selten mit städtischen Räumen/Straßenräumen beworben beziehungsweise zu -12,7% bei Berücksichtigung lediglich der unterschiedlichen Werbespots.

9.4.15 Kosmetik & Pflege

Mit einem Anteil von 8,6% werden städtische Räume/Straßenräume zur Bewerbung von Kosmetik & Pflege im Fernsehen eingesetzt. Insgesamt wurden 39 von 453 Werbespots (9 von 124 unterschiedlichen) aus diesem Bereich mit städtischen Räumen/Straßenräumen beworben. Damit wird Kosmetik & Pflege zu -38,6% unterdurchschnittlich selten mit städtischen Räumen/Straßenräumen beworben beziehungsweise zu -46,1% bei Berücksichtigung lediglich der unterschiedlichen Werbespots.

9.4.16 Lebensmittel & nicht-alkoholische Getränke

Mit einem Anteil von 7,1% werden städtische Räume/Straßenräume zur Bewerbung von Lebensmitteln/nicht-alkoholischen Getränken im Fernsehen eingesetzt. Insgesamt wurden 43 von 602 Werbespots (7 von 117 unterschiedlichen) aus diesem Bereich mit städtischen Räumen/Straßenräumen beworben. Damit werden Lebensmittel & nicht-alkoholische Getränke zu -49,1% unterdurchschnittlich selten mit städtischen Räumen/Straßenräumen beworben beziehungsweise zu -55,6% bei Berücksichtigung lediglich der unterschiedlichen Werbespots.

Light-Limonaden

Mit einem Anteil von 100% werden städtische Räume/Straßenräume zur Bewerbung von Light-Limonaden im Fernsehen eingesetzt. Insgesamt wurden 8 von 8 Werbespots (1 von 1 unterschiedlichen) aus diesem Bereich mit städtischen Räumen/Straßenräumen beworben (im Beobachtungszeitraum). Damit werden Light-Limonaden zu +613% überdurchschnittlich oft mit städtischen Räumen/Straßenräumen im Vergleich zu allen anderen beworbenen Produktgruppen (Unterkategorien) aller Branchen beworben; bzw. zu +1.300% im Vergleich zu allen Werbespots der Branche Lebensmittel & nicht-alkoholische Getränke. Bei Berücksichtigung lediglich der unterschiedlichen Werbespots ist ein Wert von +642% (Gesamt) beziehungsweise von +1571,4% (Branche) zu verzeichnen.

Räumlichkeiten in der TV-Werbung
(Branche: Lebensmittel & nicht-alkoholische Getränke) Teil 1

Produktgruppe	Räumlichkeit	Spots gesamt in Produktgruppe unabhängig von Räumlichkeit	Verschiedene Spots in Produktgruppe nach Räumlichkeit	**%-Anteil Räumlichkeit an Spots gesamt in Prdukt-gruppe**	%-Abweichung Räumlichkeit in Spots gesamt nach Produktgruppe vom Schnitt jeweiliger Branche	**%-Anteil Räumlichkeit an verschiedenen Spots in Produktgruppe**
Babynahrung	Ländliche Räume	1	1	**100,0%**	327,0%	**100,0%**
Blätterteigprodukte	Privaträume	24	3	**100,0%**	184,0%	**100,0%**
Brot/Knäckebrot	Privaträume	14	1	**78,6%**	123,1%	**50,0%**
Brot/Knäckebrot	Gegenst. Darst.	14	1	**21,4%**	279,4%	**50,0%**
Brotaufstrich	Privaträume	12	1	**75,0%**	113,0%	**50,0%**
Brotaufstrich	Ländliche Räume	12	1	**25,0%**	6,7%	**50,0%**
Cornflakes/Ceralien	Geschäfts-/Büror.	19	1	**42,1%**	1308,2%	**20,0%**
Cornflakes/Ceralien	Ländliche Räume	19	2	**36,8%**	57,3%	**40,0%**
Cornflakes/Ceralien	Sporträume	19	1	**15,8%**	90,1%	**20,0%**
Cornflakes/Ceralien	Privaträume	19	1	**5,3%**	-85,1%	**20,0%**
Diät-Butter	Privaträume	1	1	**100,0%**	184,0%	**100,0%**
Diät-Limonaden	Städtische/Straßen	4	1	**100,0%**	1300,0%	**100,0%**
Diät-Margarine	Privaträume	2	1	**100,0%**	184,0%	**100,0%**
Energy Drinks	Ländliche Räume	18	1	**55,6%**	137,2%	**50,0%**
Energy Drinks	Sporträume	18	1	**44,4%**	435,1%	**50,0%**
Fast Food	Gastronom. Räume	76	4	**59,2%**	658,4%	**40,0%**
Fast Food	Reise- Urlaubsr.	76	1	**13,2%**	296,1%	**10,0%**
Fast Food	Ländliche Räume	76	2	**11,8%**	-49,4%	**20,0%**
Fast Food	Kunst Kulturräume	76	1	**10,5%**	81,1%	**10,0%**
Fast Food	Filmeinspielungen	76	1	**2,6%**	692,1%	**10,0%**
Fast Food	Gegenst. Darst.	76	1	**2,6%**	-53,4%	**10,0%**
Fertiggerichte	Privaträume	28	3	**96,4%**	173,8%	**75,0%**
Fertiggerichte	Geschäfts/Büror.	28	1	**3,6%**	19,4%	**25,0%**
Fisch	Privaträume	11	3	**81,8%**	132,3%	**75,0%**
Fisch	Gegenst. Darst.	11	1	**18,2%**	221,9%	**25,0%**
Fleisch/Wurstwaren	Ländliche Räume	32	7	**68,8%**	193,5%	**77,8%**
Fleisch/Wurstwaren	Privaträume	32	2	**31,2%**	-11,3%	**22,2%**
Gelatine	Privaträume	8	2	**100,0%**	184,0%	**100,0%**
Gemüse/Tiefkühl	Privaträume	4	1	**100,0%**	184,0%	**100,0%**
Gewinnspiel	Ländliche Räume	1	1	**100,0%**	327,0%	**100,0%**
Gewürze	Sporträume	3	1	**100,0%**	1104,0%	**100,0%**
Joghurt	Privaträume	107	6	**68,2%**	93,7%	**60,0%**
Joghurt	Kunst Kulturräume	107	1	**21,5%**	269,7%	**10,0%**
Joghurt	Ländliche Räume	107	2	**7,5%**	-68,1%	**20,0%**
Joghurt	Gegenst. Darst.	107	1	**2,8%**	-50,4%	**10,0%**
Kaffee	Sporträume	36	1	**36,1%**	334,8%	**11,1%**
Kaffee	Privaträume	36	3	**22,2%**	-36,9%	**33,3%**
Kaffee	Ländliche Räume	36	1	**13,9%**	-40,7%	**11,1%**

Räumlichkeiten in der TV-Werbung (Branche: Lebensmittel & nicht-alkoholische Getränke) Teil 2						
Produktgruppe	Räumlichkeit	Spots gesamt in Produktgruppe unabhängig von Räumlichkeit	Verschiedene Spots in Produktgruppe nach Räumlichkeit	**%-Anteil Räumlichkeit an Spots gesamt in Prduktgruppe**	%-Abweichung Räumlichkeit in Spots gesamt nach Produktgruppe vom Schnitt jeweiliger Branche	**%-Anteil Räumlichkeit an verschiedenen Spots in Produktgruppe**
Kaffee	Gegenst. Darst.	36	1	**8,3%**	47,5%	**11,1%**
Kaffee	Geschäfts/Büror.	36	1	**8,3%**	178,7%	**11,1%**
Kaffee	Städtische/Straßen	36	1	**8,3%**	16,7%	**11,1%**
Kaffee	Kunst Kulturräume	36	1	**2,8%**	-52,2%	**11,1%**
Käse	Privaträume	9	1	**55,6%**	57,8%	**33,3%**
Käse	Ländliche Räume	9	2	**44,4%**	89,8%	**66,7%**
Limonaden	Ländliche Räume	31	3	**48,4%**	106,6%	**37,5%**
Limonaden	Gegenst. Darst.	31	4	**29,0%**	414,0%	**50,0%**
Limonaden	Städtische/Straßen	31	1	**22,6%**	216,1%	**12,5%**
Limonaden Light	Städtisch /Straßen	8	1	**100,0%**	1300,0%	**100,0%**
Milchgetränke	Ländliche Räume	70	2	**27,1%**	15,9%	**20,0%**
Milchgetränke	Städtische/Straßen	70	2	**27,1%**	280,0%	**20,0%**
Milchgetränke	Sporträume	70	2	**25,7%**	209,6%	**20,0%**
Milchgetränke	Privaträume	70	2	**8,6%**	-75,7%	**20,0%**
Milchgetränke	Gegenst. Darst.	70	1	**7,1%**	26,5%	**10,0%**
Milchgetränke	Reise- Urlaubsr.	70	1	**4,3%**	29,0%	**10,0%**
Mineralwasser	Ländliche Räume	9	1	**44,4%**	89,8%	**50,0%**
Mineralwasser	Privaträume	9	1	**55,6%**	57,8%	**50,0%**
Mineralwasser Schorle	Ländliche Räume	18	1	**61,1%**	160,9%	**20,0%**
Mineralwasser Schorle	Kunst Kulturräume	18	1	**16,7%**	186,7%	**20,0%**
Mineralwasser Schorle	Privaträume	18	2	**11,1%**	-68,4%	**40,0%**
Mineralwasser Schorle	Städtische/Straßen	18	1	**11,1%**	55,6%	**20,0%**
Pizza	Gastronom. Räume	5	1	**40,0%**	412,3%	**33,3%**
Pizza	Gegenst. Darst.	5	1	**40,0%**	608,2%	**33,3%**
Pizza	Privaträume	5	1	**20,0%**	-43,2%	**33,3%**
Reis	Privaträume	1	1	**100,0%**	184,0%	**100,0%**
Säfte	Gegenst. Darst.	16	1	**31,2%**	453,3%	**16,7%**
Säfte	Sporträume	16	2	**31,2%**	276,2%	**33,3%**
Säfte	Ländliche Räume	16	2	**25,0%**	6,7%	**33,3%**
Säfte	Reise-/Urlaubsr.	16	1	**12,5%**	276,2%	**16,7%**
Soßen/Dressings	Ländliche Räume	29	3	**62,1%**	165,0%	**37,5%**
Soßen/Dressings	Geschäfts/Büror.	29	1	**20,7%**	592,0%	**12,5%**
Soßen/Dressings	Privaträume	29	4	**17,2%**	-51,0%	**50,0%**
Tee	Reise-/Urlaubsr.	5	1	**100,0%**	2910,0%	**100,0%**

Milchgetränke

Mit einem Anteil von 27,1% werden städtische Räume/Straßenräume zur Bewerbung von Milchgetränken im Fernsehen eingesetzt. Insgesamt wurden 19 von 70 Werbespots (2 von 10 unterschiedlichen) aus diesem Bereich mit städtischen Räumen/Straßenräumen beworben (im Beobachtungszeitraum). Damit werden Milchgetränke zu +93,5% überdurchschnittlich oft mit städtischen Räumen/Straßenräumen im Vergleich zu allen anderen beworbenen Produktgruppen (Unterkategorien) aller Branchen beworben; bzw. zu +280% im Vergleich zu allen Werbespots der Branche Lebensmittel & nicht-alkoholische Getränke. Bei Berücksichtigung lediglich der unterschiedlichen Werbespots ist ein Wert von +48,4% (Gesamt) beziehungsweise von +234,3% (Branche) zu verzeichnen.

Limonaden

Mit einem Anteil von 22,6% werden städtische Räume/Straßenräume zur Bewerbung von Limonaden im Fernsehen eingesetzt. Insgesamt wurden 7 von 31 Werbespots (1 von 8 unterschiedlichen) aus diesem Bereich mit städtischen Räumen/Straßenräumen beworben (im Beobachtungszeitraum). Damit werden Limonaden zu +61% überdurchschnittlich oft mit städtischen Räumen/Straßenräumen im Vergleich zu allen anderen beworbenen Produktgruppen (Unterkategorien) aller Branchen beworben; bzw. zu +216,1% im Vergleich zu allen Werbespots der Branche Lebensmittel & nicht-alkoholische Getränke. Bei Berücksichtigung lediglich der unterschiedlichen Werbespots ist ein Wert von -7,2% (Gesamt) beziehungsweise von +106,9% (Branche) zu verzeichnen.

Mineralwasser/Schorle

Mit einem Anteil von 11,1% werden städtische Räume/Straßenräume zur Bewerbung von Mineralwasser/Schorle im Fernsehen eingesetzt. Insgesamt wurden 2 von 18 Werbespots (1 von 5 unterschiedlichen) aus diesem Bereich mit städtischen Räumen/Straßenräumen beworben (im Beobachtungszeitraum). Damit werden Mineralwasser/Schorle zu -20,8% unterdurchschnittlich selten mit städtischen Räumen/Straßenräumen im Vergleich zu allen anderen beworbenen Produktgruppen (Unterkategorien) aller Branchen beworben; bzw. zu +55,6% im Vergleich zu allen Werbespots der Branche Lebensmittel & nicht-alkoholische Getränke. Bei Berücksichtigung lediglich der unterschiedlichen Werbespots ist ein Wert von +48,4% (Gesamt) beziehungsweise von +234,3% (Branche) zu verzeichnen.

Kaffee

Mit einem Anteil von 8,3% werden städtische Räume/Straßenräume zur Bewerbung von Kaffee im Fernsehen eingesetzt. Insgesamt wurden 3 von 36 Werbespots (1 von 9 unterschiedlichen) aus diesem Bereich mit städtischen Räumen/Straßenräumen beworben (im Beobachtungszeitraum). Damit wird Kaffee zu -40,6% unterdurchschnittlich selten mit städtischen Räumen/Straßenräumen im Vergleich zu allen anderen beworbenen Produktgruppen (Unterkategorien) aller Branchen beworben; bzw. zu +16,7% im Vergleich zu allen Werbespots der Branche Lebensmittel &

nicht-alkoholische Getränke. Bei Berücksichtigung lediglich der unterschiedlichen Werbespots ist ein Wert von -17,6% (Gesamt) beziehungsweise von +85,7% (Branche) zu verzeichnen.

9.4.17 Humanitäres/Kirche/Initiativen/Selbsthilfe

Mit einem Anteil von 6,3% werden städtische Räume/Straßenräume zur Bewerbung von Humanitärem/Kirchen/Initiativen/Selbsthilfe im Fernsehen eingesetzt. Insgesamt wurde 1 von 16 Werbespots (1 von 5 unterschiedlichen) aus diesem Bereich mit städtischen Räumen/Straßenräumen beworben. Damit wird Humanitäres/Kirchen/Initiativen/Selbsthilfe zu -55,4% unterdurchschnittlich selten mit städtischen Räumen/Straßenräumen beworben beziehungsweise zu +48,4% bei Berücksichtigung lediglich der unterschiedlichen Werbespots.

9.4.18 Printmedien

Mit einem Anteil von 4,4% werden städtische Räume/Straßenräume zur Bewerbung von Printmedien im Fernsehen eingesetzt. Insgesamt wurde 1 von 30 Werbespots (1 von 30 unterschiedlichen) aus diesem Bereich mit städtischen Räumen/Straßenräumen beworben. Damit werden Printmedien zu -68,5% unterdurchschnittlich selten mit städtischen Räumen/Straßenräumen beworben beziehungsweise zu -75,3% bei Berücksichtigung lediglich der unterschiedlichen Werbespots.

9.5 Sporträume in der TV-Werbung

Sporträume in der TV-Werbung (alle Branchen)						
Branche	Spots gesamt in Branche unabhängig von Räumlichkeit	Verschiedene Spots in Branche unabhängig von Räumlichkeit	**%-Anteil Räumlichkeit an Spots gesamt in Branche**	%-Abweichung Räumlichkeit in Spots gesamt vom Schnitt aller Branchen	**%-Anteil Räumlichkeit an verschiedenen Spots in Branche**	%-Abweichung Räumlichkeit in verschiedenen Spots vom Schnitt aller Branchen
Kleidung	40	7	**22,5%**	378,9%	**42,9%**	925,8%
Einzelhandel Handel	92	26	**15,2%**	223,9%	**7,7%**	84,1%
Banken Versicherungen	79	26	**15,2%**	223,3%	**11,5%**	176,2%
Süßwaren	346	66	**9,0%**	90,7%	**10,6%**	153,9%
Lebensmittel & nicht-alkohol. Getränke	602	117	**8,3%**	76,8%	**6,8%**	63,7%
Humanitäres/ Kirche/Initiativen Selbsthilfe	16	5	**6,3%**	33,0%	**20,0%**	378,7%
Pharmazeutika	87	27	**5,7%**	22,3%	**7,4%**	77,3%
Alkohol	116	30	**4,3%**	-8,3%	**6,7%**	59,6%
Telekommunik.	157	44	**3,8%**	-18,7%	**2,3%**	-45,6%
Printmedien	68	30	**2,9%**	-37,4%	**3,3%**	-20,2%
Kosmetik/Pflege	453	124	**0,4%**	-90,6%	**0,8%**	-80,7%

Auch Räume, in denen primär Sport betrieben wird, wie beispielsweise Fußballplätze, werden regelmäßig für werbliche Zwecke im Fernsehen eingesetzt. Allerdings bei weitem nicht so umfangreich, wie vielleicht der eine oder andere annehmen mag. Von den 3.320 ausgewerteten Werbespots zeigten lediglich 137 Sporträume. Fokussiert man den Blick auf lediglich unterschiedliche Spots, so kommen wir von 830 unterschiedlichen Spots gesamt nur auf 29. Das heißt: Sporträume werden lediglich in 4,13% aller ausgewerteten Spots eingesetzt (3,49% der unterschiedlichen). Damit befinden sich Sporträume, also Räume der Aktivitäten, unter elf von mir gebildeten Raumkategorien auf Platz 5.

Interessant ist, welche Branchen am stärksten auf Sporträume für ihre Produktinszenierungen zurückgreifen. Von insgesamt 22 beworbenen Produkten kommen über 50% aus dem Bereich Essen & Ernährung. Zu nennen wären hier Lebensmittel & nicht-alkoholische Getränke (6 Produkte), Süßwaren (5), Alkohol (1) und Einzelhandel/Handel (2).

9.5.1 *Kleidung*

Mit einem Anteil von 22,5% werden Sporträume zur Bewerbung von Kleidung im Fernsehen eingesetzt. Insgesamt wurden 9 von 40 Werbespots (3 von 7 unterschiedlichen) aus diesem Bereich mit Sporträumen beworben. Damit wird Kleidung zu +378,9% überdurchschnittlich oft mittels Sporträumen beworben beziehungsweise zu +925,8% bei Berücksichtigung lediglich der unterschiedlichen Werbespots.

Sporträume in der TV-Werbung (in Branchen und deren Produktgruppen)

Branche (*= Lebensmittel & nichtalkol. Getränke)	Produktgruppe	Spots gesamt in Produktgruppe unabhängig von Räumlichkeit	Verschiedene Spots in Produktgruppe unabhängig von Räumlichkeit	**%-Anteil Räumlichkeit an Spots gesamt in Produktgruppe**	%-Abweichung Räumlichkeit in Spots gesamt nach Produktgruppe vom Schnitt jeweiliger Branche	**%-Anteil Räumlichkeit an verschiedenen Spots in Produktgruppe**
Lebensmittel*	Gewürze	3	1	**100%**	1104%	**100%**
Süßwaren	Nuss-Nougat-Creme	10	3	**100%**	1016%	**100%**
Telekommunik.	Festnetzanbieter	6	1	**100%**	2517%	**100%**
Einzelhandel Handel	Discounter	7	2	**86%**	463%	**50%**
Lebensmittel*	Energy Drinks	18	2	**44%**	435%	**50%**
Lebensmittel*	Kaffee	36	9	**36%**	335%	**11%**
Humanitäres/ Kirche/Initiativen Selbsthilfe	Organisationen	3	3	**33%**	433%	**33%**
Lebensmittel*	Säfte	16	6	**31%**	276%	**33%**
Banken Versicherungen	Banken	36	13	**31%**	101%	**15%**
Lebensmittel*	Milchgetränke	70	10	**26%**	210%	**20%**
Süßwaren	Kaugummis Kaustreifen	82	13	**24%**	172%	**23%**
Kleidung	Schuhe	40	7	**23%**	0%	**43%**
Banken Versicherungen	Krankenkasse	5	4	**20%**	32%	**25%**
Lebensmittel*	Cornflakes Ceralien	19	5	**16%**	90%	**20%**
Einzelhandel Handel	Bekleidungs-handelsketten	60	13	**13%**	-12%	**8%**
Alkohol	Bier	75	18	**7%**	55%	**11%**
Pharmazeutika	Heilmittel	75	24	**7%**	16%	**8%**
Printmedien	Allgemein	45	20	**4%**	51%	**5%**
Süßwaren	Kuchen/Kekse	42	10	**2%**	-73%	**10%**
Kosmetik/Pflege	Kosmetik/Pflege	391	104	**1%**	16%	**1%**

9.5.2 Einzelhandel/Handel

Mit einem Anteil von 15,2% werden Sporträume zur Bewerbung von Kleidung im Fernsehen eingesetzt. Insgesamt wurden 14 von 92 Werbespots (2 von 25 unterschiedlichen) aus diesem Bereich mit Sporträumen beworben. Damit wird der Einzelhandel/Handel zu +223,9% überdurchschnittlich oft mittels Sporträumen beworben beziehungsweise zu +84,1% bei Berücksichtigung lediglich der unterschiedlichen Werbespots.

9.5.3 Banken/Versicherungen

Mit einem Anteil von 15,2% werden Sporträume zur Bewerbung von Banken/Versicherungen im Fernsehen eingesetzt. Insgesamt wurden 12 von 79 Werbespots (3 von 25 unterschiedlichen) aus diesem Bereich mit Sporträumen beworben. Damit werden Banken/Versicherungen zu +223,9% überdurchschnittlich oft mittels Sporträumen beworben beziehungsweise zu +176,2% bei Berücksichtigung lediglich der unterschiedlichen Werbespots.

9.5.4 Süßwaren

Mit einem Anteil von 9% werden Sporträume zur Bewerbung von Süßwaren im Fernsehen eingesetzt. Insgesamt wurden 31 von 345 Werbespots (7 von 65 unterschiedlichen) aus diesem Bereich mit Sporträumen beworben. Damit werden Süßwaren zu +90,7% überdurchschnittlich oft mittels Sporträumen beworben beziehungsweise zu +153,9% bei Berücksichtigung lediglich der unterschiedlichen Werbespots.

Nuss-Nougat-Creme

Mit einem Anteil von 100% werden Sporträume zur Bewerbung von Nuss-Nougat-Creme im Fernsehen eingesetzt. Insgesamt wurden 10 von 10 Werbespots (3 von 3 unterschiedlichen) aus diesem Bereich mit Sporträumen beworben (im Beobachtungszeitraum). Damit wird Nuss-Nougat-Creme zu +2.028,5% überdurchschnittlich oft mittels Sporträumen im Vergleich zu allen anderen beworbenen Produktgruppen (Unterkategorien) aller Branchen beworben; bzw. zu +1.016,1% im Vergleich zu allen Werbespots der Branche Süßwaren. Bei Berücksichtigung lediglich der unterschiedlichen Werbespots ist ein Wert von +2.293,5% (Gesamt) beziehungsweise von +842,9% (Branche) zu verzeichnen.

Kaugummis/Gums/Kaustreifen

Mit einem Anteil von 24,4% werden Sporträume zur Bewerbung von Kaugummis/Gums/Kaustreifen im Fernsehen eingesetzt. Insgesamt wurden 20 von 82 Werbespots (3 von 13 unterschiedlichen) aus diesem Bereich mit Sporträumen beworben (im Beobachtungszeitraum). Damit werden Kaugummis/Gums/Kaustreifen zu +419,1% überdurchschnittlich oft mittels Sporträumen im Vergleich zu allen anderen beworbenen Produktgruppen (Unterkategorien) aller Branchen beworben; bzw. zu +172,2% im Vergleich zu allen Werbespots der Branche Süßwaren. Bei Berücksichtigung lediglich der unterschiedlichen Werbespots ist ein Wert von +452,4% (Gesamt) beziehungsweise von +117,6% (Branche) zu verzeichnen.

Kuchen/Kekse

Mit einem Anteil von 2,4% werden Sporträume zur Bewerbung von Kuchen/Keksen im Fernsehen eingesetzt. Insgesamt wurde 1 von 42 Werbespots (1 von 10 unterschiedlichen) aus diesem Bereich mit Sporträumen beworben (im Beobachtungszeitraum). Damit werden Kuchen/Kekse zu -49,3% unterdurchschnittlich selten mittels Sporträumen im Vergleich zu allen anderen beworbenen Produktgruppen (Unterkategorien) aller Branchen beworben; bzw. zu -73,4% im Vergleich zu allen Werbespots der Branche Süßwaren. Bei Berücksichtigung lediglich der unterschiedlichen Werbespots ist ein Wert von +139,4% (Gesamt) beziehungsweise von -5,7% (Branche) zu verzeichnen.

9.5.5 Lebensmittel & nicht-alkoholische Getränke

Mit einem Anteil von 8,3% werden Sporträume zur Bewerbung von Lebensmitteln & nicht-alkoholischen Getränken im Fernsehen eingesetzt. Insgesamt wurden 50 von 602 Werbespots (8 von 117 unterschiedlichen) aus diesem Bereich mit Sporträumen beworben. Damit werden Lebensmittel & nicht-alkoholische Getränke zu +76,8% überdurchschnittlich oft mittels Sporträumen beworben beziehungsweise zu +63,7% bei Berücksichtigung lediglich der unterschiedlichen Werbespots.

Gewürze

Mit einem Anteil von 100% werden Sporträume zur Bewerbung von Gewürzen im Fernsehen eingesetzt. Insgesamt wurden 3 von 3 Werbespots (1 von 1 unterschiedlichen) aus diesem Bereich mit Sporträumen beworben (im Beobachtungszeitraum). Damit werden Gewürze zu +2.028,5% überdurchschnittlich oft mittels Sporträumen im Vergleich zu allen anderen beworbenen Produktgruppen (Unterkategorien) aller Branchen beworben; bzw. zu +1.104% im Vergleich zu allen Werbespots der Branche Lebensmittel & nicht-alkoholische Getränke. Bei Berücksichtigung lediglich der unterschiedlichen Werbespots ist ein Wert von +2.293,5% (Gesamt) beziehungsweise von +1.362,5% (Branche) zu verzeichnen.

Energy-Drinks

Mit einem Anteil von 44,4% werden Sporträume zur Bewerbung von Energy-Drinks im Fernsehen eingesetzt. Insgesamt wurden 8 von 18 Werbespots (1 von 2 unterschiedlichen) aus diesem Bereich mit Sporträumen beworben (im Beobachtungszeitraum). Damit werden Energy-Drinks zu +864% überdurchschnittlich oft mittels Sporträumen im Vergleich zu allen anderen beworbenen Produktgruppen (Unterkategorien) aller Branchen beworben; bzw. zu +435,1% im Vergleich zu allen Werbespots der Branche Lebensmittel & nicht-alkoholische Getränke. Bei Berücksichtigung lediglich der unterschiedlichen Werbespots ist ein Wert von +1.096,8% (Gesamt) beziehungsweise von +631,3% (Branche) zu verzeichnen.

Kaffee

Mit einem Anteil von 36,1% werden Sporträume zur Bewerbung von Kaffee im Fernsehen eingesetzt. Insgesamt wurden 13 von 36 Werbespots (1 von 9 unterschiedlichen) aus diesem Bereich mit Sporträumen beworben (im Beobachtungszeitraum). Damit wird Kaffee zu +668,6% überdurchschnittlich oft mittels Sporträumen im Vergleich zu allen anderen beworbenen Produktgruppen (Unterkategorien) aller Branchen beworben; bzw. zu +334,8% im Vergleich zu allen Werbespots der Branche Lebensmittel & nicht-alkoholische Getränke. Bei Berücksichtigung lediglich der unterschiedlichen Werbespots ist ein Wert von +165,9% (Gesamt) beziehungsweise von +62,5% (Branche) zu verzeichnen.

Säfte

Mit einem Anteil von 31,3% werden Sporträume zur Bewerbung von (Frucht-) Säften im Fernsehen eingesetzt. Insgesamt wurden 5 von 16 Werbespots (2 von 6 unterschiedlichen) aus diesem Bereich mit Sporträumen beworben (im Beobachtungszeitraum). Damit werden Säfte zu +565,1% überdurchschnittlich oft mittels Sporträumen im Vergleich zu allen anderen beworbenen Produktgruppen (Unterkategorien) aller Branchen beworben; bzw. zu +276,3% im Vergleich zu allen Werbespots der Branche Lebensmittel & nicht-alkoholische Getränke. Bei Berücksichtigung lediglich der unterschiedlichen Werbespots ist ein Wert von +697,8% (Gesamt) beziehungsweise von +387,5% (Branche) zu verzeichnen.

Milchgetränke

Mit einem Anteil von 25,7% werden Sporträume zur Bewerbung von Milchgetränken im Fernsehen eingesetzt. Insgesamt wurden 18 von 70 Werbespots (2 von 10 unterschiedlichen) aus diesem Bereich mit Sporträumen beworben (im Beobachtungszeitraum). Damit werden Milchgetränke zu +447,3% überdurchschnittlich oft mittels Sporträumen im Vergleich zu allen anderen beworbenen Produktgruppen (Unterkategorien) aller Branchen beworben; bzw. zu +209,6% im Vergleich zu allen Werbespots der Branche Lebensmittel & nicht-alkoholische Getränke. Bei Berücksichtigung lediglich der unterschiedlichen Werbespots ist ein Wert von +378,7% (Gesamt) beziehungsweise von +192,5% (Branche) zu verzeichnen.

Cornflakes/Cerealien

Mit einem Anteil von 15,8% werden Sporträume zur Bewerbung von Cornflakes/Cerealien im Fernsehen eingesetzt. Insgesamt wurden 3 von 19 Werbespots (1 von 5 unterschiedlichen) aus diesem Bereich mit Sporträumen beworben (im Beobachtungszeitraum). Damit werden Cornflakes/Cerealien zu +236,1% überdurchschnittlich oft mittels Sporträumen im Vergleich zu allen anderen beworbenen Produktgruppen (Unterkategorien) aller Branchen beworben; bzw. zu +90,1% im Vergleich zu allen Werbespots der Branche Lebensmittel & nicht-alkoholische Getränke. Bei Berücksichtigung lediglich der unterschiedlichen Werbespots ist ein Wert von +378,7% (Gesamt) beziehungsweise von +192,5% (Branche) zu verzeichnen.

9.5.6 *Humanitäres/Kirche/Initiativen/Selbsthilfe*

Mit einem Anteil von 6,3% werden Sporträume zur Bewerbung von Humanitärem/Kirchen/Initiativen/Selbsthilfegruppen im Fernsehen eingesetzt. Insgesamt wurde 1 von 16 Werbespots (1 von 5 unterschiedlichen) aus diesem Bereich mit Sporträumen beworben. Damit wird Humanitäres/Kirchen/Initiativen/Selbsthilfegruppen zu +33% überdurchschnittlich oft mittels Sporträumen beworben beziehungsweise zu +378,7% bei Berücksichtigung lediglich der unterschiedlichen Werbespots.

9.5.7 *Pharmazeutika*

Mit einem Anteil von 5,7% werden Sporträume zur Bewerbung von Pharmazeutika im Fernsehen eingesetzt. Insgesamt wurde 5 von 87 Werbespots (2 von 27 unterschiedlichen) aus diesem Bereich mit Sporträumen beworben. Damit werden Pharmazeutika zu +22,3% überdurchschnittlich oft mittels Sporträumen beworben beziehungsweise zu +77,3% bei Berücksichtigung lediglich der unterschiedlichen Werbespots.

9.5.8 *Alkohol*

Mit einem Anteil von 4,3% werden Sporträume zur Bewerbung von Alkohol im Fernsehen eingesetzt. Insgesamt wurden 5 von 116 Werbespots (2 von 30 unterschiedlichen) aus diesem Bereich mit Sporträumen beworben. Damit wird Alkohol zu -8,3% unterdurchschnittlich selten mittels Sporträumen beworben beziehungsweise zu +59,6% bei Berücksichtigung lediglich der unterschiedlichen Werbespots.

Bier

Mit einem Anteil von 6,7% werden Sporträume zur Bewerbung von Bier im Fernsehen eingesetzt. Insgesamt wurden 5 von 75 Werbespots (2 von 18 unterschiedlichen) aus diesem Bereich mit Sporträumen beworben (im Beobachtungszeitraum). Damit wird Bier zu +41,9% überdurchschnittlich oft mittels Sporträumen im Vergleich zu allen anderen beworbenen Produktgruppen (Unterkategorien) aller Branchen beworben; bzw. zu +54,7% im Vergleich zu allen Werbespots der Branche Alkohol. Bei Berücksichtigung lediglich der unterschiedlichen Werbespots ist ein Wert von +165,9% (Gesamt) beziehungsweise von +66,7% (Branche) zu verzeichnen.

9.5.9 *Telekommunikation*

Mit einem Anteil von 3,8% werden Sporträume zur Bewerbung von Telekommunikation im Fernsehen eingesetzt. Insgesamt wurden 6 von 157 Werbespots (1 von 44 unterschiedlichen) aus diesem Bereich mit Sporträumen beworben. Damit wird Telekommunikation zu -18,7% unterdurchschnittlich selten mittels Sporträumen beworben beziehungsweise zu -45,6% bei Berücksichtigung lediglich der unterschiedlichen Werbespots.

9.5.10 Printmedien

Mit einem Anteil von 2,9% werden Sporträume zur Bewerbung von Printmedien im Fernsehen eingesetzt. Insgesamt wurden 2 von 68 Werbespots (1 von 30 unterschiedlichen) aus diesem Bereich mit Sporträumen beworben. Damit werden Printmedien (Zeitungen, Zeitschriften) zu -37,4% unterdurchschnittlich selten mittels Sporträumen beworben beziehungsweise zu -20,2% bei Berücksichtigung lediglich der unterschiedlichen Werbespots.

9.5.11 Kosmetik & Pflege

Mit einem Anteil von 0,4% werden Sporträume zur Bewerbung von Kosmetik & Pflege im Fernsehen eingesetzt. Insgesamt wurden 2 von 453 Werbespots (1 von 124 unterschiedlichen) aus diesem Bereich mit Sporträumen beworben. Damit wird Kosmetik & Pflege zu -90,6% unterdurchschnittlich selten mittels Sporträumen beworben beziehungsweise zu -80,7% bei Berücksichtigung lediglich der unterschiedlichen Werbespots.

9.6 Kunst-/Kultur-/Ausstellungsräume in der TV-Werbung

Kunst-/Kultur-/Ausstellungsräume in der TV-Werbung (alle Branchen)						
Branche	Spots gesamt in Branche unabhängig von Räumlichkeit	Verschiedene Spots in Branche unabhängig von Räumlichkeit	**%-Anteil Räumlichkeit an Spots gesamt in Branche**	%-Abweichung Räumlichkeit in Spots gesamt vom Schnitt aller Branchen	**%-Anteil Räumlichkeit an verschiedenen Spots in Branche**	%-Abweichung Räumlichkeit in verschiedenen Spots vom Schnitt aller Branchen
Versandhandel	32	6	**59,4%**	1367,3%	**83,3%**	1961,1%
Humanitäres Kirche/Initiativen Selbsthilfe	16	5	**25,0%**	517,8%	**20,0%**	394,7%
Elektronik U-Ektronik	156	68	**15,4%**	280,2%	**13,2%**	227,4%
Alkohol	116	30	**9,5%**	134,3%	**3,3%**	-17,6%
Banken Versicherungen	79	26	**7,6%**	87,7%	**7,7%**	90,3%
Lebensmittel & nicht-alkohol. Getränke	602	117	**5,8%**	43,7%	**3,4%**	-15,4%
Einzelhandel Handel	92	26	**4,3%**	7,4%	**7,7%**	90,3%
Pharmazeutika	87	27	**3,4%**	-14,8%	**3,7%**	-8,4%
Spielwaren Unterhaltung Freizeit/Kino	183	39	**2,7%**	-32,5%	**5,1%**	26,8%
Automobile	86	32	**2,3%**	-42,5%	**3,1%**	-22,7%
Telekommunik.	157	44	**1,9%**	-52,8%	**2,3%**	-43,8%
Haushalts-produkte	169	38	**1,2%**	-70,8%	**2,6%**	-34,9%

Der Anteil von Kunst-, Kultur- oder Ausstellungsräumen ist rein quantitativ betrachtet in der Werbung eher als gering anzusehen und entspricht dem 6. Platz aller in der TV-Werbung unterschiedlich eingesetzten Räumlichkeiten. Gerade einmal 4% aller 2.916 ausgewerteten Werbespots sind diesen Räumlichkeiten zuzuordnen. Dies entspricht 118 Werbespots (30 unterschiedliche von insgesamt 742).

9.6.1 Versandhandel

Mit einem Anteil von 59,4% werden Kunst-/Kultur-/Ausstellungsräume zur Bewerbung des Versandhandels im Fernsehen eingesetzt. Insgesamt wurden 19 von 32 Werbespots (5 von 6 unterschiedlichen) aus diesem Bereich mit Kunst-/Kultur-/Ausstellungsräumen beworben. Damit wird der Versandhandel zu +1.367,3% überdurchschnittlich oft mittels Kunst-/Kultur-/ Ausstellungsräumen beworben beziehungsweise zu +1.961,1% bei Berücksichtigung lediglich der unterschiedlichen Werbespots.

9.6.2 Humanitäres/Kirchen/Initiativen/Selbsthilfegruppen

Mit einem Anteil von 25% werden Kunst-/Kultur-/Ausstellungsräume zur Bewerbung von Humanitärem/Kirchen/Initiativen/Selbsthilfegruppen im Fernsehen eingesetzt. Insgesamt wurden 4 von 16 Werbespots (1 von 5 unterschiedlichen) aus diesem Bereich mit Kunst-/Kultur-/Ausstellungsräumen beworben. Damit werden Humanitäres/Kirchen/Initiativen/Selbsthilfegruppen zu +517,8% überdurchschnittlich oft mittels Kunst-/Kultur-/Ausstellungsräumen beworben beziehungsweise zu +394,7% bei Berücksichtigung lediglich der unterschiedlichen Werbespots.

9.6.3 Elektronik/Unterhaltungselektronik

Mit einem Anteil von 15,4% werden Kunst-/Kultur-/Ausstellungsräume zur Bewerbung von Elektronik/Unterhaltungselektronik im Fernsehen eingesetzt. Insgesamt wurden 24 von 156 Werbespots (9 von 68 unterschiedlichen) aus diesem Bereich mit Kunst-/Kultur-/Ausstellungsräumen beworben. Damit wird Elektronik/Unterhaltungselektronik zu +280,2% überdurchschnittlich oft mittels Kunst-/Kultur-/Ausstellungsräumen beworben beziehungsweise zu +227,4% bei Berücksichtigung lediglich der unterschiedlichen Werbespots.

9.6.4 Alkohol

Mit einem Anteil von 9,5% werden Kunst-/Kultur-/Ausstellungsräume zur Bewerbung von Alkohol im Fernsehen eingesetzt. Insgesamt wurden 11 von 116 Werbespots (1 von 30 unterschiedlichen) aus diesem Bereich mit Kunst-/Kultur-/Ausstellungsräume beworben. Damit wird Alkohol zu +134,3% überdurchschnittlich oft mittels Kunst-/Kultur-/ Ausstellungsräumen beworben beziehungsweise zu -17,6% bei Berücksichtigung lediglich der unterschiedlichen Werbespots.

Bier

Mit einem Anteil von 14,7% werden Kunst-/Kultur-/Ausstellungsräume zur Bewerbung von Bier im Fernsehen eingesetzt. Insgesamt wurden 11 von 75 Werbespots (1 von 18 unterschiedlichen) aus diesem Bereich mit Kunst-/Kultur-/Ausstellungsräumen beworben. Damit wird Bier zu +262,4% überdurchschnittlich oft mittels Kunst-/Kultur-/Ausstellungsräumen im Vergleich zu allen anderen beworbenen Produktgruppen (Unterkategorien) aller Branchen beworben; bzw. zu +54,7% im Vergleich zu allen Werbespots der Branche Alkohol. Bei Berücksichtigung lediglich der unterschiedlichen Werbespots ist ein Wert von +37,4% (Gesamt) beziehungsweise von +66,7% (Branche) zu verzeichnen.

9.6.5 Banken/Versicherungen

Mit einem Anteil von 7,6% werden Kunst-/Kultur-/Ausstellungsräume zur Bewerbung von Banken/Versicherungen im Fernsehen eingesetzt. Insgesamt wurden 6 von 79 Werbespots (2 von 26 unterschiedlichen) aus diesem Bereich mit Kunst-/Kultur-/Ausstellungsräumen beworben. Damit werden Banken/Versicherungen zu +87,7% überdurchschnittlich oft mittels Kunst-/Kultur-/Ausstellungsräumen beworben beziehungsweise zu +90,3% bei Berücksichtigung lediglich der unterschiedlichen Werbespots.

9.6.6 Lebensmittel & nicht-alkoholische Getränke

Mit einem Anteil von 5,8% werden Kunst-/Kultur-/Ausstellungsräume zur Bewerbung von Lebensmitteln/nicht-alkoholischen Getränken im Fernsehen eingesetzt. Insgesamt wurden 35 von 602 Werbespots (4 von 117 unterschiedlichen) aus diesem Bereich mit Kunst-/Kultur-/Ausstellungsräumen beworben. Damit werden Lebensmittel & nicht-alkoholische Getränke zu +43,7% überdurchschnittlich oft mittels Kunst-/Kultur-/Ausstellungsräumen beworben beziehungsweise zu -15,4% bei Berücksichtigung lediglich der unterschiedlichen Werbespots.

Joghurt

Mit einem Anteil von 21,5% werden Kunst-/Kultur-/Ausstellungsräume zur Bewerbung von Joghurt im Fernsehen eingesetzt. Insgesamt wurden 23 von 107 Werbespots (1 von 10 unterschiedlichen) aus diesem Bereich mit Kunst-/Kultur-/Ausstellungsräumen beworben (im Beobachtungszeitraum). Damit wird Joghurt zu +431,2% überdurchschnittlich oft mittels Kunst-/Kultur-/Ausstellungsräumen im Vergleich zu allen anderen beworbenen Produktgruppen (Unterkategorien) aller Branchen beworben; bzw. zu +269,7% im Vergleich zu allen Werbespots der Branche Lebensmittel & nicht-alkoholische Getränke. Bei Berücksichtigung lediglich der unterschiedlichen Werbespots ist ein Wert von +147,3% (Gesamt) beziehungsweise von +192,5% (Branche) zu verzeichnen.

Mineralwasser/Schorle

Mit einem Anteil von 16,7% werden Kunst-/Kultur-/Ausstellungsräume zur Bewerbung von Mineralwasser/Schorle im Fernsehen eingesetzt. Insgesamt wurden 3 von 18 Werbespots (1 von 5 unterschiedlichen) aus diesem Bereich mit Kunst-/Kultur-/Ausstellungsräumen beworben (im Beobachtungszeitraum). Damit werden Mineralwasser/Schorle zu +311,9% überdurchschnittlich oft mittels Kunst-/Kultur-/Ausstellungsräumen im Vergleich zu allen anderen beworbenen Produktgruppen (Unterkategorien) aller Branchen beworben; bzw. zu +186,7% im Vergleich zu allen Werbespots der Branche Lebensmittel & nicht-alkoholische Getränke. Bei Berücksichtigung lediglich der unterschiedlichen Werbespots ist ein Wert von +394,7% (Gesamt) beziehungsweise von +485% (Branche) zu verzeichnen.

Fast Food

Mit einem Anteil von 10,5% werden Kunst-/Kultur-/Ausstellungsräume zur Bewerbung von Fast Food im Fernsehen eingesetzt. Insgesamt wurden 8 von 75 Werbespots (1 von 10 unterschiedlichen) aus diesem Bereich mit Kunst-/Kultur-/Ausstellungsräumen beworben (im Beobachtungszeitraum). Damit wird Fast Food zu +160,1% überdurchschnittlich oft mittels Kunst-/Kultur-/Ausstellungsräumen im Vergleich zu allen anderen beworbenen Produktgruppen (Unterkategorien) aller Branchen beworben; bzw. zu +81,1% im Vergleich zu allen Werbespots der Branche Lebensmittel & nicht-alkoholische Getränke. Bei Berücksichtigung lediglich der unterschiedlichen Werbespots ist ein Wert von +147,3% (Gesamt) beziehungsweise von +192,5% (Branche) zu verzeichnen.

Kaffee

Mit einem Anteil von 2,8% werden Kunst-/Kultur-/Ausstellungsräume zur Bewerbung von Kaffee im Fernsehen eingesetzt. Insgesamt wurde 1 von 36 Werbespots (1 von 9 unterschiedlichen) aus diesem Bereich mit Kunst-/Kultur-/Ausstellungsräumen beworben (im Beobachtungszeitraum). Damit wird Kaffee zu -31,4% unterdurchschnittlich selten mittels Kunst-/Kultur-/Ausstellungsräumen im Vergleich zu allen anderen beworbenen Produktgruppen (Unterkategorien) aller Branchen beworben; bzw. zu -52,2% im Vergleich zu allen Werbespots der Branche Lebensmittel & nicht-alkoholische Getränke. Bei Berücksichtigung lediglich der unterschiedlichen Werbespots ist ein Wert von +174,8% (Gesamt) beziehungsweise von +225% (Branche) zu verzeichnen.

9.6.7 Einzelhandel/Handel

Mit einem Anteil von 4,3% werden Kunst-/Kultur-/Ausstellungsräume zur Bewerbung von Einzelhandel/Handel im Fernsehen eingesetzt. Insgesamt wurden 4 von 92 Werbespots (2 von 26 unterschiedlichen) aus diesem Bereich mit Kunst-/Kultur-/Ausstellungsräumen beworben. Damit wird der Einzelhandel/Handel zu +7,4% überdurchschnittlich oft mittels Kunst-/ Kultur-/Ausstellungsräumen beworben beziehungsweise zu +90,3% bei Berücksichtigung lediglich der unterschiedlichen Werbespots.

9.6.8 Pharmazeutika

Mit einem Anteil von 3,4% werden Kunst-/Kultur-/Ausstellungsräume zur Bewerbung von Pharmazeutika im Fernsehen eingesetzt. Insgesamt wurden 3 von 87 Werbespots (1 von 27 unterschiedlichen) aus diesem Bereich mit Kunst-/Kultur-/Ausstellungsräumen beworben. Damit werden Pharmazeutika zu -14,8% unterdurchschnittlich selten mittels Kunst-/Kultur-/ Ausstellungsräumen beworben beziehungsweise zu -8,4% bei Berücksichtigung lediglich der unterschiedlichen Werbespots.

9.6.9 Spielwaren/Unterhaltung/Freizeit/Kino

Mit einem Anteil von 2,7% werden Kunst-/Kultur-/Ausstellungsräume zur Bewerbung von Spielwaren/Unterhaltung/Freizeit/Kino im Fernsehen eingesetzt. Insgesamt wurden 5 von 183 Werbespots (2 von 39 unterschiedlichen) aus diesem Bereich mit Kunst-/Kultur-/ Ausstellungsräumen beworben. Damit werden Spielwaren/Unterhaltung/Freizeit/Kino zu -32,5% unterdurchschnittlich selten mittels Kunst-/Kultur-/Ausstellungsräumen beworben beziehungsweise zu +26,8% bei Berücksichtigung lediglich der unterschiedlichen Werbespots.

9.6.10 Automobile

Mit einem Anteil von 2,3% werden Kunst-/Kultur-/Ausstellungsräume zur Bewerbung von Automobilen im Fernsehen eingesetzt. Insgesamt wurden 2 von 86 Werbespots (1 von 32 unterschiedlichen) aus diesem Bereich mit Kunst-/Kultur-/Ausstellungsräumen beworben. Damit werden Automobile zu -42,5% unterdurchschnittlich selten mittels Kunst-/Kultur-/Ausstellungsräumen beworben beziehungsweise zu -22,7% bei Berücksichtigung lediglich der unterschiedlichen Werbespots.

9.6.11 Telekommunikation

Mit einem Anteil von 1,9% werden Kunst-/Kultur-/Ausstellungsräume zur Bewerbung von Telekommunikationsprodukten im Fernsehen eingesetzt. Insgesamt wurden 3 von 157 Werbespots (1 von 44 unterschiedlichen) aus diesem Bereich mit Kunst-/Kultur-/Ausstellungsräumen beworben. Damit werden Telekommunikationsprodukte zu -52,8% unterdurchschnittlich selten mittels Kunst-/Kultur-/Ausstellungsräumen beworben beziehungsweise zu -43,8% bei Berücksichtigung lediglich der unterschiedlichen Werbespots.

9.6.12 Haushaltsprodukte (Reinigungsmittel etc.)

Mit einem Anteil von 1,2% werden Kunst-/Kultur-/Ausstellungsräume zur Bewerbung von Haushaltsprodukten (Reinigungsmittel, Waschmittel etc.) im Fernsehen eingesetzt. Insgesamt wurden 2 von 169 Werbespots (1 von 38 unterschiedlichen) aus diesem Bereich mit Kunst-/ Kultur-/Ausstellungsräumen beworben. Damit werden Haushaltsprodukte zu -70,8% unterdurchschnittlich selten mittels Kunst-/Kultur-/Ausstellungsräumen beworben beziehungsweise zu -34,9% bei Berücksichtigung lediglich der unterschiedlichen Werbespots.

9.7 Gastronomische Räume in der TV-Werbung

Gastronomische Räume in der TV-Werbung (alle Branchen)						
Branche	Spots gesamt in Branche unabhängig von Räumlichkeit	Verschiedene Spots in Branche unabhängig von Räumlichkeit	**%-Anteil Räumlichkeit an Spots gesamt in Branche**	%-Abweichung Räumlichkeit in Spots gesamt vom Schnitt aller Branchen	**%-Anteil Räumlichkeit an verschiedenen Spots in Branche**	%-Abweichung Räumlichkeit in verschiedenen Spots vom Schnitt aller Branchen
Humanitäres Kirche/Initiativen Selbsthilfe	16	5	**56%**	1524%	**20,0%**	773%
Alkohol	116	30	**27%**	672%	**20,0%**	773%
Kleidung	40	7	**15%**	333%	**14,3%**	524%
Lebensmittel & nicht-alkohol. Getränke	602	117	**8%**	125%	**4,3%**	87%
Einzelhandel Handel	92	26	**2%**	-37%	**3,8%**	68%
Banken Versicherungen	79	26	**1%**	-64%	**3,8%**	68%
Automobile	86	32	**1%**	-66%	**3,1%**	36%
Kosmetik/Pflege	453	124	**1%**	-75%	**0,8%**	-65%

Von den insgesamt 2.916 ausgewerteten Werbespots spielen 101 in gastronomischen Räumen (17 von insgesamt 742 unterschiedlichen Werbespots). Dies entspricht einem Anteil von 3,5% beziehungsweise von 2,3% bei Berücksichtigung lediglich der unterschiedlichen Werbespots.

9.7.1 Humanitäres/ Kirche/Initiativen/ Selbsthilfegruppen

Mit einem Anteil von 56,3% werden gastronomische Räume zur Bewerbung von Humanitärem/Kirche/Initiativen/Selbsthilfegruppen im Fernsehen eingesetzt. Insgesamt wurden 9 von 16 Werbespots (1 von 5 unterschiedlichen) aus diesem Bereich mit solchen Räumen beworben. Damit wird dieser Bereich zu +1.524% überdurchschnittlich oft mit gastronomischen Räumen beworben beziehungsweise zu +772,9% bei Berücksichtigung lediglich der unterschiedlichen Werbespots.

9.7.2 Alkohol

Mit einem Anteil von 26,7% werden gastronomische Räume zur Bewerbung von Alkohol im Fernsehen eingesetzt. Insgesamt wurden 31 von 116 Werbespots (6 von 30 unterschiedlichen) aus diesem Bereich mit solchen Räumen beworben. Damit wird dieser Bereich zu +671% überdurchschnittlich oft mit gastronomischen Räumen beworben beziehungsweise zu +772,9% bei Berücksichtigung lediglich der unterschiedlichen Werbespots.

Biermixgetränke

Mit einem Anteil von 100% werden gastronomische Räume zur Bewerbung von Biermixgetränken im Fernsehen eingesetzt. Insgesamt wurden 13 von 13 Werbespots (1 von 1 unterschiedlichen) aus diesem Bereich mit solchen Räumen beworben (im Beobachtungszeitraum). Damit werden Biermixgetränke zu +2.787,1% überdurchschnittlich oft mit gastronomischen Räumen im Vergleich zu allen anderen beworbenen Produktgruppen (Unterkategorien) aller Branchen beworben; bzw. zu +274,2% im Vergleich zu allen Werbespots der Branche Alkohol. Bei Berücksichtigung lediglich der unterschiedlichen Werbespots ist ein Wert von +4.264,7% (Gesamt) beziehungsweise von +400% (Branche) zu verzeichnen.

Räumlichkeiten in der TV-Werbung (Branche: Alkohol)

Produktgruppe	Räumlichkeit	Spots gesamt in Produktgruppe unabhängig von Räumlichkeit	Verschiedene Spots in Produktgruppe unabhängig von Räumlichkeit	**%-Anteil Räumlichkeit an Spots gesamt in Produktgruppe**	%-Anteil Räumlichkeit an Spots gesamt in jeweiliger Branche	%-Abweichung Räumlichkeit in Spots gesamt nach Produktgruppe vom Schnitt jeweiliger Branche	**%-Anteil Räumlichkeit an verschiedenen Spots in Produktgruppe**	%-Anteil Räumlichkeit verschiedene Spots in jeweiliger Branche	%Abweichung Räumlichkeit verschiedene Spots nach Produktgruppe vom Schnitt jeweiliger Branche
Bier	Gastronomie	75	18	**17,3%**	26,7%	-35,1%	**16,7%**	20,0%	-16,7%
Bier	Gegenst. Darstellung ohne spez. Raum	75	18	**6,7%**	4,3%	54,7%	**5,6%**	3,3%	66,7%
Bier	Kunst/Kultur Ausstellung	75	18	**14,7%**	9,5%	54,7%	**5,6%**	3,3%	66,7%
Bier	Ländliche	75	18	**49,3%**	36,2%	36,3%	**50,0%**	36,7%	36,4%
Bier	Privat	75	18	**4,0%**	7,8%	-48,4%	**5,6%**	10,0%	-44,4%
Bier	Sport	75	18	**6,7%**	4,3%	54,7%	**11,1%**	6,7%	66,7%
Bier	Städtisch Straßen	75	18	**1,3%**	10,3%	-87,1%	**5,6%**	16,7%	-66,7%
Biermix-getränke	Gastronomie	13	1	**100,0%**	26,7%	274,2%	**100,0%**	20,0%	400,0%
Gewinn-spiel	Reise-Urlaubs-Freizeitatmosphäre	1	1	**100,0%**	0,9%	11500,0%	**100,0%**	3,3%	2900,0%
Likör/Kräuterlikör	Gastronomie	11	4	**45,5%**	26,7%	70,1%	**50,0%**	20,0%	150,0%
Likör/Kräuterlikör	Privat	11	4	**54,5%**	7,8%	603,0%	**50,0%**	10,0%	400,0%
Sekt	Ländliche	12	4	**41,7%**	36,2%	15,1%	**50,0%**	36,7%	36,4%
Sekt	Städtisch Straßen	12	4	**58,3%**	10,3%	463,9%	**50,0%**	16,7%	200,0%
Wein	Städtisch Straßen	4	2	**100,0%**	10,3%	866,7%	**100,0%**	16,7%	500,0%

Likör/Kräuterlikör

Mit einem Anteil von 45,5% werden gastronomische Räume zur Bewerbung von Likör/Kräuterlikör im Fernsehen eingesetzt. Insgesamt wurden 5 von 11 Werbespots (2 von 4 unterschiedlichen) aus diesem Bereich mit solchen Räumen beworben (im Beobachtungszeitraum). Damit wird Likör/Kräuterlikör zu +1.212,3% überdurchschnittlich oft mit gastronomischen Räumen im Vergleich zu allen anderen beworbenen Produktgruppen (Unterkategorien) aller Branchen beworben; bzw. zu +70,1% im Vergleich zu allen Werbespots der Branche Alkohol. Bei Berücksichtigung lediglich der unterschiedlichen Werbespots ist ein Wert von +2.082,4% (Gesamt) beziehungsweise von +150% (Branche) zu verzeichnen.

Bier

Mit einem Anteil von 17,3% werden gastronomische Räume zur Bewerbung von Bier im Fernsehen eingesetzt. Insgesamt wurden 13 von 75 Werbespots (3 von 18 unterschiedlichen) aus diesem Bereich mit solchen Räumen beworben (im Beobachtungszeitraum). Damit wird Bier zu +400,4% überdurchschnittlich oft mit gastronomischen Räumen im Vergleich zu allen anderen beworbenen Produktgruppen (Unterkategorien) aller Branchen beworben; bzw. zu -35,1% im Vergleich zu allen Werbespots der Branche Alkohol. Bei Berücksichtigung lediglich der unterschiedlichen Werbespots ist ein Wert von +627,5% (Gesamt) beziehungsweise von -16,7 % (Branche) zu verzeichnen.

9.7.3 Kleidung

Mit einem Anteil von 15% werden gastronomische Räume zur Bewerbung von Kleidung im Fernsehen eingesetzt. Insgesamt wurden 6 von 40 Werbespots (1 von 7 unterschiedlichen) aus diesem Bereich mit solchen Räumen beworben. Damit wird dieser Bereich zu +331% überdurchschnittlich oft mit gastronomischen Räumen beworben beziehungsweise zu +523,5% bei Berücksichtigung lediglich der unterschiedlichen Werbespots.

9.7.4 Lebensmittel & nicht-alkoholische Getränke

Mit einem Anteil von 7,8% werden gastronomische Räume zur Bewerbung von Lebensmitteln & nicht-alkoholischen Getränken im Fernsehen eingesetzt. Insgesamt wurden 47 von 602 Werbespots (5 von 117 unterschiedlichen) aus diesem Bereich mit solchen Räumen beworben. Damit wird dieser Bereich zu +125,4% überdurchschnittlich oft mit gastronomischen Räumen beworben beziehungsweise zu +86,5% bei Berücksichtigung lediglich der unterschiedlichen Werbespots.

Fast Food

Mit einem Anteil von 59,2% werden gastronomische Räume zur Bewerbung von Fast Food im Fernsehen eingesetzt. Insgesamt wurden 45 von 76 Werbespots (4 von 10 unterschiedlichen) aus diesem Bereich mit solchen Räumen beworben (im Beobachtungszeitraum). Damit wird Fast Food zu +1.609,5% überdurchschnittlich oft mit gastronomischen Räumen im Vergleich zu allen anderen beworbenen Produktgruppen (Unterkategorien) aller Branchen beworben; bzw. zu +658,4% im Vergleich zu allen Werbespots der Branche Lebensmittel & nicht-alkoholische Getränke. Bei Berücksichtigung lediglich der unterschiedlichen Werbespots ist ein Wert von +1.645,9% (Gesamt) beziehungsweise von +836% (Branche) zu verzeichnen.

Pizza

Mit einem Anteil von 40% werden gastronomische Räume zur Bewerbung von Pizza im Fernsehen eingesetzt. Insgesamt wurden 2 von 5 Werbespots (1 von 3 unterschiedlichen) aus diesem Bereich mit solchen Räumen beworben (im Beobachtungszeitraum). Damit wird Pizza zu +1.054,9% überdurchschnittlich oft mit gastronomischen Räumen im Vergleich zu allen anderen beworbenen Produktgruppen (Unterkategorien) aller Branchen beworben; bzw. zu +412,3% im Vergleich zu allen Werbespots der Branche Lebensmittel & nicht-alkoholische Getränke. Bei Berücksichtigung lediglich der unterschiedlichen Werbespots ist ein Wert von +1.354,9% (Gesamt) beziehungsweise von +680% (Branche) zu verzeichnen.

9.7.5 Einzelhandel/Handel

Mit einem Anteil von 2,2% werden gastronomische Räume zur Bewerbung des Einzelhandels/Handels im Fernsehen eingesetzt. Insgesamt wurden 2 von 92 Werbespots (1 von 26 unterschiedlichen) aus diesem Bereich mit solchen Räumen beworben. Damit wird diese Branche zu -37,2% unterdurchschnittlich selten mit gastronomischen Räumen beworben beziehungsweise zu +67,9% bei Berücksichtigung lediglich der unterschiedlichen Werbespots.

9.7.6 Banken/Versicherungen

Mit einem Anteil von 1,3% werden gastronomische Räume zur Bewerbung von Banken/Versicherungen im Fernsehen eingesetzt. Insgesamt wurde 1 von 79 Werbespots (1 von 26 unterschiedlichen) aus diesem Bereich mit solchen Räumen beworben. Damit wird diese Branche zu -63,5% unterdurchschnittlich selten mit gastronomischen Räumen beworben beziehungsweise zu +67,9% bei Berücksichtigung lediglich der unterschiedlichen Werbespots.

9.7.7 Automobile

Mit einem Anteil von 1,2% werden gastronomische Räume zur Bewerbung von Automobilen im Fernsehen eingesetzt. Insgesamt wurde 1 von 86 Werbespots (1 von 32 unterschiedlichen) aus diesem Bereich mit solchen Räumen beworben. Damit wird diese Branche zu -66,4% unterdurchschnittlich selten mit gastronomischen Räumen beworben beziehungsweise zu +36,4% bei Berücksichtigung lediglich der unterschiedlichen Werbespots.

9.7.8 Kosmetik & Pflege

Mit einem Anteil von 0,9% werden gastronomische Räume zur Bewerbung von Kosmetik & Pflege im Fernsehen eingesetzt. Insgesamt wurden 4 von 453 Werbespots (1 von 124 unterschiedlichen) aus diesem Bereich mit solchen Räumen beworben. Damit wird diese Branche zu -74,5% unterdurchschnittlich selten mit gastronomischen Räumen beworben beziehungsweise zu -64,8% bei Berücksichtigung lediglich der unterschiedlichen Werbespots.

9.8 Reise-/Urlaubs-/Freizeitatmosphäre in der TV-Werbung

Reise-/Urlaubs-/Freizeitatmosphäre in der TV-Werbung (alle Branchen)

Branche	Spots gesamt in Branche unabhängig von Räumlichkeit	Verschiedene Spots in Branche unabhängig von Räumlichkeit	**%-Anteil Räumlichkeit an Spots gesamt in Branchen**	%-Abweichung Räumlichkeit in Spots gesamt vom Schnitt aller Branchen	**%-Anteil Räumlichkeit an verschiedenen Spots in Branchen**	%-Abweichung Räumlichkeit in verschiedenen Spots vom Schnitt aller Branchen
Touristik	36	11	**69,4%**	2054,3%	**54,5%**	1345,5%
Einzelhandel Handel	92	26	**7,6%**	136,0%	**11,5%**	205,8%
Süßwaren	346	66	**4,9%**	52,4%	**4,5%**	20,5%
Lebensmittel & nicht-alkohol. Getränke	602	117	**3,3%**	3,1%	**3,4%**	-9,4%
Printmedien	68	30	**2,9%**	-8,8%	**3,3%**	-11,7%
Kosmetik/Pflege	453	124	**2,6%**	-17,8%	**3,2%**	-14,5%
Telekommunik.	157	44	**2,5%**	-21,0%	**2,3%**	-39,8%
Computer/Internet	62	12	**1,6%**	-50,0%	**8,3%**	120,8%
Banken Versicherungen	79	26	**1,3%**	-60,7%	**3,8%**	1,9%
Automobile	86	32	**1,2%**	-63,9%	**3,1%**	-17,2%
Spielwaren Unterhaltung Freizeit/Kino	183	39	**1,1%**	-66,1%	**2,6%**	-32,1%
Alkohol	116	30	**0,9%**	-73,3%	**3,3%**	-11,7%
Haushaltsprodukte	169	38	**0,6%**	-81,6%	**2,6%**	-30,3%

Zur Produktbewerbung werden Räume, die Reise-/Urlaubs-/Freizeitatmosphäre darstellen, kaum eingesetzt. Von den insgesamt 2916 ausgewerteten Werbespots spielen 94 in solchen Räumen (28 von insgesamt 742 unterschiedliche Werbespots). Dies entspricht einem Anteil von 3,2% beziehungsweise von 3,8% bei Berücksichtigung lediglich der unterschiedlichen Werbespots. Am signifikantesten werden diese Räumlichkeiten, berücksichtigt man die absoluten Zahlen, selbstverständlich in Werbespots verwendet, die Reisen bewerben. So sind 21 von 32 insgesamt zum Thema „Pauschalreisen" gesendete Werbespots zu verzeichnen, die ausgesprochene Reiseatmosphäre (Strand, Palmen etc.) aufzeigen.

9.8.1 Touristik

Mit einem Anteil von 69,4% werden Räume, die Reise-/Urlaubs-/Freizeitatmosphäre zeigen, zur Bewerbung von Touristik (Reisen etc.) im Fernsehen eingesetzt. Insgesamt wurden 25 von 36 Werbespots (6 von 11 unterschiedlichen) aus diesem Bereich mit solchen Räumen beworben. Damit wird diese Branche zu 2.054,3% überdurchschnittlich oft mittels Reise-/ Urlaubs-/Freizeitatmosphäre beworben beziehungsweise zu +1.345,5% bei Berücksichtigung lediglich der unterschiedlichen Werbespots.

9.8.2 Einzelhandel/Handel

Mit einem Anteil von 7,6% werden Räume, die Reise-/Urlaubs-/Freizeitatmosphäre zeigen, zur Bewerbung von Einzelhandel/Handel im Fernsehen eingesetzt. Insgesamt wurden 7 von 92 Werbespots (3 von 26 unterschiedlichen) aus diesem Bereich mit solchen Räumen beworben. Damit wird diese Branche zu 136% überdurchschnittlich oft mittels Reise-/Urlaubs-/Freizeitatmosphäre beworben beziehungsweise zu +205,8% bei Berücksichtigung lediglich der unterschiedlichen Werbespots.

9.8.3 Süßwaren

Mit einem Anteil von 4,9% werden Räume, die Reise-/Urlaubs-/Freizeitatmosphäre zeigen, zur Bewerbung von Süßwaren im Fernsehen eingesetzt. Insgesamt wurden 17 von 346 Werbespots (3 von 66 unterschiedlichen) aus diesem Bereich mit solchen Räumen beworben. Damit wird diese Branche zu +52,4% überdurchschnittlich oft mittels Reise-/Urlaubs-/Freizeitatmosphäre beworben beziehungsweise zu +20,5% bei Berücksichtigung lediglich der unterschiedlichen Werbespots.

Eis

Mit einem Anteil von 20,5% werden Räume, die Reise-/Urlaubs-/Freizeitatmosphäre zeigen, zur Bewerbung von Eis im Fernsehen eingesetzt. Insgesamt wurden 8 von 39 Werbespots (1 von 7 unterschiedlichen) aus diesem Bereich mit solchen Räumen beworben (im Beobachtungszeitraum). Damit wird Eis zu +536,3% überdurchschnittlich oft mittels Reise-/Urlaubs-/Freizeitatmosphäre im Vergleich zu allen anderen beworbenen Produktgruppen (Unterkategorien) aller Branchen beworben; bzw. zu +317,5% im Vergleich zu allen Werbespots der Branche Süßwaren. Bei Berücksichtigung lediglich der unterschiedlichen Werbespots ist ein Wert von +278,6% (Gesamt) beziehungsweise von +214,3% (Branche) zu verzeichnen.

Kaugummis/Kaustreifen

Mit einem Anteil von 9,8% werden Räume, die Reise-/Urlaubs-/Freizeitatmosphäre zeigen, zur Bewerbung von Kaugummis/Gums/Kaustreifen im Fernsehen eingesetzt. Insgesamt wurden 8 von 82 Werbespots (1 von 13 unterschiedlichen) aus diesem Bereich mit solchen Räumen beworben (im Beobachtungszeitraum). Damit werden Kaugummis/Gums/Kaustreifen zu +202,6% überdurchschnittlich oft mittels Reise-/Urlaubs-/Freizeitatmosphäre im Vergleich zu allen anderen beworbenen Produktgruppen (Unterkategorien) aller Branchen beworben; bzw. zu +98,6% im Vergleich zu allen Werbespots der Branche Süßwaren. Bei Berücksichtigung lediglich der unterschiedlichen Werbespots ist ein Wert von +103,8% (Gesamt) beziehungsweise von +69,2% (Branche) zu verzeichnen.

Kuchen/Kekse

Mit einem Anteil von 2,4% werden Räume, die Reise-/Urlaubs-/Freizeitatmosphäre zeigen, zur Bewerbung von Kuchen/Keksen im Fernsehen eingesetzt. Insgesamt wurde 1 von 42 Werbespots (1 von 10 unterschiedlichen) aus diesem Bereich mit solchen Räumen beworben (im Beobachtungszeitraum). Damit werden Kuchen/Kekse zu -26,1% unterdurchschnittlich selten mittels Reise-/Urlaubs-/Freizeitatmosphäre im Vergleich zu allen anderen beworbenen Produktgruppen (Unterkategorien) aller Branchen beworben; bzw. zu -51,5% im Vergleich zu allen Werbespots der Branche Süßwaren. Bei Berücksichtigung lediglich der unterschiedlichen Werbespots ist ein Wert von +165% (Gesamt) beziehungsweise von +120% (Branche) zu verzeichnen.

9.8.4 Lebensmittel & nicht-alkoholische Getränke

Mit einem Anteil von 3,3% werden Räume, die Reise-/Urlaubs-/Freizeitatmosphäre zeigen, zur Bewerbung von Lebensmitteln/nicht-alkoholischen Getränken im Fernsehen eingesetzt. Insgesamt wurden 20 von 602 Werbespots (4 von 117 unterschiedlichen) aus diesem Bereich mit solchen Räumen beworben. Damit wird diese Branche zu +3,3% überdurchschnittlich oft mittels Reise-/Urlaubs-/Freizeitatmosphäre beworben beziehungsweise zu -9,4% bei Berücksichtigung lediglich der unterschiedlichen Werbespots.

Tee

Mit einem Anteil von 100% werden Reise-/Urlaubs-/Freizeitatmosphäre zur Bewerbung von Tee im Fernsehen eingesetzt. Insgesamt wurden 5 von 5 Werbespots (1 von 1 unterschiedlichen) aus diesem Bereich mit Reise-/Urlaubs-/Freizeitatmosphäre beworben (im Beobachtungszeitraum). Damit wird Tee zu +3.002,1% überdurchschnittlich oft mittels Reise-/Urlaubs-/Freizeitatmosphäre im Vergleich zu allen anderen beworbenen Produktgruppen (Unterkategorien) aller Branchen beworben; bzw. zu +2.910% im Vergleich zu allen Werbespots der Branche Lebensmittel & nicht-alkoholische Getränke. Bei Berücksichtigung lediglich der unterschiedlichen Werbespots ist ein Wert von +2.550% (Gesamt) beziehungsweise von +2.825% (Branche) zu verzeichnen.

Fast Food

Mit einem Anteil von 13,2% werden Reise-/Urlaubs-/Freizeitatmosphäre zur Bewerbung von Fast Food im Fernsehen eingesetzt. Insgesamt wurden 10 von 76 Werbespots (1 von 10 unterschiedlichen) aus diesem Bereich mit Reise-/Urlaubs-/Freizeitatmosphäre beworben (im Beobachtungszeitraum). Damit wird Fast Food zu +308,2% überdurchschnittlich oft mittels Reise-/Urlaubs-/Freizeitatmosphäre im Vergleich zu allen anderen beworbenen Produktgruppen (Unterkategorien) aller Branchen beworben; bzw. zu +296,1% im Vergleich zu allen Werbespots der Branche Lebensmittel & nicht-alkoholische Getränke. Bei Berücksichtigung lediglich der unterschiedlichen Werbespots ist ein Wert von +165% (Gesamt) beziehungsweise von +192,5% (Branche) zu verzeichnen.

Säfte

Mit einem Anteil von 12,5% werden Reise-/Urlaubs-/Freizeitatmosphäre zur Bewerbung von Säften im Fernsehen eingesetzt. Insgesamt wurden 2 von 16 Werbespots (1 von 6 unterschiedlichen) aus diesem Bereich mit Reise-/Urlaubs-/Freizeitatmosphäre beworben (im Beobachtungszeitraum). Damit werden Säfte zu +287,8% überdurchschnittlich oft mittels Reise-/Urlaubs-/Freizeitatmosphäre im Vergleich zu allen anderen beworbenen Produktgruppen (Unterkategorien) aller Branchen beworben; bzw. zu +276,3% im Vergleich zu allen Werbespots der Branche Lebensmittel & nicht-alkoholische Getränke. Bei Berücksichtigung lediglich der unterschiedlichen Werbespots ist ein Wert von +341,7% (Gesamt) beziehungsweise von +387,5% (Branche) zu verzeichnen.

Milchgetränke

Mit einem Anteil von 4,3% wird Reise-/Urlaubs-/Freizeitatmosphäre zur Bewerbung von Milchgetränken im Fernsehen eingesetzt. Insgesamt wurden 3 von 70 Werbespots (1 von 10 unterschiedlichen) aus diesem Bereich mit Reise-/Urlaubs-/Freizeitatmosphäre beworben (im Beobachtungszeitraum). Damit werden Milchgetränke zu +4,3% überdurchschnittlich oft mittels Reise-/Urlaubs-/Freizeitatmosphäre im Vergleich zu allen anderen beworbenen Produktgruppen (Unterkategorien) aller Branchen beworben; bzw. zu +29% im Vergleich zu allen Werbespots der Branche Lebensmittel & nicht-alkoholische Getränke. Bei Berücksichtigung lediglich der unterschiedlichen Werbespots ist ein Wert von +165% (Gesamt) beziehungsweise von +192,5% (Branche) zu verzeichnen.

9.8.5 Printmedien

Mit einem Anteil von 2,9% werden Räume, die Reise-/Urlaubs-/Freizeitatmosphäre zeigen, zur Bewerbung von Printmedien im Fernsehen eingesetzt. Insgesamt wurden 2 von 68 Werbespots (1 von 30 unterschiedlichen) aus diesem Bereich mit solchen Räumen beworben. Damit wird diese Branche zu +2,9% überdurchschnittlich oft mittels Reise-/Urlaubs-/ Freizeitatmosphäre beworben beziehungsweise zu -11,7% bei Berücksichtigung lediglich der unterschiedlichen Werbespots.

9.8.6 Kosmetik & Pflege

Mit einem Anteil von 2,6% werden Räume, die Reise-/Urlaubs-/Freizeitatmosphäre zeigen, zur Bewerbung von Kosmetik & Pflege im Fernsehen eingesetzt. Insgesamt wurden 12 von 453 Werbespots (4 von 124 unterschiedlichen) aus diesem Bereich mit solchen Räumen beworben. Damit wird diese Branche zu -17,8% unterdurchschnittlich selten mittels Reise-/ Urlaubs-/Freizeitatmosphäre beworben beziehungsweise zu -14,5% bei Berücksichtigung lediglich der unterschiedlichen Werbespots.

9.8.7 Telekommunikation

Mit einem Anteil von 2,5% werden Räume, die Reise-/Urlaubs-/Freizeitatmosphäre zeigen, zur Bewerbung von Telekommunikation im Fernsehen eingesetzt. Insgesamt wurden 4 von 157 Werbespots (1 von 44 unterschiedlichen) aus diesem Bereich mit solchen Räumen beworben. Damit wird diese Branche zu -21% unterdurchschnittlich selten mittels Reise-/ Urlaubs-/Freizeitatmosphäre beworben beziehungsweise zu -39,8% bei Berücksichtigung lediglich der unterschiedlichen Werbespots.

9.8.8 Computer & Internet

Mit einem Anteil von 1,6% werden Räume, die Reise-/Urlaubs-/Freizeitatmosphäre zeigen, zur Bewerbung von Computer & Internet im Fernsehen eingesetzt. Insgesamt wurde 1 von 62 Werbespots (1 von 12 unterschiedlichen) aus diesem Bereich mit solchen Räumen beworben. Damit wird diese Branche zu -50% unterdurchschnittlich selten mittels Reise-/Urlaubs-/Freizeitatmosphäre beworben beziehungsweise zu -120,8% bei Berücksichtigung lediglich der unterschiedlichen Werbespots.

9.8.9 Banken/Versicherungen

Mit einem Anteil von 1,3% werden Räume, die Reise-/Urlaubs-/Freizeitatmosphäre zeigen, zur Bewerbung von Banken/Versicherungen im Fernsehen eingesetzt. Insgesamt wurde 1 von 79 Werbespots (1 von 26 unterschiedlichen) aus diesem Bereich mit solchen Räumen beworben. Damit wird diese Branche zu -60,7% unterdurchschnittlich selten mittels Reise-/Urlaubs-/Freizeitatmosphäre beworben beziehungsweise zu +1,9% bei Berücksichtigung lediglich der unterschiedlichen Werbespots.

9.8.10 Automobile

Mit einem Anteil von 1,2% werden Räume, die Reise-/Urlaubs-/Freizeitatmosphäre zeigen, zur Bewerbung von Automobilen im Fernsehen eingesetzt. Insgesamt wurde 1 von 86 Werbespots (1 von 32 unterschiedlichen) aus diesem Bereich mit solchen Räumen beworben. Damit wird diese Branche zu -63,9% unterdurchschnittlich selten mittels Reise-/Urlaubs-/ Freizeitatmosphäre beworben beziehungsweise zu -17,2% bei Berücksichtigung lediglich der unterschiedlichen Werbespots.

9.8.11 Spielwaren/Unterhaltung/Freizeit/Kino

Mit einem Anteil von 1,1% werden Räume, die Reise-/Urlaubs-/Freizeitatmosphäre zeigen, zur Bewerbung von Spielwaren/Unterhaltung/Freizeit/Kino im Fernsehen eingesetzt. Insgesamt wurden 2 von 183 Werbespots (1 von 39 unterschiedlichen) aus diesem Bereich mit solchen Räumen beworben. Damit wird diese Branche zu -66,1% unterdurchschnittlich selten mittels Reise-/Urlaubs-/Freizeitatmosphäre beworben beziehungsweise zu -32,1% bei Berücksichtigung lediglich der unterschiedlichen Werbespots.

9.8.12 *Alkohol*

Mit einem Anteil von 0,9% werden Räume, die Reise-/Urlaubs-/Freizeitatmosphäre zeigen, zur Bewerbung von Alkohol im Fernsehen eingesetzt. Insgesamt wurde 1 von 116 Werbespots (1 von 30 unterschiedlichen) aus diesem Bereich mit solchen Räumen beworben. Damit wird diese Branche zu -73,3% unterdurchschnittlich selten mittels Reise-/Urlaubs-/ Freizeitatmosphäre beworben beziehungsweise zu -11,7% bei Berücksichtigung lediglich der unterschiedlichen Werbespots.

9.8.13 *Haushaltsprodukte*

Mit einem Anteil von 0,6% werden Räume, die Reise-/Urlaubs-/Freizeitatmosphäre zeigen, zur Bewerbung von Haushaltsprodukten (Reinigungsmittel, Waschmittel etc.) im Fernsehen eingesetzt. Insgesamt wurde 1 von 169 Werbespots (1 von 38 unterschiedlichen) aus diesem Bereich mit solchen Räumen beworben. Damit wird diese Branche zu -81,6% unterdurchschnittlich selten mittels Reise-/Urlaubs-/Freizeitatmosphäre beworben beziehungsweise zu -30,3% bei Berücksichtigung lediglich der unterschiedlichen Werbespots.

9.9 Geschäfts-/Büroräume in der TV-Werbung

Geschäfts-/Büroräume in der TV-Werbung (alle Branchen)						
Branche	Spots gesamt in Branche unabhängig von Räumlichkeit	Verschiedene Spots in Branche unabhängig von Räumlichkeit	**%-Anteil Räumlichkeit an Spots gesamt in Branchen**	%-Abweichung Räumlichkeit in Spots gesamt vom Schnitt aller Branchen	**%-Anteil Räumlichkeit an verschiedenen Spots in Branchen**	%-Abweichung Räumlichkeit in verschiedenen Spots vom Schnitt aller Branchen
Einzelhandel Handel	92	26	**6,5%**	192,6%	**7,7%**	185,4%
Automobile	86	32	**5,8%**	160,8%	**3,1%**	15,9%
Banken Versicherungen	79	26	**5,1%**	127,1%	**7,7%**	185,4%
Süßwaren	346	66	**4,6%**	107,5%	**4,5%**	68,6%
Bauen/Wohnen	25	9	**4,0%**	79,4%	**11,1%**	312,2%
Lebensmittel & nicht-alkohol. Getränke	602	117	**3,0%**	34,1%	**3,4%**	26,8%
Touristik	36	11	**2,8%**	24,6%	**9,1%**	237,3%
Telekommunik.	157	44	**2,5%**	14,3%	**2,3%**	-15,7%
Kosmetik Pflege	453	124	**1,8%**	-20,8%	**2,4%**	-10,2%
Printmedien	68	30	**1,5%**	-34,0%	**3,3%**	23,7%
Elektronik U-Ektronik	156	68	**0,6%**	-71,2%	**1,5%**	-45,4%

Auch wenn Geschäftsräume immer wieder gerne zur Inszenierung bestimmter Produkte eingesetzt werden, so ist ihr Anteil am gesamten ausgewerteten Werbespotaufkommen von 2,2% dennoch eher gering zu nennen. Entsprechend unbedeutend sind Geschäftsräume denn auch bei der näheren Analyse. In lediglich elf von 26 ausgewerteten Branchen, die im beobachteten Zeitraum Werbung betrieben haben, wurden Geschäftsräume eingesetzt.

9.9.1 Einzelhandel/Handel

Mit einem Anteil von 6,5% werden Geschäfts-/Büroräume zur Bewerbung von Einzelhandel/Handel im Fernsehen eingesetzt. Insgesamt wurden 6 von 92 Werbespots (2 von 26 unterschiedlichen) aus diesem Bereich mit Geschäfts-/Büroräumen beworben. Damit wird der Einzelhandel/Handel zu +192,6% überdurchschnittlich mittels Geschäfts-/Büroräumen beworben beziehungsweise zu +185,4% bei Berücksichtigung lediglich der unterschiedlichen Werbespots.

9.9.2 Automobile

Mit einem Anteil von 5,8% werden Geschäfts-/Büroräume zur Bewerbung von Automobilen im Fernsehen eingesetzt. Insgesamt wurden 5 von 86 Werbespots (1 von

32 unterschiedlichen) aus diesem Bereich mit Geschäfts-/Büroräumen beworben. Damit werden Produkte rund um das Automobil zu +160,8% überdurchschnittlich mittels Geschäfts-/ Büroräumen beworben beziehungsweise zu +15,9% bei Berücksichtigung lediglich der unterschiedlichen Werbespots.

9.9.3 Banken/Versicherungen

Mit einem Anteil von 5,1% werden Geschäfts-/Büroräume zur Bewerbung von Banken/Versicherungen im Fernsehen eingesetzt. Insgesamt wurden 4 von 79 Werbespots (2 von 26 unterschiedlichen) aus diesem Bereich mit Geschäfts-/Büroräumen beworben. Damit werden Banken/Versicherungen zu +127,1% überdurchschnittlich mittels Geschäfts-/ Büroräumen beworben beziehungsweise zu +185,4% bei Berücksichtigung lediglich der unterschiedlichen Werbespots.

9.9.4 Süßwaren

Mit einem Anteil von 4,6% werden Geschäfts-/Büroräume zur Bewerbung von Süßwaren im Fernsehen eingesetzt. Insgesamt wurden 16 von 346 Werbespots (3 von 66 unterschiedlichen) aus diesem Bereich mit Geschäfts-/Büroräumen beworben. Damit werden Süßwaren zu +107,5% überdurchschnittlich mittels Geschäfts-/Büroräumen beworben beziehungsweise zu +68,6% bei Berücksichtigung lediglich der unterschiedlichen Werbespots.

Kaugummis/Gums/Kaustreifen

Mit einem Anteil von 15,9% werden Geschäfts/Büroräume zur Bewerbung von Kaugummis/Gums/Kaustreifen im Fernsehen eingesetzt. Insgesamt wurden 13 von 82 Werbespots (1 von 13 unterschiedlichen) aus diesem Bereich mit Geschäfts-/Büroräumen beworben (im Beobachtungszeitraum). Damit werden Kaugummis/Gums/Kaustreifen zu +611,2% überdurchschnittlich oft mittels Geschäfts-/Büroräumen im Vergleich zu allen anderen beworbenen Produktgruppen (Unterkategorien) aller Branchen beworben; bzw. zu +242,8% im Vergleich zu allen Werbespots der Branche Süßwaren. Bei Berücksichtigung lediglich der unterschiedlichen Werbespots ist ein Wert von +271% (Gesamt) beziehungsweise von +120% (Branche) zu verzeichnen.

Eis

Mit einem Anteil von 5,1% werden Geschäfts-/Büroräume zur Bewerbung von Eis im Fernsehen eingesetzt. Insgesamt wurden 2 von 39 Werbespots (1 von 7 unterschiedlichen) aus diesem Bereich mit Geschäfts-/Büroräumen beworben (im Beobachtungszeitraum). Damit wird Eis zu +130,1% überdurchschnittlich oft mittels Geschäfts-/Büroräumen im Vergleich zu allen anderen beworbenen Produktgruppen (Unterkategorien) aller Branchen beworben; bzw. zu +10,9% im Vergleich zu allen Werbespots der Branche Süßwaren. Bei Berücksichtigung lediglich der unterschiedlichen Werbespots ist ein Wert von +430% (Gesamt) beziehungsweise von +214,3% (Branche) zu verzeichnen.

Kuchen/Kekse

Mit einem Anteil von 2,4% werden Geschäfts-/Büroräume zur Bewerbung von Kuchen/Keksen im Fernsehen eingesetzt. Insgesamt wurde 1 von 42 Werbespots (1 von 10 unterschiedlichen) aus diesem Bereich mit Geschäfts-/Büroräumen beworben (im Beobachtungszeitraum). Damit werden Kuchen/Kekse zu +6,8% überdurchschnittlich oft mittels Geschäfts-/Büroräumen im Vergleich zu allen anderen beworbenen Produktgruppen (Unterkategorien) aller Branchen beworben; bzw. zu -48,5% im Vergleich zu allen Werbespots der Branche Süßwaren. Bei Berücksichtigung lediglich der unterschiedlichen Werbespots ist ein Wert von +271% (Gesamt) beziehungsweise von +120% (Branche) zu verzeichnen.

9.9.5 *Bauen & Wohnen*

Mit einem Anteil von 4% werden Geschäfts-/Büroräume zur Bewerbung von Bauen & Wohnen im Fernsehen eingesetzt. Insgesamt wurde 1 von 25 Werbespots (1 von 9 unterschiedlichen) aus diesem Bereich mit Geschäfts-/Büroräumen beworben. Damit werden Produkte rund um Bauen & Wohnen zu +79,4% überdurchschnittlich mittels Geschäfts-/ Büroräumen beworben beziehungsweise zu +312,2% bei Berücksichtigung lediglich der unterschiedlichen Werbespots.

9.9.6 *Lebensmittel & nicht-alkoholische Getränke*

Mit einem Anteil von 3% werden Geschäfts-/Büroräume zur Bewerbung von Lebensmitteln & nicht-alkoholischen Getränken im Fernsehen eingesetzt. Insgesamt wurden 18 von 602 Werbespots (4 von 117 unterschiedlichen) aus diesem Bereich mit Geschäfts-/Büroräumen beworben. Damit werden Lebensmittel & nicht-alkoholische Getränke zu +34,1% überdurchschnittlich mittels Geschäfts-/Büroräumen beworben beziehungsweise zu +26,8% bei Berücksichtigung lediglich der unterschiedlichen Werbespots.

Cornflakes/Cerealien

Mit einem Anteil von 42,1% werden Geschäfts-/Büroräume zur Bewerbung von Cornflakes/Cerealien im Fernsehen eingesetzt. Insgesamt wurden 8 von 19 Werbespots (1 von 5 unterschiedlichen) aus diesem Bereich mit Geschäfts-/Büroräumen beworben (im Beobachtungszeitraum). Damit werden Cornflakes/Cerealien zu +1.788,9% überdurchschnittlich oft mittels Geschäfts-/Büroräumen im Vergleich zu allen anderen beworbenen Produktgruppen (Unterkategorien) aller Branchen beworben; bzw. zu +1.308,2% im Vergleich zu allen Werbespots der Branche Lebensmittel & nicht-alkoholische Getränke. Bei Berücksichtigung lediglich der unterschiedlichen Werbespots ist ein Wert von +642% (Gesamt) beziehungsweise von +485% (Branche) zu verzeichnen.

Soßen/Dressings

Mit einem Anteil von 20,7% werden Geschäfts-/Büroräume zur Bewerbung von Cornflakes/Cerealien im Fernsehen eingesetzt. Insgesamt wurden 5 von 29 Werbespots (1 von 8 unterschiedlichen) aus diesem Bereich mit Geschäfts- / Büroräumen beworben (im Beobachtungszeitraum). Damit werden Soßen/Dressings zu +828,2% überdurchschnittlich oft mittels Geschäfts-/Büroräumen im Vergleich zu allen anderen beworbenen Produktgruppen (Unterkategorien) aller Branchen beworben; bzw. zu +592% im Vergleich zu allen Werbespots der Branche Lebensmittel & nicht-alkoholische Getränke. Bei Berücksichtigung lediglich der unterschiedlichen Werbespots ist ein Wert von +363,8% (Gesamt) beziehungsweise von +265,6% (Branche) zu verzeichnen.

Kaffee

Mit einem Anteil von 8,3% werden Geschäfts-/Büroräume zur Bewerbung von Kaffee im Fernsehen eingesetzt. Insgesamt wurden 3 von 36 Werbespots (1 von 9 unterschiedlichen) aus diesem Bereich mit Geschäfts-/Büroräumen beworben (im Beobachtungszeitraum). Damit wird Kaffee zu +273,8% überdurchschnittlich oft mittels Geschäfts-/Büroräumen im Vergleich zu allen anderen beworbenen Produktgruppen (Unterkategorien) aller Branchen beworben; bzw. zu +178,7% im Vergleich zu allen Werbespots der Branche Lebensmittel & nicht-alkoholische Getränke. Bei Berücksichtigung lediglich der unterschiedlichen Werbespots ist ein Wert von +312,2% (Gesamt) beziehungsweise von +19,4% (Branche) zu verzeichnen.

Fertiggerichte

Mit einem Anteil von 3,6% werden Geschäfts-/Büroräume zur Bewerbung von Fertiggerichten im Fernsehen eingesetzt. Insgesamt wurde 1 von 28 Werbespots (1 von 4 unterschiedlichen) aus diesem Bereich mit Geschäfts-/Büroräumen beworben (im Beobachtungszeitraum). Damit werden Fertiggerichte zu +60,2% überdurchschnittlich oft mittels Geschäfts-/Büroräumen im Vergleich zu allen anderen beworbenen Produktgruppen (Unterkategorien) aller Branchen beworben; bzw. zu +19,4% im Vergleich zu allen Werbespots der Branche Lebensmittel & nicht-alkoholische Getränke. Bei Berücksichtigung lediglich der unterschiedlichen Werbespots ist ein Wert von +827,5% (Gesamt) beziehungsweise von +631,3% (Branche) zu verzeichnen.

9.9.7 Touristik

Mit einem Anteil von 2,8% werden Geschäfts-/Büroräume zur Bewerbung von Touristik im Fernsehen eingesetzt. Insgesamt wurde 1 von 36 Werbespots (1 von 11 unterschiedlichen) aus diesem Bereich mit Geschäfts-/Büroräumen beworben. Damit wird Touristik zu +24,6% überdurchschnittlich mittels Geschäfts-/Büroräumen beworben beziehungsweise zu +237,3% bei Berücksichtigung lediglich der unterschiedlichen Werbespots.

9.9.8 Telekommunikation

Mit einem Anteil von 2,5% werden Geschäfts-/Büroräume zur Bewerbung von Telekommunikation im Fernsehen eingesetzt. Insgesamt wurden 4 von 157 Werbespots (1 von 44 unterschiedlichen) aus diesem Bereich mit Geschäfts-/Büroräumen beworben. Damit wird Telekommunikation zu +14,3% überdurchschnittlich mittels

Geschäfts-/Büroräumen beworben beziehungsweise zu -15,7% bei Berücksichtigung lediglich der unterschiedlichen Werbespots.

9.9.9 Kosmetik & Pflege

Mit einem Anteil von 1,8% werden Geschäfts-/Büroräume zur Bewerbung von Kosmetik & Pflege im Fernsehen eingesetzt. Insgesamt wurden 8 von 453 Werbespots (3 von 124 unterschiedlichen) aus diesem Bereich mit Geschäfts-/Büroräumen beworben. Damit wird Kosmetik & Pflege zu -20,8% unterdurchschnittlich selten mittels Geschäfts-/Büroräumen beworben beziehungsweise zu -10,2% bei Berücksichtigung lediglich der unterschiedlichen Werbespots.

9.9.10 Printmedien

Mit einem Anteil von 1,5% werden Geschäfts-/Büroräume zur Bewerbung von Printmedien im Fernsehen eingesetzt. Insgesamt wurde 1 von 68 Werbespots (1 von 30 unterschiedlichen) aus diesem Bereich mit Geschäfts-/Büroräumen beworben. Damit werden Printmedien zu -34% unterdurchschnittlich selten mittels Geschäfts-/Büroräumen beworben beziehungsweise zu +23,7% bei Berücksichtigung lediglich der unterschiedlichen Werbespots.

9.9.11 Elektronik/Unterhaltungselektronik

Mit einem Anteil von 0,6% werden Geschäfts-/Büroräume zur Bewerbung von Elektronik/ Unterhaltungselektronik im Fernsehen eingesetzt. Insgesamt wurde 1 von 156 Werbespots (1 von 68 unterschiedlichen) aus diesem Bereich mit Geschäfts-/Büroräumen beworben. Damit wird Elektronik/Unterhaltungselektronik zu -71,2% unterdurchschnittlich selten mittels Geschäfts-/Büroräumen beworben beziehungsweise zu -45,4% bei Berücksichtigung lediglich der unterschiedlichen Werbespots.

9.10 Kliniken/Arztpraxen/Apotheken/Laborräume in der TV-Werbung

Räume Kliniken / Arztpraxen / Apotheken / Labore der TV-Werbung (alle Branchen)						
Branche	Spots gesamt in Branche unabhängig von Räumlichkeit	Verschiedene Spots in Branche unabhängig von Räumlichkeit	**%-Anteil Räumlichkeit an Spots gesamt in Branche**	%-Abweichung Räumlichkeit in Spots gesamt vom Schnitt aller Branchen	**%-Anteil Räumlichkeit an verschiedenen Spots in Branche**	%-Abweichung Räumlichkeit in verschiedenen Spots vom Schnitt aller Branchen
Computer Internet	62	12	**9,7%**	571,9%	**8,3%**	462,1%
Haushaltsprodukte	169	38	**5,3%**	269,7%	**2,6%**	77,5%
Gewinnspiele	19	10	**5,3%**	265,4%	**10,0%**	574,5%
Printmedien	68	30	**4,4%**	206,3%	**3,3%**	124,8%
Kosmetik Pflege	453	124	**4,2%**	191,2%	**4,0%**	172,0%
Pharmazeutika	87	27	**3,4%**	139,4%	**3,7%**	149,8%
Elektronik U-Elektronik	156	68	**0,6%**	-55,5%	**1,5%**	-0,8%

Arztpraxen, Kliniken, Apotheken oder Laborräume jeglicher Art umgeben sich mit dem Touch von Sauberkeit, Seriosität, Kompetenz, Zuverlässigkeit - alles Attribute, die auch in der Werbung einen hohen Stellenwert einnehmen. Sie sind Voraussetzung für Glaubwürdigkeit. Ohne Glaubwürdigkeit kann Werbung schlecht wirken.

9.10.1 Computer & Internet

Mit einem Anteil von 9,7% werden Klinik/Arztpraxis/Apotheke oder Laborräume zur Bewerbung von Produkten rund um Computer & Internet im Fernsehen eingesetzt. Insgesamt wurden 6 von 62 Werbespots (3 von 32 unterschiedlichen) aus diesem Bereich so beworben. Damit werden Computer & Internet zu +571,9% überdurchschnittlich oft mittels Klinik/ Arztpraxis/Apotheke oder Laborräumen beworben beziehungsweise zu +462,1% bei Berücksichtigung lediglich der unterschiedlichen Werbespots.

Dasss gerade die Computer- und Internetbranche mit einem Anteil von 9,7% am intensivsten sich mit den erwähnten Räumlichkeiten Arztpraxen, Kliniken, Apotheken oder Laboren umgibt, ist ein Fakt, der einfach einmal als Tatsache festzuhalten bleibt, ohne dass hier Überinterpretationen stattfinden sollten. Etwas Spekulation sei dennoch zugestanden: Man könnte Computer ästhetisch-inhaltlich der postmodernen Lebensführung zuzählen. Erwähnenswert ist hier insbesondere das Design: klare Linien, Glas oder Plastik als äußerlich inszenierte Baumaterialien. Computer stehen aber auch für eine fast schon intelligente Lebensführung, die in vielen Bereichen einen Perfektionsgrad erreicht, der so gut wie abgekoppelt vom Menschen noch nie dagewesene Maßstäbe setzt. Arztpraxen oder Labore umgeben sich gerne mit dem

Nimbus der Unfehlbarkeit, der Perfektion. Die Computer- und Internetbranche scheint hier einen Imagetransfer vorzunehmen.

9.10.2 Haushaltsprodukte

Mit einem Anteil von 5,3% werden Klinik/Arztpraxis/Apotheke oder Laborräume zur Bewerbung von Haushaltsprodukten (Reinigungsmittel, Waschmittel etc.) im Fernsehen eingesetzt. Insgesamt wurden 9 von 169 Werbespots (1 von 38 unterschiedlichen) aus diesem Bereich mit Klinik/Arztpraxis/Apotheke oder Laborräumen beworben. Damit werden Haushaltsprodukte zu +269,7% überdurchschnittlich oft mittels Klinik/Arztpraxis/Apotheke oder Laborräumen beworben beziehungsweise zu +77,5%% bei Berücksichtigung lediglich der unterschiedlichen Werbespots.

9.10.3 Gewinnspiele

Mit einem Anteil von 5,3% werden Klinik/Arztpraxis/Apotheke oder Laborräume zur Bewerbung von Gewinnspielen im Fernsehen eingesetzt. Insgesamt wurde 1 von 19 Werbespots (1 von 10 unterschiedlichen) aus diesem Bereich mit Klinik/Arztpraxis/Apotheke oder Laborräumen beworben. Damit werden Gewinnspiele zu +265,4% überdurchschnittlich oft mittels Klinik/Arztpraxis/Apotheke oder Laborräumen beworben beziehungsweise zu +574,5% bei Berücksichtigung lediglich der unterschiedlichen Werbespots.

9.10.4 Printmedien

Mit einem Anteil von 4,4% werden Klinik/Arztpraxis/Apotheke oder Laborräume zur Bewerbung von Printmedien im Fernsehen eingesetzt. Insgesamt wurden 3 von 68 Werbespots (1 von 30 unterschiedlichen) aus diesem Bereich mit Klinik/Arztpraxis/Apotheke oder Laborräumen beworben. Damit werden Printmedien zu +206,3% überdurchschnittlich oft mittels Klinik/Arztpraxis/Apotheke oder Laborräumen beworben beziehungsweise zu +124,8% bei Berücksichtigung lediglich der unterschiedlichen Werbespots.

9.10.5 Kosmetik & Pflege

Mit einem Anteil von 4,2% werden Klinik/Arztpraxis/Apotheke oder Laborräume zur Bewerbung von Kosmetik- und Pflegeprodukten im Fernsehen eingesetzt. Insgesamt wurden 19 von 453 Werbespots (5 von 124 unterschiedlichen) aus diesem Bereich mit Klinik/Arztpraxis/Apotheke oder Laborräumen beworben. Damit werden Kosmetik- und Pflegeprodukte zu +191,2% überdurchschnittlich oft mittels Klinik/Arztpraxis/Apotheke oder Laborräumen beworben beziehungsweise zu +172% bei Berücksichtigung lediglich der unterschiedlichen Werbespots.

9.10.6 Pharmazeutika

Mit einem Anteil von 3,4% werden Klinik/Arztpraxis/Apotheke oder Laborräume zur Bewerbung von Pharmazeutika im Fernsehen eingesetzt. Insgesamt wurden 3 von 87 Werbespots (1 von 27 unterschiedlichen) aus diesem Bereich mit Klinik/Arztpraxis/Apotheke oder Laborräumen beworben. Damit werden Pharmazeutika zu +139,4% überdurchschnittlich oft mittels Klinik/Arztpraxis/Apotheke oder Laborräumen beworben beziehungsweise zu +149,8% bei Berücksichtigung lediglich der unterschiedlichen Werbespots.

9.10.7 Elektronik/Unterhaltungselektronik

Mit einem Anteil von 0,6% werden Klinik/Arztpraxis/Apotheke oder Laborräume zur Bewerbung von Elektronik/Unterhaltungselektronik im Fernsehen eingesetzt. Insgesamt wurde 1 von 156 Werbespots (1 von 68 unterschiedlichen) aus diesem Bereich mit Klinik/Arztpraxis/Apotheke oder Laborräumen beworben. Damit werden Elektronik-/ Unterhaltungselektronikprodukte zu -55,5% unterdurchschnittlich selten mittels Klinik/Arztpraxis/Apotheke oder Laborräumen beworben beziehungsweise zu -0,8% bei Berücksichtigung lediglich der unterschiedlichen Werbespots.

9.11 Virtuelle Räume in der TV-Werbung

Virtuelle Räume in der TV-Werbung (alle Branchen)						
Branche	Spots gesamt in Branche unabhängig von Räumlichkeit	Verschiedene Spots in Branche unabhängig von Räumlichkeit	**%-Anteil Räumlichkeit an Spots gesamt in Branche**	%-Abweichung Räumlichkeit in Spots gesamt vom Schnitt aller Branchen	**%-Anteil Räumlichkeit an verschiedenen Spots in Branche**	%-Abweichung Räumlichkeit in verschiedenen Spots vom Schnitt aller Branchen
Telekommunikation	157	44	**10%**	1001%	**21%**	984%
Spielwaren Unterhaltung Freizeit/Kino	183	39	**4%**	313%	**10%**	444%
Elektronik/Unterhaltungselektronik	156	68	**3%**	177%	**2%**	-22%

Unter virtuellen Räumlichkeiten werden in dieser Arbeit Räume verstanden, die den Eindruck erwecken, als würden Produkte beispielsweise in der Luft fliegen (bekanntestes Beispiel: Telekommunikationsprodukt O_2: hier fliegt ein Handy durch die Luft zum User). Solche als „virtuelle Räume" umschriebenen Inszenierungsumgebungen verleihen Produkten (oder Dienstleistungen) den Eindruck von Leichtigkeit. Allerdings werden virtuelle Räume mit einem Anteil von 0,9% im Beobachtungszeitraum nur sehr selten verwendet. Berücksichtigt man lediglich die unterschiedlichen Werbespots (die mehrmals gesendet wurden), ist ein Anteil von 1,9% zu verzeichnen. Von insgesamt 2.916 ausgewerteten Werbespots spielten gerade einmal 27 (14 unterschiedliche) in virtuellen Räumlichkeiten.

9.11.1 Telekommunikation

Mit einem Anteil von 10,2% werden virtuelle Räume zur Bewerbung von Telekommunikation im Fernsehen eingesetzt. Insgesamt wurden 16 von 157 Werbespots (9 von 44 unterschiedlichen) aus diesem Bereich mit virtuellen Räumen beworben. Damit wird die Branche zu +1.000,6% überdurchschnittlich oft mittels virtuellen Räumen beworben beziehungsweise zu +984,1% bei Berücksichtigung lediglich der unterschiedlichen Werbespots.

9.11.2 Spielwaren/Unterhaltung/Freizeit/Kino

Mit einem Anteil von 3,8% werden virtuelle Räume zur Bewerbung von Spielwaren/Unterhaltung/Freizeit/Kino im Fernsehen eingesetzt. Insgesamt wurden 7 von 183 Werbespots (4 von 39 unterschiedlichen) aus diesem Bereich mit virtuellen Räumen beworben. Damit wird die Branche zu +313,1% überdurchschnittlich oft mittels virtuellen Räumen beworben beziehungsweise zu +443,6% bei Berücksichtigung lediglich der unterschiedlichen Werbespots.

9.11.3 Elektronik/Unterhaltungselektronik

Mit einem Anteil von 2,6% werden virtuelle Räume zur Bewerbung von Elektronik/Unterhaltungselektronik im Fernsehen eingesetzt. Insgesamt wurden 4 von 196 Werbespots (1 von 68 unterschiedlichen) aus diesem Bereich mit virtuellen Räumen beworben. Damit wird die Branche zu +176,9% überdurchschnittlich oft mittels virtuellen Räumen beworben beziehungsweise zu -22,1% bei Berücksichtigung lediglich der unterschiedlichen Werbespots.

9.12 Bildungsinstitutionsräume in der TV-Werbung

Räume Bildungsinstitutionen in der TV-Werbung (alle Branchen)						
Branche	Spots gesamt in Branche unabhängig von Räumlichkeit	Verschiedene Spots in Branche unabhängig von Räumlichkeit	**%-Anteil Räumlichkeit an Spots gesamt in Branchen**	%-Abweichung Räumlichkeit in Spots gesamt vom Schnitt aller Branchen	**%-Anteil Räumlichkeit an verschiedenen Spots in Branchen**	%-Abweichung Räumlichkeit in verschiedenen Spots vom Schnitt aller Branchen
Pharmazeutika	87	27	**14,9%**	1715,5%	**3,7%**	816,1%
Elektronik U-Ektronik	156	68	**4,5%**	445,2%	**1,5%**	263,7%
Süßwaren	346	66	**1,2%**	40,5%	**1,5%**	274,7%

Bildungsinstitutionen werden ebenfalls zur Bewerbung von Produkten oder Dienstleistungen im Fernsehen eingesetzt. Allerdings bewegt sich dies mit 0,8% auf einem kaum mehr wahrnehmbaren Level. Berücksichtigt man lediglich die unterschiedlichen Werbespots (die mehrmals gesendet wurden), ist gar nur ein Anteil von 0,4% zu verzeichnen. Dies bedeutet: Räumlichkeiten von Bildungsinstitutionen sind in der Werbung nicht gefragt. Von insgesamt 2.916 ausgewerteten Werbespots spielten gerade einmal 24 (3 unterschiedliche) in Bildungsinstitutionen.

9.12.1 Pharmazeutika

Mit einem Anteil von 14,9% werden Räume aus Bildungsinstitutionen zur Bewerbung von Pharmaprodukten im Fernsehen eingesetzt. Insgesamt wurden 13 von 87 Werbespots (1 von 27 unterschiedlichen) aus diesem Bereich mit Räumen aus Bildungsinstitutionen beworben. Damit werden Pharmaprodukte zu +1.715,5% überdurchschnittlich oft mit Räumen aus Bildungsinstitutionen beworben beziehungsweise zu +816% bei Berücksichtigung lediglich der unterschiedlichen Werbespots.

9.12.2 Elektronik/Unterhaltungselektronik

Mit einem Anteil von 4,5% werden Räume aus Bildungsinstitutionen zur Bewerbung von Elektronik/Unterhaltungselektronik im Fernsehen eingesetzt. Insgesamt wurden 7 von 156 Werbespots (1 von 68 unterschiedlichen) aus diesem Bereich mit Räumen aus Bildungsinstitutionen beworben. Damit werden Elektronik-/Unterhaltungselektronikprodukte zu +445,2% überdurchschnittlich oft mittels Räumen aus Bildungsinstitutionen beworben beziehungsweise zu +263,7% bei Berücksichtigung lediglich der unterschiedlichen Werbespots.

9.12.3 Süßwaren

Mit einem Anteil von 1,2% werden Räume aus Bildungsinstitutionen zur Bewerbung von Süßwaren im Fernsehen eingesetzt. Insgesamt wurden 4 von 346 Werbespots (1 von 66 unterschiedlichen) aus diesem Bereich mit Räumen aus Bildungsinstitutionen beworben. Damit werden Süßwaren zu +40,5% überdurchschnittlich oft mittels Räumen aus Bildungsinstitutionen beworben beziehungsweise zu +274,7% bei Berücksichtigung lediglich der unterschiedlichen Werbespots.

Traubenzucker

Mit einem Anteil von 100% werden Räume aus Bildungsinstitutionen zur Bewerbung von Traubenzucker im Fernsehen eingesetzt. Insgesamt wurden 4 von 4 Werbespots (1 von 1 unterschiedlichen) aus diesem Bereich mit Bildungsinstitutionen beworben (im Beobachtungszeitraum). Damit wird Traubenzucker zu +12.050% überdurchschnittlich oft mittels Bildungsinstitutionen im Vergleich zu allen anderen beworbenen Produktgruppen (Unterkategorien) aller Branchen beworben; bzw. zu +8.550% im Vergleich zu allen Werbespots der Branche Süßwaren. Bei Berücksichtigung lediglich der unterschiedlichen Werbespots ist ein Wert von +24.633,3% (Gesamt) beziehungsweise von +6.500% (Branche) zu verzeichnen.

9.13 Sonstige Räume in der TV-Werbung

In der Rubrik sonstige Räume wurden all jene Räume summiert, die keine speziellen Spezifika aufweisen, als dass sie bestimmten Räumlichkeiten zugewiesen werden könnten.

9.13.1 Gewinnspiele

Mit einem Anteil von 78,9% werden sonstige Räume zur Bewerbung von Gewinnspielen im Fernsehen eingesetzt. Insgesamt wurden 15 von 19 Werbespots (7 von 10 unterschiedlichen) aus diesem Bereich mit sonstigen Räumen beworben. Damit werden Gewinnspiele zu +12.689,5% überdurchschnittlich mittels sonstigen Räumen beworben beziehungsweise zu +5.671,1% bei Berücksichtigung lediglich der unterschiedlichen Werbespots.

9.13.2 Elektronik/Unterhaltungselektronik

Mit einem Anteil von 1,3% werden sonstige Räume zur Bewerbung von Elektronik/Unterhaltungselektronik im Fernsehen eingesetzt. Insgesamt wurden 2 von 156 Werbespots (1 von 68 unterschiedlichen) aus diesem Bereich mit sonstigen Räumen beworben. Damit wird Elektronik/Unterhaltungselektronik zu +107,7% überdurchschnittlich mittels sonstigen Räumen beworben beziehungsweise zu +21,2% bei Berücksichtigung lediglich der unterschiedlichen Werbespots.

9.13.3 Spielwaren/Unterhaltung/Freizeit/Kino

Mit einem Anteil von 0,5% werden sonstige Räume zur Bewerbung von Spielwaren/Unterhaltung/Freizeit/Kino im Fernsehen eingesetzt. Insgesamt wurde 1 von 183 Werbespots (1 von 39 unterschiedlichen) aus diesem Bereich mit sonstigen Räumen beworben. Damit werden Spielwaren/Unterhaltung/Freizeit/Kino zu -11,5% unterdurchschnittlich mittels sonstigen Räumen beworben beziehungsweise zu +111,4% bei Berücksichtigung lediglich der unterschiedlichen Werbespots.

9.14 Fazit: Bedeutung von Räumlichkeiten in der TV-Werbung

In dieser Stichprobe wurden immerhin 14 unterschiedliche Räumlichkeiten zur Produktbewerbung im Fernsehen festgestellt. Die Analyse jener Räumlichkeiten, die in der TV-Werbung am häufigsten zur Produktbewerbung eingesetzt werden, zeigt, dass Privaträume hier die wichtigste Rolle spielen. Insgesamt wurden 828 Werbespots gesendet, in denen Privaträume eingesetzt wurden. Dies entspricht einem Umfang von 28,4%. Mit einem Anteil von 88,2% innerhalb der Branche *Salzgebäck & Chips* werden Privaträume am häufigsten zur Bewerbung des Knabbergebäcks eingesetzt. Es folgen *Kosmetik & Pflege* (45%), *Haushaltsprodukte* (75%), *Versandhandel* (40,6%), *Computer & Internet* (40,3%) und - auf Platz 6 - die für diese Studie besonders wichtige Branche *Lebensmittel & nicht-alkoholische Getränke* (35,2%). Dies bedeutet, dass zwar mit etwas Abstand zu den vorgenannten Branchen, aber immer noch häufig, Privaträume zur Bewerbung von Lebensmitteln eingesetzt werden: in mehr als jedem dritten Werbespot.

Allerdings werden Privaträume bei weitem nicht für alle Produktgruppen aus dem Bereich Lebensmittelwerbung und Werbung für nicht-alkoholische Getränke verwendet. Von 72 unterschiedlichen Produktgruppen werden lediglich 20 mit Privaträumen beworben. 7 Produktgruppen werden zu 100% mittels Privaträumen beworben. Zieht man den Vergleich zum Einsatz von Privaträumen zur Bewerbung aller anderen Branchen, gelangt man zu der Erkenntnis, dass diese Räumlichkeiten lediglich mit +24% überdurchschnittlich häufig innerhalb der Branche Lebensmittel & nicht-alkoholische Getränke eingesetzt werden; beziehungsweise, bei ausschließlicher Berücksichtigung der unterschiedlichen Werbespots, zu +20,2%.

Interessant ist, dass Fertiggerichte mit einem Anteil von 96,4% zu den Produktgruppen (Unterkategorie in Brache) gehören, die mit am häufigsten in Privaträumen beworben werden. Man hätte auch annehmen können, dass gerade Fertiggerichte oftmals in Büroräumen beworben werden. Deutlich seltener wird hingegen beispielsweise Pizza in Privaträumen beworben - und zwar zu 20%. Das bedeutet: Pizza wird in der Werbung primär als klassisches Out-of-Home-Produkt beworben. Ebenfalls erstaunt hat, dass Cornflakes/ Cerealien, ein Produkt, das sicherlich häufig auch in Privaträumen konsumiert wird, mit einem Anteil von 5,3% am seltensten von allen im Beobachtungszeitraum beworbenen Lebensmitteln in Privaträumen werblich im Fernsehen inszeniert wird.

Naturbilder, beziehungsweise ländliche Räume, spielen in der deutschen TV-Werbung nach dieser Studie unmittelbar nach den Privaträumen die zweitwichtigste Rolle. Insgesamt wurden 502 von 2.916 in der Stichprobe berücksichtigten Werbespots in Naturräumen inszeniert (davon 111 von 742 unterschiedlichen Werbespots). Dies entspricht einem Anteil an allen gesendeten Werbespots von 17,2% beziehungsweise von 15% bei Berücksichtigung lediglich der unterschiedlichen Werbespots. Überraschend war die Erkenntnis, dass zwar ländliche Räume zur Bewerbung von *Lebensmitteln & nicht-alkoholischen Getränken* mit +36,1% über dem Durchschnitt beworben werden (Berge, Seen, Kornfelder etc.), aber mit einem Anteil von 23,4% zumindest nicht von einem signifikanten Einsatz solcher Räumlichkeiten gesprochen werden kann. Allerdings lässt sich auch sagen, sieht man einmal vom prozentualen Anteil ab, dass in *absoluten* Zahlen ausgedrückt mit 141 von 602 Werbespots keine Branche so häufig auf ländliche Räume zurückgreift wie die Lebensmittelwerbung. Einen ebenfalls hohen absoluten Anteil weisen die werbungtreibenden Branchen Kosmetik & Pflege auf (91 von 453 Spots; entspricht einem Anteil von 20,1%) sowie die Süßwarenwerbung (86 von 346 Spots; Anteil: 24,9%). Auch Alkohol wird, mit +110,3% deutlich über dem Durchschnitt liegend, häufig mit Naturräumen beworben. Betroffen sind in der Stichprobe 42 von 116 Werbespots (Anteil: 36,2%). Damit kann gesagt werden: Alkohol wird unter den 26 werbungtreibenden Branchen prozentual gesehen am dritthäufigsten (nach Chemie- und Haustierwerbung) mittels Naturräumen be-worben.

Dies legt die Erkenntnis nahe, dass sowohl Alkohol als auch Süßwaren oder Lebensmittelwerbung zwar nicht überwiegend, aber doch zu einem ganz erheblichen Teil auf das „Heile-Welt-Bild" der Natur zurückgreifen. Dies wird umso deutlicher, als unter 50 mittels ländlicher Räume beworbenen Produktgruppen (Unterkategorien in Branchen) quer durch alle werbungtreibenden Branchen immerhin 23 - also fast die Hälfte - aus dem Bereich Lebensmittel, Alkohol oder Süßwaren stammen. Von 28,3 Minuten analysierter Alkoholwerbung im Beobachtungszeitraum (19:15 h) entfallen 18,4 Minuten auf Bierwerbung. Dies entspricht 37 von 75 Alkohol-Werbespots (49,3%; also jeder zweite). Damit wird *Bier* im Vergleich zu allen anderen alkoholischen Getränken zu +36,3% überdurchschnittlich stark mittels ländlicher Räume im Beobachtungszeitraum beworben. Im Vergleich zu allen anderen im TV beworbenen Branchen und Produkten bedeutet dies einen überdurchschnittlichen Einsatz ländlicher Räume zur Bierbewerbung von +231,6%.

Im Bereich Lebensmittel werden *Fleisch/Wurstwaren* ebenfalls deutlich häufiger als alle anderen Lebensmittel mittels Naturräumen beworben (22 von 32 Werbespots; Anteil: 68,8%). Dies hat, berücksichtigt man die alle paar Jahre in der Öffentlichkeit diskutierten Fleischskandale, doch einen etwas fatalen Beigeschmack. Auch *Mineralwasser/Schorle* (Anteil ländlicher Räume: 61,1%), *Energy-Drinks* (55,6%), *Limonaden* (48,4%), *Käse* (44,4%) oder *Mineralwasser* (44,4%) sowie *Cornflakes/Cerealien* (36,8%) werden intensiv mittels Naturräumen beworben. Jeder 10. Werbespot (Anteil: 11,8%) weist ländliche Räume zur Bewerbung von *Fast Food* auf. Damit liegt dieser Wert dennoch um -31,2% unter dem Durchschnitt aller beworbenen Branchen, beziehungsweise innerhalb der Branche Lebensmittel & nicht-alkoholische Getränke um -26,9%. Auch dies ist eine überraschende Erkenntnis, da man durchaus hätte annehmen können, dass Fast Food sich ebenfalls gerne des Heile-Welt-Bildes der Natur bedient.

Im Bereich der Süßwaren werden *Schokoladenriegel* (53 von 61 in der Stichprobe erhobenen Werbespots; Anteil: 86,9%) am häufigsten mit ländlichen Räumen beworben. Das heißt:Hier wird gerne der Eindruck erweckt, *Schokolade* habe etwas mit Natur zu tun (Milch, Kühe, Weiden, Almen, Angler am See, der Schokolade oder einen Schokoladenriegel isst etc.). Es wird zwar nicht direkt der Eindruck erweckt, als sei Schokolade gesund, aber der Kausalzusammenhang in der Bild-

(und manchmal auch in der) Tonsprache ist unabweisbar. Natur soll durchaus den Eindruck von Gesundheit und Vitalität vermitteln. Ebenfalls häufig werden *Bonbons* (22 von 42 Werbespots; Anteil: 52,4%) mit ländlichen Räumen beworben. Allerdings könnte man diesen Zusammenhang auch umgekehrt sehen: Wer Schokolade isst, ist wirklich aktiv und bewegt sich beispielsweise beim Angeln am See.

Mit einem Anteil von 15,1% beziehungsweise von 14% werden gegenständliche Darstellungen ohne spezifischen Raum beziehungsweise städtische Räume/Straßenräume ebenfalls häufig zur Produktinszenierung in der TV-Werbung eingesetzt. Diese beiden Räumlichkeiten spielen die dritt- und viertwichtigste Funktion in der Stichprobe. Zumindest in Bezug auf die gegenständlichen Darstellungen ohne spezifische Räumlichkeiten lässt der hohe Anteil den Schluss zu, dass TV-Werbung nicht unbedingt und zwangsläufig darauf beruht, irgendwelche mehr oder weniger sachfremden Räumlichkeiten zur Produktimage-Aufladung zu benutzen wie beispielsweise die Natur- oder Sporträume. Der hohe Anteil gegenständlicher Darstellungen ist ein Indiz dafür, dass TV-Werbung häufig auch schlicht auf Information setzt. Denn immerhin 441 von 2.916 in der Stichprobe ausgewerteten gesendeten Werbespots bedienen sich zumindest in Bezug auf die Bildsprache einer sachlichen Darstellungsweise. Von den gesamt gesendeten Werbespots waren 139 von insgesamt 742 unterschiedlich.

Nach den städtischen Räumlichkeiten (409 von 2.916 Werbespots) folgen auf Platz 5 Sporträume. Diese Räumlichkeiten sind, ebenso wie der Einsatz von Naturräumen, für diese Studie von großem Interesse. Denn wie die Natur, so auch der Sport: Beides verleiht Produkten ein gutes Image, ein in letzter Konsequenz auch gesundheitsförderndes Image. Mit einem Anteil am Gesamtwerbeaufkommen innerhalb der Stichprobe von 4,7% kommt diese Studie zu der Erkenntnis, dass Sporträume allerdings nicht allzu häufig zur Produktbewerbung eingesetzt werden. Interessant ist auch hier ein Blick aufs Detail.

Denn für diese Studie war auch hier von großem Interesse: Werden beispielsweise Lebensmittel, Süßwaren oder Alkohol deutlich über dem Durchschnitt mit räumlichen Sport-Attributen beworben oder nicht? Dies ist vor allem deshalb von großem Erkenntnisinteresse, da auf EU-Ebene besonders diese Produktgruppen immer wieder politisch in der Kritik stehen und ihnen härtere Werbereglementierungen drohen. So dürfen beispielsweise prominente Sportler in zahlreichen Ländern im Fernsehen nicht für Alkohol werben. Nach dieser Studie werden Sporträume am häufigsten zur Bewerbung von *Kleidung* (9 von 40 in der Stichprobe gesendete Werbespots; Anteil: 22,5%), des *Einzelhandels/Handels* (14 von 92 Werbespots; Anteil: 15,2%), von *Banken/Versicherungen* (12 von 79 Werbespots; Anteil: 15,2%), *Süßwaren* (31 von 346 Werbespots; Anteil: 9%) sowie *Lebensmitteln/nicht-alkoholischen Getränken* (50 von 602 Werbespots; Anteil: 8,3%) oder *Alkohol* (5 von 116 Werbespots; Anteil: 4,3%) eingesetzt.

Insgesamt werden Sporträume in der Stichprobe zur Bewerbung von 20 Produktgruppen aus 11 Branchen eingesetzt. Von diesen 20 Produktgruppen entfallen 10 auf Werbung für *Lebensmittel & nicht-alkoholische Getränke*, *Süßwaren* oder *Alkohol* - also gut die Hälfte. Zu 100% werden Sporträume zur Bewerbung von *Nuss-Nougat-Creme* eingesetzt (+1.016,1% über dem Durchschnitt innerhalb der Branche Lebensmittel & nicht-alkoholische Getränke). Es folgen *Energy-Drinks* mit einem Anteil von 44,4% (+435,1% über dem Branchenschnitt), *Kaffee* mit einem Anteil von 36,1% (+334,8% über Branchenschnitt), *Säfte* mit einem Anteil von 31,3% (+276,3% über Branchenschnitt), *Milchgetränke* mit einem Anteil von 25,7% (+209,6%), *Kaugummis/Gums* mit 24,4% (+172,2%), *Cornflakes/Cerealien* mit einem Anteil von 15,8% (+90,1%), Bier mit einem Anteil von 6,7% (+54,7%) sowie *Kuchen/Kekse* mit einem Anteil von 2,4% (-73,4% unter dem Branchenschnitt).

Dies führt zu der Erkenntnis, dass Sporträume deutlich über dem Durchschnitt zur Bewerbung von Lebensmitteln und Süßwaren eingesetzt werden. Allerdings kann nicht gesagt werden, dass hier signifikant über dem Durchschnitt Sporträume zur Bewerbung besonders fetthaltiger Lebensmittel eingesetzt werden (von Nuss-Nougat-Creme einmal abgesehen). *Überraschend ist, dass beispielsweise Fast Food im Beobachtungszeitraum nicht mit Sporträumen beworben wurde.* Dies ist vor allem deshalb bemerkenswert, da das Fast Food sich zu einem erheblichen Anteil prominenter Sportler zur Produktbewerbung bedient (siehe auch Kapitel „Prominente in der Werbung“). Nach dieser Studie wurden im Beobachtungszeitraum 30 von 76 *Fast-Food*-Werbespots mittels prominenter Sportler beworben (39,5%).

Damit werden prominente Sportler im Vergleich zu allen im Fernsehen beworbenen Branchen und Produkten zu +361,1% überdurchschnittlich stark für Fast Food eingesetzt. Das heißt: Dies zeigt einmal mehr, wie überaus wichtig es ist, in einer Studie, die sich mit der TV-Werbung auseinandersetzt, sich möglichst vieler unterschiedlicher Analyse-Einheiten zu bedienen. Nur so ist gewährleistet, dass ein Fazit möglichst objektiv und sachgerecht ausfällt. Gleichzeitig wird so die Komplexität des Themas deutlich. Gerade anhand dieses Beispiels lässt sich sehen, dass Fast Food gar keinen Fußballplatz benötigt, um sich mit dem Sport-Image zu schmücken. Ein Fußballstar, egal in welchen Räumlichkeiten inszeniert (wie z.B. Michael Ballack zur Bewerbung von McDonald's), genügt, um ein Produkt mit Sportattributen (und damit auch mit Gesundheitsattributen) aufzuladen.

Eine Notiz ist ferner wert, dass zum Beispiel die *Automobilbranche* in der Stichprobe nicht einen Werbespot sendete, der beispielsweise ein Auto in Verbindung von Sport („sportliches Schnellfahren“ beziehungsweise auch als „Rasen“ bezeichnet) bringt. Das heißt: Hier kommt die Automobilbranche durchaus - trotz immer PS-stärkerer Motoren - ihrer gesellschaftlichen Verantwortung nach, Autos nicht in Räumlichkeiten zu inszenieren, die den Eindruck erwecken könnten, schnellstes Fahren wäre in irgendeiner Weise schön oder erstrebenswert. Berücksichtigt man lediglich die Anzahl der absolut gesendeten Werbespots, so ist der Anteil der Spots für *Lebensmittel & nicht-alkoholische Getränke* und *Süßwaren* mit 81 Werbespots (davon 15 unterschiedliche) am häufigsten. Lebensmittel & nicht-alkoholische Getränke werden also zu 31,5% entweder mittels Naturräumen oder

Sporträumen beworben - fast jeder dritte Werbespot dieser Branche. *Zum Vergleich: Ländliche Räume und Sporträume werden über alle im Fernsehen beworbenen Branchen hinweg im Beobachtungszeitraum ansonsten lediglich zu 21,9% eingesetzt – also für gut jedes fünfte Produkt.*

Den Sporträumen folgen nach ihrem Umfang mit einem Anteil am Gesamtwerbeaufkommen in der Stichprobe von 4% die Kunst-/Kultur-/Aus-stellungsräume (118 von 2.916 gesamt gesendeten Werbespots; davon waren 17 von gesamt 742 unterschiedlich), Filmeinspielungen mit 3,5% (110 von 2.916 Werbespots; 18 von 742 unterschiedlichen) sowie die gastronomischen Räumlichkeiten mit einem Anteil von 3,5% (101 von 2.916 Werbespots; 17 von 742 unterschiedlichen). Mit einem Anteil von 56,3% werden gastronomische Räume am häufigsten zur Bewerbung von *Humanitärem/Kirche/Initiativen/ Selbsthilfegruppen* eingesetzt. Insgesamt 9 von 16 in der Stichprobe gesendeten Werbespots spielten in solchen Räumlichkeiten. Es folgt mit einem Anteil von 26,7% die *Alkoholbranche.* Sie wird nach dem Einsatz ländlicher Räume am zweithäufigsten mittels gastronomischer Räume beworben.

Dies liegt nahe, da Alkohol in der Regel ein Getränk ist, das gerne in Gesellschaft getrunken wird. Von 116 insgesamt in der Stichprobe gesendeten Alkoholwerbespots spielten mehr als 31 in solchen Räumlichkeiten (6 von 30 unterschiedlichen Werbespots). Damit wird Alkohol mit +778,5% überdurchschnittlich oft mittels gastronomischer Räume beworben (beziehungsweise gar zu 1.085,7% bei Berücksichtigung lediglich der unterschiedlichen Werbespots). Es gibt keine andere Branche, die so intensiv im Fernsehen mittels gastronomischer Räume beworben wird. So wird beispielsweise *limonadenhaltiges Bier* zu 100% mittels gastronomischer Räume beworben. Damit wird diese Produktgruppe zu +231,6% über dem Schnitt aller in der Stichprobe erhobenen Branchen mittels solcher Räumlichkeiten beworben beziehungsweise +3.187,1% über dem Schnitt innerhalb der Branche Alkohol. Auch *Biermixgetränke* werden sehr intensiv mittels gastronomischer Räume inszeniert - wenngleich die absolute Anzahl mit 13 von 13 Werbespots (100%) als gering zu nennen ist. Damit wird limonadenhaltiges Bier im Vergleich zu allen anderen alkoholischen Getränken zu +3.187,1% über dem Durchschnitt mittels gastronomischer Räume im Beobachtungszeitraum beworben.

Innerhalb der Branche Lebensmittel & nicht-alkoholische Getränke gibt es lediglich eine Produktgruppe - *Fast Food* - die noch häufiger als Alkohol in gastronomischen Räumen beworben wird. 45 von 76 Fast-Food-Werbespots spielen in Restaurants. Dies entspricht einem Anteil von 59,2% beziehungsweise einem überdurchschnittlichen Wert von +1.846,3%.

Nach den gastronomischen Räumen folgen mit erheblichem Abstand Räumlichkeiten mit Reise-/Urlaubs-/Freizeitelementen (3,2%), Geschäfts- und Büroräume (2,2%), Klinik/Artzpraxen/Apotheken/Laborräume (1,4%), virtuelle Räume (0,9%), Bildungsinstitutionen (0,8%) sowie nach den gebildeten Kategorien nicht zuzuordnende Räumlichkeiten, die als „sonstige“ umschrieben werden (0,6%). Da auch Reise-/Urlaubs-/ Freizeiträumlichkeiten im entfernteren Sinne Natur- oder Sporträume sein können, ist festzustellen, dass diese Studie nicht zu der Erkenntnis gelangt ist, dass diese Räumlichkeiten beispielsweise besonders intensiv zur

Bewerbung von Alkohol, Lebensmitteln oder Süßwaren eingesetzt werden. Insgesamt wurden Reise-/Urlaubs-/ Freizeiträumlichkeiten in 13 Branchen von 26 eingesetzt. Der Anteil dieser Räumlichkeiten am Gesamtwerbeaufkommen im Bereich *Lebensmittel & nicht-alkoholische Getränke* beträgt in der Stichprobe 3,3% (20 von 602 Werbespots; entspricht einem überdurchschnittlichen Einsatz im Vergleich zu allen anderen Branchen von +3,1%), in der *Süßwarenwerbung* 4,9% (17 von 346 Werbespots; entspricht einem überdurchschnittlichen Einsatz von +52,4%) sowie in der *Alkoholwerbung* 0,9% (1 von 116 Werbespots; entspricht einem unterdurchschnittlichen Einsatz von -73,3%). Den höchsten Anteil an Reise-/Urlaubs-/Freizeiträumlichkeiten weist - naheliegend - die Touristikbranche selbst auf, und zwar mit 69,4% (25 von 36 Werbespots; entspricht einem überdurchschnittlichen Einsatz von +2.054,3%). Es folgt der *Einzelhandel/Handel* mit einem Anteil von 7,6% (7 von 92 Werbespots; entspricht einem überdurchschnittlichen Einsatz von +136%).

Diese Studie belegt, dass keine pauschale Aussage bezüglich des Einsatzes der Räumlichkeiten Natur und Sport zur Bewerbung bestimmter Branchen getroffen werden kann, dass aber durchaus auffallend ist, dass bestimmte Produktgruppen signifikant häufig darauf zurückgreifen. Auch kann durchaus festgestellt werden, dass vor allem das Naturelement im Bereich der Lebensmittel-/Süßwaren- oder Alkoholwerbung doch recht häufig eingesetzt wird. Deshalb kann man durchaus zu der Aussage gelangen, dass diese Räumlichkeiten zur positiven Imageaufladung (Gesundheit, Vitalität, auch „Schönheit der Natur“) gezielt genutzt werden.

Das nächste Kapitel beschäftigt sich ausschließlich mit verbal geäußerten inhaltlichen Aspekten der TV-Werbung. Dabei soll der Fokus darauf liegen, wie nachvollziehbar die werblichen Aussagen für den Rezipienten sind.

10. Kapitel - Nachvollziehbarkeit von TV-Spot-Aussagen

Das nun folgende Kapitel stellt einen Versuch dar, kommerzielle Kommunikation dahingehend zu bewerten, inwiefern werbliche Aussagen für den durchschnittlich aufgeklärten Konsumenten nachvollziehbar sind. Dem gingen zahlreiche Überlegungen voraus, inwiefern dem Problem der Bewertung inhaltlicher Aussagen von Werbespots am besten beizukommen ist. Besonders ging es darum, die richtige Begrifflichkeit zu finden. Zunächst wurde das Kriterium des *Wahrheitsgehalts werblicher TV-Kommunikation* in Betracht gezogen. Doch: Was ist „Wahrheit"? Und: Kann in einer einzigen Studie „Wahrheit werblicher Kommunikation" von über 800 unterschiedlichen Werbespots aus 26 unterschiedlichsten werbungtreibenden Branchen im Beobachtungszeitraum überhaupt untersucht werden? Kaum. Denn zur Beurteilung der Kriteriums „Wahrheit" hätten in letzter Konsequenz sämtliche Werbespots von objektiven Experten beurteilt werden müssen - von Fachleuten der jeweiligen beworbenen Produkte beziehungsweise Branchen. Außerdem ist es nicht das primäre Ziel von Werbung, „Wahrheit" zu verbreiten, sondern - sicherlich auch mit dem Stilmittel der Aussagen-Zuspitzung beziehungsweise der (humorvollen) Übertreibung - ein Produkt oder eine Dienstleistung schlicht und einfach bekannt zu machen und Bürger so zum Kauf zu bewegen.

Angesichts dieser Tatsachen war es naheliegend, sich in dieser Untersuchung vom zu ehrgeizigen Ziel, die Wahrheit in der Werbung finden zu wollen, zu verabschieden. Es musste also das Ziel mit realistischen Umsetzungsmöglichkeiten in Einklang gebracht werden. Als nützlich und praktikabel erwies sich dabei die eingangs erwähnte schlichte *Nachvollziehbarkeit werblicher Kommunikation durch durchschnittlich aufgeklärte Konsumenten* - zu denen sich der Autor zählt. Ein Blick auf einen in dieser Studie ausgewerteten Werbespot will diesen Ansatz veranschaulichen:

Werbespot-Beispiel: ECLIPSE GUM

(Im Beobachtungszeitraum wurde dieses Produkt 13 Mal gesendet mit einem zeitlichen Umfang von 4,09 Minuten.)

Handelnde Personen: drei Frauen und ein Mann
Ort der Handlung: Supermarkt
Kernaussage: Produkt gibt atemberaubende Atemfrische
Spezielle Ansprache Kinder/Jugendliche: nein

Werbespot Inhalt**:** Mann (Mr. Sexy Breath) betritt Supermarkt, greift zum Produkt in seiner Hosentasche und wirft es in den Mund, Männerstimme: „Eclipse Gum - der neue Kaugummi!“ Ihm begegnende Frauen fallen in Ohnmacht. Eine Stimme ist zu hören: „Atemberaubende Atemfrische!“ Frauen werden wieder wachgeküsst, im Hintergrund rhythmische Musik, passend zum Verhalten des Mr. Sexy Breath. Schlussszene: Produkt wird gezeigt zusammen mit dem Slogan: „Get in touch!“

Bewertung der Aussage: Dieser Werbespot ist ein Paradebeispiel dafür, dass es am Thema vorbeigehen würde, hier die Werbeaussage auf „Wahrheit“ untersuchen zu wollen. Denn: Wollte man den Werbespot auf seinen Wahrheitsgehalt hin überprüfen, müsste man diesen wohl verneinen, denn kein Kaugummi und kein noch so duftendes Lutschbonbon dieser Welt wird wohl dazu führen, dass Menschen (hier: Frauen) in Ohnmacht fallen. Das wird aber auch der Hersteller so sehen. Man kann wohl annehmen, dass es der Kreativagentur auch gar nicht darum ging, eine bis in letzter Konsequenz wahrhafte werbliche Aussage zu treffen. Das Ziel war wohl eher die überspitzte Darstellung einer werblichen Aussage: Eclipse Gum macht dich cool, duftet gut - oder wie auch immer. Kein Zuschauer wird deshalb wohl Eclipse Gum kaufen, weil er wirklich annimmt, damit könne er Frauen in Ohnmachtszustände versetzen. Eclipse Gum ist ein typisches Beispiel für ein Produkt, das primär emotional aufgeladen werden soll mit bestimmten Eigenschaften: jung, hip etc. Deshalb wird diese Studie schlicht untersuchen, in welchem Umfang werbliche Aussagen im Fernsehen als nachvollziehbar angesehen werden können.

10.1 Bewertungsschema Werbeaussagen in dieser Studie

Maßstab ist also die subjektive Einschätzung, die sich selbstredend um größtmögliche Objektivität bemüht - nach bestem Wissen und Gewissen. Nur in den für diese Untersuchung besonders wichtigen Branchen Lebensmittel und Süßwaren wird im Zweifelsfall der Rat einer Ernährungsexpertin (*Silke von Küster*) hinzugezogen. Die Untersuchung möchte mit diesem Kapitel einen Beitrag leisten zum Vorwurf - insbesondere von Verbraucherpolitikern, sowohl national als auch auf EU-Ebene -, besonders TV-Werbung treffe allzu häufig Aussagen, die für den durchschnittlichen Werberezipienten nicht nachvollziehbar seien *(Kapitel* - Einleitung, *S. 13 ff. sowie Kapitel - Grundlagen* Werbung, *S. 33ff)*. Um eine möglichst treffende Beurteilung statistisch erhalten zu können, wurden drei Kategorien für die „Nachvollziehbarkeit der werblichen TV-Aussage“ gebildet, die im Folgenden dargestellt werden:

10.1.1 Aussage schwer nachvollziehbar (statistisch „0“)

Mit dem statistischen Wert „0“ wurden werbliche Aussagen beurteilt, für die die Annahme gilt, dass sie in der Regel für den durchschnittlichen Bürger nicht nachvollziehbar sind bzw. die szenische Umsetzung diskussionsfähig ist insofern, als ein Realitätsbezug kaum oder nicht feststellbar scheint. Eine Fehlinterpretation der werblichen Aussage scheint deshalb möglich. Hierunter fallen beispielsweise kritische Aussagen wie „Dieses Eis fördert die Gesundheit, da ohne Zuckerzusatz“. Da z.B. Eis aus mehr als nur Zucker besteht, scheint diese Werbeaussage für den durchschnittlichen Bürger auf ihren Realitätsbezug hin nicht nachprüfbar.

Werbespot-Beispiel: CHUPA EIS

Handelnde Personen: Frau, Eisverkäufer, Junge (ca. 11 Jahre)
Ort der Handlung: Eisstand
Kernaussage: Produkt ist sahnig wie Eiscreme und fördert gesunde Zähne
Spezielle Ansprache Kinder/Jugendliche: ja

Werbespot Inhalt: Frauenstimme fragt: „Sahnig wie Eiscreme und fördert gesunde Zähne?“ Eisverkäufer am Stand wird eingeblendet mit Gegenfrage: „Schon Cremosa von Chupa Chups probiert?“, dreimaliger Verweis darauf, dass das Produkt gesunde Zähne fördert (Grund: ohne Zucker), 2 Kinder bitten um das Produkt und bekommen es mit dem genannten Verweis zugesprochen. Frage vom Anfang wird in Slogan mit aufgenommen: „Sahnig wie Eiscreme und fördert gesunde Zähne!“

Bewertung der Aussage: problematisch, da fragwürdig erscheint oder für den durchschnittlichen Zuschauer nicht einwandfrei erkennbar ist, dass eine Süßware - wenn auch ohne Zucker - tatsächlich (aktiv) gesunde Zähne fördern soll. Denn Eis besteht in der Regel aus mehr Zusatzstoffen als nur Zucker.

10.1.2 Aussage nachvollziehbar, aber humorvoll übertrieben (statistisch „0,5“)

Mit dem statistischen Wert „0,5“ wurden werbliche Aussagen beurteilt, die zwar nachvollziehbar sind, wenngleich davon ausgegangen wird, dass diese Aussagen in der Regel nicht wissenschaftlich belegbar wären. In der Regel handelt es sich dabei um für Werbung typische Stilmittel der humorvollen Übertreibung. Es gilt die Annahme, dass diese Stilmittel in der Regel vom durchschnittlichen Bürger als humorvoll erkannt und entsprechend sachgerecht beurteilt werden. Hierunter fallen zum

Beispiel Aussagen wie „Dieser Energy-Drink verleiht Ihnen Flügel“ oder „Haribo macht Kinder froh und Erwachsene ebenso“.

Werbespot-Beispiel: BURGER KING (Version I)

Handelnde Personen: Frau
Ort der Handlung: Raum
Kernaussage: neue Produkte werden als Vergnügen, Wonne (engl. „delight“) angepriesen
Spezielle Ansprache Kinder/Jugendliche: nein

Werbespot Inhalt: Männerstimme empfiehlt neue King-Delights (Produkte werden gezeigt), Hinweis auf besten Geschmack bei (angeblich) unter 5% Fettgehalt, so auch beim „Fire grilled shrimps salad“; Frau verlässt durch Tür einen Raum, isst das vorgestellte Produkt, Feuer sticht aus ihren Augen hervor als Hinweis auf den folgenden Slogan: „Feel the fire.“

Bewertung Aussage: nachvollziehbar bzw. humorvolle Note deutlich erkennbar

10.1.3 Aussage problemlos nachvollziehbar (statistisch „1“)

Mit einer statistischen „1“ wurden werbliche Aussagen beurteilt, bei denen davon ausgegangen wird, dass die werbliche Aussage vom durchschnittlich aufgeklärten Bürger als nachvollziehbar beurteilt würde.

Werbespot-Beispiel: PFANNI KARTOFFELSNACK

Handelnde Personen: zwei Männer als Vogelscheuchen
Ort der Handlung: Acker / ländlicher Raum
Kernaussage: Produkt eignet sich als Pausensnack und ist schnell zubereitet
Spezielle Ansprache Kinder/Jugendliche: nein

Werbespot Inhalt: Männerstimme empfiehlt Pfanni-Kartoffelsnack als geeignete Pausenmahlzeit, hier für eine lebendige Vogelscheuche (einfache Zubereitung mit heißem Wasser wird gezeigt), Umfeld: Acker, unterstrichen durch Maulwurf, Verweis auf die Produktpalette und Slogan: „Liebe, die man schmeckt“, abschließend Hinweis auf weitere Produkte: Pfanni Gnocchi (Verweis auf schnelle Zubereitung: fertig in nur 2 Minuten) und Knorr-Sauce Tomato al Gusto.

Bewertung Aussage: unproblematisch/nachvollziehbar

Im Folgenden werden die Ergebnisse der Nachvollziehbarkeit werblicher Aussagen im deutschen Fernsehen Stück für Stück präsentiert. Dabei ist auch an dieser Stelle aufgrund des Anspruchs auf möglichst große Transparenz und Objektivität eine teils monoton erscheinende Darstellung der Studienergebnisse leider unumgänglich.

Studienergebnisse

Nachvollziehbarkeit werblicher Aussagen in der TV-Werbung				
Nachvollziehbarkeit der werblichen Aussage	Spots gesamt	Verschiedene Spots	%-Anteil Nachvollziehbarkeit an Summe Spots gesamt	%-Anteil Nachvollziehbarkeit an Summe verschiedene Spots
humorvoll übertrieben	128	16	4,4%	2,2%
problemlos nachvollziehbar	2403	635	82,4%	85,6%
schwer nachvollziehbar	385	91	13,2%	12,3%
Summe	**2916**	**742**	**100,0%**	**100,0%**

Insgesamt wurden 82,4% der 2.916 ausgewerteten Werbespots beziehungsweise 85,6% der davon unterschiedlichen Werbespots aus 26 werbungtreibenden Branchen mit dem Kriterium „werbliche Aussage problemlos nachvollziehbar“ bewertet. Mit 2,2% wurden alle unterschiedlich gesendeten Werbespots als „humorvoll übertrieben“ beurteilt beziehungsweise 4,4% der insgesamt gesendeten. Als „schwer nachvollziehbar“ wurden 12,3% aller werblichen Aussagen in den unterschiedlich gesendeten Werbespots bewertet beziehungsweise mit 13,2% die gesamt gesendeten Werbespots.

10.2 Alkohol

Werbeaussagen von Alkoholwerbung wurden zu 100% mit „problemlos nachvollziehbar“ bewertet.

10.3 Digital-TV & Kabelnetze

Für die werblichen Aussagen der werbungtreibenden Branchen Digital-TV & Kabelnetze ergibt sich das Urteil, dass sie zu 100% „problemlos nachvollziehbar“ sind.

10.4 Gewinnspiele

Für die werblichen Aussagen der Gewinnspiele (die keiner speziellen Branche zugeordnet sind wie z.B. dem Bereich Lebensmittelwerbung) ergibt sich das Urteil, dass sie zu 100% „problemlos nachvollziehbar“ sind.

10.5 Haustiere

Für die werblichen Aussagen der werbungtreibenden Branchen rund um Haustiere (Futter etc.) ergibt sich das Urteil, dass sie zu 100% „problemlos nachvollziehbar“ sind.

10.6 Politik/Verbände

Für die werblichen Aussagen der werbungtreibenden Bereiche Politik/Verbände ergibt sich das Urteil, dass sie zu 100% „problemlos nachvollziehbar“ sind.

10.7 Salzgebäck/Chips

Für die werblichen Aussagen der werbungtreibenden Branchen Salzgebäck/Chips ergibt sich das Urteil, dass sie zu 100% „problemlos nachvollziehbar“ sind.

Nachvollziehbarkeit werblicher Aussagen in der TV-Werbung (alle Branchen)					
Branche	Spots gesamt	Verschiedene Spots	%-Anteil an Spots gesamt in allen Branchen (Anzahl Spots)	%-Anteil an verschiedenen Spots in allen Branchen (Sendezeit)	**%-Nachvollziehbarkeit der werblichen Aussage**
TV-Eigenwerbung	404	110	12,2%	14,4%	**Nicht bewertet**
Alkohol	116	30	3,5%	2,5%	**100,0%**
Digital-TV/Kabelnetze	54	4	1,6%	2,2%	**100,0%**
Gewinnspiele	19	10	0,6%	0,7%	**100,0%**
Haustiere	8	3	0,2%	0,2%	**100,0%**
Politik/Verbände	2	1	0,1%	0,1%	**100,0%**
Salzgebäck/Chips	17	5	0,5%	0,5%	**100,0%**
Versandhandel	32	6	1,0%	0,9%	**100,0%**
Zustelldienste & Logistik	8	1	0,2%	0,5%	**100,0%**
Einzelhandel Handel	92	26	2,8%	2,8%	**97,8%**
Printmedien	68	30	2,1%	1,3%	**97,1%**
Elektronik U-Elektronik	156	68	4,7%	4,0%	**96,2%**
Kleidung	40	7	1,2%	1,3%	**93,8%**
Banken Versicherungen	79	26	2,4%	2,4%	**93,7%**
Automobile	86	32	2,6%	2,9%	**93,0%**
Lebensmittel & nicht-alkohol. Getränke	602	117	18,1%	17,4%	**88,8%**
Kosmetik/Pflege	453	124	13,6%	12,9%	**87,2%**
Touristik	36	11	1,1%	1,2%	**86,1%**
Spielwaren/Unterhaltung/Freizeit/Kino	183	39	5,5%	4,5%	**86,1%**
Telekommunikation	157	44	4,7%	4,8%	**76,4%**
Bauen und Wohnen	25	9	0,8%	0,8%	**72,0%**
Süßwaren	346	66	10,4%	10,0%	**71,1%**
Pharmazeutika	87	27	2,6%	2,6%	**69,0%**
Haushaltsprodukte	169	38	5,1%	5,5%	**63,3%**
Computer/Internet	62	12	1,9%	2,7%	**58,1%**
Chemie	3	1	0,1%	0,1%	**50,0%**
Humanitäres/Kirche/Initiativen/Selbsthilfe	16	5	0,5%	0,7%	**43,8%**

10.8 Versandhandel

Für die werblichen Aussagen der werbungtreibenden Branche Versandhandel ergibt sich das Urteil, dass sie zu 100% „problemlos nachvollziehbar“ sind.

10.9 Einzelhandel/Handel

Werbeaussagen des Einzelhandels/Handels wurden zu 96,2% mit „problemlos nachvollziehbar“ bewertet (unterschiedliche Spots) beziehungsweise mit 97,8% (Anzahl gesendete Spots). Dies umfasst 25 unterschiedliche Spots, die 90 Mal gesendet wurden. Mit „schwer nachvollziehbar“ wurde lediglich 1 Werbespot bewertet, der auch nur 2 Mal gesendet wurde. Dies entspricht einem Anteil von 3,8% (Anzahl unterschiedliche Spots) beziehungsweise von 2,2% (Anzahl gesamt gesendete Spots). Damit agieren Werbeaussagen aus dem Bereich Einzelhandel/Handel zu -83,5% unterdurchschnittlich häufig mittels Aussagen, die „schwer nachvollziehbar“ sind (Anzahl Spots gesamt), beziehungsweise zu +18,7% mit werblichen Aussagen, die „problemlos nachvollziehbar“ sind.

10.10 Printmedien

Werbeaussagen der Printmedien (Zeitungen, Zeitschriften etc.) wurden zu 93,3% mit „problemlos nachvollziehbar“ bewertet (unterschiedliche Spots) beziehungsweise mit 97,1% (Anzahl gesendete Spots). Dies umfasst 28 unterschiedliche Spots, die 66 Mal gesendet wurden. Mit „schwer nachvollziehbar“ wurden lediglich 2 Werbespots bewertet, die auch nur 2 Mal gesendet wurden. Dies entspricht einem Anteil von 6,7% (Anzahl unterschiedliche Spots) beziehungsweise von 2,9% (Anzahl gesamt gesendete Spots). Damit agieren Werbeaussagen aus dem Bereich Printmedien zu -77,7% unterdurchschnittlich häufig mittels Aussagen, die „schwer nachvollziehbar“ sind (Anzahl Spots gesamt), beziehungsweise zu +17,8% mit werblichen Aussagen, die „problemlos nachvollziehbar“ sind.

10.11 Elektronik/Unterhaltungselektronik

Werbeaussagen elektronischer Produkte beziehungsweise der Unterhaltungselektronik wurden zu 95,6% mit „problemlos nachvollziehbar“ bewertet (unterschiedliche Spots) beziehungsweise mit 95,5% (Anzahl gesendete Spots). Dies umfasst 65 unterschiedliche Spots, die 149 Mal gesendet wurden. Mit „schwer nachvollziehbar“ wurden lediglich 2 Werbespots bewertet, die auch nur 5 Mal gesendet wurde. Dies entspricht einem Anteil von 2,9% (Anzahl unterschiedliche Spots) beziehungsweise von 3,2% (Anzahl gesamt gesendete Spots). Damit agieren Werbeaussagen aus dem Bereich Elektronik/Unterhaltungselektronik zu -75,7% unterdurchschnittlich häufig mittels Aussagen, die „schwer nachvollziehbar“ sind (Anzahl Spots gesamt), beziehungsweise zu +15,9% mit werblichen Aussagen, die „problemlos nachvollziehbar“ sind. Mit „humorvoll übertrieben“ wurde ebenfalls so gut wie kein Werbespot kategorisiert: lediglich 1 Werbespot, der auch nur 2 Mal gesendet wurde. Dies entspricht einem Anteil von 1,5% (Anzahl unterschiedliche Spots) beziehungsweise von 1,3% (Anzahl gesamt gesendete Spots).

10.12 Kleidung

Werbeaussagen für Kleidung wurde zu 85,7% mit „problemlos nachvollziehbar" bewertet (unterschiedliche Spots) beziehungsweise mit 87,5% (Anzahl gesendete Spots). Dies umfasst 6 unterschiedliche Spots, die 35 Mal gesendet wurden. Mit „schwer nachvollziehbar" wurde kein Werbespot bewertet. Mit „humorvoll übertrieben" wurde lediglich 1 Werbespot bewertet, der 5 Mal gesendet wurde. Dies entspricht einem Anteil von 14,3% (Anzahl unterschiedliche Spots) beziehungsweise von 12,5% (Anzahl gesamt gesendete Spots). Damit agieren Werbeaussagen aus dem Bereich Kleidung im Vergleich zu allen anderen im Fernsehen im Beobachtungszeitraum ausgewerteten Branchen zu +184,8% mit werblichen Aussagen, die „humorvoll übertrieben" sind, beziehungsweise zu +6,2% mit werblichen Aussagen, die „problemlos nachvollziehbar" sind.

10.13 Banken/Versicherungen

Werbeaussagen für Banken/Versicherungen wurden zu 84,6% mit „problemlos nachvollziehbar" bewertet (unterschiedliche Spots) beziehungsweise mit 93,7% (Anzahl gesendete Spots). Dies umfasst 22 unterschiedliche Spots, die 74 Mal gesendet wurden. Mit „schwer nachvollziehbar" wurden lediglich 4 Werbespots bewertet, die auch nur 5 Mal gesendet wurden. Dies entspricht einem Anteil von 15,4% (Anzahl unterschiedliche Spots) beziehungsweise von 6,3% (Anzahl gesamt gesendete Spots). Damit agieren Werbeaussagen aus dem Bereich Banken/Versicherungen im Beobachtungszeitraum im Vergleich zu allen anderen erhobenen werbungtreibenden Branchen zu -52,1% selten mittels Aussagen, die „schwer nachvollziehbar" sind (Anzahl Spots gesamt), beziehungsweise zu +13,7% überdurchschnittlich häufig mit Aussagen, die „problemlos nachvollziehbar" sind. Mit „humorvoll übertrieben" wurde kein Werbespot klassifiziert.

10.14 Automobile/Kfz

Werbeaussagen für Automobile/Kfz wurden zu 87,5% mit „problemlos nachvollziehbar" bewertet (unterschiedliche Spots) beziehungsweise mit 93,0% (Anzahl gesendete Spots). Dies umfasst 28 unterschiedliche Spots, die 80 Mal gesendet wurden. Mit „schwer nachvollziehbar" wurden lediglich 4 Werbespots bewertet, die auch nur 6 Mal gesendet wurden. Dies entspricht einem Anteil von 12,5% (Anzahl unterschiedliche Spots) beziehungsweise von 7% (Anzahl gesamt gesendete Spots). Damit agieren Werbeaussagen aus der Automobilbranche zu -47,2% überdurchschnittlich selten mittels Aussagen, die „schwer nachvollziehbar" sind (Anzahl Spots gesamt), beziehungsweise zu +12,9% überdurchschnittlich häufig mit Aussagen, die „problemlos nachvollziehbar" sind. Mit „humorvoll übertrieben" wurde kein Werbespot klassifiziert.

10.15 Kosmetik & Pflege

Werbeaussagen für Kosmetik & Pflege wurden zu 87,9% mit „problemlos nachvollziehbar" bewertet (unterschiedliche Spots) beziehungsweise mit 87,2% (Anzahl gesendete Spots). Dies umfasst 109 unterschiedliche Spots, die 395 Mal gesendet wurden. Mit „schwer nachvollziehbar“ wurden 15 Werbespots bewertet, die 58 mal gesendet wurde. Dies entspricht einem Anteil von 12,1% (Anzahl unterschiedliche Spots) beziehungsweise von 12,8% (Anzahl gesamt gesendete Spots). Damit agieren Werbeaussagen aus dem Bereich Kosmetik & Pflege zu -3% unterdurchschnittlich häufig mittels Aussagen, die „schwer nachvollziehbar“ sind (Anzahl Spots gesamt), beziehungsweise zu +5,8% überdurchschnittlich häufig mit Aussagen, die „problemlos nachvollziehbar“ sind. Mit „humorvoll übertrieben“ wurde kein Werbespot klassifiziert.

10.16 Touristik

Werbeaussagen der Touristikbranche wurden zu 90,9% mit „problemlos nachvollziehbar“ bewertet (unterschiedliche Spots) beziehungsweise mit 86,1% (Anzahl gesendete Spots). Dies umfasst 10 unterschiedliche Spots, die 31 Mal gesendet wurden. Mit „schwer nachvollziehbar“ wurde lediglich 1 Werbespot bewertet, der auch nur 5 Mal gesendet wurde. Dies entspricht einem Anteil von 9,1% (Anzahl unterschiedliche Spots) beziehungsweise von 13,9% (Anzahl gesamt gesendete Spots). Damit agieren Werbeaussagen aus dem Bereich Touristik zu +5,2% überdurchschnittlich häufig mittels Aussagen, die „schwer nachvollziehbar“ sind (Anzahl Spots gesamt), beziehungsweise zu +4,5% überdurchschnittlich häufig mit Aussagen, die „problemlos nachvollziehbar“ sind. Mit „humorvoll übertrieben“ wurde kein Werbespot klassifiziert.

10.17 Spielwaren/Unterhaltung/Freizeit/Kino

Werbeaussagen aus den Branchen Spielwaren/Unterhaltung/Freizeit/Kino wurden zu 89,7% mit „problemlos nachvollziehbar“ bewertet (unterschiedliche Spots) beziehungsweise mit 84,7% (Anzahl gesendete Spots). Dies umfasst 35 unterschiedliche Spots, die 155 Mal gesendet wurden. Mit „schwer nachvollziehbar“ wurden lediglich 3 Werbespots bewertet, die auch nur 23 Mal gesendet wurden. Dies entspricht einem Anteil von 7,7% (Anzahl unterschiedliche Spots) beziehungsweise von 12,6% (Anzahl gesamt gesendete Spots). Damit agieren Werbeaussagen aus dem Bereich Spielwaren/Unterhaltung/Freizeit/Kino zu -4,8% unterdurchschnittlich häufig mittels Aussagen, die „schwer nachvollziehbar“ sind (Anzahl Spots gesamt), beziehungsweise zu +2,8% überdurchschnittlich häufig mit Aussagen, die „problemlos nachvollziehbar“ sind. Mit „humorvoll übertrieben“ wurde 1 Werbespot bewertet, der 5 Mal gesendet wurde. Dies entspricht einem Anteil von 2,4% (Anzahl unterschiedliche Spots) beziehungsweise von 2,7% (Anzahl gesamt gesendete Spots).

10.18 Telekommunikation

Werbeaussagen aus der Telekommunikationsbranche wurden zu 63,6% mit „problemlos nachvollziehbar“ bewertet (unterschiedliche Spots) beziehungsweise mit 76,4% (Anzahl gesendete Spots). Dies umfasst 28 unterschiedliche Spots, die 120 Mal gesendet wurden. Mit „schwer nachvollziehbar“ wurden 16 Werbespots bewertet, die 37 Mal gesendet wurden. Dies entspricht einem Anteil von 36,4% (Anzahl unterschiedliche Spots) beziehungsweise von 23,6% (Anzahl gesamt gesendete Spots). Damit agieren Werbeaussagen aus dem Bereich Telekommunikation zu +78,5% überdurchschnittlich häufig mittels Aussagen, die „schwer nachvollziehbar" sind (Anzahl Spots gesamt), beziehungsweise zu -7,2% unterdurchschnittlich häufig mit Aussagen, die „problemlos nachvollziehbar" sind. Mit „humorvoll übertrieben" wurde kein Werbespot klassifiziert.

10.19 Lebensmittel & nicht-alkoholische Getränke

Werbeaussagen von Lebensmitteln & nicht-alkoholischen Getränken wurden zu 92,3% mit „problemlos nachvollziehbar" bewertet (unterschiedliche Spots) beziehungsweise mit 84,6% (Anzahl gesendete Spots). Dies umfasst 117 unterschiedliche Spots, die 602 Mal gesendet wurden. Mit „schwer nachvollziehbar" wurden 5 Werbespots bewertet, die 42 Mal gesendet wurden. Dies entspricht einem Anteil von 4,3% (Anzahl unterschiedliche Spots) beziehungsweise von 7% (Anzahl gesamt gesendete Spots). Damit agieren Werbeaussagen aus dem Bereich Lebensmittel & nicht-alkoholische Getränke zu -47,2% unterdurchschnittlich häufig mittels Aussagen, die „schwer nachvollziehbar" sind (Anzahl Spots gesamt), beziehungsweise zu +2,6% überdurchschnittlich häufig mit Aussagen, die „problemlos nachvollziehbar" sind. Mit „humorvoll übertrieben" wurden 4 Werbespots bewertet, die 51 Mal gesendet wurden. Dies entspricht einem Anteil von 3,4% (Anzahl unterschiedliche Spots) beziehungsweise von 8,5% (Anzahl gesamt gesendete Spots).

10.19.1 Problemlos nachvollziehbar

Folgende 99 unterschiedlich im Fernsehen beworbene Produkte der Branche Lebensmittel & nicht-alkoholische Getränke wurden in dieser Studie mit der Bewertung „problemlos nachvollziehbar" kategorisiert. Es handelt sich dabei um 108 unterschiedliche Werbespots, die 508 Mal ausgestrahlt wurden:

Active fresh Getränk mit Frucht

Active O2 fitness Getränk

Activia Joghurt

Almighurt Drink

Appenzeller Käse

becel pro activ Margarine & Milch & Joghurt

Bertolli Pasta Sauce

Bifi Roll

Bonaqa Apfel-Birne & Orange-Ananas

Bonaqa sportswater

Nachvollziehbarkeit werblicher Aussagen in der TV-Werbung Branche: Lebensmittel & nicht-alkoholische Getränke						
Produktgruppe	**Nachvollziehbarkeit der werblichen Aussage**	Spots gesamt mit Nachvoll-ziehbarkeits-Bewertung der Aussage	Verschiedene Spots mit Nachvoll-ziehbarkeits-Bewertung der Aussage	**%-Anteil Nachvoll-ziehbarkeits-Bewertung an Spots gesamt der Produkt-gruppe**	%-Abweichung Spots gesamt mit Nachvoll-ziehbarkeits-Bewertung der Produkt-gruppe vom Schnitt in Branche	%-Abweichung Spots gesamt mit Nachvoll-ziehbarkeits-Bewertung der Produktgruppe vom Gesamt-schnitt in allen Branchen
Fast Food	**humorvoll übertrieben**	30	2	**39,5%**	365,9%	799,3%
Limonaden	**humorvoll übertrieben**	7	1	**22,6%**	166,5%	414,4%
Joghurt	**humorvoll übertrieben**	14	1	**13,1%**	54,4%	198,1%
Babynahrung	**problemlos**	1	1	**100,0%**	18,3%	21,3%
Blätterteigprodukte	**problemlos**	24	3	**100,0%**	18,3%	21,3%
Brot/Knäckebrot Baguettes	**problemlos**	14	2	**100,0%**	18,3%	21,3%
Brotaufstrich	**problemlos**	12	2	**100,0%**	18,3%	21,3%
Cornflakes/Ceralien	**problemlos**	19	5	**100,0%**	18,3%	21,3%
Diät-Butter	**problemlos**	1	1	**100,0%**	18,3%	21,3%
Diät-Limonaden	**problemlos**	4	1	**100,0%**	18,3%	21,3%
Diät-Margarine	**problemlos**	2	1	**100,0%**	18,3%	21,3%
Energy Drinks	**problemlos**	18	2	**100,0%**	18,3%	21,3%
Fertiggerichte	**problemlos**	28	4	**100,0%**	18,3%	21,3%
Fisch	**problemlos**	11	4	**100,0%**	18,3%	21,3%
Fleisch/Wurstwaren	**problemlos**	32	9	**100,0%**	18,3%	21,3%
Gelatine	**problemlos**	8	2	**100,0%**	18,3%	21,3%
Gemüse/Tiefkühl	**problemlos**	4	1	**100,0%**	18,3%	21,3%
Gewinnspiel	**problemlos**	1	1	**100,0%**	18,3%	21,3%
Gewürze	**problemlos**	3	1	**100,0%**	18,3%	21,3%
Kaffee	**problemlos**	36	9	**100,0%**	18,3%	21,3%
Käse	**problemlos**	9	3	**100,0%**	18,3%	21,3%
Limonaden Light	**problemlos**	8	1	**100,0%**	18,3%	21,3%
Milchgetränke	**problemlos**	70	10	**100,0%**	18,3%	21,3%
Mineralwasser	**problemlos**	9	2	**100,0%**	18,3%	21,3%
Mineralw./Schorle	**problemlos**	18	5	**100,0%**	18,3%	21,3%
Pizza	**problemlos**	5	3	**100,0%**	18,3%	21,3%
Reis	**problemlos**	1	1	**100,0%**	18,3%	21,3%
Soßen/Dressings	**problemlos**	29	8	**100,0%**	18,3%	21,3%
Tee	**problemlos**	5	1	**100,0%**	18,3%	21,3%
Säfte	**problemlos**	14	5	**87,5%**	3,5%	6,2%
Limonaden	**problemlos**	19	4	**61,3%**	-27,5%	-25,6%
Fast Food	**problemlos**	46	8	**60,5%**	-28,4%	-26,6%
Joghurt	**problemlos**	58	8	**54,2%**	-35,9%	-34,2%
Joghurt	**schwer***	35	1	**32,7%**	368,8%	147,7%
Limonaden	**schwer***	5	3	**16,1%**	131,2%	22,2%
Säfte	**schwer***	2	1	**12,5%**	79,2%	-5,3%
Summe		**602**	**117**			

***Aussagen mit Bewertung „werbliche Aussage schwer nachvollziehbar"**

Brunch légère Brotaufstrich

BUKO Frischkäse

Burger King

Campina Optiwell Frische Fitmilch

Campina Optiwell Joghurt

Capri Sonne & Gewinnspiel

caps Durstlöscher

Coca-Cola light

Danone Actimel

Diätbutter Du darfst

Dr. Oetker Gelatine Fix

Dr. Oetker Intermezzo Baguettes

Du darfst Pellkartoffelsalat & Bärlauch Leberwurst

Eduscho Gala Nr. 1

Ehrmann Almighurt Orange Biss

Emmi Caffé Latte

Erasco Gemüsegarten Eintöpfe

Fast Food

Fanta Limonade

Gerolsteiner Naturell Mineralwasser & Apfelschorle

Granini fruchtig-frisch Säfte

Hipp Folgemilch für Babys

Hohes C Milde Orange

Homann pack2snack

Iglo Fisch-Ideen

Iglo Gemüse-Ideen

Jacobs Krönung Verwöhnaroma-Pads

Jogolé Molke Drink

Kellogg's Choco Krispies

Kellogg's Frosties

Kellogg's Special K

Knorr Fix Hackfleisch Schafskäse-Auflauf & Knorr Kochbuch

Knorr Salatkrönung 7-Kräuter-Dressing

Knorr Sauce Hollandaise

Krüger Cappuccino

Kühne Salatfix Vital

Lift & Lift Active Schorle

Lion Cereals Cornflakes & vodafone Spiel fürs Handy

Lysell Fisch

Lysell Matjes Mahlzeit

Maggi Guten Appetit Frühling-Suppe

Maggi Guten Appetit Hochzeits-Suppe

Maggi Hot Pockets

McDonald's Happy Meal mit Spielzeug

McDonald's

Meggle JoBu Joghurt & Buttermilch

Meica Torfstecher Würstchen

Melitta Café Auslese

Melitta Café Harmonie

Milram Festival Quark Creme

Milram klexx Joghurt

Milram Vitality Buttermilch

Milram Vitality Molke

Mini Babybel

Miracel Whip Mayonnaise

Müller Froop Joghurt

Müller Joghurt mit der Ecke

Müllermilch

Nadler Kartoffel- & Gemüsesalate & Gewinnspiel & www.wetter.com

Nescafé Xpress

Nestea Eistees

Nordsee Tolle Tüte mit Spielzeug

Pfanni Kartoffelsnack & Gnocchi & Knorr Tomato al Gusto Sauce

Programmvorschau Big City Fever, Coca-Cola light

Punica fruchtig und herb

Red Bull

Reinert Bärchenstreich

reisfit 1-2-Reis

Ristorante Pizza

RTL mailights Gewinnspiel, präsentiert von Citrell von Fanta

Rügenwalder Mühle Pommernspieß

Rügenwalder Pommersche Leberwurst

Rügenwalder Teewurst mit Truthahn

Saupiquet Thunfisch

Schwartau extra Wellness Konfitüre

senseo Kaffee & Genießerpaket

Soda Club Sprudel

Soda Club Sprudel Geschmacksrichtungen

StarWars Episode 3 & Burger King

Tchibo Privat Kaffee

Thomy Sauce Hollandaise

Wagner Pizzies

Wagner Steinofenpizza

Wasa Knäckebrot

Weihenstephan Frischer Rahmjoghurt mild

Wiesenhof Bruzzzler Steaks

Wiesenhof Grillfleisch

Yakult für Wohlbefinden

Yakult light

10.19.2 Humorvoll übertrieben

Folgende vier Produkte innerhalb der Branche Lebensmittel & nicht-alkoholische Getränke wurden mit der Kategorie-Bewertung „humorvoll übertrieben“ beurteilt (4 unterschiedliche Werbespots, die 51 Mal gesendet wurden; dies entspricht einem Anteil an allen gesendeten Werbespots von 8,5%).

Coca-Cola

Danone Obstgarten

McDonald’s I

McDonald’s IV

10.19.3 Schwer nachvollziehbar

Folgende Produkte wurden mit der Bewertung „werbliche Aussage schwer nachvollziehbar“ beurteilt:

Joghurt

Insgesamt wurde die werbliche Aussage von 35 von insgesamt 107 gesendeten Joghurt-Werbespots im Beobachtungszeitraum als „schwer nachvollziehbar“ kategorisiert. Dies entspricht einem Anteil von 32,7% an allen gesendeten und analysierten Joghurt-Werbespots. Damit wird Joghurt im Fernsehen zu +147,7% über dem Durchschnitt aller im Fernsehen beworbenen Branchen mit dem Kriterium „schwer nachvollziehbar“ bewertet bzw. zu +368,8% innerhalb der Branche Lebensmittel. Beim Blick auf die lediglich „unterschiedlich“ gesendeten Werbespots relativiert sich das Bild. So ist nach dieser Stichprobe im Vergleich zu allen im deutschen Fernsehen „unterschiedlich“ gesendeten Werbespots ein unterdurchschnittlicher Wert mit der Bewertung „werbliche Aussage schwer nachvollziehbar“ von -18,5% für Joghurt zu verzeichnen sowie von +134% in der Branche Lebensmittel. Dies zeigt deutlich, dass es sich letztlich um nur ein Produkt handelt, dessen werbliche Aussage als „schwer nachvollziehbar“ bewertet wurde - und zwar um die beworbene Marke Fruchtzwerge (Tabelle).

FRUCHTZWERGE

Handelnde Personen: eine Frau, ein Mädchen und ein Junge (beide ca. 5 Jahre)
Ort der Handlung: häusliche Umgebung
Kernaussage: Das Produkt ist Teil einer ausgewogenen Ernährung von Kindern und schmeckt
Spezielle Ansprache Kinder/Jugendliche: ja

Werbespot-Inhalt: Frau wird eingeblendet, Bildunterschrift: „Silke von Küster, 41, Mutter und Kinder-Ernährungsexpertin“, sie weist auf den Zwiespalt in Bezug auf die Ernährung ihrer Kinder hin, in dem sie sich aufgrund ihrer Rollen als Ernährungsexpertin und Mutter befindet, sie will eine ausgewogene Ernährung und dass es ihren Kindern schmeckt, sie reicht den Kindern das Produkt, diese essen es, Mutter: „Meine Kinder lieben Fruchtzwerge.“ Männerstimme beschreibt das Produkt und verweist darauf, dass es ohne Zusatz von Kristallzucker ist, Produkt wird gezeigt, Schlussszene: Männerstimme und schriftlicher Hinweis: „Fruchtzwerge berücksichtigt die aktuellen Empfehlungen von Kinder-Ernährungsexperten.* *Kontinuierliche Reduktion des Fett- und Kohlenhydratgehalts in den vergangenen Jahren.“[510]

Bewertung durch hinzugezogene Ernährungsexpertin Silke von Küster: Die Fruchtzwerge-Werbung wurde in dieser Studie als „nicht nachvollziehbar“ eingestuft. Dies hat mehrere Gründe. Zunächst einmal: Die im untersuchten Werbespot abgebildete „Ernährungsexpertin“ war lediglich eine Darstellerin und entsprach nicht der namentlich erwähnten tatsächlichen Ernährungsexpertin Silke von Küster. Dies könnte man als Irreführung des Rezipienten ansehen. Denn in Deutschland müssen auf dem Bildschirm in der Werbung gezeigte Experten in der Realität auch Experten sein. Die tatsächliche Ernährungsexpertin Silke von Küster sagte gegenüber dem Autor dieser Studie, sie halte es für eine problematische Aussage, wenn in der Fruchtzwerge-Bewerbung „Ohne Zusatz von Kristallzucker“ betont werde. So könne erstens der Eindruck entstehen, als würde gar kein Zucker verwendet, und zweitens, als würde Fruchtzucker (wie es auf der Homepage von Fruchtzwerge aufgeführt wird) signifikant bessere Werte aufweisen als normaler Kristallzucker. Erstens sei dies in der Wissenschaft sehr umstritten, und zweitens sehe sie dieses nicht so. Durch die szenische Hinzuziehung einer angeblichen Ernährungsexpertin entstehe außerdem, so die Einschätzung von Küsters, fälschli-

510 Auf der Homepage www.fruchtzwerge.de wird ausgeführt: Süßes ist bei Groß und Klein beliebt. Damit sie besser schmecken, wird den meisten Milchprodukten Kristallzucker zugesetzt. Anders bei Fruchtzwerge: Durch den Einsatz der Traubenfruchtsüße wird der Kristallzucker nicht mehr benötigt. Und der Gesamtgehalt aller Zuckerarten, einschließlich Milchzucker, konnte von 15,8% auf 14,6% gesenkt werden, bei Fruchtzwerge Weniger Süß sogar von 13,5% auf 12,5%. Zum Vergleich: Ein herkömmlicher Fruchtjoghurt hat einen Gesamtzuckergehalt von 15,5% (Quelle: Souci, Fachmann, Kraut 2000).

cherweise der Eindruck, als würden Fruchtzwerge gerade auch von Ernährungsexperten regelrecht für Kinder empfohlen. Doch dies treffe in dieser Pauschalität nicht zu.

Limonaden

Insgesamt wurde die werbliche Aussage von 5 von insgesamt 31 gesendeten Limonaden-Werbespots im Beobachtungszeitraum als „schwer nachvollziehbar" kategorisiert. Dies entspricht einem Anteil von 16,1% an allen gesendeten und analysierten Limonaden-Werbespots. Damit wird Limonade im Fernsehen zu +22,2% über dem Durchschnitt aller Werbespots aller Branchen mit dem Kriterium „schwer nachvollziehbar" bewertet bzw. mit +205,8% über dem Durchschnitt aller im Beobachtungszeitraum unterschiedlich gesendeten Werbespots aller Branchen. Innerhalb der Branche Lebensmittel & nicht-alkoholische Getränke entspricht dies einem überdurchschnittlichen Wert von +131,2% (alle gesendeten Limonaden-Werbespots) bzw. von +777,5% (unterschiedlich gesendete Limonaden-Werbespots). Allerdings handelte es sich letztlich lediglich um 3 von insgesamt 8 unterschiedlichen Limonaden-Werbespots, und zwar der Marke *Fanta*.

FANTA CITRELL

Handelnde Personen: drei Zeichentrickfiguren (menschliche Umrisse)
Ort der Handlung: kein spezieller Ort der Handlung
Kernaussage: Produkt schmeckt voll fruchtig, ist weniger süß und kalorienreduziert
Spezielle Ansprache Kinder/Jugendliche: nein

Werbespot-Inhalt: Drei verschiedenfarbige Zeichentrickfiguren mit menschlichen Umrissen werden das Produkt trinkend gezeigt, im Hintergrund singende Frauenstimmen in englischer Sprache, Männerstimme und teilweise Schriftzug: „Drink different. Weniger süß, voll fruchtiger Geschmack und kalorienreduziert. Citrell von Fanta. Weniger süß. Weniger Kalorien."

Bewertung durch hinzugezogene Ernährungsexpertin Silke von Küster: „Die Fanta-Werbung zu Citrell kann als problematisch angesehen werden. Das liegt primär an den werblichen Aussagen, Fanta Citrell sei ‚weniger süß, voll fruchtig und kalorienreduziert'. Diese Aussagen lassen sich für den durchschnittlichen Konsumenten nicht nachvollziehen."

(Frucht-)Säfte

Insgesamt wurde die werbliche Aussage von 2 von insgesamt 16 gesendeten Saft-Werbespots im Beobachtungszeitraum als „schwer nachvollziehbar" kategorisiert. Dies entspricht einem Anteil von 12,5% an allen gesendeten und analysierten Saft-Werbespots. Damit werden Säfte im deutschen Fernsehen zu -5,3% unter dem Durchschnitt aller Werbespots aller Branchen mit dem Kriterium „schwer nachvollziehbar" bewertet bzw. mit +35,9% über dem Durchschnitt aller im Beobachtungszeitraum unterschiedlich gesendeten Werbespots aller Branchen. Innerhalb der

Branche Lebensmittel & nicht-alkoholische Getränke entspricht dies einem überdurchschnittlichen Wert von +79,2% (alle gesendeten Saft-Werbespots) bzw. von +290% (unterschiedlich gesendete Saft-Werbespots). Allerdings handelte es sich letztlich lediglich um 1 von insgesamt 6 unterschiedlichen Saft-Werbespots, und zwar der Marke *Fruchttiger*.

FRUCHTTIGER

Handelnde Personen: ein Mädchen und ein Junge (beide ca. 7 Jahre), ein Frucht-Tiger
Ort der Handlung: Fußballfeld (Zeichentrick)
Kernaussage: Produkt ist ohne Zuckerzusatz und enthält sieben gesunde Vitamine, es ist ein gesunder Durstlöscher
Spezielle Ansprache Kinder/Jugendliche: ja

Werbespot-Inhalt: Der Frucht-Tiger spielt mit zwei Kindern Fußball: „Hey Leute, auf geht's, Sport hält euch in Schuss und dazu gehört gesundes Trinken." Produkte werden gezeigt, „Volltreffer, das neue leckere Fruchttiger Multivitamin ohne Zuckerzusatz und mit sieben gesunden Vitaminen. Fruchttiger Multivitamin - ganz neu auch in der 1,25 Liter-Flasche." Die Kinder trinken das Produkt. „Fruchttiger. Der gesunde Durstlöscher." Produktpalette wird gezeigt, am unteren Bildrand läuft ein Textband mit „Ohne Pfand", schriftlicher Verweis auf die Internetseite www.fruchttiger.de.

Bewertung durch hinzugezogene Ernährungsexpertin Silke von Küster: „Die Produktbewerbung für Fruchttiger ist problematisch. Besonders die Aussage ‚ohne Zuckerzusatz' bedeutet letztlich, dass mit Süßstoffen gearbeitet wird. Wenn Kinder davon 0,2 l trinken, haben sie die Toleranzgrenze für diese Süßstoffe bereits erreicht. Ich meine, Getränke mit Süßstoff sind nicht für Kinder geeignet."

10.20 Süßwaren

Werbeaussagen von Süßwaren wurden zu 74,2% mit „problemlos nachvollziehbar" bewertet (unterschiedliche Spots) beziehungsweise mit 62,1% (Anzahl gesamt gesendete Spots). Dies umfasst 49 (von 66) unterschiedliche Spots, die 215 Mal gesendet wurden. Mit „schwer nachvollziehbar" wurden 9 Werbespots bewertet, die 69 Mal gesendet wurden. Dies entspricht einem Anteil von 13,6% (Anzahl unterschiedliche Spots) beziehungsweise von 19,9% (Anzahl gesamt gesendete Spots). Damit agieren Werbeaussagen aus dem Bereich Süßwaren im Vergleich zu allen im deutschen Fernsehen werbungtreibenden Branchen zu +13,6% überdurchschnittlich häufig mittels Aussagen, die „schwer nachvollziehbar" sind (Anzahl unterschiedlich gesendete Spots) beziehungsweise zu +51% (gesamt gesendete Spots). Mit „humorvoll übertrieben" wurden 8 Werbespots bewertet, die 62 Mal gesendet wurden. Dies entspricht einem Anteil von 12,1% (Anzahl unterschiedliche Spots) beziehungsweise von 17,9% (Anzahl gesamt gesendete Spots).

Im Folgenden seien die Produktgruppen der Branche Süßwaren ihrer Bewertung entsprechend dargestellt:

10.20.1 Problemlos nachvollziehbar

Folgende Produktgruppen wurden in dieser Studie mit dem Kriterium „werbliche Aussage ist problemlos nahvollziehbar“ bewertet:

Campina Puddis Milchpudding

Dany Sahne Cocos & Erdbeere Pudding

Dextro energy Traubenzucker

Dr. Oetker Kuchen ohne Backen

Dr. Oetker One-Two-Bake Kuchen

Dr. Oetker Pudding

Emmi Caffé Latte & Ice Cream

Giotto Gebäckkugeln

Haribo Colorado

Haribo fruity smarties

Haribo Goldbären

kinder friends Schokolade

KitKat Schokoladenriegel

Langnese Cremissimo Eis

Langnese Solero Eis & Suzuki Gewinnspiel

Leibniz Butterkeks & Landkeks

Leibniz Pick up! - Riegel

Magnum 5 Sinne Eis

Mentos Bonbons

Merci Schokoladenriegel

Milchschnitte

Milka M-Joy

Mondamin Muffins

Mövenpick Buttermilch-Maracuja Eis

Müller Milchreis

Nimm 2 Lachgummi I

Nimm 2 Lachgummi sauer

Nutella Brotaufstrich

Prinzen Rolle Kekse

Ritter Sport Schokolade Sommer-Sorten

Ritter Sport Schokowürfel

Soft Cake

Tictac

Tictac Icegloo

Toffifee

Wrigley's Kaugummi

Yogurette & Yogurette Himbeere Schokoriegel

Zott Monte Pudding

Katjes Joghurt Gums

Wrigley's Extra Kaugummi (zuckerfrei)

10.20.2 Humorvoll übertrieben

Folgende Produktgruppen wurden in dieser Studie mit dem Kriterium „werbliche Aussage ist humorvoll übertrieben“ bewertet:

Ahoij Brause

Dr. Oetker Wölkchen Pudding

eclipse gum

Fisherman's friend Bonbons

FR-OOZE POP

Schwartau fruity Früchteriegel

Twix Schokoladenriegel

Wrigley's Juicy Fruit strapleberry Kaugummi

10.20.3 Schwer nachvollziehbar

Schokoriegel

Insgesamt wurde die werbliche Aussage von 24 von insgesamt 61 gesendeten Schokoriegel-Werbespots (2 von 8 unterschiedlichen Werbespots) im Beobachtungszeitraum als „schwer nachvollziehbar“ kategorisiert. Dies entspricht einem Anteil von 39,3% an allen gesendeten und analysierten Schokoriegel-Werbespots. Damit werden Schokoriegel im deutschen Fernsehen zu +198% über dem Durchschnitt aller Werbespots aller Branchen mit dem Kriterium „schwer nachvollziehbar“ bewertet bzw. mit +103,8% über dem Durchschnitt aller im Beobachtungszeitraum unterschiedlich gesendeten Werbespots aller Branchen. Innerhalb der Branche Süßwaren entspricht dies einem überdurchschnittlichen Wert von +97,3% (alle gesendeten Schokoriegel-Werbespots) bzw. von +83,3% (unterschiedlich gesendete Schokoriegel-Werbespots). Allerdings handelte es sich letztlich lediglich um 2 von insgesamt 8 unterschiedlichen Schokoriegel-Werbespots, und zwar der Marken *kinder Happy Hippo Croki* sowie *kinder Pingui Schokoladenriegel.*

KINDER HAPPY HIPPO CROKI

Handelnde Personen: vierzehn Wildtiere
Ort der Handlung: Natur
Kernaussage: Mit dem Kauf des Produkts wird ein Zoobesuch günstiger
Spezielle Ansprache Kinder/Jugendliche: ja

Werbespot-Inhalt: Verschiedene Tiere in freier Wildbahn werden gezeigt (unter anderem Braunbären, Schimpansen, Zebras, Koalas). Eine Bildunterschrift ist zu sehen:
„Jetzt 13 Tierpatenschaften zu gewinnen! Infos unter www.happyhippocroki.de.“ Eine weibliche Stimme singt aus Sicht der Tiere zu rockiger Musik: „Wann kommst du, wann kommst du mal zu mir? ...Wann bist du endlich hier?“ Am unteren Bildrand läuft vor gelbem Hintergrund in roter Schrift eine Auflistung von Zoos in Deutschland, Produkt wird wieder gezeigt. Eine Männerstimme ist zu hören: „Mit Happy Hippo Croki, der lustigen Waffel mit der extra Portion Milch kommt man jetzt viel günstiger in den Zoo.“ Ein Coupon für ermäßigten Eintritt in den Zoo wird hervorgehoben, weitere Tiere werden gezeigt, weibliche Stimme singt: „Wann kommst du endlich her?“

Bewertung durch hinzugezogene Ernährungsexpertin Silke von Küster: „Nachvollziehbarkeit der Aussage problematisch, da die Aussage ‚extra Portion Milch‘ als vom durchschnittlichen Konsumenten als nicht nachvollziehbar angesehen werden kann.“

KINDER PINGUI SCHOKOLADENRIEGEL

Handelnde Personen: eine Frau, zwei Jungen (ca. 6 Jahre), eine Katze, eine Pinguin-Figur
Ort der Handlung: häusliche Umgebung / Garten
Kernaussage: Das Produkt ist für die ganze Familie geeignet
Spezielle Ansprache Kinder/Jugendliche: ja

Werbespot-Inhalt: Kinder kommen in die Küche gerannt. Ihre Mutter gibt ihnen das Produkt, sie selbst nimmt sich auch einen Schokoladenriegel und setzt sich in den Garten, isst das Produkt, Frauenstimme: „Kein Wunder, dass es den Kindern so gut schmeckt ... ist ja auch zum Anbeißen, knackig-kühle Schokolade und 'ne Creme aus frischer Vollmilch." Produkt wird gezeigt, Männerstimme: „Kinder Pingui - das Milch-Dessert zum Anbeißen." Pinguin-Figur wird zusätzlich eingeblendet, die einen Schriftzug vorliest: „Für die ganze Familie."

Bewertung durch hinzugezogene Ernährungsexpertin Silke von Küster: „Nachvollziehbarkeit der Aussage problematisch, da dieses kein Milchdessert ist."

Kaugummi/Gums/Kaustreifen

Insgesamt wurde die werbliche Aussage von 25 von insgesamt 62 gesendeten Kaugummi/Gums/Kaustreifen-Werbespots (2 von 13 unterschiedlichen Werbespots) im Beobachtungszeitraum als „schwer nachvollziehbar" kategorisiert. Dies entspricht einem Anteil von 30,5% an allen gesendeten und analysierten Kaugummis/Gums/Kaustreifen-Werbespots. Damit wird diese Produktgruppe im deutschen Fernsehen zu +130,9% über dem Durchschnitt aller Werbespots aller Branchen mit dem Kriterium „schwer nachvollziehbar" bewertet bzw. mit +25,4% über dem Durchschnitt aller im Beobachtungszeitraum unterschiedlich gesendeten Werbespots aller Branchen. Innerhalb der Branche Süßwaren entspricht dies einem überdurchschnittlichen Wert von +52,9% (alle gesendeten Kaugummi/Gums/Kaustreifen-Werbespots) bzw. von +12,6% (unterschiedlich gesendete Werbespots). Allerdings handelte es sich letztlich lediglich um 2 von insgesamt 13 unterschiedlichen Kaugummi/Gums/Kaustreifen-Werbespots, und zwar der Marken *Fritt Kaustreifen* sowie *Nimm 2 Lachgummi.*

FRITT KAUSTREIFEN

Handelnde Personen: eine Knetfigur
Ort der Handlung: kein spezieller Ort der Handlung
Kernaussage: Produkt ist super fruchtig und super lecker
Spezielle Ansprache Kinder/Jugendliche: ja

Werbespot-Inhalt: Produktname „Fritt“ wird eingeblendet, schrille Stimme ruft: „Friiiiiitt!“ Knetfigur wird gezeigt, die das Produkt isst, Trompetentöne sind zu hören, in den Augen der Figur sind Kirschen zu erkennen, und der Produktname „Fritt“ ist zu lesen. Eine schrille Stimme ist zu hören: „Super fruchtig, super lecker, zum Durchstarten!“ Figur wird zur Rakete und hebt ab, Produktpalette wird gezeigt mit dem Hinweis „mit Vitamin C“, dazu schrille Stimme und Schriftzug (Slogan): „Wow, ist Fritt ein Kau!“, zusätzlich wird die Internetadresse des Produkts www.fritt.de eingeblendet.

Bewertung durch hinzugezogene Ernährungsexpertin Silke von Küster: „Nachvollziehbarkeit der Aussage problematisch, da die Verbindung mit Früchten und Vitamin C etwas in die Irre führen könnte.“

NIMM 2 LACHGUMMI

Handelnde Personen: eine Frau, ungefähr vier Kinder (im Durchschnitt ca. 5 Jahre)
Ort der Handlung: Spielplatz
Kernaussage: Produkt bedeutet Vitamine und Naschen
Spezielle Ansprache Kinder/Jugendliche: ja

Werbespot-Inhalt: Eine Frau wird auf einem Spielplatz von einem Reporter angesprochen: „Entschuldigung, Sie haben Ihrem Enkel gerade Nimm 2 Lachgummi gegeben.“ Frau: „Unser Junge liebt Lachgummi.“ Die Frau verweist auf die Vitamine im Produkt und dass er deshalb öfter davon naschen kann. Das Produkt wird in einem Close-up eingeblendet, von dem zwei Jungen naschen. Es folgt eine Männerstimme und ein Schriftzug (Slogan): „Nimm 2 Lachgummi. Vitamine und Naschen.“

Bewertung durch hinzugezogene Ernährungsexpertin Silke von Küster: „Nachvollziehbarkeit der Aussage problematisch, da hier der Eindruck entstehen könnte, ein auch größerer Mengen-Verzehr einer Süßware wäre unproblematisch. Auch findet der problematische Hinweis auf Vitamine statt, was beim durchschnittlichen Verbraucher zu der Einschätzung führen könnte, als wäre der Verzehr von Nimm 2 Lachgummi gar gesund.“

Bonbons

Insgesamt wurde die werbliche Aussage von 12 von insgesamt 42 gesendeten Bonbon-Werbespots (1 von 7 unterschiedlichen Werbespots) im Beobachtungszeitraum als „schwer nachvollziehbar“ kategorisiert. Dies entspricht einem Anteil von 28,6%

an allen gesendeten und analysierten Bonbon-Werbespots. Damit wird diese Produktgruppe im deutschen Fernsehen zu +116,4% über dem Durchschnitt aller Werbespots aller Branchen mit dem Kriterium „schwer nachvollziehbar“ bewertet bzw. mit +16,5% über dem Durchschnitt aller im Beobachtungszeitraum unterschiedlich gesendeten Werbespots aller Branchen. Innerhalb der Branche Süßwaren entspricht dies einem überdurchschnittlichen Wert von +43,3% (alle gesendeten Bonbon-Werbespots) bzw. von +4,8% (unterschiedlich gesendete Schokoriegel-Werbespots). Allerdings handelte es sich letztlich lediglich um 1 von insgesamt 7 unterschiedlichen Bonbon-Werbespots, und zwar der Marke *Nimm 2 Bonbons.*

NIMM 2 BONBONS

Handelnde Personen: eine Frau, zwei Jungen (ca. 4 Jahre)
Ort der Handlung: häusliche Umgebung
Kernaussage: Produkt enthält jetzt noch mehr Fruchtsaft
Spezielle Ansprache Kinder/Jugendliche: ja

Werbespot-Inhalt: Frau beschreibt die Vorzüge des Produkts, Produkt wird gezeigt, im Hintergrund spielen zwei Jungen und naschen das Produkt, sie weist besonders auf die enthaltenen Vitamine und den enthaltenen Traubenzucker hin, währenddessen nehmen sich die Kinder noch weitere Bonbons, Produkt wird gezeigt, Männerstimme: „Nimm 2 - jetzt neu mit noch mehr Fruchtsaft.“

Bewertung durch hinzugezogene Ernährungsexpertin Silke von Küster: „Nachvollziehbarkeit der Aussage problematisch, da die Kinder in dem Spot ungeachtet der Karies-Gefahr das Produkt naschen. Dieser Nachteil des Produkts wird mit dem Verweis auf die enthaltenen Vitamine und den enthaltenen Traubenzucker überspielt.“

Eis

Insgesamt wurde die werbliche Aussage von 5 von insgesamt 39 gesendeten Eis-Werbespots (1 von 7 unterschiedlichen Werbespots) im Beobachtungszeitraum als „schwer nachvollziehbar“ kategorisiert. Dies entspricht einem Anteil von 12,6% an allen gesendeten und analysierten Eis-Werbespots. Damit wird diese Produktgruppe im deutschen Fernsehen zu -2,9% unter dem Durchschnitt aller Werbespots aller Branchen mit dem Kriterium „schwer nachvollziehbar“ bewertet bzw. mit +16,5% über dem Durchschnitt aller im Beobachtungszeitraum unterschiedlich gesendeten Werbespots aller Branchen. Innerhalb der Branche Süßwaren entspricht dies einem unterdurchschnittlichen Wert von -35,7% (alle gesendeten Eis-Werbespots) bzw. von +4,8% (unterschiedlich gesendete Eis-Werbespots). Allerdings handelte es sich letztlich lediglich um 1 von insgesamt 7 unterschiedlichen Eis-Werbespots, und zwar der Marke *Chupa Chups Cremosa Eis.*

CHUPA CHUPS CREMOSA EIS

Handelnde Personen: Frau, Eisverkäufer, Junge (ca. 11 Jahre)
Ort der Handlung: Eisstand
Kernaussage: Produkt ist sahnig wie Eiscreme und fördert gesunde Zähne
Spezielle Ansprache Kinder/Jugendliche: ja

Werbespot-Inhalt: Frauenstimme fragt: „Sahnig wie Eiscreme und fördert gesunde Zähne?“ Eisverkäufer am Stand wird eingeblendet mit Gegenfrage: „Schon Cremosa von Chupa Chups probiert?“ Dreimaliger Verweis darauf, dass das Produkt gesunde Zähne fördert (Grund: ohne Zucker). 2 Kinder bitten um das Produkt und bekommen es mit dem genannten Verweis gereicht. Frage vom Anfang wird in Slogan mit aufgenommen: „Sahnig wie Eiscreme und fördert gesunde Zähne!“

Bewertung durch hinzugezogene Ernährungsexpertin Silke von Küster: „Nachvollziehbarkeit der Aussage problematisch, da es fragwürdig erscheint, dass eine Süßware - wenn auch ohne Zucker - gesunde Zähne fördern soll. Problematisch ist hier auch, dass eine Förderung zwar eine aktive Handlung meint, aber es sich beim Produkt um eine eher passive ‚Förderung‘ handelt durch den Nicht-Einsatz von Zucker. Außerdem besteht Eis nicht nur aus Zucker, sondern aus zahlreichen anderen Produkten, die ebenfalls Karies etc. hervorrufen können. Dabei soll allerdings nicht unerwähnt bleiben, dass es gesundheitspolitisch durchaus wünschenswert ist, wenn versucht wird, in Süßwaren weniger bis gar keinen Zucker zu verwenden.“

Kuchen/Kekse

Insgesamt wurde die werbliche Aussage von 3 von insgesamt 42 gesendeten Kuchen/Kekse-Werbespots (3 von 10 unterschiedlichen Werbespots) im Beobachtungszeitraum als „schwer nachvollziehbar“ kategorisiert. Dies entspricht einem Anteil von 7,1% an allen gesendeten und analysierten Kuchen/Kekse-Werbespots. Damit wird diese Produktgruppe im deutschen Fernsehen zu -45,9% unter dem Durchschnitt aller Werbespots aller Branchen mit dem Kriterium „schwer nachvollziehbar“ bewertet bzw. mit +144,6% über dem Durchschnitt aller im Beobachtungszeitraum unterschiedlich gesendeten Werbespots aller Branchen. Innerhalb der Branche Süßwaren entspricht dies einem unterdurchschnittlichen Wert von -64,2% (alle gesendeten Kuchen/Kekse-Werbespots) bzw. von +120% (unterschiedlich gesendete Kuchen/Kekse-Werbespots). Allerdings handelte es sich letztlich lediglich um 3 von insgesamt 7 unterschiedlichen Kuchen/Kekse-Werbespots, und zwar alle der Marke *Knoppers.*

KNOPPERS

Handelnde Personen: eine Frau, ein Mädchen (ca. 4 Jahre) und ein Junge (ca. 8 Jahre)
Ort der Handlung: Schwimmbad
Kernaussage: Produkt ist leicht, mit guten Zutaten und lecker
Spezielle Ansprache Kinder/Jugendliche: ja

Werbespot-Inhalt: Einblendung des Schriftzugs „Morgens halb zehn in Deutschland", eine Frau mit ihren Kindern wird an einem Kiosk in einem Schwimmbad von einem Reporter angesprochen, Frau: „Was gibt's denn?", Junge: „Wir wollen jetzt schwimmen gehen." Reporter: „Und hinterher gibt's Knoppers?" Frau: „Wieso hinterher?" Tochter: „Vorher!" Produkt wird gezeigt, Frau weist auf die leichte, knusprige Waffel und weitere Eigenschaften des Produkts hin, Reporter fasst zusammen: „Also leicht und lecker." Schlussbild: Einblendung des Produkts und Schriftzug „Knoppers … das Frühstückchen."

Bewertung durch hinzugezogene Ernährungsexpertin Silke von Küster: „Nachvollziehbarkeit der Aussage problematisch, da für Knoppers nicht unbedingt die Aussage gelten kann, es handele sich um ein ‚leichtes Produkt' - immerhin beinhaltet es 130 kcal bei 25 g Gewicht."

10.21 Pharmazeutika

Werbeaussagen der Pharmazeutik wurden zu 74,1% mit „problemlos nachvollziehbar" bewertet (unterschiedliche Spots) beziehungsweise mit 69% (Anzahl gesendete Spots). Dies umfasst 20 unterschiedliche Spots, die 60 Mal gesendet wurden. Mit „schwer nachvollziehbar" wurden 7 Werbespots bewertet, die 27 Mal gesendet wurden. Dies entspricht einem Anteil von 25,9% (Anzahl unterschiedliche Spots) beziehungsweise von 31% (Anzahl gesamt gesendete Spots). Damit agieren Werbeaussagen aus dem Bereich Pharmazeutika zu +135,1% überdurchschnittlich häufig mittels Aussagen, die „schwer nachvollziehbar" sind (Anzahl Spots gesamt), beziehungsweise zu -16,3% unterdurchschnittlich häufig mit Aussagen, die „problemlos nachvollziehbar" sind. Mit „humorvoll übertrieben" wurde kein Werbespot klassifiziert.

10.22 Bauen und Wohnen

Werbeaussagen der Branchen Bauen & Wohnen wurden zu 66,7% mit „problemlos nachvollziehbar" bewertet (unterschiedliche Spots) beziehungsweise mit 72% (Anzahl gesendete Spots). Dies umfasst 6 unterschiedliche Spots, die 18 Mal gesendet wurden. Mit „schwer nachvollziehbar" wurden 3 Werbespots bewertet, die 7 Mal gesendet wurden. Dies entspricht einem Anteil von 33,3% (Anzahl unterschiedliche Spots) beziehungsweise von 28% (Anzahl gesamt gesendete Spots). Damit agieren Werbeaussagen aus dem Bereich Bauen und Wohnen zu +112,1% überdurchschnittlich häufig mittels Aussagen, die „schwer nachvollziehbar" sind (Anzahl Spots gesamt), beziehungsweise zu -12,6% unterdurchschnittlich häufig mit Aussagen, die

„problemlos nachvollziehbar“ sind. Mit „humorvoll übertrieben“ wurde kein Werbespot klassifiziert.

10.23 Haushaltsprodukte

Werbeaussagen, die Haushaltsprodukte bewerben, wurden zu 63,2% mit „problemlos nachvollziehbar“ bewertet (unterschiedliche Spots) beziehungsweise mit 63,3% (Anzahl gesendete Spots). Dies umfasst 24 unterschiedliche Spots, die 107 Mal gesendet wurden. Mit „schwer nachvollziehbar“ wurden 14 Werbespots bewertet, die 62 Mal gesendet wurden. Dies entspricht einem Anteil von 36,8% (Anzahl unterschiedliche Spots) beziehungsweise von 36,7% (Anzahl gesamt gesendete Spots). Damit agieren Haushaltsprodukte zu +177,9% überdurchschnittlich häufig mittels Aussagen, die „schwer nachvollziehbar“ sind (Anzahl Spots gesamt), beziehungsweise zu -23,2% überdurchschnittlich häufig mit Aussagen, die „problemlos nachvollziehbar“ sind. Mit „humorvoll übertrieben“ wurde kein Werbespot klassifiziert.

10.24 Computer & Internet

Werbeaussagen der Computer- beziehungsweise Internetbranche wurden zu 66,7% mit „problemlos nachvollziehbar“ bewertet (unterschiedliche Spots) beziehungsweise mit 58,1% (Anzahl gesendete Spots). Dies umfasst 8 unterschiedliche Spots, die 36 Mal gesendet wurden. Mit „schwer nachvollziehbar“ wurden 4 Werbespots bewertet, die 26 Mal gesendet wurden. Dies entspricht einem Anteil von 33,3% (Anzahl unterschiedliche Spots) beziehungsweise von 41,9% (Anzahl gesamt gesendete Spots). Damit agieren Computer- & Internetprodukte zu +217,6% überdurchschnittlich häufig mittels Aussagen, die „schwer nachvollziehbar“ sind (Anzahl Spots gesamt), beziehungsweise zu -29,5% unterdurchschnittlich häufig mit Aussagen, die „problemlos nachvollziehbar“ sind. Mit „humorvoll übertrieben“ wurde kein Werbespot klassifiziert.

10.25 Chemie

Werbeaussagen der Chemiebranche wurden zu 100% als „humorvoll übertrieben“ klassifiziert. Dies umfasst im Beobachtungszeitraum allerdings nur 1 Werbespot, der auch nur 3 Mal ausgestrahlt wurde. Damit ist die Aussagekraft dieses Ergebnisses so gering, dass sie nicht als repräsentativ gelten kann und nur der Vollständigkeit halber hier Erwähnung findet.

10.26 Humanitäres/Kirche/Initiativen/Selbsthilfegruppen

Werbeaussagen aus dem Bereich Humanitäres/Kirche/Initiativen/Selbsthilfegruppen wurden zu 80% mit „problemlos nachvollziehbar“ bewertet (unterschiedliche Spots) beziehungsweise mit 43,8% (Anzahl gesendete Spots). Dies umfasst 4 unterschiedliche Spots, die 7 Mal gesendet wurden. Mit „schwer nachvollziehbar“ wurde 1 Werbespot bewertet, der 9 Mal gesendet wurde. Dies entspricht einem Anteil von 20% (Anzahl unterschiedliche Spots) beziehungsweise von 56,3% (Anzahl gesamt gesendete Spots).

Damit agiert Humanitäres/Kirche/Initiativen/Selbsthilfegruppen zu +326% überdurchschnittlich häufig mittels Aussagen, die „schwer nachvollziehbar“ sind (Anzahl Spots gesamt), beziehungsweise zu -46,9% unterdurchschnittlich häufig mit Aussagen, die „problemlos nachvollziehbar“ sind. Mit „humorvoll übertrieben“ wurde kein Werbespot klassifiziert.

10.27 Fazit: Nachvollziehbarkeit von TV-Spot-Aussagen

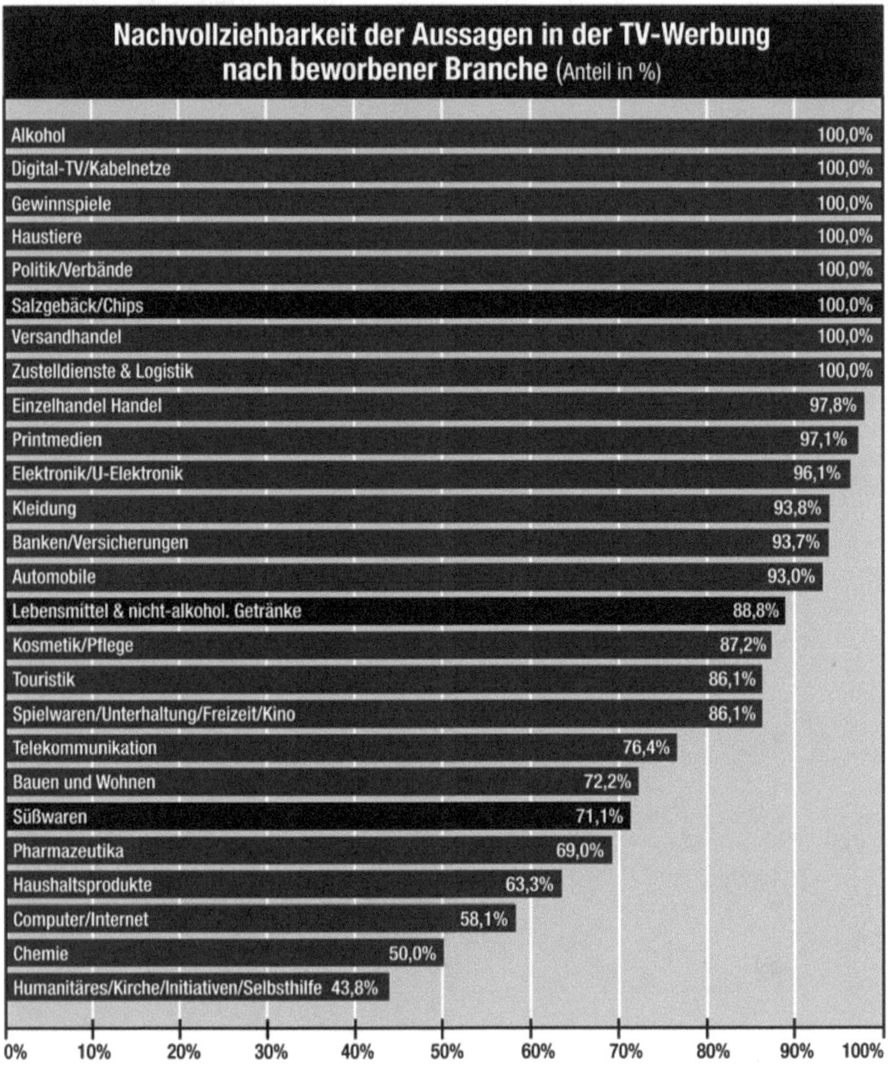

Diese Untersuchung zeigt, wie schwierig es ist, kommerzielle Kommunikation, also Werbung, inhaltlich zu beurteilen. Denn gerade TV-Werbung agiert ja nicht nur mit Sprache, sondern auch mit Bild und Ton. TV-Werbung spricht viele Sinne an. Allerdings muss das, was gesagt wird, nicht unbedingt mit dem übereinstimmen, was bildlich gezeigt oder suggeriert wird. Dennoch zeichnen sich gesprochene oder geschriebene Worte durch ihre recht eindeutige Verifizierbarkeit aus. So war es naheliegend, die gesprochenen (oder schriftlich eingeblendeten) Aussagen in den TV-

Werbespots dahingehend zu überprüfen, wie nachvollziehbar diese für den Zuschauer sind. Nach dieser Studie wurden 8 von 26 im deutschen Fernsehen werbungtreibenden Branchen mit dem Kriterium „Aussage zu 100% nachvollziehbar" bewertet. Dies bedeutet, dass keine Fälle im Beobachtungszeitraum festgestellt wurden, die beispielsweise Aussagen in gesundheitlicher oder technischer Hinsicht treffen, wo die Annahme gilt, dass eine erhebliche Chance besteht, dass sie der durchschnittliche Konsument nicht nachvollziehen - verstehen und richtig einordnen - kann. Es sind dies die Branchen: *Alkohol, Digital-TV & Kabelnetze, Gewinnspiele (ohne speziellen Branchenbezug), Haustierwerbung, Politik/Verbände, Salzgebäck/Chips, Versandhandel sowie Zustelldienste & Logistik.*

Im Hinblick auf das Kriterium „werbliche Aussage nachvollziehbar" wurden 7 weitere im Fernsehen werbungtreibende Branchen bewertet, deren Werbespots Nachvollziehbarkeits-Werte zwischen 90 und 99% erreichten: *Einzelhandel & Handel (97,8%), Printmedien (97,1%), Elektronik & Unterhaltungselektronik (96,2%), Kleidung (93,8%), Banken/Versicherungen (93,7%) und die Automobilwerbung (93%).* Besonders die Automobilwerbung trifft zwar nicht häufig, aber mit einem Anteil von 7% doch merkbar oft Aussagen - beispielsweise im Hinblick auf die Sicherheit von Automobilen -, wo die Annahme zulässig erscheint, dass der durchschnittliche Konsument die werblichen Aussagen beispielsweise in Bezug auf die technischen Angaben zur Fahrsicherheit nicht ohne weiteres nachvollziehen kann.

Im Hinblick auf das Kriterium „werbliche Aussage nachvollziehbar" wurden zudem 6 Branchen bewertet, die Werte zwischen 70 und 89% erreichen. Es sind dies: *Lebensmittel & nicht-alkoholische Getränke (88,8%), Kosmetik & Pflege (87,2%), Touristik (86,1%), Spielwaren/Unterhaltung/Freizeit/Kino (86,1%), Telekommunikation (76,4%), Bauen & Wohnen (72%) sowie Süßwaren (71,1%).*

Die Branche Lebensmittel & nicht-alkoholische Getränke (602 Werbespots) kann zwar nach dieser Erhebung darauf verweisen, dass im Beobachtungszeitraum statistisch durchschnittlich 88,8% aller der von ihr verbreiteten verbalen Aussagen zur Lebensmittelwerbung im Werbefernsehen die Annahme zulassen, dass sie vom durchschnittlichen Konsumenten auch richtig eingeordnet, also richtig verstanden werden. Dennoch verbleibt beim Blick aufs Detail ein Anteil von 7% aller gesendeten bzw. von 4,3% der unterschiedlichen Werbespots, die zumindest für den Studien-Autor „schwer nachvollziehbar" waren. Als „humorvoll übertrieben" wurden 8,5% aller Lebensmittel-Werbespots klassifiziert bzw. 3,4% der unterschiedlichen Lebensmittel-Werbespots. Mit Letzterem wurden 4 Produktgruppen kategorisiert.

Letztlich bedeutet dies: Nach dieser Untersuchung kann für die deutsche TV-Lebensmittelwerbung angenommen werden, dass die werblichen Aussagen von immerhin 99 Produkten als „nachvollziehbar" gelten können. Für 4 Produkte wurde gesagt, dass sie „humorvoll übertrieben" werblich im Fernsehen inszeniert werden. Für lediglich 4 Produkte wurde festgestellt, dass die werblichen Aussagen „schwer nachvollziehbar" sind. Das heißt: Die überwiegende Mehrzahl der Nahrungsmittel- und Getränkewerbespots agiert nicht mit Aussagen, die von Brüssel besonders kritisiert werden (Querverweis auf Kapitel - Einleitung, S. 13ff.).

Lediglich sechs von 26 werbungtreibenden Branchen rutschten nach dieser Studie im Erhebungszeitraum unter die 70%-Marke dessen, was als nachvollziehbare Werbeaussage angenommen werden kann. Es sind dies: *Pharmazeutika (69%), Haushaltsprodukte wie Wasch- und Putzmittel (63,3%), Computer/Internet (58,1%), Chemie (50%) sowie Humanitäres/Kirche/Initiativen/Selbsthilfegruppen (43,8%).*

Wenngleich die Süßwarenwerbung im Fernsehen zu mehr als zwei Dritteln (71,1%) mit „nachvollziehbar" klassifiziert wurde, so zeigen sich in dieser Erhebung doch manche werblichen Kommunikationsformen der Süßwarenwerbung als problematisch. Dabei scheint sich die Industrie bewusst, dass sich Süßwaren in der Bevölkerung zwar einer großen Beliebtheit erfreuen, aber gleichzeitig, in Übermaßen genossen, eher als weniger gesund gelten und Übergewicht fördern können. Die Werbeindustrie versucht in ihrer Argumentation dieses Problem in Einzelfällen dadurch zu überbrücken, indem sie ihren Lebensmitteln einen Touch „Gesundheit" hinzufügt. Das sind dann die von der EU u.a. besonders kritisierten Aussagen der „Extraportion Milch", die mittels Schokoladenkonsum genossen werde, oder der „Vitaminzusatz" oder die Aussage, das Produkt sei „leicht" (obwohl es sich um eine „Kalorienbombe" handelt) oder „weniger süß, da mit Fruchtzucker oder mit Süßstoff gesüßt". Doch diese Werbeaussagen sind in der Regel für den durchschnittlichen Zuschauer eher schwer nachvollziehbar und stoßen häufig auch bei Ernährungsexperten (wie der in dieser Studie zitierten *Silke von Küster*) auf Ablehnung. Auffallend ist vor allem, dass mit solch umstrittenen Aussagen eher unbekanntere Produkte agieren, in dieser Studie 5: *Chupa Chups Cremosa Eis, Fritt Kaustreifen, kinder Happy Hippo Croki* oder *kinder Pingui Schokoladenriegel.* Nur drei Süßwarenprodukte, die als bekannter gelten können, werben mit umstrittenen werblichen Aussagen: *Knoppers, Nimm 2 Lachgummi* sowie *Nimm 2 Bonbons.* Die großen Süßwaren-Klassiker *(Haribo, Yogurette, Ritter Sport, Prinzen Rolle, Nutella, Toffifee, Magnum Eis, Merci, Mövenpick-Eis, Kitkat, Mentos Bonbons etc.)* arbeiteten allesamt im Beobachtungszeitraum mit werblichen Aussagen, die mit „problemlos nachvollziehbar" bewertet wurden. Insgesamt handelt es sich um 40 Produkte.

Fazit: Nach dieser Studie lässt sich die Kritik der EU, besonders Lebensmittel bzw. Süßwaren würden *zu oft* mit nicht nachvollziehbaren Aussagen beworben, nicht bestätigen. Deshalb scheint die politische Fokussierung der EU auf die Lebensmittel- oder Süßwarenwerbung hinsichtlich potentieller nicht mit der Realität in Einklang stehender werblicher Aussagen überzogen *(Querverweis an dieser Stelle auf: Kapitel* - Einleitung *S. 13ff. sowie* Kapitel - Grundlagen Werbung *S. 33ff.).* Allerdings gibt es durchaus Aussagen, wie die „Extraportion Milch" etc., die sicherlich auf den Prüfstand gehören. Da diese Aussagen allerdings, wie dargelegt, lediglich von einer deutlichen Minderheit werblich genutzt werden, scheinen selbstregulierende Bemühungen der beteiligten Kreise ausreichend. Dass die werblichen Aussagen vor allem auch technisch/naturwissenschaftlicher Produkte (z.B. Computer & Internet, Bauen & Wohnen, Pharmazie) teils als „wenig nachvollziehbar" bewertet wurden, liegt sicherlich auch in der Natur der Sache - sprich: in den komplizierter darzustellenden Produkteigenschaften.

Im Anschluss an das Kapitel *„Nachvollziehbarkeit werblicher Kommunikation"* wird nun im nächsten Kapitel der Problematik von Übergewicht und Fettleibigkeit nachgegangen. Dies umfasst sowohl die Ursachenforschung als auch die Betrachtung des Umfangs von Übergewicht und Fettleibigkeit insbesondere bei Kindern und Jugendlichen. Dies erfolgt insbesondere deshalb, da die EU eine „Fettleibigkeits-Epidemie" ausgerufen hat und der Industrie vorwirft, sie trage durch die Bewerbung besonders zucker- und fetthaltiger Lebensmittel eine entscheidende Mitverantwortung an der „Volkskrankheit Übergewicht". An dieser Stelle sei noch einmal auf das Einleitungs-*Kapitel* - Einleitung, *S. 13ff.* verwiesen, in dem diese EU-Vorwürfe konkretisiert sind.

11. Kapitel - Studien zu Übergewicht und Adipositas

11.1 Ernährungssituation in Deutschland

Nicht wenige Studien kommen zu dem Ergebnis, dass sich gegenwärtig in Deutschland ein positiver Trend in Richtung gesunde Ernährung erkennen lässt. Exemplarisch sollen der Bundes-Gesundheitssurvey 1998/1999 des Robert-Koch-Instituts und der Ernährungsbericht 2004 der Deutschen Gesellschaft für Ernährung e.V. genannt werden. Rückblickend werden einige relevante Fakten zum Ernährungsverhalten und zum Übergewicht von Kindern und Jugendlichen aus dem Ernährungsbericht 2000 bewertend betrachtet.

11.1.1 Bundes-Gesundheitssurvey Robert-Koch-Institut

Insbesondere der erste gesamtdeutsche Bundes-Gesundheitssurvey des Robert-Koch-Instituts (repräsentative Stichprobe der Wohnbevölkerung Deutschlands aus den Jahren 1997 bis 1998) weist auf einen positiven Trend in Richtung einer gesünderen Ernährung in Deutschland hin.[511] Deutlich wird dies in der Energie- und Nährstoffaufnahme 18- bis 79-jähriger Männer und Frauen im Vergleich mit den Ergebnissen der Nationalen Verzehrsstudie der alten Bundesrepublik aus den Jahren 1985 bis 1988[512] sowie den Ergebnissen der Ernährungserhebungen im DDR-MONICA-Projekt[513]. Besonders auffällig ist die signifikant niedrigere Fettaufnahme der erwachsenen deutschen Bevölkerung nach 10 Jahren..

Dieser positive Trend eines günstigeren Ernährungsverhaltens der deutschen Bevölkerung wird auch durch den Ernährungsbericht 2004 der Deutschen Gesellschaft für Ernährung e.V. grundsätzlich bestätigt.

11.1.2 Ernährungsbericht 2004: Ernährungssituation in Deutschland

Der Ernährungsbericht[514] wird in vierjährlichem Rhythmus von der Deutschen Gesellschaft für Ernährung (DGE) im Auftrag des Bundesministeriums für Verbraucherschutz, Ernährung und Landwirtschaft erarbeitet und herausgegeben. Hauptzweck des Berichts ist es, einen Überblick über die aktuelle Ernährungssituation in Deutschland zu geben. Der Ernährungsbericht wurde erstmals 1968 veröffentlicht. Nach dem Ernährungsbericht 2004 sei bei den Lebensmitteln tierischer Herkunft der Anstieg von Geflügelfleisch und Fisch und die Abnahme des Verbrauchs von rotem

511 Vgl. Das Gesundheitswesen (Sonderhefte) 60 (1998), S. 59–114, und 61 (1999), S. 55–222.

512 Vgl. VERA-Schriftenreihe Band XI: Adolf, T. et al.: Ergebnisse der Nationalen Verzehrsstudie (1985–1988) über die Lebensmittel- und Nährstoffaufnahme in der Bundesrepublik Deutschland. Wissenschaftlicher Fachverlag Dr. Fleck, Niederkleen 1995.

513 Vgl. Thiel, Ch. et al.: Ernährungssituation der erwachsenen Bevölkerung in Deutschland-Ost, Ernährungs-Umschau 38 (1991), S. 180–185.

514 Ernährungsbericht 2004, Hrsg.: Deutsche Gesellschaft f. Ernährung, Frankfurt/Main, S. 347f.

Fleisch positiv zu bewerten. Der relativ konstante Verbrauch von Frischmilcherzeugnissen und die nach wie vor steigende Tendenz des Verbrauchs von Joghurt und der andauernde Anstieg des Käsekonsums verbessere die Versorgung mit Calcium und weiteren Mineralstoffen. Wenn auch - im Gegensatz zum Gesundheitssurvey des Robert-Koch-Instituts[515] - der Fettkonsum keine überzeugende Tendenz nach unten zeige, werde der positive Anstieg von pflanzlichen Ölen und pflanzlichen Fetten bestätigt. Der Gemüse- und Obstverbrauch habe sich weiter erhöht. Allerdings werde das Ernährungsziel von täglich mindestens 400 g Obst- und Gemüseverzehr nur von den über 51-Jährigen erreicht beziehungsweise übertroffen. Alle jüngeren Altersgruppen insbesondere in den alten (!) Bundesländern erreichten die empfohlenen Mengen nicht. Darüber hinaus habe sich der bereits im Ernährungsbericht 2000 aufgezeigte *Rückgang des Alkoholkonsums* fortgesetzt.

Außerdem kommt der Ernährungsbericht zu der Erkenntnis, dass die durchschnittlichen Werte der Energiezufuhr bei männlichen und weiblichen Personen aller Altersgruppen bis unter 51 Jahren unter den entsprechenden Richtwerten der Energiezufuhr, die in den D-A-CH-Referenzwerten vorgeschlagen werden, lägen.[516] Keine Probleme ließen sich hingegen bei dem Proteinanteil an der Energiezufuhr ableiten. Der Anteil von 12% bis 14% der Energiezufuhr bei allen Personengruppen liege im Einklang mit den WHO-Empfehlungen.[517]

Außerdem liege der Fettanteil an der Energiezufuhr mit 33% und 38% deutlich niedriger als vor 10 Jahren, werde aber nach dem Ernährungsbericht 2004 immer noch als zu hoch eingeschätzt. Eine Reduzierung des Fettanteils auf etwa 30% der Energiezufuhr sei weiterhin anzustreben, um das Risiko von ernährungsabhängigen Krankheiten zu senken.[518] Die Cholesterolzufuhr der Personen über 51 Jahren liege, so der Ernährungsbericht, im Durchschnitt deutlich über dem Richtwert von 300 mg pro Tag. Eine Reduzierung der Cholesterolzufuhr in Kombination mit einer Reduzierung des Verzehrs von gesättigten Fettsäuren sei wegen der Beziehung als Risikofaktor für Herz-Kreislauf-Erkrankungen weiter anzustreben.

Ferner sei die Ballaststoffzufuhr bei fast allen Personengruppen im Durchschnitt niedriger als der D-A-CH-Referenzwert von mindestens 30 g pro Tag. Weil Ballaststoffe wichtige protektive Wirkungen in Bezug auf verschiedene Stoffwechselkrankheiten wie Diabetes mellitus oder Hypercholesterolämie, Herzinfarkt und möglicherweise Dickdarmkrebs hätten, empfehle sich eine weitere Steigerung des Anteils ballaststoffreicher pflanzlicher Lebensmittel. Die ermittelten Daten über die Zufuhr von Mengen- und Spurenelementen sowie Vitaminen habe sich in den letz-

515 Das Gesundheitswesen 1998/1999.

516 Vgl. Deutsche Gesellschaft für Ernährung, Österreichische Gesellschaft für Ernährung, Schweizerische Gesellschaft für Ernährungsforschung, Schweizerische Vereinigung für Ernährung (Hrsg.): Referenzwerte für die Nährstoffzufuhr. Umschau/Braus, Frankfurt am Main 2000.

517 Vgl. World Health Organization (WHO): Diet, nutrition, and the prevention of chronic diseases: Report of a joint WHO/FAO expert consultation (WHO Technical Report Series. Vol. 916). WHO, Geneva/Switzerland 2003.

518 Vgl. Astrup, A.: The role of dietary fat in the prevention and treatment of obesity. Efficacy and safety of low-fat diets. Int J Obes Relat Metab Disord 25 (2001), S. 46–50.

ten 4 Jahren nicht entscheidend verändert und seien bei der Mehrzahl dieser Nährstoffe ausreichend. Lediglich die Zufuhrwerte von Natrium, Calcium, Eisen, Jod und Folat müssten für einige Personengruppen kommentiert werden. So sei die Natriumzufuhr bei Männern und Frauen über 51 Jahren im Durchschnitt relativ hoch und übersteige deutlich den Richtwert von 6 g Kochsalz pro Tag. Um das Risiko für Bluthochdruck zu senken, sollten insbesondere Personen dieser Altersgruppen mit erhöhtem Blutdruck die Kochsalzzufuhr reduzieren.

Die Calciumaufnahme sei vor allem bei Kindern und Jugendlichen bis unter 19 Jahren im Durchschnitt nach wie vor unzureichend. Dies gelte insbesondere in den neuen Bundesländern. Aber auch bei älteren Menschen - insbesondere bei Frauen - sei die Aufnahme von Calcium nicht zufriedenstellend. Damit sei das Risiko Osteoporose speziell im Alter vorprogrammiert. Auch hier sei eine Erhöhung der körperlichen Aktivität insbesondere im Freien (natürliche Vitamin-D-Bildung) anzustreben.

Die Eisenzufuhr sei vor allem in den neuen Bundesländern bei weiblichen Kindern und Jugendlichen im Alter zwischen 10 und 25 Jahren unzureichend beziehungsweise nicht befriedigend. Dies bedeute, dass gerade bei den Frauen im gebärfähigen Alter der physiologisch bedingt erhöhte Bedarf an Eisen nicht ausreichend gedeckt werde. Zudem sei die Jodversorgung in allen Personengruppen insbesondere durch den geringen Verzehr von Seefisch unbefriedigend. Da jedoch die Verwendung von jodiertem Speisesalz im Haushalt immer mehr zunehme - jedoch nicht explizit erfasst werde -, sei die tatsächliche Aufnahme nicht genau bekannt. Neben der Verwendung von Jodsalz im Privathaushalt werde auch die Verwendung von jodiertem Speisesalz in der Gemeinschaftsverpflegung und vor allem bei industriell und handwerklich hergestellten Lebensmitteln präferiert.

Bei den Vitaminen liege insbesondere bei Personen unter 25 Jahren die Folat-Aufnahme deutlich unter den D-A-CH-Referenzwerten. Zur Prävention eines Neuralrohrdefektes werde Frauen, die schwanger werden wollten oder könnten, empfohlen, pro Tag zusätzlich zum Folat in der Nahrung (viel Blatt- und Stängelgemüse) 400 g synthetische Folsäure in Form von Supplementen aufzunehmen.

Fazit

Diese zusammengefassten Fakten aus dem Ernährungsbericht 2004 sollen lediglich einen Überblick über die gegenwärtige Ernährungssituation der Bevölkerung in Deutschland geben. Sie bestätigen grundsätzlich, dass sich ein Trend zu einem bewussteren gesunden Ernährungsverhalten in der Bevölkerung entwickelt. Nicht nachvollziehbar ist, dass im Ernährungsbericht 2004 das aktuelle Thema Übergewicht beziehungsweise Adipositas nicht explizit abgehandelt wird. Die bloße Mitteilung, dass eine wachsende Prävalenz von Übergewicht in Deutschland vorliege und die Männer etwa zu 65% und die Frauen zu etwa 55% in Deutschland übergewichtig seien (S. 62 und S. 103), ist unbefriedigend. Umfangreich ignoriert wurde leider das von Seiten der Politiker häufig zitierte Problem des Übergewichts bei Kindern und Jugendlichen. Dafür ist der Ernährungsbericht 2000 auf dieses Thema ausführlicher eingegangen *(Querverweis Kapitel Ernährungsbericht 2000, S. 92 ff).*

11.1.3 Ernährungsbericht 2000: Rückblick Kinder/Jugendliche

Der Ernährungsbericht 2000 wurde in den Jahren 1997 bis 1999 erhoben. Er beruht auf 1.489 ausgewerteten Fragebögen.[519] Wichtigstes Ergebnis der Studie ist, „dass ... sich ... der positive Trend in der Ernährungssituation, der sich seit 1988 abzeichnet, fortsetzt“. Allerdings sei „die Zufuhr von Energie, Eiweiß, Fett, Cholesterin und Purinen nach wie vor zu hoch“. Der Bericht geht auch auf das Medienverhalten ein. So korreliere der tägliche Fernsehkonsum von Kindern und Jugendlichen signifikant positiv mit dem Körpergewicht. Die Frage nach der Kausalität dieser Beziehung bleibe offen, da nicht zu klären sei, ob Kinder fernsehen, weil sie übergewichtig sind, oder übergewichtig geworden sind, weil sie viel fernsehen.[520]

Fazit

Der Ernährungsbericht 2000 bescheinigt, dass die Bevölkerung im Großen und Ganzen sich gesünder als in früheren Zeiten ernährt. Problematisch sind die Versuche, einen Kausalzusammenhang zwischen Medienkonsum und Ernährung darzustellen, ohne über das rein Spekulative hinauszugehen.

11.2 Übergewicht und Adipositas bei Kindern und Jugendlichen

Es gibt zahlreiche Studien zum Thema Übergewicht bei Kindern und Jugendlichen. Doch viele dieser Studien sind in sich nicht schlüssig und oft widersprüchlich. Einmal heißt es, Übergewicht sei ein zunehmendes Problem, dann wieder - wie in dem Gesundheitsbericht NRW 2002 (Hrsg.: Ministerium für Frauen, Jugend, Familie und Gesundheit des Landes Nordrhein-Westfalen) -, „das Problem des Übergewichts unter Jugendlichen“ nehme ab. Zu beobachten sei vielmehr „eine Tendenz zu Essstörungen beziehungsweise zur Magersucht“. Diese Entwicklung sei eine „Folge des allgemeinen Trends, der getrost als Schlankheitswahn“[521] bezeichnet werden könne.

Wie widersprüchlich manche Untersuchungsergebnisse zur Gesundheit von Kindern und Jugendlichen sind, zeigt der erwähnte „Gesundheitsbericht NRW von Kindern und Jugendlichen in Nordrhein-Westfalen“. Die verantwortliche Ministerin schafft es, im Vorwort einerseits eine positive Bilanz zum Gesundheitszustand der Kinder und Jugendlichen zu ziehen und gleichzeitig schlimmste Gefahren auszumachen. Zitat aus der Einleitung, S. 1:

> Der Bericht umfasst die Bereiche Bedingungen für ein gesundes Aufwachsen von Kindern und Jugendlichen, die soziale Lage und Chancengleichheit, die gesundheitliche Lage von Neugeborenen bis zu den Schulkindern, er behandelt altersübergreifend die Themen der chronischen Krankheiten, Unfälle, Zahngesundheit, seelische Gesundheit, Drogenmissbrauch und Gewalt gegen Kinder und das Angebot und Inanspruchnahme der Gesundheitsversorgung. Im Ergebnis zeichnet sich ein positives Bild. So hat sich die gesundheitliche Lage von Kindern und Jugendlichen in Nordrhein-Westfalen in den letzten Jahren in vielen Bereichen signifikant ver-

519 Anm.: Damit wurde die angestrebte Stichprobengröße von 1.500 knapp erreicht.

520 Ernährungsbericht 2000, Hrsg.: Deutsche Gesellschaft für Ernährung e.V. (DGE) im Auftrag des Bundesministeriums für Gesundheit, Landwirtschaft und Ernährung, S. 129.

521 Gesundheit von Kindern und Jugendlichen in Nordrhein-Westfalen. Landesgesundheitsbericht 2002, Hrsg.: Ministerium für Frauen, Jugend und Gesundheit des Landes NRW, 2002, S. 57.

bessert. Allerdings müssen wir feststellen, dass nicht wenige Kinder und Jugendliche erhebliche Gesundheitsprobleme haben. Zu nennen ist u.a. der Anstieg chronischer Erkrankungen, aber auch die Zunahme von Tabak-, Alkohol- und Drogenkonsum. Ferner macht der Bericht deutlich, dass ein fataler Zusammenhang zwischen materieller Lage und der Gesundheit von Kindern und Jugendlichen besteht. Deshalb muss der Schwerpunkt zukünftiger Maßnahmen und Aktivitäten verstärkt auf den Handlungsfeldern Prävention und Gesundheitsförderung, und Früherkennung liegen und vor allem auf die Zielgruppe sozial benachteiligter Kinder und Jugendlicher ausgerichtet sein.

Im Folgenden wird erläutert, was konkret unter Adipositas zu verstehen ist.

11.2.1 Definition & Klassifikation

Laut den Leitlinien der *Arbeitsgemeinschaft der Wissenschaftlichen Medizinischen Fachgesellschaften (AWMF)* - zusammengesetzt aus der *Deutschen Adipositas-Gesellschaft,* der *Deutschen Diabetes-Gesellschaft* und der *Deutschen Gesellschaft für Ernährung* - spricht man von *Adipositas*, wenn folgende Kriterien zutreffen:[522]

> Wenn sich Übergewicht als eine chronische Krankheit mit eingeschränkter Lebensqualität und hohem Morbiditäts- und Mortalitätsrisiko darstellt, die möglicherweise auch eine langfristige Betreuung erfordert (nach WHO, 2000). Folgende Krankheiten seien zu befürchten:
>
> Störungen des Kohlenhydratstoffwechsels (z.B. Insulinresistenz, gestörte Glukosetoleranz, Diabetes mellitus Typ 2, Gestationsdiabetes) (Colditz et al., 1995; Chan et al., 1994)
>
> Andere metabolische Störungen (z.B. Dyslipidämie, Hyperurikämie etc.)
>
> Arterielle Hypertonie
>
> Kardiovaskuläre Erkrankungen (z.B. koronare Herzkrankheit, Schlaganfall etc.)
>
> Karzinome (z.B. Endometrium, Zervix, Ovarien, Brust, Prostata, Niere, Kolon)
>
> Hormonelle Störungen (z.B. Hyperandrogenämie, Polycystisches Ovar-Syndrom, erniedrigte Testosteron-Spiegel bei Männern)
>
> Pulmonale Komplikationen (z.B. Dyspnoe, Hypoventilations- und Schlafapnoe-Syndrom)
>
> Gastrointestinale Erkrankungen (z.B. Cholecystolithiasis, akute und chronische Cholezystitiden, nicht-alkoholische Fettleberhepatitis, Refluxkrankheit)
>
> Degenerative Erkrankungen des Bewegungsapparates/orthopädische Probleme (z.B. Arthrosen, Wirbelsäulensyndrome)
>
> Erhöhtes Operations- und Narkoserisiko
>
> Generelle Beschwerden (z.B. Schwitzen, Gelenkbeschwerden, Belastungsdyspnoe)
>
> Psychosoziale Konsequenzen inkl. erhöhter Depressivität und Ängstlichkeit, soziale Diskriminierung, Selbstwertminderung

522 Siehe unter www.leitlinien.net.

Schlafapnea

Eingeschränkte Atmung während des Schlafes tritt in ungefähr 7% der Kinder mit Korpulenz auf (USA). Das führt auch zu einem Defizit an logischem Denkvermögen z.B. in der Schule

Einschränkung der Aktivitäten des täglichen Lebens (ADL)

In einigen europäischen Ländern gibt es mittlerweile *Adipositas-Behandlungsleitlinien* für Ärzte oder Ernährungsberater, so z.B. in Schottland, England, Frankreich oder den USA. Die *Deutsche Adipositas-Gesellschaft e.V.* gab 1995, 1998 und 1999 hierzu ebenfalls Konsensus-Leitlinien heraus (Wechsler et al. 1996; elektronisch publiziert ab 1998 im AWMF-Leitlinien-Informationssystem unter leitlinien.net).

Zur Beurteilung von Untergewicht, Übergewicht oder Adipositas im Kindes- und Jugendalter wird in Deutschland häufig der Körpermassen- oder Body-Mass-Index (BMI) [BMI = Körpergewicht (kg) / Körpergröße ^{2}(m^2)] empfohlen. Durch das Wachstum und die Pubertätsentwicklung und die damit verbundenen Änderungen der Körperzusammensetzung unterliegt der BMI typischen alters- und geschlechtsspezifischen Veränderungen. Im Wachstumsalter solle die Bestimmung von Übergewicht und Adipositas deshalb anhand des altersbezogenen BMI - in Form von populationsspezifischen BMI-Perzentilen für Jungen und Mädchen - erfolgen. Die deutsche *Arbeitsgemeinschaft Adipositas im Kindes- und Jugendalter (AGA)* hat sich darauf geeinigt, Übergewicht und Adipositas über das 90. bzw. 97. Perzentil sowie die extreme Adipositas über das 99,5. Perzentil zu definieren (AGA-Leitlinien Kapitel 1). Die Referenzwerte stammen aus einer Analyse 17 verschiedener Datensätze, die nach 1985 erhoben wurden und als Kromeyer-Hauschild-Leitlinien seit 2001 bekannt sind.[523] Dennoch bleibt das Problem, dass „anders als bei Erwachsenen" für „Kinder im Wachstum keine festen Klassifikationsgrenzen für Unter-, Normal- und Übergewicht angesetzt" werden könnten, was die Interpretation der BMI-Werte erschwere.[524]

523 Vgl. http://www.a-g-a.de/aga_content.html; Stand: 22. Januar 2007.

524 Ernährungsbericht 2000, S. 126.

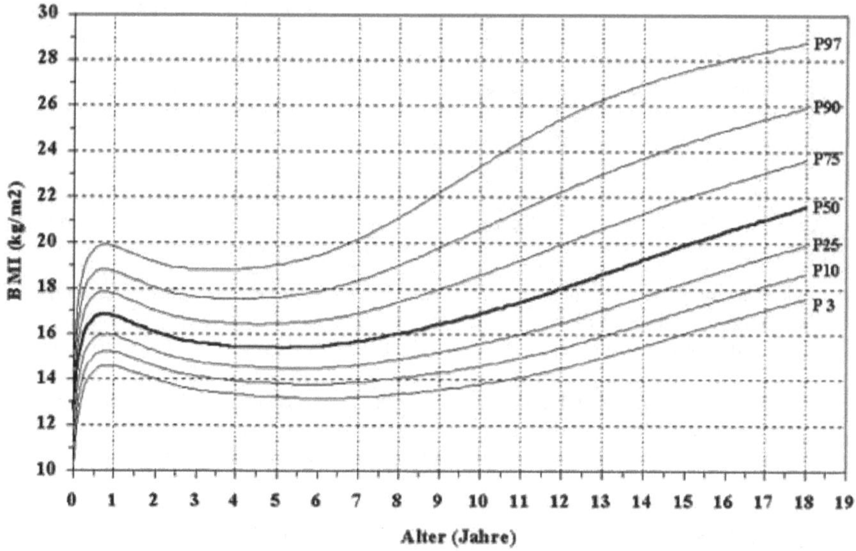

Grafik: Perzentile für den Body-Mass-Index von Jungen im Alter von 0 bis 18 Jahren nach Kromeyer-Hauschild, Uni Jena, 02/2001 nach: FITOC (Freiburg Intervention Trial for Obese Children®).

Daneben finden weitere Referenzsysteme zur Beurteilung von Untergewicht, Übergewicht oder Adipositas international Anwendung. So zum Beispiel jene von Rolland-Cachera et al. Hier sind die Grenzwerte zur Beurteilung von Übergewicht deutlich niedriger als von der *Arbeitsgemeinschaft Adipositas im Kindes- und Jugendalter (AGA)* empfohlen. Seit 1953 werden französische Kinder nach der *Rolland-Cachera-Methode* innerhalb von BMI-Normtabellen nach Gewichtsklassen eingeordnet. Sie werden von der *Europäischen Gesellschaft für Pädiatrie* als Beurteilungsgrundlagen des Übergewichts von Kindern vorgeschlagen.

Letztlich ist es deshalb ein Politikum, mit welchen Zahlen in der Öffentlichkeit hantiert wird. So griff beispielsweise noch im Jahr 2000 der im Auftrag der Bundesregierung erstellte *Ernährungsbericht 2000* auf die *Rolland-Cachera-Zahlen* zurück, um das Übergewicht von Kindern und Jungendlichen in Deutschland auszuweisen. Demnach seien „die 6- bis 17-Jährigen zu einem erheblichen Prozentsatz (12 bis 14%) adipös". Allerdings weist der Ernährungsbericht 2000 auf die schwierige Datenlage für Deutschland hin.[525] Ähnlich distanziert äußert sich der *Gesundheitsmonitor Bayern 2/2004*:

525 Ernährungsbericht 2000, S. 127. Allerdings wird relativierend geschrieben: „Diese Klassifikationsgrenzen beruhen ... auf Untersuchungen, die vor vielen Jahren durchgeführt wurden. Da das Größenwachstum jedoch weiter zugenommen hat (Akzeleration), stellt sich die Frage, ob diese Kinder wirklich adipös, oder aber nur größer und deshalb schwerer geworden sind als das französische Kollektiv der vergleichbaren Altersstufe."

> Es gibt gute Gründe für beziehungsweise gegen die einzelnen Referenzsysteme. Welches man wählt, hängt somit auch von der Zielsetzung einer Untersuchung ab. In Bayern wird für die individuelle Beratung der Eltern bei den Schuleingangsuntersuchungen das Referenzsystem von Kromeyer-Hauschild et al. verwendet, weil diesem Referenzsystem eine Stichprobe deutscher Kinder zugrunde liegt. In der wissenschaftlichen Literatur findet sich jedoch häufiger das Referenzsystem von Cole et al., das aus Gründen der Vergleichbarkeit der Daten mit anderen Studienergebnissen auch hier benutzt wird.

Auch das *Gesundheitsamt Brandenburg* stellt die problematische Datenlage zur Diskussion:

> Überschätzungen der Prävalenzen führen kurzfristig zu einer Hysterisierung in der Öffentlichkeit, langfristig zu einer Entwertung von Forschungsergebnissen. Für Behandlung und Prävention werden falsche Zielgruppen gewählt ... Unterschätzungen verführen zu einer Bagatellisierung der Probleme. Auch hier werden Fehler bei der Auswahl von Zielgruppen für Behandlung und Prävention gemacht. Solange keine Validierungsstudien vorliegen, aus denen empirisch begründete Grenzwerte hervorgehen, sind u.E. die Referenzwerte von Cole et al. (2000) mit ihrer Orientierung an den BMI-Werten für das Erwachsenenalter vergleichsweise am ehesten empfehlenswert.[526]

Mit der Forschungssituation unzufrieden ist zudem der Potsdamer Ernährungswissenschaftler *Dieter Johnsen*, Mitautor der Publikation *Kromeyer-Hauschild et al. 2001*:

> Mit den Bewertungskriterien der Perzentilen für den Body Mass Index zur Beurteilung von Übergewicht und Adipositas im Kindes- und Jungendalter bin ich nicht glücklich, da Wesentliches bei Bewertung der Körpermasse keine Berücksichtigung findet: die natürliche Variabilität des Körperbaus, die Körperzusammensetzung und das biologische Reifealter. Auch die Festlegung der Grenzen zur Beurteilung von Unter-, Normal- und Übergewicht beziehungsweise Adipositas über die Perzentilwerte ist eine fragwürdige Festlegung, weil von vornherein festgelegt wird, wie viel unter-, normal-, übergewichtige beziehungsweise adipöse Kinder und Jugendliche in Deutschland vorliegen.[527]

Die Anwendung der 90. und 97. Perzentile zur Definition von Übergewicht und Adipositas bei Kinder und Jugendlichen liegt in Deutschland höher als in den USA (85%). Dies mag einer der Gründe sein, warum die Amerikaner über höhere Angaben bezüglich Übergewicht und Fettleibigkeit bei Kindern und Jugendlichen verfügen.[528]

526 Übergewicht und Adipositas bei Kindern und Jugendlichen. Ergebnisse und methodische Anmerkungen zur Verwendung von BMI-Referenzwerten, in: Landesgesundheitsamt Brandenburg im LASV, Wünsdorfer Platz 3, 15838 Wünsdorf, boehma@gmx.de, 2000.

527 Persönliche Mitteilung von Dr. Dieter Johnsen an den Autor dieser Studie vom 13. Mai 2004.

528 Kromeyer-Hauschild, K./Wabitsch, M./Kunze, D./Geiß, H. C./Hesse, V./von Hippel, A./Johnsen, D. u.a.: Perzentile für den Body-mass-Index für das Kindes- und Jugendalter unter Heranziehung verschiedener deutscher Stichproben, in: Monatsschrift Kinderheilkunde, Springer-Verlag, 2001, S. 807–818. Sowie: Arbeitsgemeinschaft Adipositas im Kindes- und Jugendalter der Deutschen Adipositas-Gesellschaft: Leitlinien. Verabschiedet auf der Konsensus-Konferenz der AGA am 18.10.2003. Federführend für die AGA: Prof. Dr. M. Wabitsch, Universitätsklinik für Kinder- und Jugendmedizin, Ulm, sowie Prof. Dr. D. Kunze, Universitätskinderklinik der LMU, München.

11.2.2 Anzahl übergewichtige/adipöse Minderjährige in Deutschland

Adipositas stelle, heißt es immer wieder, in zahlreichen Ländern eine „Epidemie" dar.[529] Allerdings gibt es in Deutschland zum gegenwärtigen Zeitpunkt keine repräsentative Studie zur Entwicklung der Epidemiologie und Anthropometrie der kindlichen Adipositas. Vielmehr zeigen einzelne regional begrenzte Untersuchungen erhebliche Unterschiede in Prävalenz und Inzidenz der kindlichen Adipositas. Allerdings seien diese wegen der alters-, sozial-, regional- und geschlechtsdifferenzierten Zusammensetzung des jeweiligen Probandengutes und vor allem wegen der sehr unterschiedlichen Kriterien, welche für die Adipositas-Definition herangezogen wurden, schwer vergleichbar.[530] Hinzu komme, dass sich bisherige Untersuchungen ausschließlich auf das Schulalter bezogen, während für das Vorschulalter anthropometrische und epidemiologische Daten praktisch völlig fehlten.

Mit der im Jahr 2006 vorgelegten *Studie zur Gesundheit von Kindern und Jugendlichen in Deutschland* (KiGGS, 2003-2006) hat sich die Datenlage etwas gebessert. Damit lägen nun „für Deutschland seit kurzem repräsentative Körperhöhen- und Körpergewichtsdaten für 3- bis 17-jährige Kinder und Jugendliche" vor. Anhand dieser Daten seien 15,0 %, d.h. jedes 6. bis 7. Kind bzw. jeder 6. bis 7. Jugendliche, in Deutschland übergewichtig (Definition: BMI AGA > 90. Perzentile). Eine Adipositas liege bei etwa 6,3 % vor (Definition: BMI AGA > 97. Perzentile). Laut Studie steige der Anteil der Übergewichtigen jedoch mit zunehmendem Alter, und zwar von 9 % bei den 3- bis 6-Jährigen über 15 % bei den 7- bis 10-Jährigen bis hin zu 17 % bei den 14- bis 17-Jährigen. Von einer Adipositas sei nach der *KiGGS* bei 2,9 % der 3- bis 6-Jährigen, 6,4 % der 7- bis 10-Jährigen und 8,5 % der 14- bis 17-Jährigen auszugehen. Die Studien-Autoren weisen darauf hin, dass es bislang (Anfang des Jahres 2007) in Deutschland immer noch keine repräsentativen Verlaufsbeobachtungen zur Gewichtsentwicklung bei Kindern und Jugendlichen gebe. Deshalb sammle die *Arbeitsgemeinschaft Adipositas im Kindes- und Jugendalter* auch weiterhin alle Informationen über Untersuchungen aus den verschiedenen Regionen Deutschlands mit Angaben zur Prävalenz von Übergewicht und Adipositas.[531]

Wie stark die Angaben zu Übergewicht bei Kindern und Jugendlichen in Deutschland variieren, zeigen auch die „Leitlinien der Arbeitsgemeinschaft Adipositas im Kindes- und Jugendalter (AGA)"[532]:

> Die Prävalenz der Adipositas nimmt weltweit in allen Industrienationen zu. In Deutschland sind je nach Definition 10-20% aller Schulkinder und Jugendlichen übergewichtig. Wie so oft wird auch hier gesagt, die Ursachen seien „multifaktoriell" und bestünden u.a. in veränderten Lebensbedingungen (übermäßige Zufuhr von kalorien- und fettreicher Nahrung und körperli-

529 Antrag auf Einrichtung des Kompetenznetzwerks ‚Adipositas im Kindes- und Jugendalter'. Kapitel ‚Anthropometrie und Epidemiologie', 1998, S. 4.

530 Ebd.

531 Vgl. Kromeyer-Hauschild, K. / Wabitsch, M. für die Arbeitsgemeinschaft Adipositas im Kindes- und Jugendalter (AGA) der Deutschen Gesellschaft für Kinderheilkunde und Jugendmedizin (DGKJ): Aktuelle Sicht der Prävalenz und Epidemiologie von Übergewicht und Adipositas bei Kindern und Jugendlichen in Deutschland. Stand: Januar 2007.

532 Ebd., S. 9.

che Inaktivität), die auf dem Boden einer genetischen Veranlagung wirksam werden und zur Zunahme der Fettmasse des Körpers führen.

Höhere Werte als die *KiGGS*-Studie weist der im Auftrag der deutschen Bundesregierung erstellte *Ernährungsbericht 2000* aus. Demnach könne in Deutschland für 17% der Jungen und Mädchen im Alter von 6 bis unter 17 Jahren von Übergewicht gesprochen werden. Dies stelle gegenüber den Vorjahren keinen „nennenswerten Anstieg" dar.[533] Jedoch überschritten 7% der Mädchen und 9% der Jungen das für ihre Körpergröße mittlere Gewicht um mehr als 25% und müssten daher als adipös eingestuft werden. Letztlich könne aber auch in längerfristigen Zeiträumen von keiner Fettleibigkeits-Epidemie gesprochen werden. Denn sowohl im Jahr 2000 als auch 1984 habe man 18 bis 20% der Kinder und Jugendlichen als adipös oder übergewichtig beurteilt.[534]

Ernährungsbericht 2000: Minderjährige mit Übergewicht, Adipositas oder Untergewicht

Referenzgewicht für Körpergewicht	6 bis unter 17 Jahre			
	Jahr 1984 (männlich)	Jahr 1999 (männlich)	Jahr 1984 (weiblich)	Jahr 1999 (weiblich)
Untergewicht: < -15% RG	9	8	12	8
-15% bis -5% RG	22	23	25	21
-5% bis +5% RG	29	29	26	30
+5% bis +15% (RG)	23	20	21	22
Übergewicht: +15% bis +25% RG	12	11	10	11
Adipositas/Fettleibigkeit: > +25% RG	6	9	7	7

Quelle: Ernährungsbericht 2000, Hrg. Deutsche Gesellschaft für Ernährung e.V. (DGE) im Auftrag des Bundesministerium für Gesundheit, Landwirtschaft und Ernährung, S. 121ff.

Gleichzeitig weist der Ernährungsbericht 2000 auf ein anderes Problem hin, das auch 1984 bereits bestanden habe: So unterschritten 8% der Kinder und Jugendlichen das für ihre Körpergröße ermittelte Referenzgewicht um mindestens 15% und müssten deshalb als magersüchtig bezeichnet werden. Deshalb solle in einer Überflussgesellschaft auch dem Untergewicht von Kindern und Jugendlichen „stärker Beachtung" geschenkt werden.[535] Eine Potsdamer Studie wiederum publizierte im Jahr 2004, dass „etwa 20-25% aller Schulkinder und Jugendlichen übergewichtig beziehungsweise adipös" seien.[536] In der folgenden Tabelle werden weitere wichtige,

533 http://www4.verbraucherministerium.de/index-0003C61C275E10219EBE6521C0A8D816.html (Stand: 19. September 2004).

534 Ernährungsbericht der Bundesregierung, Hrsg. v. der Deutschen Gesellschaft für Ernährung e.V. (DGE) im Auftrag des Bundesministeriums für Gesundheit und des Bundesministeriums für Ernährung, Landwirtschaft und Forsten, 2000, S. 127ff.

535 Ernährungsbericht 2000, S. 115ff.

536 Binder, K. und Johnsen, D.: Gewichtsmanagement – ein integratives Programm zur Betreuung übergewichtiger/adipöser Kinder und Jugendlicher in der Stadt Potsdam, 2004, S. 1.

überwiegend regionale, Studien und Berichte zum Thema Übergewicht und Adipositas im Kindes- und Jugendalter in Deutschland präsentiert:[537]

Studien zum Übergewicht bei Minderjährigen in Deutschland

Ort/Jahr	Mädchen		Jungen	
	Übergewicht# (%)	Adipositas## (%)	Übergewicht# (%)	Adipositas## (%)
Schulanfänger (5-7Jahre)				
Bayern 1997 (5 Jahre) [6]	8	3,3	8,1	3,7
Bayern 1997 (6 Jahre) [6]	8,5	3,3	8,2	3,4
Kiel 1996-1998 [11]	9,5	3,8	12,3	5,9
Karlsruhe 2002 [1]	12,1	5,1	12,6	6,1
NRW 2003 [10]	10,9	4,4	11	4,9
Bayern 2003/04***	9,2	3,7	9,3	4,1
Berlin 2001*	Jungen + Mädchen: Übergewicht 11,7 %; Adipositas 5,0 %			
Brandenburg 2003/04***	11,8	5	11,2	5,1
Hessen 2003/04***	11	4,6	11,5	4,8
Mecklenburg-Vorpommern 2003/04***	11,8	5,3	14,7	8,3
Niedersachsen 2003**	11,5	5,1	10,4	4,6
Schleswig/Holstein 2003/04***	10,7	4,2	9,9	4,5
9- bis 10 Jährige				
Hamburg 1991-98 [8]	13,9	4,5	12,8	4
Nürnberg 1993-97 [13]	9,8	5,3	9,6	3,2
Leipzig 1999 [7]	16,3	6,3	17,6	4,7
13- bis 15-Jährige				
Osnabrück 1985-99 [12]	15,9	7,6	15,1	5,1
Hamburg 1991-98 [8]	15,5	6,4	13,8	5,2
Brandenburg 1999	16,8	7,9	14,6	5,9
(16 Jährige) [2]				

#BMI>P90 ##BMI>P97 (Referenz: BMI-Perzentile für deutsche Kinder, AGA). Quelle: Arbeitsgemeinschaft Adipositas (AGA)
* Senatsverwaltung für Gesundheit, Soziales und Verbraucherschutz (Hrsg.): Zur gesundheitlichen Lage von Kindern in Berlin. Spezialbericht 2003 - 2. Berlin 2003. S. 83.
** Niedersächsisches Landesgesundheitsamt (Hrsg.): Übergewicht bei Schulanfängern. Hannover 2004.
*** Abfrage durch das Bayerische Landesamt für Gesundheit und Lebensmittelsicherheit bei den zuständigen Länderstellen (J. Kuhn), April 2004.

11.2.3 Beispiel zum Problem in anderen Staaten - Situation in den USA

Da die USA in den westlichen Ländern am meisten mit Übergewicht und Adipositas-Problemen zu kämpfen haben, lohnt sich ein Blick in die dortige Statistik.[538] So gelte die heutige Jugend in Amerika nach einem Bericht der *CDC - Nationale Mitte für Gesundheitsfragen* als die „unaktivste in der Geschichte der USA". Das liege

537 Vgl. Kromeyer-Hauschild/Wabitsch 2007.
538 Alle Angaben unter: www.obesity.org.

zum einen an der „Verringerung von Leibeserziehungsprogrammen in den Schulen" und zum anderen an „nicht erreichbaren oder unsicheren Gemeinschaftsfreizeiteinrichtungen". Übergewicht und Korpulenz für Kinder und Jugendliche werden in den USA definiert als *gleich oder über dem 85. und 95. Prozentanteil des Körpermassenindex (BMI)*. Doch auch diese Grenzwerte sind, wie in Deutschland, unter Forschern umstritten. Zumindest für die *CDC* gelten Kinder und Jugendliche ab dem 85. Prozentanteil des Body-Mass-Index als „übergewichtig". Allerdings liegt diese Einstufung für Übergewicht deutlich unter den in Deutschland üblicherweise verwendeten Werten (ab dem 90. Perzentil).

Nach der *CDC*-Rechenmethode wären im Jahr 2000 in den USA 15,3% der 6- bis 11-jährigen Kinder übergewichtig und 15,5% schwer übergewichtig (fettleibig). Dies würde bedeuten, dass 30,8% übergewichtig oder adipös wären, also fast jedes dritte Kind. Das sind deutlich höhere Werte als in Deutschland.

USA: Übergewicht (%; BMI $\geq$ 25) bei Kindern (Alter 6 bis 11 J.)[539]

	Jungen	Mädchen
1971 bis 1974	4,3	3,6
1988 bis 1994	11,6	11,0
1999 bis 2000	16,0	14,5

Der CDC-Übersicht folgend, habe sich das Problem übergewichtiger Kinder und Jugendlicher in den USA in den Jahren 1971 bis 2000 fast vervier- beziehungsweise verdreichfacht.

USA: Übergewicht (%; BMI $\geq$ 25) bei Jugendlichen (Alter 12 bis 19 J.)[540]

	Jungen	Mädchen
1971 bis 1974	6,1	6,2
1988 bis 1994	11,3	9,7
1999 bis 2000	15,5	15,5

Nach der Beurteilung durch die *CDC* ließen sich für die USA deutliche Unterschiede bei den Betroffenen hinsichtlich Übergewicht und Fettleibigkeit feststellen. So sei unter den weiblichen Kindern (6- bis 11-Jährige) vor allem die schwarze Bevölkerung (Non-Hispanic) betroffen: 37,6% seien hier übergewichtig oder adipös. Ähnlich sehe es bei den männlichen Jugendlichen aus: besonders stark betroffen seien die mexikanischen amerikanischen Kinder (6- bis 11-Jährige), von denen 43%

539 Quelle: CDC – Nationale Mitte für Gesundheitsstatistiken, nationale Gesundheit und Nahrungprüfungsübersicht. Ogden und Al. JAMA. 2002; 288: 1728-1732.

540 Ebd.

übergewichtig oder fettleibig seien. Einer Studie aus dem Jahre 1999 folgend, könnten in den USA sogar 38% der männlichen und 39% der weiblichen Kinder und Jugendlichen zwischen 5 und 17 Jahren als übergewichtig oder fettleibig eingestuft werden. Anders sehe es hingegen bei den asiatischen amerikanischen Jugendlichen aus. So seien „nur" 20,6% der 13- bis 18-Jährigen übergewichtig oder adipös (Quelle: Nationale Längsstudie 1996).

Es sind sich denn auch viele Experten einig: „Die Fettleibigkeit hat in den USA epidemische Dimensionen angenommen."[541] Die bisher in den USA durchgeführten „National Nutrition Examinations Surveys"[542] und die vorausgegangenen „National Health Examination Surveys"[543] belegten die Zunahme der „Obesity".[544]

11.2.4 Dickmacher - Buch von Verbraucherministerin Renate Künast

Auch das Buch *Die Dickmacher. Warum die Deutschen immer fetter werden und was wir dagegen tun müssen* (Autorin ist die bis 2005 amtierende *Bundesverbraucherministerin Renate Künast* zusammen mit dem *Journalisten Hajo Schumacher*) beschäftigt sich mit dem Problem von Übergewicht und Fettleibigkeit in Deutschland. Aufgrund der Bedeutung der Autorenschaft sei das Buch an dieser Stelle etwas ausführlicher vorgestellt. So ist darin zu lesen:

> Deutschland ist zu dick und es wird immer dicker. Jeder zweite Bürger dieses Landes leidet an Übergewicht, knapp 20% haben bereits die nächste Stufe erreicht: sie sind fettleibig ... 1984 waren 12% aller Minderjährigen übergewichtig, heute sind es bereits 20%. Und 8% sind schon adipös, also fettleibig. Hält diese Entwicklung an ... dann wird im Jahr 2030 jedes zweite Kind fettleibig ... Das Problem (der Überernährung) ist ein globales. Die Weltgesundheitsorganisation WHO spricht von einer „weltweiten Epidemie" ... (Anm.: Als Beispiele folgen die klassischen westlichen Länder Belgien, Dänemark, Deutschland, Frankreich, Italien, Niederlande, Österreich, Portugal, Schweden, Großbritannien, Spanien, Norwegen, Schweiz.)[545]

Auf das drängende Problem „Unterernährung" wird in dem Künast-Buch nicht eingegangen, dafür auf die politische Dimension:

> Kein Gesundheitssystem der Welt kann bewältigen, was Übergewicht und Fettleibigkeit uns an immensen Kosten aufbürden, kein Sozialsystem aufbringen, was Mio. Arbeitsunfähiger benötigen, keine Gesellschaft kann ausgleichen, was das Dicksein an psychosozialen Folgeschäden verursacht.[546]

Die Äußerungen von *Renate Künast* werden vom *Zentralverband der deutschen Werbewirtschaft* unter der Überschrift „Geschwätzig, widersprüchlich, ratlos" folgendermaßen kommentiert:

541 Vgl. Taubes 1998.

542 Vgl. NHANES 1971–1974; NHANES 1976–1980; NHANES III 1988–1994.

543 Vgl. NHENES 1960–1962.

544 Antrag auf Einrichtung des Kompetenznetzwerks ‚Adipositas im Kindes- und Jugendalter', 1998, S. 5.

545 Künast, Renate / Schumacher, Hajo: Die Dickmacher. Warum die Deutschen immer fetter werden und was wir dagegen tun müssen, Riemann Verlag München in der Verlagsgruppe Random House, 2004, S. 12f.

546 Ebd.

> Wer sich auf den Kampf mit den von Frau Künast dargebotenen Meinungen, Zahlen und Abhandlungen über Menschen im Allgemeinen und seine Ernährungsgewohnheiten von der Urzeit bis heute einlässt, wird es wie der Politikerin beim Schreiben ihres Werkes gehen: Er verheddert sich in Widersprüchen und Redundanzen ... Wo Renate Künast nicht weiter weiß in Sachen Deutschland (Anm.: und Übergewicht), und das passiert häufig, greift sie in Verhältnisse und Studien jenseits des Atlantiks. Da gerät manches zur dramatischen Geisterfahrt, zur Apokalypse durch den wachsenden Bauchumfang der Deutschen. Ein Drittel der Amerikaner sei fettleibig, ein Drittel auf dem Weg in die Supergewichtsklasse. Folge: Absturz eines Flugzeuges in North Carolina - wegen Übergewichts der Passagiere ...[547]

Der ZAW versucht seine Kritik an dem Buch von Renate Künast in Tabellenform zu untermauern. Die Darstellung sei hier wiedergegeben (nächste zwei Seiten).

547 Geschwätzig, widersprüchlich, ratlos: ZAW-Nachrichten v. 21. September 2004, S. 1f.

Zitate* aus "Die Dickmacher"
Warum die Deutschen immer fetter werden und was wir dagegen tun müssen

von Renate Künast**/Zusammengestellt vom Zentralverband der deutschen Werbewirtschaft

So ist es?	Oder vielleicht so?	Oder ganz anders?
„Und deshalb liegt der Zeitpunkt, an dem wir ansetzen müssen, vor der Schule, bei den Kleinkindern. Alle Schuleingangsuntersuchungen der letzten Jahre weisen in die gleiche Richtung: Abc-Schützen werden immer schwerer." S. 16	„Der Diätwahn beginnt heute schon im Kinderzimmer: Jedes vierte Mädchen unter zwölf Jahren hat mindestens eine Schlankheitskur hinter sich. Wen wundert es da, dass die Zahl der Magersüchtigen ständig steigt?" S. 25	„Letztlich aber ist es erstaunlich, wie wenig wir in Wirklichkeit über die Gesundheit unserer Kinder wissen." S. 135
Zur Zahl fettleibiger Kinder: „Alle Daten der WHO untermauern, dass es sich um eine globale Epidemie handelt, die längst auch Deutschland erreicht hat." S. 137	„Allerdings sollten Eltern beim Anblick einer Speckfalte nicht gleich in Panik verfallen. Kinder haben ihre Wachstumsschübe, die aus Pummeln hagere Schlackse machen, auch Babyspeck ist normal und von der Natur gewollt." S. 187	„Anders kann ich mir kaum erklären, warum die Zahlen so eindeutig belegen, dass Adipositas ein soziales Problem ist." S. 210
„Die Kieler Obesity Prevention Study (KOPS) unter Leitung von Professor M.J.Müller ergab, dass sich die Zahl übergewichtiger und adipöser Kinder seit Mitte der neunziger Jahre verdoppelt hat. Im Auftrag der Bundesregierung hat das Robert-Koch-Institut nun eine umfassende Studie mit 18000 Kindern und Jugendlichen in Angriff genommen, die im Jahr 2006 erstmals deutschlandweit belastbare Zahlen zur körperlichen und psychischen Gesundheit … liefert." S. 136f.	„Deshalb halte ich den Ratschlag einer Minderheit unter den Wissenschaftlern, auf eine noch feinere Datenlage zu warten, für grundfalsch. Die vorliegenden Zahlen und Befunde reichen aus, sie ermahnen uns geradezu, sofort mit Maßnahmen zu beginnen." S. 137	„Bis heute ist unklar, unter welchen Bedingungen die Fettleibigkeit besonders gedeiht." S. 136
„Deutschland ist zu dick, und es wird immer dicker. Jeder zweite Bürger dieses Landes leidet an Übergewicht, knapp 20% haben bereits die nächste Stufe erreicht: Sie sind fettleibig." S. 12	„Übergewicht ist dagegen nicht zwangsläufig gesundheitsgefährdend. Mit ein paar Pfund zu viel kann jemand fitter und fröhlicher sein als ein träger Magerer." S. 36	„Wir verfetten langsam aber sicher. Eine Umkehr ist durch individuelle Diätmühen nicht in Sicht." S. 16
„Wir brauchen strengere Regeln für die Lebensmittelwerbung und Kennzeichnung (Health Claims) für die nährwert- und gesundheitsbezogenen Angaben über Lebensmittel." S. 299	„Die Vielfalt und Komplexität allein der wenigen hier aufgezeigten Handlungsfelder macht deutlich: In Sachen Übergewicht gibt es keinen Anlass zu hoffen, das Problem sei ganz einfach zu lösen. Es reicht nicht, nur ein Gesetz zu verabschieden, bestimmte Steuern zu erheben oder zu erhöhen, eine Kampagne zu beschließen oder eine Initiative zu fördern - und schon purzeln die Pfunde." S. 299	„Das Ess- und Bewegungsverhalten ist ein sehr widerspenstiger Gegner, zumal die Politik (zum Glück) kaum Einfluss darauf hat." S. 28
„In Rekordzeit ist das wachsende Übergewicht zu einem politischen, wirtschaftlichen und sozialen Problem geworden." S. 38	„Es ist schwer für Übergewichtige, den Weg zurück zum Normalgewicht zu gehen, geschweige denn durchzuhalten." S. 23	„Ein Umstand hat mich besonders nachdenklich gemacht. Während es einen klaren Zusammenhang zwischen Gewichtszunahme und Krankheitsrisiko gibt, existiert umgekehrt kein eindeutiger Beleg, dass Abnehmen alle Risiken senkt." S. 71

Zitate* aus "Die Dickmacher " Warum die Deutschen immer fetter werden und was wir dagegen tun müssen von Renate Künast**/Zusammengestellt vom Zentralverband der deutschen Werbewirtschaft		
So ist es?	**Oder vielleicht so?**	**Oder ganz anders?**
Zum Fernsehen: „Mehr als die Hälfte der Reklame gilt Nahrungs- und Genussmitteln, wobei der überwiegende Teil als gesundheitlich bedenklich einzustufen ist ... Folgerichtig kaufen Kinder zwischen sechs und zwölf Jahren von ihrem Taschengeld Bonbons, Kaugummi, Cola und Eis." S. 140	„Schwer zu sagen, welche negative Wirkung des Fernsehens die gefährlichste ist. Mir scheint, es ist der Bewegungsmangel." S. 140	„In Schweden ist Reklame für die Kleinen untersagt, doch deutlich magerer sind allein deshalb schwedische Kinder auch nicht." S. 81
„Ein Baum legt Jahresringe an, Überflussbürger sammeln Hüftringe ... Nie war der Appell richtiger und wichtiger, die Deutschen sollten den Gürtel etwas enger schnallen oder sich wieder mehr bewegen." S. 42	„So werden die Maßstäbe von dick und dünn, von attraktiv und hässlich immer weiter von den normalen Menschen entfernt. Verona Feldbusch zum Beispiel, die nach ihrer Schwangerschaft ein paar Pfunde mehr auf den Rippen trug und damit eine ganz normale weibliche Figur hatte, bezeichnete sich doch tatsächlich als ‚Dickmops'. Auch Catherine Zeta-Jones, Renée Zellweger oder Jennifer Lopez sind alles andere als mollig, auch wenn sie immer wieder von Frauenzeitschriften so bezeichnet werden. Sie sind optimal normal." S. 184	„Völlig zu Recht stellt auch die Weltgesundheitsorganisation fest, dass einzelne Regierungen allein weder das Gesundheitsproblem Übergewicht bewältigen können noch die körperliche Aktivität des Einzelnen fördern können." S. 299
„Vor allem Kinder und Jugendliche, die schließlich ihre Peergroup suchen, sind empfänglich für die Botschaften der Werber ..." S. 102	„Den höchsten Stellenwert für die Essvorlieben hat allerdings nach wie vor das Vorbild der Eltern, vor allem der Mutter, gefolgt von den Freunden." S. 203	„Grundsätzlich lässt sich sagen, dass es einer Familie letztendlich offen steht, was sie für ihr Monatsbudget einkauft." S. 218
„Aber Schlanksein ist erwünscht, eine gesellschaftliche Norm, die in Kultur und Werbung als erstrebenswert transportiert wird." S. 25	„Übergewicht ist eine tückische Volkskrankheit." S. 45	„Obgleich Mediziner, Ernährungswissenschaftler, Sportexperten und Nahrungsmittelproduzenten nie mehr forschten und wussten über die komplexen Abläufe zwischen Essen, Bewegen und Zunehmen, scheint es doch unendlich schwer zu sein, einer immer fortschreitenden Gewichtszunahme Herr zu werden." S. 30
Zu Übergewicht: „Zeit, Focus und Stern, diverse Tageszeitungen und TV-Magazine beginnen bereits die gesellschaftliche Dimension des Themas zu erkennen." S. 14	„Sie verschlingen Zeitschriften, die ihnen jede Woche aufs Neue ‚Drei Kilo in fünf Tagen' versprechen ..." S. 227	„Die Bemühungen in Kindergarten, Schule und Stadtentwicklung dürfen nicht durch die Massenmedien konterkariert werden." S. 298
„Wir bewegen uns zu wenig und essen zu viel, zu fettig, zu süß, und vielen ist das auch noch egal." S. 15	„Der Fettverbrauch ist in den USA wie in Deutschland in den neunziger Jahren erheblich gesunken, vor allem in den neuen Ländern." S. 238	Zu Ernährungspyramiden: „Ich halte mich aus diesem Expertenstreit heraus und esse, was mir schmeckt ..." S. 264
* Zusammengestellt vom Zentralverband der deutschen Werbewirtschaft (ZAW), **und Hajo Schumacher		

Für diese Studie von besonderem Interesse sind die *Künast*-Ausführungen zum Umfang von Lebensmittelwerbung im Fernsehen. Sie seien an dieser Stelle noch einmal separat herausgegriffen:

> Mehr als die Hälfte der Reklame (Anm.: im Fernsehen) gilt Nahrungs- und Genussmitteln, wobei der überwiegende Teil als gesundheitlich bedenklich einzustufen ist. Doch der massiven Aufforderung, Süßigkeiten und Süßwaren zu konsumieren, folgen keine Warnhinweise, welche Relationen im Verhältnis zu Obst und Gemüse einzuhalten wären. Folgerichtig kaufen Kinder zwischen sechs und zwölf Jahren von ihrem Taschengeld Bonbons, Kaugummi, Cola und Eis ... Schwer zu sagen, welche negative Wirkung des Fernsehens die gefährlichste ist. Mit scheint es ist der Bewegungsmangel.[548]

Angesichts bereits dargestellter Studien zu Übergewicht und Adipositas in Deutschland bleibt eine gewisse Befremdung nach der Lektüre des Künast-Buches und ein ungutes Gefühl, wie hier mit angeblichen Fakten hantiert wird. Würde man über ihre Motive spekulieren, warum hier so einseitig teils nicht belegbare „Fakten“ publiziert werden, so gelangte man doch zu der Vermutung, dass mit solchen Büchern auch der Humus für politische Aktivitäten gelegt werden soll - sprich: zum Beispiel die Lebensmittelwerbung weiter zu reglementieren und hierfür „Legitimationsgrundlagen“ in der Öffentlichkeit zu schaffen. Deshalb sei besonders im Hinblick auf die Behauptung Künasts, „mehr als die Hälfte“ der Fernsehreklame gelte „Nahrungs- und Genussmitteln, wobei der überwiegende Teil als gesundheitlich bedenklich“ einzustufen sei, auf das *4. Kapitel - Umfang werbungtreibender Branchen in der* TV-Werbung *(S. 99 ff.)* verwiesen. Denn diese Untersuchung kommt zu gänzlich anderen Ergebnissen, als sie von *Künast & Schumacher* in Umlauf gebracht werden.

11.3 Ursachen von Übergewicht und Adipositas - Klärungsversuch

Das *Deutsche Institut für Ernährungsforschung (DIfE)* geht von folgenden Ursachen für Fettleibigkeit und Übergewicht aus, betont allerdings, dass noch viel Forschungsarbeit zu leisten sei:

> Neben der genetischen Veranlagung hat die Ernährung einen großen Einfluss auf Entstehung und Verlauf vieler chronisch-degenerativer Erkrankungen. Besonders wichtig ist es, die Wechselwirkung zwischen Genen und Ernährung (Nutrigenomik) zu erforschen, denn viele Krankheiten wie Übergewicht und Herz-Kreislauf-Erkrankungen, Typ-2-Diabetes und bestimmte Krebsformen werden durch Ernährungsfaktoren mitbestimmt. Wenn die molekularen Ursachen dieser Krankheiten aufgeklärt sind, kann deren Prävention spezifisch gefördert werden und somit das Auftreten von Neuerkrankungen drastisch reduziert werden ...
>
> Ein weitgefasstes Methodenspektrum wird gebraucht: von der biochemischen Untersuchung im Reagenzglas über tierexperimentelle Ansätze bis zur klinischen Beobachtung an Patienten mit ernährungsabhängigen Krankheiten. Mit Hilfe der Epidemiologie sollen Zusammenhänge

548 Künast/Schumacher 2004, S. 140.

> zwischen der Lebensführung und der Entstehung ernährungsbedingter Krankheiten aufgespürt werden.[549]

Das 1998 gegründete *Kompetenznetzwerk Adipositas im Kindes- und Jugendalter*, bestehend aus Adipositasforschern, Ernährungswissenschaftlern, Psychologen oder Anthropologen betont ebenfalls die Notwendigkeit weiterer Ursachenforschung, und zwar interdisziplinärer. Aus diesem Grunde reichte das Kompetenznetzwerk bereits 1998 beim *Bundesministerium für Bildung und Forschung* einen Antrag auf Förderung ein, welcher jedoch abschlägig beschieden wurde. Warum die Bundesregierung das Forschungsvorhaben nicht förderte, bleibt vielen der betroffenen Forscher bis heute unerklärlich, da es immer noch keine ausreichend repräsentativen Forschungsarbeiten zu Ursachen von Übergewicht und Adipositas gebe.[550] Der rund 500 Seiten umfassenden Begründung für das *Kompetenznetzwerk Adipositas im Kindes- und Jugendalter* ist unter dem Stichwort „Ursachenforschung" zu entnehmen, Adipositas resultiere aus einer Interaktion von Genotyp und Umwelteinwirkung.[551] Dabei bestehe die interdisziplinäre Überzeugung, dass das elterliche Gewicht eine entscheidende Größe für Übergewicht und Adipositas darstelle. Das heiße: Adipöse Eltern zögen in der Regel genetisch bedingt adipöse Kinder nach sich. Wichtige Erkenntnisse für die Bedeutung der Gene seien dabei auch von der Tierforschung ausgegangen.[552] Genetische Ursachen bestätigten auch die Studie Kalies et al. 2001.[553] Die Wissenschaftler geben allerdings zu bedenken, dass voreilige Schlussfolgerungen bezüglich der Bedeutung von Genen nicht zulässig seien, da noch Forschungsarbeit zu leisten sei:

> Die Wechselwirkung von genetischer Prädisposition mit nicht-genetischer (beziehungsweise präziser ‚epigenetischen') Ursachen der frühmanifesten Adipositas (Khoury, 1996 und 1997) bedürfen einer intensiven Auseinandersetzung, insbesondere, da auch die internationale For-

549 Vgl. http://www.dife.de/ v. 27.9.2004, S. 1. Am DIfE arbeiten Wissenschaftler der meisten biomedizinischen Fachrichtungen wie Ernährungswissenschaftler, Human- und Veterinärmediziner, Lebensmittelchemiker, Biochemiker, Chemiker, Biologen, Molekularbiologen, Epidemiologen und Immunologen, aber auch Mathematiker und Physiker sowie technische Mitarbeiter zusammen. Am DIfE sind derzeit (9/2004) ca. 250 Mitarbeiter beschäftigt (davon ca. 100 Wissenschaftler – inklusive 40 Doktoranden – sowie etwa 60 wissenschaftlich-technische Mitarbeiter). Eine enge Zusammenarbeit besteht mit der Universität Potsdam und der Freien Universität Berlin. Acht leitende Wissenschaftler sind als Professoren an der Ausbildung der Studenten der Ernährungswissenschaft und der Medizin beteiligt. Der Leiter der Abteilung Klinische Ernährung betreut mit seinen medizinischen Mitarbeitern die Stoffwechselstation „Siegfried Thannhauser" mit 20 Betten am Universitätsklinikum Benjamin Franklin der Freien Universität Berlin in Berlin-Steglitz. Diese Station dient der Erforschung und Betreuung von Patienten mit ernährungsabhängigen Krankheiten.

550 Pers. Mitteilung von D. Johnsen, ehemaliger Mitarbeiter des Deutschen Instituts für Ernährungsforschung Potsdam-Rehbrücke, an den Autor dieser Studie, November 2004.

551 Khoury 1996 und 1997.

552 Antrag auf Einrichtung des Kompetenznetzwerks, 1998, Mantelantrag, S. 11.

553 Robert-Koch-Institut (Hrsg.).

schung auf diesem Gebiet durch sprachliche und gedankliche Konfusion behindert wird (Goran et al. 1995; Rosenbaum und Leibel 1998).[554]

Das *Robert-Koch-Institut* geht zusätzlich von einer möglichen *psychisch-physischen Störung* aus. So könne bei Übergewicht oder Adipositas eine „Binge-Eating-Disorder“ vorliegen - eine Essstörung mit Essattacken, bei der hochkalorische Nahrungsmittel zugeführt würden. Allerdings lägen bislang laut dem Potsdamer Ernährungswissenschaftler *Dieter Johnsen* hierzu keine ausreichenden Erkenntnisse vor: *„Die Binge-Eating-Disorder wird immer wieder zitiert, ohne dass eine seriöse Studie zu diesem Fakt vorliegt. Ich kenne keine. Sicherlich gibt es Menschen, die davon betroffen sind, aber das erklärt nicht die angebliche oder wahrhafte Zunahme der Adipositas.“*[555] Neben den hier aufgeführten möglichen Ursachen wird noch eine weitere angeführt: der Zusammenhang zwischen *Übergewicht und Umweltfaktoren* im weiteren Sinne (*Sozialfaktoren*). So sei z.B. festzustellen, dass bei Kindern niedriger sozioökonomischer Schichten Adipositas häufiger auftrete als bei Angehörigen der Oberschicht.[556] Im Folgenden sei in tabellarischer Form eine Auswahl möglicher Ursachen für Übergewicht und Adipositas gegeben:

Mögliche Ursachen von Übergewicht	
Ursachen	Anmerkungen
Energetisch/genetische Ursachen	Gesamtenergieverbrauch ist zu niedrig bei gleichzeitig überhöhter Energieaufnahme.
Chronische epigenetische Faktoren (Umwelteinflüsse)	Hierzu gehöre zum Beispiel das Problem elterlicher Vernachlässigung
Prädikatoren	Z.B. mangelnde Bewegung: So würden sich Grundschüler (6-11 Jahre) im 21. Jahrhundert um 13% weniger bewegen als 1980 (Studie Bertelsmann Stiftung ausgeführt von Prof. Dr. Klaus Bös/Institut für Sport und Sportwissenschaft der Universität Karlsruhe).
Perinatale physiologische Faktoren	Situation kurz vor, während, nach Entbindung. (Hier müsse forscherisches Neuland betreten werden, da sowohl epidemiologische wie tierexperimentelle Studien zwar auf das Vorhandensein solcher Risikofaktoren wie z.B. Über- beziehungsweise Unterernährung während kritischer Entwicklungsphasen hinweisen, deren physiologische Ursachen jedoch weitgehend unklar sind (Dietz 1994, Cryer und Jones 1980).
Psychosoziale Risiken sozioökonomischer Status	Hier sind häufig diskutierte Faktoren wie elterliche Vernachlässigung (Lissau & Sorensen 1994), Einzelkindstatus, Status als Kind alleinerziehender Eltern (Poskitt 1993), niedriger sozioökonomischer Status (Mei et al. 1998) und übermäßiger Fernsehkonsum (Gortmaker et. al. 1996) oder die Arbeitslosigkeit der Eltern zu berücksichtigen. Diese Faktoren werden nicht nur als prädisponierend chronisch gesehen beziehungsweise als Prädikatoren, sondern auch als Faktoren, die den Interventionserfolg bestimmen können.[2]
Falsche Ernährung	Als eine wichtige Ursache für Übergewicht und Adipositas können auch falsche oder ungünstige Ernährungsgewohnheiten genannt werden. Hier wird besonders häufig fetthaltige und zuckerreiche Nahrung erwähnt. Kinder und Jugendliche nehmen nach den - allerdings mittlerweile etwas veralteten - Daten der Nationalen Verzehrsstudie[3] im Durchschnitt täglich 6 bis 7% ihrer Energiezufuhr in Form von Schokolade und/oder Süßwaren auf, dieser Anteil nehme mit zunehmendem Alter ab.

554 Antrag auf Einrichtung des Kompetenznetzwerks ‚Adipositas im Kindes- und Jugendalter‘, 1998, Mantelantrag, S. 12.

555 Dr. Dieter Johnsen, persönliche Mitteilung vom 13.5.2004.

556 Stunkard/Pudel 1997 in Uexkuell: Ministerium für Arbeit, Soziales, Gesundheit und Frauen des Landes Brandenburg, 2000, S. 44ff.

11.4 Fazit: Übergewicht und Adipositas

Es gibt sowohl genetische als auch nicht-genetische Ursachen für Übergewicht und Adipositas. Den *nicht-genetischen* Ursachen werden gesellschaftlich-soziologische zugerechnet. Bislang liegen keine fundierten Erkenntnisse vor, inwiefern möglicherweise Werbung einen entscheidenden Einfluss auf das Essverhalten ausüben könnte (*Querverweis auf Kapitel - Grundlagen* Werbung, *S. 54 ff.).* Adipositas stelle, heißt es immer wieder, in zahlreichen, besonders westlichen Ländern, eine „Epidemie“ dar.[557] Jedoch gibt es in Deutschland zum gegenwärtigen Zeitpunkt keine repräsentative Studie zur Epidemiologie und Anthropometrie der kindlichen oder jugendlichen Adipositas. Die von Politikern der EU oder Deutschland gerne verbreitete Behauptung, ein Drittel aller Kinder oder Jugendlichen wäre in Deutschland (bzw. Europa) übergewichtig oder gar fettleibig, beruht vor allem auf Angaben aus den USA für die USA. Denn in den Vereinigten Staaten von Amerika gelten 15,3% der Kinder (6 bis 11 Jahre) als übergewichtig und 15,5% als schwer übergewichtig (fettleibig). Das heißt: 30,8% der US-Amerikaner sind übergewichtig oder adipös - fast jeder Dritte.[558]

Für Deutschland zeigen einzelne regional begrenzte Untersuchungen erhebliche Unterschiede in Prävalenz und Inzidenz der Adipositas. Allerdings seien diese wegen der alters-, sozial-, regional- und geschlechtsdifferenzierten Zusammensetzung des jeweiligen Probandengutes und vor allem wegen der sehr unterschiedlichen Kriterien, welche für die Adipositas-Definition herangezogen wurden, schwer vergleichbar.[559] Diese unterschiedlich praktizierten Ansätze tragen dazu bei, dass verschiedene Angaben über das Ausmaß von Übergewicht und Adipositas besonders über Kinder und Jugendliche in Deutschland kursieren:

- Nach der im Jahr 2006 vorgelegten „Studie zur Gesundheit von Kindern und Jugendlichen in Deutschland“ (KiGGS, 2003-2006) könne für 15% der 3- bis 17-jährigen Kinder und Jugendlichen von Übergewicht ausgegangen werden. Eine Adipositas liege bei etwa 6,3 % vor.

- In Deutschland sind je nach Definition 10-20% aller Schulkinder und Jugendlichen übergewichtig.[560]

- Im Ernährungsbericht 2000 heißt es, 7% der Mädchen und 9% der Jungen überschritten das für ihre Körpergröße mittlere Gewicht um mehr als 25% und müssten daher als adipös eingestuft werden. Dies bedeute, dass sowohl 1999/2000 wie 1984 insgesamt 18 bis 20% der Kinder und Jugendlichen als adipös oder übergewichtig angesehen werden könnten.[561]

---

557 Antrag auf Einrichtung des Kompetenznetzwerks ‚Adipositas im Kindes- und Jugendalter‘. Kapitel ‚Anthropometrie und Epidemiologie’, 1998, S. 4.

558 Quelle: CDC, Nationale Mitte für Gesundheitsstatistiken, nationale Gesundheit und Nahrungprüfungsübersicht. Ogden und Al. JAMA. 2002; 288: 1728-1732.

559 Antrag auf Einrichtung des Kompetenznetzwerks ‚Adipositas im Kindes- und Jugendalter’. Kapitel ‚Anthropometrie und Epidemiologie‘, 1998, S. 4.

560 Laut den Leitlinien der Arbeitsgemeinschaft Adipositas im Kindes- und Jugendalter (AGA), Stand: 2005.

561 Ernährungsbericht der Bundesregierung, hrsg. v. der Deutschen Gesellschaft für Ernährung e.V.

- Nach Binder und Johnsen seien „etwa 20-25% aller Schulkinder und Jugendlichen übergewichtig beziehungsweise adipös".[562]

- Nach dem Ernährungsbericht 2000 könne man für Kinder und Jugendliche zwischen dem 6. und 17. Lebensjahr bei 17% von Übergewicht oder Adipositas ausgehen; hingegen habe man festgestellt, dass 33% deutlich unter den Referenzwerten lägen (Stichwort: Magersucht).[563]

Führt man sich diese Angaben vor Augen, können die von Renate Künast, der ehemaligen Bundesverbraucherministerin, in Umlauf gebrachten Angaben über das Ausmaß von Übergewicht und Adipositas in Deutschland (ein Drittel) als deutlich übertrieben bezeichnet werden. Gleichzeitig sind sie jedoch symptomatisch für das Hantieren mit angeblichen Fakten in der Öffentlichkeit. Dies zeigt auch ein Beitrag in der *Frankfurter Allgemeinen Sonntagszeitung* vom 27. Juni 2004 unter der Überschrift „Eine Katastrophe weniger. Die Fettleibigkeits-Epidemie bei Kindern in Deutschland gibt es nicht". Hier ein Textauszug:

> Weniger oder zumindest ‚gesünder' essen sollten heute auch die Bewohner der westlichen Welt, wenn die von der WHO ausgerufene Fettleibigkeitsepidemie mit dramatischen Folgen für Wirtschaft und Gesundheitssysteme sie nicht überrollen soll. In den Vereinigten Staaten sollen gewichtsbedingte Krankheiten schon nächstes Jahr die Raucherleiden als Todesursache Nummer eins ablösen. Auch in Deutschland wird vor einem alarmierenden Anstieg des Übergewichts, vor allem bei Kindern, gewarnt. Ein Drittel aller Jungen und jedes vierte Mädchen seien bei der Einschulung übergewichtig, war ... überall zu lesen. Verbraucherministerin Renate Künast ruft zum Handeln auf. In einer Regierungserklärung Mitte Juni (Anm: 2004) präsentierte sie ihre Initiative ‚Plattform Ernährung und Bewegung'. Eltern, Ärzte, Nahrungsmittelproduzenten et cetera sollen sich zusammenfinden und die Katastrophe abwehren. Aber wo das Drittel der in der Ärztesprache ‚auffällig' Dicken sich aufhält, bleibt unklar, wenn man auf Straßen, Schulhöfen und in Kindergärten nachschaut. Es finden sich immer ein paar Dicke, auch sehr Dicke.
>
> Aber jeder Dritte? Jenen Medizinern, die die wenigen in Deutschland verfügbaren Studien zu diesem Thema veröffentlichen ... (zufolge) gibt es etwa für 1999 entweder 4,9 oder 13,1% fettleibige sechsjährige Mädchen oder 4,9 beziehungsweise 11,8% fettleibige Jungen. Wer von der Norm abweicht, wird für krank erklärt, obwohl es, so steht es in den Leitlinien der AGA, ‚keine festlegbaren Grenzwerte für das gesundheitsgefährdende Ausmaß der Körperfettmasse in diesem Altersbereich' gibt. Jeffrey Friedmann von der Rockefeller University, der Entdecker des ‚Schlankhormons' Leptin, nennt die Debatte „hoch politisiert". Das gilt auch für Deutschland. Renate Künast etwa begann ihre Regierungserklärung mit dem Beispiel eines 38 Kilogramm schweren dreijährigen Mädchens, das an einem Herzinfarkt gestorben war. Dass das Kind einen schweren genetischen Defekt hatte, erwähnt sie nicht. Auch in der Gesamtbevölkerung ist ein Großteil des körperlichen Erscheinungsbildes genetisch festgelegt und damit kaum zu beeinflussen ...[564]

(DGE) im Auftrag des Bundesministeriums für Gesundheit und des Bundesministeriums für Ernährung, Landwirtschaft und Forsten, 2000, S. 127.

562 Binder/Johnsen 2004, S. 1.

563 Ernährungsbericht 2000, S. 115.

564 Vgl. „Eine Katastrophe weniger. Die Fettleibigkeits-Epidemie bei Kindern in Deutschland gibt es nicht", Frankfurter Allgemeine Sonntagszeitung, 27. Juni 2004, S. 55.

Im nächsten Kapitel soll abschließend die rechtliche Situation in Bezug auf Werbung, insbesondere in Bezug auf von der Politik geplante Werbeverbote, geklärt werden.

12. Kapitel - Werbeverbote in der juristischen Diskussion

Dieses Kapitel möchte einen Überblick zum Stand der juristischen Diskussion über Werberegulierung und insbesondere Werbeverbote geben. Dies scheint vor allem deshalb sinnvoll, da die EU neben einem Werbeverbot für Tabak, das seit Oktober 2006 gilt, weitere Werbeverbote und strenge Werbereglementierungen diskutiert. So zum Beispiel für alkoholische Getränke, rezeptfreie Heilmittel, Automobile, arterienverfettende Lebensmittel oder Süßigkeiten.[565] Werbeverbote, auch wenn sie durch die EU angestrengt werden, bringen grundsätzliche Fragen mit sich, die vor allem bedeuten: Sind Werbeverbote überhaupt mit dem Grundgesetz beispielsweise in Deutschland in Einklang zu bringen? Damit haben sich in den vergangenen Jahren zahlreiche rechtswissenschaftliche Aufsätze, Untersuchungen beziehungsweise Dissertationen auseinandergesetzt.

Das Grundgesetz enthält - anders als die Weimarer Reichsverfassung - keinen gesonderten Abschnitt über das wirtschaftliche Leben. Das heißt: es ist kein Wille des Verfassungsgesetzgebers erkennbar zugunsten einer bestimmten Wirtschaftsform. Das deutsche Grundgesetz beschränkt sich auf die klassischen Grundrechte.[566] Dennoch, so Nipperdey, sei dem Grundgesetz eine institutionelle Garantie der sozialen Marktwirtschaft zu entnehmen.[567] Hingegen ist Stiess überzeugt, dass dem Grundgesetz keine verbindliche Festlegung der sozialen Marktwirtschaft entnommen werden könne.[568]

Es scheint für diese Untersuchung ein wertvolles ergänzendes Element, sich anzuschauen, wie letztlich jene, die sich mit Gesetz und Recht kraft ihres Berufes beschäftigen, Werbeverbote beurteilen. Im Folgenden sollen die Ergebnisse solcher Untersuchungen kurz dargestellt werden, und zwar anhand jener Rechtsbereiche, die von Werbeverboten nach Ansicht zahlreicher Juristen am deutlichsten betroffen sind. Hierzu gehören z.B. die Grundrechte der *Berufsfreiheit*, *Eigentumsfreiheit*, der *Meinungsfreiheit* oder *Informationsfreiheit*, *Pressefreiheit* sowie der *Kunstfreiheit.*[569]

565 Vgl. u.a. Stiess, Katia: Schutz der Wirtschaftswerbung durch Verfassungsrecht und Gemeinschaftsrecht, in: Rechtswissenschaftliche Forschung und Entwicklung, Dissertation, München, 1999, VVF Verlag V. Florentz GmbH, München 2000, S. 1.

566 Ebd., S. 33.

567 Nipperdey, Hans Carl: Soziale Marktwirtschaft und Grundgesetz, 3. Aufl., Köln u.a. 1965, S. 21ff; vgl. auch in neuerer Zeit: Schülemann, in: Großkommentar, Einleitung, Rn. A 53; Bleckmann, JuS 1991, S. 536, 539.

568 Stiess 2000, S. 34.

569 Nach Walter Grasskamp ist Werbung allerdings keine Kunst im klassischen Sinne: „... Ein weiterer Grund ist, dass Werbung ihre Wirkung selbst dann zerstört, wenn sie nicht albern ist, denn sie ist Heiterkeit in einer rituellen Überdosis. Das greift auch ihre besseren Beispiele an, die komischen und satirischen oder grotesken Anzeigen und Spots: Sie werden Opfer einer hausgemachten Selbstannullierung, die nicht nur durch die Menge der Botschaften entsteht, die sich in allen Medien und an vielen Orten aufdrängen, sondern vor allem durch ihre ständigen Wiederholungen ... Kunst wird dagegen in einem Betrieb bewegt, der sie bewusst dosiert: von den Ateliers über die

Bevor detailliert auf die erwähnten rechtlichen Punkte eingegangen wird, sei im Folgenden eine Übersicht in Tabellenform gegeben, die darlegt, welche Erfahrungen bislang mit Werbeverboten in Bezug auf den Konsum in diversen Ländern gemacht wurden. Werbeverbote gehen davon aus, dass der Verbraucher vor der Werbung geschützt werden müsse. Deshalb ist an dieser Stelle das sogenannte „Verbraucherleitbild" von besonderem Interesse.

12.1 Verbraucherleitbild in der Werbung

Das Verbraucherleitbild hat einen maßgeblichen Einfluss auf den durch das UWG bewirkten Schutzstandard. Unter „Verbraucher" verstehe man, so *Wuttke*, in jedem Fall den *privaten Konsumenten*, den typischen Adressaten der alltäglichen Konsumgüterwerbung. Es gebe allerdings auch *gewerbliche Verbraucher* - wie Zwischenhändler und Wiederverkäufer. Das UWG bezeichnet Letztere als „sonstige Marktteilnehmer".[570]

12.1.1 Flüchtige Verbraucher

Die deutsche Rechtsprechung habe bislang, so Dilly, bei der Beurteilung einer irreführenden Werbung im Rahmen des § 3 UWG, das Leitbild des „flüchtigen" Verbrauchers benutzt.[571] Zurückzuführen sei es, so von Wild, auf eine Entscheidung des Reichsgerichts (RG) aus dem Jahre 1904, und dieses sei für die damalige Zeit möglicherweise richtig gewesen. Nach von Wild sei es nunmehr aber überholt.[572] Der Verbraucher habe sich mittlerweile auch an Übertreibungen in der Werbung

Galerien und Zeitschriften bis zu den Museen werden die Maschen immer enger und die Auswahl der Werke immer exklusiver, die mit der typischen modernen Überlebensgarantie der Musealisierung rechnen dürfen. Einmal im Museum angelangt, können sie mit einer Wertschätzung rechnen, die Bildern außerhalb dieser Institutionen nicht widerfährt. Werbung ist auch deshalb albern, weil sich Sexualität, Gewalt und Tod, also das letztlich Ernsthafte im Leben, als explizite Motive verbieten, auch wenn hier an den Tabus ständig gerüttelt wird ... Werbung will stets etwas anderes verkaufen, als sich selbst, Kunst dagegen immer nur sich selbst ... Deshalb muss das Kunstwerk eine ungleich höhere kulturelle Wertigkeit und Komplexität haben als jede Werbung, nicht nur weil es die Weiterverkäufe der Zukunft einzurechnen gilt, sondern weil es sich bis ins Museum durchschlagen und dort auf Dauer behaupten muss: Es muss vielen Betrachtern Verschiedenes sagen, während Werbung allen nur Eines einbläuen will. Dabei hat die Kunst übrigens einen unverdienten kulturellen Standortvorteil: Ihr hat man es stets verziehen, wenn sie sich allen Attacken auf das Bürgertum zum Trotz an genau diese Klasse verkaufte, ja mit ihren Provokationen letztlich nichts anderes zu bezwecken schien, als die konsumvorbereitende Aufmerksamkeit genau dieses Publikums zu erregen." Aus: Walter Grasskamp: Konsumglück. Die Ware Erlösung, Verlag C. H. Beck, München 2000, S. 123ff.

570 Ebd., S. 25, 35.

571 Dilly, Torsten: Das Irreführungsverbot des Art. 3a der Richtlinie über irreführende und vergleichende Werbung, Dissertation, Juristische Fakultät Heidelberg, 2000/2001, Nomos Verlagsgesellschaft, Baden-Baden 2001, S. 82.

572 Wild, Daniel von: Der „vernünftige Verbraucher" im Wettbewerbsrecht. Chancen und Risiken einer Deregulierung des Irreführungsverbots durch eine Änderung des ihm zugrunde liegenden Verbraucherleitbilds, Dissertation Universität München, 1998, Verlag V. Florentz, München 1998, S. 19.

Effektivität von Werbeverboten auf Gesamtkonsum weltweit				
Studie	Region	Zeitraum	Schlussfolgerung der Autoren	Effekt auf Gesamtkonsum
Makowsky Whitehead, 1991	Kanada, Saskatchewan (EG), New Brunswick (KG)	1981-1987, monatlich	kein Effekt der Aufhebung eines 58-jährigen Alkoholwerbeverbots auf den Alkoholkonsum ggü. KG	0
Ogborne & Smart, 1980	Kanada, Manitoba (EG), Alberta (KG)	1970-1977, monatlich	kein Effekt der Einführung eines Bierwerbeverbots auf den Alkoholkonsum ggü. KG	0
Smart & Cutler, 1976	Kanada, British Columbia (EG), Ontario (KG)	1971-1972, monatlich	kein Effekt der Einführung eines 14-monatigen Alkoholwerbeverbots auf den Alkoholkonsum ggü. KG	0
Wilcox, 1985	Michigan (USA)	1981-1984; alle 2 Monate	kein Effekt der Aufhebung eines Preiswerbeverbots auf den Bierkonsum	k.A.
Vergleich von Staaten mit unterschiedlich restriktiver Alkoholwerbepolitik				
Nelson & Young, 2001	17 OECD-Länder	1977-1995, jährlich	Werbeverbote haben keinen Einfluss auf Alkoholkonsum und Missbrauch	0
Ogborne & Smart, 1980	51 US-Staaten	1974 (Konsum); 1970 (Alkoholismusrate)	die Restriktivität bei Alkohol-Printwerbung steht in keiner Beziehung zum Pro-Kopf-Konsum und zur Alkoholismusrate	0
Ornstein & Hanssens, 1985	Spirituosen: USA, 50 Staaten + Columbia; Bier: ohne Hawaii und Alaska	1974-1978, jährlich; 1976-1978, jährlich	- geringer positiver Effekt von Preiswerbung (Plakate und Print) auf Spirituosenkonsum; - sehr geringer positiver Effekt von Plakat-Preiswerbung auf Bierkonsum	k.A.
Saffer, 1991	14 OECD-Länder	1970-1983, jährlich	Länder, die Alkoholwerbeverbote erlassen haben, haben geringeren Alkoholkonsum und geringere Anzahl tödlicher Verkehrsunfälle	+
Saffer, 2000	20 OECD-Länder	1970-1995, jährlich	Alkoholwerbeverbot kann Konsum um 5-8% senken	+
Schweitzer, Intriligator & Salehi, 1983	35 US-Staaten	1975	Alkoholwerbeverbot senkt Alkoholkonsum nicht, aber verschiebt Konsum von Bier zu Spirituosen: geringere Alkoholismusrate aber etwas höhere Sterberate	0
Young, 1993	14 OECD-Länder	1970-1983, jährlich	- Länder, die Alkoholwerbeverbote erlassen haben, haben geringeren Alkoholkonsum und geringere Anzahl tödlicher Verkehrsunfälle - aber: wird nach verschiedenen Alkoholarten unterschieden, so zeigt sich, dass Spirituosenkonsum am höchsten ist in Ländern mit Spirituosenwerbeverboten, am zweithöchsten in Ländern mit totalen Werbeverboten und am geringsten in Ländern ohne Werbeverbote - geringerer Zusammenhang als bei Saffer (1991) zu Verkehrstoten - Schlussfolgerung von Saffer werden nicht unterstützt	(+)

0 = kein Effekt der untersuchten Werbebeschränkungen auf den Gesamtalkoholkonsum; (+) = eingeschränkter Effekt der untersuchten Werbeeinschränkung auf den Gesamtalkoholkonsum; + = Effekt der untersuchten Werbeeinschränkung auf den Gesamtalkoholkonsum; k.A. = keine Angabe/keine Untersuchung des Effekts auf den Gesamtkonsum.

gewöhnt und sei skeptisch gegenüber schwer überprüfbaren Angaben. Außerdem habe er „eine ausgeprägte Fähigkeit und Bereitschaft, sich kritisch am Markt zu orientieren, insbesondere was die Preisgünstigkeit eines Angebots" angehe.[573] *Von Wild* sieht das strenge deutsche Verbraucherleitbild „zu Recht in Frage" gestellt und mit dem Irreführungsschutz nach den meisten europäischen Rechtsordnungen unvereinbar.[574]

Bislang sei in Deutschland Werbung bereits dann als irreführend angenommen worden, wenn der *flüchtige* oder *verständige* Verbraucher nicht erkennen könne, dass eine Angabe objektiv falsch ist. Dies gelte auch für den Fall, dass ein nicht unerheblicher Teil der angesprochenen Verkehrskreise eine unrichtige Vorstellung mit der objektiv richtigen Angabe verbinde. Allerdings reiche der „nicht unerhebliche Teil" getäuschter Verbraucher zur Annahme einer rechtlich erheblichen Irreführungsgefahr in der Regel spätestens seit der BGH-Entscheidung[575] zur „Mindestverzinsung" im Jahr 2004 nicht mehr aus.[576]

Entscheidend sei, wie der Verbraucher die Werbeaussage *versteht*, und nicht, wie er sie *verstehen sollte*. Für das Verstehen einer Werbemaßnahme genüge nach der Rechtsprechung in Deutschland eine oberflächliche Betrachtungsweise in ungezwungener Auffassung eines durchschnittlichen Betrachters. Dieser Betrachter werde als vertrauensselig angesehen, unkritisch und flüchtig, für Irreführung anfällig, befinde sich vom Intelligenzquotienten und Bildungsniveau im unteren Bereich und stelle keine näheren Überlegungen zu Werbemaßnahmen an. Er halte sie in der Regel für wahr und sei der Gefahr einer Irreführung relativ stark ausgesetzt.[577] Damit wolle man in Deutschland insbesondere auch die „unterprivilegierten" Schichten schützen, die auch ein beachtliches Abnehmerpotential darstellten.[578]

Von Wild kommt zu dem Fazit, dass es weitgehend berechtigt sei, am Leitbild des *flüchtigen Verbrauchers* festzuhalten und nicht den *vernünftigen Verbraucher* als Grundlage für die Rechtsprechung zu nehmen. Der flüchtige Verbraucher sei ein lebensnäheres Abbild des Durchschnittsverbrauchers.[579] Allerdings steht er damit mittlerweile ziemlich allein. Die meisten Kommentatoren sind sich einig, dass der kritische Verbraucher eher der Realität entspreche. Die „extreme Gipfellage" sowie „einzigartige Strenge" in der Rechtsprechung von Irreführung, die eben das Leitbild des flüchtigen Verbrauchers zum Maßstab erhoben hatte, habe bislang in Europa zu „Hohn und Spott" geführt.[580]

573 Entwurf eines Gesetzes zur Aufhebung des Rabattgesetzes und der Verordnung zur Durchführung des Rabattgesetzes der Fraktionen CDU, CSU und FDP: BT-Drucks. 12/6722 vom 1.2.1994; vgl. hierzu auch Kretschmer, GRUR 1994, S. 272. Zum Rabattrecht sowie den Schnäppchen bei Großhändlern und Herstellern: Leisner, Selbstbedienungsgroßhandel; Schricker/Lehmann, Selbstbedienungsgroßhandel, S. 123.

574 Wild 1998, S. 168f.

575 BGH GRUR 2004, 162 (163) – Mindestverzinsung.

576 Wuttke 2005, S. 103.

577 Dilly 2001, S. 82.

578 Ebd., S. 100.

579 Wild 1998, S. 217.

580 Wuttke 2005, S. 1.

12.1.2 Kritische, verständige Verbraucher

Es mehren sich die Stimmen, die das Leitbild des „flüchtigen" Verbrauchers in der deutschen Rechtsprechung kritisieren, da es zu wenig die Mehrheit berücksichtige, deren Interessen auch zu achten seien. Es müsse nach *Dilly* stärker berücksichtigt werden, dass bei Werbemaßnahmen häufig die Notwendigkeit bestehe, mit starken Verkürzungen zu arbeiten, um so die Verbraucher zu erreichen. Das normative Leitbild des EuGH reiche aus, um werbliche Übertreibungen, die irreführen könnten, zu unterbinden und einen angemessenen Ausgleich zu finden.[581] *Cramer* betont, Werbung treffe auf einen lernfähigen Verbraucher, der die Mechanismen von Werbung durchschaue.[582] Werbung treffe nach *Hildebrandt* auf einen gleichermaßen aufmerksamen wie verständigen, aber trotz allem auch - vor allem in Bereichen wie der Heilmittelwerbung - besonders schutzbedürftigen Verbraucher.[583]

Wuttke ist der Überzeugung, dass die tiefsten Gräben zwischen dem strengen deutschen Maßstab und dem liberaleren EU-Maßstab beseitigt scheinen. Das Leitbild des flüchtigen Verbrauchers sei nach *Wuttke* vom Bundesgerichtshof letztmals 1993 benutzt worden.[584] Seit 1995/1996 habe es eine Reihe liberalerer und modifizierter Urteile gegeben. Dabei seien die Anforderungen an eine tatsächliche *Irreführung* in der Werbung weitaus höher bemessen worden. Dies betreffe sowohl die *Aufmerksamkeit*, die die Justiz vom Bürger erwarte, als auch seine *Verständigkeit* bei der Verarbeitung werblicher Information.[585] Allerdings bemerkt noch im Jahre 1998 *von Wild*, dass sich in der deutschen Rechtsprechung nicht grundsätzlich etwas geändert habe und noch immer eher der *flüchtige* als der *vernünftige* Verbraucher als Maßstab der Gerichte für die Feststellung benutzt werde, ob eine werbliche Irreführung vorliege.

Endgültig ad acta gelegt worden sei das Leitbild des flüchtigen Verbrauchers 1999, und zwar mit einem BGH-Urteil vom 20. Oktober 1999. Es ging unter dem Begriff „Orient-Teppichmuster" in die einschlägige Literatur ein. Ein Einzelhändler, der Teppiche und Teppichböden vertrieb, habe in einem Prospekt für eine große

581 Dilly 2001, S. 110f.

582 Cramer, Sebastian: Die Entwicklung des europäischen Irreführungsschutzes im Rahmen der Verwirklichung des Binnenmarktes. Information, Verbraucherschutz, Verwirklichung des Binnenmarktes und Marktentwicklung als Parameter für die Bestimmung des europarechtlichen Standards beim Schutz vor irreführender Werbung, Dissertation Universität Bremen, 2003, Verlagshaus Dr. Julia Richter, Leipzig 2005, S. 201.

583 Hildebrandt, Ronny: Heilmittelwerberecht: Informationspflichten vs. Werbeverbote. Eine Untersuchung der Kollision von Informationspflichten mit Werbebeschränkungen im Arzneimittelsektor unter Berücksichtigung marketingpolitischer und wettbewerbsrechtlicher Aspekte, Dissertation, Universität Greifswald, 2003; Verlag Dr. Kovac, Hamburg 2004, S. 12f.

584 Wuttke 2005, S. 2. Wuttke verweist auf zwei Urteile: Früher BGH GRUR 1969, 415 (416) – Kaffeerösterei: „Bei einer Werbeangabe, die sich an das breite Publikum wendet, ist hierbei eine flüchtige Betrachtungsweise der angesprochenen Verkehrskreise in Rechnung zu stellen, und nicht davon auszugehen, dass sie genau und mit scharfer Überlegung gelesen werden." Heute BGH GRUR 2000, 619 – Orient-Teppichmuster: „Der Grad des durchschnittlich informierten und verständigen Verbrauchers, auf dessen Verständnis es ankommt ..."

585 Ebd., S. 70. Wuttke verweist auf BGH GRUR 1993, 127 - Teilzahlungspreis II: „Der dahingehende Eindruck des flüchtigen Verbrauchers ..."

Auswahl an China-Teppichen folgendermaßen geworben: Auf den ersten drei Seiten der Werbebeilage seien ausschließlich original Orientteppiche abgebildet gewesen, die mit zusätzlichen Hinweisen wie „echt Orient" oder „handgeknüpft" versehen waren. Auf der vierten Seite des Prospektes hätten sich Teppiche mit typischen orientalischen Herkunftsbezeichnungen sowie persischen Teppichmustern befunden. Unter der Preisbezeichnung habe kleingedruckt „100% Polypropylen" oder „Schurwolle" gestanden. Zunächst hätten die Instanzgerichte geurteilt, der flüchtige Verbraucher könne nicht erkennen, dass es sich um maschinell gefertigte Ware handele. Erst der BGH habe geurteilt, man könne vom Verbraucher erwarten, dass er sich kritisch mit der Materie auseinandersetze und aufmerksam sei.[586]

Auf einen ähnlichen Zeitraum legt sich *Mirko Ehrich* fest. Auch er sieht das *Orient-Teppichmuster-Urteil* des BGH von 1999 sowie das *Warsteiner-III-BGH-Urteil* vom 19. September 2001 als deutliche Signale, dass die Rechtsprechung in Deutschland sich zunehmend weniger am flüchtigen Verbraucher orientiere, sondern als Grundlage für die Annahme einer Irreführung einen durchschnittlich informierten und verständigen Verbraucher nehme.[587] Zur Beurteilung einer Irreführung des Verbrauchers sei allerdings auch zu berücksichtigen, wo geworben werden, führt *Wuttke* aus: „Die Aufmerksamkeit beim Lesen einer hochwertigen Wirtschaftszeitung ist anders zu beurteilen, als bei einer Blickfangwerbung am Kiosk." Es komme allerdings nicht auf die abstrakt festzustellende *objektive Unrichtigkeit* der Werbung an, sondern allein auf die *subjektive Unrichtigkeit*, das heiße auf das tatsächliche Verständnis der angesprochenen Verkehrskreise. Sofern die Adressaten von einer objektiv zutreffenden Angabe einen unzutreffenden Eindruck erhielten, könne dies als Irreführung untersagt werden. Unerheblich sei auch, *warum* die angesprochenen Verkehrskreise die Angaben falsch verstünden. Deshalb umfasse der Irreführungstatbestand auch wahre Werbung.[588]

Nach *Dilly* und *Bornkamm* verwende der EuGH das liberalere Leitbild des *verständigen* Verbrauchers in der Rechtsprechung. Während es in Deutschland auf das tatsächliche Verbraucherverhalten ankomme, liege der europäischen Rechtsprechung ein normativer Ansatz zugrunde.[589] Dabei komme es, so formulierte es der EuGH bereits 1998, auf einen *durchschnittlich informierten, aufmerksamen und verständigen Durchschnittsverbraucher* an und darauf, wie er die Werbeangabe *wahrscheinlich* auffasst.[590] Der EuGH gehe eher davon aus, dass sich vernünftig

586 Vgl. ebd., S. 72.

587 Ehrich, Mirko: Der internationale Anwendungsbereich des deutschen und französischen Rechts gegen irreführende Werbung. Dissertation, Universität zu Köln, 2005, Studien zum vergleichenden und internationalen Recht – Comparative and International Law Studies, hrsg. v. Bernd von Hoffmann et al., Peter Lang Verlag, Frankfurt a.M. 2006, S. 5.

588 Wuttke 2005, S. 33f.

589 Dilly 2001, S. 82.

590 Bornkamm, Joachim: Entwicklungen der Rechtsprechung im Wettbewerbsrecht – Vergleichende Werbung, in: Werbung und Werbeverbote im Lichte des europäischen Gemeinschaftsrechts, Hrsg.: Jürgen Schwarze, Schriftenreihe Europäisches Recht, Politik und Wirtschaft, Nomos, Baden-Baden 1999, S. 144. Vgl. zudem: EuGH Slg. 1998, I-4657 (Rdn. 30) = GRUR Int. 1998, 795 – Gut Springenheide: „Der Gerichtshof hat bereits mehrfach den irreführenden Charakter einer

handelnde Anbieter und Nachfrager begegnen. Der „verständige“ Verbraucher besitze den Willen und die Intelligenz, sich mit den angebotenen Waren und Werbemaßnahmen kritisch und distanziert auseinanderzusetzen und diese eingehend zu prüfen. Er verfüge über gewisse Kenntnisse und stelle Überlegungen an. Aufgrund vorhandener, erforderlichenfalls zu beschaffender Informationen nehme er aufmerksam, eigenverantwortlich, mündig und umsichtig am Marktgeschehen teil, wäge die Angebote ab und treffe hierbei selbständig rationale Entscheidungen. Der EuGH versuche also eher, eine umfassende, am *Verhältnismäßigkeitsgrundsatz* ausgerichtete *Interessenabwägung* vorzunehmen. Nach *Hildebrandt* sei für den EuGH zur Beurteilung einer Irreführung eine „erhebliche Anzahl“ irregeführter Verbraucher maßgeblich. Dabei sei die Quote der Getäuschten grundsätzlich höher angesetzt, als dies gewöhnlich der BGH tue (10 bis 15%). Es erfolge vom EuGH kein einseitiger Minderheitenschutz (der flüchtigen oder flüchtigsten Verbraucher), sondern es werde versucht, zugleich das Interesse der Allgemeinheit an einer funktionsfähigen Wettbewerbsordnung zu berücksichtigen.[591]

Bereits 1975 schrieb der für Werbung und Medien zuständige Abteilungsleiter der damaligen EWG, Bryan Harris, er glaube nicht, dass der „Vernünftige“ auf Werbung hereinfallen könnte, die ihm sofortigen Reichtum, neuen Haarwuchs oder überragende sexuelle Potenz verspricht. Das Gleiche gelte für Werbeversprechungen, dass sich das ganze Leben verändern werde, wenn man eine bestimmte Wodkamarke trinke. All das werde den „Vernünftigen“ eher amüsieren als irreführen.[592]

12.1.3 Ermittlungsverfahren Irregeleiteter

In Deutschland gilt die Annahme, dass der einer Werbemaßnahme entnommene Sinn mit Hilfe einer demoskopischen Umfrage ermittelt werden könne. In der Regel vermuteten oder unterstellten jedoch die Gerichte, so *Hildebrandt*, das anzunehmende Verbraucherverständnis und ließen nur in Ausnahmefällen Meinungsumfragen zu Werbeaussagen durchführen. Die Gerichte hätten entsprechend die Wahl zwischen einem normativen Ansatz oder einem empirischen (Umfrage).[593]

Die Irreführungsgefahr werde in Deutschland in der Regel in mehreren Stufen festgestellt. Zunächst seien, so *Wuttke*, die angesprochenen Verkehrskreise zu bestimmen und die Verständnismöglichkeiten innerhalb der Adressatenkreise auszuloten, da diese erheblich differieren könnten. Was für spezialisierte Fachkreise selbstverständlich sei, könne der Durchschnittsbevölkerung völlig unklar sein. In einem zweiten Schritt sei zu klären, wie die angesprochenen Verkehrskreise den Inhalt der Angaben *tatsächlich* auffassen. Unerheblich sei, wie der Werbende seine Ankündigung verstanden haben will. Drittens müsse geklärt werden, sofern die tatsächlichen Vorstellungsinhalte der angesprochenen Verkehrskreise ermittelt seien,

Bezeichnung, einer Marke oder einer Werbeaussage anhand der Bestimmungen des EG-Vertrages oder des abgeleiteten Rechts geprüft …“

591 Vgl. Hildebrandt 2004, S. 88ff.

592 Harris, Bryan: Marktwirtschaft und Werbung, in: Fernseh-Kritik. Werbung im Fernsehen, hrsg. v. Heygster, Anna-Luise & Maseberg, Eberhard, v. Hase & Kohler Verlag, Mainz 1975, S. 49.

593 Dilly 2001, S. 82.

ob bei einem *zahlenmäßig relevanten Personenkreis* das Verkehrsverständnis von der Realität abweiche. Abschließend sei zu prüfen, inwieweit die Fehlvorstellungen wettbewerbsrechtlich relevant seien. Dazu müssten sie geeignet sein, sich irgendwie auf das Kaufverhalten der angesprochenen Verkehrskreise auszuwirken, da es nach *Wuttke* nicht die Aufgabe des Wettbewerbsrechts seien könne, „den Verbraucher vor jeder nur denkbaren Fehlvorstellung zu schützen". Bei Vorliegen besonderer Umstände könne es im Einzelfall auch nach einer Interessenabwägung vorkommen, dass Fehlvorstellungen ausnahmsweise hinzunehmen seien.[594]

Gerichte können dann ein Verbot aussprechen, wenn ein „nicht völlig unerheblicher Teil der angesprochenen Verkehrskreise" der Werbeaussage eine andere Bedeutung zuordnet, als diese in Wirklichkeit hat, und entsprechend irregeführt wird. Der „nicht völlig unerhebliche Teil" wird in Deutschland traditionell mit einer Quote Irregeführter von 10% bis 15% bemessen.[595] In besonders sensiblen Bereichen, wie beispielsweise der Lebensmittelwerbung und Gesundheitswerbung, wurde diese Quote weiter abgesenkt.[596]

Nach *Wuttke* habe mittlerweile allerdings der Bundesgerichtshof konstatiert, das erforderliche Täuschungsquorum liege teils nur noch unwesentlich über dem völlig unbeträchtlichen Teil von Außenseitern, Missverstehenden und sonstigen Personen. Allerdings werde dies verständlich, führe man sich vor Augen, dass nach Ansicht von Demoskopen ungefähr 5% der Bevölkerung sich auf Hilfsschülerniveau befänden und Werbung niemals in ihrem zutreffenden Sinn verstünden. Hinzu kämen ausländische Mitbürger, die über Sprachbarrieren verfügten und ebenfalls Probleme hätten, Werbung zu verstehen. Dies berge aber auch wiederum die Gefahr in sich, dass bei Verkehrsbefragungen zum Verständnis von Werbung statistisch und umfragetechnisch bedingte Fehlerspannen entstehen könnten und zu einer Erhöhung des Quorums der Nicht-Verständigen führen könnten.[597] Das Gleiche gelte, wenn die Fragestellung eine bestehende Meinung nicht ermittle, sondern durch die Suggestivkraft der Frage das Ergebnis erzeugt werde.[598]

Nach *Cramer* zeichne sich allerdings keine wirkliche Trendwende in der deutschen Rechtsprechung hin zum liberaleren, normativen Ansatz des EuGH ab, sondern der BGH urteile vor allem per Feststellung bzw. subjektiver Wertmaßstäbe der

594 Wuttke 2005, S. 11.

595 Hildebrandt 2004, S. 83ff.

596 Wuttke 2005, S. 35.

597 Vgl. auch Trägner, Werner: Das Verbot irreführender Werbung nach § e UWG im Europäischen Binnenmarkt, Dissertation der Universität Konstanz, 1993, Konstanzer Schriften zur Rechtswissenschaft, Bd. 59, 1993, S. 88: „Besondere Schwierigkeiten bereitet die Beurteilung des Beweiswertes der Antworten von Probanden, die vor der Befragung noch nicht mit der zu beurteilenden Werbeangabe in Kontakt gekommen waren, aber als potentielle Konsumenten des beworbenen Produktes trotzdem zu den angesprochenen Verkehrskreisen gehören … Beurteilt man das Beweismittel der Verkehrsbefragung mit all seinen Unzulänglichkeiten und zum Teil nicht einmal quantifizierbaren Unschärfen zunächst einmal isoliert, so drängt sich … die Frage auf, ob es, auch vor dem Hintergrund der damit verbundenen hohen Kosten, sinnvoll ist, weiter daran festzuhalten. Dabei bleibe jedoch unberücksichtigt, dass die Justiz auch in anderen Bereichen damit leben muss, sich der Wirklichkeit nur annähern zu können …"

598 Wuttke 2005, S. 35.

Richter.[599] Als Beispiel führt er die Mobilfunkwerbung an: Demnach sei nach Ansicht des BGH davon auszugehen, dass dem Publikum der nicht unerhebliche Wert eines Mobiltelefons geläufig sei und die angesprochenen Verkehrskreise die im Rahmen des Netzkartenvertrages zu erbringende Gegenleistung erkennen. In der Rechtsprechung werde keine Anforderung an das Verbraucherleitbild formuliert. Vielmehr werde lediglich das durch eine Gewöhnung an die im Mobilfunkbereich bestehende Wettbewerbspraxis gestiegene Verbraucher-Verständnis berücksichtigt.[600]

Als weiteres Beispiel nennt *Cramer* die Computerwerbung. Hier habe der BGH zur Begründung einer Irreführung über die Verfügbarkeit eines beworbenen Angebotes festgestellt, dass ein nicht unerheblicher Teil des Publikums „bei einem PC … die Möglichkeit einer sofortigen Mitnahme" erwarte. Es komme also zur tatbestandenen Feststellung einer Irreführung. Dem BGH gehe es hier allein um die tatsächliche Wahrnehmung der Verbraucher, nicht um eine wertende Betrachtung.[601]

12.1.4 EuGH (Europäischer Gerichtshof)

Der EuGH beurteilt das Irreführungspotential einer Werbeaussage, ohne ein Sachverständigengutachten einzuholen oder eine Verbraucherbefragung durchzuführen. Grundlage der Urteile des EuGH sei vielmehr, wie die *Richter* subjektiv beurteilten, „wie ein durchschnittlich informierter Verbraucher diese Angabe wahrscheinlich auffassen wird". Nationale Gerichte, so der EuGH, bräuchten eine Verbraucherbefragung oder ein Sachverständigengutachten nur einzuholen, wenn es besondere Schwierigkeiten bei der Beurteilung der vermeintlichen Irreführung gebe.[602]

12.2 Juristische Überprüfung Genussmittel-Werbeverbote

Die Werbung wird in Europa, insbesondere in Deutschland, von einem umfangreichen gesetzlichen Regelungswerk umgeben. So bestehen beispielsweise produktspezifische Werberegelungen für Lebensmittel, bestimmte Weinarten, Heilmittel, Kosmetika oder Tabakerzeugnisse - um einige zu nennen. Ihre Beachtung wird durch ein verwaltungs- und strafrechtliches, teils auch zivilrechtliches Sanktionssystem gesichert.[603] Im Hinblick auf die strengste Form der Werberegulierung, das Werbeverbot, ist die Frage der Eignung der juristischen Maßnahme zur Erreichung des Ziels (z.B. des Gesundheitsschutzes) zentral. Für einen Zusammenhang zwischen der Werbung beispielsweise für Genussmittel und dem Konsumverhalten (insbeson-

599 Das normative Verbraucherleitbild erfordert keine ausdrückliche Irreführungsquote. Hier ergibt sich die akzeptierte Irreführungsquote indirekt aus der Bestimmung der Anforderungen an die Verbraucher. Aus dem Anteil derjenigen Verbraucher, die diesen Anforderungen nicht gerecht werden, ergibt sich aber gleichfalls eine Irreführungsquote. Dabei seien, so Cramer, auch hier die besonderen Interessenlagen zu berücksichtigen – zum Beispiel die Gefährlichkeit eines Produkts. Vgl. Cramer 2005, S. 59.

600 Cramer 2005, S. 44.

601 Ebd., S. 45.

602 Cramer 2005, S. 45.

603 Vgl. Meyer 1996, S. 112.

dere im Hinblick auf die Konsummenge) gibt es nach *Wild* keine wissenschaftlich gesicherten Erkenntnisse.[604] Diese Feststellung deckt sich mit zahlreichen Publikationen, Aufsätzen und Stellungnahmen, die alle in dieselbe Richtung deuten *(Querverweise u. a.: Kapitel - Grundlagen* Werbung, *Abschnitt Konsument und Werbewirkung, S. 54 ff.; Kapitel - Auswahl bisherige Studien TV-Lebensmittelwerbung , S. 87 ff., Kapitel - Studien zu Übergewicht und* Adipositas, *S. 371 ff.).* Dem steht die Grundhaltung der EU-Kommission entgegen, die Werbeverbote als wirksames Mittel ansieht, bestimmte außerökonomische Gemeinwohlbelange zumindest zu fördern.

Auch der EuGH stufte häufig Werbeverbote als geeignetes Mittel ein, einen Beitrag zum Gesundheitsschutz zu leisten, ohne dass der EuGH dabei auf ausreichend wissenschaftliche Erkenntnisse zurückgreifen konnte. Dies sah er nicht als notwendig an. Wegweisend sei ein Urteil aus dem Jahre 1980 gewesen, so *Perau.* Darin hatte der Gerichtshof die *französischen Werberegeln für Alkohol* zu beurteilen:[605]

> Zum ersten Punkt (Geeignetheit der Regelung) genügt die Feststellung, … wie der Gerichtshof in seinem Urteil vom 10. Juli 1980 in der Rechtssache 152/78 (Kommission/Frankreich …) entschieden hat, dass die Werbung einen Konsumanreiz darstellt und dass eine Regelung, die die Möglichkeit der Werbung für alkoholische Getränke einschränkt und damit zum Kampf gegen Alkoholismus beiträgt, dem Schutz der öffentlichen Gesundheit dient.[606]

Für die meisten europäischen Gesetze gilt, so auch für die Werberegulierungen, dass mittlerweile EU-Gemeinschaftsrecht den Vorrang gegenüber innerstaatlichen Rechtsordnungen einnimmt.[607] Hierüber hatten die Bürger Europas allerdings bislang kein Mitspracherecht, so dass sich die Frage nach der Legitimierung einer solchen Unterhöhlung beispielsweise der parlamentarischen Demokratie in Europa bzw. in Deutschland stellt *(Querverweis: Kapitel - Die EU und* ihr Demokratiedefizit, *S. 405 ff.).*

Werbeverbote, wie sie die EU für zahlreiche Produkte (Süßwaren, Fast Food etc.) anstrebt und für Tabak bereits erlassen hat, verletzten nach Sicht zahlreicher Juristen in Deutschland die Produktanbieter und die Werbewirtschaft in ihrem Grundrecht der *Berufsausübung* im Sinne von Art. 12 Abs. 1 GG und der *Meinungsäußerungsfreiheit* gem. Art. 5 Abs. 1 S. 1 1. HS GG. In ihrem Grundrecht auf *Pressefreiheit* gemäß Art. 5 Abs. 1 S. 2 1. Alt. GG seien die mit dieser Werbung befassten Unternehmen der Pressebrachen, wozu auch die Produktanbieter zu zählen seien, in ihrem Grundrecht auf *Filmfreiheit* gemäß Art. 5 Abs. 1 S. 2 2. Alt. GG die entsprechenden Betroffenen verletzt.[608] Außerdem würden die Konsumenten durch ein generelles Werbeverbot in ihrem Recht auf *Informationsfreiheit* gemäß Art. 5 Abs. 1 S. 1 2. HS

604 Perau 1997, S. 23.
605 Ebd., S. 40f.
606 Ebd., S. 41.
607 Vgl. Meyer 1996, S. 205.
608 Nagel 1992, S. 183f.

GG verletzt. Deshalb seien generelle Werbeverbote nicht haltbar. Der einschlägige Grundrechtsschutz sei höher zu werten als das angestrebte Ziel.[609]

Perau sieht jedoch die bisherige Rechtsprechung des *Bundesverfassungsgerichts* als Bestätigung dafür, dass das hohe Gericht auch „totale Werbeverbote" dem Normgeber bzw. Gesetzgeber zugestehe. Bislang habe das Verfassungsgericht zumindest nicht generell Werbeverbote als „schlechthin ungeeignet" beurteilt. Außerdem gehe der Gerichtshof der Europäischen Union in ständiger Rechtsprechung bereits seit 1970 vom Vorrang des Gemeinschaftsrechtes gegenüber dem nationalen Recht *jeder* Rangstufe aus. Dies umschließe auch das Verfassungsrecht der Mitgliedstaaten bzw. deren Grundrechte.[610] Das Bundesverfassungsgericht habe, so *Perau*, „frühzeitig die EG als eigenständige Rechtsordnung anerkannt" und Verfassungsbeschwerden gegen Verordnungen der EWG als unzulässig angesehen.[611] Allerdings sei noch nicht entschieden, „ob und in welchem Umfang das Bundesverfassungsgericht im Rahmen eines zulässigerweise bei ihm anhängig gemachten Verfahrens Gemeinschaftsrecht an den Grundrechtsnormen des Grundgesetzes" messen könne.[612]

Im Zusammenhang mit geplanten Werbeverboten hat der Gesetzgeber grundsätzlich folgende Punkte zu beachten:

> Werbliche Aussagen fallen grundsätzlich unter den Schutzbereich des Art. 5 Abs. 1 S. 1 1. HS (Meinungsäußerungsfreiheit) GG, da der Informationsgehalt von Werbebotschaften vorhanden ist und ein erheblicher Anteil der Umworbenen ein Interesse am Erhalt derartiger Informationen hat.
>
> Die Eignung eines Werbeverbotes im Genussmittelbereich ist angesichts der wissenschaftlichen Erkenntnisse und der bisherigen Erfahrungen mit Werbeverboten abschlägig zu beurteilen.
>
> Durch Selbstbeschränkungsabkommen kann evtl. auftretenden Werbeauswüchsen ebenfalls entgegengetreten werden.
>
> Die Legalität eines beworbenen Produktes bewirkt letztlich, dass ein diesbezügliches generelles Werbeverbot unverhältnismäßig ist.
>
> Das Grundrecht der Pressefreiheit gem. Art. 5 Abs. 1 S. 2 1. Alt. GG und das Grundrecht der Filmfreiheit gem. Art. 5 Abs. 1 S. 2 2. Alt. GG können im Rahmen des erläuterten Genussmittel-Werbeverbotes ebenfalls einschlägig sein.
>
> Die Informationsfreiheit der Umworbenen i.S. des Art. 5 Abs. 1 S. 1 2. HS GG erfordert die grundsätzliche Möglichkeit, alle Werbebotschaften, die nicht gegen bestehende verfassungsmäßige Gesetze verstoßen, ohne Schwierigkeiten zu erhalten.

609 Ebd.
610 Perau 1997, S. 309ff. Vgl. auch: Simma/Weiler/Zöckler 1999, S. 144.
611 Perau 1997, S. 312.
612 BverfGE 22, 293, 299.

> Bei der Frage der Willkürlichkeit einer Maßnahme i.S. des allgemeinen Gleichheitsgrundsatzes gem. Art. 3 Abs. 1 GG ist hinsichtlich des Genussmittel-Werbeverbotes die entsprechende Grenze nicht überschritten.[613]

Aus all diesen Gründen tragen vor allem Werbeverbote ein *erhebliches* Rechtfertigungsmaß in sich.[614] Es lassen sich kaum Situationen denken, die tatsächlich ein *generelles* Werbeverbot notwendig erscheinen lassen. Neben der rechtlich abschlägigen Beurteilung totaler Werbeverbote ist zu berücksichtigen: Legal hergestellte Produkte sollten auch beworben werden dürfen, zumal wenn sie beträchtlich innerhalb der Bevölkerung konsumiert werden. Politische Überzeugungen von vermeintlicher sozialer Unverträglichkeit haben gegenüber einem durch massenhaften Konsum geäußerten Willen auf den Produktbestand (und damit die Produkt-Kommunikationsfreiheit) zurückzutreten. Dies bedeutet die drängende Notwendigkeit, das demokratische Prinzip zu berücksichtigen. Zumindest soweit Werbeaussagen *unzutreffende* Angaben über das Produkt enthalten und deshalb zur Täuschung eines nicht nur unerheblichen Teils der angesprochenen Verkehrskreise führen, ist ihre Untersagung wettbewerbsrechtlich positiv zu bewerten. Dies dient dem Schutze des Konsumenten und der Steuerung des fairen Wettbewerbs, der nicht auf Unlauterkeitsrenditen beruhen darf.[615]

Nach diesen rechtlichen Betrachtungen soll im nächsten Kapitel auf die Institution eingegangen werden, die für die Gesetze in Bezug auf Werbung in Europa hauptsächlich zuständig ist: die Europäische Union. Dabei sollen auch die bereits angesprochene Problematik des Demokratiedefizits innerhalb der EU sowie die Tendenz der EU, die parlamentarische Demokratie in Deutschland zu unterhöhlen, thematisiert werden.

Das komplette Kapitel entnehmen Sie bitte dem Internet unter www.nomos-extra.de.

613 Vgl. Nagel 1992, S. 184ff

614 Vgl. auch Hatje, Armin: Werbung und Grundrechtsschutz in rechtsvergleichender Betrachtung, in: Werbung und Werbeverbote im Lichte des europäischen Gemeinschaftsrechts, Hrsg.: Jürgen Schwarze, Schriftenreihe Europäisches Recht, Politik und Wirtschaft, Nomos, Baden-Baden 1999, S. 47.

615 Vgl. auch Wuttke 2005, S. 17.

13. Kapitel - Die EU und ihr Demokratiedefizit

Diese Untersuchung wurde im Wesentlichen auf Grund der Kritik der EU an der Werbepraxis in den Massenmedien durchgeführt. Deshalb erfolgt hier eine kurze kritische Betrachtung jener Institution, die mittlerweile so allumfassend das Leben der Menschen in Europa regelt. Dabei liegen die größten Probleme innerhalb der EU selbst. Auf den Punkt brachte dies ein am 13. Januar 2007 in der Wochenzeitung *Welt am Sonntag* publizierten Gastbeitrag. Hierin weisen der ehemalige Bundespräsident und Bundesverfassungsgerichtspräsident *Roman Herzog*, Kuratoriumsmitglied des Centrums für Europäische Politik (CEP), sowie der CEP-Direktor *Lüder Gerken* vor allem auf das enorme Demokratiedefizit der EU hin und sprechen davon, die EU gefährde mittlerweile die parlamentarische Demokratie in Deutschland. Demnach stelle sich „die Frage, ob man die Bundesrepublik Deutschland überhaupt noch uneingeschränkt als parlamentarische Demokratie bezeichnen kann".

Die Politik der Europäischen Union leide „in besorgniserregender Weise unter einem Demokratiedefizit und einer faktischen Aufhebung der Gewaltenteilung", so *Herzog und Gerken*. Der Bundestag sei in die für Deutschland relevante EU-Gesetzgebung nicht so eingebunden, wie es das Grundgesetz für das deutsche Parlament verlange. Zwar seien viele Bundestagsabgeordnete über diese Entwicklung ebenfalls beunruhigt, scheuten aber davor zurück, dies öffentlich zu äußern. Hinzu komme, dass die EU immer weitere Kompetenzen erlange oder an sich reiße, obwohl dies sachlich häufig nicht angebracht sei. Die heutigen politischen Strukturen, die „dieser schleichenden Zentralisierung" Einhalt gebieten sollten, hätten versagt. *Herzog und Gerken* sind überzeugt, dass diese Probleme auch durch die EU-Verfassung nicht gelöst werden könnten. Vielmehr sehen sie sogar die Gefahr, dass der Verfassungsvertrag die ihrer Ansicht nach bestehenden Mängel weiter verfestige.

Herzog und Gerken weisen ferner darauf hin, dass das deutsche Bundesjustizministerium für die Jahre 1998 bis 2004 die Zahl der Rechtsakte der Bundesrepublik Deutschland und die Zahl der Rechtsakte der Europäischen Union einander gegenüberstellte. Das Ergebnis: *84 Prozent der Gesetze stammten mittlerweile aus Brüssel, nur 16 Prozent seien originär aus Berlin* - und das, wo die Gesetze bzw. Rechtsakte, die primär in der Europäischen Kommission „gemacht" würden, letztlich kein demokratisch gewähltes Gremium verantworte.[616] *Das komplette Kapitel entnehmen Sie bitte dem Internet unter www.nomos-extra.de.*

616 Vgl. Herzog, Roman und Gerken, Lüder: Frage, ob man Deutschland überhaupt noch als parlamentarische Demokratie bezeichnen kann. Die EU-Verfassung löst dieses Problem nicht, sondern verfestigt eine intransparente Union, die zu viel Macht an sich zieht. Ein Plädoyer für ein bürgernahes Europa, in: Welt am Sonntag v. 13. Januar 2007; siehe auch unter: http://www.welt.de/data/2007/01/13/1176169.html?prx=1.

14. Kapitel - Zusammenfassung der zentralen Ergebnisse

Im folgenden werden die Ergebnisse dieser Studie zusammenfassend präsentiert. Bevor dies geschieht wird an dieser Stelle eine Aussage zur Validität der Studienergebnisse gegeben.

14.1 Gültigkeit und Zuverlässigkeit

Empirische Sozialforschung ist vor allem dann von über die Theoriebildung hinaus gehenden Nutzen, wenn sie einen Praxisbezug, ein Abbild gesellschaftlicher Realität, aufweist. *Achim Schrader* beurteilt es für den Erkenntnisgewinn als günstig, wenn der Forscher einen engen Bezug zur Praxis hat. Er sieht darin die Möglichkeit einer Befruchtung der Theorie.[617] Einen Bogen zwischen der Theorie und Praxis schlagen möchte vor allem der empirische Teil dieser Studie, die Content-Analyse. Dabei gilt: eine Messung sollte zum Ziel haben weitestgehende Objektivität (Quantifizierbarkeit, Reproduzierbarkeit), Zuverlässigkeit/Verlässlichkeit (Reliabilität) und Validität (Gültigkeit).[618] Verlässlichkeit meint die Verlässlichkeit des Messvorgangs. Dies bedeute dass beim wiederholten Messen unter (mehr oder weniger) gleichen Bedingungen (in etwa) dasselbe Ergebnis produziert werden kann. Oder, um mit *Heinz Hartmann*[619] und *Klaus Mertens*[620] zu sprechen, meint Verlässlichkeit, „dass die Anwendungen gleicher Verfahren der Datensammlung und -analyse zu gleichen Ergebnissen" führen. Relativierend fügt *Hartmann* hinzu, dass die objektive Reproduzierbarkeit der Ergebnisse oft nur *im Prinzip* gefordert würde. Verlässlichkeit der Messung kann leichter überprüft werden als die Gültigkeit der Ergebnisse. Messen meint die Zuordnung von Zahlen zu einzelnen Beobachtungen, durch die der relative Status dieser Beobachtungen in Bezug auf die Ausprägung, den Grad, Wert, Rang einer Variablen bestimmt wird.[621] Valide ist eine Messung dann, wenn die verwendeten Verfahren messen, was gemessen werden soll. Für die Gültigkeit einer Messung gilt, dass sie umso eher angenommen werden kann, je direkter die Messung erfolgt. Voraussetzung hierfür ist die Beachtung der möglichen Veränderungsfähigkeit des zu untersuchenden Gegenstandes.[622] In Untersuchungen, die sich der Methoden der

617 Schrader, Achim: Einführung in die empirische Sozialforschung. Ein Leitfaden für die Planung, Durchführung und Bewertung von nicht-experimentellen Forschungsprojekten, 2. Auflage, Verlag W. Kohlhammer, Stuttgart, 1973, S. 36.

618 Vgl. Diekmann, Andreas: Empirische Sozialforschung. Grundlagen, Methoden, Anwendung. Hamburg 1995.

619 Harmann, Heinz: Empirische Sozialforschung. Probleme und Entwicklungen, Juventa Verlag, 1972, S. 16.

620 Vgl. Merten, Klaus: Inhaltsanalyse. Einführung in Theorie, Methode und Praxis. 2. verb. Auflage. Opladen 1995, S.302.

621 Harmann, Heinz: Empirische Sozialforschung. Probleme und Entwicklungen, Juventa Verlag, 1972, S. 108.

622 Vgl. auch: Merten, Klaus: Inhaltsanalyse. Einführung in Theorie, Methode und Praxis. 2. verb.

empirischen Sozialforschung bedienen, ist die Reflexion der Messung eine konstituierende Größe.[623]

Trotz des Strebens nach größtmöglicher Objektivität ist ohne subjektive Bewertungen eine Inhaltsanalyse (von TV-Werbung) nicht vollziehbar. Dies fängt z.B. bei der Einordnung bestimmter Produkte in Branchen oder Branchen-Unterkategorien an und hört bei der Beurteilung - sofern dies Studien-Bestandteil ist - der Nachvollziehbarkeit werblicher Aussagen auf. Um dennoch eine größtmögliche Objektivität zu erreichen hebt sich diese Studie insofern von der gängigen Praxis ab, lediglich mittels weniger Kriterien (wie dem zeitlichen Umfang der TV-Werbung oder dem Einsatz von Kindern in Werbespots etc.) zu einer Aussage zu gelangen, indem auf zahlreiche unterschiedlichste Analyse-Einheiten zurückgegriffen wird.

Seit Jahrzehnten werden hitzige wissenschaftliche Diskussionen über die Methoden geführt, mittels welcher die angestrebten Ziele nach Abbild der gesellschaftlichen Realität bestmöglich zu erreichen wären. Manche, wie *Horst Kern*, sehen darin auch einen „problematischen Zug zum Methodenperfektionismus“ oder „glattes Selbstdarstellertum“. In der hier vorgelegten Studie ging es nicht darum, munter alles zu zählen und auszuwerten, was sich in Zahlen ausdrücken lässt. *Ferdinand Tönnies* besagt, eine Statistik stelle eine Methode dar, die „durch Zählungen und Vergleichen von Zahlen, Zuständen, Ereignissen, Handlungen, sowie deren Häufigkeit in gegebenem Raum und gegebener Zeit“ messe.[624]

Die Statistik ist nicht in einer Disziplin verortet. Die Quantifizierung medialer Inhalte in einer Content-Analyse kann nicht völlig losgekoppelt werden von der alten Streitfrage ob soziale Phänomene überhaupt quantifizierbar seien. Inhaltsanalysen bieten den entscheidenden Vorteil dass sie über weite Strecken wesentlich besser reproduzierbar sind, als beispielsweise Beobachtungen sozialer Interaktionen. Die Analyse medialer Inhalte mit Hilfe fest umrissener Größen, dargestellt in statistischen Tabellen, hilft eine fassbare Objektivität zu erzielen.

Ein Problem sehen manche darin, dass der Abstand zwischen Praktikern und Mathematikern/Statistikern wachse.[625] Das Ziel dieser vorgelegten Studie war es, hier entgegenzuwirken und möglichst eine praxisnahe Studie zu bieten und nicht primär dem „Wunsch nach formalem Raffinement“[626] eine alles dominierende Stellung einzuräumen. Statt dessen wurde der Weg einer größeren Freiheit gewählt, die auch *Hartmann* für legitimes wissenschaftliches Handeln hält sofern der Ertrag dies rechtfertige. Dieses provoziert, muss provozieren, und im einen oder anderen Fall zu unterschiedlichen Beurteilungen der Vorgehensweisen und des Ertrages führen. Sicherlich ist es unbefriedigend, wenn kleinste absolute Nennwerte benutzt werden um

Auflage. Opladen 1995. S.302

623 Bessler, Hansjörg: Aussagenanalyse. Düsseldorf 1972. S.43

624 Tönnies, Ferdinand: Moralstatistik, in: Handwärterbuch der Staatswissenschaft, Bd. 6, 4. Aufl., Jenau, 1925, S. 637.

625 Harmann, Heinz: Empirische Sozialforschung. Probleme und Entwicklungen, Juventa Verlag, 1972, S. 18.

626 Harmann, Heinz: Empirische Sozialforschung. Probleme und Entwicklungen, Juventa Verlag, 1972, S. 18.

prozentuale über- oder unterdurchschnittliche Bewegungen im Verhältnis zum Ganzen zu berechnen. Auf der anderen Seite wäre es wissenschaftlich kaum zu rechtfertigen, wenn man den Anspruch größtmöglicher Transparenz des zu Erforschenden hat und gleichzeitig prozentuale Bewegungen erst ab einer bestimmten Größe statistisch berücksichtigen würde. Dieses implizierte einen Informationsverlust, der in anderen Studien immer wieder schmerzlich auffällt, beispielsweise in den Kapiteln zur Fernsehwerbung in den alle vier Jahre publizierten Ernährungsberichten der Bundesregierung. Deshalb ist für diese Studie ein kritischer Blick des Lesers nicht nur wünschenswert, sondern notwendig, um die Ergebnisse nicht leichtfertig fehl zu interpretieren.

Der Spagat in der Messtechnik zwischen der Erfassung *größter* und *kleinster* Werte (und der Datenauswertung- bzw. Dateninterpretation eben dieser) wurde gewählt, da letztlich der Ertrag größer schien als der Verlust beim Ignorieren bestimmter Werte. In der Regel ist es nach *Galtung* besser zu versuchen, zu viel Differenzierung zu erhalten, als zu wenig.[627] Ein Beispiel soll dies veranschaulichen: Wenn diese Studie feststellt, dass 100 Prozent aller Reiswerbespots im Beobachtungszeitraum mit Kindern beworben wurden, die Basis hierfür aber lediglich 1 Werbespot unter n=3.320 Werbespots im Beobachtungszeitraum umfasst, so ist die Darstellung von Prozentwerten hier „eigentlich" wenig erkenntnisfördernd und kann sogar in die Irre führen. Anders sieht es jedoch aus, wenn diese Studie zu der Erkenntnis gelangt, dass von 76 Fast-Food-Werbespots 27,6% mit Kindern oder Jugendlichen beworben wurden und dass durchschnittlich 5,8 Kinder pro Fast-Food-Werbespot zu sehen waren und dieses im Verhältnis zu allen anderen Lebensmittelwerbespots eine überdurchschnittliche Kinder-Präsenz von +302,4% bedeutet, bzw. sogar von +682,2% im Verhältnis zu allen insgesamt ausgewerteten Werbespots aller werbungtreibenden Branchen. Die Aussage wirkt hier um ein vieles „härter" als wenn man sich lediglich auf den prozentualen Anteil von Kindern/Jugendlichen in der Fast-Food-Werbung beschränkte. Es wurde also bewusst der Weg gewählt alles nach dem selben Schema statistisch auszuwerten, und stets auch die Basis anzugeben, also auch die absolute Zahl, um dem Leser einen größtmöglichen Beurteilungsspielraum auf Grund von Fakten zu belassen.

Besonders das Themenfeld Werbung wird meiner Überzeugung nach viel zu häufig auf Grund mangelnden statistischen Materials vorschnell be- und verurteilt. Deshalb ist es ein zentrales Anliegen dieser Studie, zumindest die Fernsehwerbung betreffend, einen wichtigen Schritt hin zu mehr Werbetransparenz zu machen. Dieses soll helfen die derzeit europaweit laufenden politischen Debatten um die Fernsehwerbung - zumindest auf Deutschland bezogen - auf einem etwas faktenorientierteren Fundament zu führen. Dabei versteht es sich von selbst, dass diese Studie lediglich ein Mosaikstein sein kann, der aber vielleicht andere Forscher motiviert, sich dem Thema Werbung auch empirisch (endlich) etwas ausführlicher zu widmen. Wer Werbeverbote im Fernsehen für Genussmittel, wie Süßwaren oder Alkohol fordert, der sollte zumindest wissen, in welchem Umfang diese Produkte überhaupt im Fern-

627 Galtung, Johan: Theory and Methods of Social Research, Oslo, Universitetsforlaget, 1967, S. 62.

sehen beworben werden - und in welchem Umfeld sonstiger werblicher Aktivitäten diese Produkte beworben werden. Zu kritisieren sind auch wissenschaftliche Publikationen die „jede Verwendung von Kindern in der Werbung“ als missbräuchlich bezeichnen aber noch nicht einmal über eine überzeugende statistische Basis verfügen, in welchem Umfang Kinder tatsächlich zu Werbezwecken als Darsteller eingesetzt werden. Beurteilungen, die auf Hörensagen oder persönlichen Schätzungen Einzelner, auch Verbraucherpolitiker, beruhen, sollten in einer parlamentarischen Demokratie nicht das Maß der Dinge sein.

Für die Abschätzung des Ausmaßes der Reproduzierbarkeit dieser Inhaltsanalyse ist es sinnvoll, die Zuverlässigkeit der Analyse im Hinblick auf drei verschiedene Dimensionen und zwar temporal, intersubjektiv sowie instrumentell zu prüfen. Ist die Stabilität des Messergebnisses bei wiederholter Anwendung des Instruments gewährleistet, kann von einer temporalen Zuverlässigkeit ausgegangen werden. Das Ergebnis dieser vorliegenden Datenerhebung ist stabil, da der Untersuchungsgegenstand (die erhobenen Werbespots der Fernsehsender) auf CD-ROM vorliegen. Gleiches gilt für das Instrument der Datenerhebung. Ebenfalls zur Verfügung steht der Codierbogen mit Messskalen (Anhang), wobei versucht wurde, das Kategorienschema so zu entwerfen, dass sich eine sinnvolle spätere Verknüpfung des Gemessenen ergibt.

Es ist gewährleistet, dass der Codierer, der in den Sozialwissenschaften immer als Bestandteil des Messinstruments betrachten wird, keine unkontrollierten Veränderungen innerhalb der Entscheidungsstrukturen vorgenommen hat.[628] Fehler hätten in Folge unpräziser Wahrnehmung oder unpräziser Vercodung auftreten können und wären deshalb als eher technische Fehler zu bewerten.[629]Vor, aber auch während der Datenauswertung, wurden die Codierungen auf Fehler überprüft und gegebenenfalls korrigiert - wenn beispielsweise ein Produkt einer falschen werbungtreibenden Branche zugeordnet wurde. In solchen Fällen wurden die Werbespots noch einmal gesichtet.

Ist das Messergebnis bezüglich verschiedener Personen, die Messungen durchführen, indifferent, könnte von einer intersubjektiven Zuverlässigkeit ausgegangen werden.[630] Dieses kommt jedoch erst dann zum Tragen, wenn mehrere Codierer ausgewählte Texte *nach den gleichen Regeln* codierten. Die intersubjektive Zuverlässigkeit der vorliegenden Arbeit kann als gegeben angesehen werden. *Klaus Merten* ist der Überzeugung, dass das Problem der Zuverlässigkeit von Messungen bei der Inhaltsanalyse fast ausschließlich als Identifikationsproblem auftritt, also im qualitativen Bereich. Dabei steigerten sich die Schwierigkeiten mit der je höheren semiotischen Ebene.[631]

628 Dieser Sachverhalt wird auch als Intracoderreliabilität bezeichnet.

629 Vgl. Merten, Klaus: Inhaltsanalyse. a.a.O. S.303.

630 Dieser Sachverhalt wird häufig mit dem Stichwort Intercoderreliabilität umschrieben.

631 Merten, Klaus: Inhaltsanalyse. Einführung in Theorie, Methode und Praxis. 2. verb. Auflage. Opladen 1995. S.303.

Das gewählte Untersuchungsdesign für den empirischen Teil dieser Studie musste innerhalb von Pretests - circa 10% der Spots wurden probecodiert - zum Nachweis der Eindeutigkeit der Codieranweisungen sowie der Kategorienbildung immer wieder überarbeitet werden. Es ist für andere TV-Werbeanalysen verwendbar. Die Berechnung eines Reliabilitätskoeffizienten scheint nicht notwendig. Die Stichproben-Unterschiedlichkeit, der Umfang der Codierungen, sowie die Vollziehung der Codierungen entsprechend des Codeplan-Systems, scheint die Zuverlässigkeit, vor allem die intersubjektive Zuverlässigkeit der vorliegenden Arbeit, zu gewährleisten.[632] Aus Gründen der Transparenz wurden sämtliche Werbespots aus den diese Studie besonders interessierenden Bereichen der Lebensmittel&Nicht-alkoholischen Getränke, Süßwaren, Alkohol und Salzgebäck&Chips in einem gesonderten Berichtsband auf 120 Seiten skriptiert, sowie mit einer Urteilsbegründung für das Kapitel „Nachvollziehbarkeit werblicher Kommunikation" versehen. Im Anhang dieser Studie sind zudem sämtliche 852 codierten Produkte unter Namensangebung hinterlegt.

Die Codierung der Themen wurde mit der Möglichkeit der Mehrfachcodierung vorgenommen. Zum einen spiegelt die Mehrfachcodierung die Praxis in der TV-Werbung am ehesten wieder, denn TV-Werbespots bedienen sich einer Fülle unterschiedlichster Inszenierungsstile. Zum anderen wirkt sich die Mehrfachcodierung positiv auf die Zuverlässigkeit der Analyse aus. Mit Mehrfachcodierung ist hier vor allem gemeint, dass ein Werbespot mehrmals codiert wurde, je nachdem in welchem Werbeblock oder in welchem Sender er gesendet wurde.

Das Studiendesign des empirischen Teils erlaubt ausgehend von Schlüsselbegriffen eine Charakterisierung von Inhaltsstrukturen. Die Verlässlichkeit der Studienergebnisse kann auch angenommen werden, da beim Codier-Vorgang die Einordnung der zu analysierenden Variablen in Codeplan-Kategorien nicht dazu führt, dass *wesentliche* thematische Merkmale verloren gingen.[633] Es kann also für die vorliegende Analyse von einer hohen instrumentellen Zuverlässigkeit ausgegangen werden.

Die externe Gültigkeit des empirischen Teils dieser Studie kann angenommen werden, auf Grund des Umstandes, dass die Analyseergebnisse beanspruchen können, die soziale Wirklichkeit in weiten Teilen abzubilden. Es könnte, zur Bestärkung dieser Aussage, eine Gültigkeitsprüfung durchgeführt werden. Doch dieses scheidet im hier vorgelegten Studienergebnis (vorläufig) aus, da die ausgewertete Datenbasis bereits so umfangreich ist, dass die Gefahr zeitzehrender Wiederholungsmessungen ohne wissenschaftliche Relevanz durchzuführen, enorm wäre.[634]

632 Heinz Hartmann spricht in diesem Zusammenhang z.B. von „einem breiten Widerspruch gegen die Anwendung statistischer Tests in Stichproben von großem oder sehr großem Umfang..",...da es sich zeigen lasse, „dass in hinreichend großen Stichproben auch besonders schwache Zusammenhänge statistische Signifikanz erreichen können". Vgl.: Harmann, Heinz: Empirische Sozialforschung. Probleme und Entwicklungen, Juventa Verlag, 1972, S. 158.

633 Günther Rager belegte diesen Sachverhalt mittels Pretests. Vgl. Rager, Günther: Publizistische Vielfalt im Lokalen. Eine empirische Analyse. Tübingen 1982. S.45ff.

634 Heinz Hartmann spricht in diesem Zusammenhang z.B. von „einem breiten Widerspruch gegen die Anwendung statistischer Tests in Stichproben von großem oder sehr großem Umfang..",...da es sich zeigen lasse, „dass in hinreichend großen Stichproben auch besonders schwache Zusammenhänge statistische Signifikanz erreichen können". Vgl.: Harmann, Heinz: Empirische

Möglich, und weitere Erkenntnis fördernd, wäre eine Außenvalidierung zu einem anderen Zeitpunkt, beispielsweise in zwei oder drei Jahren.[635] Letztlich bleibt also festzustellen: die Gültigkeit und Zuverlässigkeit der Messinstrumente wurde angestrebt und zwar durch eine möglichst exakte und detaillierte Definition der zu messenden Kategorien.[636]

Die Aussagekraft dieser Studie für den Bereich Fernsehwerbung begünstigend ist auch die Tatsache, dass die ausgewerteten TV-Sender RTL, RTLII und PRO7 als bundesweite Fernsehsender über einen Marktanteil alleine in der Zielgruppe der 14-49-Jährigen von 33,2%, bei den 3-13-Jährigen von 20,7% und den 14-29-Jährigen von 40,1% verfügen (alle Angaben gelten für das Jahr 2006). Hinzu kommt, dass die drei Sender 53,3% der Nettowerbeeinnahmen aller TV-Sender in Deutschland auf sich vereinen. Dies entsprach im Jahr 2005 insgesamt 2,1 Mrd. Euro und ist mehr als beispielsweise alle 1.306 Anzeigenzeitungen in Deutschland gesamt an Nettowerbeeinnahmen ausweisen konnten (1,8 Mrd. Euro).[637].

14.2 Ergebnisse

Basis für den empirischen Teil der vorliegenden Studie ist eine gezogene Stichprobe im künstlich gewählten Zeitraum 22. April bis 27 Mai 2005, werktäglich montags bis freitags 13.40 bis 20 Uhr. Berücksichtigt wurden TV-Sender mit hohen Einschaltquoten bei Minderjährigen: RTLII, ProSieben, RTL. Aus dem erhaltenen Programmmaterial im Umfang von 100 Stunden wurde 19 Stunden und 17 Minuten Werbung herausgefiltert. In einer Inhaltsanalyse wurde das Werbematerial, insgesamt 3.320 Werbespots (n=3.320), anhand eines Codierborgens mit einem Kategoriensystem von 31 „Haupt-Merkmalen“ codiert. So entstanden 119.700 Platzhalter mit quantitativen Merkmalen aus 27 werbungtreibenden Branchen die umfangreichen Abfragen unterzogen wurden.

Diese Studie ist eingebettet in einen leider nicht üppig vorhandenen Fundus empirischer Werbeanalysen in Deutschland. In den vergangenen 30 Jahren entstanden, soweit mir bekannt, nur vier umfangreichere empirische Werbe-Studien mit einer ähnlichen Ausrichtung wie die Ihnen hier vorliegende Arbeit. Es sind dies die beiden Kapitel zur Fernsehwerbung in den Ernährungsberichten der Bundesregierung, eine Studie aus dem Jahr 1978 von *Frank Böckelmann*, und eine Studie aus dem Jahr 1995 von *Stefan Aufenanger*.

Woran liegt das? Wesentlich sicherlich daran, dass das flüchtige Medium Fernsehen ein schwieriges Analyseobjekt ist. Im Gegensatz zu Print, wie Zeitungen, ist Fernsehen zu analysieren, technisch und zeitlich deutlich komplexer. Es müssen

Sozialforschung. Probleme und Entwicklungen, Juventa Verlag, 1972, S. 158.

635 Vgl. Merten, Klaus: Inhaltsanalyse. Einführung in Theorie, Methode und Praxis. 2. verb. Auflage. Opladen 1995, S.311.

636 Vlg. Auch: Jonscher, Norbert: Inhalte und Defizite des lokalen Teils in der deutschen Tagespresse. Inhaltsanalytische Erkenntnisse und Überlegungen zur Verbesserung der örtlichen Berichterstattung von Tageszeitungen in der Bundesrepublik Deutschland. Göttingen 1989. S.107.

637 Vgl.: Werbung in Deutschland 2005, ZAW-Edition, 2005, S. 280. Für die Folgejahre werden leider keine Nettowerbeeinnahmen der einzelnen TV-Sender mehr ausgewiesen.

umfangreiche Stichproben aufgenommen, gesichtet, geschnitten, auf Datenträger archiviert werden. Zudem lässt sich erst seit kurzem umfangreicheres Fernsehmaterial auf Festplattenrekorder archivieren. Videokassetten fassten maximal 8 Stunden Programm. Forscherteams größerer TV-Analysen bestehen deshalb nicht selten aus bis zu 15 Mitwirkenden.

Im Gegensatz zur Analyse eines üblichen Fernsehprogramms, beispielsweise von Nachrichtensendungen, werden Werbespots in keinem Fernsehprogramm namentlich oder zeitlich bekannt gegeben. Ein weiteres Problem: Wir haben es mit einer Aneinanderreihung unterschiedlichster werbungtreibender Branchen zu tun, die in unterschiedlichsten Zeitlängen von wenigen Sekunden (Sponsoringeinblendungen) bis hin zu mehr als einer Minute ihre „Message" verbreiten. Dies nicht einheitlich für ein beworbenes Produkt, sondern teils in unterschiedlichsten inhaltlichen und zeitlichen Spots. Das Sezieren und Zusammenführen der Erkenntnisse wird so erheblich schwieriger.

Den bislang vorliegenden Werbe-Studien ist gemeinsam, dass ihnen nicht gelang, wirklich Transparenz dahingehend zu schaffen, *was wird wie mit wem in welchem Umfang im Fernsehen beworben.* Im Falle der Ernährungsberichte der Bundesregierung lag der Fokus nur auf zucker- oder fetthaltigen Produkten. Vernachlässigt wurde im spitz zugeschnittenen Forschungsziel die Gesamttransparenz werblicher Realität. *Böckelmann* und *Aufenanger* erforschten vor allem den Einsatz von Kindern in der TV-Werbung und ließen den Gesamtkontext fast unberücksichtigt.

Vor dem Hintergrund, dass zunehmend im Fokus der Werbekritiker Genussmittelwerbung steht und nach dem von der EU beschlossenen Tabakwerbeverbot weitere Werbereglementierungen und Werbeverbote drohen (vor allem für Süßwaren, Fast Food, Alkohol etc.), sollte diese Forschungsarbeit einen Beitrag zur komplexen Thematik liefern. Folgende Hypothesen, wie sie besonders die EU als Legitimation für weitergehende Werbereglementierungen, sogar Werbeverbote, anführt, waren untersuchungsleitend:

- Es würden zu einem Drittel besonders fett- und zuckerhaltige Produkte im Fernsehen beworben, aber auch umfangreich Alkohol. Dies führe zu exzessiven Konsum bei Minderjährigen.
- Und damit zu immer mehr Übergewicht; Jeder 3. Minderjährige sei betroffen, die Werbeindustrie habe daran erhebliche Mitschuld.
- Kritisiert wird zudem das *wie* der Werbung, beispielsweise der Einsatz von Kindern und Jugendlichen als Darsteller zur Erhöhung der Produkt-Affinität, oder die exzessive Verwendung von Heilewelt-Bildern z.B. Natur, Strand etc.
- Unterstützung erfahre dies durch den Einsatz Prominenter, insbesondere prominenter Sportler, die besonders Süßwaren oder Fast Food bewerben würden.
- Doch nicht nur visuell versuche Werbung eher ungesunde Produkte mit Vitalität, Schönheit und Gesundheit zu umgeben, sondern durch werbliche konkrete Aussagen, insbesondere im Fernsehen, die häufig für die Bür-

> ger nicht nachvollziehbar seien, zu oft auch wissenschaftlich nicht belegbar seien. In der Kritik stehen Werbesprüche wie „So wertvoll wie ein Glas Milch" oder „Gesund auf Grund von Vitaminzusätzen". Dies war einer der Gründe; weshalb die EU eine Health-Claims-Verordnung verabschiedete, die seit Januar 2007 greift.

Ziel dieser Untersuchung war es, diese Vorwürfe mittels eines nicht-empirischen Teils und eines empirischen Teils zu analysieren *(Querverweise: Kapitel* - Einleitung, *S. 13 ff., insbesondere Kapitelabschnitte „Problemstellung und Kritikpunkte" S. 14 ff. sowie „Aktualitätsbezug der Fragestellung", S .20 ff.).*

Auf Grund der Bedeutung des Massenmediums Fernsehens (es ist nach den Tageszeitungen und vor den Anzeigenzeitungen das zweitstärkste Werbemedium) war es also Anliegen dieser Studie vor allem im empirischen Teil zu untersuchen: Wie agiert TV-Werbung überhaupt? Welche Produkte und Dienstleistungen werden mittels welcher Darsteller, Örtlichkeiten und Aussagen (auch: Claims) in welchem Umfang beworben? Welcher Stilmittel bedient sich TV-Werbung? Richtet sich TV-Werbung beispielsweise durch die Produktinszenierung mittels Minderjährigen an Kinder und Jugendliche, und wenn ja, welche Branchen in welchem Ausmaß? Geklärt werden sollte beispielsweise: Was ist dran an dem Vorwurf, die Lebensmittelwerbung wende sich in besonders umfangreichem Ausmaß an Kinder und Jugendliche und bewerbe in besonders großem Umfang vor allem Fast Food, Softdrinks, Süßwaren oder Alkohol?

Untersucht werden sollte auch: Wofür werden Prominente in der TV-Werbung eingesetzt, und aus welchen Branchen kommen sie? Werben beispielsweise auffallend viele Sportler für Fast Food, Limonade, Schokolade oder Alkohol? Lässt sich möglicherweise eine bestimmte ‚Richtlinie' schlussfolgern gemäß dem Motto: Schokolade wird im Fernsehen vor allem von Sportlern und Kindern in Naturräumen beworben unter zusätzlichem darstellerischem Einsatz von Tieren, um ein bestmögliches „Heile-Welt-Bild" zu inszenieren und damit den Absatz von Produkten zu fördern? So sagte beispielsweise der ehemalige *EU-Verbraucher-Kommissar David Byrne* als Begründung dafür, warum er eine *Health-Claims-Verordnung* für notwendig halte: "Sport stars, for example, are used, to sell high sugar, high fat or high salt foods ... This can create a misleading impression, especially to children, of the effect that a food might have" *(Querverweis: Aktualitätsbezug der Fragestellung, S. 20 ff.).* Untersucht werden sollte aber auch, mit welchen inhaltlichen werblichen Aussagen geworben wird und inwiefern diese für den durchschnittlichen Verbraucher als „nachvollziehbar" bewertet können, oder eher nicht. Letzteres geschah ebenfalls im Hinblick auf die *Health-Claims-Verordnung* der EU und die hinter ihr stehende Annahme, dass zu viele Lebensmittel mit falschen oder irreführenden Angaben besonders im Fernsehen beworben würden.

In Folgenden werden die Ergebnisse und Erkenntnisse dieser Untersuchung Stück für Stück noch einmal zusammengefasst dargestellt. Dabei orientiert sich der Kapitelaufbau an der Struktur dieser Arbeit. Den Anfang bildet ein kurzer Überblick zur Bedeutung der Werbung und Kritik an dieser.

14.2.1 Stichwort Werbung

Die Wirtschaftswerbung stellt in einem marktwirtschaftlichen System einen unverzichtbaren Faktor des Wettbewerbs dar. In der Regel ist es vor allem in den westlichen Industriestaaten nicht ausreichend, Produkte oder Dienstleistungen einfach nur auf dem Markt anzubieten. Mit Werbung (Anzeigen, Prospekte, TV- oder Hörfunkspots etc.) versuchen Unternehmen oder sonstige Institutionen, Aufmerksamkeit angesichts der unüberschaubaren Angebotspalette zu erzielen und den Absatz oder Zuspruch zu fördern.[638] Werbung ist einerseits Information, andererseits Suggestion. Besonders dem Informationscharakter der Werbung kommt eine große Bedeutung zu. Ohne die berühmte „Schweinebauchanzeige" wäre es für viele Haushalte schwierig, das verfügbare Einkommen bestmöglich einzusetzen. Wenn Werbung und Wettbewerb untrennbar miteinander verbunden sind, hat dies auch Auswirkungen auf die Preisgestaltung der Unternehmen. Dass in Deutschland z.B. die Lebensmittelpreise im europäischen Vergleich recht niedrig sind, ist der intensiven Wettbewerbstätigkeit des Handels zu verdanken. Wettbewerb über den Preis bedeutet aber auch ein Nachsehen der kleineren Unternehmenseinheiten mit weniger Einkaufs- und Verkaufsmacht. So führte die Strategie, insbesondere der Discounter, der beworbenen Niedrigstpreise auch zum Ende Tausender „Tante-Emma-Läden" in Deutschland.

Das belegen nicht zuletzt die Zahlen des „EHI-EuroHandelsinstituts". So stieg der Umsatz der Discounter (Aldi, Lidl, Plus, Tengelmann u. Co.) in Deutschland von 1991 bis 2004 von 22,7 Mrd. Euro im Jahr 1991 auf 39,6 Mrd. im Jahr 2004. Im gleichen Zeitraum konnten lediglich die Lebensmittelabteilungen der SB-Warenhäuser und Verbrauchermärkte die Umsätze zumindest leicht steigern - von 22,5 Mrd. auf 26,2 Mrd. Euro. Alle anderen Vertriebsschienen geraten in die Defensive. Um mehr als die Hälfte verloren die „übrigen Lebensmittelgeschäfte" (Tante-Emma-Läden etc.) an Umsatz, und zwar von 23,4 Mrd. Euro im Jahr 1991 auf 10,9 Mrd. Euro im Jahr 2004. Seit 1993 mussten 23.000 kleinere Lebensmittler ihr Geschäft schließen.

Berücksichtigt man das Massenmedium Fernsehen, ist außerdem zu sagen: Werbung ist hier sehr teuer und für nur wenige (große) Unternehmen finanzierbar. So wirbt weniger als ein Prozent der 702.000 deutschen Handelsunternehmen[639], die im Jahr 2004 laut statistischem Bundesamt 1.402 Milliarden Euro umsetzten, im Fernsehen. Die größten Handelsorganisationen (wie Aldi, Lidl, Penny, Media-Markt, Saturn, Edeka, Karstadt, Obi, Praktiker, Metro etc.) investierten nach Angaben der Nielsen Werbeforschung 2006 brutto mindestens 2,543 Mrd. Euro in Werbung (sowohl in elektronische Werbung als auch zu 63% in Tageszeitungswerbung; Letzteres bei sinkender Tendenz).[640] Hinzu kommt ein Großteil der insgesamt rund 1,9

638 Vgl. auch Stiess, Katia: Schutz der Wirtschaftswerbung durch Verfassungsrecht und Gemeinschaftsrecht, in: Rechtswissenschaftliche Forschung und Entwicklung, Dissertation, München 1999, VVF Verlag V. Florentz, München 2000, S. 32.

639 Vgl. http://www.destatis.de/themen/d/thm_finanzen4.php.

640 Vgl. Werbung in Deutschland: Brutto-Werbebilanz 2006, zaw-Edition, 2007, S. 17ff.

Mrd. Euro Nettowerbeinvestitionen in Anzeigenzeitungen bzw. Anzeigenblätter, die seit Jahren an Umsatz zulegen.

Produktabsatz ist aber nicht immer auf Werbung angewiesen. Zur Veranschaulichung seien die Winzer genannt. Die Mehrheit der 30.000 badischen Winzer betreibt nur wenig Werbung - und schon gar nicht überregional. Würde die EU nun, wie geplant, Alkoholwerbung komplett verbieten, so täte das den Winzern kaum weh, ebenso wenig den Anbietern von Billigbieren (z.B. von Aldi). Letztere werden als No-Name-Produkte unter einer Brauereibezeichnung verkauft, sind aber auf unmittelbare Produktwerbung weniger oder gar nicht angewiesen, weil sie über Niedrigstpreise leicht(er) massenhaft abgesetzt werden können und ohne konkrete Produktbewerbung im Fahrwasser der generellen Handelswerbung häufig mitgezogen werden können. No-Name-Produkte, also keine Markenprodukte (dies betrifft z.B. auch Zucker, Milch etc.), werden in der Regel von Handelsriesen mit mehreren Tausend Standorten in Eigenregie und unter Eigenmarke verkauft. Wer ein Bier als „Edeka-Bier“ im Regal stehen hat, dürfte zwar für Bier nicht mehr werben, dafür aber für Edeka - ihn trifft ein Werbeverbot für Alkohol nicht. Letztlich werden mit Werbeverboten neben kleineren Werbungtreibenden auch Markenwaren geschädigt. Damit wird die Macht der großen Handelsketten weiter befördert und Konzentrationstendenzen Vorschub geleistet.[641]

Grenzen der Beeinflussung

Als weiteres Beispiel der Grenzen des Einflusses von Werbung auf den Produktabsatz dient die nun von der EU verbotene Tabakwerbung. So wird in China massenhaft geraucht, obwohl Werbung für Tabak im Reich der Mitte seit Jahrzehnten verboten ist. Ein weiteres Beispiel sei wieder der Alkoholbranche entnommen, und zwar konkret der Produktgruppe Sekt. Sekt wird in Deutschland in Printmedien und im Rundfunk (Fernsehen, Hörfunk) kaum beworben. Dennoch kann der Konsum mit durchschnittlich 44 Gläsern pro Kopf und Jahr (Personen ab 15 Jahren) als nicht niedrig beurteilt werden (*Querverweis: Kapitel - Umfang werbungtreibender Branchen in der TV-Werbung)*[642] Das deutet an, dass das Motiv für Konsum vielfältig ist. Diese Aussage wird auch dadurch unterstrichen, dass sich beispielsweise *Brauer* brennend für Veränderungen des eigenen Marktanteils interessieren und täglich detailliert umfangreiche Konkurrenzbeobachtungsanalysen erstellen. Hierzu gehört auch eine Auswertung des Werbeverhaltens der lokalen und überregionalen Werbung, von Verkaufsförderungskampagnen oder der Preisgestaltung der Konkurrenz. Berücksichtigt wird aber auch ein möglicher Einfluss auf den Produktabsatz, her-

641 Vgl. Braunmühl, Michael von: Statement zu den Folgen produktspezifischer Werbeverbote, in: Werbung und Werbeverbote im Lichte des europäischen Gemeinschaftsrechts, Hrsg.: Jürgen Schwarze, Schriftenreihe Europäisches Recht, Politik und Wirtschaft, Nomos, Baden-Baden 1999, S. 82.

642 Anmerkung: Im Jahr 2005 wurden in Deutschland beispielsweise 312,2 Millionen Liter Sekt abgesetzt. Das waren nach Mitteilung des Statistischen Bundesamtes 1,1 Millionen Liter oder 0,4% mehr als 2004. Umgerechnet entspricht dies einer Menge von rund 416 Millionen handelsüblicher 0,75 Liter Flaschen oder 44 Gläsern (0,1 Liter) je potenziellen Verbraucher (Personen im Alter von 15 Jahren und älter).

vorgerufen durch die Lage der Feiertage, des Wetters, die Jahressaison etc. Hingegen widmet ein Brauer nicht die geringste Aufmerksamkeit der Entwicklung z.B. des Teeverbrauchs. Denn sein Ziel ist nicht primär, den leidenschaftlichen Teetrinker zum leidenschaftlichen Biertrinker zu machen, was ein recht erfolgloses Unterfangen darstellen dürfte.[643]

Das Gleiche gilt für andere Branchen, wie die Süßwaren- oder Fast-Food-Branche: So wird ein „Öko-Freak" durch noch so viel Werbung nicht zum alles verzehrenden Fast-Food-Consumer. Diese Beispiele zeigen, dass es ein Irrglaube ist, über ein von der Politik nun angedachtes Alkoholwerbeverbot den Alkoholkonsum reduzieren zu können oder durch ein Verbot der Fast-Food-Werbung im Fernsehen die Essgewohnheiten in den Familien grundlegend zu ändern. Letztlich lässt sich feststellen, dass es legitim ist, wenn sich Werbung zum *Ziel* setzt, Menschen zu beeinflussen, und wenn sie um Beachtung oder Kauf wirbt. Die Industrie geht davon aus, dass der Mensch kein Konsumtrottel ist[644], sondern ein aufgeklärtes Wesen, ein mündiger Bürger, der selbst entscheiden kann, was für ihn gut oder nützlich, nicht gut oder unnütz ist. Marktkommunikation trifft auf Individuen. Diese sind primär geprägt durch ihr eigenes soziales Umfeld, ihre Familie und Freunde, ihre Bildung, den Beruf, die Hobbys, die Vereine oder Verbände, in denen sie Mitglied sind. Deshalb ist Werbung lediglich *ein* potentielles Beeinflussungselement unter zahlreichen anderen. Eine Politik, die Werbung zum Hauptschuldigen für nicht verantwortungsvollen Konsum stempelt, verfehlt die Zielrichtung.

Kritik an der Werbung

Mit dem Aufkommen des Fernsehens als Massenprodukt sei, so Kritiker, seit den späten 60er Jahren zu beobachten, dass reine produktbezogene Werbung zurückgedrängt werde zugunsten einer immer stärkeren „Lifestyle-Werbung". Im Fokus stehe dabei weniger die Vermittlung nachprüfbarer Qualitätsangaben, sondern die Vermittlung von Stimmungen, Gefühlen, Befindlichkeiten und Sehnsüchten, die vom Verbraucher als „Zusatznutzen" mit dem Produkt erworben werden sollen. Je weniger sich die Markenprodukte in ihrer Beschaffenheit, beispielsweise hinsichtlich des Geschmacks oder der technischen Eigenschaften, unterscheiden ließen, desto eine größere Rolle spiele die „Geisteshaltung" in der Produktbewerbung. Die Werbung bediene sich dabei austauschbarer Werbedarstellungen aus den Bereichen Familie, Freundschaft, Liebe, Sport und Gesellschaft und löse sich damit immer stärker vom Produkt selbst ab. Glückliche, unabhängige, erfolgreiche Menschen, die die beworbenen Markenartikel konsumieren, sollten zu Leitbildern der Verbraucher gemacht werden.[645] Dabei wird kritisiert, dass „täuschende oder sonstige unlautere Werbemethoden ... zum täglichen Brot" gehörten, „mit dem die Wirtschaft die Verbraucher täglich versorgt". Werbung sei „nicht nur Weitergabe von Information zur Förderung der Markttransparenz beim Verbraucher, sondern oftmals der Versuch suggestiver Beeinflussung". Dieses Umstandes werde sich aber der Werbeadressat nicht

643 Vgl. auch Braunmühl 1999, S. 80f.
644 Vgl. Nickel, Volker: Konsumtrottel oder Bürger?, in: Die Welt, 4.12.2002.
645 Stiess 2000, S. 12f.

bewusst und könne sich folglich dem auch nicht entziehen.[646] Deshalb mache die „unzulässige Einflussnahme und die Gefahr der Irreführung“ den Verbraucherschutz „zu einem legitimen Ziel gesetzgeberischer Maßnahmen“.[647]

Zu den Befürwortern umfangreicher Werbereglementierungen besonders im Lebensmittelbereich gehört neben der *EU* u.a. der *Verbraucherzentrale Bundesverband.* Der *VZBV* fordert beispielsweise die Lebensmittel- und Werbewirtschaft auf, „sich ihrer Verantwortung für die dramatische Zunahme der Zahl übergewichtiger Kinder zu stellen“. Für Kinder unter zwölf Jahren müsse über eine Beschränkung der Fernsehwerbung nach schwedischem Vorbild nachgedacht werden. Gerade jüngere Kinder könnten zwischen Werbung und Programm noch nicht ausreichend unterscheiden. Selbst Eltern hielten, so der VZBV, die ernährungsphysiologisch problematischen, sogenannten Kinderlebensmittel für besonders gesund. Deshalb dürfe es nicht sein, „dass gerade Fast Food, Snacks und aufgepeppte Getränke auf allen Kanälen besonders intensiv beworben werden und die Lebensmittelwirtschaft auf der anderen Seite mit den dicken Kindern nichts zu tun haben“ wolle. Insbesondere kritisiert die VZBV die angeblich intensive Bewerbung von *Kindermolkereiprodukten, Milchriegeln, Müslischnitten, Chips oder Pommes frites.*[648] In den folgenden Kapitelabschnitten wird auch auf diese Kritik eingegangen und dargestellt, inwiefern diese Untersuchung die Kritik bestätigt oder widerlegt.

Staatliche Regulierung

Es bleibt festzustellen: *Verbraucherschutz* (z.B. Schutz vor falschen oder irreführenden Angaben mittels Werbung), aber auch Grenzziehung möglicher *Wettbewerbstätigkeiten* von Werbungtreibenden zur *Erhaltung des fairen Wettbewerbs* sind legitime und notwendige Felder staatlicher Regelungsbemühungen. Neben diesen beiden Motiven für Werbereglementierung gewinnt zunehmend ein weiteres politisches Motiv an Bedeutung: *eigene moralisch-ethische Überzeugungen.* Dieses Motiv ist entsprechend umstritten, da es seine Legitimierung am wenigsten an Fakten orientiert. Moralisch-ethische Überzeugungen (z.B. vermeintlicher Schutz der Gesundheit) führten bislang in einem Fall, der Tabakwerbung, innerhalb der EU zu einem kompletten *Werbeverbot.* Solche staatlichen Eingriffe (manche meinen auch: Übergriffe) sind nicht nur rechtlich sehr umstritten*(Querverweis: Kapitel - Werbeverbote in der juristischen Diskussion, S. 393 ff.),* sondern führen auch, so Kritiker, zu einer *Marktbetonisierung.* Denn Werbeverbote bedeuten wirtschaftlich beurteilt u.a., dass besonders Konzerne mit großen Marktanteilen ihre Stellung verfestigen können, während neue Unternehmen oder kleinere kaum eine Chance auf Marktzugang oder Expansion haben.

---

646 Zumschlinge, Andreas: Das Verbot mit Preisgegenüberstellungen (§ 6e UWG) in rechtsvergleichender und europarechtlicher Sicht, Dissertation, Universität München, 1991, Verlag V. Florentz, München 1992, S. 211.

647 Ebd., S. 211.

648 „Übergewicht bei Kindern: Wirtschaft trägt Mitverantwortung für dicke Kinder. vzbv fordert mehr Ernährungsbildung in der Schule – Kinderkampagne geplant“, Pressemitteilung des Verbraucherzentrale Bundesverbands e.V., 8.7.2003.

Dieser einführende Abriss leitet nun über zu den zentralen Untersuchungsergebnissen dieser Studie. Im Folgenden wird Stück für Stück der Ertrag, insbesondere der durchgeführten empirischen Untersuchung von Fernsehwerbung, zusammengefasst. Dabei wird vor allem auf jene Branchen und Kritikpunkte eingegangen, die in besonderem Fokus der Werbe-Reglementierungspolitik der EU stehen. Damit soll ein Beitrag zu mehr Faktenorientiertheit in dem spannungsgeladenen Politikfeld der Werberegulierung angeboten werden.

14.2.2 Stichwort: Was im deutschen TV in welchem Ausmaß beworben wird

- Mit einem Anteil von 18,1% am Gesamtwerbeaufkommen stellen Lebensmittel & nicht-alkoholische Getränke die Branche dar, die im Fernsehen am häufigsten beworben wird.
- Die Annahme der Politik, es würden auch im deutschen TV zu einer Zeit, in der besonders viele Kinder und Jugendliche fernsehen, häufig Süßwaren beworben, trifft bedingt zu. Unter den ausgewerteten 3.320 Werbespots waren immerhin 342 Werbespots, die Süßwaren beworben haben, davon waren 64 unterschiedlich. Dies entspricht einem Anteil am ausgewerteten Gesamtwerbeaufkommen von 10,3% (Häufigkeit) beziehungsweise 9,9% (Dauer). Snacks machen am Gesamtwerbeaufkommen im deutschen Fernsehen nach dieser Studie lediglich einen Anteil von 0,5% aus. Diese Werte liegen allerdings deutlich unter denen des von der Bundesregierung publizierten *Ernährungsberichtes 2004.*[649] Demnach würden in *mehr als einem Drittel (35,2%) der TV-Spots Süßes und Snacks im deutschen Fernsehen beworben.* Wie diese Zahl zustande kommt, ist dem Autor dieser Studie wenig nachvollziehbar.
- Nicht bestätigen kann diese Studie auch Erkenntnisse des *Ernährungsberichtes 2000.*[650] Demnach seien die am häufigsten beworbenen Lebensmittel in der Zielgruppe Kinder und Jugendliche *Cerealien* (Getreideprodukte wie Cornflakes etc.), gefolgt von *Schokoladenprodukten, Riegeln und Pralinen.*[651] Nach der hier vorgelegten Studie werden Cerealien zur kinder- und jugendaffinen Zeitschiene (14.00 Uhr bis 20.00 Uhr) im deutschen Fernsehen gerade einmal insgesamt mit einem Anteil am Gesamtwerbeaufkommen von 0,6% beziehungsweise in der Kategorie Lebensmittel & nicht-alkoholische Getränke zu 3,2% beworben.
- Das am häufigsten beworbene Lebensmittel stellt nach dieser Studie der *Joghurt* dar. Insgesamt wurden 107 Werbespots im Beobachtungszeitraum gesendet. Dies entspricht einem Anteil an der Branche *Lebensmittel & nicht-alkoholische Getränke* von 17,8% nach der Werbespot-Sende-

649 Ernährungsbericht 2004, Hrsg.: Deutsche Gesellschaft für Ernährung e.V., Frankfurt/Main, S. 361f.

650 Ernährungsbericht 2000, Hrsg.: Deutsche Gesellschaft für Ernährung e.V. (DGE) im Auftrag des Bundesministeriums für Gesundheit, Landwirtschaft und Ernährung, S. 125ff.

651 Siehe auch: Krieb, Christiane / Reidl, Andreas: Seniorenmarketing. So erreichen Sie die Zielgruppe der Zukunft, Verlag Moderne Industrie, 2002.

häufigkeit beziehungsweise von 19,2% nach der Sendedauer. Bezogen auf das Gesamtwerbeaufkommen der Stichprobe (alle 3.320 Werbespots), verringert sich der Anteil auf 3,2%. Mit 76 gesendeten Werbespots folgt auf Platz 2 die Produktgruppe *Fast Food*. Dies entspricht einem Anteil am gesamten Lebensmittelwerbeaufkommen von 12,6% (Werbespot-Sendehäufigkeit) und von 12,8% (Sendedauer) beziehungsweise von 2,3% innerhalb des gesamten Werbeaufkommens der Stichprobe. Auch dieses stellt zwar einen beachtlichen Werbeaufwand dar, ist aber bei weitem nicht so umfangreich, wie im *Ernährungsbericht 2000* der Bundesregierung der Eindruck erweckt wird. Auf dem dritten Platz folgen die *Milchgetränke* mit einem Anteil in der Branche Lebensmittel & nicht-alkoholische Getränke von 11,6% und einem Anteil am Gesamtwerbeaufkommen von 1,6%.

- Unter den ausgewerteten 3.320 Werbespots waren zudem 116 Werbespots, die Alkohol beworben haben. Dies entspricht einem Anteil am ausgewerteten Gesamtwerbeaufkommen von 3,5% (Häufigkeit) beziehungsweise 2,5% (Dauer). Von diesen 116 Werbespots waren lediglich 30 unterschiedlicher Natur. Das mit Abstand am meisten beworbene Produkt ist *Bier* mit 18 Spots, die 75 Mal gesendet wurden. Diese Werte relativieren sich beim Blick auf die Gesamtauswertung. Demnach macht Bierwerbung im Nachmittags- beziehungsweise Abendprogramm lediglich 2,3% nach der gesendeten Spothäufigkeit aus beziehungsweise 1,6% nach der Dauer. Bierwerbung entspricht innerhalb der Branche Alkohol einem Anteil von 64,7% (Häufigkeit) beziehungsweise von 64,4% (Sendedauer).
- Diese Studie bestätigt Erkenntnisse des *Ernährungsberichtes 2004*, wonach Lebensmittelgruppen, die den größten Anteil am Verzehr ausmachen sollten (*Brot, Kartoffeln, Nudeln, Reis* sowie *Gemüse*), im Fernsehen kaum beworben werden. Wenngleich der Ernährungsbericht von einer „drastischen Unterrepräsentanz“ dieser Produkte in der Fernsehwerbung spricht, so scheint diese Formulierung doch wenig angemessen. Letztlich werden jene Produkte wenig beworben, die auch mittels Werbung kaum von anderen Produkten abzugrenzen sind: eine Kartoffel ist eine Kartoffel ist ein Kartoffel - mit oder ohne Werbung wird sie gekauft. Das Argument für oder gegen einen Kartoffelkauf liegt in der Regel beim Marketingmittel des Preises - und den werden die meisten Käufer am Ort, im Supermarkt in Augenschein nehmen.
- Es bleibt zu rekapitulieren: Von 30 in der Branche Lebensmittel & nicht-alkoholische Getränke beworbenen Produktgruppen gehören 5 zu jenen, die einen besonders hohen Fett- oder Zuckergehalt aufweisen. Es sind dies: *Fast Food, Limonaden, Energy-Drinks, Säfte (bedingt), Pizza.* Insgesamt entsprechen diese Produkte am Gesamtwerbeaufkommen der Lebensmittelwerbung im deutschen Fernsehen nach dieser Stichprobe einem Werbespot-Sendeanteil von 24% (dies entspricht nicht dem Anteil am gesamten Werbeaufkommen aller werbungtreibenden Branchen im Fernsehen!). Stellt man diese Produktgruppen in Relation zum gesamten in der Stich-

probe ausgewerteten Sendeaufkommen aller werbungtreibenden Branchen, reduziert sich dieser Anteil auf 4,4%. Summiert man nun das Werbeaufkommen für Süßwaren und Salzgebäck & Chips zu den besonders zucker- oder fetthaltigen Produkten der Branche Lebensmittel, erhöht sich dieser Anteil am Gesamtwerbeaufkommen aller Branchen im Fernsehen wiederum deutlich:

- Anteil fetthaltige Lebensmittel am TV-Werbeaufkommen innerhalb Branche Lebensmittel & nicht-alkoholische Getränke (Fast Food, Limonaden, Energy-Drinks, Säfte, Pizza): 4,4%
- Anteil Süßwaren: 10,3%
- Anteil Salzgebäck & Chips: 0,5%
- Das heißt: Besonders zucker- oder fetthaltige Produkte werden im deutschen Fernsehen mit einem Anteil am Gesamtwerbeaufkommen von 15,2% beworben. Dies ist um mehr als die Hälfte niedriger als vom Ernährungsbericht der Bundesregierung ausgewiesen.
- Letztlich lässt sich feststellen: Der Anteil der Werbung im Fernsehen für die Produktgruppen Lebensmittel, Alkohol, Süßwaren oder Salzgebäck & Chips ist mit einem Anteil am Gesamtwerbeaufkommen im Fernsehen mit 32,7% in etwa doppelt so hoch wie der Anteil des Betrages, den die privaten Haushalte tatsächlich dafür ausgeben.
- Wie ambivalent die aus diesen Ergebnissen möglichen Interpretationen und Schlussfolgerungen sind, zeigt sich daran, dass zwar von signifikanten Anteilen besonders fett- oder zuckerhaltiger Produkte gesprochen werden kann, andererseits aber auch festzustellen ist, dass daraus nicht gefolgert werden kann, es würden im deutschen Fernsehen nur ungesunde Produkte beworben. Vielmehr gehören rund 75% der beworbenen Lebensmittel & nicht-alkoholischen Getränke zu jenen Produkten, die bezüglich des Fett- oder Zuckergehaltes als eher unauffällig einzuschätzen sind. Fazit: Ein Verbot von besonders zucker- oder fetthaltigen Lebensmitteln scheint auf Grund dieser Datenbasis nicht berechtigt, da die Rezipienten letztlich aus einer breiten, im Fernsehen beworbenen Produktpalette wählen können. *Querverweise auf: Kapitel Einleitung, S. 9 ff., Kapitel Auswahl bisherige Studien Lebensmittelwerbung im Fernsehen, S. 60 ff.; Dickmacher-Buch von Bundesverbraucherministerin Renate Künast, S. 280 ff.*[652]

14.2.3 *Stichwort: Zeitliche Verteilung*

- Beim Blick auf die zeitliche Verteilung von Werbespots, fällt auf: Es gibt zielgruppenspezifische Sendeprioritäten: 60% der Fast-Food- oder Süßwarenspots werden im Beobachtungszeitraum zwischen 13.40 und 17 Uhr gesendet, Jogurt-Werbespots zu 56%, alle anderen Lebensmittelwerbespots nur zu 53%, Alkohol zu 14%, Automobile zu 12%.

652 Ernährungsbericht 2004, S. 361f.

14.2.4 *Stichwort: Kinder und Jugendliche in der TV-Werbung*

- Auf die im Beobachtungszeitraum 3.320 ausgewerteten Werbespots aus 26 Branchen entfallen 141 Produkt-Unterkategorien. Knapp die Hälfte der Unterkategorien, 72, setzt Kinder als Darsteller ein, wobei 31 auf den Bereich Lebensmittel & nicht-alkoholische Getränke entfallen. Durchschnittlich werden in 33,5% aller im Erhebungszeitraum analysierten 3.320 Werbespots Kinder oder Jugendliche, sehr selten auch Babys, als Darsteller eingesetzt beziehungsweise ist es auf Grund der bildlichen oder sprachlichen Inszenierung offenkundig, dass Produkte sich primär auch an Kinder oder Jugendliche wenden.
- Mit durchschnittlich 0,74 Kindern pro Werbespot zeigt sich, dass deutlich mehr Kinder als Jugendliche (0,16 Jugendliche pro Werbespot) als Darsteller in der deutschen TV-Werbung eingesetzt werden. In der werbungtreibenden Branche Lebensmittel & nicht-alkoholische Getränke werden durchschnittlich 1,5 Kinder zur Bewerbung eingesetzt. Dies entspricht einem überdurchschnittlichen Einsatz von +94,4%. In der Rangreihung jener Branchen, die am häufigsten Jugendliche zur Produktbewerbung einsetzen, kommt der Bereich Lebensmittel & nicht-alkoholische Getränke erst an 9. Stelle. Babys spielen in der Bildsprache in der deutschen TV-Werbung kaum eine Rolle. Durchschnittlich waren gerade einmal 0,03 Babys pro Werbespot im Erhebungszeitraum zu sehen.
- Am häufigsten setzt der werbungtreibende Bereich Digital-TV & Kabelnetze Kinder als Darsteller ein - in 85,2% aller Werbespots. Ebenfalls stark kinder- und jugendaffin ist die Werbung für Spielwaren/Unterhaltung/Freizeit/Kino - 76% aller Spots wenden sich im Beobachtungszeitraum an Kinder oder Jugendliche. Es folgen der Einzelhandel/Handel (59,8%), Salzgebäck & Chips (52,9%), die Bekleidungsindustrie (47,5%), Süßwaren (42,5%), die Automobilindustrie (40,7%) und an 14. Stelle die werbungtreibende Branche Lebensmittel & nicht-alkoholische Getränke (33,5%).
- Es lässt sich nicht feststellen, dass Kinder in signifikant hoher Weise besonders für die Bewerbung eher ungesunder Lebensmittel eingesetzt werden. Vielmehr findet der höchste Einsatz von Kindern in der TV-Lebensmittelwerbung in der Reiswerbung, Gewürzewerbung sowie Gelatinewerbung (jeweils 100%) statt. Ähnlich häufig werden Kinder zur Bewerbung von Cornflakes oder Mineralwasser/Schorle eingesetzt. Seltener, aber immer noch häufig, werden Kinder zur Bewerbung der auf Grund ihres hohen Zuckergehaltes politisch umstrittenen Softdrinks (bzw. Energy-Drinks) eingesetzt - in jedem 2. TV-Werbespot (55,6%). Deutlich seltener setzt das ebenfalls politisch umstrittene Produkt Fast Food in seiner TV-Werbung Kinder/Jugendliche als Darsteller ein (in 27,6% der ausgewerteten TV-Werbespots). Das heißt: Die Kritik der Politik, Kinder würden zumindest auch zur Bewerbung eher ungesunder Lebensmittel eingesetzt, trifft zu.

Dieses Urteil relativiert sich jedoch, da Kinder und Jugendliche letztlich für das gesamte Spektrum der beworbenen Lebensmittel eingesetzt werden.

- Diese Untersuchung kommt deshalb zu dem Ergebnis, dass Kinder mit +93,3% zwar häufiger zur Produktbewerbung im Bereich Lebensmittel & nicht-alkoholische Getränke eingesetzt werden als in anderen Branchen. Jedoch zeichnet sich ein durchaus differenziertes Bild. So werden gerade Kinder quer durch zahlreiche unterschiedlichste Produktgruppen, die man als gesund wie weniger gesund bezeichnen könnte, als Darsteller eingesetzt. Es fällt auf, dass Jugendliche mit -13,8% im Schnitt deutlich seltener zur Bewerbung von Produkten eingesetzt werden. Dies mag vielleicht auch damit zusammenhängen, dass Jugendliche dem Alter gemäß Konsum gegenüber kritischer gegenüberstehen als möglicherweise Kinder.

14.2.5 Stichwort: Männer und Frauen („durchschnittliche Konsumenten") in der TV-Werbung

- In der deutschen TV-Werbung werden im Studien-Erhebungszeitraum durchschnittlich 1,01 Männer pro Werbespot als Darsteller eingesetzt. Das ist ein etwas geringerer Wert als für Frauen (1,13), aber deutlich mehr als für Kinder (0,74), Jugendliche (0,16) oder Babys (0,03). Interessant ist, dass es nur wenige werbungtreibende Branchen gibt, über die feststellbar wäre, TV-Werbung sei hier eher „männlich" oder eher „weiblich". Für die Technik-, Kommunikations- oder Transportbranche lässt sich, wenig überraschend möchte man sagen, feststellen, dass sie deutlich maskuliner mit Darstellern besetzt ist als andere Branchen. Von 30 Produktgruppen in der Branche Lebensmittel & nicht-alkoholische Getränke werden Frauen in 25 als Darsteller eingesetzt, Männer in 23, Kinder in 13, Jugendliche lediglich in 2 und Babys nur in 1 (Babynahrung). Das heißt: Wenngleich vor allem Kinder recht häufig in der TV-Werbung als Darsteller eingesetzt werden, so ist hier dennoch auch im kinderaffinen Nachmittagsprogramm keine Dominanz Minderjähriger in der Produktbewerbung festzustellen.
- Zur Bedeutung der Geschlechter in der deutschen TV-Werbung lässt sich letztlich feststellen, dass diese durchaus gesellschaftliche Klischees in Bezug auf das (Konsum)verhalten von Bürgern bedient. Das bedeutet an dieser Stelle aber nicht, dass diese Klischees grundsätzlich nichts mit dem tatsächlichen (Konsum)verhalten von Männern oder Frauen zu tun haben könnten. Nicht bestätigen lassen sich Vorwürfe, die Werbung setze Frauen (Stichwort: „Frauendiskriminierung") *vor allem* für Produkte als Darsteller ein, die mit Haushalt zu tun haben *(nachzulesen unter: Kapitel - Männer und Frauen in der* TV-Werbung, *S. 159 ff.).*

14.2.6 Stichwort: Prominente (z.B. Sportler) in der TV-Werbung

- Prominente spielen mit einem Darsteller-Anteil von 16% eine wichtige Funktion in der TV-Werbung. Der Anteil in der Branche Lebensmittel&Nicht-alkoholische Getränke ist mit 21% überdurchschnittlich höher als in allen anderen Branchen. Prominente Sportler werden mit einem Anteil von 12% häufiger für Lebensmittel-Werbung eingesetzt als für alle anderen Branchen (4%). Jedoch gibt es zwischen den Produktgruppen erhebliche Unterschiede. So werden z.B. 39,5% der Fast-Food-Werbespots mittels prominenter Sportler beworben. Im Vergleich zu allen anderen Produktgruppen aller Branchen ist dies ein überdurchschnittlich hoher Wert von +361%. 11% der Süßwaren werden durch Prominenten beworben, was deutlich unter dem Durchschnitt liegt. Sportler stellen mit einem Anteil von 4% die stärkste Fraktion hier dar. Das heißt: Der Einsatz besonders prominenter Sportler in der Bewerbung von Lebensmitteln oder Süßwaren trifft zu, wird aber von politischer Seite überschätzt.

14.2.7 *Stichwort: Haustiere und „Heile-Welt"-Inszenierung*

- Diese Untersuchung kommt zu dem Ergebnis, dass lediglich in jedem 20. Werbespot (in 4,9%) im deutschen Fernsehen Haustiere als „Darsteller" eingesetzt werden. Dies ist kein signifikant hoher Wert. Auffallend ist, dass Haustiere besonders in den Bereichen Transport & Kommunikation sowie Nahrungsmittel & Getränke häufiger als in den meisten anderen werbungtreibenden Branchen eingesetzt werden. Als Ergebnis dieser Studie bleibt festzustellen, dass besonders fetthaltige Lebensmittel, wie Fast Food, zu jenen Lebensmitteln gehören, für die in besonders häufiger Weise auch Haustiere zur Produktbewerbung eingesetzt werden. Ähnliches lässt sich auch für die Süßwarenwerbung feststellen; so wurden in 7,8% aller im Erhebungszeitraum gesendeten Süßwaren-Werbespots (in 22 von 346 Spots) Haustiere als „Darsteller" eingesetzt. Das heißt: Haustiere spielen, gesamt betrachtet, zwar keine wichtige Rolle in der werblichen „Heile-Welt"-Inszenierung im Fernsehen, wohl aber innerhalb bestimmter Produktgruppen.

14.2.8 *Stichwort: Räumlichkeiten und „Heile-Welt"-Inszenierung*

- 14 unterschiedliche Räumlichkeiten zeigen, wie differenziert Produktbewerbung im Fernsehen stattfindet: Privaträume wurden in 28% der Spots eingesetzt, Ländliche Räume in 17%, Gegenständliche Darstellungen in 15%, Städtische Räume/Straßenräume in 14%, Sporträume in nur 5%. Alle anderen Räume liegen unter diesem Wert (wovon insbesonder noch die Reise-/Urlaubs-Freizeitatmosphärischen Räume mit einem Anteil von 3,2% zu nennen wären).
- Das bedeutet, das weit verbreitete Urteil, Werbung würde vor allem Natursujets einsetzen, nach dem Motto des „Bacardi-Feelings", trifft die Realität in dieser Pauschalität nicht. Dennoch gilt: Vor allem Räumlichkeiten mit Naturszenerien bzw. Sporträumen, aber auch Reise-/Urlaubs-/Freizeitatmosphäre wie Strand etc., werden besonders im Bereich der Süßwaren-

und Lebensmittelwerbung, und zwar je zu 39%, oder Alkoholwerbung, zu 41%, auffallend häufig eingesetzt. Deshalb trifft zu, dass diese Räumlichkeiten zur positiven Imageaufladung (Gesundheit, Vitalität, auch „Schönheit der Natur") gezielt genutzt werden.Die Ergebnisse dieser Studie decken sich nicht mit den Erkenntnissen des Ernährungsberichts 2004[653], wonach 63,8% der Lebensmittelwerbespots *primär* als Objekte und in erster Linie als Gegenstand der Information beworben werden. Diese Sichtweise scheint etwas zu simplifiziert. So konnten in dieser Studie lediglich 5,6% der Lebensmittelwerbespots festgestellt werden, die *nur* als Gegenstände gezeigt wurden - ohne dass ein bestimmter Raum, also beispielsweise Privaträume oder Naturszenerien, eine Rolle gespielt hätten (vgl. Gegenständliche Darstellungen in der TV-Werbung, S. 282). Selbst wenn beispielsweise ein Orangensaft in der Flasche im Werbespot gezeigt wird, spielt es doch eine erhebliche Rolle, ob dieses am Strand, auf einem Schiff im Mittelmeer, oder in einem Supermarkt geschieht.

14.2.9 Stichwort: Nachvollziehbarkeit werblicher Kommunikation

- Der überwiegende Anteil der deutschen TV-Werbung kann nach dieser Studie für den durchschnittlichen Bürger inhaltlich als nachvollziehbar bewertet werden. 81% der Werbespots aus 26 werbungtreibenden Branchen wurden mit dem Kriterium „werbliche Aussage problemlos nachvollziehbar" bewertet. Mit „Humorvoll übertrieben" 4%, „schwer nachvollziehbar" 14%. Die für diese Studie besonders wichtige Branche Lebensmittel & nicht-alkoholische Getränke kann darauf verweisen, dass 89% der Spots mit „problemlos nachvollziehbar" bewertet wurden. Mit 71% nicht ganz so hoch ist der Wert für Süßwarenwerbung. Immerhin 99 Lebensmittelprodukte wurden in dieser Studie mit dem Kriterium „Aussage ist nachvollziehbar" bewertet, und nur für 4 Produkte gilt die Annahme, dass sie mit Aussagen agieren, die „nicht nachvollziehbar" sind.
- Außerdem rutschten von 26 werbungtreibenden Brachen im Erhebungszeitraum lediglich 6 unter die 70%-Marke dessen, was als nachvollziehbare Werbeaussage angenommen werden kann. Es sind dies: Pharmazeutika (69%), Haushaltsprodukte (Wasch- und Putzmittel) (63,3%), Computer/Internet (58,1%), Chemie (50%), sowie Humanitäres/Kirchen/Initiativen/Selbsthilfegruppen (43,8%).
- Es fällt auf: vor allem Süßwaren-Klassiker werben mit Aussagen, die eher als nachvollziehbar beurteilt werden können. Newcomer-Produkte tätigen häufiger Aussagen, die von der EU besonders kritisiert werden. Hierzu gehört die „Extraportion Milch", der „Vitaminzusatz", der die Süßware gesünder mache, die Aussage, das Produkt sei „leicht" oder „weniger süß, da mit Fruchtzucker oder mit Süßstoff gesüßt". Die Aussage der EU-Kommission, wonach ein überwiegender Teil der Lebensmittel- oder Süß-

653 Ernährungsbericht 2004, S. 358f.

warenwerbung mit Aussagen agiere, die nicht nachvollziehbar seien oder irreführten, lassen sich nicht bestätigen. Leider lässt sich hier nicht näher auf das Kriterium „Nachvollziehbarkeit“ eingehen. Es sei auf die Studie sowie den separaten Berichtsband verwiesen. *(Querverweis: Kapitel* - Einleitung, *Abschnitt „Aktualitätsbezug der Fragestellung“, S. 20 ff.).*

14.2.10 Stichwort: Fettleibigkeits-Epidemie

- Angaben von Politikern, wonach in Deutschland eine Fettleibigkeits-Epidemie grassiere und jedes 3. Kind übergewichtig sei, sind falsch. Fakt ist: Es gelten je nach Definition lediglich 10% bis 20% der Minderjährigen als übergewichtig oder fettleibig. Auch gibt es keine Studie, die überzeugend einen Kausalzusammenhang zwischen TV-Werbung und tatsächlichem Konsum- bzw. Ernährungsverhalten belegte. Besonders für das Ernährungsverhalten werden soziale Einflüsse jenseits der Werbung als bedeutender angesehen (Eltern, Freunde etc.). Außerdem haben weltweit Werbeverbote bislang nicht zu einem Konsumrückgang insgesamt geführt.

14.2.11 Stichwort: Rechtliche Bewertung von Werbeverboten

- Nachdem in den vorangegangenen Abschnitten die Ergebnisse dieser Untersuchung sich primär am Untersuchungsgegenstand, der TV-Werbung, orientierten, folgt in diesem eine Einordnung von Werbereglementierungen in juristischer Hinsicht. Da, wie dargestellt, besonders Fernsehwerbung EU-weit zunehmend stärker reglementiert wird und für bestimmte Produktgruppen sogar Werbeverbote drohen, scheint dies unerlässlich. Dabei soll insbesondere der Fokus auf komplette Werbeverbote gelegt werden. Zunächst einmal ist festzuhalten: Komplette Werbeverbote sind zumindest in Deutschland mit dem Grundgesetz nicht vereinbar.[654] Sie verstoßen u.a. gegen die Berufsfreiheit, Meinungsfreiheit, Pressefreiheit oder auch gegen die Informationsfreiheit von Bürgern. Auch liegt ein Verstoß vor gegen den dem Gesetzgeber auferlegten Grundsatz der Verhältnismäßigkeit von Maßnahmen.[655] Dessen ungeachtet ist ein Verstoß einer EU-Richtlinie beispielsweise gegen das deutsche Grundgesetz unerheblich. Denn EU-Recht schlägt nationales Recht.[656] Kritisiert wird auch, dass die EU a) rechtlich nicht für die Gesundheitspolitik zuständig ist und b) das Ziel, beispielswei-

654 Vgl. z.B. Simma, Bruno / Weiler J. H. H. / Zöckler, C. Markus: Kompetenzen und Grundrechte. Beschränkungen aus der Sicht des Europarechts, Bd. 59, Duncker & Humblot, Berlin 1999, S. 161.

655 Hatje, Armin: Werbung und Grundrechtsschutz in rechtsvergleichender Betrachtung, in: Werbung und Werbeverbote im Lichte des europäischen Gemeinschaftsrechts, Hrsg.: Jürgen Schwarze, Schriftenreihe Europäisches Recht, Politik und Wirtschaft, Nomos, Baden-Baden 1999, S. 47.

656 Perau, Guido: Werbeverbote im Gemeinschaftsrecht. Gemeinschaftliche Grenzen nationaler und gemeinschaftsrechtlicher Werbebeschränkungen. Eine Untersuchung der Werberegelungen in der Fernsehrichtlinie sowie in den Vorschlägen der Kommission über die vergleichende Werbung und die Tabakwerbung, Dissertation, Universität Trier, 1996, Nomos Verlagsgesellschaft, Baden-Baden 1997, S. 309ff. Vgl. auch Simma et al. 1999, S. 144.

se unlautere Werbung (Stichwort: *Health-Claims-Verordnung*[657]) zu verbieten, bereits jetzt in Deutschland juristisch möglich ist, und zwar z.B. mittels des UWG.[658] Außerdem greifen Werbeverbote direkt in den Markt ein und verhindern freien Wettbewerb und damit grenzüberschreitende Güterströme. Werbeverbote tragen zur Erhaltung des Status quo bei und stehen daher im Widerspruch zu dem Begriff des freien Marktes.[659]

14.2.12 Stichwort: Bestehende Werbegesetze

- Im Zusammenhang mit der EU-Tendenz, weitere Werbereglementierungen zu erlassen, kann gesagt werden, dass es in Deutschland bereits eine Reihe von die Werbung reglementierenden Gesetzen gibt. Hierzu gehört an zentraler Stelle das Gesetz gegen unlauteren Wettbewerb (UWG), das 1896 erlassen wurde und seither immer wieder verändert wurde - zuletzt mit der Gesetzesfassung vom 8. Juli 2004. Beurteilungsmaßstab des UWG ist, ob die Werbung gegen die „guten Sitten“ verstößt. Dabei ist zu beachten, dass besonders der § 1 UWG nicht nur den Schutz der Mitbewerber bezweckt, sondern auch den der Verbraucher sowie der Interessen der Allgemeinheit und Lauterkeit des Wettbewerbs.[660] Der Gesetzgeber reagierte mit dem Ende des 19. Jahrhunderts erlassenen UWG auf die bis dato nicht bekannte Wettbewerbsintensität.[661]
- Das UWG stellt jedoch lediglich *ein* branchenübergreifendes Regelwerk da. Daneben gibt es über 30 weitere Gesetze, die die Werbung in Deutschland regeln. Als Beispiel für weitere gesetzliche Werberegelungen kann die Heilmittelwerbung angeführt werden und dabei insbesondere der gesetzlich vorgeschriebene, obligatorische Satz (in der Fernsehwerbung) „Zu Risiken und Nebenwirkungen lesen Sie die Packungsbeilage und fragen Sie Ihren Arzt oder Apotheker“. Die komplette Arzneimittelwerbung durchzieht die-

657 Health Claims: Nach dem Willen der EU sollen künftig Angaben, die sich auf allgemeine Vorteile eines Lebensmittels beziehen („stärkt Ihre natürlichen Abwehrkräfte“, „unterstützt Ihr Immunsystem“) verboten werden. Das Gleiche gilt für Aussagen, die auf das psychische Empfinden abzielen („bringt gute Laune“, „verbessert das Gedächtnis“). Der Verordnungsentwurf enthält zudem vollständige oder teilweise Verbote von Nährwertaussagen bzw. Nährwertprofilen („fettarm“, „ballaststoffreich“, „zuckerarm“ etc.). Dieses soll sicherstellen, dass zu fett-, zucker- und salzhaltige Lebensmittel keine nährwert- oder gesundheitsbezogenen Angaben mehr tragen.

658 Vgl. Meyer, Andreas: Produktspezifische Werberegelungen in Deutschland und der Europäischen Gemeinschaft. Zur rechtlichen Problematik von Werbevorschriften für Lebensmittel, alkoholische Getränke, Arznei- und Heilmittel, Kosmetika sowie Tabakerzeugnisse, Dissertation Universität München, 1995, Carl Heymanns Verlag, Köln 1996, S. 34.

659 Vgl. auch Schwarze, Jürgen: Werbung im Gemeinschaftsrecht – Rechtsbestand und Grundfragen, in: Ders. 1999, S. 12. Vgl. zudem Wuttke, Tobias: Die Europäisierung des Wettbewerbsrechts. Der Verhältnismäßigkeitsgrundsatz im lauterkeitsrechtlichen Irreführungsverbot, Universität Hamburg, 2005, Carl Heymanns Verlag, Köln 2005, S. 17

660 Stiess 2000, S. 16.

661 Hartewich, Oliver Marc: Wettbewerb, Werbung und Recht. Eine Kritik des Rechts des unlauteren Wettbewerbs aus historischer, rechtsvergleichender und ökonomischer Sicht – zusammengeführt am Beispiel der vergleichenden Werbung, Dissertation, Ruhr-Universität Bochum, Juristische Fakultät, Herbert Utz Verlag, München 2003, S. 7.

ser vom Gesetzgeber verordnete Aufklärungshinweis.[662] Grundlage hierfür ist das Heilmittelwerbegesetz (HWG). Es trat am 15.7.1965 in Kraft und löste seine Vorläuferin, die „Polizeiverordnung über die Werbung auf dem Gebiete des Heilwesens (HWVO)“ vom 29.9.1941 ab. Das HWG wurde erlassen, da dem Gesetzgeber die allgemeinen Vorschriften des Wettbewerbsrechts und des Strafrechts für die Arzneimittelwerbung unzureichend erschienen.[663]

- Insbesondere das Bundesverfassungsgericht hatte bereits in seiner „Apotheker“-Entscheidung vom 13. Februar 1964 festgestellt, das Arzneimittel sei „keine gewöhnliche Ware“, sondern eines der wichtigsten Hilfsmittel ärztlicher Kunst, um Krankheiten zu erkennen, zu heilen und ihnen vorzubeugen, Schmerzen zu lindern und darüber hinaus allgemein die Gesundheit zu fördern.[664] Der Gesetzgeber sah eine Notwendigkeit der Regelung auch deshalb, da „bereits zum Zeitpunkt der Beschaffung des benötigten Arzneimittels durch den Verbraucher hinsichtlich des dazu erforderlichen medizinisch-pharmakologischen Fachwissens ein Defizit vorhanden ist.“[665] Deshalb kann gesagt werden: Für bestimmte Produktgruppen, wozu insbesondere die Medizin gehört, ist der Verbraucherschutz nach Ansicht der Politik höher zu bewerten als die Freiheit der wirtschaftlichen Kommunikation.
- Die Effektivität bereits vorliegender Gesetze lässt sich unter anderem aus der Jahresbilanz der „Zentrale zur Bekämpfung unlauteren Wettbewerbs e.V.“, der in Deutschland die Rolle einer „Hüterin des Wettbewerbs” zugedacht ist, entnehmen. Im Jahr 2005 erhielt sie insgesamt 23.832 Anfragen und Beschwerden bezüglich werblicher Kommunikation.[666] Das sind knapp 3.500 Fälle mehr als 2004.[667] Zur „gütlichen Einigung“ bei den Industrie- und Handelskammern wurden im Jahr 2005 insgesamt 1.129 Verfahren vorgelegt. Diese Anzahl ist gering, bedenkt man, dass in Deutschland jährlich milliardenfach Werbemaßnahmen durchgeführt werden.
- Die *Wettbewerbszentrale* begründet das Mehr an Beschwerden vor allem mit der zunehmenden Regulierung durch die EU: Ein Mehr an Vorschriften führe zu einem Mehr an Verstößen und Beschwerden. Die meisten Be-

662 Hildebrandt, Ronny: Heilmittelwerberecht: Informationspflichten vs. Werbeverbote. Eine Untersuchung der Kollision von Informationspflichten mit Werbebeschränkungen im Arzneimittelsektor unter Berücksichtigung marketingpolitischer und wettbewerbsrechtlicher Aspekte, Dissertation, Universität Greifswald, 2003; Verlag Dr. Kovac, Hamburg 2004, S. 1.

663 Ebd., S. 2.

664 BVerfGE 17, 232 (239).

665 Hildebrandt 2004, S. 65.

666 Vgl. Zentrale zur Bekämpfung unlauteren Wettbewerbs, Rückblick auf die Arbeit der Wettbewerbszentrale im Jahr 2005, S. 7.

667 Die Wettbewerbszentrale hat im Jahr 2005 insgesamt 688 Gerichtsverfahren eingeleitet, während – unter Einschluss von aus den Vorjahren anhängigen Prozessen – insgesamt 760 Verfahren abgeschlossen werden konnten. Zum Jahresende 2005 waren noch 387 Gerichtsverfahren anhängig sowie 286 Einigungsstellenverfahren zur gütlichen Streitbeilegung.

schwerden, erklärt die Rechtsanwältin der Wettbewerbszentrale, *Christiane Köber*, in einem Gespräch mit dem Autor dieser Arbeit, beträfen so gut wie keine Großunternehmen, sondern fast ausschließlich kleinere Werbungtreibende. Im Lebensmittelbereich seien das beispielsweise kleinere Hersteller von Biowaren, die z.B. mit Gesundheitsversprechungen werben, die wissenschaftlich nicht belegbar sind und deshalb einen Verstoß gegen das deutsche Wettbewerbsrecht darstellen. Allerdings seien gerade Beschwerden gegen Lebensmittelwerbung eher die Ausnahme. 2005 gingen bei der Wettbewerbszentrale gerade einmal 105 Beschwerden gegen die Lebensmittelbranche ein. Auch gingen so gut wie keine Beschwerden gegen andere im Fokus politischer Regelungsfreudigkeit stehende Werbung, wie die Genussmittelwerbung z.B. für Tabak, bei der Wettbewerbszentrale ein. Pro Jahr verzeichne man durchschnittlich rund einen Beschwerdefall gegen Tabakwerbung.[668] Dies bedeutet: Im Gegensatz zu dem von der EU vermittelten Eindruck kann gesagt werden, dass Werbung in Deutschland überwiegend lauter stattfindet.

14.2.13 Stichwort: Regulierte Selbstregulierung

- Eine Option, lautere Werbung zu gewährleisten und gesellschaftspolitische Strömungen aufzugreifen, stellt die regulierte Selbstregulierung da. Es gibt hier eine Reihe von Modellen. Als branchenübergreifende Institution wurde bereits 1972 der Deutsche Werberat gegründet. Eine solche Institution gab es jedoch auch schon in den 30er Jahren (Werberat der deutschen Wirtschaft[669]). Als gutes Beispiel für die Effektivität regulierter Selbstregulierung kann auch an dieser Stelle die Heilmittel- bzw. Medizinwerbung angesehen werden. So beschlossen die Ärzte Ende des 19. Jahrhunderts/Anfang des 20. Jahrhunderts sowohl in Großbritannien als auch in Deutschland, selbst und auf Grund eigener Initiative, Regeln für die Werbung zu erlassen, um sich von Quacksalbern abzugrenzen.[670] Auch wenn viele dieser Regeln heute zunehmend in der Diskussion sind, so haben sie doch erheblich dazu beigetragen, die Ärzteschaft und den Medizinberuf in der Gesellschaft zu etablieren.[671] Fazit: Regulierte Selbstregulierung stellt nicht zwangsläufig eine Option dar, die vom Gesetzgeber der Wirtschaft aufgezwungen wird, sondern kann auch im Sinne der Wirtschaft sein.

668 Telefoninterview am 24.8.2006. Vgl. Zentrale zur Bekämpfung unlauteren Wettbewerbs, Rückblick auf die Arbeit der Wettbewerbszentrale im Jahr 2005, S. 87f.

669 Maseberg, Eberhard: Vorwort, in: Fernseh-Kritik. Werbung im Fernsehen, Hrsg.: Heygster, Anna-Luise & Maseberg, Eberhard, v. Hase & Kohler Verlag, Mainz 1975, S. 9.

670 Vgl. auch: Binder, Jochen: „Zwischen Standesrecht und Marktwirtschaft. Ärztliche Werbung zu Beginn des 20. Jahrhunderts im deutsch-englischen Vergleich“, Dissertation, Freiburg (Breisgau), 2000, Peter Lang GmbH Europäischer Verlag der Wissenschaften, Frankfurt a.M., 2000, S. 11ff.

671 Vgl. auch: Hildebrandt, Ronny: „Heilmittelwerberecht: Informationspflichten vs. Werbeverbote. Eine Untersuchung der Kollision von Informationspflichten mit Werbebeschränkungen im Arzneimittelsektor unter Berücksichtigung marketingpolitischer und wettbewerbsrechtlicher Aspekte“, Dissertation, Universität Greifswald, 2003; Verlag Dr. Kovac, Hamburg, 2004, S. 1ff.

14.3 Schlussbemerkung

Die Erkenntnisse dieser Studie über die Werbung im Fernsehen in Deutschland lassen nicht die Schlussfolgerung zu, dass hier beispielsweise in einem Übermaß fetthaltige oder zuckerhaltige oder anderweitig gesundheitlich schädliche Produkte im Fernsehen beworben werden, die eine dringende gesundheitspolitische Task-Force nötig erscheinen lassen. Dies gilt auch für den Einsatz bestimmter Darstellergruppen (Prominente oder Kinder) in der Werbung für gesundheitlich „bedenkliche" Produkte, sowie die Nachvollziehbarkeit werblicher Kommunikation im Hinblick auf die von der EU initiierten *Health-Claims-Verordnung*. Werbeaussagen, besonders in der Süßwarenwerbung, die von der EU oder Verbraucherschützern kritisiert werden - wie beispielsweise „So wertvoll wie ein Glas Milch" (z.B. auf Grund der Verwendung von Milch in der Schokoladenproduktion) oder „So wertvoll wie ein Stück Obst" (z.B. Auf Grund der Verwendung von Vitaminzusätzen) sind die Ausnahme *(vgl.: Kapitel - Nachvollziehbarkeit von TV-Spot-Aussagen, S.355ff)*. Sie dürften sich auf Grund selbstverpflichtender Maßnahmen der Industrie regeln lassen. Auch unter Berücksichtigung der angeblichen Zunahme fettleibiger oder übergewichtiger Kinder und Jugendlicher in Deutschland lässt sich sagen, dass die EU hier in einem erschreckenden Ausmaß mit Zahlen in der Öffentlichkeit hantiert, die erstens wissenschaftlich, auf die gesamte EU bezogen, nicht fundiert genug und zweitens in Bezug auf Deutschland obendrein falsch sind. Im Gegensatz zu den EU-Angaben ist in Deutschland nicht jedes 3. Kind übergewichtig oder fettleibig, sondern jedes 10. bis jedes 5. (die Angaben variieren).

Deshalb stellt sich die Frage nach dem *Warum*: Warum gerät Werbung, insbesondere Fernsehwerbung, zunehmend so sehr in den politischen Blickwinkel, mit dem Ziel der Regulierung oder gar kompletter Kommunikationsverbote? Vielleicht ist die Antwort jenseits von wissenschaftlich nachweisbaren Erkenntnissen zu suchen. Vielleicht ist auch eine psychologische Erklärung hilfreich oder das Betrachten von scheinbaren „Nebenkriegsschauplätzen". Für *Peter Moritz*, Professor am Fachbereich Erziehungswissenschaften der Universität Hannover mit dem Schwerpunkt Medienpädagogik, ist das Problem der Werbung, insbesondere im Fernsehen, die „fortschreitende Verschiebung des Warenfetischismus hin zu einem zunehmend zelebrierten Markenfetischismus".[672]

Es soll hier nicht diskutiert werden, ob eine Verschiebung von dem einen zum anderen Phänomen zu verzeichnen ist, festzuhalten bleiben aber beide Kritikpunkte: *Warenfetischismus* und *Markenfetischismus*. Beides steht möglicherweise, durchaus auch stellvertretend, für ein grundsätzliches gesellschaftliches, aber auch politisches, kaum fassbares, generelles Unbehagen gegenüber einer alldominierend erscheinenden Wirtschaftswelt, gegenüber weltweit tätigen Konzernen, die mittlerweile Machtdimensionen erreicht haben, die mit einem demokratischen Grundverständnis - was da primär bedeutet: gesellschaftliche Partizipation und Gegenkontrolle - nur

672 Moritz, Peter: Mediale Botschaften. Philosophisch-politische Reflexion, Philos Verlag, Hannover 2002, S. 10.

noch sehr schwer zu vereinen sind. Die Politik, um es vereinfacht auszudrücken, wird von diesen supranationalen Superkonzernen immer stärker als peripher hinzunehmender Marktteilnehmer im globalen Wettbewerb um Absatz und Wirtschaftsstandorte, nicht aber als ernst zu nehmendes zentrales Element, als Leviathan, als Souverän, angesehen. Es besteht die berechtigte Angst, dass es zu einer Machtverlagerung weg vom Souverän demokratisch orientierter Staatengebilde hin zu supranationalen Superkonzernen kommt. Oder anders formuliert: Es besteht die drückende Angst, dass der Souverän selbst künftig weniger kulturell-gesellschaftlicher Natur ist, also ein Bürgersouverän, sondern ein Souverän der Wirtschaft mit weniger Bürgerpartizipation.

Das Verhältnis Wirtschaft - Politik beruhte in den westlichen Industriestaaten im vergangenen Jahrhundert deutlich stärker auf Machtausgleich. Dabei gehörte das Tarieren der Machtpole Wirtschaft - Politik zum konstanten Agreement. Das Bemühen um (Macht-)Ausgleich gerät in westlichen Industriestaaten immer mehr zu einem Kampf der Politik gegen Windmühlen. Also werden Nebenschauplätze eröffnet: die Werbung beispielsweise oder Computerspiele, die als Ursache allen Übels von der Politik beurteilt werden, wenn, wie im November 2006 in Deutschland (Emsdetten) geschehen, ein 18-jähriger Schüler, der keinen Platz in dieser neuen Wirtschaftswelt für sich sieht, Amok in einer Schule läuft. Als Hauptursache für solche Amokläufe macht die Politik immer wieder gerne Computerspiele aus, die, das wird dann routinemäßig alle Jahre gefordert, wieder einmal verboten werden sollen.[673] Die Politik kritisiert zwar die Computerspiele (die weltweit millionenfach genutzt werden, ohne dass es auffallend häufig zu Amokläufen kommt), zielt aber auf die Wirtschaft generell. Es gibt also einen „Schuldigen", den man der Öffentlichkeit medienwirksam vor laufenden Kameras präsentieren kann. Damit lenkt die Politik von eigentlichen Ursachen ab - wie verlorenem Halt innerhalb der Familie, Arbeitslosigkeit, Perspektivlosigkeit von Jugendlichen etc. All dies wären Aufgabenfelder für die Politik, die seit Jahren vernachlässigt werden.

Es könnte, simplifiziert, von einer letztlich hilflos erscheinenden Retourkutsche politischer Akteure gegen eine globale Wirtschaftswelt gesprochen werden, die, das lässt sich nicht bestreiten, allzu häufig ungezügelt die Kommerzialisierung der Welt vorantreibt. Damit trägt sie zwar einerseits zum Wohlstand bei, auch zur Demokratisierung des Konsums, indem Konsum nicht mehr nur den Reichen vorbehalten ist, entmachtet aber gleichzeitig Teile des staatlichen Apparates. Dies haben demokratische Staaten gemein auch mit nicht-demokratischen Staaten, wie beispielsweise China. Rufe nach Werbeverboten für Produkte, die kein gutes Image haben, wie *Tabak, Alkohol, Fast Food oder Süßwaren*, gehören für Politiker zu einem dankbaren Segment, um sich öffentlich in Szene zu setzen:

> Das Tabakwerbeverbot ist natürlich eine schwierige Materie, weil diejenigen, die hier unter Berufung auf das Europäische Gemeinschaftsrecht für die Binnenmarktfreiheit und damit auch für Werbefreiheit eintreten, die ‚Bösen' sind, und diejenigen, die sich auf dem Kreuzzug gegen

673 Vgl.: Die Union forderte, sogenannte Killerspiele am PC zu verbieten, Hamburger Abendblatt v. 22. November 2006.

> den Tabakkonsum befinden, die ‚Guten'. Aber es geht hier nicht um gut oder böse, sondern um die Einhaltung relativ klarer rechtlicher Regeln. Unter rechtlichen Aspekten ist der gravierendste, aber nicht einzige Vorwurf gegen die Tabakwerbeverbotsrichtlinie, die fehlende Rechtsgrundlage.[674]

Unabhängig, ob Amoklauf & Computerspiele oder Werbung & Fettleibigkeit - beide Fälle eignen sich für die Politik zur Stigmatisierung der Wirtschaft mittels der Medienwelt. In einem eint sich hier allerdings das Agieren zwischen der Politik und der Wirtschaft beziehungsweise der Werbung. Beide versprechen sie „Glück, Befriedigung, Fortschritt“[675], doch halten beide oftmals nicht, was sie versprechen. Entgegen dem von Kulturpessimisten beschworenen Ende des Individuums, das in einer durchkommerzialisierten Welt auf der Strecke bleiben könnte, glaube ich an die Vergesellschaftungstheorie von *Adorno*, wonach das Subjektive sich im Kern nie gänzlich tilgen lasse, so dass der Konflikt zwischen Individuum und Gesellschaft dynamisch bleibt.[676] In Bezug auf die Werbung bedeutet dies: Kommerzielle Kommunikation ist das eine; das Individuum, welches zur kritischen Reflexion in der Regel fähig ist, ist das andere.

Zwar verfügt Werbung über eine starke Suggestionskraft, aber selbst Werbung, dies umschließt selbstverständlich auch Fernsehwerbung, vermag einen Menschen nicht zu einem ferngesteuerten Konsumenten umzuprogrammieren. Es ist die Angst der Politik, die auch Wissenschaftler wie *Peter Moritz* formulieren, dass nicht mehr das Individuum Begriff und Erfahrung ordnet, sondern das Fernsehen.[677] Ich halte diese Angst zwar nicht für unbegründet, in ihrer Absolutheit jedoch für arg dramatisch überzogen. Viel wichtiger erscheint, dass die Politik kritische Medien- und Werbekompetenz auch bei Heranwachsenden fördert. Medien und Werbung sind eine starke Einflussgröße, aber sie sind bei weitem nicht dominierender als das soziale Umfeld, bestehend aus Familie, Freunden oder den Bildungseinrichtungen: „The media profoundly affect the spatial organisation of social life, but they do not efface it.“ [678] *Couldry* formuliert die nicht bestehende Eindimensionalität der Medien- und Werbemacht pointiert:

> Media power is not simply something that media institutions … 'possess' or their audiences 'absorb'. Media power is not a binary relation of domination between 'large' and 'small' 'actors', with 'large actors' (the media) having the automatic ability to dominate 'small actors' (audience members) simply because of their 'seize'. Media power is reproduced through the details of what social actors (including audience members) do and say.[679]

Das bedeutet: Die Gesellschaft, die Politik, macht es sich um ein Vielfaches zu einfach, indem sie schlicht die Werbung als Hauptverursacher von ‚Übel' (Überge-

674 Stein, Torsten: Das Tabakwerbeverbot, in: Schwarze 1999, S. 47.

675 Vgl. auch Moritz 2002, S. 12.

676 Vgl. Adorno, Theodor W.: Reflexionen zur Klassentheorie, in: Ders.: Soziologische Schriften I, Frankfurt/Main 1979.

677 Moritz 2002, S. 27.

678 Couldry, Nick: The Place of Media Power, Routledge, London 2000, S. 24.

679 Ebd., S. 4.

wicht etc.) ausruft und glaubt, das politische Mittel der Gesetzgebung werde vieles schon richten (wenn sie es denn wirklich glaubt, was zu bezweifeln erlaubt scheint). Ein großes Problem medialer Beeinflussung beruht auf der Tatsache, „because we believe that most others believe the same, and because we act on the basis of these beliefs on countless specific occasions".[680] Ohne die individuelle Bereitschaft, Selbstverantwortung zu übernehmen und eine grundsätzliche kritische Distanz zu Medien und zur Werbung aufzubauen, verhallt jegliche Medien- oder Werbekritik im Off. Dieses grundsätzliche Defizit vermag auch jede von der Politik angestrebte gesetzliche Werberegulierung nicht abzufedern.

Deshalb haftet zu strengen Werberegulierungen, insbesondere kompletten Werbeverboten, ein drückender, fader Geschmack des Aktionismus an, der letztlich nicht mehr tut, als an der Oberfläche des marktwirtschaftlichen Systems herumzukratzen, ohne wirklich eine Änderung beim Konsumenten herbeizuführen (wenn die denn, aus welchen Gründen auch immer, so drängend wünschenswert ist). Fundamentalkritik muss Fundamentales auch jenseits von gesetzgeberischen Maßnahmen folgen. Das Gesetz sollte immer zu den letzten, härtesten, gängelnden oder erzieherischen Maßnahmen gehören. Außerdem gilt es zu berücksichtigen, dass Märkte auch für den potenziellen Wettbewerb offenzuhalten sind, um den wettbewerbsrechtlich wünschenswerten Wettbewerb nicht nur bestehender Marktteilnehmer, sondern auch neuer zu ermöglichen und zu gewährleisten. Vor allem Werbeverbote führen zu einer Betonisierung wirtschaftlicher Einheiten und schützen auf lange Sicht obendrein vor allem bestehende große Unternehmen.[681] Diese wichtigen gesellschafts- und wirtschaftspolitischen Gesichtspunkte dürfen politischem Aktionismus nicht blind geopfert werden.

Dabei drängt sich ein weiteres zentrales Problemfeld auf: die EU, deren ursprüngliche Aufgabe einmal die Regelung des Binnenmarktes war. Von dieser supranationalen Einheit geht der mächtigste Impuls aus, die Kommunikationsfreiheit, letztlich aber auch die Konsumfreiheit von über 300 Millionen Bürgern teils drastisch zu beschneiden. Große Sorge bereitet dabei einerseits die Politik der Salamitaktik: Einer in den Parlamenten und in der Öffentlichkeit akzeptierten Kappung von Freiheitsrechten folgt der nächste Cut. Wo ist das Ende? Nachdem nun Tabakwerbung aus dem öffentlichen Raum verbannt wurde, folgt der Ruf nach kompletten *Rauchverboten*: Zunächst sollte dieses nur in öffentlichen Gebäuden gelten, dann auf öffentlichen Plätzen und Straßen, nun auch in Restaurants und Bars, und sogar über ein Rauchverbot in privaten Räumen (zunächst nur in Räumlichkeiten von Familien mit Kindern) wird nachgedacht. Außerdem gibt es Bestrebungen der EU, Süßwarenwerbung zu verbieten, Alkoholwerbung zu untersagen, Fast-Food-Werbung zu verbieten, auch vor Spielzeugwerbung oder der Kfz-Werbung machen Verbotsbefürworter keinen Halt. So leidenschaftlich auf EU-Ebene, in der Kommission, im Europaparlament oder in den nationalen Parlamenten, über die Wirtschaftswerbung diskutiert wird: Wer stellt in diesem Zusammenhang die Politik selbst, die all zu oft

680 Couldry 2000, S. 5.
681 Vgl. Wuttke 2005, S. 20f.

populistisch anmutet, kritisch in Frage (von Wissenschaftlern einmal abgesehen)? Wer diskutiert auf politischer Ebene, endlich möchte man sagen, das erdrückende Demokratiedefizit der EU? Das ist ja nicht nur ein Hirngespinst von Politologen.

Die Tragweite des EU-Demokratiedefizits nimmt, insbesondere vor der Tatsache einer nahezu im Jahrestakt angestrebten und vollzogen Erweiterung der Mitgliedsstaaten, besorgniserregende Ausmaße an. Es ist dringend erforderlich, dass hier auf politischer Ebene gegengesteuert wird. Außerdem stellt es einen unhaltbaren Zustand dar, dass die EU entgegen den juristisch festgezurrten Grenzen Kompetenzen an sich reißt, wie den Gesundheitsschutz, und, statt nüchtern den Binnenmarkt zu regeln, aus eigenen ethisch-moralischen Überzeugungen (oder sonstigen Gründen) beispielsweise komplette Verbote für kommerzielle Kommunikation erlässt oder anstrebt und damit obendrein gegen Werte des deutschen Grundgesetzes verstößt (Pressefreiheit, Meinungsfreiheit etc.).

Doch nicht einmal auf deutscher bundespolitischer Ebene ist erkennbar, das Thema Demokratiedefizit der EU überhaupt auch nur zu diskutieren. So nutzte Bundeskanzlerin *Angela Merkel* nicht die Chance, das Thema des EU-Demokratiedefizits in ihrer Antrittsrede vor dem Europäischen Parlament, anlässlich der Übernahme der EU-Ratspräsidentschaft im Januar 2007, anzusprechen. Einer der wenigen bundespolitischen Akteure, die zur Frage der Demokratie innerhalb der EU kritisch Stellung nehmen, ist der ehemalige Bundespräsident *Roman Herzog*. Er schrieb in einem Gastbeitrag für die Wochenzeitung *Welt am Sonntag* im Januar 2007, die EU leide „in besorgniserregender Weise unter einem Demokratiedefizit und einer faktischen Aufhebung der Gewaltenteilung". Beispielsweise sei der deutsche Bundestag mittlerweile in die für Deutschland relevante EU-Gesetzgebung nicht so eingebunden, wie es das Grundgesetz für das deutsche Parlament verlange. Hinzu komme, dass die EU immer weitere Kompetenzen erlange oder an sich reiße, obwohl dies sachlich häufig nicht angebracht sei (z.B. Gesundheitsschutz). Die heutigen politischen Strukturen, die „dieser schleichenden Zentralisierung" Einhalt gebieten sollten, hätten versagt. *Herzog* und sein Mitautor *Gerken* sind überzeugt, dass diese Probleme auch durch die EU-Verfassung nicht gelöst werden können. Vielmehr sehen sie sogar die Gefahr, dass der Verfassungsvertrag die bestehenden Mängel weiter verfestige.

Als Beispiel für die dramatische Entmachtung des Bundestages führen *Herzog und Gerken* eine Auswertung des deutschen *Bundesjustizministeriums* an, in welcher für die Jahre 1998 bis 2004 die Zahl der Rechtsakte der Bundesrepublik Deutschland und die Zahl der Rechtsakte der Europäischen Union einander gegenübergestellt wurden. Demnach stammen 84 Prozent der Gesetze mittlerweile aus Brüssel, nur 16 Prozent sind originär aus Berlin. Dies ist in demokratischer Hinsicht umso alarmierender, als die Gesetze bzw. Rechtsakte primär in der Europäischen Kommission „gemacht" werden, die letztlich kein demokratisch gewähltes Gremium darstellt.[682]

682 Vgl. Herzog, Roman und Gerken, Lüder: Frage, ob man Deutschland überhaupt noch als parlamentarische Demokratie bezeichnen kann. Die EU-Verfassung löst dieses Problem nicht, sondern verfestigt eine intransparente Union, die zu viel Macht an sich zieht. Ein Plädoyer für ein

Außerdem ist die EU, nach eigener Definition, *nur* zu Gesetzgebungsakten berechtigt, „sofern und soweit die Ziele der in Betracht gezogenen Maßnahmen auf Ebenen der Mitgliedstaaten nicht ausreichend erreicht werden können". Es gilt also das Subsidiaritätsprinzip.[683]

Ein weiteres Problemfeld stellt die zunehmende Willkürlichkeit der Rechtsprechung des Europäischen Gerichtshofes dar, die auch *Herzog und Gerken* verurteilen, indem sie schreiben: Der EuGH beschleunige den europäischen Zentralismus recht willkürlich und offenbare in seinen Urteilen zu Kompetenzfragen die systematische Neigung zugunsten einer EU-Zuständigkeit, solange sich dafür irgendwie eine Begründung finden lasse.[684] Die „Macht" des Europäischen Gerichtshofes schlägt mittlerweile selbst die Rechtsprechung des Bundesverfassungsgerichtes, ebenso kann der EuGH Teile des deutschen Grundgesetzes für nichtig erklären. Geradezu dramatisch offenbart sich das Nicht-Wissen vieler Bürger in den EU-Mitgliedsstaaten. Eine per Zufallsverfahren vom Autor dieser Studie vorgenommene Befragung in seinem Bekannten- und Freundeskreis zeigt, dass unter 20 befragten Akademikern nicht einer dabei war, dem die Ausmaße des Demokratiedefizits der EU bekannt waren und dem bewusst gewesen wäre, dass der Europäische Gerichtshof subsidiär das deutsche Bundesverfassungsgericht „schlägt".

Dieses stellt ein Armutszeugnis auch für deutsche Bundespolitiker dar, welches atemraubend ist. Dieses vor allem deshalb, da es besonders den politischen Einheiten zukäme, für *Aufklärung* zu sorgen. Wie wenig Bundespolitiker hierzu bereit sind, zeigt sich auch daran, dass im Gegensatz zu Ländern wie Frankreich, den Niederlanden oder Dänemark in Deutschland auf Bundesebene ein Volksentscheid beispielsweise zur weiteren Ausdehnung der EU (auch 60 Jahre nach dem Ende des Zweiten Weltkriegs) immer noch nicht möglich ist. Diese Entmündigung steht im deutlichen Widerspruch zu der Tatsache, dass die politische Kompetenz der Bürger - trotz alledem (sinkende Wahlbeteiligung etc.) - in einer durch und durch medialisierten Welt eher gestiegen als gesunken ist. So redliche Ziele sicherlich so mancher (Verbraucherschutz-) Politiker verfolgt, so bleibt letztlich doch die Frage: Wer schützt uns vor denen, die uns beschützen wollen? Das gilt ausdrücklich nicht nur für die EU, sondern auch für den deutschen Bundestag, der ja letztlich EU-Richtlinien oftmals recht klaglos und kritiklos umsetzt und dabei kein allzu großes Interesse offenbart, die breite Öffentlichkeit über wichtige neue Gesetze und Beschlüsse zu informieren und am Entscheidungsprozess teilhaben zu lassen.

Ein Blick in die Geschichte relativiert so manches Mal den angenommenen Ernst der Gegenwart. Denn über Werbung wird nicht erst seit dem Bestehen der EU heiß diskutiert, sondern schon seit über 100 Jahren. Dies belegt die erste deutsche Werbe- bzw. Reklamezeitschrift - *Seidels Reklame.* Das 1913 gegründete Magazin um-

bürgernahes Europa, in: Welt am Sonntag v. 13. Januar 2007; siehe auch unter: http://www.welt.de/data/2007/01/13/1176169.html?prx=1.

683 Vgl. Europäischer Rat von Edinburgh, Schlussfolgerungen des Vorsitzes, Bulletin BReg. Nr. 140, S. 1277 (1281); BVerfG NJW 1993, 3047 (3057); Micklitz/Reich EuZV 1992, S. 593 (594).

684 Vgl. Herzog und Gerken 2007.

schrieb sich selbst als „Monatsschrift für das gesamte Ankündigungs- und Empfehlungswesen. Nachweis zweckdienlicher Verbindungen für Reklame“. Schon im Gründungsmonat, dem Januar des Jahres 1913, setzten sich die Autoren im Vorwort mit der Frage auseinander, was denn in der Werbung lauter sei und erlaubt, und was unlauter sei und eher verboten werden müsse. Diese Worte sollen gleichsam als Schlusswort dieser Studie dienen:

> *... Denn nichts verlangt so sehr Originalität, als die Reklame. Jede Nachahmung erscheint als ein Armutszeugnis, das sich ihr Anwender öffentlich ausstellt, und kommt, das ist die Strafe, dem Vorbild zugute, an das sie erinnert. Darum - wer immer durch Reklame seinen Vorteil sucht - der gebe, was ihm eigen ist, seine Persönlichkeit, und fürchte sich nicht, uninteressant zu sein, denn das ist er nur, wenn er sein Eigenes unterdrückt und Fremdem nachbetet.*

> *... Die beste Form, in der sie (Anm.: die Reklame) das tun kann, ist, uns Tatsachen zu vermitteln. Wir haben deshalb das Palmona-Palmin-Inserat (S. 2), das uns eine vergleichende Darstellung dieser Produkte, zum Fettgehalt und Preis der Butter liefert, an die erste Stelle gesetzt. Es räsoniert nicht, es bringt zahlenmäßige Beweise und führt uns die Unterschiede im Quantum vor Augen. Es überläßt uns, den Vers selbst dazu zu machen. Das Einzige, was es verschweigt, ist die Geschmacksdifferenz, die es auf sich beruhen läßt. Sie ist ja auch schließlich für jeden einzelnen Verbraucher persönlich festzustellen.*

> *Man kann an diesem Beispiel darauf hinweisen, dass der Deutsche überzeugt sein will. Alles in der deutschen Reklame ist gut, was uns die Qualität der Sache beweist. Die Mätzchen verfangen bei uns nicht. Wir sind zu ernst geartet, und unsere Durchschnittsbildung ist zu hoch, als dass uns Marktgeschrei fesseln könnte, es sei denn, sie hätte eine wirklich komische Note.*[685]

685 Seidels Reklame, Januar 1913, Vorwort.

15. Anhang Methodik

Den kompletten Anhang zu dieser Studie entnehmen Sie bitte dem Internet unter www.nomos-extra.de. Sie finden hier:

- Codiervorschriften TV-Werbespots
- Codierbogen und Erläuterungen
- 852 Produkte, die codiert wurden
- Inhaltswiedergabe TV-Spots in Branchen Lebensmittel, Süßwaren, Alkohol, Salzgebäck
- Sender/Sendungen, in deren Umfeld die Stichprobe gezogen wurde (RTL, RTLII, PRO7)
- Legende für Spaltentitel der Codiertabelle
- Codiertabelle (125 Seiten mit 119.000 Platzhaltern)
- Begründungen, u.a. der Ernährungsexpertin *Silke von Küster*, warum bestimmte Aussagen in der Lebensmittelwerbung als nicht nachvollziehbar bewertet wurden

15.1 Sender und Sendungen der Stichproben-Ziehung

Die folgenden Tabellen zeigen, in welchem Umfeld zu welcher Sendezeit die Stichprobe für diese Studie gezogen wurde. Die Kennziffer der Tabelle „Codierschema", „Sendung-Nummer", dient als ungefähre Einordnung der Zeitangabe der Sendungs-Ausstrahlung je Sender. Die berücksichtigte Sendezeitschiene (13.40 bis 20.00 Uhr, Mo-Fr) wurde in 9 Teile untergliedert (1 = 13.40 bis 14.59 / 2 = 15.00 bis 15.59 Uhr etc.). Das etwas uneinheitliche Schema der aufgenommenen Sendeschienen (z.B. Beginn 13.40 statt 13.30) orientiert sich primär am Schema des Fernsehprogramms. Die Untergliederung nach Sendungs-Nummern und Zeitschienen wurde vor allem deshalb gewählt, um weitere Auswertungen zu ermöglichen - beispielsweise dahingehend, ob z.B. Süßwaren, Alkohol, Fast Food etc. eher am frühen oder späten Nachmittag oder abends gesendet werden.

Aufgezeichnete Sendungen der Studie „Fernsehwerbung in Deutschland“					
Datum	Sendung Nr.	Beginn	Ende	Titel	Sender
22/Apr./2005	1	13:40	14:59	Beyblade	RTL2
22/Apr./2005	2	15:00	15:59	Pokito, One Piece, Feuerstein	RTL2
22/Apr./2005	3	16:00	16:59	Killer Instinct	RTL2
22/Apr./2005	4	17:00	17:29	Prinz von Bel-Air	RTL2
22/Apr./2005	5	17:30	17:59	Prinz von Bel-Air	RTL2
22/Apr./2005	6	18:00	18:29	Full House	RTL2
22/Apr./2005	7	18:30	18:59	Full House	RTL2
22/Apr./2005	8	19:00	19:29	Big Brother	RTL2
22/Apr./2005	9	19:30	20:00	Big Brother	RTL2
28/Apr./2005	1	13:40	14:59	Beyblade	RTL2
28/Apr./2005	2	15:00	15:59	Pokito, One Piece, Feuerstein	RTL2
28/Apr./2005	3	16:00	16:59	Killer Instinct	RTL2
28/Apr./2005	4	17:00	17:29	Prinz von Bel-Air	RTL2
28/Apr./2005	5	17:30	17:59	Prinz von Bel-Air	RTL2
28/Apr./2005	6	18:00	18:29	Full House	RTL2
28/Apr./2005	7	18:30	18:59	Full House	RTL2
28/Apr./2005	8	19:00	19:29	Big Brother	RTL2
2/Mai/2005	1	13:40	14:59	Beyblade	RTL2
2/Mai/2005	2	15:00	15:59	Pokito, One Piece, Feuerstein	RTL2
2/Mai/2005	3	16:00	16:59	Killer Instinct	RTL2
2/Mai/2005	4	17:00	17:29	Prinz von Bel-Air	RTL2
2/Mai/2005	5	17:30	17:59	Prinz von Bel-Air	RTL2
2/Mai/2005	6	18:00	18:29	Full House	RTL2
3/Mai/2005	1	13:40	14:59	Beyblade	RTL2
3/Mai/2005	2	15:00	15:59	Pokito, One Piece, Feuerstein	RTL2
3/Mai/2005	3	16:00	16:59	Killer Instinct	RTL2
3/Mai/2005	4	17:00	17:29	Prinz von Bel-Air	RTL2
3/Mai/2005	5	17:30	17:59	Prinz von Bel-Air	RTL2
3/Mai/2005	6	18:00	18:29	Full House	RTL2
3/Mai/2005	7	18:30	18:59	Full House	RTL2
3/Mai/2005	8	19:00	19:29	Big Brother	RTL2
6/Mai/2005	1	13:40	14:59	Beyblade	RTL2
6/Mai/2005	2	15:00	15:59	Pokito, One Piece, Feuerstein	RTL2
6/Mai/2005	3	16:00	16:59	Killer Instinct	RTL2
6/Mai/2005	4	17:00	17:29	Prinz von Bel-Air	RTL2
6/Mai/2005	5	17:30	17:59	Prinz von Bel-Air	RTL2
6/Mai/2005	6	18:00	18:29	Full House	RTL2
6/Mai/2005	7	18:30	18:59	Full House	RTL2
6/Mai/2005	8	19:00	19:29	Big Brother	RTL2
9/Mai/2005	1	13:40	14:59	Das Geständnis - Heute sage ich alles	PRO7
9/Mai/2005	2	15:00	15:59	Die Abschlussklasse	PRO7
9/Mai/2005	3	16:00	16:59	Freunde - Das Leben geht weiter	PRO7

Aufgezeichnete Sendungen der Studie „Fernsehwerbung in Deutschland"					
Datum	Sendung Nr.	Beginn	Ende	Titel	Sender
9/Mai/2005	4	17:00	17:29	Taff. Boulevardmagazin	PRO7
9/Mai/2005	5	17:30	17:59	Taff. Boulevardmagazin	PRO7
9/Mai/2005	6	18:00	18:29	taff. Spezial	PRO7
9/Mai/2005	7	18:30	18:59	Prompt. Magazin mit Birte Karalus	PRO7
9/Mai/2005	8	19:00	19:29	Die Simpsons. Zeichentrickserie	PRO7
9/Mai/2005	9	19:30	20:00	Galileo. Wissensmagazin	PRO7
10/Mai/2005	1	13:40	14:59	Das Geständnis - Heute sage ich alles	PRO7
10/Mai/2005	2	15:00	15:59	Die Abschlussklasse	PRO7
10/Mai/2005	3	16:00	16:59	Freunde - Das Leben geht weiter	PRO7
10/Mai/2005	4	17:00	17:29	Taff. Boulevardmagazin	PRO7
10/Mai/2005	5	17:30	17:59	Taff. Boulevardmagazin	PRO7
10/Mai/2005	6	18:00	18:29	taff. Spezial	PRO7
10/Mai/2005	7	18:30	18:59	Prompt. Magazin mit Birte Karalus	PRO7
10/Mai/2005	8	19:00	19:29	Die Simpsons. Zeichentrickserie	PRO7
10/Mai/2005	9	19:30	20:00	Galileo. Wissensmagazin	PRO7
11/Mai/2005	1	13:40	14:59	Das Geständnis - Heute sage ich alles	PRO7
11/Mai/2005	2	15:00	15:59	Die Abschlussklasse	PRO7
11/Mai/2005	3	16:00	16:59	Freunde - Das Leben geht weiter	PRO7
11/Mai/2005	4	17:00	17:29	Taff. Boulevardmagazin	PRO7
11/Mai/2005	5	17:30	17:59	Taff. Boulevardmagazin	PRO7
11/Mai/2005	6	18:00	18:29	taff. Spezial	PRO7
11/Mai/2005	7	18:30	18:59	Prompt. Magazin mit Birte Karalus	PRO7
11/Mai/2005	8	19:00	19:29	Die Simpsons. Zeichentrickserie	PRO7
11/Mai/2005	9	19:30	20:00	Galileo. Wissensmagazin	PRO7
12/Mai/2005	1	13:40	14:59	Das Geständnis - Heute sage ich alles	PRO7
12/Mai/2005	2	15:00	15:59	Die Abschlussklasse	PRO7
12/Mai/2005	3	16:00	16:59	Freunde - Das Leben geht weiter	PRO7
12/Mai/2005	4	17:00	17:29	Taff. Boulevardmagazin	PRO7
12/Mai/2005	5	17:30	17:59	Taff. Boulevardmagazin	PRO7
12/Mai/2005	6	18:00	18:29	taff. Spezial	PRO7
12/Mai/2005	7	18:30	18:59	Prompt. Magazin mit Birte Karalus	PRO7
12/Mai/2005	8	19:00	19:29	Die Simpsons. Zeichentrickserie	PRO7
12/Mai/2005	9	19:30	20:00	Galileo. Wissensmagazin	PRO7
17/Mai/2005	1	13:40	14:59	Das Strafgericht	RTL
17/Mai/2005	2	15:00	15:59	Das Familiengericht	RTL
17/Mai/2005	3	16:00	16:59	Das Jugendgericht	RTL
17/Mai/2005	4	17:00	17:29	Einsatz in 4 Wänden	RTL
17/Mai/2005	5	17:30	17:59	Unter uns	RTL
17/Mai/2005	6	18:00	18:29	Guten Abend RTL	RTL
17/Mai/2005	7	18:30	18:59	Exclusiv - Das Starmagazin	RTL
17/Mai/2005	8	19:00	19:29	Explosiv - Das Magazin	RTL
17/Mai/2005	9	19:30	20:00	Gute Zeiten, Schlechte Zeiten	RTL

Aufgezeichnete Sendungen der Studie „Fernsehwerbung in Deutschland"					
Datum	Sendung Nr.	Beginn	Ende	Titel	Sender
18/Mai/2005	1	13:40	14:59	Das Strafgericht	RTL
18/Mai/2005	2	15:00	15:00	Das Familiengericht	RTL
18/Mai/2005	3	16:00	16:59	Das Jugendgericht	RTL
18/Mai/2005	4	17:00	17:29	Einsatz in 4 Wänden	RTL
18/Mai/2005	5	17:30	17:59	Unter uns	RTL
18/Mai/2005	6	18:00	18:29	Guten Abend RTL	RTL
18/Mai/2005	7	18:30	18:59	Exclusiv - Das Starmagazin	RTL
18/Mai/2005	8	19:00	19:29	Explosiv - Das Magazin	RTL
18/Mai/2005	9	19:30	20:00	Gute Zeiten, Schlechte Zeiten	RTL
19/Mai/2005	1	13:40	14:59	Das Strafgericht	RTL
19/Mai/2005	2	15:00	15:00	Das Familiengericht	RTL
19/Mai/2005	3	16:00	16:59	Das Jugendgericht	RTL
19/Mai/2005	4	17:00	17:29	Einsatz in 4 Wänden	RTL
19/Mai/2005	5	17:30	17:59	Unter uns	RTL
19/Mai/2005	6	18:00	18:29	Guten Abend RTL	RTL
19/Mai/2005	7	18:30	18:59	Exclusiv - Das Starmagazin	RTL
19/Mai/2005	8	19:00	19:29	Explosiv - Das Magazin	RTL
19/Mai/2005	9	19:30	20:00	Gute Zeiten, Schlechte Zeiten	RTL
20/Mai/2005	1	13:40	14:59	Das Strafgericht	RTL
20/Mai/2005	2	15:00	15:59	Das Familiengericht	RTL
20/Mai/2005	3	16:00	16:59	Das Jugendgericht	RTL
20/Mai/2005	4	17:00	17:29	Einsatz in 4 Wänden	RTL
20/Mai/2005	5	17:30	17:59	Unter uns	RTL
20/Mai/2005	6	18:00	18:29	Guten Abend RTL	RTL
20/Mai/2005	7	18:30	18:59	Exclusiv - Das Starmagazin	RTL
20/Mai/2005	8	19:00	19:29	Explosiv - Das Magazin	RTL
20/Mai/2005	9	19:30	20:00	Gute Zeiten, Schlechte Zeiten	RTL
23/Mai/2005	1	13:40	14:59	Das Strafgericht	RTL
23/Mai/2005	2	15:00	15:59	Das Familiengericht	RTL
23/Mai/2005	3	16:00	16:59	Das Jugendgericht	RTL
23/Mai/2005	4	17:00	17:29	Einsatz in 4 Wänden	RTL
23/Mai/2005	5	17:30	17:59	Unter uns	RTL
23/Mai/2005	6	18:00	18:29	Guten Abend RTL	RTL
23/Mai/2005	7	18:30	18:59	Exclusiv - Das Starmagazin	RTL
23/Mai/2005	8	19:00	19:29	Explosiv - Das Magazin	RTL
23/Mai/2005	9	19:30	20:00	Gute Zeiten, Schlechte Zeiten	RTL
27/Mai/2005	1	13:40	14:59	Das Geständnis - Heute sage ich alles	PRO7
27/Mai/2005	2	15:00	15:59	Die Abschlussklasse	PRO7
27/Mai/2005	3	16:00	16:59	Freunde - Das Leben geht weiter	PRO7
27/Mai/2005	4	17:00	17:29	Taff. Boulevardmagazin	PRO7
27/Mai/2005	5	17:30	17:59	Taff. Boulevardmagazin	PRO7
27/Mai/2005	6	18:00	18:29	taff. Spezial	PRO7

Aufgezeichnete Sendungen der Studie „Fernsehwerbung in Deutschland“					
Datum	Sendung Nr.	Beginn	Ende	Titel	Sender
27/Mai/2005	7	18:30	18:59	Prompt. Magazin mit Birte Karalus	PRO7
27/Mai/2005	8	19:00	19:29	Die Simpsons. Zeichentrickserie	PRO7
27/Mai/2005	9	19:30	20:00	Galileo. Wissensmagazin	PRO7

15.2 Legende für Spaltentitel der Codiertabelle

Nach dem hier dargestellten Schema ist die Codiertabelle aufgebaut. *Das komplette Kapitel entnehmen Sie bitte dem Internet unter www.nomos-extra.de.*

Schema Codiertabelle	
1	Datum der Sendung
2	Sendung Nummer
3	Werbeblock Nummer
4	Spot Nummer
5	Spot Beginn
6	Spot Ende
7	Spot Dauer
8	Spot Gegenstand
9	Branche
10	Unterkategorie
11	Ort der Handlung
12	Ansprache/Einsatz Kinder/Jugendliche
13	Bewertung Nachprüfbarkeit der Aussage: 1 = Aussage problemlos nachvollziehbar 0 = Aussage schwer nachvollziehbar bzw. szenische Umsetzung diskussionsfähig, 0,5 = Kernaussage nachvollziebar aber humorvoll übertrieben
14	Anzahl handelnde Männer
15	Anzahl handelnde Frauen
16	Anzahl handelnde Kinder
17	Anzahl handelnde Jugendliche
18	Anzahl handelnde Babys
19	Altersangabe Kinder/Jugendliche/Babys (circa in Jahren)
20	Anzahl Tiere/Figuren u ä
21	Name handelnde Prominente
22	Branche Prominente
23	Anzahl Prominente aus Bereich Sport
24	Anzahl Prominente aus Bereich Wirtschaft
25	Anzahl Prominente aus Bereich Journalismus Moderation Literatur
26	Anzahl Prominente aus Bereich Film Show Comedy
27	Anzahl Prominente aus Bereich Mode
28	Anzahl Prominente aus Bereich Musik
29	Anzahl Prominente aus Bereich Werbung
30	Name Tier
31	Name Figur

16. Literatur

Adorno, Theodor W.: Reflexionen zur Klassentheorie, in: Ders.: Soziologische Schriften I, Frankfurt/M., 1979.

Agresti, A.: Analysis of Ordinal Categorical Data, John Wiley & Sons, New York, 1984, S. 31-43.

Alpert, Frank H. & Kamins, Michael A.: Pioneer Brand Advantage and Consumer Behaviour: A Conceptual Framework and Propositional Inventory, in: Journal of Academy of marketing Science 22, 1994.

Asam, E.H. / Bucklin, L.P.: Nutrition labeling for canned goods. A study of consumer response, Journal of Marketing 37, 1973, S. 32-37.

Askari, Emilia: Is Joe Camel really so different from Ronald McDonald?, in: Detroit Free Press, 2002, www.childrennow.org/newsroom/new02/camra41602.htm.

Atkin, C. K.: Children's social learning from television advertising. Research evidence on observational modelling of product consumption. Advances in Consumer Research, 3, 1976, S. 513-519.

Atkin, C. K.: Effects of television advertising on children, in: E. L. Palmer & A. Dorr (Ed.), Children and the faces of television. Teaching, violence, selling, Academic Press, New York, 1980, S. 287-305.

Aufenanger, Stefan: Verlockungen und Gefahren heutiger Werbewelten für Kinder, in: Meister, Dorothee M. & Sander, Uwe (Hrsg.): Kinderalltag und Werbung. Zwischen Manipulation und Faszination, Luchterhand, Neuwied, 1997.

Bacher, J.: Einkommensarmutsgefährdung von Kindern in Österreich und deren Auswirkungen auf die Schullaufbahn und das subjektive Wohlbefinden, in: SWS-Rundschau, 37(1), 1997, S. 39-61.

Baacke, Dieter: Medienpädagogik, Niemeyer, Tübingen, 1997.

Baacke, Dieter / Sander, Uwe / Vollbrecht, Ralf: Kinder und Werbung, Kohlhammer, Stuttgart, 1993.

Barkin, M. / Gurevitch, M.: Out of work and on the air. Television news of unemployment, Critical Studies in Mass Communication 4, 1987, S. 1-20.

Barr, I.: Nutrition in food advertising. Content analysis of a Canadian women's magazine, 1928-1986, Journal of Nutrition Education 21, 1989, S. 64-72.

Beater, Axel: Europäisches Recht gegen unlauteren Wettbewerb - Ansatzpunkte, Grundlagen, Entwicklungen, Erforderlichkeit, ZEuP, 2003, S. 11-50.

Becker, I.: Die Entwicklung von Einkommensverteilung und Einkommensarmut in den alten Bundesländern von 1962-1988, in: I. Becker & R. Hauser (Hrsg.): Einkommensverteilung und Armut. Deutschland auf dem Weg zur Vierfünftel-Gesellschaft, Campus, Frankfurt/M., 1997, S. 43-62.

Belk, Russel W. & Pollay, Richard W.: Images of Ourselves: The Good Life in Twentieth Century Advertising, in: Journal of Consumer Research 11, 1985.

Bengtson, V., Rosenthal, C., & Burton, L.: Families and Aging. Diversity and Heterogeneity (1990), in: R. H. Binstock (Hrsg.), Handbook of Aging and the Social Sciences, Academic Press, San Diego, 1990, S. 263-287.

Berelson, B.: Content Analysis in Communications Research, Hafner Publishing Co., New York, 1971.

Berg, C.: Kinderwelten zwischen fürsorglicher Belagerung und Selbst-Behauptung, in: G. Reiß (Hrsg.): Schule und Stadt. Lernorte, Spielräume, Schauplätze für Kinder und Jugendliche, Juventa, Weinheim, 1995, S. 27-45.

Berlit, Wolfgang: Werbeverbote in ihrer Auswirkung auf die Pressefreiheit am Beispiel des Tabakwerbeverbots, in: Werbung und Werbeverbote im Lichte des europäischen Gemeinschaftsrechts, Hrsg.: Jürgen Schwarze, Schriftenreihe Europäisches Recht, Politik und Wirtschaft, Nomos, Baden-Baden, 1999, S. 73.

Bertram, H.: Individuen in einer individualisierten Gesellschaft, in H. Bertram (Hrsg.): Das Individuum und seine Familie, Leske & Budrich, Opladen, 1995, S. 9-34.

Bieber-Delfosse, Gabriele: Vom Medienkind zum Kinderstar, leske + budrich, Opladen, 2002, S. 23.

Bien, W.: Leben in Mehrgenerationenfamilien - Regel oder Sonderfall?, in: W. Bien (Hrsg.): Eigeninteresse oder Solidarität? Beziehungen in modernen Mehrgenerationenfamilien, Leske & Budrich, Opladen, 1994, S. 4-27.

Binder, Jochen: Zwischen Standesrecht und Marktwirtschaft. Ärztliche Werbung zu Beginn des 20. Jahrhunderts im deutsch-englischen Vergleich, Dissertation, Freiburg (Breisgau), 2000, Peter Lang GmbH Europäischer Verlag der Wissenschaften, Frankfurt/M., 2000, S. 11f.

Birch, L. L. / Billman, J. / Richards: Time of day influences food acceptability, in: Appetite, 5, 1984, S. 109-112.

Birch, L. L.: Effects of peer models' food choices and eating behaviours on preschoolers' food preference, in: Child Development, 51, 1980, S. 489-496.

Biser, Eugen: Bild, in: Handbuch philosophischer Grundbegriffe, München, 1973, S. 247.

Blisard, N.: Advertising and what we eat. The case of dairy product, in: E. Frazao (Ed.): America's Eating Habits. Changes and Consequences. U. Department of Agriculture, Agriculture Information Bulletin No. 750, 1999, S. 181-188.

Böckelmann, F. / Huber, J. / Middelmann, A.: Werbefernsehkinder, Berlin, 1979.

Bohle, H. H.: Armut trotz Wohlstand, in: W. Heitmeyer (Hrsg.): Was treibt die Gesellschaft auseinander?, Suhrkamp, Frankfurt/M., 1997, S. 118-155.

Bonfadelli, H.: Medienwirkungsforschung I. Grundlagen und theoretische Perspektiven, in: UVK, Konstanz, 1999.

Bonfadelli, H.: Medienwirkungsforschung II. Anwendungen in Politik, Wirtschaft und Kultur, in: UVK, Konstanz, 2000.

Bongert, Elisabeth: Transnationale Demokratie aus feministischer Sicht, in: Transnationale Demokratie. Impulse für ein demokratisch verfasstes Europa, hrsg. v.: Erne, Roland / Gross, Andreas / Kaufmann, Bruno und Kleger, Heinz, Realotopia Verlagsgenossenschaft, Zürich, 1995, S. 63.

Bornemann, Roland: Ordnungswidrigkeiten in Rundfunk und Mediendiensten, Schriftenreihe Kommunikation, Verlag Recht und Wirtschaft, Heidelberg, 2001.

Bornkamm, Joachim: Entwicklungen der Rechtsprechung im Wettbewerbsrecht - Vergleichende Werbung, in: Werbung und Werbeverbote im Lichte des europäischen Gemeinschaftsrechts, Hrsg.: Schwarze, Jürgen, Schriftenreihe Europäisches Recht, Politik und Wirtschaft, Nomos, Baden-Baden, 1999, S. 135f.

Bouchard, C.: Genetics influences on body weight and shape, in: K.D. Brownell & C.G. Fairburn (eds.): Eating Disorders and Obesity. A Comprehensive Handbook, Guilford Press, New York, 1995.

Braddon, F. E. / Rodgers, B. / Wadsworth, M. E. & Davies, J.: Onset of obesity in a 36 year birth cohort study, in: British Medical Journal, 293, 1986, S. 299-303.

Brener, N. D. / Kann, L. / Kinchen, A. / Grunbaum, J. A. / Whalen, L. / Eaton, D. / Hawkins, J. / Ross, J. G.: Methodology of the youth risk behaviour surveillance system, in: Morbidity and Mortality Weekly Report, 53, 2004, S. 1-13.

Brown, P. J. / Konner, M.: An anthropological perspective on obesity, in: Analyses of the New York Academy of Sciences, 499, 1987, S. 29-46.

Büchner, P. / Fuhs, B. / Krüger, H.-H. (Hrsg.): Vom Teddybär zum ersten Kuß, Leske & Budrich, Opladen, S. 129-158.

Büchner, P. / Fuhs, B.: Zur Sozialisationswirkung und zur biographischen Bedeutung der Kindersportkultur, in: Marburger Beiträge zur Kindheits- und Jugendforschung Nr. 8, 1998.

Büchner, P.: Vom Befehlen und Gehorchen zum Verhandeln. Entwicklungstendenzen von Verhaltensstandards und Umgangsnormen seit 1945, in: U. Preuss-Lausitz / P. Büchner (Hrsg.): Kriegskinder - Konsumkinder - Krisenkinder, Beltz, Weinheim, 1983, S. 196-212.

Camilleri, Joseph A. / Falk, Jim: The End of Sovereignty? The Politics of a Shrinking and Fragment World, Aldershot, 1994.

Campbell, Colin: The Romantic Ethic and The Spirit of Modern Consumerism, Basil, Blackwell, Oxford, 1987.

Charlton, M. / Neumann-Braun, K. / Aufenanger, S. / Hoffmann-Riem, W. u.a.: Fernsehwerbung und Kinder. Das Werbeangebot in der Bundesrepublik Deutschland und seine Verarbeitung durch Kinder. Bd. 1: Das Werbeangebot für Kinder im Fernsehen, Opladen, 1995.

Casteel, M.: Effects of inference necessity and reading goal on children's inferential integration. Journal of Educational Psychology, 88, 1993.

Castendyk, Oliver: Werbung nach der Fernsehrichtlinie, in: Werbung und Werbeverbote im Lichte des europäischen Gemeinschaftsrechts, Hrsg.: Schwarze, Jürgen, Schriftenreihe Europäisches Recht, Politik und Wirtschaft, Nomos, Baden-Baden, 1999.

Chamberlin, Edward Hastings: The theory of monopolistic competition - a re-orientation of the theory of value, 6. Auflage, Harvard University Press, Cambridge (Massachusetts) 1950.

Chen, M.: The smart parents' guide to kids TV, in: KQED Book, San Francisco, 1994.

Cheng, T. O.: Television viewing as a global risk factor for childhood obesity, in: International Journal of Cardiology, 2005.

Clancy, K. L. / Helitzer, D. L.: Food advertising, in: Nutrition Update, John Wiley & Sons, New York, 1983, S. 357-379.

Cogan, J. C. / Ernsberger, P.: Dieting, weight, and health. Reconceptualizing research and policy, in: Journal of Social Issues, 55, 2, 1999, S. 187-205.

Cohen, R.: The ethicist. Madison Avenue medicine, in: NY Times Magazine MCXLVIIII, Section 6, 1999, S. 20.

Collins, P. A. / Wright, J. C. / Anderson, D. R. / Huston, A. C. / Schmitt, K. L. / McElroy, E.: Effects of early childhood media use on adolescent achievement, in: J. C. Wright (Chair): The long-term effects of television viewing. Symposium sat the biennial meeting of the Society for research in Child Development, Washington, DC, 1997.

Collins, W. A. / Wellman, H. / Keniston, A. / Westby: Age related aspects of comprehension and inference from a televised dramatic narrative, in: Child Development, 49, 1978, S. 389-399.

Collins, W. A.: Interpretation and inference in children's television viewing, in: J. Bryant & D. R. Anderson (Ed.): Children's understanding of television. Research on attention and comprehension, Academic Press, New York, 1983, S. 125-150.

Coon, K. A. / Tucker, K. L.: Television and children's consumption pattern. A review of the literature, in: Minerva Pediatrica, 54 (5), 2002, S. 423-436.

Cremer-Schäfer, H.: Sie klauen, schlagen, rauben. Wie in Massenmedien „Kinderkriminalität" zu einer Bedrohung gemacht wird und wer weshalb und mit welchen Folgen daran mitarbeitet, in: Müller & H. Peter (Hrsg.): Kinderkriminalität. Empirische Befunde, öffentliche Wahrnehmung, Lösungsvorschläge, Leske & Budrich, Opladen, 1998, S. 113-138.

Crosier, Keith: Towards a Praxiology of Advertising, in: International Journal of Advertising, 1983/2, S. 215-232.

Cuozzo, P. F.: An Inquiry into the Image of Food and Food Habits as Presented by Television Food Commercial. Unpublished Master's thesis, University of Pennsylvania, Philadelphia, PA, 1971.

Cyprian, G. / Franger, G.: Familie und Erziehung in Deutschland. Kritische Bestandsaufnahme der sozialwissenschaftlichen Forschung, Kohlhammer, Stuttgart, 1995.

D'Amato, Gianni / Schieder, Siegfried: Die italienische Debatte im Vorfeld der EU-Regierungskonferenz, in: Transnationale Demokratie. Impulse für ein demokratisch verfasstes Europa, hrsg. v.: Erne, Roland / Gross, Andreas / Kaufmann, Bruno und Kleger, Heinz, Realotopia Verlagsgenossenschaft, Zürich, 1995, S. 307f.

Danaher, Peter J.: What Happens to Television Ratings During Commercial Breaks? in: Journal of Advertising Research 35, 1/1995, S. 37-47.

Darschin, W. / Zubayr, C.: Was leisten die Fernsehsender? Publikumsurteile über die Fernsehprogramme in den Jahren 1993 bis 2002, in: Media Perspektiven 5, 1993, S. 206-215.

DeBaryshe, D. B.: Maternal belief systems. Linchpin in the home reading process, Journal of Applied Developmental Psychology, 16, 1994.

Debord, Guy: Die Gesellschaft des Spektakels, Hamburg: Nautilus, 1978.

Degen, Kurt Markus: Werbung für Übermorgen. Die leise Reform der Gesellschaft durch Werbung, Sponsoring und Public Relations, Ringier AG, Zürich, 1995.

Derby, B. M. and Fein, B.: Meeting the NLEA education challenge. A consumer research perspective. In R. Shapiro (Ed.): Nutrition Labeling Handbook, Marcel Dekker, Inc., New York, 1995, S. 315-353.

Desor, J. A. / Maller, O. / Turner, R.: Taste in acceptance of sugars by human infant, in: Journal of Comparative and Physiological Psychology, 84, 1973, S. 496-501.

Diehl, J. M.: Skalen zur Erfassung von Ernährungs- und Gesundheitseinstellungen, o.V., Gießen, 2002.

Dietz, B.: Soziologie der Armut. Eine Einführung, Campus, Frankfurt/M., 1997.

Dilly, Torsten: Das Irreführungsverbot des Art. 3a der Richtlinie über irreführende und vergleichende Werbung, Dissertation, Juristische Fakultät, Heidelberg, 2000/2001, Nomos Verlagsgesellschaft, Baden-Baden, 2001.

Dobinson, Julian: Some TV Ratings Are More Equal than Other, in: Admap, 1999, S. 37ff.

Domblaser, L.: Traditional nutritionists continue to fade, in: New Product News, 11, 1999.

E. Wallace, Californian Journal of Health Promotion 2005, Volume 3, Issue 2, S. 125-129.

Elias, Norbert: Über den Prozeß der Zivilisation, 2 Bde., Suhrkamp, Frankfurt/M., 1976.

Engstler, H.: Die Familie im Spiegel der amtlichen Statistik. Lebensformen, Familienstrukturen, wirtschaftliche Situation der Familien und familiendemographische Entwicklung in Deutschland, Bundesministerium für Familie, Senioren, Frauen und Jugend, 2. Auflage, Bonn, 1998.

Evers, Tilmann: Grenzen der Demokratie und Politische Union. Schritte zu einem europäischen Gesellschaftsvertrag, in: Transnationale Demokratie. Impulse für ein demokratisch verfasstes Europa, hrsg. v.: Erne, Roland / Gross, Andreas / Kaufmann, Bruno und Kleger, Heinz, Realotopia Verlagsgenossenschaft, Zürich, 1995, S. 139f.

Farley, D.: Look for legit health claims on food. FDA Consumer Special Report, 21-28, 1993.

Featherman, D. L. / Spenner, K. I. / Tsunematsu, N.: Class and the Socialization of Children. Constancy, Change, or Irrelevance?, in: E. M. Hetherington, R. M. Lerner, M. Perlmutter (Hrsg.): Child Development in Life-Span Perspective, Lawrence Erlbaum, Hillsdale, NJ, 1988, S. 67-90

Feuerstein, S.: Differenzen der Fernsehnutzung in Ost- und Westdeutschland. Erklärungsbeiträge der MedienNutzerTypologie, in: Oehmichen, E. / Ridder, C. M. (Hrsg.): Die MedienNutzerTypologie. Ein neuer Ansatz in der Publikumsanalyse, Nomos-Verlagsgesellschaft, Baden-Baden, 2003, S. 128-142.

Fienberg, E.: The Analysis of Cross-Classified Categorical Data, 2nd ed., The MIT Press, Cambridge, MA, 1985, S. 523.

Fischer C.: Wirkungsmessung von Fernsehspots zur Ernährungsinformation, Dissertation am Institut für Sozialökonomik des Haushalts, TU München, 1986.

Fischer K.: Analyse der Ernährungssituation in Bayern auf der Grundlage der Nationalen Verzehrsstudie (1985-1989) und der Bayerischen Verzehrsstudie (1995), Lang, Frankfurt/M., 1999.

Flemming, Hansen / Rasmussen, Jeanette / Martensen, Anne / Tufte, Birgitte: Children. Consumption, Advertising and Media, Copenhagen Business School Press, 2002.

Fölling-Albers, M.: Schulkinder heute. Auswirkungen veränderter Kindheit auf Unterricht und Schulleben, Beltz, Weinheim, 1992.

Franck, G.: Ökonomie der Aufmerksamkeit. Ein Entwurf, Hanser, München, 1998.

Fritz, Thomas: Die Botschaft der Markenartikel. Vertextungsstrategien in der Werbung, Stauffenburg, Tübingen, 1994.

Fthenakis, W. E.: Kindliche Reaktionen auf Trennung und Scheidung, 1995.

Fuhs, B. / du Bois-Reymond, M. / Grundmann, G.: Kindliche Lebensbedingungen im interkulturellen Vergleich. Zur Infrastruktur einer ausgewählten Region in Westdeutschland, Ostdeutschland und den Niederlanden, in: M. du Bois-Reymond / P. Büchner / H.-H. Krüger / J. Ecarius, & B. Fuhs (Hrsg.): Kinderleben, Modernisierung von Kindheit im interkulturellen Vergleich, Leske & Budrich, Opladen, 1994, S. 27-60.

Fuhs, B.: Das außerschulische Kinderleben in Ost- und Westdeutschland. Vom kindlichen Spielen zur jugendlichen Freizeitgestaltung, 1996.

Fux, B.: Einstellungen und Werte, in: Fux, Beat (Hrsg.): Einstellungen zur Familienpolitik in Europa. Ergebnisse eines vergleichenden Surveys in den Ländern des European Comparative Survey on Population Policy Acceptance, Boldt, Boppardt, 1997, S. 43-109.

Galbraith, John Kenneth: The Affluent Society, Hamish Hamilton, Boston/London, 1958.

Gallo, A. E.: Food advertising in the United State, in: E. Frazao, (Ed.): America Eating Habits. Changes and Consequences, U. Department of Agriculture, Washington, DC. Agriculture Information Bulletin No. 750, 1999, S. 174-180.

Gamble M. / Contunga N.: A quarter century of TV food advertising targeted at children, in: American Journal of Health Behavior, 1999, S. 261-267.

Geiger, C. J.: Health claims. History, current regulatory status, and consumer research, in: Journal of the American Dietetic Association, 1998, S. 1312-1322.

Geißler, H.: Die Sozialstruktur Deutschlands, 2. Auflage, Westdeutscher Verlag, Opladen, 1996.

Gerbner G. / Gross L.: Living with Television. The Violence Profile, J. Commun 26, 1976, S. 172-199.

Gibbons, J. / Anderson, D. / Smith, R. / Field, D. / Fischer, C.: Young children's recall and reconstruction of audio and audiovisual narrative, Child Development, 57, 1986, S. 1014-1023.

Giesecke, H.: Pädagogische Illusionen. Lehren aus 30 Jahren Bildungspolitik. Klett-Cotta, Stuttgart, 1998.

Goebbels, Joseph Dr.: Reichsminister Goebbels vor den Werbefachleuten des Kontinents, in: werben & verkaufen, 1937, S. 256.

Goffman, Erving: Geschlecht und Werbung, Harper & Row, 1979. Deutsch von Thomas Lindquist, edition suhrkamp, Frankfurt/M., 1981, S. 11ff.

Grabs, I.: Ratgeber- und Serviceinteressen nach typologischer Differenzierung, in: Oehmichen, E. / Ridder, C.M. (Hrsg.): Die MedienNutzerTypologie. Ein neuer Ansatz in der Publikumsanalyse, Nomos-Verlagsgesellschaft, Baden-Baden, 2003, S. 240-259.

Grasskamp, Walter: Konsumglück. Die Ware Erlösung, Verlag C. H. Beck, München, 2000.

Greco, A. J. / Swayne, L. E. / Johnson, E. B.: Will older models turn off shoppers?, in: International Journal of Advertising, Nr. 16/1, 1997, S. 27-36.

Greenberg, B.: Minorities and the mass media, in: J. Bryant & D. Zillman (Ed.): Perspectives on mass media effects, Erlbaum, Hillsdale, New York, 1986, S. 165-188.

Groeschke, Peer / Kiethe, Kurt: Die Ubiquität des europäischen Verbraucherleitbildes - Der europäische Pass des informierten und verständigen Verbrauchers, WRP, 2001, S. 230-238.

Gross, Andreas: Europäische Verfassung und direkte Demokratie, in: Transnationale Demokratie. Impulse für ein demokratisch verfasstes Europa, hrsg. v.: Erne, Roland / Gross, Andreas / Kaufmann, Bruno / Kleger, Heinz, Realotopia Verlagsgenossenschaft, Zürich, 1995, S. 191f.

Groys, Boris: Der Wille zur totalen Produktion. Über die Verachtung des Konsums und ihre Motive, in: FAZ, Beilage Bilder und Zeiten, 1992.

Grünwald, Bettina: Das Verbot der irreführenden Werbung nach § 3 UWG - ein Handelshemmnis?, Studie zum Europäischen und Internationalen Wirtschaftsrecht, Bd. 8, Dissertation, 1997, Peter Lang Europäischer Verlag der Wissenschaften, Frankfurt/M., 2000.

Guéhenno, Jean-Marie: Das Ende der Demokratie, München/Zürich, 1994.

Gunter, Barrie / Oates, Caroline / Blades, Mark: Advertising to Children on TV. Content, Impact, and Regulation, University of Sheffield, United Kingdom, Lawrence Erlbaum Associates, Publishers, London, 2005.

Häder S.: Telefonstichproben, in: ZUMA How-to-Reihe 6 (2000), abgerufen unter http.//www.gesi org/Publikationen/Berichte/ZUMA_How_to/ (30. November 2003).

Halford, J. C. G. / Gillespie, J. / Brown, V. / Pontin, E. E. / Dovey, T. M.: Effect of television advertisements for foods on food consumption in children, in: Appetite, 42, 2004, S. 221-225.

Hanesch, W.: Armut in Deutschland, Rowohlt, Reinbek, 1994.

Hareven, T. / Mitterauer, M.: Entwicklungstendenzen der Familie, Picu, Wien, 1997.

Harper, L. V. / Sanders, K. M.: The effects of adults' eating on young children's acceptance of unfamiliar food. Journal of Experimental Child Psychology, 20, 1975, S. 206-214.

Harrison, P. M. / Beck, A. J.: Prisoners in 2003, Bureau of Justice Statistic, Washington, DC, 2004.

Hartewich, Oliver Marc: Wettbewerb, Werbung und Recht. Eine Kritik des Rechts des unlauteren Wettbewerbs aus historischer, rechtsvergleichender und ökonomischer Sicht - zusammengeführt am Beispiel der vergleichenden Werbung, Dissertation, Ruhr-Universität Bochum, Juristische Fakultät, Herbert Utz Verlag, München, 2003.

Hatje, Armin: Werbung und Grundrechtsschutz in rechtsvergleichender Betrachtung, in: Werbung und Werbeverbote im Lichte des europäischen Gemeinschaftsrechts, Hrsg.: Jürgen Schwarze, Schriftenreihe Europäisches Recht, Politik und Wirtschaft, Nomos, Baden-Baden, 1999, S. 47.

Hauser, R.: Vergleichende Analyse der Einkommensverteilung und der Einkommensarmut in den alten und neuen Bundesländern 1990 bis 1995, in: I. Becker / R. Hauser (Hrsg.): Einkommensverteilung und Armut. Deutschland auf dem Weg zur Vierfünftel-Gesellschaft, Campus, Frankfurt/M., 1997, S. 63-82.

Hauser, R. / Neumann, U.: Armut in der Bundesrepublik Deutschland. Die sozialwissenschaftliche Thematisierung nach dem 2. Weltkrieg, 1992.

Heinzel, F.: Qualitative Interviews mit Kindern, in: Friebertshäuser , B. / Prengel, A. (Hrsg.): Handbuch Qualitative Forschungsmethoden in der Erziehungswissenschaft, Juventa, Weinheim, 1997, S. 396-413.

Heller, Eva: Die Werbung wirkt. Theorien und Tatsachen, Fischer, Frankfurt/M., 1984.

Heller, Steven: Die Siebziger. Fast so gut wie die Sechziger, in: Heinmann, Jim (Ed.): The Golden Age of Advertising - the 70s, Taschen Verlag, Köln, 2006.

Hellmann, Kai-Uwe / Schrage, Dominik: Konsum der Werbung. Zur Produktion und Rezeption von Sinn in der kommerziellen Kultur, Konsumsoziologie und Massenkultur, Verlag für Sozialwissenschaften, 2004.

Hickman, B. W. / Gates, G. E. / Dowdy, R. P.: Nutrition claims in advertising. A study of four women's magazine, Journal of Nutrition Education 25, 1993, S. 227-235.

Hildebrandt, Ronny: Heilmittelwerberecht: Informationspflichten vs. Werbeverbote. Eine Untersuchung der Kollision von Informationspflichten mit Werbebeschränkungen im Arzneimittelsektor unter Berücksichtigung marketingpolitischer und wettbewerbsrechtlicher Aspekte, Dissertation, Universität Greifswald, 2003, Verlag Dr. Kovac, Hamburg, 2004.

Hildwine, R.: Personal communication, 1999.

Hill, Daniel Delis: Advertising to the American Woman, 1900-1999, Ohio State University Press, Columbus, 2002, S. VIIIff.

Hirschman, Elisabeth / Thompson, Craig: Why Media Matter: Toward a Richer Understanding of Consumers' Relationships with Advertising and Mass Media, in: Journal of Advertising, 26/1, 1997.

Hölscher, Barbara: Lebensstile durch Werbung. Zur Soziologie der Life-Style-Werbung, Dissertation, Bielefeld, 1997, Westdeutscher Verlag, 1998.

Hoffmann, R. W.: Geldkultur in Haushalt und Gesellschaft, in: Gräbe (Hrsg.): Vom Umgang mit Geld. Finanzmanagement in Haushalt und Familie, Frankfurt/M., Campus, 1998, S. 17-33.

Holsti, O.: Content Analysis for the Social Sciences and Humanity, Addison-Wesley, Reading, MA, 1969.

Honig, M. / Leu, H. R. / Nissen, U.: Kindheit als Sozialisationsphase und als kulturelles Muster. Zur Strukturierung eines Forschungsfeldes, in: M. Honig, H. R. Leu, U. Nissen (Hrsg.): Kinder und Kindheit. Soziokulturelle Muster - sozialisationstheoretische Perspektiven, Juventa, Weinheim, 1996, S. 9-29.

Horst M.: Im Wettlauf mit der Wahrheit. Lebensmittelsicherheit als Thema von Wissenschaft, Politik und Journalismus, in: Stockmeyer Stiftung für Lebensmittelforschung (Hrsg.): Werkstattbericht 3, Dokumentation eines Workshops am 29. Oktober in Münster, zu beziehen über die Stockmeyer Stiftung, 1997.

Hradil: Sozialisation und Reproduktion in pluralistischen Wohlfahrtsgesellschaften, in: Sünker, H. / Timmermann, D. / Kolbe, F.-U. (Hrsg.): Bildung, Gesellschaft und soziale Ungleichheit, Suhrkamp, Frankfurt/M., 1994, S. 89-119.

Huston, A. C. / Wright, J. C. / Rice, M L. / Kerkman, D. / St. Peters, M.: The development of televised viewing patterns in early childhood. A longitudinal investigation, in: Paper presented at the biennial meeting of the Society for Research in Child Development, Washington, DC, 1987.

Huston, A. C. / Watkins, B. A. / Kunkel, D.: Public policy and children's television. American Psychologist, 44, 1989, S. 424-433.

Ingenkamp, Konstantin: Werbung und Gesellschaft. Hintergründe und Kritik der kulturwissenschaftlichen Reflexion von Werbung, Peter Lang Verlag, Frankfurt/M., 1996, S. 55.

Ippolito, P. M. / Mathios, A. D.: The regulation of science-based claims in advertising, in: Journal of Consumer Policy 15, 1990, S. 413-445.

James, A. / Jenks, C. / Prout, A.: Theorizing Childhood, Polity Press, Oxford, 1998.

Johnson, J. D. / Adams, M. / Ashburn, L. / Reed, W.: Differential gender effects of exposure to rap music on African American adolescents' acceptance of teen dating violence, in: Sex Roles. A Journal of Research, 33, 1995, S. 597-605.

Joos, M.: Kindheit und Armut, in: Akademie der Diözese Rottenburg-Stuttgart (Hrsg.): Kindsein ist kein Kinderspiel. Bedingungen des Aufwachsens in Deutschland, Eigenverlag, Stuttgart, 1998, S. 121-140.

Joos, M. / Meyer, W.: Die Entwicklung der relativen Einkommensarmut von Kindern in Deutschland 1990 bis 1995, in: J. Mansel / G. Neubauer (Hrsg.): Armut und soziale Ungleichheit bei Kindern, Leske & Budrich, Opladen, 1998, S. 19-33.

Karg, G.: Ernährungssituation in Deutschland (2000), in: Deutsche Gesellschaft für Ernährung (Hrsg.): Ernährungsbericht 2000, Druckerei Henrich, Frankfurt/M., S. 17-79.

Kaufmann, Bruno: Unterwegs zur transnationalen Demokratie. Und was wir dazu aus der Geschichte lernen können, in: Transnationale Demokratie. Impulse für ein demokratisch verfasstes Europa, hrsg. v.: Erne, Roland / Gross, Andreas / Kaufmann, Bruno / Kleger, Heinz, Realotopia Verlagsgenossenschaft, Zürich, 1995, S. 18.

Kaur, H. / Choi, W. / Mayo, M. / Harris, K. J.: Duration of television watching is associated with increased body mass index, in: Journal of Pediatrics, 143, 2003, S. 506-511.

Keppler-Seel, A. / Knoblauch, H.: Familie als kommunikatives Netzwerk, in: T. Luckmann (Hrsg.): Moral im Alltag. Sinnvermittlung und moralische Kommunikation in intermediären Institutionen, Bertelsmann, Gütersloh, 1998, S. 47-103.

Kintsch, W.: The role of knowledge in discourse comprehension. A construction-integration model, in: Psychological Review, 95, 1988, S. 163-182.

Kirzner, Israel M.: Advertising, in: The Freeman - Ideas on Liberty, Heft 9/1972.

Kleger, Heinz: Transnationale Staatsbürgerschaft: Zur Arbeit an einem europäischen Bürgerhaus, in: Transnationale Demokratie. Impulse für ein demokratisch verfasstes Europa, hrsg. v.: Erne, Roland / Gross, Andreas / Kaufmann, Bruno / Kleger, Heinz, Realotopia Verlagsgenossenschaft, Zürich, 1995, S. 34.

Klocke, A.: Reproduktion sozialer Ungleichheit in der Generationenfolge, in: P. A. Berger / M. Vester (Hrsg.): Alte Ungleichheiten - Neue Spaltungen, Leske & Budrich, Opladen, 1998, S. 211-229.

Kloss, Ingomar: Advertising in Germany, in: Advertising worldwide, Springer, Berlin, 2001.

Knies, Karl: Der Telegraph als Verkehrsmittel. Mit Erörterungen über den Nachrichtenverkehr überhaupt, Tübingen, 1857.

Koch, A.: Wenn mehr nicht gleichbedeutend mit besser ist. Ausschöpfungsquoten und Stichprobenverzerrungen in allgemeinen Bevölkerungsumfragen, in: ZUMA-Nachrichten 42, 1998, S. 66-88.

Koch, K. / Weiß, A.: Wandel in der Freizeit beim Übergang des Kindes ins Jugendalter. Westdeutschland, in: P. Büchner, M. Du Bois-Reymond, J. Ecarius, B. Fuhs, H.-H. Krüger (Hrsg.): Teenie-Welten. Aufwachsen in drei europäischen Regionen, Leske & Budrich, Opladen, 1998, S. 181-199.

Kocher, Dirk: Ungenügende Harmonisierung im Bereich der irreführenden Werbung am Beispiel der finnischen Rechtsprechung über Tiefstpreisgarantien, GRUR Int, 2002, S. 707-712.

Köhler, Hans-Uwe L.: Sex sells. Mythos oder Wahrheit, Gabal managment, 2006.

Kommer, Sven: Kinder im Werbenetz. Eine qualitative Studie zum Werbeangebot und zum Werbeverhalten von Kindern, GMK-Schriftenreihe, Leske & Budrich, Opladen, 1996.

Kohlmeier L. (Hrsg.): Ernährungsabhängige Krankheiten und ihre Kosten, in: Schriftenreihe des Bundesministeriums für Gesundheit (Bd. 27). Nomos Verlagsgesellschaft, Baden-Baden, 1993.

Kotz, K. / Story, M.: Food advertisements during children's Saturday morning television programming. Are they consistent with dietary recommendations?, in: Journal of the American Dietetic Association,1994/11, S. 1296-1300.

Kraatz-Rotermund, Irmgard: Die Frau und die Arbeit der Gesellschaft für Konsumforschung, in: werben & verkaufen, April 1938.

Kränzl-Nagl, R.: Bilder von Kindheit und Kindern, in: R. Kränzl-Nagl, B. Riepl, H. Wintersberger (Hrsg.): Kindheit in Gesellschaft und Politik. Eine multidisziplinäre Analyse am Beispiel Österreichs, Campus, Frankfurt/M., 1998, S. 21-32.

Krause, P.: Zur zeitlichen Dimension von Einkommensarmut, in: W. Hanesch / E.-M. Bordt (Hrsg.): Armut in Deutschland, Rowohlt, Reinbek, 1994, S. 189-214.

Krieb, Christiane / Reidl, Andreas: Seniorenmarketing. So erreichen Sie die Zielgruppe der Zukunft, Verlag Moderne Industrie, 2002.

Krippendorff, K.: Content Analysis. An Introduction to Its Methodology, in: Sage Publications, Beverly Hill, 1980.

Kroeber-Riel, Werner / Weinberg, Peter: Konsumentenverhalten, 2003.

Kroeber-Riel, Werner / Weinberg, Peter: Konsumentenverhalten, 6. völlig überarbeitete Auflage, München, 1996.

Kroeber-Riel, Werner / Esch, Franz-Rudolf: Strategie und Technik der Werbung. Verhaltenswissenschaftliche Ansätze, 2004.

Kunin T.: The Construction of a New Type of Attitude Measure, in: Pers Psychol 8, 1955, S. 65-77.

Kurtzweil, P.: Good reading for good eating. FDA Consumer Special Report, 1993, S. 6-13.

Kurtzweil, P.: Staking a claim to good health. FDA and science stand behind health claims on food. FDA Consumer 32(6), 1998, S. 16-21.

Kutsch T.: Haushalt und Ernährung, in: Oltersdorf U. / Preuß T. (Hrsg.): Haushalte an der Schwelle zum nächsten Jahrtausend. Aspekte haushaltswissenschaftlicher Forschung - gestern, heute, morgen, Campus, Frankfurt/M./New York, 1996, S. 254-279.

Lamberty, Christiane: Reklame in Deutschland 1890-1914. Wahrnehmung, Professionalisierung und Kritik der Wirtschaftswerbung, Duncker & Humblot, Berlin, 2000.

Lampert, C.: Gesundheitsförderung durch Unterhaltung? Zum Potenzial des Entertainment-Education-Ansatzes für die Förderung des Gesundheitsbewusstseins, in: Themenheft Gesundheitskommunikation der Zeitschrift Medien & Kommunikationswissenschaft 3, 2003, S. 461-477.

Lange, A. / Lauterbach, W.: Aufwachsen mit oder ohne Großeltern? Die gesellschaftliche Relevanz multilokaler Mehrgenerationsfamilien, in: Zeitschrift für Soziologie der Erziehung und Sozialisation, 18 (3), 1998, S. 227-249.

Langebucher, Wolfgang: Die wirtschaftliche Sicherung der Pressefreiheit, in: Fernseh-Kritik. Werbung im Fernsehen, hrsg. v. Heygster, Anna-Luise und Maseberg, Eberhard, v. Hase & Koehler Verlag, Mainz, 1975.

LaPoint, Velma: Food and Beverage Advertising and Marketing Directed at Children and Adolescent, Presentation at The California Endowment, 2003.

Lauterbach, W. / Lange, A.: Aufwachsen in materieller Armut und sorgenvoller Familienumwelt. Konsequenzen für den Schulerfolg von Kindern am Beispiel des Überganges in die Sekundarstufe I, in: Mansel, J. / Neubauer, G. (Hrsg.): Armut und soziale Ungleichheit bei Kindern, Leske & Budrich, Opladen, 1998, S. 106-129.

Lauterbach, W. / Lüscher, K.: Erben und die Verbundenheit der Lebensverläufe von Familienmitgliedern, in: Kölner Zeitschrift für Soziologie und Sozialpsychologie, 48 (1), 1996, S. 66-95.

Lauterbach, W.: Die gemeinsame Lebenszeit von Familiengenerationen, in: Zeitschrift für Soziologie, 24 (1), 1995, S. 22-41.

Lears, Jackson: From Salvation to Self-Realization: Advertising and the Therapeutic Roots of the Consumer Culture, 1880-1930, in: Fox, Richard Wightman / Lears, Jackson (Hrsg.): The Culture of Consumption: Critical Essays in American History, 1880-1930, Pantheon Books, New York, 1983.

Leibfried / Voges, W. (Hrsg.): Armut im modernen Wohlfahrtsstaat, Westdeutscher Verlag, Opladen.

Leibfried / Leisering, W.: Zeit der Armut. Lebensverläufe im Sozialstaat, Suhrkamp, Frankfurt/M., 1995.

Leifer, A. / Collins, W. / Gross, B. / Taylor, P. / Andrews, L. / Blackmer, E.: Developmental aspects of variables relevant to observational learning, in: Child Development, 42, 1971, S. 1509-1516.

Leisner, Walter: Der mündige Verbraucher in der Rechtsprechung des EuGH, EuZW 1991, S. 498, 504.

Lepsius, M. Rainer: Nationalstaat oder Nationalitätenstaat als Modell für die Weiterentwicklung der Europäischen Gemeinschaft, in: Lepsius, M. Rainer: Demokratie in Deutschland, Göttingen, 1993, S. 265-285.

Lesser, G.: Children and television. Lessons from Sesame Street, Vintage, New York, 1974.

Lettau, H.-G.: Grundwissen Marketing, 3. Aufl., München, 1989.

Levy, A. / Derby, B.M.: The Impact of the NLEA on Consumer Recent Findings from FDA's Food Label and Nutrition Tracking System. Executive Summary, Center for Food Safety and Applied Nutrition, Food and Drug Administration, Washington, DC, 1996.

Linzmaier, V. / Lücke, S. / Rössler, P. / Steinhilper, L. / Willhöft, C.: Forschungsprojekt Ernährungsinformationen in den Medien. Unveröffentlichter Projektendbericht des Bundesministeriums für Verbraucherschutz, Ernährung und Landwirtschaft, 2004.

Lobe, Adolf: Die Bekämpfung des unlauteren Wettbewerbs, Band I - Der unlautere Wettbewerb als Rechtsverletzung nach dem Bürgerlichen Gesetzbuch und den Nebengesetzen, Deutsche Verlagsbuchhandlung Theodor Weicher, Leipzig 1907.

Loeb, Lori Anne: Consuming Angels. Advertising and Victorian Women, Oxford University Press, Oxford/New York, 1994, Preface.

Lohmann, J. / Kant, A. K.: Effect of the Food Guide Pyramid on food advertising, in: Journal of Nutrition Education 30, 1998, S. 23-28.

Lorch, E. / Bellack, D. / Augsbach, L.: Young children's memory for televised stories. Effects of importance. Child Development, 58, 1987, S. 453-463.

Lorch, E. / Sanchez, R. P.: Children's memory for televised event, in van den Broek, P. W. / Bauer, P. J. / Bourg, T. (Ed.): Developmental spans in event comprehension and representation. Bridging fictional and actual events, Erlbaum, Mahwah, New York, 1997, S. 271-291.

Lord, J. B. / Eastlack, J. O. / Stanton, J. L.: Health claims in advertising. Is there a bandwagon effect?, in: Journal of Advertising Research, April/May, 1987, S. 9-15.

Lücke, S. / Rössler P. / Willhöft C.: Appetitlich verpackt, aber schwer zu verdauen? Darstellung und Wirkung von Ernährung in Massenmedien. Ein Forschungsüberblick, in: Themenheft Gesundheitskommunikation der Zeitschrift Medien & Kommunikationswissenschaft, 3, 2003, S. 407-430.

Lüders, C.: Kinderdelinquenz - noch eine Herausforderung für die Kinder- und Jugendhilfe?, in: Müller / H. Peter (Hrsg.): Kinderkriminalität. Empirische Befunde, öffentliche Wahrnehmung, Lösungsvorschläge, Leske & Budrich, Opladen, 1998, S. 51-81.

Lüscher, K.: Perspektiven einer Soziologie der Sozialisation. Die Entwicklung der Rolle des Kindes, Zeitschrift für Soziologie, 4 (4), 1976, S. 359-379.

Luhmann, Niklas: Die Realität der Massenmedien, 2. erw. Auflage, Westdeutscher Verlag, Opladen, 1996.

Mackenzie, B.: The role of attention in mediating the effect of advertising on attribute importance, in: Journal of Consumer Research 13, 1986, S. 174-195.

Maclaren, T. H.: Content and accuracy of food and nutrition messages on network morning television news program, unpublished Master's thesis, Auburn University, Auburn, AL, 1996.

Maklin, M. C.: The influence of model age on children's reactions to advertising stimuli, in: Psychology / Marketing, Nr. 7/4, 1990, S. 295-310.

Mares, M. L: Children's use of VCR. Annual American Academy Political Social Science, 557, 1998, S. 120-131.

Martensen, Anne / Tufte, Birgitte: Children. Consumption, Advertising and Media, Copenhagen Business School Press, 2002, S. 25.

Mathios, A. D. / Ippolito, P.: Health claims in food advertising and labeling, in: E. Frazao (Ed.): America's Eating Habits. Changes and Consequences, Department of Agriculture, Washington, DC. [Online]. Available. http.//www.econ.ag.gov/ epubs/pdf/aib750. Accessed June 23, 1999, S. 189-212.

Mauer, M., / Coyle, M.: The social cost of America's race to incarcerate, in: Journal of Religion & Spirituality in Social Work, 23, 2004, S. 7-25.

Medrich, E.: Children's television. The economics of exploitation, Yale University Press, New Haven, 1979.

Metzmacher, B. / Zaepfel, H.: Kindheit und Identitätsentwicklung im Zeichen (post)modernen sozialen Wandel, in: B. Metzmacher, H. Petzold, H. Zaepfel (Hrsg.): Therapeutische Zugänge zu den Erfahrungswelten des Kindes von heute. Integrative Kindertherapie in Theorie und Praxis, Jungfermann, Paderborn, 1996, S. 19-73.

Meyer, Andreas: Produktspezifische Werberegelungen in Deutschland und der Europäischen Gemeinschaft. Zur rechtlichen Problematik von Werbevorschriften für Lebensmittel, alkoholische Getränke, Arznei- und Heilmittel, Kosmetika sowie Tabakerzeugnisse, Dissertation Universität München, 1995, Carl Heymanns Verlag, Köln, 1996.

Mises, Ludwig von: Liberalism in the classical tradition, 3. Auflage, Irvington-on-Hudson, New York/San Francisco: Foundation for Economic Education, Cobden, 1985.

Mises, Ludwig von: Human Action - A Treatise on Economics, 4. Auflage, Fox & Wilkes, San Francisco, 1996.

Morton, J. F. / Guthrie, J. F.: Changes in children's total fat intakes and their food group sources of fat, 1989-91 versus 1994-95. Implications for diet quality, Family Economics and Nutrition Review, 11, 1998, S. 45-57.

Moser, Klaus: Werbepsychologie. Eine Einführung, Psychologie Verlags Union, München, 1990.

Motl, R. W. / McAuley, E. / Birnbaum, A. / Lytle, L. A.: Naturally occurring changes in time spent watching television are inversely related to frequency of physical activity during early adolescence, in: Journal of Adolescence, 2005.

Müller, W.: Erwartete und unerwartete Folgen der Bildungsexpansion, in: Friedrichs, J. / Lepsius, R. M. / Mayer, K. U. (Hrsg.): Die Diagnosefähigkeit der Soziologie, Westdeutscher Verlag, Opladen, 1998, S. 81-112.

Murphy, D. / Hoppock, T. H. / Rusk, M. K.: Generic Copy Test of Food Health Claims in Advertising. Joint staff report of the Bureaus of Economics and Consumer Protection, Federal Trade Commission. [Online]. Available. http.//www.ftc.gov/os/1998/ 9811/foodhealrep.htm. Accessed July 12, 1999.

Nagel, Klaus Andreas: Werbeverbote, Institut für Internationale Angelegenheiten der Universität Hamburg, Werkheft 41, Nomos Verlagsgesellschaft Baden-Baden, 1992, S. 43.

Narr, Wolf-Dieter / Schubert Alexander: Weltökonomie. Die Misere der Politik, Frankfurt/M., 1994.

Narr, Wolf-Dieter: Politik ohne Eigenschaften, in: Blätter für deutsche und internationale Politik, 4/1995, S. 395.

Nave-Herz, R.: Die These über den Zerfall der Familie, in: Friedrichs, J. / Lepsius, R. M. / Mayer, K. U. (Hrsg.): Die Diagnosefähigkeit der Soziologie, Westdeutscher Verlag, Opladen, 1998, S. 286-316.

Nickel, Volker: „Konsumtrottel oder Bürger?“, in: Die Welt, 4.12.2002.

Neuman, B.: Literacy in the television age. The myth of the TV effect, 2nd ed., Academic, Norwood, New York, 1995.

Nordemann, Wilhelm: Irreführung und vergleichende Werbung in Europa, in: Werbung und Werbeverbote im Lichte des europäischen Gemeinschaftsrechts, Hrsg.: Schwarze, Jürgen, Schriftenreihe Europäisches Recht, Politik und Wirtschaft, Nomos, Baden-Baden, 1999, S. 148.

Nowak, Kjell: Cultural Indicators in Swedish Advertising 1950-1975, in: Melischek, Gabriele / Rosengren, Kar Erik / Stappers, James (Hrsg.): Cultural Indicators: An International Symposium, Verlag der Österreichischen Akademie der Wissenschaften, Wien, 1984.

Olson, David: The Characteristics of High-Trial New-Product Advertising, in: Journal of Advertising Research 25 (3), 1985.

Packard, Vance: Die geheimen Verführer. Der Griff nach dem Unbewußten in jedermann, Econ, Düsseldorf, 1958.

Parsons, P. R. / Rotfeld, H. J. / Gray, T.: Magazine publisher and advertising manager standards for acceptable advertising, in: Current Issues and Research in Advertising 10, 1987, S. 99-211.

Pasquale, J.: Die Arbeit der Mütter, Juventa, Weinheim, 1998.

Peña, M. / Bacallao, J.: Obesity among the poor. An emerging problem in Latin America and the Caribbean, in: Peña , M. / Bacallao, J. (Eds.): Obesity and Poverty. A New Public Health Challenge, Washington DC, Pan American Health Organization, 3-10, 2000.

Perau, Guido: Werbeverbote im Gemeinschaftsrecht. Gemeinschaftliche Grenzen nationaler und gemeinschaftsrechtlicher Werbebeschränkungen. Eine Untersuchung der Werberegelungen inder Fernsehrichtlinie sowie in den Vorschlägen der Kommission über die vergleichende Werbung und die Tabakwerbung, Dissertation, Universität Trier, 1996, Nomos Verlagsgesellschaft, Baden-Baden, 1997.

Percy, Larry / Lautmann, Martin R.: Advertising, Weight Loss, and Eating Disorder, in: Clark, Eddie M. / Brock, Timothy C. / Stewart, David W. (Hrsg.): Attention, Attitude, and Affect in Response to Advertising, Lawrence Erlbaum Associates, Hillsdale, New Jersey, 1994.

Poppe, Rolf: Der ungleiche Wettstreit, in: Fernseh-Kritik. Werbung im Fernsehen, hrsg. v. Heygster, Anna-Luise und Maseberg, Eberhard, v. Hase & Koehler Verlag, Mainz, 1975.

Pratt, C. A. / Pratt, C. B.: Comparative content analysis of food and nutrition advertisements in Ebony, in: Essence, and Ladies' Home Journal. Journal of Nutrition Education 27, 1985, S. 11-17.

Price, V. / Tewksbury, D. / Powers E.: Switching Trains of Thought. The Impact of News Frames on Readers' Cognitive Response, J. Commun Res 24, 1997, S. 481-506.

Prokop, Dieter: Warum Einschaltquoten und Hitlisten kein demokratisches Bild der Publikumswünsche ergeben, in: Klingler, Walter / Roters, Gunnar / Zöllner, Oliver (Hrsg.): Fernsehforschung in Deutschland. Themen - Akteure - Methoden, Baden-Baden, 1998, S. 955-966.

Pudel, V. / Westenhöfer, J.: Ernährungspsychologie. Eine Einführung. 2. Auflage, Hogrefe, Göttingen - Bern - Toronto - Seattle, 1998.

Reid, Leonard N. / Frazer, Charles F.: Cildren's Use of Television Commercials to Initiate Social Interaction in Family Viewing Situations, in: Journal of Broadcasting, 24, S. 149-158.

Reinhard, Dirk: Vom Intelligenzblatt zum Satellitenfernsehen: Stufen der Werbung als Stufen der Gesellschaft, in: Borscheid, Peter / Wischermann, Clemens (Hrsg.): Bilderwelt des Alltags. Werbung in der Konsumgesellschaft des 19. und 20. Jahrhunderts, Franz Steiner, Stuttgart.

Rerrich, M.: Veränderte Elternschaft. Entwicklungen in der familiären Arbeit mit Kindern, Soziale Welt, 34 (4), 1983, S. 421-449.

Reuband, K. H. / Blasius, J.: Situative Bedingungen des Interviews, Kooperationsverhalten und Sozialprofil konvertierter Verweigerer. Ein Vergleich von telefonischen und face-to-face-Befragungen, in: Hüfken, V. (Hrsg.): Methoden in Telefonumfragen, Wiesbaden, Westdeutscher Verlag, 2000.

Reuband, K. H.: Aushandeln statt Gehorsam. Erziehungsziele und Erziehungspraktiken in den alten und neuen Bundesländern im Wandel, in Böhnisch, L. / Lenz, K. (Hrsg.): Familien. Eine interdisziplinäre Einführung, Juventa, Weinheim, 1997, S. 129-153.

Rosenberg M. J. / Hovland C.: Cognitive, Affective, and Behavioral Components of Attitude, in: Rosenberg, M. J. / Hovland C. / McGuire W. J. / Abelson R. P. / Brehm J. W.: Attitude Organization and Change. An Analysis of Consistency among Attitude Component, 4. Auflage, Yale University Press, New Haven/London, 1960, S. 1-14.

Rosendorfer, T.: Kinder und Geld. Zur Konsum- und Gelderziehung von Heranwachsenden. Diskurs, 7 (2), 1997, S. 68-75.

Rosenstiel, Lutz von / Kirsch, Alexander: Psychologie der Werbung. Total überarbeitete Neuauflage von Rosenstiel (1968), Komar-Verlag, Rosenheim, 1996.

Rössler P. / Brosius H. B .: Prägen Daily Talks die Vorstellungen Jugendlicher von der Wirklichkeit? Ein Intensiv-Experiment zur Kultivierungshypothese, in: Schneiderbauer, C. (Hrsg.): Daily Talkshows unter der Lupe, Wissenschaftliche Beiträge aus Forschung und Praxis, Fischer, München, 2001, S. 119-151.

Rossmann C.: Die heile Welt des Fernsehens. Eine Studie zur Kultivierung von Krankenhausserien, Fischer, München, 2002, S. 404-405.

Rozin, P.: Human food selection. The interaction of biology, culture and individual experience, in: The Psychobiology of Human Food Selection, Bridgeport, AVI, 1982, S. 225-254.

Ruddell, R. / Mays, G. L.: Risky lifestyles and unintentional firearms fatalitie, in: Californian Journal of Health Promotion, 2, 2004, S. 49-64.

Sack, Jörn: Nationale Werbebeschränkungen und freier Warenverkehr, in: EuZW, 1990, S. 313ff.

Sack, Rolf: Die Auswirkungen des europäischen Rechts auf das Verbot irreführender Werbung, in: Werbung und Werbeverbote im Lichte des europäischen Gemeinschaftsrechts, Hrsg.: Schwarze, Jürgen, Schriftenreihe Europäisches Recht, Politik und Wirtschaft, Nomos, Baden-Baden, 1999, S. 131f.

Sack, Rolf: Die irreführende Werbung mit wahren Angaben, GRUR, 1996, S. 461 ff.

Scammon, D. L.: Information load and consumer, in: Journal of Consumer Research 4, 1977, S. 48-155.

Schenk, M. / Sonje, D.: Journalisten und Gentechnik, Verlag Reinhard Fischer, München, 1998.

Schenk, M.: Medienwirkungsforschung, Mohr Siebeck, Tübingen, 2002.

Scheufele, B.: Framing as a Theory of Media Effect, J. Commun 1, 1999, S. 103-121.

Scheufele, B.: Visuelles Medien-Framing und Framing-Effekte. Zur Analyse visueller Kommunikation aus der Framing-Perspektive, in: Knieper, T. / Müller, M. G. (Hrsg.): Kommunikation visuell. Das Bild als Forschungsgegenstand. Grundlagen und Perspektiven, Von Halem, Köln, 2001, S. 144-158.

Schiller, Theo: Europäische Verfassungs-Initiative - ein demokratischer Verfassungsprozess für Europa, in: Transnationale Demokratie. Impulse für ein demokratisch verfasstes Europa, hrsg. v.: Erne, Roland / Gross, Andreas / Kaufmann, Bruno / Kleger, Heinz, Realotopia Verlagsgenossenschaft, Zürich, 1995, S. 198.

Schlosser, Eric: Fast Food Nation, New York, Perennial, 2001.

Schmerl, Christiane: Frauenfeindliche Werbung. Sexismus als heimlicher Lehrplan, EP 39 Elefanten Press, 1981.

Schmidt, Siegfried / Spieß, Brigitte: Die Geburt der schönen Bilder. Fernsehwerbung aus der Sicht der Kreativen, Westdeutscher Verlag, Opladen, 1994.

Schmidt, Siegfried / Spieß, Brigitte: Geschichte der Fernsehwerbung in der Bundesrepublik Deutschland, Bd. 4: Unterhaltung, Werbung und Zielgruppenprogramme, Hrsg.: Erlinger, Hans Dieter / Foltin, Hans-Friedrich, Wilhelm Fink, München, 1994.

Schneewind, K. A. / Ruppert: Familien gestern und heute. Ein Generationenvergleich über 16 Jahre, Quintessenz, MMV Medizin Verlag, München, 1995.

Schnierer, Thomas: Soziologie der Werbung, Leske & Budrich, Opladen, 1999.

Scholz, G.: Die Konstruktion des Kindes. Über Kinder und Kindheit, Westdeutscher Verlag, Wiesbaden, 1994.

Schricker, Gerald: Hundert Jahre Gesetz gegen den unlauteren Wettbewerb - Licht und Schatten, GRUR Int, 1996, S. 473-479.

Schwarze, Jürgen: Werbung im Gemeinschaftsrecht - Rechtsbestand und Grundfragen, in: Werbung und Werbeverbote im Lichte des europäischen Gemeinschaftsrechts, Schriftenreihe Europäisches Recht, Politik und Wirtschaft, Nomos, Baden-Baden, 1999, S. 15.

Schweiger, Günter / Schrattenecker, Gertraud: Werbung. Eine Einführung, 4. völlig neu bearbeitete und erweiterte Auflage, Fischer, Stuttgart, 1995.

Séguéla, Jacques: Séguélas Werbevision, in: Werben & Verkaufen Nr. 35, 1991.

Shanahan J. / Morgan M.: Television and its Viewer. Cultivation Theory and Research, Cambridge University Presse, Cambridge.

Siegert, G.: Zum Status quo der Quote. Zur Marktmacht von Einschaltquoten, in: Agenda, März/April 1994, S. 22-23.

Signorelli, N. / Lears, M.: Television and children's conceptions of nutrition. Unhealthy Message, in: Health Communication, 4, 1992, S. 245-257.

Simma, Bruno / Weiler J. H. H. / Zöckler, C. Markus: Kompetenzen und Grundrechte. Beschränkungen aus der Sicht des Europarechts, Bd. 59, Duncker & Humblot, Berlin, 1999.

Singer, Benjamin: Advertising and Society. Addison-Wesley, Don Mills, Ontario, 1986.

Singer, D. / Singer, J.: Implications of childhood television viewing for cognition, imagination, and emotion, in: Bryant, J. / Anderson, D. R. (Ed.): Children's understanding of television. Research on attention and comprehension, Academic, New York, 1983, S. 265-296.

Smith, F. A. / Trivax, G. / Zuehlke, D. A. / Lowinger, P. / Nghiem, T. L.: Health information during a week of television, in: New England Journal of Medicine 286, 1972, S. 516-520.

Sobal, J. / Stunkard, A. J.: Socioeconomic status and obesity. A review of the literature, in: Psychological Bulletin, 105, 1989, S. 260-275.

Spieß, Brigitte: Weiblichkeitsklischees in der Fernsehwerbung, in: Merten, Klaus / Schmidt, Siegfried J. / Weischenberg, Siegfried (Hrsg.): Die Wirklichkeit der Medien. Eine Einführung in die Kommunikationswissenschaft, Westdeutscher Verlag, Opladen, 1994.

Spitzer, Leo: American Advertising Explained as Popular Art, in: Ders.: Essays on English and American Literature, Edited by Anna Hatcher, (Erstveröffentlichung 1949), Princeton University Press, Princeton, New Jersey, 1962.

Staatsministerium für Umwelt und Landwirtschaft: 1. Sächsische Verzehrsstudie. Ergebnisse - Daten - Auswertung, Sächsisches Staatsministerium für Umwelt und Landwirtschaft, Dresden, 2001.

Starek, R. B.: A Brief Review of the FTC's Environmental and Food Advertising Enforcement Program, Intellectual Property Law Committee, Chicago Bar Association, Young Lawyers Section, Chicago, IL. [Online]. Available. http.//www.ftc.gov/speeches/ starek/rbsgre.htm. Accessed July 12, 1999.

Stehlin, D.: A little 'lite' reading, FDA Consumer Special Report, 1993, S. 29-33.

Stein, Torsten: Das Tabakwerbeverbot, in: Werbung und Werbeverbote im Lichte des europäischen Gemeinschaftsrechts, Hrsg.: Schwarze, Jürgen, Schriftenreihe Europäisches Recht, Politik und Wirtschaft, Nomos, Baden-Baden, 1999, S. 58f.

Steiner, J. E.: Facial expressions of the neonate infant indicating the hedonics of food-related chemical stimuli, in: Weiffenbach, J. M. (Ed.): Taste and Development. The Genesis of Sweet Preference, US Government Printing Office, Washington DC, 1977.

Steiner, J. E.: Human facial expressions in response to taste and smell stimulation, in: Advances in Child Development, 13, 1979, S. 257-295.

Stewart, B. / Tinsley, A.: Importance of food choice influences for working adult, in: Journal of the American Dietetic Association, 1995, S. 227-230.

Stiess, Katia: Schutz der Wirtschaftswerbung durch Verfassungsrecht und Gemeinschaftsrecht, Rechtswissenschaftliche Forschung und Entwicklung, Dissertation, München, 1999, VVF Verlag V. Florentz, München, 2000.

Story, M. / Faulkner, P.: The prime time diet. A content analysis of eating behaviour and food messages on television program content and commercial, in: American Journal of Public Health 80, 1990, S. 738-740.

Story, Mary: Food and Beverage Advertising and Marketing Directed at Children and Adolescent, Presentation at The California Endowment, 2003.

Strasburger, V. C.: Children, adolescents, and the media. Five critical issue, in: Adolescent Medicine, 4, 1993, S. 479-493.

Striegel-Moore, R. H. / Siberstein, L. R. / Rodin, J.: Toward and understanding of risk factors in bulimia, in: American Psychologist, 41, 1986, S. 246-263.

Strzoda, C.: Kinder und ihr Zeitbudget, in: Zinnecker, J. / Silbereisen, R. K. (Hrsg.): Kindheit in Deutschland. Aktueller Survey über Kinder und ihre Eltern, Juventa, 1996, Weinheim, S. 23-40.

Stunkard, A. J. / Harris, J. R. / Pedersen, N. L. / McClearn, G. E.: The body mass index of twins who have been reared apart, in: New England Journal of Medicine, 322, 1990, S. 1483-1487.

Tajfel H. / Turner, J. C.: The Social Identity Theory of Intergroup Behavior, in: Worchel, S. / Austin, W. G. (Hrsg.): Psychology of Intergroup Relation, Nelson-Hall, Chicago, 1986, S. 7-24.

Tanouye, E.: Develops expensive habit with drug sector growth spurt, in: Wall Street Journal. [Online]. Available. wysiwyg.//341//http.//www.msnbc.com/news/ 215163.asp. Accessed July 26, 1999.

Taras, H. / Gage, M.: Advertised foods on children's television, Archives of Pediatric Adolescent Medicine, 149, 1995, S. 649-652.

The Keystone Center: The Keystone National Policy Dialogue on Food, Nutrition, and Health, Final Report, The Keystone Center, Keystone, CO, and Washington, DC., 1996.

Thiersch, H. / Thiersch, R.: Die 6- bis 14-Jährigen. Lebenssituation, außerschulische und schulische Angebote, in: Beck, M. / Chow (Hrsg.): Kinder in Deutschland. Realitäten und Perspektiven, DGVT, Tübingen, 1997.

Tiller, Sebastian: Gewährleistung und Irreführung. Eine Untersuchung zum Schutz des Verbrauchers bei irreführender Werbung, in: Münchner Universitätsschriften, Dissertation Ludwig-Maximilians-Universität, 2005, Verlag C. H. Beck, München, 2005.

Trabasso, T. / van den Broek, P. W.: Causal thinking and the presentation of narrative event, in: Journal of Memory and Language, 24, 1985, S. 612-630.

Trabasso, T. / Secco, T. / van den Broek, P. W.: Causal cohesion and story coherence, in: Mandl, H. / Stein, N. L. / Trabasso, T. (Ed.): Learning and comprehension of text, Erlbaum, Hillsdale, New York, 1984, S. 83-111.

Tsao, J. C.: Informational and symbolic content of over-the-counter drug advertising on television, in: Journal of Drug Education 27 (2), 1997, S. 173-197.

U. Department of Health and Human Services, Food and Drug Administration, Center for Drug Evaluation and Research (CDER), Center for Biologics Evaluation and Research (CBER), Center for Veterinary Medicine (CVM): Consumer-Directed Broadcast Advertisements, Questions and Answer [Online]. Available. http.//www.fda.gov/cder/ guidance/1804q&a.htm. Accessed February 14, 2000.

Ulmer, Eugen: Das Recht des unlauteren Wettbewerbs in den Mitgliedsstaaten der Europäischen Wirtschaftsgemeinschaft, Bd. I, Vergleichende Darstellung, München/Köln, 1965, S. 203.

Van den Broek, P. W. / Lorch, E. P. / Thurlow, R.: Children's and adults' memory for television stories. The role of causal factors, story-grammar categories, and hierarchical level, in: Child Development, 67, 1996, S. 3010-3029.

Van den Broek, P. W.: Comprehension and memory of narrative texts. Inferences and coherence, in: M. A. Gernsbacher (Ed.): Handbook of Psycholinguistics, San Diego, Academic, 1994, S. 539-588.

Van den Broek, P. W.: Discovering the cement of the universe. The development of event comprehension from childhood to adulthood, in: van den Broek, P. / Bauer, P. / Bourg, T. (Ed.): Developmental spans in event comprehension and representation. Bridging fictional and actual events, Erlbaum, Mahwah, New York, 1997, S. 231-242.

Van den Broek, P. W.: The causal inference maker. Towards a process model of inference generation in text comprehension, in: Balota, D. A. / Flores d'Arcais, G. B. / Rayner, K. (Ed.): Comprehension processes in reading, Erlbaum, Hillsdale, New York, 1990, S. 423-455.

Vermeersch, J. A. / Swenerton, H.: Interpretations of nutrition claims in food advertisements by low income consumer, in: Journal of Nutrition Education 12, 1980, S. 19-25.

Vershofen, Wilhelm: Handbuch der Verbraucherforschung, Erster Band: Grundlegung, Carl Heymanns Verlag, Berlin, 1940.

Vershofen, Wilhelm: Die Marktentnahme als Kernstück der Wirtschaftsforschung. Neuausgabe Handbuch Verbraucherforschung, Berlin/Köln, 1959.

Vetter, H.-R.: Lebensführung - Allerweltsbegriff mit Tiefgang, Weinheim, München, 1991.

Vester, M. / Oertzen, P. von / Geiling, H. / Hermann, T. / Müller, D.: Soziale Milieus im gesellschaftlichen Strukturwandel. Zwischen Integration und Ausgrenzung, Bund, Köln, 1993.

Wahl, K.: Familienbilder und Familienrealität, in: Böhnisch, L. / Lenz, K. (Hrsg.): Familien. Eine interdisziplinäre Einführung, Juventa, Weinheim, 1997, S. 99-113.

Wallack, L. / Dorfman, L.: Health messages on television commercial, in: American Journal of Health Promotion 6, 1992, S. 190-196.

Walper: Wenn Kinder arm sind - Familienarmut und ihre Betroffenen, in: Böhnisch, L. / Lenz, K. (Hrsg.): Familien. Eine interdisziplinäre Einführung, Juventa, Weinheim, 1997, S. 265-281.

Ward, Scott: Children's Reactions to Commercials, in: Journal of Advertising Research, 12/2, 1972, S. 37-45.

Webster, J. G. / Lichty, L. W.: Ratings Analysis. Theory and Practice. Hillsdale, New Jersey, 1991.

Weick: Zunehmende Kinderarmut in Deutschland?, in: Informationsdienst Soziale Indikatoren, 15, (1), 1996, S. 1-3.

Welfens, Paul J. J.: Grundlagen der Wirtschaftspolitik, Springer, Berlin, 1995.

Westphal, Uwe: Werbung im dritten Reich, Transit, Berlin, 1989.

Whitney, E. N. / Rolfes, R.: Understanding Nutrition, 8th ed., West/Wadsworth, Belmont, CA, 1999, S. 43-47.

WHO Consultation on Obesity, Obesity Preventing and Managing the Global Epidemic Geneva, WHO, 2000.

Wild, Daniel von: Der ‚vernünftige Verbraucher' im Wettbewerbsrecht. Chancen und Risiken einer Deregulierung des Irreführungsverbots durch eine Änderung des ihm zugrunde liegenden Verbraucherleitbilds, Dissertation Universität München, 1998, Verlag V. Florentz, München, 1998.

Will, J. A. / Owens, C. E. / Camp, H.: TV or not tv? The impact of the removal of television on assaultive behaviour in a juvenile detention center, in: Journal for Juvenile Justice and Detention Services, 16, 2001, S. 1-17.

Willhöft C. / Ulrich H. J.: Ernährungsinformationen in Massenmedien. Eine Zusammenstellung von Forschungsergebnissen. Unveröffentlichte Studie der Bundesforschungsanstalt für Ernährung im Auftrag des Bundesministeriums für Verbraucherschutz, Ernährung und Landwirtschaft, o.V., Karlsruhe, 2001.

Wimmer-Leonhardt, Susanne: UWG-Reform und Gewinnabschöpfungsanspruch oder ‚Die Wiederkehr der Drachen', GRUR, 2004, S. 12-20.

Wissenschaftlicher Beirat für Familienfragen beim Bundesministerium für Familie, Senioren., Frauen und Jugend: Kinder und ihre Kindheit in Deutschland. Eine Politik für Kinder im Kontext von Familienpolitik, Kohlhammer, Stuttgart, 1998.

Wolff, Dietmar: Folgen produktspezifischer Werbeverbote für die Werbewirtschaft, Produktvermarktung und Sponsoring, in: Werbung und Werbeverbote im Lichte des europäischen Gemeinschaftsrechts, Hrsg.: Schwarze, Jürgen, Schriftenreihe Europäisches Recht, Politik und Wirtschaft, Nomos, Baden-Baden, 1999, S. 75.

Wolfkin, R.: An analysis of programming and advertising. Introduction. In F. E. Barcus, (Ed.): Children's television, Praeger, New York, 1977, S. 20-27.

Wolton, Dominique: La dernière utopie. Naissance de L'Europe démocratique, Paris, 1993.

Woo, R. / Garrow, J. / Pi-Sunyer, F. X.: Effect of exercise on spontaneous caloric intake in obesity, in: American Journal of Clinical Nutrition, 36, 1982, S. 470-477.

World Health Organization: Diet, Nutrition, and the Prevention of Chronic Disease, Report of WHO Study Group, in: Technical Report Series 797, Geneva, 1990.

World Health Organization: Health for All, United Nations, World Health Organization, Geneva, Switzerland. [Online]. Available. http.//www.who.org/programmes/ ppe/policy/print.htm. Accessed September 1, 1997.

Wouters, C.: Informalisierung und der Prozess der Zivilisation, in: P. Gleichmann, J. Goudsblom, H. Korte (Hrsg.): Materialien zu Norbert Elias' Zivilisationstheorie, Suhrkamp, Frankfurt/M., 1979, S. 279-298.

Wurzbacher, G.: Leitbilder gegenwärtigen deutschen Familienlebens. Methoden, Ergebnisse und sozialpädagogische Folgerungen einer soziologischen Analyse von 164 Familienmonographien, Enke, Stuttgart, 1958.

Wuttke, Tobias: Die Europäisierung des Wettbewerbsrechts. Der Verhältnismäßigkeitsgrundsatz im lauterkeitsrechtlichen Irreführungsverbot, Universität Hamburg, 2005, Carl Heymanns Verlag, Köln, 2005.

Young, B. M. / Webley, P. / Hetherington, M. / Zeedyk: The Role of Television Advertising in Children's Food Choice, London, Report to the Ministry of Agriculture, Fisheries and Food (MAFF), 1996.

Zeiher, H. / Büchner, P. / Zinnecker, J. (Ed.).: Kinder als Außenseiter? Umbrüche in der gesellschaftlichen Wahrnehmung von Kindern und Kindheit. Juventa, Weinheim, 1996.

Zola, Emile: Au Bonheur des Dames (Zum Glück der Damen bzw. Zum Paradies der Damen), 1883, zitiert aus der illustrierten Ausgabe der Franck'schen Verlagsbuchhandlung „Zum Glück der Damen", übersetzt von K. Walther, Stuttgart, 1900.

Zumschlinge, Andreas: Das Verbot mit Preisgegenüberstellungen (§ 6e UWG) in rechtsvergleichender und europarechtlicher Sicht, Dissertation, Universität München, 1991, Verlag V. Florentz, München, 1992.

Journale & sonstige Literatur

Advertising & Marketing to Children April-June 2003, S. 25.

Audience Ratings. Radio, Television, and Cable. Revised Edition, Hillsdale, New Jersey, 1988.

Beverage Contracts in California's 25 Largest School District Public Health Institute.

Children, adolescents, and advertising. Committee on Communications, in: American Academy of Pediatric, Pediatrics, 02/1995, M. Story draft, 1995, S. 295-297.

Committee on Public Education, American Academy of Pediatrics, Children, Adolescents, and Television. Pediatrics, 107, 2001, S. 423-426.

Consumers International. A spoonful of sugar. Television food advertising aimed at children.

Department of Health and Human Services, Food and Drug Administration, Center for Drug Evaluation and Research (CDER), Center for Biologics Evaluation and Research (CBER), Center for Veterinary Medicine (CVM), Consumer-Directed Broadcast Advertisements, Questions and Answer [Online]. Available. http.//www.fda.gov/cder/ guidance/1804q&a.htm. Accessed February 14, 2000.

Ernährungsbericht 2000, Hrsg.: Deutsche Gesellschaft für Ernährung e.V. (DGE) im Auftrag des Bundesministerium für Gesundheit, Landwirtschaft und Ernährung.

Ernährungsbericht 2004, Hrsg.: Deutsche Gesellschaft für Ernährung e.V. (DGE) im Auftrag des Bundesministerium für Gesundheit, Landwirtschaft und Ernährung.

Deutsche Gesellschaft für Ernährung (Hrsg.): DGE-Ernährungskreis, Deutsche Gesellschaft für Ernährung e.V., Bonn, 2003.

Deutscher Bundestag: Bericht über die Lebenssituation von Kindern und die Leistungen der Kinderhilfen in Deutschland, in: Zehnter Kinder- und Jugendbericht. Bonn, Universitätsdruckerei, 1998.

EuGH Slg. 1996, I - 6039 ff., 6041, 6059 Rn.24 (Graffione) („Cottonelle"); EuGH Slg. 1995, I - 3599 ff., 3629 Rn 34 (Sauce Hollandaise); EuGH Slg. 1995, I - 1141 ff., 1179 Rn. 45, 1181 Rn. 51 (Alpine Investments); im gleichen Sinne auch schon EuGH Slg. 1990, I - 4827 ff., 4849 Rn. 19 (Pall/Dahlhausen); zust. Baumbach/Hefermehl, Einl. UWG Rn. 622, 623; Rüffler, WBl. 1997, 8 ff., 9; Sack, GRUR 1998, 871 ff., 882; Traub, (Fn. 54), 24, 26. 1996.

Europäischer Rat von Edinburgh, Schlussfolgerungen des Vorsitzes, Bulletin BReg. Nr. 140, S. 1277 (1281); BVerfG NJW 1993, 3047 (3057); Micklitz/Reich EuZV 1992, S. 593 (594): 1993.

Europäisches Übereinkommen über das grenzüberschreitende Fernsehen vom 5. Mai 1989, geändert durch das Protokoll des Europarats vom 9. September 1998, in Kraft getreten am 1. März 2002, 1989.

Federal Trade Commission Report to Congress: Cigar Sales and Advertising and Promotional Expenditures for Calendar Years 1996 and 1997, http://www.ftc.gov/os/1999/07/cigarreport1999.htm.

Federal Trade Commission: FTC Announces Policy to Promote Consistency in Food Advertising/Labeling Claim Federal Trade Commission, Washington, DC. [Online]. Available. http.//www.ftc.gov/opa/predawn/F95/adlabelharmony.htm. Accessed July 12, 1999.

Federal Trade Commission: Enforcement Policy Statement on Food Advertising, Federal Trade Commission, Washington, DC. [Online]. Available. http.// www.ftc.gov/bcp/policystmt/adfood.htm. Accessed July 12, 1999, 1-21.

Janke, Klaus: Angst um die Markenhoheit. Konsumentendemokratie zwingt zur Umstellung der Kommunikation / Strenge Regeln werden infrage gestellt, in: Horizont, 21.12.2006, S. 12.

Kids Verbraucher-Analyse (KVA), Egmont Ehapa Verlag, 2005.

Kinder, Werbung und Ernährung, hrsg. v. Zentralverband der deutschen Werbewirtschaft, 2003.

Market Research. The Old Nagging Game Can Pay off for Marketers. Selling to Kids.

National Research Council: Diet and Health. Implications for Reducing Chronic Disease Risk, in: National Academy Press, Washington, DC., 3-22, 1989.

Nestle M. Food Politic Berkeley, University of California Press, 2002.

Nielsen Media Research: Report on Television, New York, 1998.

Nutrition Trends Executive Summary, The American Dietetic Association, Chicago, IL. [Online]. Available. http.// www.eatright.org/pr/press090397f.html. Juni, 1997.

Pharmaceutical Research and Manufacturers of America. Undated. Facts & Figures. Backgrounder Direct-to-Consumer Advertising. [Online]. Available. http.// www.phrma.org/publications/documents/backgrounders//2000-11-05.189html. Accessed July 2, 1999.

Riesenumsatz mit Schlankheitsmitteln: Fünf Mio. Bundesbürger sind zu dick, Der Spiegel vom 12. Dezember 1956.

Sender Freies Berlin (Hrsg.): Die Quote. Der heimliche Machthaber. Reichweitenforschung bei Hörfunk und Fernsehen und ihre Bedeutung für das Programm, Berlin, 1991.

Statistisches Bundesamt (Hrsg.): Datenreport 2002. Zahlen und Fakten über die Bundesrepublik Deutschland, Bundeszentrale für politische Bildung, Bonn, 2002.

Statistisches Bundesamt: Aktuelle Zahlen und Fakten über die Bundesrepublik Deutschland, abgerufen unter http.//www.destati de/ (30. November 2003); Geschlechterverteilung. http.//www.destati de/basis/d/bevoe/bevoetab4.htm; Altersstruktur. http.//www.destati de/basis/d/bevoe/bevoetab5.htm, 2003.

The Food Guide Pyramid, Department of Agriculture, in: Home and Garden Bulletin No. 252, 1992.

U. Department of Agriculture: The Food Guide Pyramid, U. Department of Agriculture, in: Home and Garden Bulletin No. 252, 1992.

Werbung in Deutschland 2005, ZAW-Edition.

Werbung in Deutschland 2006, ZAW-Edition.

Werbung in Deutschland 2007, ZAW-Edition.

Zentrale zur Bekämpfung unlauteren Wettbewerbs e.V.: Rückblick auf die Arbeit der Wettbewerbszentrale im Jahr 2005, S. 8.